Princípios de física

Dados Internacionais de Catalogação na Publicação (CIP)
(Câmara Brasileira do Livro, SP, Brasil)

Serway, Raymond A.
  Princípios de física / Raymond A. Serway, John W. Jewett Jr. ; tradução EZ2 Translate ; revisão técnica Sergio Roberto Lopes. -- São Paulo : Cengage Learning, 2017.

  Título original: Principles of physics.
  Conteúdo: V. 2. Movimento ondulatório e termodinâmica.
  2. reimpr. da 2. ed. brasileira de 2014.

  ISBN 978-85-221-1637-9

  1. Física 2. Ondas 3. Termodinâmica I. Jewett, John W. II. Título.

14-01729   CDD-530

Índice para catálogo sistemático:
1. Ondas termodinâmicas : Física 530

tradução da 5ª edição
norte-americana

Princípios de física

Volume 2
Oscilações, ondas e termodinâmica

Raymond A. Serway
James Madison University

John W. Jewett, Jr.
California State Polytechnic University, Pomona

Tradução:

EZ2 Translate

Revisão técnica:

Sergio Roberto Lopes
*Doutor em Ciência Espacial pelo Instituto Nacional de Pesquisas Espaciais.
Professor associado da Universidade Federal do Paraná.*

Austrália • Brasil • Japão • Coreia • México • Cingapura • Espanha • Reino Unido • Estados Unidos

Princípios de física

Volume 2 – Oscilações, ondas e termodinâmica

Tradução da 5ª edição norte-americana

Raymond A. Serway; John W. Jewett, Jr.

Gerente editorial: Noelma Brocanelli

Supervisora de produção gráfica:
   Fabiana Alencar Albuquerque

Editora de desenvolvimento: Gisela Carnicelli

Título original: Principles of Physics
   (ISBN 13: 978-1-133-11000-2)

Tradução: ez2 translate

Revisão técnica: Sergio Roberto Lopes

Revisão técnica dos apêndices: Marcio Maia Vilela

Copidesque e revisão: Bel Ribeiro, Cristiane Morinaga,
   Luicy Caetano de Oliveira, Erika Kurihara, Adriana Ribas,
   Pedro Henrique Fandi e IEA Soluções Educacionais

Diagramação: Triall Composição Editorial Ltda.

Indexação: Casa Editorial Maluhy

Editora de direitos de aquisição e iconografia: Vivian Rosa

Analista de conteúdo e pesquisa: Javier Muniain

Capa: MSDE/Manu Santos Design

Imagem da capa: Luckpics/Photos.com

© 2013, 2015 Cengage Learning Edições Ltda.

Todos os direitos reservados. Nenhuma parte deste livro poderá ser reproduzida, sejam quais forem os meios empregados, sem a permissão, por escrito, da Editora. Aos infratores aplicam-se as sanções previstas nos artigos 102, 104, 106 e 107 da Lei nº 9.610, de 19 de fevereiro de 1998.

Esta editora empenhou-se em contatar os responsáveis pelos direitos autorais de todas as imagens e de outros materiais utilizados neste livro. Se porventura for constatada a omissão involuntária na identificação de algum deles, dispomo-nos a efetuar, futuramente, os possíveis acertos.

A Editora não se responsabiliza pelo funcionamento dos links contidos neste livro que possam estar suspensos.

> Para informações sobre nossos produtos, entre em contato pelo telefone **0800 11 19 39**
>
> Para permissão de uso de material desta obra, envie seu pedido para
> **direitosautorais@cengage.com**

© 2015 Cengage Learning. Todos os direitos reservados.

ISBN-13: 978-85-221-1637-9
ISBN-10: 85-221-1637-7

Cengage Learning
Condomínio E-Business Park
Rua Werner Siemens, 111 – Prédio 11 – Torre A – Conjunto 12
Lapa de Baixo – CEP 05069-900 – São Paulo – SP
Tel.: (11) 3665-9900 – Fax: (11) 3665-9901
SAC: 0800 11 19 39

Para suas soluções de curso e aprendizado, visite
www.cengage.com.br

> Dedicamos este livro a nossas esposas, Elizabeth e Lisa,
> e aos nossos filhos e netos por sua adorável compreensão
> quando passamos o tempo escrevendo
> em vez de estarmos com eles.

Impresso no Brasil.

Sumário

Sobre os autores vii
Prefácio ix
Ao aluno xxiii

Contexto 3 | Terremotos 1

12 Movimento oscilatório 4

- 12.1 Movimento de um corpo preso a uma mola 5
- 12.2 Modelo de análise: partícula em movimento harmônico simples 6
- 12.3 Energia do oscilador harmônico simples 11
- 12.4 O pêndulo simples 14
- 12.5 O pêndulo físico 16
- 12.6 Oscilações amortecidas 17
- 12.7 Oscilações forçadas 18
- 12.8 Conteúdo em contexto: ressonância em estruturas 19

13 Ondas mecânicas 29

- 13.1 Propagação de uma perturbação 30
- 13.2 Modelo de análise: ondas progressivas 32
- 13.3 A velocidade de ondas transversais em cordas 37
- 13.4 Reflexão e transmissão 40
- 13.5 Taxa de transferência de energia em ondas senoidais em cordas 41
- 13.6 Ondas sonoras 43
- 13.7 O efeito Doppler 46
- 13.8 Conteúdo em contexto: ondas sísmicas 49

14 Superposição e ondas estacionárias 61

- 14.1 Modelo de análise: ondas em interferência 62
- 14.2 Ondas estacionárias 65
- 14.3 Modelo de análise: ondas sob condições de contorno 68
- 14.4 Ondas estacionárias em coluna de ar 70
- 14.5 Batimentos: interferência no tempo 74
- 14.6 Padrões de ondas não senoidais 76
- 14.7 O ouvido e as teorias de percepção de tom 78
- 14.8 Conteúdo em contexto: com base em antinodos 80

Contexto 3 | Conclusão Minimizando o risco 90

Contexto 4 | Ataques cardíacos 93

15 Mecânica dos fluidos 96

- 15.1 Pressão 96
- 15.2 Variação da pressão com a profundidade 98
- 15.3 Medições de pressão 102
- 15.4 Forças de empuxo e o princípio de Arquimedes 102
- 15.5 Dinâmica dos fluidos 107
- 15.6 Linhas de fluxo e a equação da continuidade para fluidos 107
- 15.7 Equação de Bernoulli 109
- 15.8 Outras aplicações da dinâmica dos fluidos 112
- 15.9 Conteúdo em contexto: fluxo turbulento de sangue 113

Contexto 4 | Conclusão **Detecção de aterosclerose e prevenção de ataques cardíacos** 123

Contexto 5 | Aquecimento global 127

16 Temperatura e a teoria cinética dos gases 129

- 16.1 Temperatura e a lei zero da termodinâmica 130
- 16.2 Termômetros e escalas de temperatura 131
- 16.3 Expansão térmica de sólidos e líquidos 134
- 16.4 Descrição macroscópica de um gás ideal 139
- 16.5 A teoria cinética dos gases 141
- 16.6 Distribuição das velocidades moleculares 147
- 16.7 Conteúdo em contexto: a taxa de lapso atmosférica 149

17 Energia em processos térmicos: a Primeira Lei da Termodinâmica 159

- 17.1 Calor e energia interna 160
- 17.2 Calor específico 162
- 17.3 Calor latente 164
- 17.4 Trabalho e calor em processos termodinâmicos 168
- 17.5 A Primeira Lei da Termodinâmica 171
- 17.6 Algumas aplicações da Primeira Lei da Termodinâmica 173
- 17.7 Calores específicos molares dos gases ideais 176
- 17.8 Processos adiabáticos para um gás ideal 178
- 17.9 Calores específicos molares e equipartição de energia 180
- 17.10 Mecanismos de transferência de energia em processos térmicos 182
- 17.11 Conteúdo em contexto: equilíbrio energético para a Terra 187

18 Máquinas térmicas, entropia e a Segunda Lei da Termodinâmica 200

- 18.1 Máquinas térmicas e a Segunda Lei da Termodinâmica 201
- 18.2 Processos reversíveis e irreversíveis 203
- 18.3 A máquina de Carnot 203
- 18.4 Bombas de calor e refrigeradores 206
- 18.5 Um enunciado alternativo da segunda lei 207
- 18.6 Entropia 208
- 18.7 Entropia e a Segunda Lei da Termodinâmica 211
- 18.8 Variação da entropia nos processos irreversíveis 213
- 18.9 Conteúdo em contexto: a atmosfera como máquina térmica 216

Contexto 5 | Conclusão **Prevendo a temperatura da superfície da Terra** 226

Apêndices A-1
Respostas dos testes rápidos e problemas ímpares R-1
Índice remissivo I-1

Sobre os autores

Raymond A. Serway recebeu seu doutorado no Illinois Institute of Technology e é Professor Emérito na James Madison University. Em 2011, foi premiado com um grau honorífico de doutorado pela sua *alma mater*, Utica College. Em 1990, recebeu o prêmio Madison Scholar Award na James Madison University, onde lecionou por 17 anos. Dr. Serway começou sua carreira de professor na Clarkson University, onde conduziu pesquisas e lecionou de 1967 a 1980. Recebeu o prêmio Distinguished Teaching Award na Clarkson University em 1977 e o Alumni Achievement Award da Utica College em 1985. Como Cientista Convidado no IBM Research Laboratory em Zurique, Suíça, trabalhou com K. Alex Müller, que recebeu o Prêmio Nobel em 1987. Serway também foi cientista visitante no Argonne National Laboratory, onde colaborou com seu mentor e amigo, o falecido Dr. Sam Marshall. Serway é coautor de *College Physics*, nona edição; *Physiscs for Scientists and Engineers*, oitava edição; *Essentials of College Physics*; *Modern Physics*; terceira edição; e o livro-texto "Physics" para ensino médio, publicado por Holt McDougal. Adicionalmente, Dr. Serway publicou mais de 40 trabalhos de pesquisa no campo de Física da Matéria condensada e ministrou mais de 60 palestras em encontros profissionais. Dr. Serway e sua esposa, Elizabeth, gostam de viajar, jogar golfe, pescar, cuidar do jardim, cantar no coro da igreja e, especialmente, de passar um tempo precioso com seus quatro filhos e nove netos e, recentemente, um bisneto.

John W. Jewett, Jr. concluiu a graduação em Física na Drexel University e o doutorado na Ohio State University, especializando-se nas propriedades ópticas e magnéticas da matéria condensada. Dr. Jewett começou sua carreira acadêmica na Richard Stockton College of New Jersey, onde lecionou de 1974 a 1984. Atualmente, Professor Emérito de Física da California State Polytechnic University, em Pomona. Durante sua carreira técnica de ensino, o Dr. Jewett foi ativo em promover a educação efetiva da física. Além de receber quatro prêmios National Science Foundation, ajudou a fundar e dirigir o Southern California Area Modern Physics Institute (SCAMPI) e o Science IMPACT (Institute for Modern Pedagogy and Creative Teaching). As honrarias do Dr. Jewett incluem o Stockton Merit Award na Richard Stockton College em 1980, foi selecionado como professor de destaque na California State Polytechnic University em 1991-1992 e recebeu o prêmio de excelência no Ensino de Física Universitário da American Association of Physics Teachers (AAPT) em 1998. Em 2010, recebeu o "Alumni Achievement Award" da Universidade de Drexel em reconhecimento às suas contribuições no ensino de Física. Já apresentou mais de 100 palestras, tanto nos EUA como no exterior, incluindo múltiplas apresentações nos encontros nacionais da AAPT. Dr. Jewett é autor de *The World of Physics*: *Mysteries, Magic, and Myth*, que apresenta muitas conexões entre a Física e várias experiências do dia a dia. Além de seu trabalho como coautor de *Física para Cientistas e Engenheiros*, ele é também coautor de *Princípios da Física*, bem como de *Global Issues*, um conjunto de quatro volumes de manuais de instrução em ciência integrada para o ensino médio. Dr. Jewett gosta de tocar teclado com sua banda formada somente por físicos, gosta de viagens, fotografia subaquática, aprender idiomas estrangeiros e colecionar aparelhos médicos antigos que podem ser utilizados como aparatos em suas aulas. O mais importante, ele adora passar o tempo com sua esposa, Lisa, e seus filhos e netos.

Prefácio

Princípios de Física foi criado como um curso introdutório de Física de um ano baseado em cálculo para alunos de engenharia e ciência e para alunos de pré-medicina fazendo cursos rigorosos de física. Esta edição traz muitas características pedagógicas novas, notadamente um sistema de aprendizagem web integrado, uma estratégia estruturada para resolução de problemas que use uma abordagem de modelagem. Baseado em comentários de usuários da edição anterior e sugestões de revisores, um esforço foi realizado para melhorar a organização, clareza de apresentação, precisão da linguagem e acima de tudo exatidão.

Este livro-texto foi inicialmente concebido em função dos problemas mais conhecidos no ensino do curso introdutório de Física baseada em cálculo. O conteúdo do curso (e portanto o tamanho dos livros didáticos) continua a crescer, enquanto o número das horas de contato com os alunos ou diminuiu ou permaneceu inalterado. Além disso, um curso tradicional de um ano aborda um pouco de toda a Física além do século XIX.

Ao preparar este livro-texto, fomos motivados pelo interesse disseminado de reformar o ensino e aprendizado da Física por meio de uma pesquisa de educação em Física (PER). Um esforço nessa direção foi o Projeto Introdutório da Universidade de Física (IUPP), patrocinado pela Associação Norte-Americana de Professores de Física e o Instituto Norte- Americano de Física. Os objetivos principais e diretrizes deste projeto são:

- Conteúdo do curso reduzido seguindo o tema "menos pode ser mais";
- Incorporar naturalmente Física contemporânea no curso;
- Organizar o curso no contexto de uma ou mais "linhas de história";
- Tratar igualmente a todos os alunos.

Ao reconhecer há vários anos a necessidade de um livro didático que pudesse alcançar essas diretrizes, estudamos os diversos modelos IUPP propostos e os diversos relatórios dos comitês IUPP. Eventualmente, um de nós (Serway) esteve envolvido ativamente na revisão e planejamento de um modelo específico, inicialmente desenvolvido na Academia da Força Aérea dos Estados Unidos, intitulado "A Particles Approach to Introductory Physics". Uma visita prolongada à Academia foi realizada com o Coronel James Head e o Tenente Coronel Rolf Enger, os principais autores do modelo de partículas, e outros membros desse departamento. Esta colaboração tão útil foi o ponto inicial deste projeto.

O outro autor (Jewett) envolveu-se com o modelo IUPP chamado "Physics in Context", desenvolvido por John Rigden (American Institute of Physics), David Griffths (Universidade Estadual de Oregon) e Lawrence Coleman (University of Arkansas em Little Rock). Este envolvimento levou a Fundação Nacional de Ciência (NSF) a conceder apoio para o desenvolvimento de novas abordagens contextuais e, eventualmente, à sobreposição contextual usada neste livro e descrita com detalhes posteriormente no prefácio.

O enfoque combinado no IUPP deste livro tem as seguintes características:

- É uma abordagem evolucionária (em vez de uma abordagem revolucionária), que deve reunir as demandas atuais da comunidade da Física.
- Ela exclui diversos tópicos da Física clássica (como circuitos de corrente alternada e instrumentos ópticos) e coloca menos ênfase no movimento de objetos rígidos, óptica e termodinâmica.
- Alguns tópicos na Física contemporânea, como forças fundamentais, relatividade especial, quantização de energia e modelo do átomo de hidrogênio de Bohr, são introduzidos no início deste livro.
- Uma tentativa deliberada é feita ao mostrar a unidade da Física e a natureza geral dos princípios da Física.
- Como ferramenta motivacional, o livro conecta aplicações dos princípios físicos a situações biomédicas interessantes, questões sociais, fenômenos naturais e avanços tecnológicos.

Outros esforços para incorporar os resultados da pesquisa em educação em Física tem levado a várias das características deste livro descritas a seguir. Isto inclui Testes Rápidos, Perguntas Objetivas, Prevenção de Armadilhas, E Se?, recursos nos exemplos de trabalho, o uso de gráficos de barra de energia, a abordagem da modelagem para solucionar problemas e a abordagem geral de energia introduzida no Capítulo 7 (Volume 1).

Objetivos

Este livro didático de Física introdutória tem dois objetivos principais: fornecer ao aluno uma apresentação clara e lógica dos conceitos e princípios básicos da Física e fortalecer a compreensão dos conceitos e princípios por meio de uma ampla gama de aplicações interessantes para o mundo real. Para alcançar esses objetivos, enfatizamos argumentos físicos razoáveis e a metodologia de resolução de problemas. Ao mesmo tempo, tentamos motivar o aluno por meio de exemplos práticos que demonstram o papel da Física em outras disciplinas, entre elas, engenharia, química e medicina.

Alterações para esta edição

Inúmeras alterações e melhorias foram feitas nesta edição. Muitas delas são em resposta a descobertas recentes na pesquisa em educação de Física e a comentários e sugestões proporcionadas pelos revisores do manuscrito e professores que utilizaram as primeiras quatro edições. A seguir são representadas as maiores mudanças nesta quinta edição:

Novos contextos. O contexto que cobre a abordagem é descrito em "Organização". Esta edição introduz dois novos Contextos: para o Capítulo 15 (no volume 2 desta coleção), "Ataque cardíaco", e para os Capítulos 22-23 (volume 3), "Magnetismo e Medicina". Ambos os novos Contextos têm como objetivo a aplicação dos princípios físicos no campo da biomedicina.

No Contexto "Ataque cardíaco", estudamos o fluxo de fluidos através de um tubo, como analogia ao fluxo de sangue através dos vasos sanguíneos no corpo humano. Vários detalhes do fluxo sanguíneo são relacionados aos perigos de doenças cardiovasculares. Além disso, discutimos novos desenvolvimentos no estudo do fluxo sanguíneo e ataques cardíacos usando nanopartículas e imagem computadorizada.

O contexto de "Magnetismo em Medicina" explora a aplicação dos princípios do eletromagnetismo para diagnóstico e procedimentos terapêuticos em medicina. Começamos focando em usos históricos para o magnetismo, incluindo vários dispositivos médicos questionáveis. Mais aplicações modernas incluem procedimentos de navegação magnética remota em ablação de cateter cardíaco para fibrilação atrial, simulação magnética transcraniana para tratamento de depressão e imagem de ressonância magnética como ferramenta de diagnóstico.

Exemplos trabalhados. Todos os exemplos trabalhados no texto foram reformulados e agora são apresentados em um formato de duas colunas para reforçar os conceitos da Física. A coluna da esquerda mostra informações textuais que descrevem as etapas para a resolução do problema. A coluna da direita mostra as manipulações matemáticas e os resultados dessas etapas. Esse *layout* facilita a correspondência do conceito com sua execução matemática e ajuda os alunos a organizarem seu trabalho. Os exemplos seguem rigorosamente a Estratégia Geral de Resolução de Problemas apresentada no Capítulo 1 para reforçar hábitos eficazes de resolução de problemas. Na maioria dos casos, os exemplos são resolvidos simbolicamente até o final, em que valores numéricos são substituídos pelos resultados simbólicos finais. Este procedimento permite ao aluno analisar o resultado simbólico para ver como o resultado depende dos parâmetros do problema, ou para tomar limites para testar o resultado final e correções. A maioria dos exemplos trabalhados no texto pode ser atribuída à tarefa de casa no Enhanced WebAssign. Uma amostra de um exemplo trabalhado encontra-se na próxima página.

Revisão linha a linha do conjunto de perguntas e problemas. Para esta edição, os autores revisaram cada pergunta e cada problema e incorporaram revisões destinadas a melhorar tanto a legibilidade como a transmissibilidade. Para tornar os problemas mais claros para alunos e professores, este amplo processo envolveu edição de problemas para melhorar a clareza, adicionando figuras, quando apropriado, e introduzindo uma melhor arquitetura de problema, ao quebrá-lo em partes claramente definidas.

Dados do Enhanced WebAssign utilizados para melhorar perguntas e problemas. Como parte da análise e revisão completa do conjunto de perguntas e problemas, os autores utilizaram diversos dados de usuários coletados pelo WebAssign, tanto de professores quanto de alunos que trabalharam nos problemas das edições anteriores do *Princípios de Física*. Esses dados ajudaram tremendamente, indicando quando a frase nos problemas poderia ser mais clara, fornecendo, desse modo, uma orientação sobre como revisar problemas de maneira que seja mais facilmente compreendida pelos alunos e mais facilmente transmitida pelos professores no WebAssign. Por último, os dados foram utilizados para garantir que os problemas transmitidos com mais frequência fossem mantidos nesta nova

WebAssign Mais exemplos também estão disponíveis para serem atribuídos como interativos no sistema de gestão de lição de casa avançada WebAssign.

Exemplo 6.6 | Um bloco empurrado sobre uma superfície sem atrito

Um bloco de 6,0 kg inicialmente em repouso é puxado para a direita ao longo de uma superfície horizontal sem atrito por uma força horizontal constante de 12 N. Encontre a velocidade escalar do bloco após ele ter se movido 3,0 m.

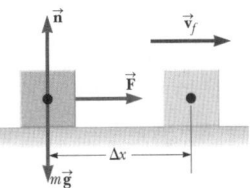

Figura 6.14 (Exemplo 6.6) Um bloco é puxado para a direita sobre uma superfície sem atrito por uma força horizontal constante.

SOLUÇÃO

Conceitualização A Figura 6.14 ilustra essa situação. Imagine puxar um carro de brinquedo por uma mesa horizontal com um elástico amarrado na frente do carrinho. A força é mantida constante ao se certificar que o elástico esticado tenha sempre o mesmo comprimento.

Categorização Poderíamos aplicar as equações da cinemática para determinar a resposta, mas vamos praticar a abordagem de energia. O bloco é o sistema e três forças externas agem sobre ele. A força normal equilibra a força gravitacional no bloco e nenhuma dessas forças que agem verticalmente realizam trabalho sobre o bloco, pois seus pontos de aplicação são deslocados horizontalmente.

Análise A força externa resultante que age sobre o bloco é a força horizontal de 12 N.

Use o teorema do trabalho-energia cinética para o bloco, observando que sua energia cinética inicial é zero:

$$W_{ext} = K_f - K_i = \tfrac{1}{2}mv_f^2 - 0 = \tfrac{1}{2}mv_f^2$$

Resolva para encontrar v_f e use a Equação 6.1 para o trabalho realizado sobre o bloco por $\vec{F}$:

$$v_f = \sqrt{\frac{2W_{ext}}{m}} = \sqrt{\frac{2F\Delta x}{m}}$$

Substitua os valores numéricos:

$$v_f = \sqrt{\frac{2(12\,\text{N})(3{,}0\,\text{m})}{6{,}0\,\text{kg}}} = 3{,}5\ \text{m/s}$$

Finalização Seria útil para você resolver esse problema novamente considerando o bloco como uma partícula sob uma força resultante para encontrar sua aceleração e depois como uma partícula sob aceleração constante para encontrar sua velocidade final.

E se? Suponha que o módulo da força nesse exemplo seja dobrada para $F' = 2F$. O bloco de 6,0 kg acelera a 3,5 m/s em razão dessa força aplicada enquanto se move por um deslocamento $\Delta x'$. Como o deslocamento $\Delta x'$ se compara com o deslocamento original Δx?

Resposta Se puxar forte, o bloco deve acelerar a uma determinada velocidade escalar em uma distância mais curta, portanto, esperamos que $\Delta x' < \Delta x$. Em ambos os casos, o bloco sofre a mesma mudança na energia cinética ΔK. Matematicamente, pelo teorema do trabalho-energia cinética, descobrimos que

$$W_{ext} = F'\Delta x' = \Delta K = F\Delta x$$

$$\Delta x' = \frac{F}{F'}\Delta x = \frac{F}{2F}\Delta x = \tfrac{1}{2}\Delta x$$

e a distância é menor que a sugerida por nosso argumento conceitual.

Cada solução foi escrita para acompanhar de perto a Estratégia Geral de Solução de Problemas, descrita no Capítulo 1, de modo que reforce os bons hábitos de resolução de problemas.

Cada passo da solução encontra-se detalhada em um formato de duas colunas. A coluna da esquerda fornece uma explicação para cada etapa matemática da coluna da direita, para melhor reforçar os conceitos físicos.

E se? Afirmações aparecem em cerca de 1/3 dos exemplos trabalhados e oferecem uma variação da situação colocada no texto de exemplo. Por exemplo, esse recurso pode explorar os efeitos da alteração das condições da situação, determinar o que acontece quando uma quantidade é levada para um valor limite particular, ou perguntar se a informação adicional pode ser determinada com a situação problema. Este recurso incentiva os alunos a pensar sobre os resultados do exemplo e auxilia na compreensão conceitual dos princípios.

O resultado final são símbolos; valores numéricos são substituídos no resultado final.

---

edição. No conjunto de problemas de cada capítulo, o quartil superior dos problemas no WebAssign tem números sombreados para fácil identificação, permitindo que professores encontrem mais rápido e facilmente os problemas mais populares do WebAssign.

Para ter uma ideia dos tipos das melhorias que foram feitas, eis um problemas da quarta edição, seguido pelo problema como aparece nesta edição, com explicações de como eles foram aprimorados.

Problemas da quarta edição... ... Após a revisão para a quinta edição:

35. (a) Considere um objeto extenso cujas diferentes porções têm diversas elevações. Suponha que a aceleração da gravidade seja uniforme sobre o objeto. Prove que a energia potencial gravitacional do sistema Terra-corpo é dada por $U = Mgy_{CM}$, em que M é a massa total do corpo e y_{CM} é a posição de seu centro de massa acima do nível de referência escolhido. (b) Calcule a energia potencial gravitacional associada a uma rampa construída no nível do solo com pedra de densidade 3 800 kg/m² e largura uniforme de 3,60 m (Figura P8.35). Em uma visão lateral, a rampa aparece como um triângulo retângulo com altura de 15,7 m na extremidade superior e base de 64,8 m.

Figura P8.35

37. Exploradores da floresta encontram um monumento antigo na forma de um grande triângulo isóceles, como mostrado na Figura P8.37. O monumento é feito de dezenas de milhares de pequenos blocos de pedra de densidade 3 800 kg/m³. Ele tem 15,7 m de altura e 64,8 m de largura em sua base, com espessura de 3,60 m em todas as partes ao longo do momento. Antes de o monumento ser construído muitos anos atrás, todos os blocos de pedra foram colocados no solo. Quanto trabalho os construtores tiveram para colocar os blocos na posição durante a construção do monumento todo? *Observação*: A energia potencial gravitacional de um sistema corpo-Terra é definida por $U_g = Mgy_{CM}$, onde M é a massa total do corpo e y_{CM} é a elevação de seu centro de massa acima do nível de referência escolhido.

> É fornecido um enredo para o problema.

> A quantidade solicitada é requerida de forma mais pessoal, perguntando o trabalho realizado pelos homens, em vez de perguntar a energia potencial gravitacional.

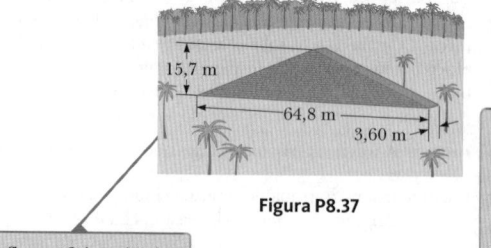

Figura P8.37

> A figura foi revisada e as dimensões foram acrescentadas.

> A expressão para a energia potencial gravitacional é fornecida, enquanto no original era solicitado que esta fosse provada. Isso permite que o problema funcione melhor no Enhanced WebAssign.

Organização de perguntas revisadas. Reorganizamos os conjuntos de perguntas de final do capítulo para esta nova edição. A seção de Perguntas da edição anterior está agora dividida em duas seções: Perguntas Objetivas e Perguntas Conceituais.

Perguntas objetivas são de múltipla escolha, verdadeiro/falso, classificação, ou outros tipos de perguntas de múltiplas suposições. Algumas requerem cálculos projetados para facilitar a familiaridade dos alunos com as equações, as variáveis utilizadas, os conceitos que as variáveis representam e as relações entre os conceitos. Outras são de natureza mais conceitual e são elaboradas para encorajar o pensamento conceitual. As perguntas objetivas também são escritas tendo em mente o usuário do sistema de respostas pessoais e a maioria das perguntas poderia ser facilmente utilizada nesses sistemas.

Perguntas conceituais são mais tradicionais, com respostas curtas e do tipo dissertativo, exigindo que os alunos pensem conceitualmente sobre uma situação física.

Problemas. Os problemas do final de capítulo são mais numerosos nesta edição e mais variados (no total, mais de 2 200 problemas são dados durante toda a coleção). Para conveniência tanto do aluno como do professor, cerca de dois terços dos problemas são ligados a seções específicas do capítulo, incluindo a seção Conteúdo em contexto. Os problemas restantes, chamados "Problemas Adicionais", não se referem a seções específicas. O ícone **BIO** identifica problemas que lidam com aplicações reais na ciência e medicina. As respostas dos problemas ímpares são fornecidas no final do livro. Para identificação facilitada, os números dos problemas simples estão impressos em preto; os números de problemas de nível intermediário estão impressos em cinza; e os de problemas desafiadores estão impressos em cinza sublinhado.

Novos tipos de problemas. Apresentamos quatro novos tipos de problemas nesta edição:

Q|C **Problemas quantitativos e conceituais** contêm partes que fazem com que os alunos pensem tanto quantitativa quanto conceitualmente. Um exemplo de problema Quantitativo e Conceitual aparece aqui:

Prefácio | xiii

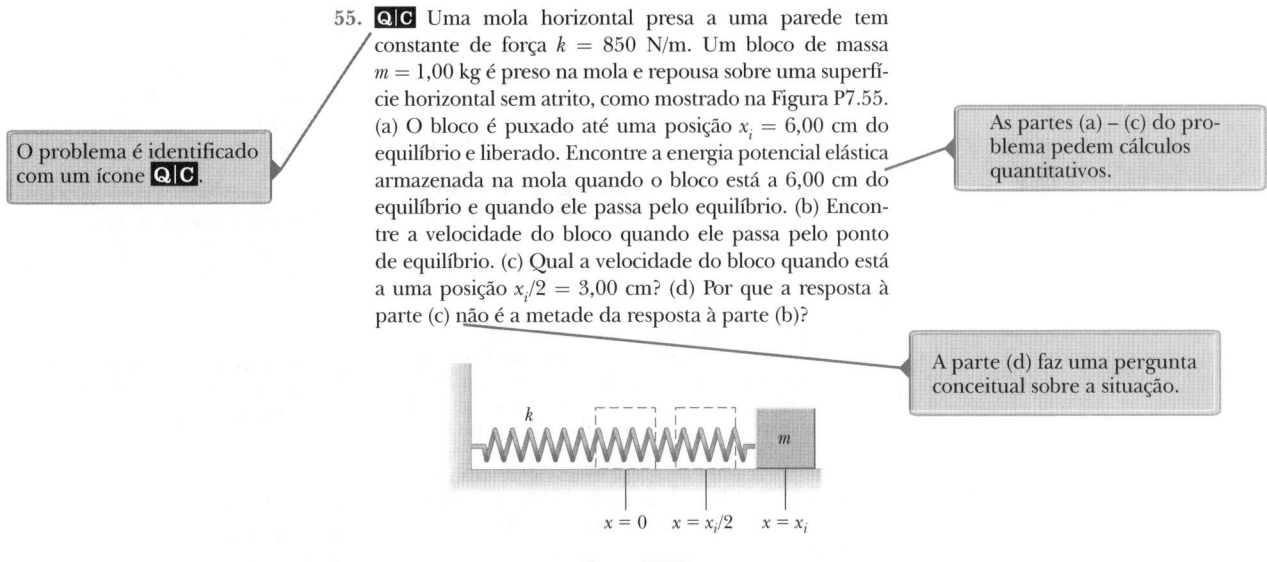

55. **Q|C** Uma mola horizontal presa a uma parede tem constante de força $k = 850$ N/m. Um bloco de massa $m = 1,00$ kg é preso na mola e repousa sobre uma superfície horizontal sem atrito, como mostrado na Figura P7.55. (a) O bloco é puxado até uma posição $x_i = 6,00$ cm do equilíbrio e liberado. Encontre a energia potencial elástica armazenada na mola quando o bloco está a 6,00 cm do equilíbrio e quando ele passa pelo equilíbrio. (b) Encontre a velocidade do bloco quando ele passa pelo ponto de equilíbrio. (c) Qual a velocidade do bloco quando está a uma posição $x_i/2 = 3,00$ cm? (d) Por que a resposta à parte (c) não é a metade da resposta à parte (b)?

- O problema é identificado com um ícone **Q|C**.
- As partes (a) – (c) do problema pedem cálculos quantitativos.
- A parte (d) faz uma pergunta conceitual sobre a situação.

Figura P7.55

S **Problemas simbólicos** pedem que os alunos os resolvam utilizando apenas manipulação simbólica. A maioria dos entrevistados na pesquisa pediu especificamente um aumento no número de problemas simbólicos encontrados no livro, pois isso reflete melhor a maneira como os professores querem que os alunos pensem quando resolvem problemas de Física. Um exemplo de problema simbólico aparece aqui:

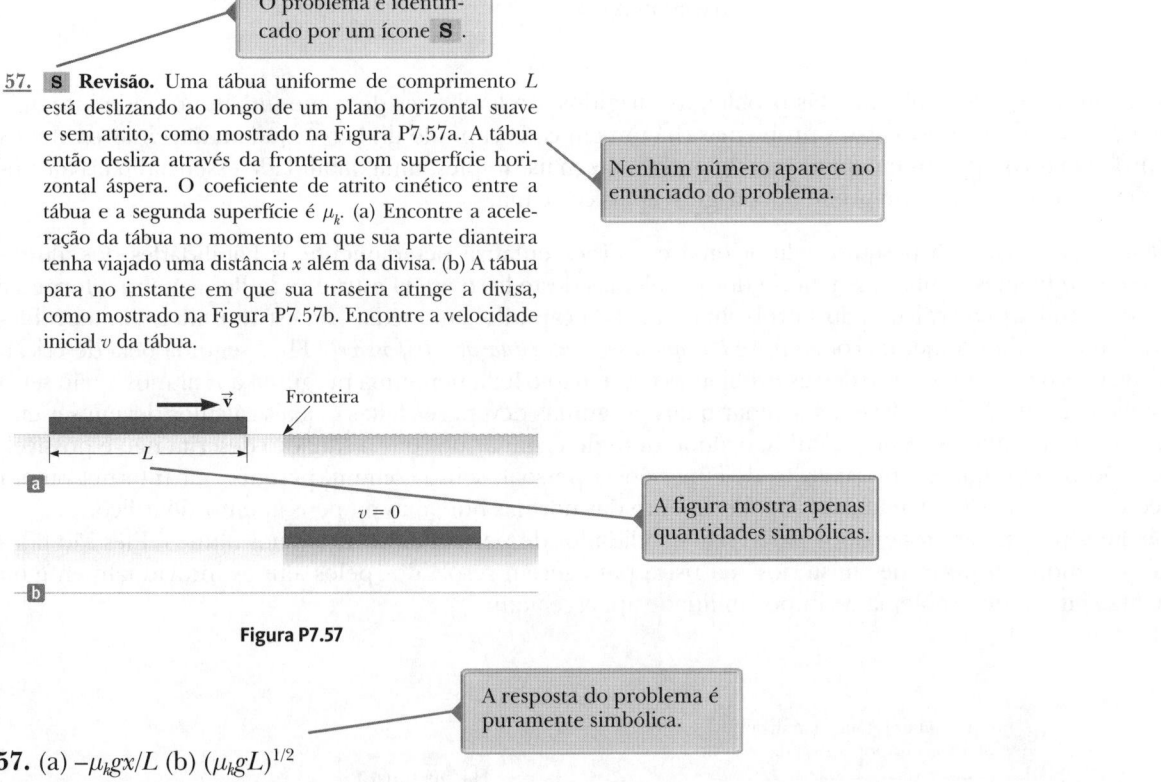

57. **S** **Revisão.** Uma tábua uniforme de comprimento L está deslizando ao longo de um plano horizontal suave e sem atrito, como mostrado na Figura P7.57a. A tábua então desliza através da fronteira com superfície horizontal áspera. O coeficiente de atrito cinético entre a tábua e a segunda superfície é μ_k. (a) Encontre a aceleração da tábua no momento em que sua parte dianteira tenha viajado uma distância x além da divisa. (b) A tábua para no instante em que sua traseira atinge a divisa, como mostrado na Figura P7.57b. Encontre a velocidade inicial v da tábua.

- O problema é identificado por um ícone **S**.
- Nenhum número aparece no enunciado do problema.
- A figura mostra apenas quantidades simbólicas.
- A resposta do problema é puramente simbólica.

Figura P7.57

57. (a) $-\mu_k g x/L$ (b) $(\mu_k g L)^{1/2}$

PD **Problemas dirigidos** ajudam os alunos a decompor os problemas em etapas. Um típico problema de Física pede uma quantidade física em um determinado contexto. Entretanto, frequentemente, diversos conceitos devem ser utilizados e inúmeros cálculos são necessários para obter essa resposta final. Muitos alunos não estão acostumados a esse nível de complexidade e frequentemente não sabem por onde começar. Um problema dirigido divide um problema-padrão em passos menores, o que permite que os alunos apreendam todos os conceitos e estratégias necessários para chegar à solução correta. Diferentemente dos problemas de Física padrão, a orientação é frequentemente

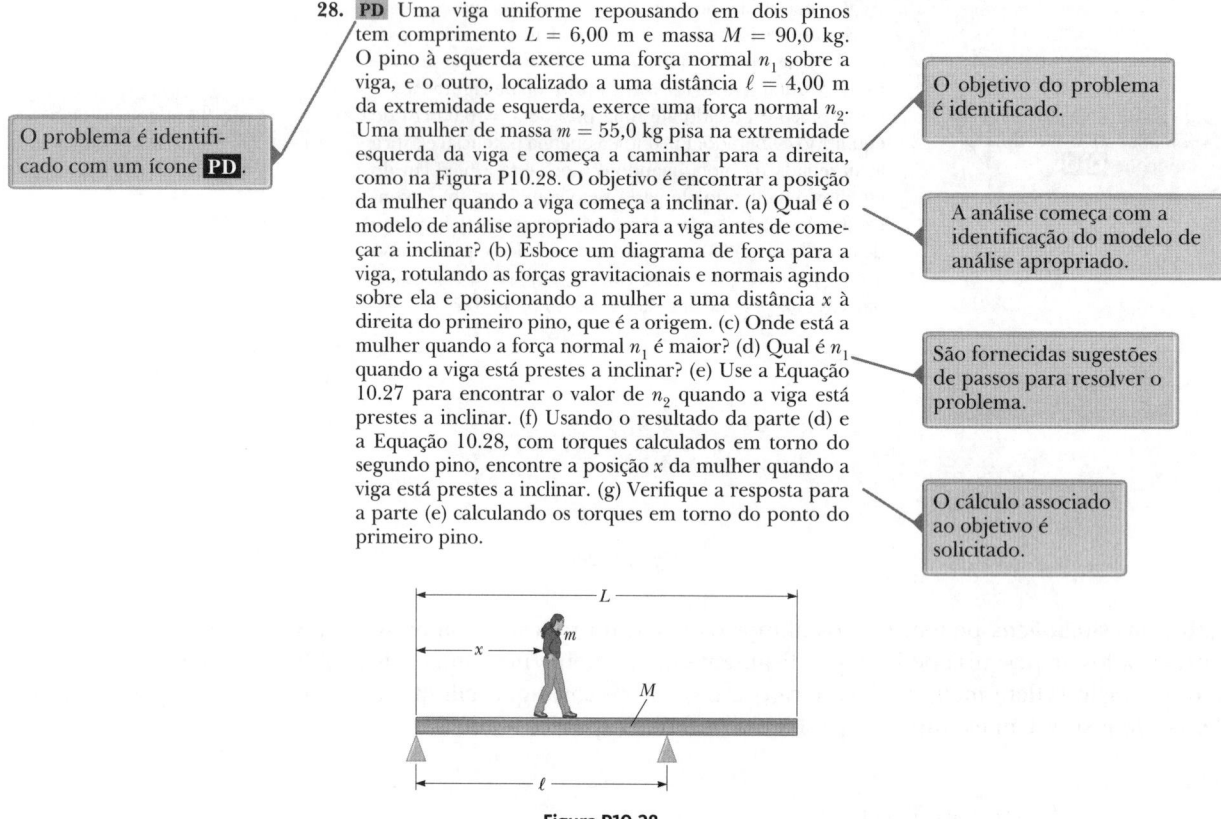

Figura P10.28

incorporada no enunciado do problema. Os problemas dirigidos são lembretes de como um aluno pode interagir com um professor em seu escritório. Esses problemas (há um em cada capítulo do livro) ajudam a treinar os alunos a decompor problemas complexos em uma série de problemas mais simples, uma habilidade essencial para a resolução de problemas. Um exemplo de problema dirigido aparece acima.

Problemas de impossibilidade. A pesquisa educacional em Física enfatiza pesadamente as habilidades dos alunos para resolução de problemas. Embora a maioria dos problemas deste livro esteja estruturada de maneira a fornecer dados e pedir um resultado de cálculo, dois problemas em cada capítulo, em média, são estruturados como problemas de impossibilidade. Eles começam com a frase *Por que a seguinte situação é impossível?* Ela é seguida pela descrição de uma situação. O aspecto impactante desses problemas é que não é feita nenhuma pergunta aos alunos a não ser o que está em itálico inicial. O aluno deve determinar quais perguntas devem ser feitas e quais cálculos devem ser efetuados. Com base nos resultados desses cálculos, o aluno deve determinar por que a situação descrita não é possível. Essa determinação pode requerer informações de experiência pessoal, senso comum, pesquisa na Internet ou em impresso, medição, habilidades matemáticas, conhecimento das normas humanas ou pensamento científico.

Esses problemas podem ser designados para criar habilidades de pensamento crítico nos alunos. Eles são também engraçados, tendo o aspecto de "mistérios" da física para serem resolvidos pelos alunos individualmente ou em grupos. Um exemplo de problema de impossibilidade aparece aqui:

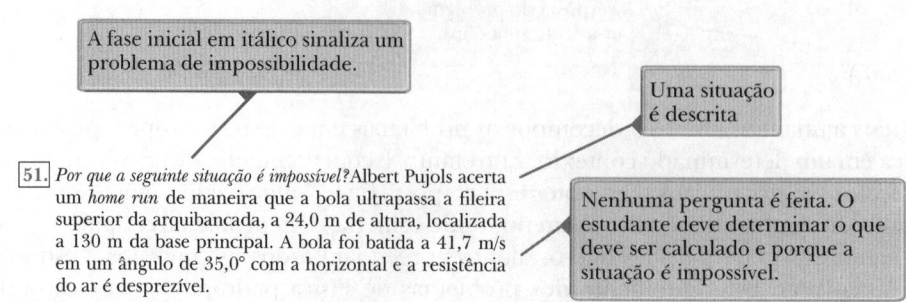

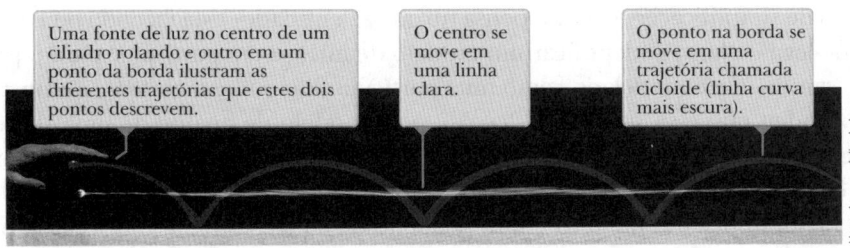

Figura 10.28 Dois pontos em um cilindro rolando tomam trajetórias diferentes através do espaço.

Maior número de problemas emparelhados. Com base no parecer positivo que recebemos em uma pesquisa de mercado, aumentamos o número de problemas emparelhados nesta edição. Esses problemas são de outro modo idênticos, um pedindo uma solução numérica e o outro, uma derivação simbólica. Existem agora três pares desses problemas na maioria dos capítulos, indicados pelo sombreado mais escuro no conjunto de problemas do final de capítulo.

Revisão minuciosa das ilustrações. Cada ilustração desta edição foi revisada com um estilo novo e moderno, ajudando a expressar os princípios da Física de maneira clara e precisa. Cada ilustração também foi revisada para garantir que as situações físicas apresentadas correspondam exatamente à proposição do texto sendo discutido.

Também foi acrescentada nesta edição uma nova característica: "indicadores de foco", que indicam aspectos importantes de uma figura ou guiam os alunos por um processo ilustrado pela arte ou foto. Esse formato ajuda os alunos que aprendem mais facilmente utilizando o sentido da visão. Exemplos de figuras com indicadores de foco aparecem a seguir.

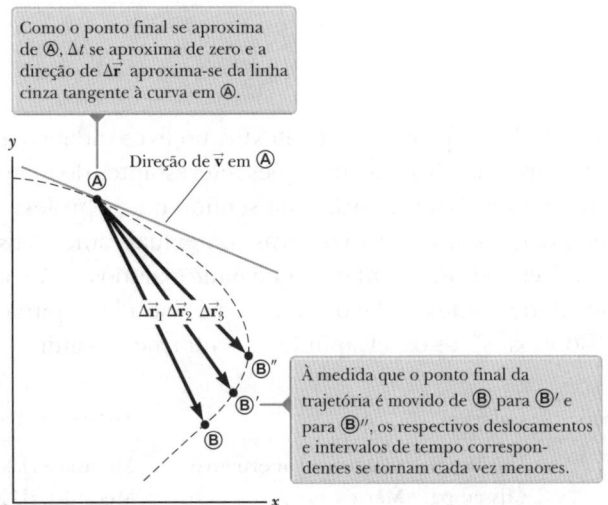

Figura 3.2 Como uma partícula se move entre dois pontos, sua velocidade média é na direção do vetor deslocamento $\Delta \vec{r}$. Por definição, a velocidade instantânea em Ⓐ é direcionada ao longo da linha tangente à curva em Ⓐ.

Expansão da abordagem do modelo de análise. Os alunos são expostos a centenas de problemas durante seus cursos de Física. Os professores têm consciência de que um número relativamente pequeno de princípios fundamentais formam a base desses problemas. Quando está diante de um problema novo, um físico forma um modelo que pode ser resolvido de maneira simples, identificando os princípios fundamentais aplicáveis ao problema. Por exemplo, muitos problemas envolvem a conservação da energia, a segunda lei de Newton ou equações cinemáticas. Como o físico já estudou esses princípios extensamente e entende as aplicações associadas, ele pode aplicar o conhecimento como um modelo para resolução de um problema novo.

Embora fosse ideal que os alunos seguissem o mesmo processo, a maioria deles tem dificuldade em se familiarizar com toda a gama de princípios fundamentais disponíveis. É mais fácil para os alunos identificar uma situação do que um princípio fundamental. A abordagem de Modelo de Análise que enfocamos nesta revisão mostra um conjunto de situações que aparecem na maioria dos problemas de Física. Essas situações baseiam-se na "entidade" e um dos quatro modelos de simplificação: partícula, sistema, objeto rígido e onda.

Uma vez identificado o modelo de simplificação, o aluno pensa no que a "entidade" está fazendo ou em como ela interage com seu ambiente, o que leva o aluno a identificar um modelo de análise em particular para o problema. Por exemplo, se o objeto estiver caindo, ele é modelado como uma partícula. Ele está em aceleração constante por causa da gravidade. O aluno aprendeu que essa situação é descrita pelo modelo de análise de uma partícula sob aceleração constante. Além disso, esse modelo tem um número pequeno de equações associadas para serem usadas na resolução dos problemas, as equações cinemáticas no Capítulo 2. Por essa razão, uma compreensão da situação levou a um modelo de análise, que identifica um número muito pequeno de equações para solucionar o problema em vez da grande quantidade de equações que os alunos veem no capítulo. Desse modo, a utilização de modelos de análise leva o aluno ao princípio fundamental que o físico identificaria. Conforme o aluno ganha mais experiência, ele dependerá menos da abordagem de modelo de análise e começará a identificar os princípios fundamentais diretamente, como o físico faz. Essa abordagem também é reforçada no resumo do final de capítulo sob o título Modelo de Análise para Resolução de Problemas.

Mudanças de conteúdo. O conteúdo e a organização do livro didático são essencialmente os mesmos da quarta edição. Diversas seções em vários capítulos foram dinamizadas, excluídas ou combinadas com outras seções para permitir uma apresentação mais equilibrada. Os Capítulos 6 e 7 foram completamente reorganizados para preparar alunos para uma abordagem unificada para a energia que é usada ao logo do texto. Atualizações foram acrescentadas para refletir o estado atual de várias áreas de pesquisa e aplicação da Física, incluindo uma nova seção sobre a matéria escura e informações sobre descobertas de novos objetos do cinto de Kuiper, comparação de teorias de concorrentes de percepção de campo em humanos, progresso na utilização de válvulas de grade de luz (GLV) para aplicações ópticas, novos experimentos para procurar a radiação de fundo cósmico, desenvolvimentos na procura de evidências do plasma *quark-gluon*, e o *status* do Acelerador de Partículas (LHC).

Organização

Temos incorporado um esquema de "sobreposição de contexto" no livro didático, em resposta à abordagem "Física em Contexto" na IUPP. Esta característica adiciona aplicações interessantes do material em usos reais. Temos desenvolvido esta característica flexível; é uma "sobreposição" no sentido que o professor que não quer seguir a abordagem contextual possa simplesmente ignorar as características contextuais adicionais sem sacrificar completamente a cobertura do material existente. Acreditamos, no entanto, que muitos alunos serão beneficiados com esta abordagem.

A organização de sobreposição de contexto divide toda a coleção (31 capítulos no total, divididos em quatro volumes) em nove seções, ou "Contextos", após o Capítulo 1, conforme a seguir:

Número do contexto	Contexto	Tópicos de Física	Capítulos
1	Veículos de combustível alternativo	Mecânica clássica	2-7
2	Missão para Marte	Mecânica clássica	8-11
3	Terremotos	Vibrações e ondas	12-14
4	Ataques cardíacos	Fluidos	15
5	Aquecimento global	Termodinâmica	16-18
6	Raios	Eletricidade	19-21
7	Magnetismo na medicina	Magnetismo	22-23
8	Lasers	Óptica	24-27
9	A conexão cósmica	Física moderna	28-31

Cada Contexto começa com uma seção introdutória que proporciona uma base histórica ou faz uma conexão entre o tópico do Contexto e questões sociais associadas. A seção introdutória termina com uma "pergunta central" que motiva o estudo dentro do Contexto. A seção final de cada capítulo é uma "Conexão com o contexto", que discute como o material específico no capítulo se relaciona com o Contexto e com a pergunta central. O capítulo final em cada Contexto é seguido por uma "Conclusão do Contexto". Cada conclusão aplica uma combinação dos princípios aprendidos nos diversos capítulos do Contexto para responder de forma completa a pergunta central. Cada capítulo e suas respectivas Conclusões incluem problemas relacionados ao material de contexto.

Características do texto

A maioria dos professores acredita que o livro didático selecionado para um curso deve ser o guia principal do aluno para a compreensão e aprendizagem do tema. Além disso, o livro didático deve ser facilmente acessível e deve ser estilizado e escrito para facilitar a instrução e a aprendizagem. Com esses pontos em mente, incluímos muitos recursos pedagógicos, relacionados abaixo, que visam melhorar sua utilidade tanto para alunos quanto para professores.

Resolução de problemas e compreensão conceitual

Estratégia geral de resolução de problemas. A estratégia geral descrita no final do Capítulo 1 oferece aos alunos um processo estruturado para a resolução de problemas. Em todos os outros capítulos, a estratégia é empregada em cada exemplo de maneira que os alunos possam aprender como ela é aplicada. Os alunos são encorajados a seguir essa estratégia ao trabalhar nos problemas de final de capítulo.

Na maioria dos capítulos, as estratégias e sugestões mais específicas estão incluídas para solucionar os tipos de problemas caracterizados nos problemas de final de capítulo. Esta característica ajuda aos alunos a identificar as etapas essenciais para solucionar problemas e aumenta suas habilidades como solucionadores de problemas.

Pensando em Física. Temos incluído vários exemplos de Pensando em Física ao longo de cada capítulo. Essas perguntas relacionam os conceitos físicos a experiências comuns ou estendem os conceitos além do que é discutido no material textual. Imediatamente após cada uma dessas perguntas há uma seção "Raciocínio" que responde à pergunta. Preferencialmente, o aluno usará estas características para melhorar o entendimento dos conceitos físicos antes de começar a apresentação de exemplos quantitativos e problemas para solucionar em casa.

Figuras ativas. Muitos diagramas do texto foram animados para se tornarem Figura Ativas (identificadas na legenda da figura), parte do sistema de tarefas de casa on-line Enhanced WebAssign. Vendo animações de fenômenos de processos que não podem ser representados completamente numa página estática, os alunos aumentam muito o seu entendimento conceitual. Além disso, com as animações de figuras, os alunos podem ver o resultado da mudança de variáveis, explorações de conduta sugeridas dos princípios envolvidos na figura e receber o *feedback* em testes relacionados à figura.

Testes rápidos. Os alunos têm a oportunidade de testar sua compreensão dos conceitos da Física apresentados por meio de Testes Rápidos. As perguntas pedem que os alunos tomem decisões com base no raciocínio sólido, e algumas delas foram elaboradas para ajudá-los a superar conceitos errôneos. Os Testes Rápidos foram moldados em um formato objetivo, incluindo testes de múltipla escolha, falso e verdadeiro e de classificação. As respostas de todas as perguntas no Teste Rápido encontram-se no final do texto. Muitos professores preferem utilizar tais perguntas em um estilo de "interação com colega" ou com a utilização do sistema de respostas pessoais por meio de *clickers*, mas elas também podem ser usadas no formato padrão de *quiz*. Um exemplo de Teste Rápido é apresentado a seguir.

> **TESTE RÁPIDO 6.5** Um dardo é inserido em uma pistola de dardos de mola, empurrando a mola por uma distância x. Na próxima carga, a mola é comprimida a uma distância $2x$. Quão mais rápido o segundo dardo sai da arma em comparação com o primeiro? **(a)** quatro vezes mais **(b)** duas vezes mais **(c)** o mesmo **(d)** metade **(e)** um quarto

Prevenção de armadilhas. Mais de 150 Prevenções de Armadilhas (tais como a que se encontra à direita) são fornecidas para ajudar os alunos a evitar erros e equívocos comuns. Esses recursos, que são colocados nas margens do texto, tratam tanto dos conceitos errôneos mais comuns dos alunos quanto de situações nas quais eles frequentemente seguem caminhos que não são produtivos.

> **Prevenção de Armadilhas | 1.1**
>
> **Valores sensatos**
> Gerar intuição sobre valores normais de quantidades ao resolver problemas é importante porque se deve pensar no resultado final e determinar se ele parece sensato. Por exemplo, se estiver calculando a massa de uma mosca e chegar a um valor de 100 kg, essa resposta é *insensata* e há um erro em algum lugar.

Resumos. Cada capítulo contém um resumo que revisa os conceitos e equações importantes vistos no capítulo. Nova na quinta edição é a seção do Resumo Modelo de Análise para solução de problemas, que ressalta os modelos de análise relevantes apresentados num dado capítulo.

Perguntas. Como mencionado nas edições anteriores, a seção de perguntas da edição anterior agora está dividida em duas: Perguntas Objetivas e Perguntas Conceituais. O professor pode selecionar itens para atribuir como tarefa de casa ou utilizar em sala de aula, possivelmente com métodos de "instrução de grupo" e com sistemas de resposta pessoal. Mais de setecentas Perguntas Objetivas e Conceituais foram incluídas nesta edição.

Problemas. Um conjunto extenso de problemas foi incluído no final de cada capítulo; no total, esta edição contém mais de 2 200 problemas. As respostas dos problemas ímpares são fornecidas no final do livro.

Além dos novos tipos de problemas mencionados anteriormente, há vários outros tipos de problemas caracterizados no texto:

- **Problemas Biomédicos.** Acrescentamos vários problemas relacionados a situações biomédicas nesta edição (cada um relacionado a um ícone BIO), para destacar a relevância dos princípios da Física aos alunos que seguem este curso e vão se formar em uma das ciências humanas.

- **Problemas Emparelhados**. Como ajuda para o aprendizado dos alunos em solucionar problemas simbolicamente, problemas numericamente emparelhados e problemas simbólicos são incluídos em todos os capítulos do livro. Os problemas emparelhados são identificados por um fundo comum.

- **Problemas de revisão**. Muitos capítulos incluem problemas de revisão que pedem que o aluno combine conceitos vistos no capítulo atual com os discutidos nos capítulos anteriores. Esses problemas (marcados como Revisão) refletem a natureza coesa dos princípios no texto e garantem que a Física não é um conjunto espalhado de ideias. Ao enfrentar problemas do mundo real, como o aquecimento global e as armas nucleares, pode ser necessário contar com ideias da Física de várias partes de um livro didático como este.

- **"Problemas de Fermi"**. Um ou mais problemas na maioria dos capítulos pedem que o aluno raciocine em termos de ordem de grandeza.

- **Problemas de projeto.** Vários capítulos contêm problemas que pedem que o aluno determine parâmetros de projeto para um dispositivo prático de maneira que ele possa funcionar conforme necessário.
- **Problemas com base em cálculo.** A maioria dos capítulos contém pelo menos um problema que aplica ideias e métodos de cálculo diferencial e um problema que utiliza cálculo integral.

Representações alternativas. Enfatizamos representações alternativas de informação, incluindo representações mentais, pictóricas, gráficas, tabulares e matemáticas. Muitos problemas são mais fáceis de resolver quando a informação é apresentada de forma alternativa, alcançando os vários métodos diferentes que os alunos utilizam para aprender.

Apêndice de matemática. O anexo de matemática (Anexo B), uma ferramenta valiosa para os alunos, mostra as ferramentas matemáticas em um contexto físico. Este recurso é ideal para alunos que necessitam de uma revisão rápida de tópicos, tais como álgebra, trigonometria e cálculo.

Aspectos úteis

Estilo. Para facilitar a rápida compreensão, escrevemos o livro em um estilo claro, lógico e atrativo. Escolhemos um estilo de escrita que é um pouco informal e descontraído, e os alunos encontrarão um texto atraente e agradável de ler. Os termos novos são cuidadosamente definidos, evitando a utilização de jargões.

Definições e equações importantes. As definições mais importantes estão em negrito ou fora do parágrafo em texto centralizado para adicionar ênfase e facilidade na revisão. De maneira similar, as equações importantes são destacadas com uma tela de fundo para facilitar a localização.

Notas de margem. Comentários e notas que aparecem na margem com um ícone ▶ podem ser utilizados para localizar afirmações, equações e conceitos importantes no texto.

Nível matemático. Introduzimos cálculo gradualmente, lembrando que os alunos com frequência fazem cursos introdutórios de Cálculo e Física ao mesmo tempo. A maioria das etapas é mostrada quando equações básicas são desenvolvidas e frequentemente se faz referência aos anexos de matemática do final do livro didático. Embora os vetores sejam abordados em detalhe no Capítulo 1, produtos de vetores são apresentados mais adiante no texto, em que são necessários para aplicações da Física. O produto escalar é apresentado no Capítulo 6, que trata da energia de um sistema; o produto vetorial é apresentado no Capítulo 10, que aborda o momento angular.

Figuras significativas. Tanto nos exemplos trabalhados quanto nos problemas do final de capítulo, os algarismos significativos foram manipulados com cuidado. A maioria dos exemplos numéricos é trabalhada com dois ou três algarismos significativos, dependendo da precisão dos dados fornecidos. Os problemas do final de capítulo regularmente exprimem dados e respostas com três dígitos de precisão. Ao realizar cálculos estimados, normalmente trabalharemos com um único algarismo significativo. (Mais discussão sobre algarismos significativos encontra-se no Capítulo 1.)

Unidades. O sistema internacional de unidades (SI) é utilizado em todo o texto. O sistema comum de unidades nos Estados Unidos só é utilizado em quantidade limitada nos capítulos de mecânica e termodinâmica.

Apêndices e páginas finais. Diversos anexos são fornecidos no fim do livro. A maioria do material anexo representa uma revisão dos conceitos de matemática e técnicas utilizadas no texto, incluindo notação científica, álgebra, geometria, trigonometria, cálculo diferencial e cálculo integral. A referência a esses anexos é feita em todo o texto. A maioria das seções de revisão de matemática nos anexos inclui exemplos trabalhados e exercícios com respostas. Além das revisões de matemática, os anexos contêm tabela de dados físicos, fatores de conversão e unidades SI de quantidades físicas, além de uma tabela periódica dos elementos. Outras informações úteis – dados físicos e constantes fundamentais, uma lista de prefixos padrão, símbolos matemáticos, alfabeto grego e abreviações padrão de unidades de medida – aparecem nas páginas finais.

Soluções de curso que se ajustarão às suas metas de ensino e às necessidades de aprendizagem dos alunos

Avanços recentes na tecnologia educacional tornaram os sistemas de gestão de tarefas para casa e os sistemas de resposta ferramentas poderosas e acessíveis para melhorar a maneira como os cursos são ministrados. Não importa se você oferece um curso mais tradicional com base em texto, se está interessado em utilizar ou se atualmente utiliza um sistema de gestão de tarefas para casa, como o Enhanced WebAssign. Para mais informações sobre como adquirir o cartão de acesso a esta ferramenta, contate: vendas.cengage@cengage.com. Recurso em inglês.

Sistemas de gestão de tarefas para casa

Enhanced WebAssign para Princípios de Física, tradução da 5ª edição norte-americana (*Principles of physics, 5th edition*). Exclusivo da Cengage Learning, o Enhanced WebAssign oferece um programa on-line extenso de Física para encorajar a prática que é tão fundamental para o domínio do conceito. A pedagogia e exercícios meticulosamente trabalhada nos nossos textos comprovados se tornaram ainda mais eficazes no Enhanced WebAssign. O Enhanced WebAssign inclui o Cengage YouBook, um livro interativo altamente personalizável. O WebAssign inclui:

- Todos os problemas quantitativos de final de capítulo.
- Problemas selecionados aprimorados com *feedbacks* direcionados. Um exemplo de *feedback* direcionado aparece a seguir:
- Tutoriais Master It (indicados no texto por um ícone **M**), para ajudar os alunos a trabalharem no problema um passo de cada vez. Um exemplo de tutorial Master It aparece na próxima página.
- Vídeos de resolução Watch It (indicados no texto por um ícone **W**) que explicam estratégias fundamentais de resolução de problemas para ajudar os alunos a passarem pelas etapas do problema. Além disso, os professores podem escolher incluir sugestões de estratégias de resolução de problemas.
- Verificações de conceitos
- Tutoriais de simulação de Figuras Ativas
- Simulações PhET
- A maioria dos exemplos trabalhados, melhorados com sugestões e *feedback*, para ajudar a reforçar as habilidades de resolução de problemas dos alunos

Problemas selecionados incluem *feedback* para tratar dos erros mais comuns que os estudantes cometem. Esse *feedback* foi desenvolvido por professores com vários anos de experiência em sala de aula. (em inglês)

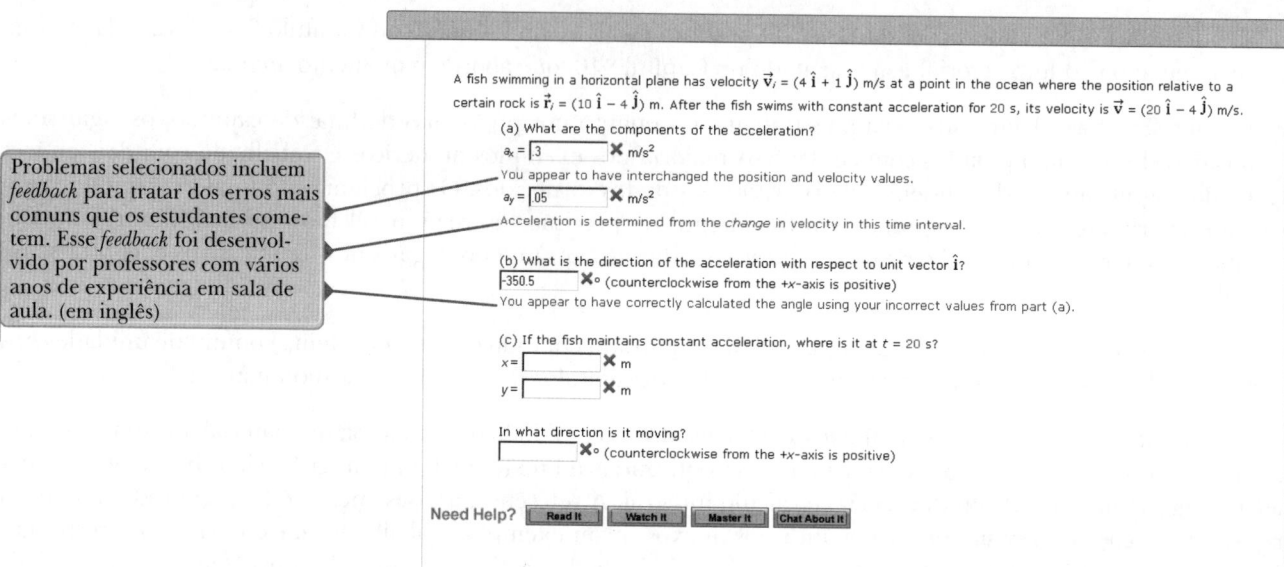

Os tutoriais **Master It** ajudam os estudantes a organizar o que necessitam para resolver um problema com as seções de *conceitualização* e *categorização* antes de trabalhar em cada etapa. (em inglês)

Tutoriais **Master It** ajudam os estudantes a trabalhar em cada passo do problema. (em inglês)

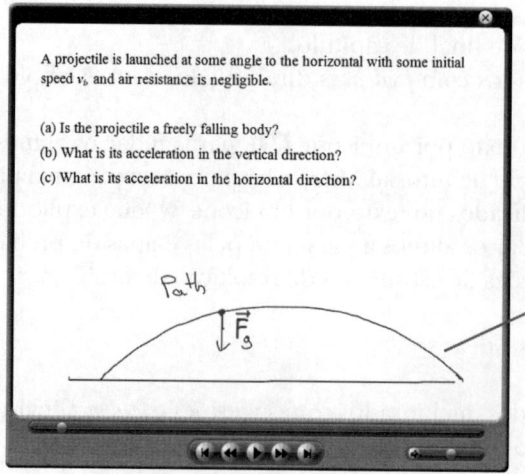

Os vídeos de resolução **Watch It** ajudam os estudantes a visualizar os passos necessários para resolver um problema. (em inglês)

- Cada Teste Rápido oferece aos alunos uma grande oportunidade de testar sua compreensão conceitual
- O Cengage YouBook

O WebAssign tem um eBook personalizável e interativo, o **Cengage YouBook**, que direciona o livro-texto para se encaixar no seu curso e conectar você com os seus alunos. Você pode remover ou reorganizar capítulos no índice e direcionar leituras designadas que combinem exatamente com o seu programa. Ferramentas poderosas de edição permitem a você fazer mudanças do jeito desejado – ou deixar tudo do jeito original. Você pode destacar trechos principais ou adicionar notas adesivas nas páginas para comentar um conceito na leitura, e depois compartilhar qualquer uma dessas notas individuais e trechos marcados com os seus alunos, ou mantê-los para si. Você também pode editar o conteúdo narrativo no livro de texto adicionando uma caixa de texto ou eliminando texto. Com uma ferramenta de *link* útil, você pode entrar num ícone em qualquer ponto do *eBook* que lhe permite fazer *links* com as suas próprias notas de leitura, resumos de áudio, vídeo-palestras, ou outros arquivos em um site pessoal ou em qualquer outro lugar da web. Um simples *widget* do YouTube permite que você encontre e inclua vídeos do YouTube de maneira fácil diretamente nas páginas do *eBook*. Existe um quadro claro de discussão que permite aos alunos e professores que encontrem outras pessoas da sua classe e comecem uma sessão de *chat*. O Cengage YouBook ajuda os alunos a irem além da simples leitura do livro didático. Os alunos também podem destacar o texto, adicionar as suas próprias notas e marcar o livro. As animações são reproduzidas direto na página no ponto de aprendizagem, de modo que não sejam solavancos, mas sim verdadeiros aprimoramentos na leitura. Para mais informações sobre como adquirir o cartão de acesso a esta ferramenta, contate: vendas.cengage@cengage.com. Recurso em inglês.

- Oferecido exclusivamente no WebAssign, o **Quick Prep** para Física é um suprimento de álgebra matemática de trigonometria dentro do contexto de aplicações e princípios físicos. O Quick Prep ajuda os alunos a serem bem-sucedidos usando narrativas ilustradas com exemplos em vídeo. O tutorial para problemas Master It permite que os alunos tenham acesso e sintonizem novamente o seu entendimento do material. Os Problemas Práticos que acompanham cada tutorial permitem que tanto o aluno como o professor testem o entendimento do aluno sobre o material.

O Quick Prep inclui os seguintes recursos:

- 67 tutoriais interativos
- 67 problemas práticos adicionais
- Visão geral de cada tópico que inclui exemplos de vídeo
- Pode ser feito antes do começo do semestre ou durante as primeiras semanas do curso
- Pode ser também atribuído junto de cada capítulo na forma *just in time*

Os tópicos incluem: unidades, notação científica e figuras significativas; o movimento de objetos em uma reta; funções; aproximação e gráficos; probabilidade e erro; vetores, deslocamento e velocidade; esferas; força e projeção de vetores.

Agradecimentos

Antecedente ao nosso trabalho nesta revisão, conduzimos duas pesquisas separadas de professores para fazer uma escala das suas necessidades em livros-texto do mercado sobre Física introdutória com base em cálculo. Ficamos espantados não apenas pelo número de professores que queriam participar da pesquisa, mas também pelos seus comentários perspicazes. O seu *feedback* e sugestões ajudaram a moldar a revisão desta edição; nós os agradecemos. Também agradecemos às seguintes pessoas por suas sugestões e assistência durante a preparação das edições anteriores deste livro:

Edward Adelson, Ohio State University; Anthony Aguirre, University of California em Santa Cruz; Yildirim M. Aktas, University of North Carolina–Charlotte; Alfonso M. Albano, Bryn Mawr College; Royal Albridge, Vanderbilt University; Subash Antani, Edgewood College; Michael Bass, University of Central Florida; Harry Bingham, University of California, Berkeley; Billy E. Bonner, Rice University; Anthony Buffa, California Polytechnic State University, San Luis Obispo; Richard Cardenas, St. Mary's University; James Carolan, University of British Columbia; Kapila Clara Castoldi, Oakland University; Ralph V. Chamberlin, Arizona State University; Christopher R. Church, Miami University (Ohio); Gary G. DeLeo, Lehigh University; Michael Dennin, University of California, Irvine; Alan J. DeWeerd, Creighton University; Madi Dogariu, University of Central

Florida; Gordon Emslie, University of Alabama em Huntsville; Donald Erbsloe, United States Air Force Academy; William Fairbank, Colorado State University; Marco Fatuzzo, University of Arizona; Philip Fraundorf, University of Missouri-St. Louis; Patrick Gleeson, Delaware State University; Christopher M. Gould, University of Southern California; James D. Gruber, Harrisburg Area Community College; John B. Gruber, San Jose State University; Todd Hann, United States Military Academy; Gail Hanson, Indiana University; Gerald Hart, Moorhead State University; Dieter H. Hartmann, Clemson University; Richard W. Henry, Bucknell University; Athula Herat, Northern Kentucky University; Laurent Hodges, Iowa State University; Michael J. Hones, Villanova University; Huan Z. Huang, University of California em Los Angeles; Joey Huston, Michigan State University; George Igo, University of California em Los Angeles; Herb Jaeger, Miami University; David Judd, Broward Community College; Thomas H. Keil, Worcester Polytechnic Institute; V. Gordon Lind, Utah State University; Edwin Lo; Michael J. Longo, University of Michigan; Rafael Lopez-Mobilia, University of Texas em San Antonio; Roger M. Mabe, United States Naval Academy; David Markowitz, University of Connecticut; Thomas P. Marvin, Southern Oregon University; Bruce Mason, University of Oklahoma em Norman; Martin S. Mason, College of the Desert; Wesley N. Mathews, Jr., Georgetown University; Ian S. McLean, University of California em Los Angeles; John W. McClory, United States Military Academy; L. C. McIntyre, Jr., University of Arizona; Alan S. Meltzer, Rensselaer Polytechnic Institute; Ken Mendelson, Marquette University; Roy Middleton, University of Pennsylvania; Allen Miller, Syracuse University; Clement J. Moses, Utica College of Syracuse University; John W. Norbury, University of Wisconsin–Milwaukee; Anthony Novaco, Lafayette College; Romulo Ochoa, The College of New Jersey; Melvyn Oremland, Pace University; Desmond Penny, Southern Utah University; Steven J. Pollock, University of Colorado-Boulder; Prabha Ramakrishnan, North Carolina State University; Rex D. Ramsier, The University of Akron; Ralf Rapp, Texas A&M University; Rogers Redding, University of North Texas; Charles R. Rhyner, University of Wisconsin-Green Bay; Perry Rice, Miami University; Dennis Rioux, University of Wisconsin – Oshkosh; Richard Rolleigh, Hendrix College; Janet E. Seger, Creighton University; Gregory D. Severn, University of San Diego; Satinder S. Sidhu, Washington College; Antony Simpson, Dalhousie University; Harold Slusher, University of Texas em El Paso; J. Clinton Sprott, University of Wisconsin em Madison; Shirvel Stanislaus, Valparaiso University; Randall Tagg, University of Colorado em Denver; Cecil Thompson, University of Texas em Arlington; Harry W. K. Tom, University of California em Riverside; Chris Vuille, Embry – Riddle Aeronautical University; Fiona Waterhouse, University of California em Berkeley; Robert Watkins, University of Virginia; James Whitmore, Pennsylvania State University

Princípios de Física, quinta edição, teve sua precisão cuidadosamente verificada por Grant Hart (Brigham Young University), James E. Rutledge (University of California at Irvine) e Som Tyagi (Drexel University).

Estamos em débito com os desenvolvedores dos modelos IUPP "A Particles Approach to Introductory Physics" e "Physics in Context", sob os quais boa parte da abordagem pedagógica deste livro didático foi fundamentada.

Vahe Peroomian escreveu o projeto inicial do novo contexto em Ataques Cardíacos, e estamos muito agradecidos por seu esforço. Ele ajudou revisando os primeiros rascunhos dos problemas.

Agradecemos a John R. Gordon e Vahe Peroomian por ajudar no material, e a Vahe Peroomian por preparar um excelente *Manual de Soluções*. Durante o desenvolvimento deste texto, os autores foram beneficiados por várias discussões úteis com colegas e outros professores de Física, incluindo Robert Bauman, William Beston, Don Chodrow, Jerry Faughn, John R. Gordon, Kevin Giovanetti, Dick Jacobs, Harvey Leff, John Mallinckrodt, Clem Moses, Dorn Peterson, Joseph Rudmin e Gerald Taylor.

Agradecimentos especiais e reconhecimento aos profissionais da Brooks/Cole Publishing Company – em particular, Charles Hartford, Ed Dodd, Brandi Kirksey, Rebecca Berardy Schwartz, Jack Cooney, Cathy Brooks, Cate Barr e Brendan Killion – pelo seu ótimo trabalho durante o desenvolvimento e produção deste livro-texto. Reconhecemos o serviço competente da produção proporcionado por Jill Traut e os funcionários do Macmillan Solutions e o esforço dedicado na pesquisa de fotos de Josh Garvin do Grupo Bill Smith.

Por fim, estamos profundamente em débito com nossas esposas e filhos, por seu amor, apoio e sacrifícios de longo prazo.

Raymond A. Serway
St. Petersburg, Flórida

John W. Jewett, Jr.
Anaheim, Califórnia

Ao aluno

É apropriado oferecer algumas palavras de conselho que sejam úteis para você, aluno. Antes de fazê-lo, supomos que tenha lido o Prefácio, que descreve as várias características do livro didático e dos materiais de apoio que o ajudarão durante o curso.

Como estudar

Frequentemente, pergunta-se aos professores, "Como eu deveria estudar Física e me preparar para as provas?" Não há resposta simples para essa pergunta, mas podemos oferecer algumas sugestões com base em nossas experiências de aprendizagem e ensino durante anos.

Antes de tudo, mantenha uma atitude positiva em relação ao assunto, tendo em mente que a Física é a mais fundamental de todas as ciências naturais. Outros cursos de ciência que vêm a seguir usarão os mesmos princípios físicos; assim, é importante que você entenda e seja capaz de aplicar os vários conceitos e teorias discutidos no texto.

Conceitos e princípios

É essencial que você entenda os conceitos e princípios básicos antes de tentar resolver os problemas solicitados. Você poderá alcançar essa meta com a leitura cuidadosa do livro didático antes de assistir à aula sobre o material tratado. Ao ler o texto, anote os pontos que não estão claros para você. Certifique-se, também, de tentar responder às perguntas dos Testes Rápidos ao chegar a eles durante a leitura. Trabalhamos muito para preparar perguntas que possam ajudar você a avaliar sua compreensão do material. Estude cuidadosamente os recursos **E Se?** que aparecem em muitos dos exemplos trabalhados. Eles ajudarão a estender sua compreensão além do simples ato de chegar a um resultado numérico. As Prevenções de Armadilhas também ajudarão a mantê-lo longe dos erros mais comuns na Física. Durante a aula, tome notas atentamente e faça perguntas sobre as ideias que não entender com clareza. Tenha em mente que poucas pessoas são capazes de absorver todo o significado de um material científico após uma única leitura; várias leituras do texto, juntamente com suas anotações, podem ser necessárias. As aulas e o trabalho em laboratório suplementam o livro didático e devem esclarecer parte do material mais difícil. Evite a simples memorização do material. A memorização bem-sucedida de passagens do texto, equações e derivações não indica necessariamente que entendeu o material. A compreensão do material será melhor por meio de uma combinação de hábitos de estudo eficientes, discussões com outros alunos e com professores, e sua capacidade de resolver os problemas apresentados no livro didático. Faça perguntas sempre que acreditar que o esclarecimento de um conceito é necessário.

Horário de estudo

É importante definir um horário regular de estudo, de preferência, diariamente. Leia o programa do curso e cumpra o cronograma estabelecido pelo professor. As aulas farão muito mais sentido se ler o material correspondente à aula antes de assisti-la. Como regra geral, seria bom dedicar duas horas de tempo de estudo para cada hora de aula. Caso tenha algum problema com o curso, peça a ajuda do professor ou de outros alunos que fizeram o curso. Pode também achar necessário buscar mais instrução de alunos experientes. Com muita frequência, os professores oferecem aulas de revisão além dos períodos de aula regulares. Evite a prática de deixar o estudo para um dia ou dois antes da prova. Muito frequentemente, essa prática tem resultados desastrosos. Em vez de gastar uma noite toda de estudo antes de uma prova, revise brevemente os conceitos e equações básicos e tenha uma boa noite de descanso.

Uso de recursos

Faça uso dos vários recursos do livro, discutidos no Prefácio. Por exemplo, as notas de margem são úteis para localizar e descrever equações e conceitos importantes e o negrito indica definições importantes. Muitas tabelas úteis estão contidas nos anexos, mas a maioria é incorporada ao texto em que elas são mencionadas com mais frequência. O Anexo B é uma revisão conveniente das ferramentas matemáticas utilizadas no texto.

Depois de ler um capítulo, você deve ser capaz de definir quaisquer grandezas novas apresentadas nesse capítulo e discutir os princípios e suposições que foram utilizados para chegar a certas relações-chave. Os resumos do capítulo podem ajudar nisso. Em alguns casos, você pode achar necessário consultar o índice remissivo do livro didático para localizar certos tópicos. Você deve ser capaz de associar a cada quantidade física o símbolo correto utilizado para representar a quantidade e a unidade na qual ela é especificada. Além disso, deve ser capaz de expressar cada equação importante de maneira concisa e precisa.

Solucionando problemas

R.P. Feynman, prêmio Nobel de Física, uma vez disse: "Você não sabe nada até que tenha praticado". Concordando com essa afirmação, aconselhamos que você desenvolva as habilidades necessárias para resolver uma vasta gama de problemas. Sua habilidade em resolver problemas será um dos principais testes de seu conhecimento em Física; portanto, você deve tentar resolver tantos problemas quanto possível. É essencial entender os conceitos e princípios básicos antes de tentar resolver os problemas. Uma boa prática consiste em tentar encontrar soluções alternativas para o mesmo problema. Por exemplo, você pode resolver problemas em mecânica usando as leis de Newton, mas muito frequentemente um método alternativo que utilize considerações sobre energia é mais direto. Você não deve se enganar pensando que entende um problema meramente porque acompanhou a resolução dele na aula. Deve ser capaz de resolver o problema e outros problemas similares sozinho.

O enfoque de resolução de problemas deve ser cuidadosamente planejado. Um plano sistemático é especialmente importante quando um problema envolve vários conceitos. Primeiro, leia o problema várias vezes até que esteja confiante de que entendeu o que ele está perguntando. Procure quaisquer palavras-chave que ajudarão a interpretar o problema e talvez permitir que sejam feitas algumas suposições. Sua capacidade de interpretar uma pergunta adequadamente é parte integrante da resolução do problema. Em segundo lugar, você deve adquirir o hábito de anotar a informação dada num problema e aquelas grandezas que precisam ser encontradas; por exemplo, você pode construir uma tabela listando tanto as grandezas dadas quanto as que são procuradas. Este procedimento é utilizado algumas vezes nos exemplos trabalhados do livro. Finalmente, depois que decidiu o método que acredita ser apropriado para um determinado problema, prossiga com sua solução. A Estratégia Geral de Resolução de Problemas orientará nos problemas complexos. Se seguir os passos desse procedimento (Conceituação, Categorização, Análise, Finalização), você facilmente chegará a uma solução e terá mais proveito de seus esforços. Essa estratégia, localizada no final do Capítulo 1, é utilizada em todos os exemplos trabalhados nos capítulos restantes de maneira que você poderá aprender a aplicá-lo. Estratégias específicas de resolução de problemas para certos tipos de situações estão incluídas no livro e aparecem com um título especial. Essas estratégias específicas seguem a essência da Estratégia Geral de Resolução de Problemas.

Frequentemente, os alunos falham em reconhecer as limitações de certas equações ou de certas leis físicas numa situação particular. É muito importante entender e lembrar as suposições que fundamentam uma teoria ou formalismo em particular. Por exemplo, certas equações da cinemática aplicam-se apenas a uma partícula que se move com aceleração constante. Essas equações não são válidas para descrever o movimento cuja aceleração não é constante, tal como o movimento de um objeto conectado a uma mola ou o movimento de um objeto através de um fluido. Estude cuidadosamente o Modelo de Análise para Resolução de Problemas nos resumos do capítulo para saber como cada modelo pode ser aplicado a uma situação específica. Os modelos de análise fornecem uma estrutura lógica para resolver problemas e ajudam a desenvolver suas habilidades de pensar para que fiquem mais parecidas com as de um físico. Utilize a abordagem de modelo de análise para economizar tempo buscando a equação correta e resolva o problema com maior rapidez e eficiência.

Experimentos

A Física é uma ciência baseada em observações experimentais. Portanto, recomendamos que tente suplementar o texto realizando vários tipos de experiências práticas, seja em casa ou no laboratório. Essas experiências podem ser utilizadas para testar as ideias e modelos discutidos em aula ou no livro didático. Por exemplo, o brinquedo comum "slinky" é excelente para estudar propagação de ondas, uma bola balançando no final de uma longa corda pode ser utilizada para investigar o movimento de pêndulo, várias massas presas no final de uma mola vertical ou elástico podem ser utilizadas para determinar sua natureza elástica, um velho par de óculos de sol polarizado e algumas lentes descartadas e uma lente de aumento são componentes de várias experiências de óptica, e uma medida aproximada da aceleração em queda livre pode ser determinada simplesmente pela medição com um cronômetro do intervalo de tempo necessário para uma bola cair de uma altura conhecida. A lista dessas experiências é infinita. Quando os modelos físicos não estão disponíveis, seja imaginativo e tente desenvolver seus próprios modelos.

Novos meios

Se disponível, incentivamos muito a utilização do produto Enhanced WebAssign. É bem mais fácil entender Física se você a vê em ação e os materiais disponíveis no Enhanced WebAssign permitirão que você se torne parte dessa ação. Para mais informações sobre como adquirir o cartão de acesso a esta ferramenta, contate: vendas.cengage@cengage.com. Recurso em inglês.

Esperamos sinceramente que você considere a Física uma experiência excitante e agradável e que se beneficie dessa experiência independentemente da profissão escolhida. Bem-vindo ao excitante mundo da Física!

O cientista não estuda a natureza porque é útil; ele a estuda porque se realiza fazendo isso e tem prazer porque ela é bela. Se a natureza não fosse bela, não seria suficientemente conhecida, e se não fosse suficientemente conhecida, a vida não valeria a pena.

— Henri Poincaré

Contexto 3

Terremotos

Terremotos resultam em movimento maciço de solo, como evidenciado pela fotografia que mostra os graves danos causados por um terremoto de magnitude 7,0 em Porto Príncipe, Haiti, em 2010. Um dos eventos mais devastadores já registrados foi o terremoto de magnitude 9,0 que ocorreu em 11 de março de 2011 na costa leste do Japão e que provocou um *tsunami* devastador e generalizado, matando milhares de pessoas e causando grandes danos a edifícios e várias usinas de energia nuclear.

Mesmo considerando que terremotos no Japão são relativamente comuns, o de 2011 foi um evento bastante raro. Um terremoto de 5,8 de magnitude ocorreu em agosto de 2011 na região dos Montes Apalaches da Virgínia, nos Estados Unidos. Terremotos na costa leste dos Estados Unidos não são comuns. O tremor foi sentido tanto ao norte de Quebec, no Canadá, quanto no extremo sul, em Atlanta, Geórgia. Apenas pequenos danos foram relatados em cidades ao redor do epicentro, embora a Casa Branca e o Capitólio, em Washington, DC, tenham sido evacuados como medida de precaução. A Catedral Nacional, o Monumento de Washington e o Castelo Smithsonian relataram danos aos componentes estruturais dos edifícios.

Qualquer um que tenha experimentado um terremoto sério pode atestar a agitação violenta que produz. Neste contexto, vamos focar terremotos como uma aplicação do estudo da física das vibrações e ondas.

Figura 1 Um dia após o terremoto de magnitude 7,0 em Porto Príncipe, Haiti, em 13 de janeiro de 2010, uma jovem mulher anda sobre os escombros de uma loja destruída.

Figura 2 Um efeito secundário de alguns terremotos que ocorrem no oceano é um *tsunami*. O *tsunami* causado pelo terremoto japonês de março de 2011 causou grandes danos à costa leste do país. Esta foto mostra casas que foram arrancadas de seus alicerces pela água, bem como incêndios causados por linhas de gás rompidas.

A causa de um terremoto é a liberação de energia no interior da Terra em um ponto chamado *foco*, ou *hipocentro*, do terremoto. O ponto na superfície da Terra radialmente acima do foco é chamado *epicentro*. À medida que a energia, a partir do foco, atinge a superfície, espalha-se ao longo da superfície da Terra.

Em geral, terremotos têm origem ao longo de uma *falha*, uma fratura ou descontinuidade nas rochas abaixo da superfície da Terra. Quando há um repentino movimento entre o material em ambos os lados de uma falha, ocorre um sismo. Estudos do U.S. Geological Survey mostraram uma correlação direta entre a magnitude de um terremoto e o tamanho de falhas nas proximidades. Além disso, esses estudos indicam que terremotos de grande magnitude podem durar até dois minutos.

Espera-se que o risco de danos em um terremoto diminua à medida que aumenta a distância do epicentro, e a longas distâncias. Esta suposição está correta. Por exemplo, estruturas em Kansas não são afetadas por terremotos na Califórnia. Em regiões próximas ao terremoto, no entanto, a noção de diminuição do risco com a distância não é consistente. Considere, por exemplo, as seguintes comparações que descrevem os efeitos locais e distantes resultantes de dois terremotos diferentes.

Com relação ao terremoto em Michoacán, de magnitude 7,9, 19 de setembro de 1985:[1]

Um terremoto atingiu a costa do México, no estado de Michoacán, a cerca de 400 quilômetros a oeste da Cidade do México. Perto da costa, o tremor do solo foi leve e causou poucos danos. À medida que as ondas sísmicas propagavam-se para o interior, os abalos do solo diminuíram, tal que a 100 km da cidade do México, o temor havia quase desaparecido. No entanto, as ondas sísmicas induziram severos tremores na cidade, e algumas áreas continuaram a ser agitadas durante vários minutos depois que essas ondas tinham se extinguido. Cerca de 300 edifícios desmoronaram e mais de 20 000 pessoas morreram.

Um terremoto de magnitude 6,3 ocorreu em 22 de fevereiro de 2011, a 10 km ao sudeste de Christchurch, Nova Zelândia. Tripulações da Air National Guard de Nova York estavam no Aeroporto Internacional de Christchurch, 12 km a noroeste da cidade, quando o terremoto ocorreu, mas relataram estar salvos e ilesos, e que o aeroporto tinha água e eletricidade.

Considere, no entanto, uma situação muito diferente a 200 km de Christchurch:[2]

---

[1] *American Scientist*, nov.–dez. 1992, p. 566.

[2] *New Zealand Herald*, 22 fev. 2011.

O terremoto de magnitude 6,3 (...) foi forte o suficiente para provocar o deslocamento de 30 milhões de toneladas de gelo da geleira de Tasman, no Parque Nacional Aoraki Mt. Cook. Os passageiros de dois barcos exploradores foram atingidos por ondas de até 3,5 metros, causadas pela queda do gelo no lago Terminal sob a geleira de Tasman na montanha.

É evidente, a partir dessas comparações, que a noção de uma simples diminuição de risco por conta de distância é enganosa. Usaremos essas comparações como motivação em nosso estudo da física das vibrações e ondas, para que possamos analisar melhor o risco de danos a estruturas em um terremoto. Nosso estudo aqui também será importante quando investigarmos as ondas eletromagnéticas que estudaremos adiante. Neste contexto, vamos abordar a questão central:

> **Como podemos escolher locais e construir estruturas para minimizar o risco de danos caso ocorra um terremoto?**

Figura 3 Sérios estragos foram causados pelo terremoto de 1985 em regiões da Cidade do México, enbora o epicentro tenha ocorrido a quilômetros de distância.

Capítulo 12

Movimento oscilatório

Sumário

- 12.1 Movimento de um corpo preso a uma mola
- 12.2 Modelo de análise: partícula em movimento harmônico simples
- 12.3 Energia do oscilador harmônico simples
- 12.4 O pêndulo simples
- 12.5 O pêndulo físico
- 12.6 Oscilações amortecidas
- 12.7 Oscilações forçadas
- 12.8 Conteúdo em contexto: ressonância em estruturas

Você provavelmente está familiarizado com diversos exemplos desse tipo de movimento periódico, tais como as oscilações de um corpo sobre a ação de uma mola, o movimento de um pêndulo e as vibrações de um instrumento musical de corda. Outros inúmeros sistemas exibem comportamento periódico. Por exemplo, as moléculas em um sólido oscilam em torno de sua posição de equilíbrio; ondas eletromagnéticas, como as de luz, radar e rádio, são caracterizadas por vetores de campos elétricos e magnéticos oscilatórios; em circuitos de corrente alternada, como no sistema de alimentação elétrico doméstico, voltagem e corrente variam periodicamente com o tempo. Neste capítulo, investigaremos os sistemas mecânicos que exibem movimento periódico.

Para reduzir o balanço de edifícios altos por causa do vento, amortecedores calibrados são colocados próximo ao topo do edifício. Esses mecanismos incluem um corpo de grande massa que oscila, controlado por computador na mesma frequência que o edifício, reduzindo o balanço. A esfera suspensa de 730 toneladas mostrada na fotografia acima é parte de um sistema de amortecedores calibrados do Taipei Financial Center, que já foi um dos edifícios mais altos do mundo.

Temos experimentado numerosas situações nas quais a força resultante em uma partícula é constante. Nessas situações, a aceleração da partícula também é constante. Ainda podemos descrever o movimento da partícula utilizando-a sob o modelo de aceleração constante e as equações cinemáticas do Capítulo 2 (no Volume 1). Se a força atuando em uma partícula varia com o tempo, a aceleração da partícula também muda com o tempo e assim as equações cinemáticas não podem ser usadas.

Um tipo especial de movimento periódico ocorre quando a força que atua em uma partícula é sempre direcionada à posição de equilíbrio e é proporcional à posição da partícula em relação à posição de equilíbrio. Estudaremos esse tipo especial de força variável neste capítulo. Quando esse tipo de força age sobre uma partícula, a partícula exibe o *movimento harmônico simples*, que servirá como modelo de análise para uma classe grande de problemas de oscilação.

12.1 | Movimento de um corpo preso a uma mola

Como um modelo de movimento harmônico simples, considere um bloco de massa m preso à ponta de uma mola, com o bloco livre para se mover sobre uma superfície horizontal, sem atrito (Fig. Ativa 12.1). Quando a mola não está nem esticada nem comprimida, o bloco está em repouso na posição chamada **posição de equilíbrio** do sistema, que identificamos como $x = 0$ (Fig. Ativa 12.1b). Sabemos que tal sistema oscila para frente e para trás se for tirado de sua posição de equilíbrio.

Podemos compreender o movimento oscilatório do bloco na Figura Ativa 12.1 de maneira qualitativa se lembrarmos que, quando o bloco é deslocado para uma posição x, a mola exerce uma força sobre ele proporcional à posição, dada pela **lei de Hooke** (veja a Seção 6.4):

$$F_s = -kx \qquad \text{12.1} \blacktriangleright \text{Lei de Hooke}$$

Chamamos de F_s uma **força restauradora**, porque ela sempre é direcionada para a posição de equilíbrio e, portanto, *oposta* ao deslocamento do bloco a partir do equilíbrio. Ou seja, quando o bloco é deslocado para a direita de $x = 0$ na Figura Ativa 12.1a, a posição é positiva e a força restauradora é direcionada para a esquerda. Quando o bloco é deslocado para a esquerda de $x = 0$, como na Figura 12.1c, a posição é negativa e a força restauradora é direcionada para a direita.

Quando o bloco é deslocado do ponto de equilíbrio e liberado, ele é uma partícula sob uma força resultante e, consequentemente, sofre uma aceleração. Aplicando a segunda lei de Newton ao movimento do bloco, com a Equação 12.1 fornecendo a força resultante na direção x, obtemos

$$-kx = ma_x$$
$$a_x = -\frac{k}{m}x \qquad \text{12.2} \blacktriangleleft$$

Isto é, a aceleração do bloco é proporcional a sua posição, e a direção da aceleração é oposta à do deslocamento do bloco a partir do equilíbrio. Sistemas que se comportam desta maneira exibem **movimento harmônico simples**. Um corpo move-se com movimento harmônico simples sempre que sua aceleração for proporcional a sua posição e tiver direção oposta àquela do deslocamento a partir do equilíbrio.

Se o bloco na Figura Ativa 12.1 é deslocado para uma posição $x = A$ e liberado do repouso, sua aceleração *inicial* é $-kA/m$. Quando o bloco passa pela posição de equilíbrio $x = 0$, sua aceleração é zero. Nesse instante, sua velocidade é máxima, porque a aceleração muda de sinal. O bloco então continua a se mover para a esquerda do equilíbrio com aceleração positiva e, finalmente, chega a $x = -A$, quando sua aceleração é $+kA/m$ e sua velocidade é zero novamente, conforme discutimos nas seções 6.4 e 6.6. O bloco completa um ciclo do seu movimento retornando à sua posição original, passando novamente por $x = 0$ com velocidade máxima. Portanto, o bloco oscila entre os pontos de retorno $x = \pm A$. Na ausência de atrito, esse movimento idealizado continuará para sempre, porque a força exercida pela mola é conservativa. Sistemas reais são geralmente sujeitos a atrito, então, não oscilam para sempre. Exploraremos os detalhes da situação com atrito na Seção 12.6.

Prevenção de Armadilhas | 12.1
A orientação da mola
A Figura Ativa 12.1 mostra uma mola *horizontal* com um bloco preso deslizando sobre uma superfície sem atrito. Outra possibilidade é um bloco pendurado em uma mola *vertical*. Todos os resultados discutidos para a mola horizontal são os mesmos para a vertical, com uma exceção: quando o bloco é colocado na mola vertical, seu peso faz com que a mola se estenda. Se a posição de repouso do bloco for definida como $x = 0$, os resultados deste capítulo também se aplicam a esse sistema vertical.

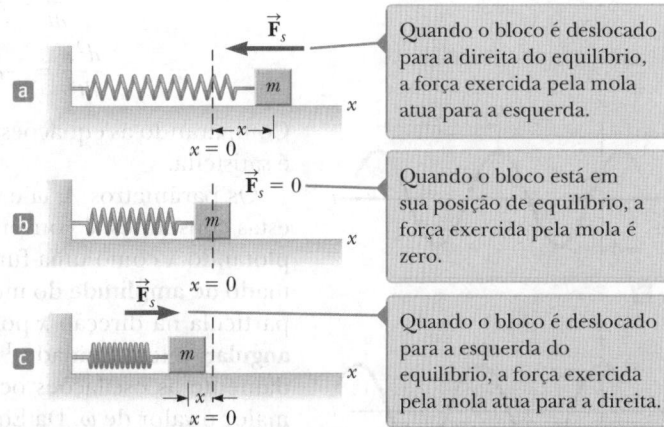

Figura Ativa 12.1 Um bloco preso a uma mola se movendo sobre uma superfície sem atrito.

TESTE RÁPIDO 12.1 Um bloco na extremidade de uma mola é puxado para a posição $x = A$ e liberado do repouso. Em um ciclo inteiro do seu movimento, qual é a distância total pela qual o bloco viaja? (a) $A/2$ (b) A (c) $2A$ (d) $4A$

12.2 | Modelo de análise: partícula em movimento harmônico simples

O movimento descrito na seção anterior ocorre tão frequentemente que identificamos como modelo de **partícula em movimento harmônico simples** para representar tais situações. Para desenvolver uma representação matemática para esse modelo, em geral escolhemos x como o eixo ao longo do qual a oscilação ocorre; então, vamos deixar a notação do subscrito x de lado nesta discussão. Lembre-se de que, por definição, $a = dv/dt = d^2x/dt^2$, então podemos expressar a Equação 12.2 como

$$\frac{d^2x}{dt^2} = -\frac{k}{m}x \qquad \text{12.3}◄$$

> **Prevenção de Armadilhas | 12.2**
> **Aceleração não constante**
> A aceleração de uma partícula em movimento harmônico simples não é constante. A Equação 12.3 mostra que sua aceleração varia com a posição x. Então, *não* podemos aplicar as equações cinemáticas do Capítulo 2 (Volume 1) a essa situação.

Se representamos a proporção k/m com o símbolo ω^2 (escolhemos ω^2 em vez de ω de modo a tornar a solução desenvolvida mais simples em forma), então

$$\omega^2 = \frac{k}{m} \qquad \text{12.4}◄$$

e a Equação 12.3 pode ser escrita na forma

$$\frac{d^2x}{dt^2} = -\omega^2 x \qquad \text{12.5}◄$$

> **Prevenção de Armadilhas | 12.3**
> **Onde está o triângulo?**
> A equação 12.6 inclui uma função trigonométrica, *função matemática* que pode ser usada quando se refere a um triângulo ou não. Neste caso, uma função cosseno tem o comportamento correto para representar a posição de uma partícula em movimento harmônico simples.

Vamos encontrar uma solução matemática para a Equação 12.5, ou seja, uma função $x(t)$ que satisfaça essa equação diferencial de segunda ordem e que seja a representação matemática da posição da partícula como uma função do tempo. Procuramos uma função cuja segunda derivada seja a mesma que a função original com um sinal negativo e multiplicada por ω^2. As funções trigonométricas seno e cosseno exibem esse comportamento, então podemos criar uma solução a partir de uma delas, ou das duas. A seguinte função cosseno é uma solução para a equação diferencial:

$$\boxed{x(t) = A \cos(\omega t + \phi)} \qquad \text{12.6}◄$$

onde A, ω e ϕ são constantes. Para mostrar explicitamente que esta solução satisfaz a Equação 12.5, note que

$$\frac{dx}{dt} = A\frac{d}{dt}\cos(\omega t + \phi) = -\omega A \operatorname{sen}(\omega t + \phi) \qquad \text{12.7}◄$$

$$\frac{d^2x}{dt^2} = -\omega A \frac{d}{dt}\operatorname{sen}(\omega t + \phi) = -\omega^2 A \cos(\omega t + \phi) \qquad \text{12.8}◄$$

Comparando as equações 12.6 e 12.8, vemos que $d^2x/dt^2 = -\omega^2 x$ e a Equação 12.5 é satisfeita.

Os parâmetros A, ω e ϕ são constantes do movimento. Para dar significado a estas constantes, é conveniente formar uma representação gráfica do movimento plotando x como uma função de t, como na Figura Ativa 12.2a. Primeiro, A, chamado de **amplitude** do movimento, é simplesmente o valor máximo da posição da partícula na direção x positiva ou negativa. A constante ω é chamada **frequência angular**, e tem unidades[1] de radianos por segundo. É uma medida de quão rapidamente as oscilações ocorrem; quanto mais oscilações por unidade de tempo, maior o valor de ω. Da Equação 12.4, a frequência angular é

$$\omega = \sqrt{\frac{k}{m}} \qquad \text{12.9}◄$$

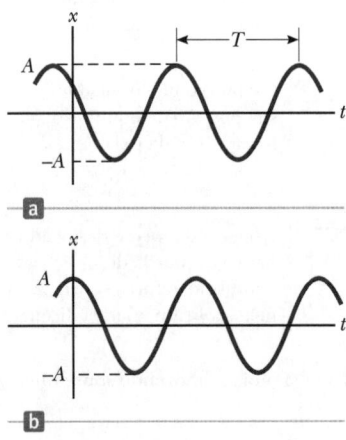

► Posição *versus* tempo para uma partícula em movimento harmônico simples

Figura Ativa 12.2 (a) Um gráfico x–t para uma partícula submetida a movimento harmônico simples. A amplitude do movimento é A, e o período (definido na Equação 12.10) é T. O gráfico x–t para o caso especial onde $x = A$ em $t = 0$ e, portanto, $\phi = 0$.

---

[1] Vimos muitos exemplos onde avaliamos a função trigonométrica de um ângulo em capítulos anteriores. O argumento de uma função trigonométrica, como o seno e o cosseno, tem de ser um número puro. O radiano é um número puro porque é uma razão entre comprimentos. Ângulos em graus são números puros porque o grau é uma "unidade" artificial; ele não é relacionado a medições de comprimentos. O argumento da função trigonométrica na Equação 12.6 deve ser um número puro. Portanto, ω *deve* ser expresso em radianos por segundo (e não, por exemplo, em revoluções por segundo) se t for expresso em segundos. Além disso, outros tipos de funções, como logaritmos e funções exponenciais, exigem argumentos que sejam números puros.

O ângulo constante ϕ é chamado **constante de fase** (ou ângulo de fase inicial) e, junto com a amplitude A, é determinado unicamente pela posição e velocidade da partícula em $t = 0$. Se a partícula está na sua posição máxima $x = A$ em $t = 0$, a constante de fase é $\phi = 0$ e a representação gráfica do movimento é a mesma mostrada na Figura Ativa 12.2b. A quantidade $(\omega t + \phi)$ é chamada **fase** do movimento. Note que a função $x(t)$ é periódica e seu valor é o mesmo cada vez que ωt aumenta em 2π radianos.

As equações 12.1, 12.5 e 12.6 formam a base da representação matemática do modelo de partícula em movimento harmônico simples. Se você estiver analisando uma situação e descobrir que a força sobre um corpo modelado como uma partícula tem a forma matemática da Equação 12.1, saberá que o movimento é aquele de um oscilador harmônico simples e que a posição da partícula é descrita pela Equação 12.6. Se analisar um sistema e descobrir que ele é descrito por uma equação diferencial na forma da Equação 12.5, o movimento é aquele de um oscilador harmônico simples. Se analisar uma situação e descobrir que a posição da partícula é descrita pela Equação 12.6, saberá que a partícula tem movimento harmônico simples.

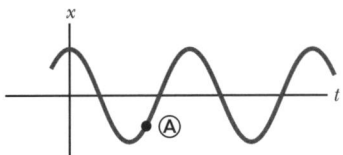

Figura 12.3 (Teste Rápido 12.2) Um gráfico x–t para uma partícula submetida a movimento harmônico simples. Em um momento específico, a posição da partícula é indicada por Ⓐ no gráfico.

TESTE RÁPIDO 12.2 Considere uma representação gráfica (Fig. 12.3) de movimento harmônico simples conforme descrita matematicamente pela Equação 12.6. Quando a partícula está no ponto Ⓐ em um gráfico, o que pode ser dito sobre sua posição e velocidade? (**a**) Ambas, posição e velocidade, são positivas. (**b**) A posição e a velocidade são negativas. (**c**) A posição é positiva e a velocidade é zero. (**d**) A posição é negativa e a velocidade é zero. (**e**) A posição é positiva e a velocidade é negativa. (**f**) A posição é negativa e a velocidade é positiva.

TESTE RÁPIDO 12.3 A Figura 12.4 mostra duas curvas representando partículas submetidas a movimento harmônico simples. A descrição correta destes dois movimentos é que o movimento harmônico simples da partícula B é (**a**) de maior frequência angular e maior amplitude que o da partícula A, (**b**) de maior frequência angular e menor amplitude que da partícula A, (**c**) de menor frequência angular e maior amplitude que da partícula A, ou (**d**) de menor frequência angular e menor amplitude que o da partícula A.

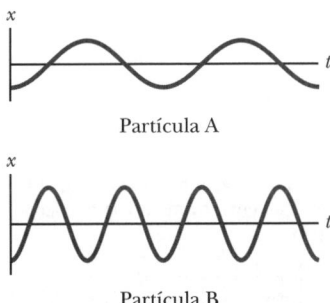

Figura 12.4 (Teste Rápido 12.3) Dois gráficos x–t para partículas submetidas a movimento harmônico simples. As amplitudes e frequências são diferentes para as duas partículas.

Vamos investigar a descrição matemática do movimento harmônico simples mais detalhadamente. O **período** T do movimento é o intervalo de tempo necessário para a partícula completar um ciclo inteiro de seu movimento (Fig. Ativa 12.2a). Isto é, os valores de x e v para a partícula no tempo t são iguais aos valores de x e v no tempo $t + T$. Como a fase aumenta em 2π radianos em um intervalo de tempo de T,

$$[\omega(t + T) + \phi] - (\omega t + \phi) = 2\pi$$

Simplificando estas expressões, temos $\omega T = 2\pi$, ou

$$T = \frac{2\pi}{\omega} \quad \text{12.10}◀$$

O inverso do período é chamado de **frequência** f do movimento. Enquanto o período é o intervalo de tempo por oscilação, a frequência representa o número de oscilações que a partícula sofre por unidade de intervalo de tempo:

$$f = \frac{1}{T} = \frac{\omega}{2\pi} \quad \text{12.11}◀$$

As unidades de f são ciclos por segundo ou **hertz** (Hz). Rearranjando a Equação 12.11, temos

$$\omega = 2\pi f = \frac{2\pi}{T} \quad \text{12.12}◀$$

Prevenção de Armadilhas | 12.4
Dois tipos de frequência
Identificamos dois tipos de frequência para um oscilador harmônico simples: f, chamada simplesmente *frequência*, é medida em hertz, e ω, a *frequência angular*, é medida em radianos por segundo. Saiba com certeza qual frequência está sendo discutida ou solicitada em um problema. As equações 12.11 e 12.12 mostram a relação entre as duas frequências.

As equações 12.9 até 12.11 podem ser usadas para expressar o período e a frequência do movimento para uma partícula em movimento harmônico simples em termos das características m e k do sistema como

$$T = \frac{2\pi}{\omega} = 2\pi\sqrt{\frac{m}{k}} \quad \text{12.13}◀ \quad ▶ \text{Período}$$

8 | Princípios de física

▶ Frequência

$$f = \frac{1}{T} = \frac{1}{2\pi}\sqrt{\frac{k}{m}} \quad \textbf{12.14}◀$$

Isto é, o período e a frequência dependem *somente* da massa da partícula e da constante de força da mola, e *não* de parâmetros do movimento, tais como A ou ϕ. Como poderíamos esperar, a frequência é maior para uma mola mais rígida (maior valor de k) e diminui com o aumento da massa da partícula.

Podemos obter a velocidade e aceleração[2] de uma partícula submetida a movimento harmônico simples a partir das equações 12.7 e 12.8:

▶ Velocidade de uma partícula em movimento harmônico simples

$$v = \frac{dx}{dt} = -\omega A \operatorname{sen}(\omega t + \phi) \quad \textbf{12.15}◀$$

▶ Aceleração de uma partícula em movimento harmônico simples

$$a = \frac{d^2x}{dt^2} = -\omega^2 A \cos(\omega t + \phi) \quad \textbf{12.16}◀$$

A partir da Equação 12.15 vemos que, como as funções seno e cosseno oscilam entre ± 1, os valores extremos da velocidade v são $\pm \omega A$. Do mesmo modo, a Equação 12.16 mostra que os valores extremos da aceleração a são $\pm \omega^2 A$. Portanto, os valores *máximos* dos módulos da velocidade e aceleração são

▶ Módulos máximos de velocidade e aceleração em movimento harmônico simples

$$v_{\text{máx}} = \omega A = \sqrt{\frac{k}{m}}\, A \quad \textbf{12.17}◀$$

$$a_{\text{máx}} = \omega^2 A = \frac{k}{m}\, A \quad \textbf{12.18}◀$$

A Figura 12.5a traça posição *versus* tempo para um valor arbitrário da constante de fase. As curvas de velocidade-tempo e aceleração-tempo associadas são ilustradas nas figuras 12.5b e 12.5c, respectivamente. Elas mostram que a fase da velocidade difere da fase de posição por $\pi/2$ rad, ou 90°. Ou seja, quando x é um máximo ou um mínimo, a velocidade é zero. Do mesmo modo, quando x é zero, a velocidade é máxima. Além disso, note que a fase da aceleração difere da fase da posição por π radianos, ou 180°. Por exemplo, quando x é máximo, a tem módulo máximo na direção oposta.

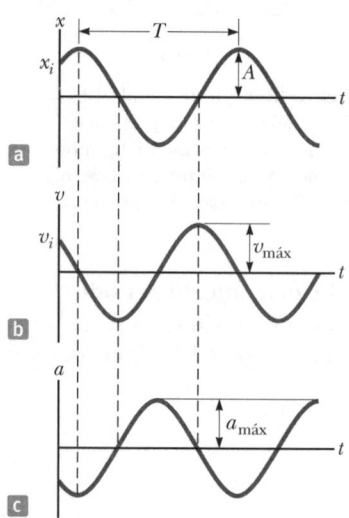

TESTE RÁPIDO 12.4 Um corpo de massa m é pendurado em uma mola e posto a oscilar. O período da oscilação é medido e registrado como T. O corpo de massa m é removido e substituído por outro de massa $2m$. Quando este corpo é posto a oscilar, qual é o período do movimento? (a) $2T$ (b) $\sqrt{2}T$ (c) T (d) $T/\sqrt{2}$ (e) $T/2$

Figura 12.5 Representação gráfica do movimento harmônico simples. (a) Posição *versus* tempo. (b) Velocidade *versus* tempo. (c) Aceleração *versus* tempo. Note que em qualquer momento especificado a velocidade está 90° fora de fase com a posição e a aceleração está 180° fora de fase com a posição.

A Equação 12.6 descreve o movimento harmônico simples de uma partícula em geral. Vejamos agora como avaliar as constantes do movimento. A frequência angular ω é avaliada usando a Equação 12.9. As constantes A e ϕ são avaliadas a partir das condições iniciais, isto é, o estado do oscilador em $t = 0$.

Suponha que um bloco seja posto em movimento puxando-o do equilíbrio por uma distância A e liberando-o do repouso em $t = 0$, como na Figura Ativa 12.6. Necessitamos então que as soluções para $x(t)$ e $v(t)$ (equações 12.6 e 12.15) obedeçam às condições iniciais de $x(0) = A$ e $v(0) = 0$:

$$x(0) = A \cos \phi = A$$
$$v(0) = -\omega A \operatorname{sen} \phi = 0$$

Essas condições são satisfeitas se $\phi = 0$, dando $x = A \cos \omega t$ como nossa solução. Para verificá-la, note que ela satisfaz a condição de que $x(0) = A$ porque $\cos 0 = 1$.

Posição, velocidade e aceleração do bloco *versus* tempo são traçadas na Figura 12.7a para esse caso especial. A aceleração atinge valores extremos de $\mp \omega^2 A$

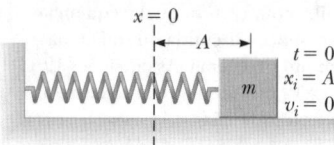

Figura Ativa 12.6 Um sistema de bloco-mola que começa seu movimento do repouso com o bloco em $x = A$ em $t = 0$.

---

[2]Como o movimento de um oscilador harmônico simples ocorre em uma dimensão, denotamos a velocidade como v e a aceleração como a, com a direção indicada por um sinal positivo ou negativo como visto no Capítulo 2 (no Volume 1).

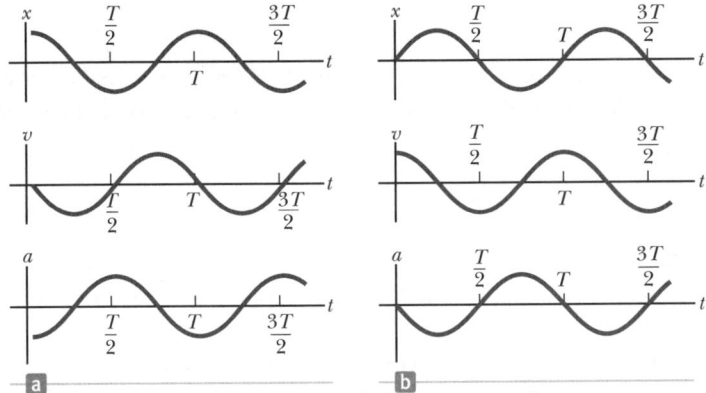

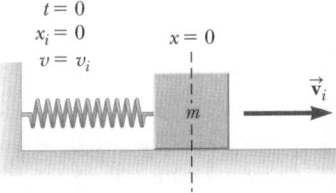

Figura 12.7 (a) Posição, velocidade e aceleração versus tempo para o bloco na Figura Ativa 12.6 sob as condições iniciais $t = 0$, $x(0) = A$ e $v(0) = 0$. (b) Posição, velocidade e aceleração versus tempo para o bloco na Figura Ativa 12.8 sob condições iniciais $t = 0$, $x(0) = 0$ e $v(0) = v_i$.

Figura Ativa 12.8 O sistema bloco-mola está submetido à oscilação, e $t = 0$ é definido no instante em que o bloco passa pela posição de equilíbrio $x = 0$ e se move para a direita com velocidade v_i.

quando a posição tem valores extremos de $\pm A$. Além disso, a velocidade tem valores extremos de $\pm \omega A$, ambos ocorrendo em $x = 0$. Então, a solução quantitativa está de acordo com nossa descrição qualitativa desse sistema.

Consideremos outra possibilidade. Suponha que o sistema esteja oscilando e que definamos $t = 0$ como o instante em que o bloco passa pela posição de repouso da mola enquanto se move para a direita (Fig. Ativa 12.8). Nesse caso, nossas soluções para $x(t)$ e $v(t)$ devem obedecer às condições iniciais de que $x(0) = 0$ e $v(0) = v_i$:

$$x(0) = A \cos \phi = 0$$

$$v(0) = -\omega A \operatorname{sen} \phi = v_i$$

A primeira dessas condições informa que $\phi = \pm \pi/2$. Com essas opções para ϕ, a segunda condição informa que $A = \mp v_i/\omega$. Como a velocidade inicial é positiva e a amplitude deve ser positiva, devemos ter $\phi = -\pi/2$. Assim, a solução é

$$x = \frac{v_i}{\omega} \cos\left(\omega t - \frac{\pi}{2}\right)$$

Os gráficos de posição, velocidade e aceleração *versus* tempo para essa escolha de $t = 0$ são mostrados na Figura 12.7b. Observe que essas curvas são as mesmas que aquelas na Figura 12.7a, mas movidas para direita por um quarto de ciclo. Esse movimento é descrito matematicamente pela constante de fase $\phi = -\pi/2$, que é um quarto de um ciclo inteiro de 2π.

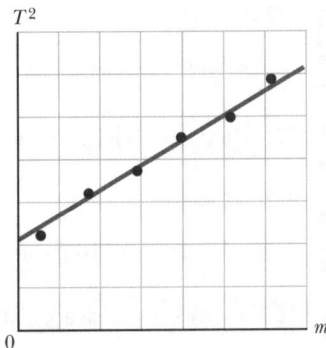

Figura 12.9 (Pensando em Física 12.1) Um gráfico de dados experimentais: o quadrado do período *versus* a massa de um bloco em um sistema de bloco-mola.

▶ PENSANDO EM FÍSICA 12.1

Sabemos que o período de oscilação de um corpo ligado a uma mola é proporcional à raiz quadrada da massa do corpo (Equação 12.13). Portanto, se realizamos um experimento no qual são colocados objetos com uma variação de massas na extremidade de uma mola e medimos o período de oscilação de cada sistema objeto-mola, um gráfico do quadrado do período *versus* a massa resultará em uma linha reta como sugerido na Figura 12.9. Observamos, no entanto, que a linha não passa pela origem. Por quê?

Raciocínio A linha não passa pela origem porque a própria mola tem massa. Portanto, a resistência a mudanças no movimento do sistema é uma combinação da massa do objeto na extremidade da mola e a massa das espirais da mola em oscilação. Contudo, toda a massa da mola não está oscilando da mesma maneira. A espiral da mola anexa ao corpo está oscilando na mesma amplitude que o corpo, mas a espiral, que está fixa na ponta da mola não está oscilando. Para uma mola cilíndrica, argumentos de energia podem ser usados para demonstrar que a massa adicional efetiva representando as oscilações da mola é um terço da massa da mola. O quadrado do período é proporcional ao total da massa em oscilação, mas o gráfico da Figura 12.9 mostra o quadrado do período *versus* a massa somente do objeto na mola. Um gráfico do período ao quadrado *versus* a massa total (massa do corpo na mola mais a massa oscilante efetiva da mola) passaria pela origem. ◀

Exemplo 12.1 | Um sistema bloco-mola

Um sistema bloco-mola de 200 g está conectado a uma mola leve de constante 500 N/m, e é livre para oscilar em uma superfície horizontal, sem atrito. O bloco é deslocado 5,00 cm do equilíbrio e liberado do repouso, como na Figura Ativa 12.6.

(A) Encontre o período de seu movimento.

SOLUÇÃO

Conceitualização Estude a Figura Ativa 12.6 e imagine o bloco movendo-se para a frente e para trás em movimento harmônico simples assim que é liberado. Monte um modelo experimental na direção vertical pendurando um corpo pesado, como um grampeador, em um elástico de borracha.

Categorização O bloco é modelado como uma partícula em movimento harmônico simples. Encontramos valores a partir das equações desenvolvidas nesta seção para o modelo de partícula em movimento harmônico simples, então, categorizamos este exemplo como um problema de substituição.

Use a Equação 12.9 para encontrar a frequência angular do sistema bloco-mola:

$$\omega = \sqrt{\frac{k}{m}} = \sqrt{\frac{5,00 \text{ N/m}}{200 \times 10^{-3} \text{ kg}}} = 5,00 \text{ rad/s}$$

Use a Equação 12.13 para encontrar o período do sistema:

$$T = \frac{2\pi}{\omega} = \frac{2\pi}{5,00 \text{ rad/s}} = \boxed{1,26 \text{ s}}$$

(B) Determine a velocidade máxima do bloco.

SOLUÇÃO

Use a Equação 12.17 para encontrar $v_{máx}$:

$$v_{máx} = \omega A = (5,00 \text{ rad/s})(5,00 \times 10^{-2} \text{ m}) = \boxed{0,250 \text{ m/s}}$$

(C) Qual é a aceleração máxima do bloco?

SOLUÇÃO

Use a Equação 12.18 para encontrar $a_{máx}$:

$$a_{máx} = \omega^2 A = (5,00 \text{ rad/s})^2 (5,00 \times 10^{-2} \text{ m}) = \boxed{1,25 \text{ m/s}^2}$$

(D) Expresse a posição, a velocidade e a aceleração em função do tempo no SI de unidades.

SOLUÇÃO

Encontre a constante de fase com a condição inicial de que $x = A$ em $t = 0$:

$$x(0) = A \cos \phi = A \rightarrow \phi = 0$$

Use a Equação 12.6 para escrever uma expressão para $x(t)$: $x = A \cos(\omega t + \phi) = \boxed{0,0500 \cos 5,00t}$

Use a Equação 12.15 para escrever uma expressão para $v(t)$: $v = -\omega A \operatorname{sen}(\omega t + \phi) = \boxed{-0,250 \operatorname{sen} 5,00t}$

Use a Equação 12.16 para escrever uma expressão para $a(t)$: $a = -\omega^2 A \cos(\omega t + \phi) = \boxed{-1,25 \cos 5,00t}$

Exemplo 12.2 | Cuidado com os buracos!

Um carro de massa de 1 300 kg é construído de modo que sua estrutura seja suportada por quatro molas. Cada mola tem constante de 20 000 N/m. Duas pessoas dentro do carro têm massa combinada de 160 kg. Encontre a frequência de vibração do carro depois que ele passa sobre um buraco na estrada e o carro oscila verticalmente.

SOLUÇÃO

Conceitualização Pense em suas experiências com automóveis. Quando você se senta em um carro, ele se move uma pequena distância para baixo porque seu peso comprime as molas mais um pouco. Se você empurrar o para-choque frontal para baixo e soltá-lo, a frente do carro oscila algumas vezes.

Categorização Imaginamos o carro como sendo suportado por uma única mola e modelamos o carro como uma partícula em movimento harmônico simples.

12.2 cont.

Análise Primeiro, determinamos a constante de mola efetiva das quatro molas combinadas. Para certa extensão x das molas, uma força combinada sobre o carro é a soma das forças das molas individuais.

Encontre uma expressão para a força total sobre o carro:
$$F_{total} = \Sigma(-kx) = -\left(\Sigma k\right)x$$

Nessa expressão, x foi fatorado de uma soma, porque é o mesmo para todas as quatro molas. A constante da mola efetiva para as molas combinadas é a soma das constantes de mola individuais.

Avalie a constante da mola efetiva:
$$k_{ef} = \Sigma k = 4 \times 20\,000 \text{ N/m} = 80\,000 \text{ N/m}$$

Use a Equação 12.14 para encontrar a frequência de vibração:
$$f = \frac{1}{2\pi}\sqrt{\frac{k_{ef}}{m}} = \frac{1}{2\pi}\sqrt{\frac{80\,000 \text{ N/m}}{1\,460 \text{ kg}}} = \boxed{1{,}18 \text{ Hz}}$$

Finalização A massa que usamos aqui é aquela do carro mais as pessoas, porque esta é a massa total que está oscilando. Note também que exploramos somente o movimento do carro para cima e para baixo. Se uma oscilação é estabelecida na qual o carro balança para frente e para trás, de modo que a frente do carro sobre quando a traseira desce, a frequência será diferente.

E se? Suponha que o carro pare no acostamento e as duas pessoas saiam do carro. Uma delas empurra o carro para baixo e o solta, de modo que ele oscile verticalmente. A frequência da oscilação é a mesma que o valor que acabamos de calcular?

Resposta O sistema de suspensão do carro é o mesmo, mas a massa que está oscilando é menor: ela não inclui a massa das duas pessoas. Portanto, a frequência deveria ser mais alta. Vamos calcular a nova frequência, considerando a massa de 1300 kg:

$$f = \frac{1}{2\pi}\sqrt{\frac{k_{ef}}{m}} = \frac{1}{2\pi}\sqrt{\frac{80\,000 \text{ N/m}}{1\,300 \text{ kg}}} = 1{,}25 \text{ Hz}$$

Como esperado, a nova frequência é um pouco mais alta.

12.3 | Energia do oscilador harmônico simples

Examinemos a energia mecânica de um sistema no qual uma partícula sofre movimento harmônico simples, tal como o sistema bloco-mola ilustrado na Figura Ativa 12.1. Como a superfície não tem atrito, o sistema é isolado e esperamos que a energia mecânica total do sistema seja constante. Supomos que a mola não tenha massa, então a energia cinética do sistema corresponde somente àquela do bloco. Podemos usar a Equação 12.15 para expressar a energia cinética do bloco como

$$K = \tfrac{1}{2}mv^2 = \tfrac{1}{2}m\omega^2 A^2 \operatorname{sen}^2(\omega t + \phi)$$ 12.19 ◄ ► Energia cinética de um oscilador harmônico simples

A energia potencial elástica armazenada na mola para qualquer alongamento x é dada por $\tfrac{1}{2}kx^2$ (veja a Equação 6.22). Usando a Equação 12.6, temos

$$U = \tfrac{1}{2}kx^2 = \tfrac{1}{2}kA^2 \cos^2(\omega t + \phi)$$ 12.20 ◄ ► Energia potencial de um oscilador harmônico simples

Vemos que K e U são sempre quantidades positivas ou zero. Como $\omega^2 = k/m$, podemos expressar a energia mecânica total do oscilador harmônico simples como

$$E = K + U = \tfrac{1}{2}kA^2[\operatorname{sen}^2(\omega t + \phi) + \cos^2(\omega t + \phi)]$$

A partir da identidade $\operatorname{sen}^2\theta + \cos^2\theta = 1$, vemos que a quantidade em colchetes é um. Então, essa equação é reduzida para

$$\boxed{E = \tfrac{1}{2}kA^2}$$ 12.21 ◄ ► Energia total de um oscilador harmônico simples

Isto é, a energia mecânica total de um oscilador harmônico simples é uma constante do movimento, e proporcional ao quadrado da amplitude. A energia mecânica total é igual à energia potencial máxima armazenada na mola quando $x = \pm A$,

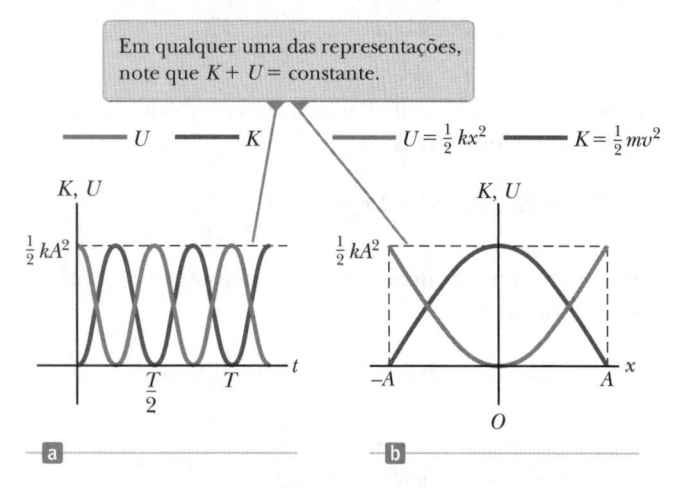

Figura Ativa 12.10 (a) Energia cinética e energia potencial *versus* tempo para um oscilador harmônico simples com $\phi = 0$. (b) Energia cinética e energia potencial *versus* posição para um oscilador harmônico simples.

Em qualquer uma das representações, note que $K + U =$ constante.

porque $v = 0$ nestes pontos, e não há energia cinética. Na posição de equilíbrio, onde $U = 0$ porque $x = 0$, a energia total, toda sob a forma de energia cinética, é novamente $\frac{1}{2}kA^2$.

Representações das energias cinética e potencial *versus* tempo aparecem na Figura Ativa 12.10a, em que consideramos $\phi = 0$. Em todos os instantes, a soma das energias cinética e potencial é uma constante igual a $\frac{1}{2}kA^2$, a energia total do sistema.

As variações de K e U com a posição x do bloco são traçadas na Figura Ativa 12.10b. A energia é continuamente transformada da potencial armazenada na mola na cinética do bloco.

A Figura Ativa 12.11 ilustra a posição, velocidade, aceleração, energia cinética e a energia potencial do sistema bloco-mola para um período inteiro do movimento. A maioria das ideias discutidas até agora estão incorporadas nessa importante figura. Estude-a cuidadosamente.

Finalmente, podemos obter a velocidade do bloco em uma posição arbitrária expressando a energia total do sistema em alguma posição arbitrária x como

$$E = K + U = \tfrac{1}{2}mv^2 + \tfrac{1}{2}kx^2 = \tfrac{1}{2}kA^2$$

e então resolvendo v:

▶ Velocidade como uma função da posição para um oscilador harmônico simples

$$v = \pm\sqrt{\frac{k}{m}(A^2 - x^2)} = \pm\omega\sqrt{A^2 - x^2} \qquad 12.22◀$$

Quando testamos a Equação 12.22 para verificar se ela concorda com casos conhecidos, vê-se que a velocidade é máxima em $x = 0$, e é zero nos pontos de retorno $x = \pm A$.

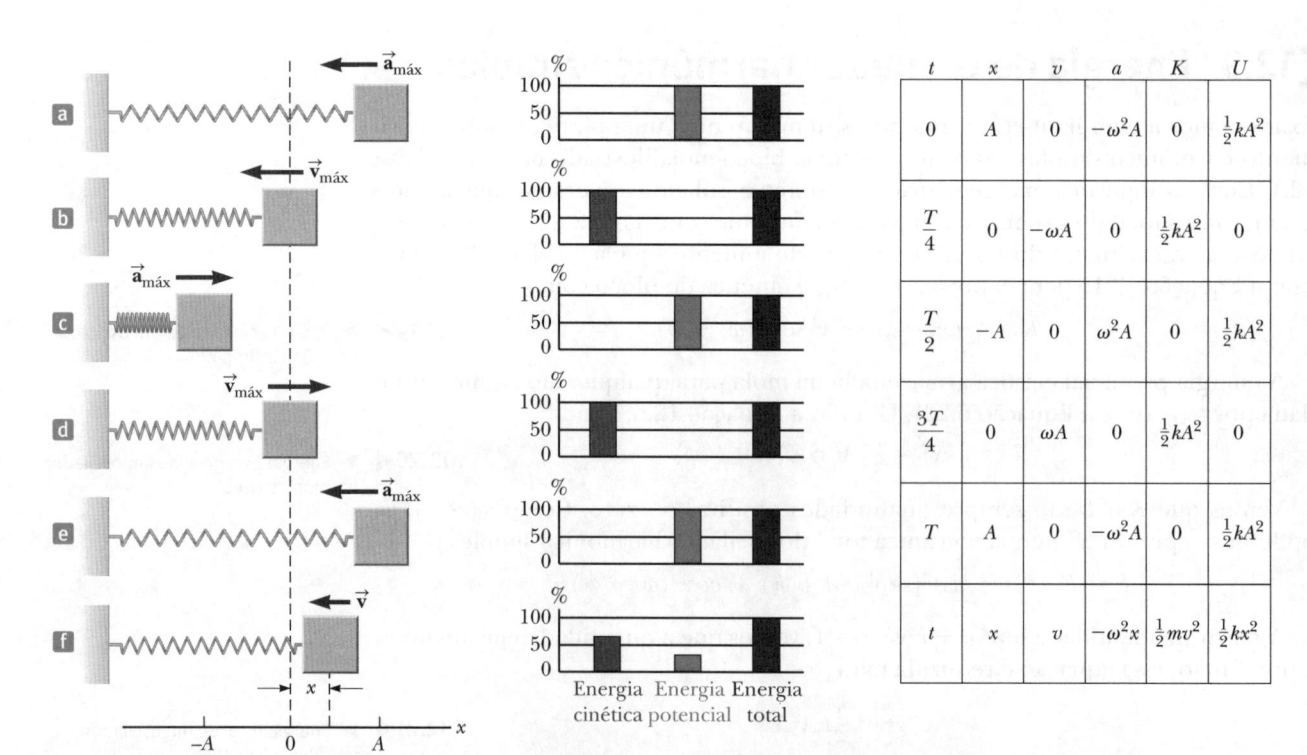

t	x	v	a	K	U
0	A	0	$-\omega^2 A$	0	$\tfrac{1}{2}kA^2$
$\tfrac{T}{4}$	0	$-\omega A$	0	$\tfrac{1}{2}kA^2$	0
$\tfrac{T}{2}$	$-A$	0	$\omega^2 A$	0	$\tfrac{1}{2}kA^2$
$\tfrac{3T}{4}$	0	ωA	0	$\tfrac{1}{2}kA^2$	0
T	A	0	$-\omega^2 A$	0	$\tfrac{1}{2}kA^2$
t	x	v	$-\omega^2 x$	$\tfrac{1}{2}mv^2$	$\tfrac{1}{2}kx^2$

Figura Ativa 12.11 (a) até (e) Vários instantes no movimento harmônico simples para um sistema bloco-mola. Os gráficos de barras de energia mostram a distribuição da energia do sistema em cada instante. Os parâmetros na tabela à direita se referem ao sistema bloco-mola, assumindo que em $t = 0$, $x = A$; portanto, $x = A\cos\omega t$. Para estes cinco instantes especiais, um dos tipos de energia é zero. (f) Um ponto arbitrário no movimento do oscilador. O sistema possui tanto energia cinética quanto energia potencial neste instante, como mostrado no gráfico de barras.

Capítulo 12 – Movimento oscilatório | 13

> **PENSANDO EM FÍSICA 12.2**
>
> Um corpo oscilando na extremidade de uma mola horizontal desliza para a frente e para trás sobre uma superfície sem atrito. Durante uma oscilação, você coloca um objeto idêntico ao primeiro no ponto máximo de deslocamento, com cola de secagem rápida na sua superfície. Assim que o corpo oscilante alcançar o seu deslocamento máximo e estiver momentaneamente em repouso, ele adere ao novo corpo por meio da cola e os dois corpos continuam a oscilação juntos. O período de oscilação se altera? A amplitude da oscilação se altera? A energia da oscilação se altera?
>
> **Raciocínio** O período de oscilação se altera porque o período depende da massa que está oscilando (Equação 12.13). A amplitude não se altera. Como o novo corpo foi adicionado sob as condições especiais de que o corpo original estivesse em repouso, os corpos combinados também estão em repouso nesse ponto, definindo a amplitude como a mesma que na oscilação original. A energia também não se altera. No ponto máximo de deslocamento, a energia total é igual à energia potencial armazenada na mola, a qual depende unicamente da constante da mola e da amplitude, e não da massa do corpo. O corpo de massa aumentada passará pelo ponto de equilíbrio em menor velocidade do que na oscilação original, porém com a mesma energia cinética. Outra abordagem é pensar em como a energia poderia ser transferida para o sistema de oscilação. Nenhum trabalho foi feito no sistema (assim como nenhuma outra forma de transferência de energia aconteceu), portanto, a energia no sistema não pode mudar. ◄

Você pode se perguntar porque estamos dedicando tanto tempo ao estudo de osciladores harmônicos simples. Fazemos isso porque são bons modelos de uma grande variedade de fenômenos físicos. Por exemplo, lembre-se do potencial de Lennard-Jones discutido no Exemplo 6.9. Essa função complicada descreve as forças que mantêm átomos juntos. A Figura 12.12a mostra que, para pequenos deslocamentos a partir da posição de equilíbrio, a curva de energia potencial para essa função aproxima-se de uma parábola, que representa a função de energia potencial para um oscilador harmônico simples. Podemos então modelar as complexas forças de ligação atômica como sendo em razão de molas minúsculas, como representado na Figura 12.12b.

As ideias apresentadas neste capítulo se aplicam não somente a sistemas bloco-mola e átomos, mas também a uma grande variedade de situações que incluem *bungee jumping*, tocar um instrumento musical e ver a luz emitida por um *laser*. Você verá mais exemplos de osciladores harmônicos simples conforme trabalha este livro.

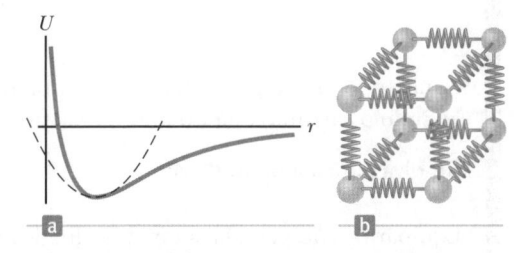

Figura 12.12 (a) Se os átomos em uma molécula não se movem muito longe de suas posições de equilíbrio, um gráfico de energia potencial *versus* distância de separação entre átomos é semelhante ao gráfico de energia potencial *versus* posição para um oscilador harmônico simples (curva preta pontilhada). (b) As forças entre átomos em um sólido podem ser modeladas imaginando molas entre átomos vizinhos.

Exemplo 12.3 | Oscilações em uma superfície horizontal

Um carrinho de 0,500 kg conectado a uma mola leve com constante de força 20,0 N/m oscila em um trilho de ar horizontal, sem atrito.

(A) Calcule a velocidade máxima do carrinho se a amplitude do movimento é de 3,00 cm.

SOLUÇÃO

Conceitualização O sistema oscila exatamente da mesma maneira que o bloco na Figura Ativa 12.11, então, use essa figura em sua mentalização da imagem do movimento.

Categorização O carrinho é modelado como uma partícula em movimento harmônico simples.

Análise Use a Equação 12.21 para expressar a energia total do sistema oscilante e iguale a energia à energia cinética do sistema quando o carrinho está em $x = 0$:

$$E = \tfrac{1}{2}kA^2 = \tfrac{1}{2}mv_{máx}^2$$

Resolva pela velocidade máxima e substitua os valores numéricos:

$$v_{máx} = \sqrt{\frac{k}{m}}\,A = \sqrt{\frac{20{,}0\text{ N/m}}{0{,}500\text{ kg}}}(0{,}0300\text{ m}) = \boxed{0{,}190\text{ m/s}}$$

(B) Qual é a velocidade do carrinho quando a posição é 2,00 cm?

SOLUÇÃO

Use a Equação 12.22 para avaliar a velocidade:

$$v = \pm\sqrt{\frac{k}{m}(A^2 - x^2)}$$

$$= \pm\sqrt{\frac{20{,}0\text{ N/m}}{0{,}500\text{ kg}}[(0{,}0300\text{ m})^2 - (0{,}0200\text{ m})^2]} = \boxed{\pm 0{,}141\text{ m/s}}$$

Os sinais positivo e negativo indicam que o carrinho deveria se mover para a direita ou para a esquerda neste instante.

continua

12.3 cont.

(C) Calcule a energia cinética potencial do sistema quando a posição do carrinho é 2,00 cm.

SOLUÇÃO

Use o resultado da parte (B) para avaliar a energia cinética em $x = 0{,}0200$ m:

$$K = \tfrac{1}{2}mv^2 = \tfrac{1}{2}(0{,}500 \text{ kg})(0{,}141 \text{ m/s})^2 = \boxed{5{,}00 \times 10^{-3} \text{ J}}$$

Avalie a energia potencial elástica em $x = 0{,}0200$ m:

$$U = \tfrac{1}{2}kx^2 = \tfrac{1}{2}(20{,}0 \text{ N/m})(0{,}0200 \text{ m})^2 = \boxed{4{,}00 \times 10^{-3} \text{ J}}$$

Finalização A soma das energias cinética e potencial na parte (C) é igual à energia total, que pode ser obtida pela Equação 12.21. Isso deve ser verdadeiro para qualquer posição do carrinho.

E se? O carrinho, neste exemplo, poderia ter sido posto em movimento liberando-o do repouso em $x = 3$ cm. E se o carrinho fosse liberado da mesma posição, mas com velocidade inicial de $v = -0{,}100$ m/s? Quais seriam as novas amplitude e velocidade máxima do carrinho?

Resposta Podemos responder a esta pergunta aplicando uma abordagem de energia.

Primeiro calcule a energia total do sistema em $t = 0$:

$$E = \tfrac{1}{2}mv^2 + \tfrac{1}{2}kx^2$$
$$= \tfrac{1}{2}(0{,}500 \text{ kg})(-0{,}100 \text{ m/s})^2 + \tfrac{1}{2}(20{,}0 \text{ N/m})(0{,}0300 \text{ m})^2$$
$$= 1{,}15 \times 10^{-2} \text{ J}$$

Equipare esta energia total à energia potencial do sistema quando o carrinho está no ponto final do movimento:

$$E = \tfrac{1}{2}kA^2$$

Resolva para a amplitude A:

$$A = \sqrt{\frac{2E}{k}} = \sqrt{\frac{2(1{,}15 \times 10^{-2} \text{ J})}{20{,}0 \text{ N/m}}} = 0{,}0339 \text{ m}$$

Equipare a energia total à energia cinética do sistema quando o carrinho está na posição de equilíbrio:

$$E = \tfrac{1}{2}mv_{\text{máx}}^2$$

Resolva para a velocidade máxima:

$$v_{\text{máx}} = \sqrt{\frac{2E}{m}} = \sqrt{\frac{2(1{,}15 \times 10^{-2} \text{ J})}{0{,}500 \text{ kg}}} = 0{,}214 \text{ m/s}$$

A amplitude e a velocidade máxima são maiores que os valores anteriores porque o carrinho recebeu velocidade inicial em $t = 0$.

12.4 | O pêndulo simples

O **pêndulo simples** é outro sistema mecânico que exibe movimento periódico. Ele consiste em um peso semelhante a uma partícula de massa m, suspenso por um cordão leve de comprimento L fixado à extremidade superior, como mostrado na Figura Ativa 12.13. Para um corpo real, desde que o tamanho do corpo seja pequeno em relação ao comprimento da mola, o pêndulo pode ser modelado como um pêndulo simples, então adotamos o modelo de partícula. Quando o peso é puxado para o lado e liberado, ele oscila em torno do ponto mais baixo, que é a posição de equilíbrio. O movimento ocorre em um plano vertical e é regido pela força gravitacional.

As forças atuando sobre o pêndulo são a força $\vec{T}$ exercida pelo cordão e a gravitacional $m\vec{g}$. O componente vetorial da força gravitacional tangente à trajetória da curva do pêndulo e de magnitude $mg\,\text{sen}\,\theta$ sempre atua na direção de $\theta = 0$, oposta ao deslocamento do pêndulo a partir da posição mais baixa. A força gravitacional é, portanto, uma força de restauração, e podemos usar a segunda lei de Newton para escrever a equação do movimento nas direções tangenciais como

$$F_t = ma_t \rightarrow -mg\,\text{sen}\,\theta = m\frac{d^2s}{dt^2}$$

onde s é a posição mensurada ao longo do arco circular na Figura Ativa 12.13 e o sinal negativo indica que F_t atua em direção à posição de equilíbrio. Como $s = L\theta$ (Equação 10.1a) e L é constante, essa equação é reduzida para

$$\frac{d^2\theta}{dt^2} = -\frac{g}{L}\text{sen}\,\theta$$

Considerando θ como a posição, comparemos esta equação à Equação 12.5, que é de uma forma matemática similar, porém não idêntica. O lado direito é proporcional ao sen θ em vez de θ; então, concluímos que o movimento *não* é um movimento harmônico

Quando θ é pequeno, um movimento de um pêndulo simples pode ser modelado como movimento harmônico simples sobre a posição de equilíbrio $\theta = 0$.

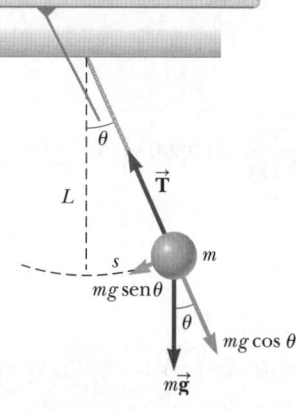

Figura Ativa 12.13 Um pêndulo simples.

simples porque a equação que descreve esse movimento não tem a mesma forma matemática que a Equação 12.5. Se assumirmos que θ é *pequeno* (menor que 10° ou 0,2 rad), no entanto, podemos usar o modelo de simplificação chamado **aproximação de ângulo pequeno**, no qual sen $\theta \approx \theta$, onde θ é medido em radianos. A Tabela 12.1 mostra ângulos em graus e radianos e os senos desses ângulos. Desde que θ seja menor que aproximadamente 10°, o ângulo em radianos e seu seno são iguais, pelo menos com uma precisão maior que 1,0%.

Então, para ângulos pequenos, a equação de movimento torna-se

$$\frac{d^2\theta}{dt^2} = -\frac{g}{L}\theta \qquad \text{12.23} \blacktriangleleft$$

TABELA 12.1 | Ângulos e Senos de Ângulos

Ângulo em Graus	Ângulo em Radianos	Seno do Ângulo	Diferença Percentual
0°	0,0000	0,0000	0,0%
1°	0,0175	0,0175	0,0%
2°	0,0349	0,0349	0,0%
3°	0,0524	0,0523	0,0%
5°	0,0873	0,0872	0,1%
10°	0,1745	0,1736	0,5%
15°	0,2618	0,2588	1,2%
20°	0,3491	0,3420	2,1%
30°	0,5236	0,5000	4,7%

Agora temos a expressão com exatamente a mesma forma matemática que a Equação 12.5, com $\omega^2 = g/L$, e assim concluímos que o movimento é aproximadamente um movimento harmônico simples para amplitudes pequenas. Modelando a solução após a Equação 12.6, θ pode, portanto, ser escrita $\theta = \theta_{máx} \cos(\omega t + \phi)$, onde $\theta_{máx}$ é a *posição angular máxima* e a frequência angular ω é

$$\omega = \sqrt{\frac{g}{L}}$$

12.24◀ ▶ Frequência angular para um pêndulo simples

O período do movimento é

$$T = \frac{2\pi}{\omega} = 2\pi\sqrt{\frac{L}{g}}$$

12.25◀ ▶ Período para um pêndulo simples

Observamos que o período e a frequência de um pêndulo simples oscilando em ângulos pequenos dependem somente do comprimento do cordão e da aceleração devida à gravidade. Como o período é *independente* da massa, concluímos que *todos* os pêndulos simples que sejam de igual comprimento e estejam na mesma posição (de modo que g seja constante) oscilam com o mesmo período. Experimentos mostram que esta conclusão é correta.

Note a importância da nossa técnica de modelagem nessa discussão. A Equação 12.23 é uma representação matemática de um pêndulo simples. Essa representação possui exatamente a mesma forma *matemática* que a Equação 12.5 para um bloco em uma mola, apesar do fato de haver diferenças *físicas* claras entre os dois sistemas. Apesar das diferenças físicas, as representações matemáticas são as mesmas, por isso podemos imediatamente escrever a solução da posição angular θ para o pêndulo e identificar a sua frequência angular ω como na Equação 12.24. Essa é uma técnica muito poderosa, possível pelo fato de que estamos formando um modelo matemático do sistema físico.

Prevenção de Armadilhas | 12.5
Movimento harmônico simples não verdadeiro
O pêndulo não exibe movimento harmônico simples verdadeiro para nenhum ângulo. Se o ângulo é menor que 10°, o movimento é próximo e pode ser modelado como harmônico simples.

TESTE RÁPIDO 12.5 Um relógio de pêndulo depende do período do pêndulo para manter a hora certa. (i) Suponha que esse relógio esteja calibrado corretamente e, então, uma criança levada desliza o peso do pêndulo para baixo na haste oscilatória. O relógio então funciona (**a**) devagar, (**b**) rápido ou (**c**) corretamente? (ii) Suponha que esse mesmo relógio seja calibrado corretamente no nível do mar e depois levado para o topo de uma montanha muito alta. O relógio então funciona (**a**) devagar, (**b**) rápido ou (**c**) corretamente?

▶ PENSANDO EM FÍSICA 12.3

Você prepara dois sistemas oscilantes: um pêndulo simples e um bloco pendurado em uma mola vertical. Você ajusta cuidadosamente o comprimento do pêndulo de maneira que ambos os osciladores tenham o mesmo período. Agora você leva os dois osciladores para a Lua. Eles ainda terão o mesmo período? O que aconteceria se você observasse os dois osciladores em uma nave espacial em órbita? (Assuma que a mola tem espaços abertos entre as espirais quando ela não está esticada, para que ela possa ser tanto esticada como comprimida.)

Raciocínio O bloco pendurado da mola terá o mesmo período na Lua e na Terra, já que o período depende da massa do bloco e da constante da mola, as quais não mudaram. O período do pêndulo na Lua será diferente, já que o período do pêndulo depende do valor de g. Como g é menor na Lua do que na Terra, o pêndulo oscilará com um período maior.

Na nave espacial em órbita, o sistema bloco-mola oscilará com o mesmo período que na Terra quando colocado em movimento, já que o período não depende da gravidade. O pêndulo não oscilará; se ele for puxado para o lado a partir de uma direção que você definiu como "vertical" e for liberado, ele ficará ali. Uma vez que a nave espacial está em queda livre enquanto orbita ao redor da Terra, a gravidade efetiva é zero e não há força restauradora no pêndulo. ◀

Exemplo 12.4 | Uma conexão entre comprimento e tempo

Christian Huygens (1629-1695), o maior construtor de relógios da história, sugeriu que uma unidade internacional de comprimento poderia ser definida como o comprimento de um pêndulo simples com o período de exatamente 1 s. Quão mais curta seria nossa unidade de comprimento se a sugestão dele tivesse sido aceita?

SOLUÇÃO

Conceitualização Imagine um pêndulo que oscila para a frente e para trás em exatamente 1 segundo. Com base em sua experiência na observação de corpos oscilantes, você pode estimar o comprimento necessário? Pendure um pequeno corpo em um barbante e simule o pêndulo de 1 s.

Categorização Este exemplo envolve um pêndulo simples, categorizado como uma aplicação dos conceitos introduzidos nesta seção.

Análise Resolva a Equação 12.25 para o comprimento e substitua todos os valores conhecidos:

$$L = \frac{T^2 g}{4\pi^2} = \frac{(1{,}00\text{ s})^2 (9{,}80\text{ m/s}^2)}{4\pi^2} = \boxed{0{,}248\text{ m}}$$

Finalização O comprimento do metro seria menos de um quarto de seu comprimento atual. O número de dígitos significantes também depende somente de quão precisamente conhecemos g, porque o tempo foi definido como sendo de exatamente 1 s.

12.5 | O pêndulo físico

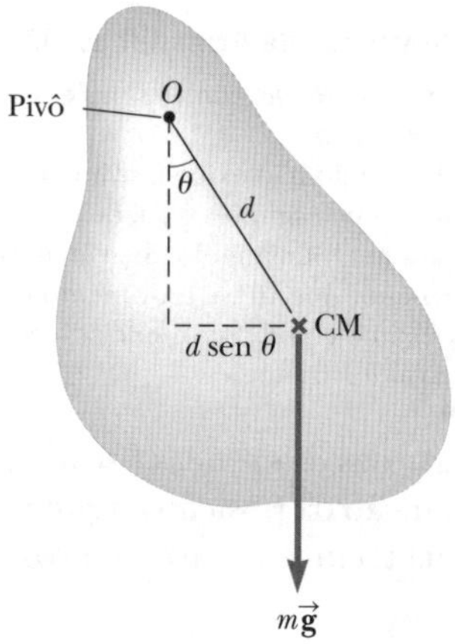

Suponha que você equilibre um cabide de arame suportando o gancho com seu dedo indicador esticado. Quando dá ao cabide um pequeno deslocamento angular com sua outra mão e depois solta, ele oscila. Se um corpo pendurado oscila em um eixo fixo que não passa pelo seu centro de massa e o corpo não pode ser aproximado como um ponto de massa, não podemos tratar o sistema como um pêndulo simples. Nesse caso, o sistema é chamado de **pêndulo físico**.

Considere um corpo rígido centrado em um ponto O a uma distância d do centro de massa (Fig. 12.14). A força gravitacional proporciona um torque em relação a um eixo através de O, e o módulo deste torque é $mgd \operatorname{sen}\theta$, onde θ é como mostrado na Figura 12.14. Modelamos o corpo como um corpo rígido sob um torque resultante e usamos a forma angular da segunda lei de Newton, $\Sigma \tau_{\text{ext}} = I\alpha$, onde I é o momento de inércia do corpo em relação ao eixo que passa através de O. O resultado é

$$-mgd \operatorname{sen}\theta = I \frac{d^2\theta}{dt^2}$$

Figura 12.14 Um pêndulo físico centrado em O.

O sinal negativo indica que o torque em relação a O tende a diminuir θ. Isto é, a força gravitacional produz um torque restaurador. Se assumimos novamente que θ é pequeno, a aproximação $\operatorname{sen}\theta \approx \theta$ é válida e a equação de movimento é reduzida para

$$\frac{d^2\theta}{dt^2} = -\left(\frac{mgd}{I}\right)\theta = -\omega^2 \theta \qquad \text{12.26} \blacktriangleleft$$

Como essa equação tem a mesma forma matemática que a Equação 12.5, sua solução é aquela do oscilador harmônico simples. Ou seja, a solução da Equação 12.26 é dada por $\theta = \theta_{\text{máx}} \cos(\omega t + \phi)$, onde $\theta_{\text{máx}}$ é a posição angular máxima e

$$\omega = \sqrt{\frac{mgd}{I}}$$

O período é

▶ Período de um pêndulo físico

$$\boxed{T = \frac{2\pi}{\omega} = 2\pi \sqrt{\frac{I}{mgd}}} \qquad \text{12.27} \blacktriangleleft$$

Esse resultado pode ser usado para medir o momento de inércia de um corpo rígido e plano. Se a localização do centro de massa — e, portanto, o valor de d — é conhecida, o momento de inércia pode ser obtido pela medição do período. Finalmente, note que a Equação 12.27 é reduzida para o período de um pêndulo simples (Equação 12.25) quando $I = md^2$, isto é, quando toda a massa está concentrada no centro de massa.

Note novamente a importância da modelagem aqui, como discutido para o pêndulo simples. Como a representação matemática na Equação 12.26 é idêntica àquela na Equação 12.5, foi possível escrever imediatamente a solução para o pêndulo físico.

TESTE RÁPIDO 12.6 Dois estudantes, Alex e Brian, estão em um museu observando a oscilação de um pêndulo com um peso grande. Alex comenta, "Vou passar através da cerca e grudar um chiclete sobre do peso do pêndulo para mudar o seu período de oscilação." Brian responde, "Isso não mudará o período. O período de um pêndulo é independente da sua massa." Qual dos estudantes está certo?   (a) Alex   (b) Brian

Exemplo **12.5 | Uma haste oscilante**

Uma haste uniforme de massa M e comprimento L é suspensa por um pivô em uma extremidade e oscila em um plano vertical (Fig. 12.15). Encontre o período de oscilação se a amplitude do movimento for pequena.

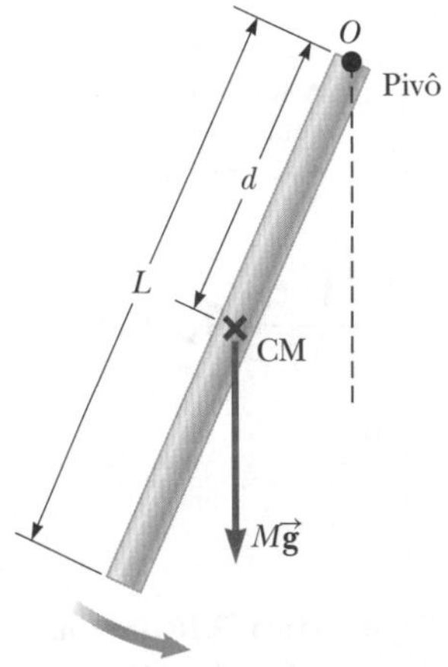

SOLUÇÃO

Conceitualização Imagine uma haste balançando para a frente e para trás quando suspensa por uma extremidade. Tente fazer isso com uma régua de metro ou um pedaço de madeira.

Categorização Como a haste não é uma partícula pontual, categorizamos a haste como um pêndulo físico.

Figura 12.15 (Exemplo 12.5) Uma haste rígida oscilando sobre um pivô por uma extremidade é um pêndulo físico com $d = L/2$.

Análise No Capítulo 10, descobrimos que o momento de inércia de uma haste uniforme com respeito a um eixo em uma extremidade é $\frac{1}{3}ML^2$. A distância d do pivô para o centro de massa da vara é $L/2$.

Substitua estas quantidades na Equação 12.27: $T = 2\pi\sqrt{\dfrac{\frac{1}{3}ML^2}{Mg(L/2)}} = 2\pi\sqrt{\dfrac{2L}{3g}}$

Finalização Em um dos pousos na Lua, um astronauta andando em sua superfície tinha um cinto pendurado em sua roupa espacial, e o cinto oscilava como um pêndulo físico. Um cientista na Terra observou esse movimento na televisão e o usou para estimar a aceleração de queda livre na Lua. Como o cientista fez esse cálculo?

12.6 | Oscilações amortecidas

Os movimentos oscilatórios que consideramos até agora foram para sistemas ideais, ou seja, sistemas que oscilam indefinidamente sob a ação de uma única força restauradora linear. Em muitos sistemas reais, forças não conservativas, como o atrito ou a resistência do ar, retardam o movimento. Consequentemente, a energia mecânica do sistema diminui com o tempo, e o movimento é descrito como uma **oscilação amortecida**.

Considere um corpo se movimentando através de um meio como um líquido ou gás. Um tipo comum de força de retardo em um corpo, o qual discutimos no Capítulo 5 (no Volume 1), é proporcional à velocidade do corpo e atua na direção oposta à velocidade do corpo em relação ao meio. Esse tipo de força é observado comumente quando um corpo está oscilando vagarosamente no ar, por exemplo. Como a força de retardo pode ser expressa por $\vec{R} = -b\vec{v}$, onde b é uma constante relacionada à força de retardo e a força restauradora exercida no sistema é $-kx$, a segunda lei de Newton nos dá

$$\sum F_x = -kx - bv = ma_x$$
$$-kx - b\frac{dx}{dt} = m\frac{d^2x}{dt^2}$$

12.28◀

A solução para essa equação diferencial requer operações matemáticas que talvez não lhe sejam familiares; então será afirmada sem provas. Quando os parâmetros do sistema são tais que $b < \sqrt{4mk}$, então a força de retardo é pequena, a solução para a Equação 12.28 é

$$x = (Ae^{-(b/2m)t})\cos(\omega t + \phi)$$

12.29◀

onde a frequência angular de oscilação é

$$\omega = \sqrt{\frac{k}{m} - \left(\frac{b}{2m}\right)^2}$$ 12.30◀

Esse resultado pode ser verificado substituindo a Equação 12.29 na Equação 12.28. É conveniente expressar a frequência angular de um oscilador amortecido na forma

$$\omega = \sqrt{\omega_0^2 - \left(\frac{b}{2m}\right)^2}$$

onde $\omega_0 = \sqrt{k/m}$ representa a frequência angular na ausência de uma força de retardo (o oscilador não amortecido) e é chamada de **frequência natural**[3] do sistema.

Na Figura Ativa 12.16a, observamos um exemplo de um sistema amortecido. O corpo suspenso pela mola experimenta tanto a força da mola quanto a força de retardo do líquido circundante. A Figura Ativa 12.16b mostra a posição como uma função do tempo para um objeto oscilando na presença de uma força de retardo. Quando a força de retardo é pequena, o caráter oscilatório do movimento é preservado mas a amplitude diminui exponencialmente, fazendo com que o movimento se torne indetectável no final. Qualquer sistema que se comporta desta maneira é conhecido como **oscilador amortecido**. As linhas pretas pontilhadas na Figura Ativa 12.16b, que definem a *envoltória* da curva oscilatória, representam o fator exponencial na Equação 12.29. Essa envoltória mostra que a amplitude diminui exponencialmente com o tempo. Para movimentos com certa constante de mola e massa do corpo, as oscilações são mais rapidamente amortecidas para valores maiores da força de retardo.

Quando o módulo da força de retardo é pequeno, de modo que $b/2m < \omega_0$, diz-se que o sistema é **subamortecido**. O movimento resultante é representado pela curva cinza claro na Figura 12.17. Com um aumento no valor de b, a amplitude das oscilações diminui mais e mais rapidamente. Quando b alcança um valor crítico b_c, tal que $b_c/2m = \omega_0$, o sistema não oscila e é chamado **criticamente amortecido**. Nesse caso, o sistema, uma vez liberado do repouso em alguma posição de não equilíbrio, aproxima-se, mas não passa pela posição de equilíbrio. O gráfico de posição *versus* tempo para esse caso é a curva cinza escuro na Figura 12.17.

Se o meio é tão viscoso que a força de retardo é grande comparada à restauradora — isto é, se $b/2m > \omega_0$ —, o sistema é **superamortecido**. Novamente, o sistema deslocado, quando livre para se mover, não oscila, mas simplesmente retorna à sua posição de equilíbrio. Conforme o amortecimento aumenta, o intervalo de tempo necessário para o sistema atingir o equilíbrio também aumenta, conforme indicado pela curva preta na Figura 12.17. Para sistemas criticamente amortecidos e superamortecidos, não há frequência angular ω e a solução na Equação 12.29 não é válida.

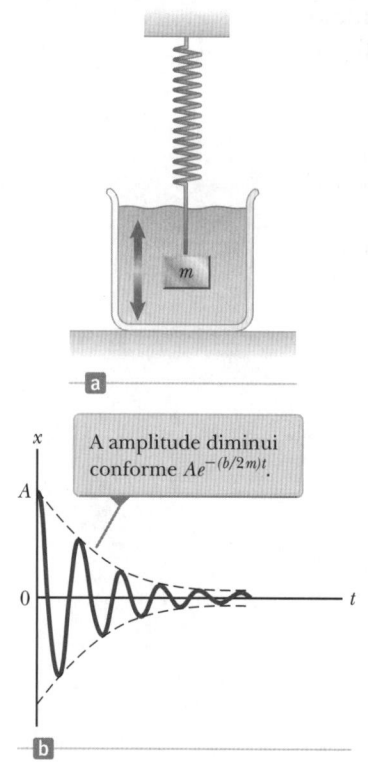

Figura Ativa 12.16 (a) Um exemplo de um oscilador amortecido é um objeto preso a uma mola e submerso em um líquido viscoso. (b) Gráfico de posição *versus* tempo para um oscilador amortecido.

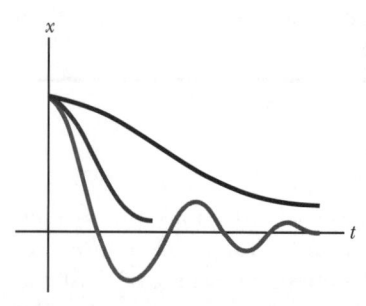

Figura 12.17 Gráficos de posição *versus* tempo para um oscilador subamortecido (curva cinza claro), um oscilador criticamente amortecido (curva cinza escura), e um oscilador superamortecido (curva preta).

12.7 | Oscilações forçadas

Vimos que, como resultado da ação da força de retardo, a energia mecânica de um oscilador amortecido diminui com o tempo. É possível compensar essa diminuição em energia aplicando uma força externa que realiza trabalho positivo sobre o sistema. Tal oscilador sofre então **oscilações forçadas**. Em qualquer instante, a energia pode ser transferida para o sistema por uma força aplicada que atua na direção do movimento do oscilador. Por exemplo, uma criança em um balanço pode ser mantida em movimento por "empurrões" dados no tempo certo. A amplitude do movimento permanece constante se a entrada de energia por ciclo de movimento é exatamente igual à diminuição de energia mecânica em cada ciclo que resulta de forças de retardo.

Um exemplo comum de oscilador forçado é um oscilador amortecido forçado por uma força externa $F(t)$ que varia periodicamente, tal que $F(t) = F_0 \operatorname{sen} \omega t$, onde ω é a frequência angular da força propulsora e F_0 é uma constante. Em geral, a frequência ω da força propulsora é diferente da frequência natural ω_0 do oscilador. A segunda lei de Newton nos dá, nesta situação,

$$\sum F_x = ma_x \rightarrow F_0 \operatorname{sen} \omega t - b\frac{dx}{dt} - kx = m\frac{d^2x}{dt^2}$$ 12.31◀

---
[3]Na prática, ambos, ω_0 e $f_0 = \omega_0/2\pi$, são descritos como a frequência natural. O contexto da discussão ajudará a determinar qual frequência está sendo discutida.

Novamente, a solução dessa equação é um tanto longa e não será apresentada. Depois que uma força propulsora começa a atuar sobre um corpo inicialmente estacionário, a amplitude da oscilação aumenta. Depois de um intervalo de tempo suficientemente longo, quando a injeção de energia da força propulsora por ciclo é igual à quantidade de energia mecânica transformada em energia interna para cada ciclo, uma condição de estado estável é alcançada, na qual as oscilações prosseguem com amplitude constante. Nessa situação, a Equação 12.31 tem a solução

$$x = A\cos(\omega t + \phi)$$ 12.32◀

onde

$$A = \frac{F_0/m}{\sqrt{\left(\omega^2 - \omega_0^2\right)^2 + \left(\frac{b\omega}{m}\right)^2}}$$ 12.33◀

e onde $\omega_0 = \sqrt{k/m}$ é a frequência natural do oscilador não amortecido ($b = 0$).

A Equação 12.33 mostra que a amplitude do oscilador forçado é constante para uma dada força propulsora porque ele está sendo impulsionado no estado estacionário por uma força externa. Para pouco amortecimento, a amplitude se torna grande quando a frequência da força propulsora é próxima da frequência natural de oscilação, ou quando $\omega \approx \omega_0$, como pode ser observado na Equação 12.33. O aumento dramático de amplitude próximo da frequência natural é chamado de **ressonância**, e a frequência natural ω_0 é chamada de **frequência de ressonância** do sistema.

A Figura 12.18 é um gráfico da amplitude como função da frequência para o oscilador forçado, com forças de retardo variadas. Note que a amplitude aumenta conforme o amortecimento diminui ($b \to 0$) e que a curva de ressonância fica mais larga conforme o amortecimento aumenta. Na ausência de uma força amortecedora ($b = 0$), vemos da Equação 12.33 que a amplitude de estado estacionário se aproxima do infinito conforme $\omega \to \omega_0$. Em outras palavras, se não há forças de retardo no sistema e continuamos a conduzir um oscilador com uma força senoidal na frequência de ressonância, a amplitude do movimento se desenvolverá sem limite. Esta situação não ocorre na prática porque o amortecimento está sempre presente em osciladores reais.

A ressonância aparece em várias áreas da física. Por exemplo, certos circuitos elétricos têm frequências de ressonância. Esse fato é explorado em sintonizadores de rádio, que permitem a você selecionar a estação que quer ouvir. Cordas vibrantes e colunas de ar também têm frequências de ressonância, o que permite utilizá-las em instrumentos musicais, algo que será discutido no Capítulo 14.

◀12.8 | Conteúdo em contexto: ressonância em estruturas

Na seção anterior, investigamos o fenômeno da ressonância no qual um sistema oscilatório exibe a sua resposta máxima para uma força propulsora periódica quando a frequência da força propulsora se iguala à frequência natural do oscilador. Agora aplicaremos essa compreensão à interação entre o tremor do solo durante um terremoto e as estruturas ligadas ao solo. A estrutura é o oscilador. Existe uma série de frequências naturais, determinadas por sua rigidez, sua massa e os detalhes da sua construção. A força propulsora periódica é fornecida pelo tremor do solo.

Um resultado desastroso pode ocorrer se a frequência natural de uma construção se igualar à frequência do tremor de terra. Nesse caso, as vibrações de ressonância da construção podem atingir uma amplitude grande o suficiente para danificá-la ou destruí-la. Esse resultado pode ser evitado de duas maneiras. A primeira envolve o desenho da estrutura cujas frequências naturais da construção se encontrem fora do intervalo das frequências do terremoto. (Um intervalo típico de frequências de terremotos é de 0–15 Hz.) Uma construção como essa pode ser projetada variando a massa ou o tamanho da estrutura. O segundo método envolve a incorporação suficiente de amortecedores na construção. Este método pode não mudar a frequência de ressonância significativamente, porém diminuirá a resposta às frequências naturais, como na Figura 12.18. Também achatará a curva da ressonância, de modo que a construção responderá a um amplo intervalo de frequências, mas com amplitude relativamente pequena em qualquer frequência dada.

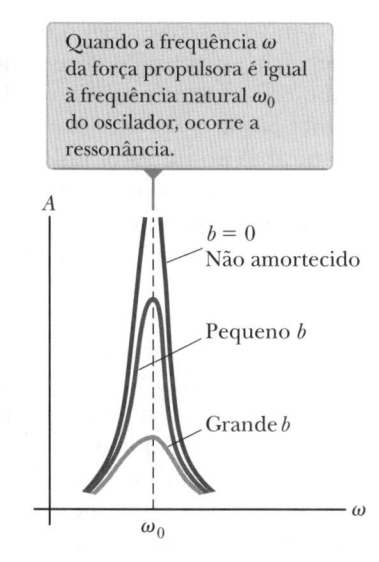

Figura 12.18 Gráfico de amplitude *versus* frequência para um oscilador amortecido quando uma força propulsora periódica está presente. Note que o formato da curva de ressonância depende do tamanho do coeficiente de amortecimento b.

Figura 12.19 (a) Em 1940, ventos turbulentos criaram vibrações na ponte Tacoma Narrows Bridge, causando sua oscilação em frequências próximas das frequências naturais da estrutura da ponte. (b) Uma vez começada, essa condição de ressonância levou à queda da ponte. (Matemáticos e físicos estão contestando essa interpretação atualmente.)

Vamos descrever agora dois exemplos envolvendo ressonância em estruturas de pontes. Um exemplo de tal ressonância estrutural ocorreu em 1940, quando a ponte Tacoma Narrows no estado de Washington foi destruída por vibrações ressonantes (Figura 12.19). Os ventos não estavam particularmente intensos naquela ocasião, mas a ponte caiu porque os vórtices (turbulências) gerados pelo vento ocorreram em uma frequência que se igualou à frequência natural da ponte. As ondulações desse vento através da rodovia (similares às ondulações de uma bandeira numa brisa forte) proporcionaram a força propulsora periódica que derrubou a ponte no rio.

Como segundo exemplo, considere soldados marchando através da ponte. Eles são ordenados a parar devido à ressonância. Se a frequência da marcha dos soldados se iguala à da ponte, a ponte pode entrar em oscilações de ressonância. Se a amplitude tornar-se grande o bastante, a ponte pode cair. Uma situação assim ocorreu em 14 de abril de 1831, quando a ponte suspensa de Broughton, na Inglaterra, caiu enquanto as tropas marchavam sobre ela. Investigações após o acidente mostraram que a ponte estava próxima a ruir, e a vibração de ressonância induzida pela marcha dos soldados causou sua queda antes do esperado.

A ressonância nos dá a primeira pista para responder a pergunta central para este contexto. Suponha que uma construção esteja longe do epicentro de um terremoto, sendo assim o tremor do solo é pequeno. Se a frequência do tremor se iguala à frequência natural da construção, ocorre um acoplamento de energia muito efetivo entre o solo e o prédio. Portanto, mesmo em caso de tremor relativamente pequeno, o solo, por ressonância, pode abastecer a construção de energia com eficiência suficiente para causar a falha na estrutura. A estrutura deve ser projetada cuidadosamente para reduzir a resposta à ressonância.

❯ RESUMO

Um corpo preso ao extremo de uma mola se move com movimento chamado de **movimento harmônico simples**, e o sistema é chamado de **oscilador harmônico simples**.

O tempo para uma oscilação completa do corpo é chamado de **período** T do movimento. O inverso do período é a **frequência** f do movimento, que é igual ao número de oscilações por segundo:

$$f = \frac{1}{T} = \frac{\omega}{2\pi} \qquad 12.11◀$$

A velocidade e aceleração de um corpo em oscilação harmônica simples são

$$v = \frac{dx}{dt} = -\omega A \,\text{sen}(\omega t + \phi) \qquad 12.15◀$$

$$a = \frac{d^2x}{dt^2} = -\omega^2 A \cos(\omega t + \phi) \qquad 12.16◀$$

Portanto, a velocidade máxima do corpo é ωA e sua aceleração máxima é de módulo $\omega^2 A$. A velocidade é zero quando o corpo está no seu ponto de retorno, $x = \pm A$, e a velocidade é máxima na posição de equilíbrio, $x = 0$. O módulo da aceleração é máximo nos pontos de retorno e é zero na posição de equilíbrio.

As energias cinética e potencial de um oscilador harmônico simples variam com o tempo e são dadas por

$$K = \tfrac{1}{2}mv^2 = \tfrac{1}{2}m\omega^2 A^2 \,\text{sen}^2(\omega t + \phi) \qquad 12.19◀$$

$$U = \tfrac{1}{2}kx^2 = \tfrac{1}{2}kA^2 \cos^2(\omega t + \phi) \qquad 12.20◀$$

A **energia total** do oscilador harmônico simples é uma constante do movimento e é

$$E = \tfrac{1}{2}kA^2 \qquad 12.21◀$$

A energia potencial de um oscilador harmônico simples é máxima quando a partícula está no seus pontos de retorno (deslocamento máximo desde o equilíbrio) e é zero na posição de equilíbrio. A energia cinética é zero nos pontos de retorno e é máxima na posição de equilíbrio.

Um **pêndulo simples** de comprimento L exibe movimento que pode ser modelado como harmônico simples para deslocamentos angulares pequenos a partir da vertical, com um período de

$$T = 2\pi \sqrt{\frac{L}{g}} \qquad 12.25◀$$

O período de um pêndulo simples é independente da massa do corpo suspenso.

Um **pêndulo físico** exibe movimento que pode ser modelado como harmônico simples para deslocamentos angulares pequenos a partir do equilíbrio sobre um pivô que não passa pelo centro da massa. O período desse movimento é

$$T = 2\pi \sqrt{\frac{I}{mgd}} \qquad 12.27◀$$

onde I é o momento de inércia em relação a um eixo que passa pelo pivô e d é a distância do pivô até o centro da massa.

Oscilações amortecidas ocorrem em um sistema em que uma força de retardo opõe-se ao movimento do corpo oscilante. Se tal sistema é colocado em movimento e deixado por si só, a sua energia mecânica diminui com o tempo devido à presença da força de retardo não conservativa. É possível compensar essa transformação de energia impulsionando-se o sistema com uma força externa periódica. O oscilador, nesse caso, está passando por **oscilações forçadas**. Quando a frequência da força propulsora iguala-se à frequência natural do oscilador *não amortecido*, a energia é eficientemente transferida para o oscilador e a sua amplitude de estado estacionário é máxima. Essa situação é chamada de **ressonância**.

Modelo de análise para resolução de problemas

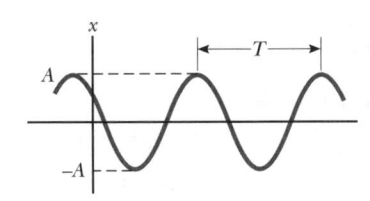

Partícula em movimento harmônico simples. Se uma partícula é sujeita a uma força com a forma da lei de Hooke $F = -kx$, ela exibe movimento harmônico simples. Sua posição é descrita por

$$x(t) = A \cos(\omega t + \phi) \qquad \text{12.6} \blacktriangleleft$$

onde A é a **amplitude** do movimento, ω é a **frequência angular**, e ϕ, a **constante de fase**. O valor de ϕ depende da posição e velocidade iniciais do oscilador.

O período de oscilação está relacionado aos parâmetros de um sistema bloco-mola de acordo com

$$T = \frac{2\pi}{\omega} = 2\pi\sqrt{\frac{m}{k}} \qquad \text{12.13} \blacktriangleleft$$

PERGUNTAS OBJETIVAS

1. Um pêndulo simples tem um período de 2,5 s. (i) Qual é seu período se seu comprimento fica quatro vezes maior? (a) 1,25 s (b) 1,77 s (c) 2,5 s (d) 3,54 s (e) 5 s. (ii) Qual é seu período se o comprimento é mantido constante no seu valor inicial e a massa do bloco suspenso é quatro vezes maior? Escolha a partir das mesmas possibilidades.

2. Um sistema massa-mola em movimento harmônico simples tem uma amplitude A. Quando a energia cinética do corpo é igual ao dobro da energia potencial armazenada na mola, qual é a posição x do corpo? (a) A (b) $\frac{1}{3}A$ (c) $A/\sqrt{3}$ (d) 0. (e) Nenhuma das anteriores.

3. Se um pêndulo simples oscila com pequena amplitude e seu comprimento é dobrado, o que acontece com a frequência de seu movimento? (a) Dobra. (b) Fica $\sqrt{2}$ vezes o tamanho. (c) Fica metade do tamanho. (d) Fica $1/\sqrt{2}$ vezes o tamanho. (e) Permanece a mesma.

4. Um vagão de trem, com massa $3,0 \times 10^5$ kg, vai em ponto morto por um trilho nivelado a 2,0 m/s quando colide elasticamente com um para-choque cheio de molas no final do trilho. Se a constante de mola do para-choque é $2,0 \times 10^6$ N/m, qual é a compressão máxima da mola durante a colisão? (a) 0,77 m (b) 0,58 m (c) 0,34 m (d) 1,07 m (e) 1,24 m.

5. Um corpo de massa 0,40 kg, pendurado em uma mola com constante de 8,0 N/m, é posto em movimento harmônico simples para cima e para baixo. Qual é o módulo da aceleração do corpo quando ele está em seu deslocamento máximo de 0,10 m? (a) Zero (b) 0,45 m/s² (c) 1,0 m/s² (d) 2,0 m/s² (e) 2,4 m/s².

6. Se um corpo de massa m preso a uma mola leve é substituído por outro de massa $9m$, a frequência do sistema vibratório muda por qual fator? (a) $\frac{1}{9}$ (b) $\frac{1}{3}$ (c) 3,0 (d) 9,0 (e) 6,0.

7. Um sistema bloco-mola vibrando em uma superfície horizontal, sem atrito, com amplitude de 6,0 cm, tem energia de 12 J. Se o bloco é substituído por outro cuja massa é o dobro da do original e a amplitude do movimento é 6,0 cm de novo, qual é a energia do sistema? (a) 12 J (b) 24 J (c) 6 J (d) 48 J (e) Nenhuma das anteriores.

8. A posição de um corpo em movimento harmônico simples é dada por $x = 4 \cos(6\pi t)$, onde x é dado em metros e t em segundos. Qual é o período do sistema em oscilação? (a) 4 s (b) $\frac{1}{6}$ s (c) $\frac{1}{3}$ s (d) 6π s (e) impossível determinar a partir da informação dada.

9. Um bloco de massa $m = 0,1$ kg oscila com amplitude $A = 0,1$ m na extremidade de uma mola com constante $k = 10$ N/m em uma superfície horizontal, sem atrito. Classifique os períodos das seguintes situações, do maior para o menor. Se os períodos forem iguais, mostre essa igualdade em sua classificação. (a) O sistema é como descrito acima. (b) O sistema é como descrito na situação (a), mas a amplitude é 0,2 m. (c) A situação é como descrita na situação (a), mas a massa é 0,2 kg. (d) A situação é como descrita na situação (a), mas a mola tem constante 20 N/m. (e) Uma pequena força resistiva torna o movimento subamortecido.

10. Você prende um bloco na ponta de baixo de uma mola pendurada verticalmente, e o deixa se mover para baixo lentamente, enquanto vê que ele fica pendurado em repouso com a mola esticada 15,0 cm. Então, você levanta o bloco de volta para a posição inicial e o libera do repouso com a mola encolhida. A que distância máxima o bloco se move para baixo? (a) 7,5 cm (b) 15,0 cm (c) 30,0 cm (d) 60,0 cm (e) A distância não pode ser determinada sem saber a massa e a constante da mola.

11. Um sistema massa-mola se move com movimento harmônico simples ao longo do eixo x entre os pontos de retorno em $x_1 = 20$ e $x_2 = 60$ cm. Para as partes (i) até (iii), escolha a partir das cinco possibilidades a seguir. (i) Em que posição a partícula tem maior módulo de momento? (a) 20 cm. (b) 30 cm. (c) 40 cm. (d) Alguma outra posição. (e) O maior valor ocorre em pontos múltiplos. (ii) Em que posição a partícula tem maior energia cinética? (iii) Em que posição o sistema partícula-mola tem a maior energia total?

12. Para um oscilador harmônico simples, responda sim ou não para as seguintes questões. (a) As quantidades posição e velocidade podem ter o mesmo sinal? (b) A velocidade e a aceleração podem ter o mesmo sinal? (c) A posição e a aceleração podem ter o mesmo sinal?

13. Qual das seguintes afirmativas *não* é verdadeira para um sistema massa-mola que se move com movimento harmônico

simples na ausência de atrito? (a) A energia total do sistema permanece constante. (b) A energia do sistema é continuamente transformada entre energia cinética e potencial. (c) A energia total do sistema é proporcional ao quadrado da amplitude. (d) A energia potencial armazenada no sistema é maior quando a massa passa pela posição de equilíbrio. (e) A velocidade da massa oscilatória tem seu valor máximo quando a massa passa pela posição de equilíbrio.

14. Uma partícula em uma mola se move em movimento harmônico simples ao longo do eixo x entre os pontos de retorno em $x_1 = 100$ cm e $x_2 = 140$ cm. (i) Em qual das seguintes posições a partícula tem velocidade máxima? (a) 100 cm (b) 110 cm (c) 120 cm (d) Em nenhuma dessas posições. (ii) Em que posição ela tem aceleração máxima? Escolha entre as respostas da parte (i). (iii) Em que posição a maior força resultante é exercida sobre a partícula? Escolha entre as respostas da parte (i).

15. A extremidade superior de uma mola é fixa. Um bloco é pendurado na extremidade de baixo, como na Figura PO12.15a, e a frequência de oscilação do sistema é medida. O bloco, um segundo bloco idêntico e a mola são carregados para uma nave espacial que orbita a Terra.

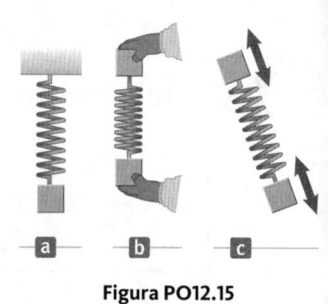

Figura PO12.15

Os dois blocos são presos às extremidades da mola. Ela é comprimida sem que as espirais adjacentes se toquem (Fig. PO12.15b), e o sistema é liberado para oscilar enquanto flutua dentro da cabine da nave (Fig. PO12.15c). Qual é a frequência de oscilação para esse sistema em termos de f? (a) $f/2$ (b) $f/\sqrt{2}$ (c) f (d) $\sqrt{2}f$ (e) $2f$.

> PERGUNTAS CONCEITUAIS

1. (a) Se a coordenada de uma partícula varia como $x = -A \cos \omega t$, qual é a constante de fase na Equação 12.6? (b) Em que posição a partícula está em $t = 0$?
2. Um estudante acha que qualquer vibração real deve ser amortecida. Ele está correto? Se estiver, descreva um raciocínio convincente. Se não, dê um exemplo de uma vibração real que tenha amplitude constante para sempre se o sistema for isolado.
3. O peso de um pêndulo é feito de uma esfera cheia com água. O que aconteceria com a frequência de vibração desse pêndulo se houvesse um buraco na esfera, permitindo que a água vazasse lentamente?
4. A Figura PC12.4 mostra gráficos da energia potencial de quatro sistemas diferentes *versus* a posição da partícula em cada sistema. Cada partícula é colocada em movimento com um empurrão em uma localização escolhida arbitrariamente. Descreva seu movimento subsequente em cada caso (a), (b), (c) e (d).

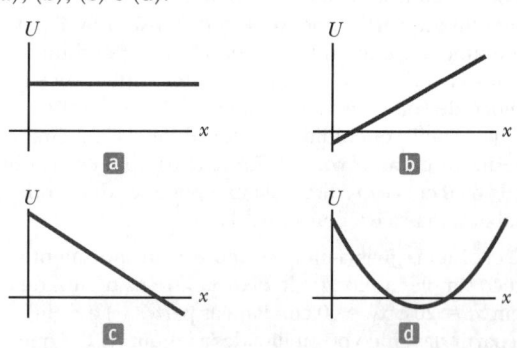

Figura PC12.4

5. Um pêndulo simples pode ser modelado como exibindo movimento harmônico simples quando θ é pequeno. O movimento é periódico quando θ é grande?
6. É possível ter oscilações amortecidas quando um sistema está em ressonância? Explique.
7. Oscilações amortecidas ocorrem para quaisquer valores de b e k? Explique.
8. As equações listadas na Tabela 2.2 (volume 1) fornecem a posição como função de tempo, velocidade como função de tempo e velocidade como função de posição para um corpo movendo-se em linha reta com aceleração constante.

A quantidade v_{xi} aparece em todas as equações. (a) Algumas dessas equações são aplicáveis ao corpo movendo-se em linha reta com movimento harmônico simples? (b) Usando um formato semelhante, faça uma tabela de equações descrevendo o movimento harmônico simples. Inclua equações que fornecem aceleração como função de tempo e aceleração como função de posição. Mencione equações que sejam igualmente aplicáveis a um sistema bloco-mola, a um pêndulo e a outros sistemas vibratórios. (c) Que quantidade aparece em todas as equações?
9. A energia mecânica de um sistema bloco-mola não amortecido é constante enquanto a energia cinética se transforma em energia potencial elástica e vice-versa. Para comparar, explique o que acontece com a energia de um oscilador amortecido em em relação às energias mecânica, potencial e cinética.
10. Se um relógio de pêndulo mantém a hora certa na base de uma montanha, ele também vai mantê-la quando for movido para o topo da montanha? Explique.
11. Uma bola ricocheteando é um exemplo de movimento harmônico simples? O movimento diário de um estudante de casa para a escola e de volta para casa é um movimento harmônico simples? Por que sim? Por que não?
12. Você está olhando para uma árvore pequena e frondosa. Você não nota nenhuma brisa, e a maioria das folhas não se movimenta. No entanto, uma folha tremula loucamente para a frente e para trás. Após algum tempo, esta folha para de se mover e você nota uma folha diferente movendo-se muito mais que todas as outras. Explique o que pode causar o grande movimento dessa folha específica.
13. Considere o motor simplificado de pistão único na Figura PC12.13. Supondo que a roda gire com velocidade angular constante, explique por que a haste do pistão oscila em movimento harmônico simples.

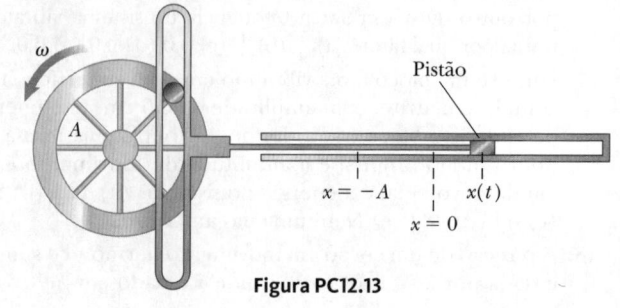

Figura PC12.13

PROBLEMAS

WebAssign Os problemas que se encontram neste capítulo podem ser resolvidos *on-line* no Enhanced WebAssign (em inglês)

1. denota problema direto;
2. denota problema intermediário;
3. denota problema desafiador;
1. denota problemas mais frequentemente resolvidos no Enhanced WebAssign;
BIO denota problema biomédico;
PD denota problema dirigido;

M denota tutorial Master It disponível no Enhanced WebAssign;
Q|C denota problema que pede raciocínio quantitativo e conceitual;
S denota problema de raciocínio simbólico;
sombreado denota "problemas emparelhados" que desenvolvem raciocínio com símbolos e valores numéricos;
W denota solução no vídeo Watch It disponível no Enhanced WebAssign.

Nota: Ignore a massa de todas as molas, exceto no Problema 69.

Seção 12.1 Movimento de um corpo preso a uma mola

Nota: Os problemas 17, 21, 24 e 69 do Capítulo 6 (Volume 1) também podem ser listados nesta seção.

1. Um bloco de 0,60 kg preso a uma mola com constante de 130 N/m é livre para se mover em uma superfície horizontal, sem atrito, como na Figura Ativa 12.1. O bloco é liberado do repouso quando a mola é esticada 0,13 m. No instante em que o bloco é liberado, encontre (a) a força sobre o bloco e (b) sua aceleração.

2. Quando um corpo de 4,25 kg é colocado no topo de uma mola vertical, ela comprime uma distância de 2,62 cm. Qual é a constante da mola?

Seção 12.2 Modelo de análise: partícula em movimento harmônico simples

3. **M** A posição da partícula é dada pela expressão $x = 4,00 \cos(3,00\pi t + \pi)$, onde x é dado em metros e t em segundos. Determine (a) a frequência, (b) o período do movimento, (c) a amplitude do movimento, (d) a constante de fase e (e) a posição da partícula em $t = 0,250$ s.

4. **Q|C** Uma bola jogada de uma altura de 4,00 m tem uma colisão elástica com o chão. Supondo que não haja perda de energia mecânica por causa da resistência do ar, (a) mostre que o movimento seguinte é periódico e (b) determine o período do movimento. (c) O movimento é harmônico simples? Explique.

5. **W** Um corpo de 7,00 kg é pendurado na extremidade de baixo de uma mola vertical presa a uma viga no alto. O corpo é posto em oscilações verticais com período de 2,60 s. Encontre a constante da mola.

6. **W** Um flutuador de 1,00 kg preso a uma mola com constante de 25,0 N/m oscila em um trilho de ar horizontal, sem atrito. Em $t = 0$, o flutuador é liberado do repouso em $x = -3,00$ cm (isto é, a mola é comprimida por 3,00 cm). Encontre (a) o período do movimento do flutuador, (b) os valores máximos de sua velocidade e aceleração e (c) a posição, a velocidade e a aceleração como funções de tempo.

7. **Revisão.** Uma partícula move-se ao longo do eixo x. Ela está inicialmente na posição 0,270 m, movendo-se com velocidade 0,140 m/s e aceleração –0,320 m/s². Suponha que ela se mova como uma partícula sob aceleração constante por 4,50 s. Encontre (a) sua posição e (b) sua velocidade ao final deste intervalo de tempo. Depois, suponha que ela se mova como uma partícula em movimento harmônico simples por 4,50 s, e $x = 0$ seja sua posição de equilíbrio. Encontre (c) sua posição e (d) sua velocidade ao final deste intervalo de tempo.

8. **Q|C** Você prende um corpo à parte de baixo de uma mola vertical pendurada. Ele fica pendurado em repouso depois de estender a mola 18,3 cm. Você, então, faz o corpo oscilar. (a) Há informação suficiente para achar o período do corpo? (b) Explique sua resposta e diga o que for possível sobre seu período.

9. Uma partícula se movendo ao longo do eixo x em movimento harmônico simples começa de sua posição de equilíbrio, a origem, em $t = 0$, e se move para a direita. A amplitude de seu movimento é 2,00 cm, e a frequência é 1,50 Hz. (a) Encontre uma expressão para a posição da partícula como função de tempo. Determine (b) a velocidade máxima da partícula e (c) o menor tempo ($t > 0$) no qual a partícula tem esta velocidade. Encontre (d) a aceleração positiva máxima da partícula e (e) o menor tempo ($t > 0$) no qual a partícula tem esta aceleração. (f) Encontre a distância total percorrida pela partícula entre $t = 0$ e $t = 1,00$ s.

10. **S** A posição inicial, velocidade e aceleração de um corpo em movimento harmônico simples são x_i, v_i e a_i; a frequência angular da oscilação é ω. (a) Mostre que a posição e a velocidade de um corpo em qualquer momento podem ser escritas como

$$x(t) = x_i \cos \omega t + \left(\frac{v_i}{\omega}\right) \text{sen}\, \omega t$$

$$v(t) = -x_i \omega \,\text{sen}\, \omega t + v_i \cos \omega t$$

(b) Usando A para representar a amplitude do movimento, mostre que

$$v^2 - ax = v_i^2 - a_i x_i = \omega^2 A^2$$

11. Uma partícula realiza um movimento harmônico simples com uma frequência de 3,00 Hz e uma amplitude de 5,00 cm. (a) Qual é a distância total que a partícula percorre durante um ciclo de seu movimento? (b) Qual é a sua velocidade máxima? Em que ponto ocorre esta velocidade máxima? (c) Encontre a aceleração máxima da partícula. Em que ponto do movimento ocorre a aceleração máxima?

12. **W** Em um motor, um pistão oscila com movimento harmônico simples de modo que sua posição varia de acordo com a expressão:

$$x = 5,00 \cos\left(2t + \frac{\pi}{6}\right)$$

onde x é dado em centímetros e t em segundos. Em $t = 0$, encontre (a) a posição da partícula, (b) sua velocidade e

(c) sua aceleração. Encontre (d) o período e (e) a amplitude do movimento.

13. **M** Um corpo de 0,500 kg preso a uma mola de constante 8,00 N/m vibra em movimento harmônico simples com amplitude de 10,0 cm. Calcule o valor máximo de sua (a) velocidade e (b) aceleração, (c) a velocidade e (d) a aceleração quando o corpo está 6,00 cm da posição de equilíbrio e (e) o intervalo de tempo necessário para que o corpo se mova de $x = 0$ para $x = 8,00$ cm.

14. **W** Um oscilador harmônico simples leva 12,0 s para completar cinco vibrações inteiras. Encontre (a) o período de seu movimento e (b) a frequência em hertz e (c) a frequência angular em radianos por segundo.

15. Um sensor de vibração, usado para testar uma máquina de lavar, consiste em um cubo de alumínio 1,5 cm de borda montado na extremidade de uma tira de aço elástica (como uma lâmina de serrote) que repousa num plano vertical. A massa da tira é menor comparada à do cubo, mas o comprimento da tira é maior comparado com o tamanho do cubo. A outra extremidade da tira é grampeada à estrutura da máquina de lavar que não está funcionando. Uma força horizontal de 1,43 N aplicada ao cubo é requerida para mantê-lo a 2,75 cm afastado da posição de equilíbrio. Se for liberado, qual seria a frequência de vibração?

Seção 12.3 Energia do oscilador harmônico simples

16. **Q C S** Um oscilador harmônico simples de amplitude A tem energia total E. Determine (a) a energia cinética e (b) a energia potencial quando a posição é um terço da amplitude. (c) Para que valores da posição a energia cinética é igual à metade da potencial? (d) Há valores de posição em que a energia cinética é maior que a potencial máxima? Explique.

17. **M** Para testar a resiliência de seu para-choque durante colisões de baixa velocidade, um automóvel de 1 000 kg é batido contra um muro de tijolos. Seu para-choque se comporta como uma mola com constante de força $5,00 \times 10^6$ N/m e comprime 3,16 cm conforme o carro chega ao repouso. Qual era a velocidade do carro antes do impacto, supondo que não houve transferência nem transformação de energia mecânica durante o impacto com o muro?

18. **PD** Revisão. Um saltador de *bungee jumping* de 65,0 kg pula de uma ponte com uma corda leve amarrada a seu corpo e à ponte. O comprimento da corda enrolada é 11,0 m. O saltador chega ao final de seu movimento 36,0 m abaixo da ponte antes de ricochetear para cima. Queremos saber o intervalo de tempo entre a saída da ponte e a chegada ao final do movimento. O movimento inteiro pode ser separado em uma queda livre de 11,0 m e uma seção de oscilação harmônica simples de 25,0 m. (a) Para a parte em queda livre, qual é o modelo de análise adequado para descrever o movimento? (b) Por qual intervalo de tempo ele fica em queda livre? (c) Para a parte do salto com oscilação harmônica simples, o sistema saltador de *bungee jumping*, mola e Terra é isolado ou não isolado? (d) A partir de sua resposta para a parte (c), encontre a constante de mola da corda de *bungee jumping*. (e) Qual é a localização do ponto de equilíbrio onde a força da mola equilibra a gravitacional exercida sobre o saltador? (f) Qual é a frequência angular da oscilação? (g) Que intervalo de tempo é necessário para a corda esticar 25,0 m? (h) Qual é o intervalo de tempo total para a queda inteira de 36,0 m?

19. Um bloco de massa desconhecida é preso a uma mola com uma constante de mola de 6,50 N/m e é submetido a um movimento harmônico simples com uma amplitude de 10,0 cm. Quando o bloco está no meio do caminho entre sua posição de equilíbrio e o ponto final, sua velocidade medida é de 30,0 cm/s. Calcule (a) a massa do bloco, (b) o período do movimento e (c) a aceleração máxima do bloco.

20. Um bloco de 200 g é preso a uma mola horizontal e executa movimento harmônico simples com um período de 0,250 s. A energia total do sistema é 2,00 J. Encontre (a) a constante de força da mola e (b) a amplitude do movimento.

21. **W** Um corpo de 50,0 g conectado a uma mola com constante 35,0 N/m oscila com amplitude de 4,00 cm em uma superfície horizontal, sem atrito. Encontre (a) a energia total do sistema e (b) a velocidade do corpo quando sua posição é 1,00 cm. Encontre (c) a energia cinética e (d) a energia potencial quando sua posição é 3,00 cm.

22. Um corpo de 2,00 kg é preso a uma mola e colocado em uma superfície horizontal, sem atrito. Uma força horizontal de 20,0 N é necessária para mantê-lo em repouso quando ele é puxado 0,200 m de sua posição de equilíbrio (a origem do eixo x). O corpo é liberado do repouso a partir dessa posição esticada e, subsequentemente, sofre oscilações harmônicas simples. Encontre (a) a constante da mola, (b) a frequência das oscilações e (c) a velocidade máxima do corpo. (d) Onde ocorre essa velocidade máxima? (e) Encontre a aceleração máxima do corpo. (f) Onde ocorre a aceleração máxima? (g) Encontre a energia total do sistema oscilatório. Encontre (h) a velocidade e (i) a aceleração do corpo quando sua posição é igual a um terço do valor máximo.

23. A amplitude de um sistema movendo-se em movimento harmônico simples é duplicada. Determine a mudança na (a) energia total, (b) velocidade máxima, (c) aceleração máxima e (d) do período.

24. Um sistema bloco-mola oscila com uma amplitude de 3,50 cm. A constante de mola é 250 N/m e a massa do bloco é 0,500 kg. Determine (a) a energia mecânica do sistema, (b) a velocidade máxima do bloco e (c) a aceleração máxima.

25. Uma partícula executa movimento harmônico simples com uma amplitude de 3,00 cm. Em qual posição a sua velocidade se iguala à metade da sua velocidade máxima?

Seção 12.4 O pêndulo simples

Seção 12.5 O pêndulo físico

Nota: O problema 1.60 no Capítulo 1 (no Volume 1) também pode ser resolvido nesta seção.

26. Um pequeno corpo é preso à ponta de um barbante para formar um pêndulo simples. O período de seu movimento harmônico é medido para deslocamentos angulares pequenos e três comprimentos. Para comprimentos de 1 000 m, 0,750 m e 0,500 m, os intervalos de tempo totais para 50 oscilações de 99,8 s, 86,6 s e 71,1 s são medidos com um cronômetro. (a) Determine o período do movimento para cada comprimento. (b) Determine o valor médio de g obtido a partir dessas três medições independentes e compare com o valor aceito. (c) Trace T^2 versus L e obtenha um valor para g a partir da inclinação de seu gráfico de melhor ajuste em linha reta. (d) Compare o valor encontrado na parte (c) com aquele obtido na parte (b).

27. [M] Um pêndulo físico em forma de corpo achatado está em movimento harmônico simples com frequência de 0,450 Hz. O pêndulo tem massa de 2,20 kg, e o pivô está localizado a 0,350 m do centro de massa. Determine o momento de inércia do pêndulo sobre o ponto pivotal.

28. [S] Um pêndulo físico em forma de corpo achatado está em movimento harmônico simples com frequência f. O pêndulo tem massa m, e o pivô está localizado a uma distância d do centro de massa. Determine o momento de inércia do pêndulo sobre o ponto pivotal.

29. [W] **Revisão.** Um pêndulo simples tem comprimento de 5,00 m. Qual é seu período de pequenas oscilações se estiver localizado em um elevador (a) acelerando para cima a 5,00 m/s²? (b) E se ele estiver acelerando para baixo a 5,00 m/s²? (c) Qual é o período desse pêndulo se for colocado em um caminhão que está acelerando horizontalmente a 5,00 m/s²?

30. "Pêndulo de segundos" é aquele que se move por sua posição de equilíbrio uma vez a cada segundo. (O período do pêndulo é precisamente 2 s.) Seu comprimento é 0,9927 m em Tóquio, Japão, e 0,9942 m em Cambridge, Inglaterra. Qual é a proporção das acelerações da gravidade nesses dois locais?

31. Uma barra rígida muito leve de comprimento 0,500 m se estende diretamente da extremidade de uma régua de metro. A combinação é presa em um pivô na extremidade superior da barra, como mostrado na Figura P12.31. A combinação é então puxada por um pequeno ângulo e liberada. (a) Determine o período de oscilação do sistema. (b) Por qual porcentagem o período difere do de um pêndulo simples de comprimento 1,00 m?

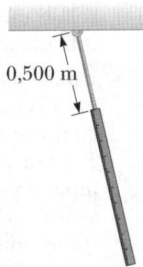

Figura P12.31

32. [S] Uma partícula de massa m desliza sem atrito dentro de uma tigela hemisférica de raio R. Mostre que, se a partícula começa do repouso com um pequeno deslocamento a partir do equilíbrio, ela se move em movimento harmônico simples com frequência angular igual àquela de um pêndulo simples de comprimento R. Isto é, $\omega = \sqrt{g/R}$.

33. A posição angular de um pêndulo é representada pela equação $\theta = 0{,}0320 \cos \omega t$, onde θ está em radianos e $\omega = 4{,}43$ rad/s. Determine o período e o comprimento do pêndulo.

34. [S] Considere o pêndulo físico da Figura 12.14. (a) Represente seu momento de inércia por um eixo passando pelo seu centro de massa e paralelo ao eixo passando por seu ponto pivotal como I_{CM}. Mostre que seu período é:

$$T = 2\pi\sqrt{\frac{I_{CM} + md^2}{mgd}}$$

onde d é a distância entre o ponto pivotal e o centro de massa. (b) Mostre que o período tem valor mínimo quando d satisfaz $md^2 = I_{CM}$.

35. [Q][C] Um pêndulo simples tem massa de 0,250 kg e comprimento de 1,00 m. Ele é deslocado por um ângulo de 15,0° e depois solto. Usando o modelo de análise de uma partícula em movimento harmônico simples, quais são (a) a velocidade máxima do peso, (b) sua aceleração angular máxima e (c) a força restauradora máxima sobre o peso? (d) **E se?** Resolva as partes (a) até (c) novamente usando modelos de análise apresentados em capítulos anteriores. (e) Compare as respostas.

Seção 12.6 Oscilações amortecidas

36. [S] Mostre que a Equação 12.29 é a solução da Equação 12.28 desde que $b^2 < 4mk$.

37. [W] Um pêndulo com comprimento de 1,00 m é solto de um ângulo inicial de 15,0°. Após 1 000 s, sua amplitude foi reduzida pela fricção para 5,50°. Qual o valor de $b/2m$?

38. [S] Mostre que a taxa de variação no tempo da energia mecânica para um oscilador amortecido, sem propulsão, é dada por $dE/dt = -bv^2$ e, portanto, é sempre negativa. Para isso, diferencie a expressão para a energia mecânica de um oscilador, $E = \frac{1}{2}mv^2 + \frac{1}{2}kx^2$, e use a Equação 12.28.

Seção 12.7 Oscilações forçadas

39. Enquanto entra em um restaurante fino, você nota que trouxe um pequeno temporizador eletrônico de casa em vez de seu telefone celular. Frustrado, você joga o relógio em um bolso lateral de seu paletó, sem perceber que ele está funcionando. O braço de sua cadeira aperta o tecido fino do seu paletó contra seu corpo em um ponto. Parte do tecido do seu paletó, com comprimento L, fica pendurada livremente abaixo desse ponto, com o temporizador na parte de baixo. Em um instante durante seu jantar, o temporizador toca um alerta e um vibrador liga e desliga com frequência de 1,50 Hz. Ele faz com que a parte pendurada do seu paletó balance para a frente e para trás com amplitude consideravelmente alta, chamando a atenção de todos. Encontre o valor de L.

40. Um bebê balança para cima e para baixo em seu berço. Sua massa é 12,5 kg, e o colchão do berço pode ser modelado como uma mola leve com constante de força 700 N/m. (a) O bebê logo aprende a balançar com amplitude máxima e esforço mínimo dobrando seus joelhos com que frequência? (b) Se ele usar o colchão como trampolim – perdendo contato com o colchão por parte de cada ciclo –, de que amplitude mínima de oscilação precisaria?

41. Um corpo de 2,00 kg preso a uma mola se move sem atrito ($b = 0$) e é impulsionado por uma força externa dada pela expressão $F = 3{,}00 \operatorname{sen}(2\pi t)$, onde F é dada em newtons e t em segundos. A constante da mola é 20,0 N/m. Encontre (a) a frequência angular de ressonância do sistema, (b) a frequência angular do sistema impulsionado e (c) a amplitude do movimento.

42. [S] Considerando um oscilador forçado, sem amortecimento ($b = 0$), mostre que a Equação 12.32 é a solução da Equação 12.31, com amplitude dada pela Equação 12.33.

43. [M] O amortecimento para um corpo de 0,150 kg pendurado em uma mola leve de 6,30 N/m é desprezível. Uma força sinusoidal com amplitude de 1,70 N impulsiona o sistema. Com que frequência a força fará o corpo vibrar com amplitude de 0,440 m?

Seção 12.8 Conteúdo em contexto: ressonância em estruturas

44. [Q][C] Pessoas que andam de moto e bicicletas aprendem a ficar atentas a elevações na estrada, especialmente aquelas como os ripamentos de um tanque de lavar roupas, condição em que muitos sulcos são encontrados na estrada. O que é tão ruim nisso? Uma motocicleta tem várias molas e amortecedores em sua suspensão, mas que podem ser modelados como uma única mola suportando um bloco. Você pode estimar a constante da mola pensando no quanto uma mola é comprimida quando uma pessoa pesada se senta no assento. Um motociclista viajando com alta velocidade em uma rodovia deve ser especialmente cuidadoso com lombadas que têm certa distância entre elas. Qual é a ordem de grandeza dessa distância de separação?

45. Há quatro pessoas, cada uma com massa de 72,4 kg, dentro de um carro cuja massa é de 1 130 kg. Ocorre um terremoto. As oscilações verticais do solo fazem o carro balançar para cima e para baixo nas suas molas de suspensão, porém o motorista conduz o carro para fora da pista e para. Quando a frequência do tremor atinge 1,80 Hz, o carro apresenta a amplitude máxima de vibração. O terremoto acaba e as quatro pessoas deixam o carro o mais rápido possível. A que altura as suspensões não danificadas do carro levantaram o corpo do carro quando as pessoas saíram?

Problemas Adicionais

46. *Por que a seguinte situação é impossível?* Seu trabalho envolve construir osciladores amortecidos muito pequenos. Um dos seus projetos envolve um oscilador mola-corpo com uma mola com constante $k = 10,0$ N/m e um corpo de massa $m = 1,00$ g. O objetivo de seu projeto é que o oscilador passe por muitas oscilações à medida que sua amplitude caia para 25,0% de seu valor inicial em um certo intervalo de tempo. Medições de seu último projeto mostram que a amplitude cai para 25,0% do valor em 23,1 ms. Esse intervalo de tempo é muito longo para o que é necessário em seu projeto. Para encurtar o intervalo de tempo, você dobra a constante de amortecimento b para o oscilador. Essa duplicação permite que você atinja o objetivo do seu projeto.

47. **Revisão.** Um grande bloco P preso a uma mola leve executa movimento harmônico simples horizontal conforme desliza por uma superfície sem atrito com frequência $f = 1,50$ Hz. O bloco B repousa sobre ele, como mostrado na Figura P12.47, e o coeficiente de atrito estático entre os dois é $\mu_s = 0,600$. Qual é a amplitude de oscilação máxima que o sistema pode ter se o bloco B não cair?

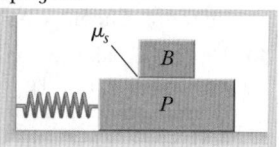

Figura P12.47 Problemas 47 e 48.

48. **S Revisão.** Um grande bloco P preso a uma mola leve executa movimento harmônico simples horizontal conforme desliza por uma superfície sem atrito com frequência f. O bloco B repousa sobre ele, como mostrado na Figura P12.47, e o coeficiente de atrito estático entre os dois é μ_s. Qual é a amplitude de oscilação máxima que o sistema pode ter se o bloco B não cair?

49. A massa de uma molécula de deutério (D_2) é o dobro daquela de uma molécula de hidrogênio (H_2). Se a frequência vibracional de H_2 é $1,30 \times 10^{14}$ Hz, qual é a de D_2? Suponha que a "constante de mola" de forças de atração seja a mesma para as duas moléculas.

50. **S** Após um mergulho emocionante, os saltadores de *bungee jumping* se balançam livremente na corda por vários ciclos. Após os primeiros ciclos, a corda não afrouxa. O seu irmão mais novo pode ser muito inconveniente e descobrir a massa de cada pessoa usando uma proporção que você determinou solucionando o seguinte problema. Um corpo de massa m está oscilando livremente numa mola leve vertical com um período T. Um corpo de massa desconhecida m' oscila na mesma mola com período T'. Determine (a) a constante de mola e (b) a massa desconhecida.

51. Uma partícula com massa de 0,500 kg é presa a uma mola horizontal com constante de força de 50,0 N/m. No instante $t = 0$, ela tem sua velocidade máxima de 20,0 m/s e está se movendo para a esquerda. (a) Determine a equação de movimento da partícula, especificando sua posição como função do tempo. (b) Onde, no movimento, a energia potencial é três vezes a energia cinética? (c) Encontre o intervalo de tempo mínimo necessário para que a partícula se mova de $x = 0$ até $x = 1,00$ m. (d) Encontre o comprimento de um pêndulo simples com o mesmo período.

52. **Q C** (a) Uma mola pendurada é esticada por 35,0 cm quando um corpo de massa 450 g é pendurado nela em repouso. Nessa situação, definimos sua posição como $x = 0$. O corpo é puxado para baixo mais 18,0 cm e liberado do repouso para oscilar sem atrito. Qual é sua posição x em um instante 84,4 s depois? (b) Encontre a distância percorrida pelo corpo vibratório na parte (a). (c) **E se?** Outra mola pendurada é esticada por 35,5 cm quando um corpo de massa 440 g é pendurado nela em repouso. Definimos essa nova posição como $x = 0$. Esse corpo é puxado para baixo mais 18,0 cm e liberado do repouso para oscilar sem atrito. Encontre sua posição 84,4 s depois. (d) Encontre a distância percorrida pelo corpo na parte (c). (e) Por que as respostas para as partes (a) e (c) são tão diferentes quando os dados iniciais nas partes (a) e (c) são tão parecidos e as respostas para as partes (b) e (d) são relativamente próximas? Essa circunstância revela alguma dificuldade fundamental para calcular o futuro?

53. Uma tábua horizontal de massa de 5,00 kg e comprimento de 2,00 m é presa por um pivô em uma extremidade. Sua outra extremidade é suportada por uma mola com constante 100 N/m (Figura P12.53). A tábua é deslocada por um pequeno ângulo θ de sua posição horizontal de equilíbrio e liberada. Encontre a frequência angular do movimento harmônico simples da tábua.

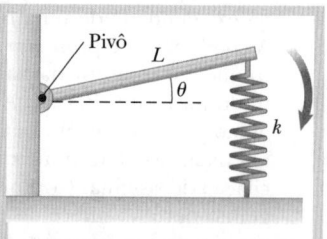

Figura P12.53 Problemas 53 e 54.

54. **S** Uma tábua horizontal de massa m e comprimento L é presa por um pivô em uma extremidade. Sua outra extremidade é suportada por uma mola com constante de força k (Figura P12.53). A tábua é deslocada por um pequeno ângulo θ de sua posição horizontal de equilíbrio e liberada. Encontre a frequência angular do movimento harmônico simples da tábua.

55. **W** Um pêndulo simples com comprimento de 2,23 m e massa de 6,74 kg recebe uma velocidade inicial de 2,06 m/s em sua posição de equilíbrio. Suponha que ele seja submetido a movimento harmônico simples. Determine (a) seu período, (b) sua energia total e (c) seu deslocamento angular máximo.

56. **S** Um bloco de massa m é conectado a duas molas com constantes de força k_1 e k_2 de duas maneiras, como mostrado na Figura P12.56. Nos dois casos, o bloco se move sobre uma mesa sem atrito depois de ser deslocado do equilíbrio e liberado. Mostre que nos dois casos o bloco exibe movimento harmônico simples com períodos:

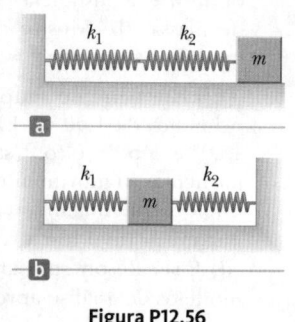

Figura P12.56

(a) $T = 2\pi\sqrt{\dfrac{m(k_1 + k_2)}{k_1 k_2}}$ e (b) $T = 2\pi\sqrt{\dfrac{m}{k_1 + k_2}}$

57. Revisão. A ponta de uma mola leve com constante de força $k = 100$ N/m é presa a uma parede vertical. Um barbante leve é amarrado à outra ponta horizontal. De acordo com a Figura P12.57, o barbante muda da horizontal para a vertical conforme passa sobre uma roldana de massa M na forma de um disco sólido de raio $R = 2{,}00$ cm. A roldana é livre para girar em um eixo macio e fixo. A seção vertical do barbante suporta um corpo de massa $m = 200$ g. O barbante não escorrega em seu contato com a roldana. O corpo é puxado para baixo uma pequena distância e liberado. (a) Qual é a frequência angular ω de oscilação do corpo em termos da massa M? (b) Qual é o valor máximo possível da frequência angular de oscilação do corpo? (c) Qual é o valor máximo possível da frequência angular de oscilação do corpo se o raio da roldana é dobrado para $R = 4{,}00$ cm?

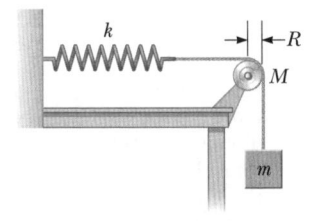

Figura P12.57

58. **BIO** Para relatar a velocidade de caminhada de um animal bípede ou quadrúpede, modele uma perna que não tenha contato com o solo como uma haste uniforme de comprimento ℓ, balançando como um pêndulo físico através de meio ciclo, em ressonância. Deixe $\theta_{máx}$ representar sua amplitude. (a) Mostre que a velocidade do animal é dada pela expressão

$$v = \frac{\sqrt{6g\ell}\,\operatorname{sen}\theta_{máx}}{\pi}$$

se $\theta_{máx}$ é suficientemente pequeno para que o movimento seja próximo ao harmônico simples. Uma relação empírica que é baseada no mesmo modelo e se aplica a um amplo intervalo de ângulos é

$$v = \frac{\sqrt{6g\ell\cos(\theta_{máx}/2)}\,\operatorname{sen}\theta_{máx}}{\pi}$$

(b) Avalie a velocidade de caminhada de um humano com uma perna de comprimento $0{,}850$ m e abertura de passo de amplitude $28{,}0°$. (c) Que comprimento de perna lhe daria duas vezes a velocidade para a mesma amplitude angular?

59. **M** Uma bola pequena de massa M é presa à extremidade de uma haste uniforme de massa igual M e comprimento L que é sustentada por um pivô no topo (Fig. P12.59). Determine as tensões na haste (a) no pivô e (b) no ponto P quando o sistema está estacionário. (c) Calcule o período de oscilação para pequenos deslocamentos a partir do equilíbrio e (d) determine este período para $L = 2{,}00$ m.

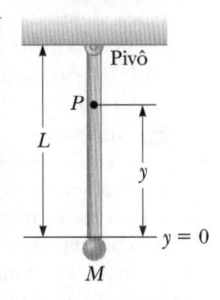

Figura P12.59

60. **S** Seu dedão range contra um prato que você acabou de lavar. Seus tênis rangem no piso do ginásio. Os pneus do carro chiam quando você põe em movimento ou para o carro abruptamente. Você pode fazer uma taça cantar passando seu dedo úmido pela sua borda. Quando um giz range no quadro-negro, você pode ver que ele faz uma série de traços regularmente espaçados. Como esses exemplos sugerem, a vibração geralmente resulta quando o atrito atua sobre um corpo elástico em movimento. A oscilação não é um movimento harmônico simples, mas conhecido como adere-e-desliza. Esse problema modela o movimento adere-e-desliza.

Um bloco de massa m é preso a um suporte fixo por uma mola horizontal com constante de força k e massa desprezível (Figura P12.60). A Lei de Hooke descreve a mola tanto em extensão quanto em compressão. O bloco fica em uma placa horizontal longa, com a qual tem o coeficiente de atrito estático μ_s e um coeficiente de atrito cinético menor μ_k. A placa se move para a direita com velocidade constante v. Suponha que o bloco passe a maior parte do tempo grudado na placa e se movendo para a direita com ela; então, a velocidade v é pequena em comparação à velocidade média do bloco conforme desliza de volta à esquerda. (a) Mostre que a extensão máxima da mola a partir da posição sem tensão é quase corretamente dada por $\mu_s mg/k$. (b) Mostre que o bloco oscila ao redor de uma posição de equilíbrio na qual a mola é esticada por $\mu_k mg/k$. (c) Trace o gráfico de posição *versus* tempo para o bloco. (d) Mostre que a amplitude do movimento do bloco é:

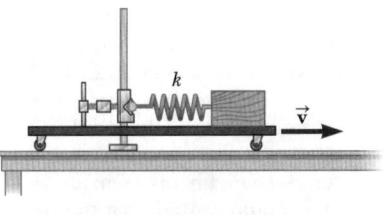

Figura P12.60

$$A = \frac{(\mu_s - \mu_k)mg}{k}$$

(e) Mostre que o período do movimento do bloco é

$$T = \frac{2(\mu_s - \mu_k)mg}{vk} + \pi\sqrt{\frac{m}{k}}$$

É quanto define o coeficiente estático em relação ao cinético que é importante para a vibração. "A roda que geme ganha a graxa", porque um fluido viscoso não pode exercer uma força de atrito estática.

61. **Q|C Revisão.** Este problema amplia o raciocínio do Problema 48 no Capítulo 8 (no Volume 1). Dois flutuadores são postos em movimento em uma pista de ar. O flutuador 1 tem massa $m_1 = 0{,}240$ kg e se move para a direita com velocidade $0{,}740$ m/s. Ele terá uma colisão traseira com o flutuador 2, de massa $m_2 = 0{,}360$ kg, que inicialmente se move para a direita com velocidade $0{,}120$ m/s. Uma mola leve com constante de força $45{,}0$ N/m é presa à traseira do flutuador 2, como mostra a Figura P8.48. Quando o flutuador 1 toca a mola, uma supercola faz com que ele adira instantânea e permanentemente a sua ponta da mola. (a) Encontre a velocidade comum que os dois flutuadores têm quando a mola tem compressão máxima. (b) Encontre a distância máxima de compressão da mola. O movimento depois que os flutuadores ficam ligados consiste em uma combinação de (1) o movimento com velocidade constante do centro de massa do sistema dos dois flutuadores encontrado na parte (a), e (2) o movimento harmônico simples dos flutuadores em relação ao centro de massa. (c) Encontre a energia do movimento do centro de massa. (d) Encontre a energia da oscilação.

62. **S** Uma bola de massa m é conectada a dois elásticos de borracha de comprimento L, cada um sob tensão T, como mostra a Figura P12.62. A bola é deslocada por uma pequena distância y perpendicular ao comprimento dos elásticos. Supondo que a tensão não mude, mostre que (a) a força restauradora é $-(2T/L)y$, e (b) que o sistema exibe movimento harmônico simples com frequência angular $\omega = \sqrt{2T/mL}$.

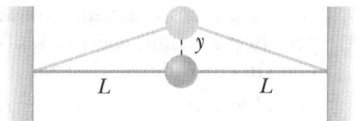

Figura P12.62

63. **Q|C Revisão**. Uma partícula de massa 4,00 kg é presa a uma mola com constante de força de 100 N/m. Ela oscila em uma superfície horizontal, sem atrito, com amplitude de 2,00 m. Um corpo de 6,00 kg é solto verticalmente em cima de outro, de 4,00 kg, conforme ele passa por seu ponto de equilíbrio. Os dois corpos ficam juntos. (a) Qual é a nova amplitude do sistema vibratório depois da colisão? (b) Qual fator fez o período do sistema mudar? (c) Por quanto a energia do sistema muda como resultado da colisão? (d) Explique a mudança em energia.

64. **S** Um disco menor de raio r e massa m é preso rigidamente a uma face de um segundo disco maior de raio R e massa M, como mostrado na Figura P12.64. O centro do disco pequeno é localizado na borda do grande. O disco grande é montado em seu centro sobre um eixo sem atrito. O conjunto é girado por um pequeno ângulo θ a partir de sua posição de equilíbrio e liberado.

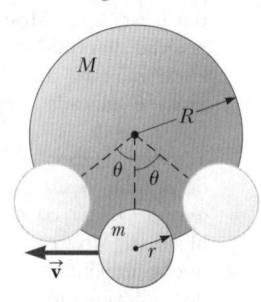

Figura P12.64

(a) Mostre que a velocidade do centro do pequeno disco à medida que ele passa pela posição de equilíbrio é:

$$v = 2\left[\frac{Rg(1-\cos\theta)}{(M/m) + (r/R)^2 + 2}\right]^{1/2}$$

(b) Mostre que o período do movimento do bloco é

$$T = 2\pi\left[\frac{(M+2m)R^2 + mr^2}{2mgR}\right]^{1/2}$$

65. **S** Um pêndulo de comprimento L e massa M tem uma mola com constante de força k conectada a ele a uma distância h abaixo de seu ponto de suspensão (Figura P12.65). Encontre a frequência de vibração do sistema para pequenos valores de amplitude (pequeno θ). Suponha que a barra de suspensão vertical de comprimento L seja rígida, mas despreze sua massa.

66. Considere o oscilador amortecido ilustrado na Figura 12.16a. A massa do corpo é 375 g, a constante de mola é 100 N/m e $b = 0,100$ N·s/m. (a) Durante que intervalo de tempo a amplitude cai para a metade de seu valor inicial? (b) **E se?** Durante que intervalo de tempo a energia mecânica cai para metade de seu valor inicial? (c) Mostre que, em geral, a taxa fracional com a qual a amplitude diminui em um oscilador harmônico amortecido é metade da taxa fracional com a qual a energia mecânica diminui.

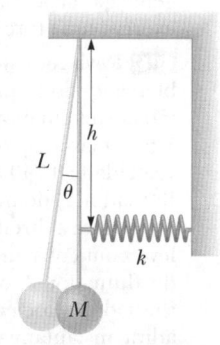

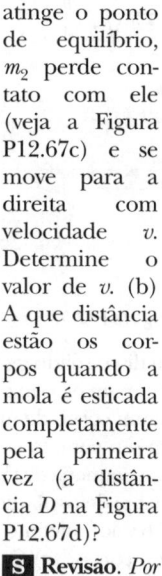

Figura P12.65

67. Um corpo de massa $m_1 = 9,00$ kg está em equilíbrio quando conectado a uma mola leve de constante $k = 100$ N/m, que está amarrada a uma parede, como mostra a Figura P12.67a. Um segundo corpo, $m_2 = 7,00$ kg, é empurrado lentamente contra m_1, comprimindo a mola em $A = 0,200$ m (ver Figura P12.67b). O sistema é, então, liberado, e os dois corpos começam a se mover para a direita na superfície sem atrito.

(a) Quando m_1 atinge o ponto de equilíbrio, m_2 perde contato com ele (veja a Figura P12.67c) e se move para a direita com velocidade v. Determine o valor de v. (b) A que distância estão os corpos quando a mola é esticada completamente pela primeira vez (a distância D na Figura P12.67d)?

Figura P12.67

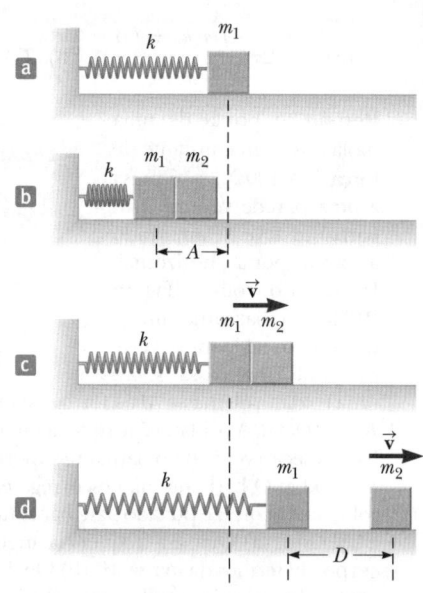

68. **S Revisão**. Por que a seguinte situação é impossível? Você está no negócio de entregas de pacotes em alta velocidade. Seu concorrente no edifício ao lado ganha direito de passagem para construir um túnel de descarga imediatamente acima do solo ao redor de toda a Terra. Lançando pacotes nesse túnel com a velocidade certa, seu concorrente consegue enviar pacotes para orbitar ao redor da Terra de modo que eles chegam ao lado exatamente oposto em um intervalo de tempo muito curto. Você tem uma ideia competitiva. Calculando que a distância através da Terra é mais curta que a distância ao redor dela, você obtém permissão para construir um túnel de descarga pelo centro da Terra. Jogando pacotes dentro desse túnel, eles caem para baixo e chegam ao outro lado de seu túnel, que é em um edifício vizinho no outro lado do túnel de seu concorrente. Como seus pacotes chegam ao outro lado da Terra em um intervalo de tempo mais curto, você ganha a competição e seu negócio prospera. *Observação*: um corpo a uma distância r do centro da Terra é puxado na direção de seu centro somente pela massa dentro da esfera de raio r (a região cinza-escura na Figura P12.68). Suponha que a Terra tenha densidade uniforme.

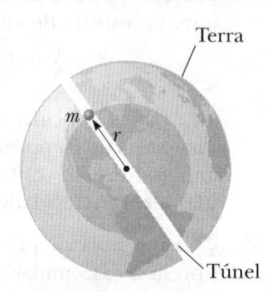

Figura P12.68

69. **S** Um bloco de massa M é conectado a uma mola de massa m e oscila em movimento harmônico simples em uma pista horizontal sem atrito (Fig. P12.69) A constante de força da mola é k e o comprimento de equilíbrio é ℓ. Suponha que todas as porções da mola oscilem em fase e a velocidade do segmento da mola de comprimento dx seja proporcional à distância x a partir da extremidade; isto é, $v_x = (x/\ell)v$. Note também que a massa do segmento da mola é $dm = (m/\ell)\,dx$. Encontre (a) a energia cinética do sistema quando o bloco tem velocidade v e (b) o período de oscilação.

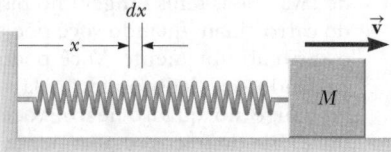

Figura P12.69

Capítulo 13

Ondas mecânicas

Sumário

13.1 Propagação de uma perturbação
13.2 Modelo de análise: ondas progressivas
13.3 A velocidade de ondas transversais em cordas
13.4 Reflexão e transmissão
13.5 Taxa de transferência de energia em ondas senoidais em cordas
13.6 Ondas sonoras
13.7 O efeito Doppler
13.8 Conteúdo em contexto: ondas sísmicas

Muitos de nós, ainda crianças, já tiveram uma experiência com ondas ao jogarmos uma pedra em um lago. A perturbação criada pela pedra se manifesta como ondulações que se movem para longe do ponto onde a pedra atingiu a água. Se você examinar cuidadosamente o movimento de uma folha flutuando próxima do ponto onde a pedra atingiu a água, verá que a folha se move vertical e horizontalmente e para a frente, em relação à sua posição inicial, porém, não tem nenhum deslocamento resultante médio se afastando ou se aproximando da fonte da perturbação. A perturbação na água move-se por uma longa distância, mas uma parte pequena da água oscila apenas por uma distância muito curta. Esse comportamento é a essência do movimento da onda.

Três músicos tocam a Corneta dos Alpes em Valais, na Suíça. Neste capítulo, vamos explorar o comportamento das ondas sonoras, como aquelas provenientes desses grandes instrumentos musicais.

O mundo é cheio de outros tipos de ondas, incluindo as sonoras, em cordas, sísmicas, de rádio e raios X. A maioria delas pode ser colocada em uma de duas categorias. Ondas mecânicas são as que causam perturbação e se propagam através de um meio; as ondulações na água provocadas pela pedra e uma onda sonora, para a qual o ar é o meio, são exemplos desse tipo de ondas. A foto da abertura mostra um exemplo de uma possível fonte de ondas sonoras no ar: o sopro sobre tubos muito grandes de diferentes dimensões. Ondas eletromagnéticas são uma classe especial, pois não requerem um meio para se propagar, como discutido no que diz respeito à ausência do éter na Seção 9.2; as ondas de luz e de rádio são dois exemplos bem conhecidos. Neste capítulo vamos nos concentrar no estudo de ondas mecânicas.

13.1 | Propagação de uma pertubação

Na introdução, fizemos alusão à essência do movimento ondulatório: a transferência de uma *perturbação* através do espaço sem o acompanhamento da transferência de matéria. A propagação de uma perturbação também representa transferência de energia – portanto, podemos entender as ondas como meios de transferência de energia. Na lista de mecanismos de transferência de energia da Seção 7.1, vimos dois mecanismos que dependem de ondas: ondas mecânicas e radiação eletromagnética. Esses contrastam com outro mecanismo – transferência de matéria –, no qual a transferência de energia é acompanhada por um movimento da matéria através do espaço.

Todas as ondas carregam energia, mas a quantidade de energia transmitida através de um meio e o mecanismo responsável pelo transporte dessa energia diferem de um caso para outro. Por exemplo, a força das ondas do mar durante uma tempestade é muito maior do que a das ondas sonoras geradas por um instrumento musical.

Todas as ondas mecânicas necessitam (1) alguma fonte de perturbação, (2) um meio que possa ser perturbado, e (3) algum mecanismo físico pelo qual os elementos do meio possam influenciar uns aos outros. Este último requisito assegura que uma perturbação em um elemento causará uma perturbação no seguinte, de forma que a perturbação de fato se propague através do meio.

Uma forma de demonstrar o movimento de onda é balançar a extremidade livre de uma corda longa que esteja sob tensão e tenha sua outra extremidade fixa, como indica a Figura 13.1. Desse modo, um único **pulso** se forma e se propaga para a direita (ver Fig. 13.1) com uma velocidade definida. A corda é o meio através do qual o pulso se propaga. A Figura 13.1 representa "instantâneos" consecutivos do deslocamento do pulso. A forma do pulso muda muito pouco enquanto ele se desloca ao longo da corda.

À medida que o pulso se desloca cada segmento da corda que é perturbado se move em uma direção perpendicular à da propagação. A Figura 13.2 ilustra este ponto para um segmento particular, denominado P. Observe que nenhum movimento na direção da onda ocorre em parte alguma da corda. Uma perturbação como essa, na qual os elementos do meio perturbado se movem perpendicularmente à direção da propagação, é chamada **onda transversal.**

Em outra classe de ondas mecânicas, chamada **ondas longitudinais,** os elementos do meio se deslocam *paralelos* ao sentido da propagação. As ondas sonoras no ar, por exemplo, são longitudinais. Suas perturbações correspondem a uma série de regiões de alta ou baixa pressão que podem se propagar por meio do ar ou de qualquer meio material com certa velocidade. Um pulso longitudinal pode ser facilmente produzido em uma mola esticada, como mostra a Figura 13.3. Um grupo de espirais na extremidade livre é empurrado para a frente e puxado para trás. A ação produz um pulso na forma de uma região comprimida de espirais que se deslocam ao longo da mola.

Até aqui fornecemos representações gráficas de um pulso se deslocando, e esperamos que você tenha começado a desenvolver uma representação mental de tal pulso. Agora, desenvolveremos uma representação matemática da propagação desse pulso. Considere um pulso que se desloca para a direita com a velocidade constante v em uma corda longa e esticada, como mostra a Figura 13.4. O pulso move-se ao longo do eixo x (o eixo da corda), e o deslocamento transversal (para cima e para baixo) dos elementos da mola são descritos pela posição y.

Figura 13.1 Uma mão move a ponta de uma corda esticada, uma vez para cima e uma vez para baixo, fazendo que um pulso viaje ao longo da corda (seta).

Conforme um pulso se move ao longo de uma corda, novos elementos dela são deslocados de suas posições de origem.

A direção do deslocamento de qualquer elemento no ponto P na corda é perpendicular à direção de propagação (seta).

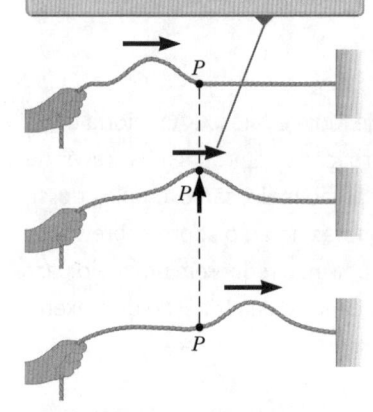

Figura 13.2 O deslocamento de um elemento específico da corda por um pulso transversal viajando ao longo de uma corda esticada.

A mão se move para trás e para a frente, uma vez para criar um pulso longitudinal.

À medida que o pulso passa, o deslocamento das espirais é paralelo à direção da propagação.

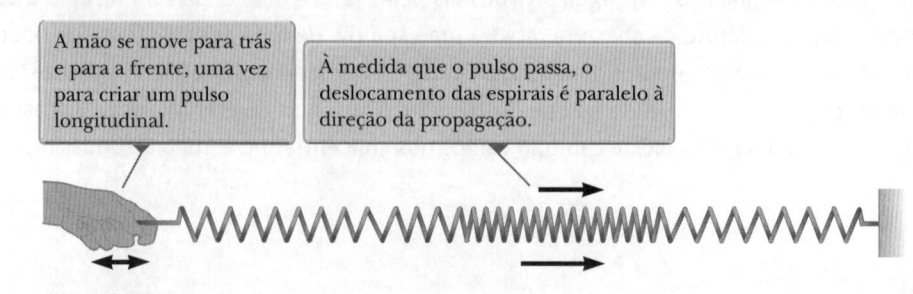

Figura 13.3 Um pulso longitudinal ao longo de uma corda esticada.

Capítulo 13 – Ondas mecânicas | 31

A Figura 13.4a representa a forma e a posição do pulso no tempo $t = 0$. Nesse instante, a forma do pulso, qualquer que seja, pode ser representada por uma função matemática que escreveremos como $y(x, 0) = f(x)$. Essa função descreve a posição vertical y do elemento da corda localizado em cada valor de x no instante $t = 0$. Como a velocidade do pulso é v, ele se deslocou para a direita uma distância vt no tempo t (Fig. 13.4b). Adotamos um modelo simplificado no qual a forma do pulso não muda com o tempo.[1] Assim, no instante t, a forma do pulso é a mesma que no instante $t = 0$, como mostra a Figura 13.4a. Em consequência, um elemento na corda em x nesse instante tem a mesma posição y que um elemento situado em $x - vt$ tinha no instante $t = 0$:

$$y(x, t) = y(x - vt, 0)$$

Em geral, podemos representar a posição y para todos os valores x e t, medidos em uma estrutura estacionária com origem em O, como

$$y(x, t) = f(x - vt) \quad \text{(pulso deslocando-se para a direita)} \quad \blacktriangleleft 13.1$$

Se o pulso se desloca para a esquerda, a posição de um elemento na corda é descrita por

$$y(x, t) = f(x + vt) \quad \text{(pulso deslocando-se para a esquerda)} \quad \blacktriangleleft 13.2$$

A função y, às vezes chamada **função de onda**, depende das duas variáveis x e t. Por essa razão, geralmente ela é escrita como $y(x, t)$, lida como "y como função de x e t."

É importante entender o significado de y. Considere um ponto P na corda, identificado por um valor específico em sua coordenada x, como na Figura 13.4. Como o pulso passa por P, a coordenada y do ponto aumenta, atinge o máximo e, então, diminui para zero. A função de onda $y(x, t)$ representa a posição y de qualquer elemento da corda localizado na posição x em qualquer instante t. Ainda, se t é fixo (por exemplo, num caso de tirar uma fotografia do pulso) a função ondular y como função de x, às vezes chamada **forma da onda,** define uma curva que representa uma forma geométrica real de um pulso naquele momento.

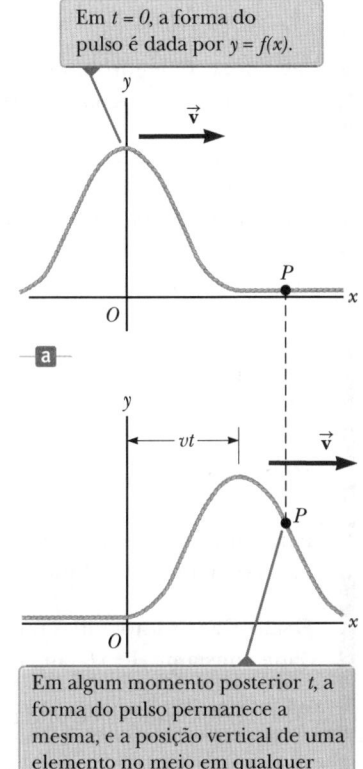

Em $t = 0$, a forma do pulso é dada por $y = f(x)$.

Em algum momento posterior t, a forma do pulso permanece a mesma, e a posição vertical de uma elemento no meio em qualquer ponto P é dada por $y = f(x - vt)$.

Figura 13.4 Um pulso unidimensional deslocando-se para a direita numa corda com velocidade v.

TESTE RÁPIDO 13.1 (i) Em uma longa fila pessoas esperam para comprar ingressos; a primeira pessoa vai embora, e um pulso de movimento ocorre enquanto as outras dão um passo à frente para preencher o espaço. À medida que cada pessoa caminha adiante, o espaço move-se pela fila. A propagação do espaço é: (**a**) transversal ou (**b**) longitudinal? (ii) Considere a "ola" num jogo de beisebol, as pessoas se levantam e gritam à medida que a onda chega a seus lugares, e o pulso resultante move-se ao redor do estádio. Essa onda é: (**a**) transversal ou (**b**) longitudinal?

Exemplo 13.1 | Um pulso movendo-se para a direita

Um pulso movendo-se para a direita ao longo do eixo x é representado pela função ondular

$$y(x, t) = \frac{2}{(x - 3{,}0t)^2 + 1}$$

onde x e y são medidos em centímetros, e t em segundos. Encontre as expressões para a função ondular em $t = 0$, $t = 1{,}0$ s, e $t = 2{,}0$ s.

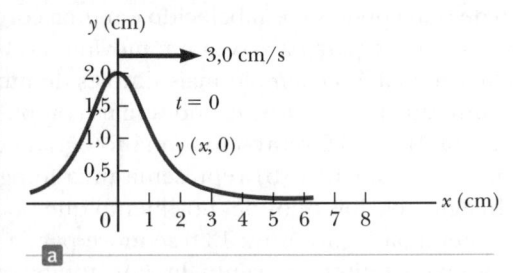

Figura 13.5 (Exemplo 13.1) A função dos gráficos $y(x, t) = 2/[(x - 3{,}0t)^2 + 1]$ em (a) $t = 0$, (b) $t = 1{,}0$ s, e (c) $t = 2{,}0$ s.

SOLUÇÃO

Conceitualize A Figura 13.a mostra o pulso representado por sua função de onda em $t = 0$. Imagine esse pulso movendo-se para a direita e mantendo sua forma como sugerido pelas Figuras 13.5b e 13.5c.

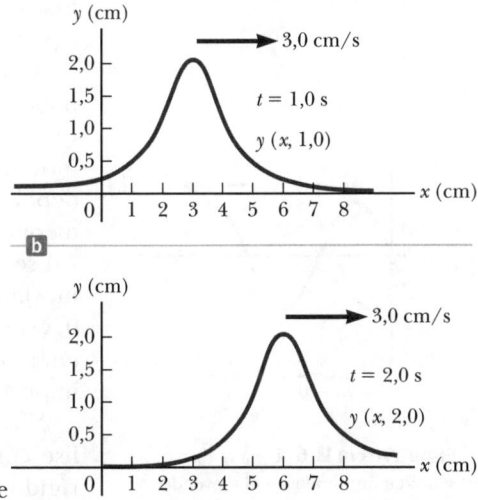

continua

---

[1] Na realidade, o pulso muda de forma e se alarga gradualmente durante o movimento. Esse efeito, chamado *dispersão*, é comum a muitas ondas mecânicas, mas adotamos um modelo simplificado que o ignora.

13.1 cont.

Categorize Categorizamos este exemplo como um problema relativamente simples de análise, no qual interpretamos a representação matemática de um pulso.

Analise A função ondular é da forma $y = f(x - vt)$. A inspeção da expressão para $y(x, t)$ e a comparação com a Equação 13.1 revelam que a velocidade da onda é $v = 3{,}0$ cm/s. Além disso, deixando $x - 3{,}0t = 0$, encontramos que o valor máximo de y é dado por $A = 2{,}0$ cm.

Escreva a expressão da função ondular em $t = 0$:
$$y(x, 0) = \frac{2}{x^2 + 1}$$

Escreva a expressão da função ondular em $t = 1{,}0$ s:
$$y(x, 1{,}0) = \frac{2}{(x - 3{,}0)^2 + 1}$$

Escreva a expressão da função ondular em $t = 2{,}0$ s:
$$y(x, 2{,}0) = \frac{2}{(x - 6{,}0)^2 + 1}$$

Para cada uma dessas expressões, podemos substituir vários valores de x e representar uma função de onda. Esse procedimento leva a funções de onda mostradas nas três partes da Figura 13.5.

Finalize Essas fotografias mostram que o pulso se move para a direita sem mudar sua forma, e que ele tem uma velocidade constante de $3{,}0$ cm/s.

E Se? E se a função de onda fosse:
$$y(x, t) = \frac{4}{(x + 3{,}0t)^2 + 1}$$

Como isso mudaria a situação?

Resposta Uma nova característica dessa função é o sinal de positivo no denominador, em vez do sinal negativo. A nova expressão representa um pulso com forma similar ao da Figura 13.5, mas movendo-se para a esquerda com o passar do tempo. Outra característica nova é o numerador 4, em vez de 2. Portanto, a nova expressão representa um pulso com o dobro da altura daquele mostrado na Figura 13.5.

13.2 | Modelo de análise: ondas progressivas

Nesta seção introduziremos uma importante função de onda cuja forma está mostrada na Figura Ativa 13.6. A onda representada por essa curva é chamada onda senoidal, porque a curva é a mesma daquela da função seno θ plotada contra θ. Esse tipo de onda pode ser estabelecido em uma corda da Figura 13.1, balançando a ponta para cima e para baixo em um movimento harmônico simples.

A onda senoidal é o exemplo mais simples de uma onda periódica contínua, e pode ser utilizada para construir ondas mais complexas. (ver Seção 14.6). A curva (a) na Figura Ativa 13.6 representa uma fotografia de uma onda senoidal que se move em $t = 0$, e a curva (b) representa uma fotografia da onda algum tempo t depois. Imagine os dois tipos de movimento que podem *ocorrer*. Primeiro, a forma da onda inteira na Figura Ativa 13.6 se move para a direita, de forma que a curva (a) se move para a direita e eventualmente atinge a posição da curva (b). Esse é o movimento da onda. Se focarmos um elemento no meio, como o elemento em $x = 0$, veremos que cada elemento se move para cima e para baixo ao longo do eixo y em movimento harmônico simples. Esse é o movimento dos *elementos do meio*. Ele é importante para diferenciar o movimento da onda dos elementos do meio.

Nos primeiros capítulos deste livro, desenvolvemos vários modelos de análise com base em três modelos simplificados: a partícula, o sistema e o corpo rígido. Com nossa introdução às ondas, podemos desenvolver um novo modelo simplificado de **onda**, que nos permitirá explorar mais modelos de análise para resolver problemas. Uma partícula ideal tem tamanho zero. Podemos construir corpos físicos de tamanhos diferentes de zero como combinações de partículas.

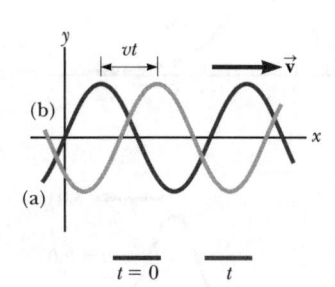

Figura Ativa 13.6 Uma onda senoidal unidimensional movendo-se para a direita com uma velocidade v. A curva (a) representa a fotografia de uma onda em $t = 0$, e a(b), a fotografia de algum tempo t depois.

Assim, a partícula pode ser considerada um bloco básico de construção. Uma onda ideal tem uma única frequência e é infinitamente longa; isto é, a onda existe através de todo o Universo. (Uma onda de comprimento finito deve, necessariamente, ter uma mistura de frequências). Quando esse conceito for explorado na Seção 14.6, descobriremos que ondas ideais podem ser combinadas para se construir ondas complexas, da mesma forma que combinamos as partículas.

A seguir, desenvolveremos as principais características e representações matemáticas do modelo de análise de uma **onda progressiva**. Esse modelo é utilizado em situações em que uma onda se move através do espaço sem interagir com outras ondas ou partículas.

A Figura Ativa 13.7a mostra uma fotografia de uma onda se movendo através de um meio. Já a Figura Ativa 13.7b mostra um gráfico da posição de um elemento do meio em função do tempo. Um ponto na Figura Ativa 13.7a, no qual o deslocamento do elemento de sua posição normal é o maior, é chamado **crista** da onda. O ponto mais baixo é chamado **vale**. A distância de um vale para outro vale é chamada **comprimento** de onda λ (letra grega lambda). De forma geral, o comprimento de onda é a distância mínima entre dois pontos idênticos em ondas adjacentes, como mostrado na Figura Ativa 13.7a.

Se você contar o número de segundos entre a chegada de duas cristas adjacentes em dado ponto no espaço, conseguirá medir o **período** T das ondas. Em geral, o período é o intervalo de tempo necessário para dois pontos idênticos de ondas adjacentes passarem por um ponto, como mostrado na Figura Ativa 13.7b. O período da onda é o mesmo que o da oscilação periódica harmônica de um elemento no meio.

A mesma informação é mais frequentemente dada pelo inverso do período, que é chamado de **frequência** f. Em geral, a frequência de uma onda periódica é o número de cristas (ou vales, ou qualquer outro ponto na curva) que passa em determinado ponto em uma unidade de intervalo de tempo. A frequência de uma onda senoidal é relacionada com o período na expressão

$$f = \frac{1}{T} \qquad 13.3$$

A frequência da onda é a mesma que a de uma oscilação harmônica simples de um elemento no meio. A unidade mais comum para frequência, como aprendemos no Capítulo 12, é s^{-1}, ou **hertz** (Hz). A unidade correspondente para T é segundos.

A posição máxima de um elemento de um meio em relação a sua posição de equilíbrio é chamada **amplitude** A da onda, como indicado na Figura Ativa 13.7.

As ondas se movem com determinada velocidade, e essa velocidade depende das propriedades do meio sendo perturbado. Por exemplo, ondas sonoras se movem através do ar à temperatura ambiente a uma velocidade de aproximadamente 343 m/s (781 mi/h), enquanto se movem através da maioria dos sólidos com velocidade maior que 343 m/s.

Considere a onda senoidal na Figura Ativa 13.7a, que mostra a posição da onda em $t = 0$. Como a onda é senoidal, esperamos que a função de onda nesse instante seja expressa como $y(x, 0) = A$ sen ax, onde A é a amplitude, e a, a constante a ser determinada. Em $x = 0$, vemos que $y(0, 0) = A$ sen $a(0) = 0$, consistente com a Figura Ativa 13.7a. O próximo valor de x para o qual y é zero é $x = \lambda/2$. Portanto,

$$y\left(\frac{\lambda}{2}, 0\right) = A \operatorname{sen}\left(a\frac{\lambda}{2}\right) = 0$$

Para essa expressão ser verdadeira, devemos ter $a\lambda/2 = \pi$, ou $a = 2\pi/\lambda$. Portanto, a função que descreve as posições dos elementos no meio através do qual a onda senoidal está se movendo pode ser escrita como

$$y(x, 0) = A \operatorname{sen}\left(\frac{2\pi}{\lambda} x\right) \qquad 13.4$$

O comprimento λ de uma onda é a distância entre duas cristas ou dois vales adjacentes.

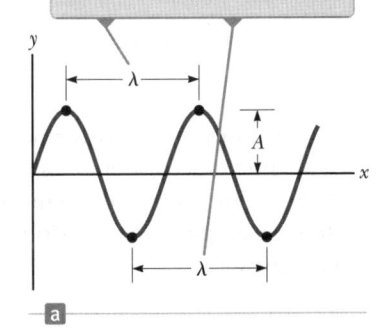

O período T de uma onda é o intervalo de tempo necessário para o elemento completar um ciclo de sua oscilação e para a onda se deslocar um comprimento de onda.

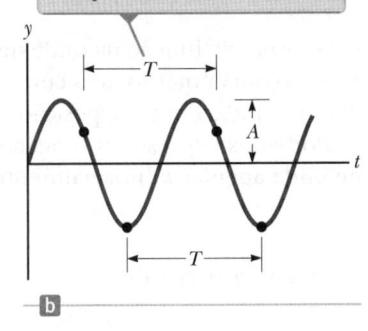

Figura Ativa 13.7 (a) Fotografia de uma onda senoidal. (b) A posição de um elemento no meio em função do tempo.

Prevenção contra Armadilhas | 13.1

Qual é a diferença entre as Figuras Ativas 13.7a e 13.7b?
Observe a similaridade visual entre elas. As formas são as mesmas, mas (a) é um gráfico de posição vertical *versus* posição horizontal, enquanto (b) é a posição vertical versus o tempo. A Figura Ativa 13.7a é uma representação gráfica da onda para uma série de elementos do meio; é o que você consegue ver em um instante de tempo. Já a Figura Ativa 13.7b é uma representação gráfica da posição de um elemento do meio em função do tempo. Ambas as figuras têm a forma idêntica representada na Equação 13.1: a onda é a mesma função tanto de x quanto de t.

onde a constante A representa a amplitude da onda, e a constante λ é seu comprimento. Observe que a posição vertical de um elemento no meio é a mesma sempre que x é aumentado por um número inteiro de λ. Com base em nossa discussão da Equação 13.1, se a onda se move para a direita com velocidade v, a função de onda em algum instante posterior t é

$$y(x, t) = A \operatorname{sen}\left[\frac{2\pi}{\lambda}(x - vt)\right]$$ 13.5◀

Se a onda estivesse se propagando para a esquerda, a quantidade $x - vt$ seria substituída por $x + vt$, assim como aprendemos quando desenvolvemos as Equações 13.1 e 13.2.

Pela definição, a onda se move através do deslocamento Δx igual a um comprimento de onda λ em um intervalo de tempo Δt igual a um período T. Portanto, a velocidade, o comprimento de onda e o período estão relacionados pela expressão:

$$v = \frac{\Delta x}{\Delta t} = \frac{\lambda}{T}$$ 13.6◀

Substituindo esta expressão por v na Equação 13.5 teremos que

$$y = A \operatorname{sen}\left[2\pi\left(\frac{x}{\lambda} - \frac{t}{T}\right)\right]$$ 13.7◀

Essa forma da função da onda mostra a natureza *periódica* de y. Note que utilizaremos com frequência y em vez de $y(x, t)$ como uma notação mais curta. Num dado instante t, y tem o *mesmo* valor que as posições x, $x + \lambda$, $x + 2\lambda$, e assim por diante. Ainda, em dada posição x, o valor de y é o mesmo nos instantes t, $t + T$, $t + 2T$, e assim por diante.

Podemos expressar a função de onda de uma forma conveniente, definindo duas outras quantidades, o **número de onda angular** k (normalmente chamado simplesmente **número de onda**) e a **frequência angular** ω:

▶ Número angular da onda

$$k \equiv \frac{2\pi}{\lambda}$$ 13.8◀

▶ Frequência ondular

$$\omega \equiv \frac{2\pi}{T} = 2\pi f$$ 13.9◀

Utilizando essas definições, a Equação 13.7 pode ser escrita na forma mais compacta

▶ Função de onda de uma onda senoidal

$$y = A \operatorname{sen}(kx - \omega t)$$ 13.10◀

Utilizando as Equações 13.3, 13.8 e 13.9, a velocidade da onda v dada originalmente pela Equação 13.6 pode ser expressa pelas seguintes formas alternativas:

$$v = \frac{\omega}{k}$$ 13.11◀

▶ Velocidade de onda senoidal

$$v = \lambda f$$ 13.12◀

A função de onda dada pela Equação 13.10 supõe que a posição vertical y de um elemento no meio é zero em $x = 0$ e $t = 0$. Se esse não é o caso, normalmente expressamos a função ondular na forma de

▶ Expressão geral para a onda senoidal

$$y = A \operatorname{sen}(kx - \omega t + \phi)$$ 13.13◀

onde ϕ é a **constante de fase**, assim como aprendemos em nosso estudo de movimento periódico no Capítulo 12. Essa constante pode ser determinada a partir das condições iniciais. As equações primárias na representação matemática do modelo de análise de ondas progressivas são as Equações 13.3, 13.10, e 13.12.

TESTE RÁPIDO 13.2 Uma onda senoidal de frequência f está se movendo ao longo de uma corda esticada. A corda é trazida para repouso, e uma segunda onda, movendo-se numa frequência de $2f$, é estabelecida na corda. **(i)** Qual é a velocidade da segunda onda? (a) o dobro da primeira (b) metade da primeira (c) igual à primeira (d) impossível de determinar **(ii)** A partir das alternativas citadas, descreva o comprimento de onda da segunda onda. **(iii)** A partir das mesmas alternativas, descreva a amplitude da segunda onda

Exemplo 13.2 | Uma onda senoidal progressiva

Uma onda senoidal progressiva em uma direção x positiva tem amplitude de 15,0 cm, comprimento de onda de 40,0 cm e frequência de 8,00 Hz. A posição vertical do elemento no meio em $t = 0$ e $x = 0$ também é de 15,0 cm, como mostra a Figura 13.8.

(A) Encontre o número da onda k, o período T, a frequência angular ω, e a velocidade v da onda.

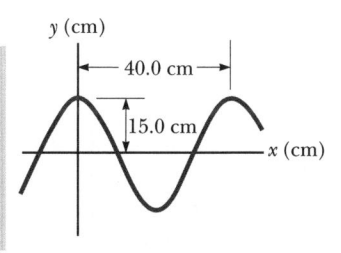

Figura 13.8 (Exemplo 13.2) Uma onda senoidal de comprimento de onda $\lambda = 40,0$ cm e amplitude $A = 15,0$ cm.

SOLUÇÃO

Conceitualize Figura 13.8 mostra a onda em $t = 0$. Imagine-a se movendo para a direita e mantendo sua forma

Categorização Avaliaremos os parâmetros da onda, utilizando equações geradas na discussão anterior, a fim de categorizarmos este exemplo como um problema de substituição.

Calcule o número da onda da Equação 13.8:

$$k = \frac{2\pi}{\lambda} = \frac{2\pi \text{ rad}}{40,0 \text{ cm}} = \boxed{15,7 \text{ rad/m}}$$

Calcule o período da onda da Equação 13.3:

$$T = \frac{1}{f} = \frac{1}{8,00 \text{ s}^{-1}} = \boxed{0,125 \text{ s}}$$

Avalie a frequência angular da onda na Equação 13.9:

$$\omega = 2\pi f = 2\pi(8,00 \text{ s}^{-1}) = \boxed{50,3 \text{ rad/s}}$$

Avalie a velocidade da onda na Equação 13.12:

$$v = \lambda f = (40,0 \text{ cm})(8,00 \text{ s}^{-1}) = \boxed{3.20 \text{ m/s}}$$

(B) Determine a constante de fase ϕ e escreva uma expressão geral para descrever a função de onda.

SOLUÇÃO

Substitua $A = 15,0$ cm, $y = 15,0$ cm, $x = 0$, e $t = 0$ na Equação 13.13:

$$15,0 = (15,0) \operatorname{sen}\phi \rightarrow \operatorname{sen}\phi = 1 \rightarrow \phi = \frac{\pi}{2} \text{ rad}$$

Escreva a função de onda:

$$y = A \operatorname{sen}\left(kx - \omega t + \frac{\pi}{2}\right) = A \cos(kx - \omega t)$$

Substitua os valores por A, k, e ω em unidades SI nesta expressão:

$$y = \boxed{0,150 \cos(15,7x - 50,3t)}$$

A equação de onda linear

Na Figura 13.1, demonstramos como criar um pulso movendo uma corda tensa para cima e para baixo uma vez. Para criar uma série desses pulsos – uma onda –, vamos substituir a mão por uma lâmina oscilatória e vibrante em movimento harmônico simples. A Figura Ativa 13.9 representa fotografias de uma onda criada dessa forma em intervalos de T/4. Como a ponta da lâmina oscila em movimento harmônico simples, cada elemento da corda, assim como aquele em P, também oscila verticalmente com movimento harmônico simples. Portanto, cada elemento na corda pode ser tratado como um oscilador harmônico simples, vibrando em uma frequência igual à de oscilação da lâmina.[2] Note que, enquanto cada elemento oscila na direção y, a onda se propaga na direção x com velocidade v. E, claro, essa é a definição de onda transversal.

---

[2] Nesse arranjo, estamos supondo que um elemento na corda sempre oscila na linha vertical. A tensão na corda variaria se um elemento pudesse se mover para os lados. Tal movimento tornaria a análise muito mais complexa.

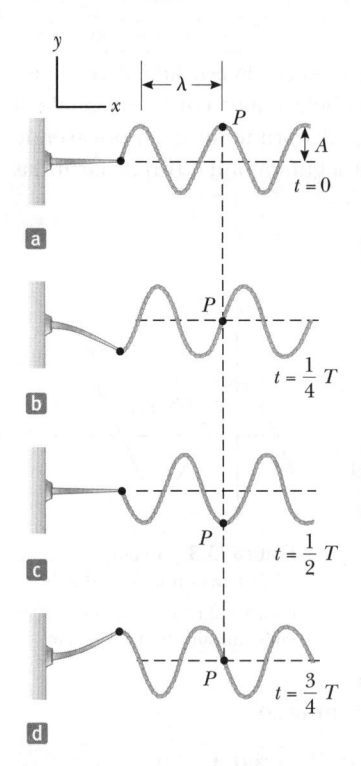

Figura Ativa 13.9 Um método para produzir onda senoidal numa corda. A extremidade esquerda da corda está conectada a uma lâmina colocada em oscilação. Todo elemento da corda, como aquele no ponto P, oscila em movimento harmônico simples na direção vertical.

Prevenção de Armadilhas | 13.2
Dois tipos de velocidade escalar
Não confunda v, a velocidade escalar da onda conforme ela se propaga ao longo da corda, com v_y, a velocidade transversal de um ponto na corda. A velocidade escalar v é constante para um meio uniforme, enquanto v_y tem uma variação senoidal.

Se definirmos $t = 0$ como o instante para o qual a configuração da corda é igual à mostrada na Figura Ativa 13.9a, a função de onda pode ser escrita como na Equação 13.10:

$$y = A \operatorname{sen}(kx - \omega t)$$

Podemos utilizar essa expressão para descrever o movimento de cada elemento na corda. Um elemento no ponto P (ou qualquer elemento da corda) se move apenas verticalmente, e, portanto, sua coordenada x permanece constante. Desse modo, a **velocidade transversal** v_y (que não deve ser confundida com a velocidade da onda v) e a **aceleração transversal** a_y dos elementos da corda são

$$v_y = \left.\frac{dy}{dt}\right]_{x=\text{constante}} = \frac{\partial y}{\partial t} = -\omega A \cos(kx - \omega t) \quad \text{13.14}$$

$$a_y = \left.\frac{dv_y}{dt}\right]_{x=\text{constante}} = \frac{\partial v_y}{\partial t} = \frac{\partial^2 y}{\partial t^2} = -\omega^2 A \operatorname{sen}(kx - \omega t) \quad \text{13.15}$$

Essas expressões envolvem derivações parciais porque y depende tanto de x como de t. Na operação $\partial y/\partial t$, por exemplo, utilizamos a derivativa em relação a t, enquanto mantemos x constante. Os módulos máximos da velocidade transversal e da aceleração transversal são simplesmente os valores absolutos dos coeficientes das funções de cosseno e seno.

$$v_{y,\text{máx}} = \omega A \quad \text{13.16}$$

$$a_{y,\text{máx}} = \omega^2 A \quad \text{13.17}$$

A velocidade e a aceleração transversais dos elementos da corda não atingem seus valores máximos simultaneamente. A velocidade transversal atinge seu valor máximo (ωA) quando $y = 0$, enquanto o módulo da aceleração transversal, com valor máxio ($\omega^2 A$), quando $y = \pm A$. Finalmente, as Equações 13.16 e 13.17 são idênticas em sua forma matemática, às correspondentes para movimento harmônico simples, Equações 12.17 e 12.18.

TESTE RÁPIDO 13.3 A amplitude de uma onda é dobrada, com nenhuma outra mudança nela. Como resultado do ato de dobrar, qual das afirmações a seguir está correta? (a) Sua velocidade muda. (b) Sua frequência se altera. (c) A velocidade transversal máxima do elemento no meio se altera. (d) As afirmações de (a) até (c) são todas verdadeiras. (e) Nenhuma das afirmações é verdadeira.

Agora, vamos utilizar as derivadas da nossa função de onda (Eq. 13.10) em relação à posição em um instante fixo, similar ao processo que utilizamos para derivar em relação ao tempo nas Equações 13.14 e 13.15:

$$\left.\frac{dy}{dx}\right]_{t=\text{constante}} = \frac{\partial y}{\partial x} = kA \cos(kx - \omega t) \quad \text{13.18}$$

$$\left.\frac{d^2 y}{dx^2}\right]_{t=\text{constante}} = \frac{\partial^2 y}{\partial x^2} = -k^2 A \operatorname{sen}(kx - \omega t) \quad \text{13.19}$$

Comparando as Equações 13.15 e 13.19, vemos que

$$A \operatorname{sen}(kx - \omega t) = -\frac{1}{k^2}\frac{\partial^2 y}{\partial x^2} = -\frac{1}{\omega^2}\frac{\partial^2 y}{\partial t^2} \rightarrow \frac{\partial^2 y}{\partial x^2} = \frac{k^2}{\omega^2}\frac{\partial^2 y}{\partial t^2}$$

Usando a Equação 13.11, podemos reescrever essa expressão como

$$\frac{\partial^2 y}{\partial x^2} = \frac{1}{v^2}\frac{\partial^2 y}{\partial t^2} \quad \text{13.20}$$

▶ Equação de onda linear

que é conhecida como **equação de onda linear.** Se analisarmos uma situação e encontrarmos esse tipo de relação entre as derivadas de uma função que descreve a situação, então está ocorrendo um movimento ondulatório. A Equação 13.20 é uma representação da equação diferencial do modelo de onda progressiva. As soluções para a equação descrevem **ondas mecânicas lineares.** Desenvolvemos a equação de onda linear de uma onda mecânica senoidal deslocando-se em um meio, mas essa é muito mais geral. A equação de onda linear descreve com sucesso ondas em cordas, ondas sonoras e também ondas eletromagnéticas.[3] Além disso, embora a onda senoidal que estudamos seja uma solução para a Equação 13.20, a solução geral para a equação é *qualquer* função da forma $y(x, t) = f(x \pm vt)$, como discutido na Seção 13.1.

Ondas não lineares são mais difíceis de analisar, mas, atualmente são uma importante área de pesquisa, especialmente no campo da óptica. Exemplo de uma onda mecânica não linear é aquela para a qual a amplitude não é pequena em comparação com o comprimento da onda.

Exemplo 13.3 | Uma solução para a equação de onda linear

Verifique que a função de onda apresentada no Exemplo 13.1 é uma solução para a equação de onda linear.

SOLUÇÃO

Conceitualize Reveja a Figura 13.5 para uma representação gráfica do pulso. Imagine-o se movendo para a direita, como sugerido pelas três partes da figura.

Categorize Este não é um exemplo de um modelo de onda progressiva, pois a entidade que se move é um pulso único, sem comprimento de onda ou frequência discernível. A equação de onda linear, no entanto, é aplicada tanto para ondas quanto para pulsos.

Análise Escreva uma expressão para a função de onda:

$$y(x, t) = \frac{2}{(x - 3{,}0t)^2 + 1}$$

Tome derivadas parciais desta função em relação a x e a t:

$$(1) \quad \frac{\partial^2 y}{\partial x^2} = \frac{12(x - 3{,}0t)^2 - 4{,}0}{[(x - 3{,}0t)^2 + 1]^3}$$

$$(2) \quad \frac{\partial^2 y}{\partial t^2} = \frac{108(x - 3{,}0t)^2 - 36}{[(x - 3{,}0t)^2 + 1]^3} = 9{,}0 \frac{[12(x - 3{,}0t)^2 - 4{,}0]}{[(x - 3{,}0t)^2 + 1]^3}$$

Use as Equações (1) e (2) para encontrar uma relação entre os lados esquerdos destas expressões:

$$\frac{\partial^2 y}{\partial x^2} = \frac{1}{9{,}0} \frac{\partial^2 y}{\partial t^2}$$

Finalize Comparando esse resultado com a Equação 13.20, vemos que a função de onda é uma solução para a equação de onda linear se a velocidade com que cada pulso se move for de 3,0 cm/s. Já determinamos, no Exemplo 13.1, que essa velocidade é, na verdade, a velocidade do pulso, e, assim, provamos o que nos propusemos fazer.

13.3 | A velocidade de ondas tranversais em cordas

Um aspecto do comportamento de ondas mecânicas lineares é que a velocidade da onda depende somente das propriedades do meio pelo qual ela viaja. Ondas para as quais a amplitude A é pequena em relação ao comprimento de onda λ podem ser representadas como ondas lineares. Nesta seção, determinaremos a velocidade de uma onda transversal movendo-se por uma corda esticada.

Vamos usar uma análise mecânica para obter uma expressão para a velocidade de um pulso deslocando-se por uma corda esticada com tensão T. Considere um pulso que se move para a direita com velocidade uniforme v, medida em relação a um sistema de referência inercial estacionário (em relação à Terra), como mostrado na Figura 13.10a. Relembre-se que as Leis de Newton são válidas em qualquer sistema de referência inercial. Portanto, vamos ver este pulso a partir de um sistema de referência inercial diferente, que se move com o pulso, na mesma velocidade, de forma que o pulso pareça estar em repouso no referencial, como na Figura 13.10b. Nesse sistema de referência o pulso permanece fixo e cada elemento da corda se move para a esquerda através da forma do pulso.

---

[3] No caso de ondas eletromagnéticas, y é interpretado como representando um campo elétrico, que estudaremos adiante.

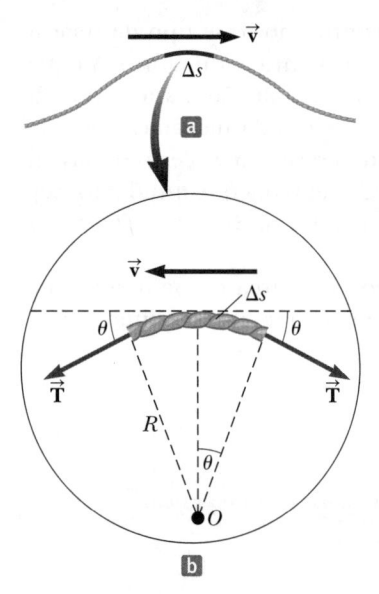

Figura 13.10 (a) No referencial da Terra, um pulso se move para a direita numa corda com velocidade v. (b) No referencial se movendo para a direita com o pulso, o elemento de comprimento Δs se move para a esquerda com velocidade v.

▶ Velocidade de uma onda em uma corda esticada

Prevenção de Armadilhas | 13.3
Múltiplos Ts

Não confunda o T na Equação 13.21 com o símbolo de tensão T usado neste capítulo para o período da onda. O contexto da equação deve ajudá-lo a identificar à qual grandeza se refere. Não há letras suficientes no alfabeto para atribuir uma letra única para cada variável.

Um elemento pequeno da corda, de comprimento Δs, forma o arco aproximado de um círculo de raio R, como mostrado na vista ampliada da Figura 13.10b. Em nosso sistema de referência em movimento, o elemento da corda move-se para a esquerda com velocidade v. Enquanto se desloca através do arco, podemos modelá-lo como uma partícula em movimento circular uniforme. Esse elemento tem uma aceleração centrípeta de v^2/R, que é fornecida por componentes da força $\vec{T}$ cujo módulo é a tensão da corda. A força $\vec{T}$ atua em cada lado do elemento, tangente ao arco, como na Figura 13.10b. Os componentes horizontais da força $\vec{T}$ cancelam, e cada componente vertical $T \operatorname{sen} \theta$ atua para baixo. Portanto, o módulo da força radial total no elemento é $2T \operatorname{sen} \theta$. Como o elemento é pequeno, θ é pequeno, e podemos, então, utilizar a aproximação de ângulo pequeno sen $\theta \approx \theta$. Por consequência, o módulo da força radial total é

$$F_r = 2T \operatorname{sen} \theta \approx 2T\theta$$

O elemento tem massa $m = \mu \, \Delta s$, onde μ é a massa por unidade de comprimento da corda. Como o elemento faz parte de um círculo e subtende a um ângulo de 2θ no centro, $\Delta s = R(2\theta)$, e

$$m = \mu \, \Delta s = 2\mu R\theta$$

Aplicando a segunda lei de Newton a esse elemento, na direção radial, temos que:

$$F_r = \frac{mv^2}{R} \rightarrow 2T\theta = \frac{2\mu R \theta v^2}{R} \rightarrow T = \mu v^2$$

Resolvendo para v temos

$$v = \sqrt{\frac{T}{\mu}} \qquad \qquad 13.21 \blacktriangleleft$$

Note que essa derivação é baseada na suposição de que a altura do pulso é pequena em relação ao comprimento da corda. Partindo dessa suposição, fomos capazes de usar a aproximação sen $\theta \approx \theta$. Além disso, o modelo pressupõe que a tensão T não é afetada pela presença do pulso. Portanto, T é a mesma em todos os pontos na corda. Finalmente, essa demonstração não pressupõe *nenhuma forma* particular para o pulso. Portanto, concluímos que o pulso de qualquer forma se propaga na corda com velocidade $v = \sqrt{T/\mu}$, sem mudar sua na forma.

TESTE RÁPIDO 13.4 Suponha que você crie um pulso movendo a ponta livre de uma corda esticada, balançando para cima e para baixo, com início em $t = 0$. A corda está ligada em outra extremidade a uma parede distante. O pulso atinge a parede no instante t. Qual das seguintes ações, por si mesma, diminui o intervalo de tempo necessário para o pulso atingir a parede? Mais de uma opção pode estar correta, (**a**) movendo sua mão mais rapidamente, mas ainda somente para cima e para baixo no mesmo número de vezes; (**b**) movendo sua mão mais vagarosamente, mas ainda somente para cima e para baixo no mesmo número de vezes; (**c**) movendo sua mão para cima e para baixo em uma distância maior, num mesmo período de tempo; (**d**) movendo sua mão para cima e para baixo em uma distância menor, num mesmo período de tempo; (**e**) utilizando uma corda mais pesada de mesmo comprimento e sob a mesma tensão; (**f**) utilizando uma corda mais leve e sob a mesma tensão; (**g**) utilizando uma corda de mesma densidade de massa linear, mas sob uma tensão menor; (**h**) utilizando uma corda de mesma densidade de massa linear, mas sob uma tensão maior.

PENSANDO EM FÍSICA 13.1

Um agente secreto está preso na parte de cima de um elevador parado em um andar mais baixo de um edifício. Ele tenta sinalizar para outro agente, que está no telhado, enviando uma mensagem em código Morse, de modo que os pulsos transversais subam pelo cabo do elevador. Enquanto os pulsos sobem pelo cabo em direção ao companheiro, a velocidade com que se movimentam permanece a mesma, aumenta ou diminui? Se os pulsos forem emitidos com intervalos de 1s, são recebidos a cada 1 s pelo segundo agente?

Raciocínio O cabo do elevador pode ser modelado como uma corda vertical. A velocidade das ondas pelo cabo é uma função da tensão no cabo. À medida que as ondas sobem, encontram uma tensão aumentada, pois cada ponto mais elevado no cabo deve suportar o peso de todo o cabo abaixo dele (e do elevador). Assim, a velocidade dos pulsos aumenta enquanto eles sobem. A frequência dos pulsos não será afetada porque eles levam o mesmo intervalo de tempo para alcançar o topo. Eles chegarão ao topo do cabo em intervalos de 1 s. ◄

Exemplo 13.4 | A velocidade de um pulso em uma corda

Uma corda uniforme tem massa de 0,300 kg e comprimento de 6,00 m. A corda passa por uma polia e suporta um corpo de 2,00 kg (Fig. 13.11). Encontre a velocidade do pulso se movendo ao longo dessa corda.

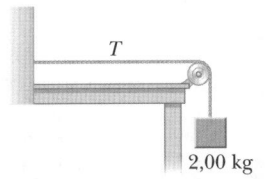

Figura 13.11 (Exemplo 13.4) A tensão T no cabo é mantida pelo corpo suspenso. A velocidade de qualquer onda se movendo ao longo de uma corda é dada por $v = \sqrt{T/\mu}$.

SOLUÇÃO

Conceitualize Na Figura 13.11, o bloco suspenso estabiliza a tensão na corda horizontal. Essa tensão determina a velocidade com que cada onda se move na corda.

Categorize Para encontrar a tensão na corda, modelamos o bloco suspenso como uma partícula em equilíbrio. Então, utilizamos a tensão para avaliar a velocidade ondular, com base na Equação 13.21.

Analise Aplique o modelo de partícula em equilíbrio ao bloco:

$$\sum F_y = T - m_{bloco}g = 0$$

Resolva para a tensão na corda:

$$T = m_{bloco}g$$

Use a Equação 13.21 para encontrar a velocidade da onda, utilizando $\mu = m_{corda}/\ell$ para a densidade da massa linear da corda:

$$v = \sqrt{\frac{T}{\mu}} = \sqrt{\frac{m_{bloco}g\ell}{m_{corda}}}$$

Avalie a velocidade da corda:

$$v = \sqrt{\frac{(2,00 \text{ kg})(9,80 \text{ m/s}^2)(6,00 \text{ m})}{0,300 \text{ kg}}} = \boxed{19,8 \text{ m/s}}$$

Finalize O cálculo da tensão despreza a pequena massa da corda. Explicitamente falando, a corda nunca pode ser exatamente reta, e, portanto, a tensão não é uniforme.

Exemplo 13.5 | Resgatando o alpinista

Depois de uma tempestade um alpinista 80,0 kg está preso em uma elevação na montanha. Um helicóptero o resgata pairando acima e baixando um cabo para ele. A massa do cabo é de 8,00 kg, e seu comprimento, 15,0 m. Um suporte de 70,0 kg de massa está ligado à extremidade do cabo. O alpinista se prende a ele, e depois o helicóptero acelera para cima. Aterrorizado por estar suspenso, no ar, pelo cabo, o alpinista tenta sinalizar para o piloto, enviando pulsos transversais pelo cabo. Um pulso leva 0,250 s para percorrer o comprimento do cabo. Qual é a aceleração do helicóptero? Suponha que a tensão no cabo seja uniforme.

SOLUÇÃO

Conceitualize Imagine o efeito da aceleração do helicóptero no cabo. Quanto maior a aceleração para cima, maior é a tensão no cabo. Por sua vez, quanto maior a tensão, maior a velocidade de pulsos no cabo.

continua

13.5 cont.

Categorize Este problema é uma combinação de um que envolve a velocidade de pulsos em uma corda e outro em que o alpinista e o suporte são modelados como uma partícula sob uma força resultante.

Analise Use o intervalo de tempo da viagem do pulso do alpinista ao helicóptero para encontrar a velocidade dos pulsos no cabo:

$$v = \frac{\Delta x}{\Delta t} = \frac{15{,}0 \text{ m}}{0{,}250 \text{ s}} = 60{,}0 \text{ m/s}$$

Resolva a Equação 13.21 para a tensão no cabo:

$$v = \sqrt{\frac{T}{\mu}} \rightarrow T = \mu v^2$$

Modele o alpinista e o suporte como uma partícula sob uma força resultante, observando que a aceleração da partícula de massa m é a mesma que a aceleração do helicóptero:

$$\sum F = ma \rightarrow T - mg = ma$$

Resolva para a aceleração:

$$a = \frac{T}{m} - g = \frac{\mu v^2}{m} - g = \frac{m_{cabo}}{\ell_{cabo}} \frac{v^2}{m} - g$$

Substitua os valores numéricos:

$$a = \frac{(8{,}00 \text{ kg})(60{,}0 \text{ m/s})^2}{(15{,}0 \text{ m})(150{,}0 \text{ kg})} - 9{,}80 \text{ m/s}^2 = \boxed{3{,}00 \text{ m/s}^2}$$

Finalize Um cabo real tem rigidez, além de tensão. A rigidez tende a fazer um fio voltar à sua forma original reta, mesmo quando não está sob tensão. Por exemplo, uma corda de piano endireita se liberado de uma forma curva; um fio de embrulho, não.

A rigidez representa uma força de restauração, além de tensão, e aumenta a velocidade da onda. Por consequência, para um cabo real, a velocidade de 60,0 m/s que determinamos está provavelmente associada com a menor aceleração do helicóptero.

13.4 | Reflexão e transmissão

O modelo de ondas progressivas descreve ondas que se propagam através de um meio uniforme, sem interagir com nada pelo caminho. Vamos agora considerar como uma onda é afetada quando encontra uma mudança no meio. Por exemplo, considere um pulso se movendo em uma corda que está rigidamente presa a um suporte em uma extremidade, como na Figura Ativa 13.12. Quando o pulso atinge o suporte, uma severa mudança ocorre no meio: a corda acaba. Como resultado, o pulso sofre **reflexão**, isto é, o pulso se move para trás ao longo da corda na direção oposta.

Observe que o pulso refletido é *invertido*. Essa inversão pode ser explicada da seguinte maneira: quando o pulso atinge a extremidade fixa da corda, esta produz uma força para cima no suporte. Pela terceira lei de Newton, o apoio deve exercer uma força de reação de módulo igual e no sentido oposto (para baixo) na corda. Essa força para baixo faz que o pulso inverta em reflexão.

Agora, considere outro caso. Dessa vez o pulso chega ao final de uma extremidade livre para se mover na vertical, como na Figura Ativa 13.13. A tensão na extremidade livre é mantida porque a corda está ligada a um anel, de massa desprezível, que é livre para deslizar suavemente na vertical em um suporte sem atrito. Novamente, o pulso é refletido, mas dessa vez não é invertido. Quando alcança o suporte, ele exerce uma força sobre a extremidade livre da corda, fazendo que o anel acelere para cima. O anel sobe tão alto quanto o pulso de entrada, e, então, o componente descendente da força de tensão puxa o anel de volta para baixo. Esse movimento do anel produz um pulso refletido que não está invertido, e que tem a mesma amplitude que o pulso de entrada.

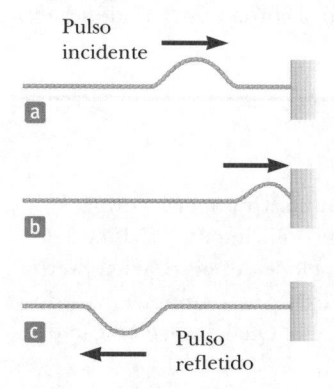

Figura Ativa 13.12 A reflexão de um pulso se movendo na extremidade fixa de uma corda esticada. O pulso refletido é invertido, mas sua forma fica inalterada.

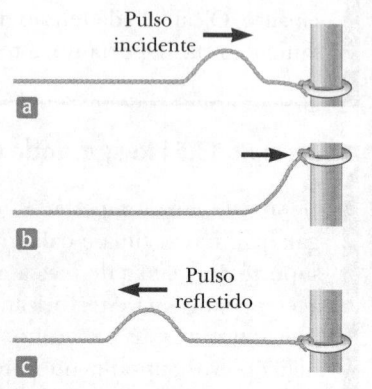

Figura Ativa 13.13 A reflexão de um pulso se movendo na extremidade livre de uma corda esticada. O pulso refletido não é invertido.

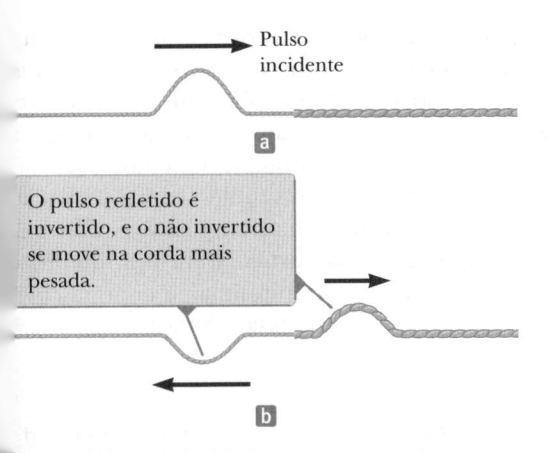

Figura Ativa 13.14 (a) Um pulso se movendo para a direita em uma corda leve se aproxima da junção com uma corda mais pesada. (b) A situação após o pulso atingir a junção.

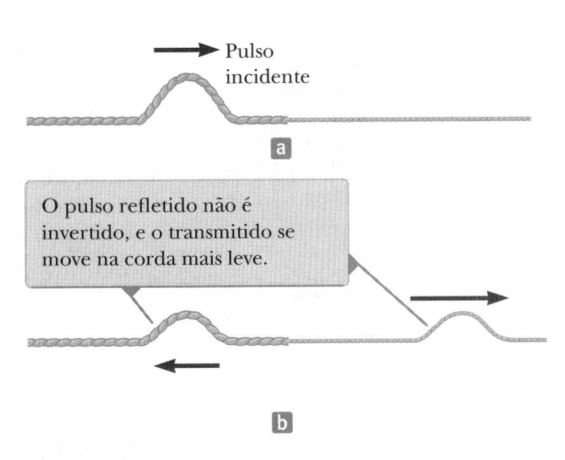

Figura Ativa 13.15 (a) Um pulso se movendo para a direita em uma corda pesada se aproxima da junção com uma corda mais leve. (b) A situação após o pulso atingir a junção.

Finalmente, considere uma situação em que o limite é intermediário entre esses dois extremos. Nesse caso, parte da energia do pulso incidente é refletida, e parte sofre **transmissão,** ou seja, parte da energia passa pela fronteira. Por exemplo, suponha que uma corda leve seja conectada a outra pesada, como na Figura Ativa 13.14. Quando um pulso que se move na corda mais leve atinge a fronteira entre as duas cordas, uma parte do pulso é refletida e invertida e outra parte é transmitida para a corda mais pesada. O pulso refletido é invertido pelas mesmas razões já descritas no caso da corda presa fortemente a um suporte.

O pulso refletido tem uma amplitude menor do que o pulso incidente. Na Seção 13.5, mostraremos que a energia transportada por uma onda está relacionada à sua amplitude. De acordo com o princípio da conservação de energia, quando o pulso se divide em um refletido e um transmitido na fronteira, a soma das energias desses dois pulsos deve ser igual à energia do pulso incidente. Como o pulso refletido contém apenas uma parte da energia do incidente, sua amplitude deve ser menor.

Quando um pulso que se move em uma corda pesada atinge o limite entre a corda pesada e uma mais leve, como na Figura Ativa 13.15, novamente parte é refletida e parte é transmitida. Nesse caso, o pulso refletido não é invertido.

Em ambos os casos as alturas relativas dos pulsos refletido e transmitido dependem da densidade relativa das duas cordas. Se elas forem idênticas, não há nenhuma descontinuidade no limite nem na reflexão.

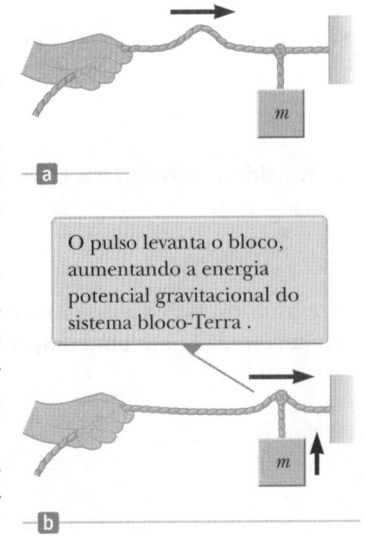

Figura 13.16 (a) Um pulso se move para a direita em uma corda esticada, levando energia com ele. (b) A energia do pulso chega ao bloco pendurado.

De acordo com a Equação 13.21, a velocidade de uma onda aumenta conforme a massa por unidade de comprimento da corda diminui. Em outras palavras, uma onda se propaga mais lentamente em uma corda pesada do que em uma leve, se ambas estão sob a mesma tensão. As seguintes regras gerais se aplicam às ondas refletidas: Quando uma onda, ou pulso, se propaga do meio A para B e $v_A > v_B$ (isto é, quando B é mais denso do que A), ela é invertida na reflexão. Quando uma onda ou pulso viaja do meio A para B, e $v_A < v_B$ (isto é, quando A é mais denso do que B), ela(e) não é invertida(o) na reflexão.

13.5 | Taxa de transferência de energia em ondas senoidais em cordas

Ondas transportam energia através de um meio conforme se propagam. Por exemplo, suponha que um corpo esteja pendurado em uma corda esticada e um pulso seja enviado para a corda, como na Figura 13.16a. Quando o pulso atinge o corpo suspenso, este é momentaneamente deslocado para cima, como na Figura 13.16b. No processo, a energia é transferida para o corpo e aparece como um aumento na energia potencial gravitacional do sistema Terra--corpo. Esta seção examina a taxa na qual a energia é transportada ao longo de uma corda. Suporemos uma onda senoidal unidimensional para o cálculo da energia transferida.

Considere uma onda senoidal que se propaga em uma corda (Figura 13.17). A fonte de energia é algum agente externo na extremidade esquerda da corda. Podemos considerar a corda como um sistema não isolado. Conforme

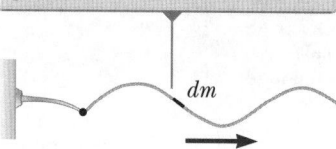

Figura 13.17 Uma onda senoidal se propaga ao longo do eixo x em uma corda esticada.

> Cada elemento da corda é um oscilador harmônico simples e, portanto, tem energias cinética e potencial associadas a ele.

o agente externo realiza trabalho sobre a extremidade da corda, movendo-a para cima e para baixo, a energia entra no sistema da corda e se propaga ao longo do seu comprimento. Vamos concentrar nossa atenção sobre um elemento infinitesimal da corda de comprimento dx e massa dm. Cada elemento se desloca verticalmente com movimento harmônico simples. Portanto, podemos modelar cada elemento da corda como um oscilador harmônico simples, com a oscilação na direção y. Todos os elementos têm a mesma frequência angular ω e a mesma amplitude A. A energia cinética K associada a uma partícula em movimento e $K = \frac{1}{2}mv^2$. Se aplicarmos esta equação ao elemento infinitesimal, a energia cinética dK associada ao movimento para cima e para baixo desse elemento é:

$$dK = \tfrac{1}{2}(dm)v_y^2$$

onde v_y é a velocidade transversal do elemento. Se μ é a massa por unidade de comprimento da corda, a massa dm do elemento de comprimento dx é igual a $\mu\,dx$. Assim, podemos expressar a energia cinética de um elemento da corda como:

$$dK = \tfrac{1}{2}(\mu\,dx)v_y^2 \qquad 13.22$$

Substituindo a velocidade geral transversal de um elemento do meio, com base na Equação 13.14, temos:

$$dK = \tfrac{1}{2}\mu[-\omega A\cos(kx-\omega t)]^2\,dx = \tfrac{1}{2}\mu\omega^2 A^2\cos^2(kx-\omega t)\,dx$$

Se considerarmos uma fotografia da onda no momento $t = 0$, a energia cinética de determinado elemento é:

$$dK = \tfrac{1}{2}\mu\omega^2 A^2 \cos^2 kx\,dx$$

Integrando essa expressão sobre todos os elementos em uma corda em um comprimento de onda, temos a energia cinética total K_λ em um comprimento de onda:

$$K_\lambda = \int dK = \int_0^\lambda \tfrac{1}{2}\mu\omega^2 A^2 \cos^2 kx\,dx = \tfrac{1}{2}\mu\omega^2 A^2 \int_0^\lambda \cos^2 kx\,dx$$

$$= \tfrac{1}{2}\mu\omega^2 A^2\left[\tfrac{1}{2}x + \tfrac{1}{4k}\operatorname{sen} 2kx\right]_0^\lambda = \tfrac{1}{2}\mu\omega^2 A^2\left[\tfrac{1}{2}\lambda\right] = \tfrac{1}{4}\mu\omega^2 A^2\lambda$$

Além da cinética, há a energia potencial associada a cada elemento da corda, devido ao seu deslocamento a partir da posição de equilíbrio e às forças de restauração a partir de elementos vizinhos. Uma análise semelhante à realizada anteriormente para a energia potencial total U_λ em um comprimento de onda dá exatamente o mesmo resultado:

$$U_\lambda = \tfrac{1}{4}\mu\omega^2 A^2\lambda$$

A energia total em um comprimento de onda é a soma das energias cinética e potencial:

$$E_\lambda = U_\lambda + K_\lambda = \tfrac{1}{2}\mu\omega^2 A^2\lambda \qquad 13.23$$

Conforme a onda se move ao longo da corda, essa quantidade de energia passa por determinado ponto da corda durante um intervalo de tempo de um período de oscilação. Portanto, a potência P, ou uma taxa de transferência de energia T_{MW} associada à onda mecânica, é:

$$P = \frac{T_{\text{MW}}}{\Delta t} = \frac{E_\lambda}{T} = \frac{\tfrac{1}{2}\mu\omega^2 A^2\lambda}{T} = \tfrac{1}{2}\mu\omega^2 A^2\left(\frac{\lambda}{T}\right)$$

▶ Potência de uma onda

$$\boxed{P = \tfrac{1}{2}\mu\omega^2 A^2 v} \qquad 13.24$$

A Equação 13.24 mostra que a taxa de transferência de energia por uma onda senoidal em uma corda é proporcional a) ao quadrado da frequência; (b) ao quadrado da amplitude; (c) à velocidade da onda. De fato, a taxa de transferência de energia em qualquer onda senoidal é proporcional ao quadrado da frequência angular e ao quadrado da amplitude.

TESTE RÁPIDO 13.5 Qual dos seguintes elementos, considerados por si sós, seria mais eficaz em aumentar a taxa na qual a energia é transferida por uma onda que se move ao longo de uma corda? (a) a redução da densidade de massa linear da corda pela metade; (b) a duplicação do comprimento de onda; (c) a duplicação da tensão na corda; (d) a duplicação da amplitude da onda.

Exemplo **13.5 | Potência fornecida para uma corda vibrante**

Uma corda tensa para a qual $\mu = 5,00 \times 10^{-2}$ kg/m está sob uma tensão de 80,0 N. Quanta potência deve ser fornecida para a corda a fim de gerar ondas senoidais na frequência de 60,0 Hz e uma amplitude de 6,00 cm?

SOLUÇÃO

Conceitualize Considere a Figura Ativa 13.9 novamente e observe que a lâmina vibratória fornece energia para a corda a determinada taxa. Essa energia, em seguida, se propaga para a direita ao longo da corda.

Categorize Avaliaremos as grandezas nas equações desenvolvidas neste capítulo, e, então, categorizaremos este exemplo como um problema de substituição.

Use a Equação 13.24 para calcular a potência:

$$P = \tfrac{1}{2}\mu\omega^2 A^2 v$$

Use as Equações 13.9 e 13.21 para substituir por ω e v:

$$P = \tfrac{1}{2}\mu(2\pi f)^2 A^2 \left(\sqrt{\frac{T}{\mu}}\right) = 2\pi^2 f^2 A^2 \sqrt{\mu T}$$

Substitua os valores numéricos:

$$P = 2\pi^2 (60,0 \text{ Hz})^2 (0,060\ 0 \text{ m})^2 \sqrt{(0,050\ 0 \text{ kg/m})(80,0 \text{ N})} = \boxed{512 \text{ W}}$$

E Se? E se a corda transferir energia a uma taxa de 1 000 W? Qual deve ser a amplitude necessária se todos os outros parâmetros permanecem os mesmos?

Resposta Vamos criar uma relação entre a potência nova e a antiga, refletindo apenas uma mudança na amplitude:

$$\frac{P_{\text{novo}}}{P_{\text{antiga}}} = \frac{\tfrac{1}{2}\mu\omega^2 A_{\text{novo}}^2 v}{\tfrac{1}{2}\mu\omega^2 A_{\text{antiga}}^2 v} = \frac{A_{\text{novo}}^2}{A_{\text{antiga}}^2}$$

Resolvendo para a nova amplitude temos que

$$A_{\text{novo}} = A_{\text{antiga}}\sqrt{\frac{P_{\text{novo}}}{P_{\text{antiga}}}} = (6,00 \text{ cm})\sqrt{\frac{1\ 000 \text{ W}}{512 \text{ W}}} = 8,39 \text{ cm}$$

13.6 | Ondas sonoras

Vamos agora voltar nossa atenção das transversais para as ondas longitudinais. Como afirmado na Seção 13.1, nas ondas longitudinais os elementos do meio sofrem deslocamentos paralelos no sentido do movimento da onda. As ondas sonoras no ar são os exemplos mais importantes de ondas longitudinais. Contudo, as ondas sonoras podem se propagar através de qualquer meio material e sua velocidade depende das propriedades desse meio. A Tabela 13.1 fornece exemplos da velocidade do som em diferentes meios.

Na Seção 13.1, começamos nossa investigação das ondas imaginando a criação de um único pulso que se move por uma corda (Figura 13.1) ou uma mola (Figura 13.3). Vamos fazer algo semelhante em relação ao som. Descrevemos graficamente o movimento de um pulso de som unidimensional e longitudinal que se desloca através de um longo tubo que contém um gás compressível, como mostrado na Figura 13.18. Um pistão na extremidade esquerda pode ser rapidamente deslocado para a direita a fim de comprimir o gás e criar o pulso. Antes do movimento do pistão,

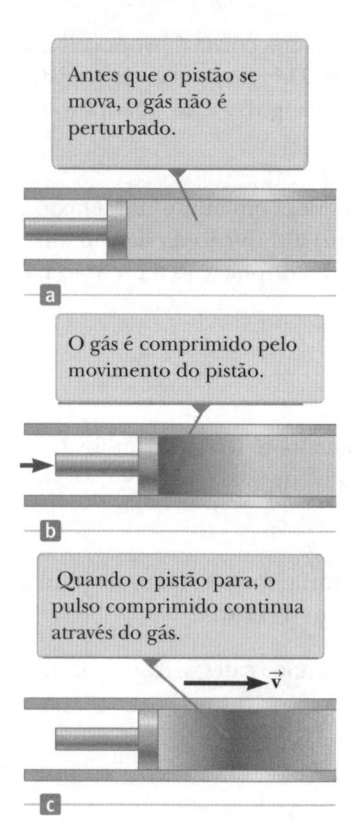

Figura 13.18 Movimento de um pulso longitudinal através de um gás compressível. A compressão (região escura) é produzida pelo movimento do pistão.

(a) Antes que o pistão se mova, o gás não é perturbado.
(b) O gás é comprimido pelo movimento do pistão.
(c) Quando o pistão para, o pulso comprimido continua através do gás.

TABELA 13.1 | Velocidade do som em vários meios

Meio	v (m/s)	Meio	v (m/s)	Meio	v (m/s)
Gases		Líquidos at 25°C		Sólidos[a]	
Hidrogênio (0 °C)	1 286	Glicerol	1 904	Vidro pirex	5 640
Hélio (0 °C)	972	Água do mar	1 533	Ferro	5 950
Ar (20 °C)	343	Água	1 493	Alumínio	6 420
Ar (0 °C)	331	Mercúrio	1 450	Latão	4 700
Oxigênio (0 °C)	317	Querosene	1 324	Cobre	5 010
		Álcool metílico	1 143	Ouro	3 240
		Tetraclorido de carbono	926	Lucita	2 680
				Chumbo	1 960
				Borracha	1 600

[a]Valores dados são para a propagação de ondas longitudinais em meios de massa. Velocidades de ondas longitudinais em barras finas são menores, e das ondas transversais em massa são menores ainda.

o gás não é perturbado e tem densidade uniforme, representado pela região mais escura na Figura 13.18a. Quando o pistão é empurrado para a direita (Fig. 13.18b), o gás é comprimido apenas na parte da frente (como representado pela região mais escura); a pressão e a densidade nessa região são mais altas do que antes de o pistão se mover. Quando o pistão volta para o repouso (Fig. 13.18c), a região comprimida do gás continua a se mover para a direita, correspondendo a um pulso longitudinal movendo-se através do tubo com velocidade v.

Pode-se produzir uma onda sonora *periódica* unidimensional no tubo de gás da Figura 13.18 fazendo que o pistão se desloque em movimento harmônico simples. Os resultados estão na Figura 13.19. As partes mais escuras nessa figura representam as regiões nas quais o gás é comprimido, e a densidade e a pressão estão acima de seu valor de equilíbrio. A região comprimida é formada sempre que o pistão é empurrado para dentro do tubo. Essa região comprimida, chamada **compressão,** move-se através do tubo, continuamente comprimindo a região à sua frente. Quando o pistão é puxado para trás, o gás na sua frente se expande e a pressão e a densidade nessa região caem abaixo de seu valor de equilíbrio (representado pelas partes mais claras na Fig. Ativa 13.19). Essas regiões de baixa pressão, chamadas **rarefações,** também se propagam ao longo do tubo, seguindo as compressões. Ambas as regiões se movem com uma velocidade igual à do som nesse meio.

Enquanto o pistão oscila para a frente e para trás de uma maneira senoidal, regiões de compressão e de rarefação são continuamente criadas. A distância entre duas compressões sucessivas (ou duas rarefações sucessivas) iguala o comprimento de onda λ. À medida que essas regiões se deslocam ao longo do tubo, qualquer pequeno elemento do meio se desloca em movimento harmônico simples paralelo à direção da onda (ou seja, longitudinalmente). Se $s(x, t)$ é o deslocamento de um pequeno elemento em relação ao seu ponto de equilíbrio,[4] podemos expressar esta função deslocamento como:

$$s(x, t) = s_{\text{máx}} \cos(kx - \omega t) \qquad 13.25 \blacktriangleleft$$

onde $s_{\text{máx}}$ é o deslocamento máximo em relação ao equilíbrio, em geral chamado **amplitude de deslocamento.** A Equação 13.25 representa a **onda de deslocamento,** onde k é o número da onda e ω a frequência angular do pistão. A variação de ΔP na pressão[5] do gás medido a partir de seu valor de equilíbrio também é senoidal, dado por:

$$\Delta P = \Delta P_{\text{máx}} \operatorname{sen}(kx - \omega t) \qquad 13.26 \blacktriangleleft$$

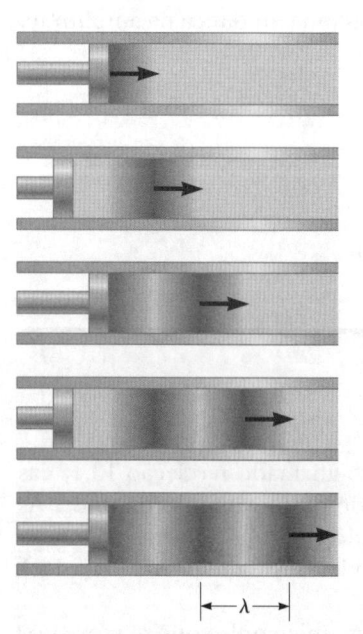

Figura Ativa 13.19 Uma onda longitudinal propagando-se através de um tubo cheio de gás. A fonte da onda é um pistão vibrante, à esquerda.

[4] Usamos $s(x, t)$ aqui, ao invés de $y(x, t)$, porque o deslocamento dos elementos no meio não é perpendicular à direção x.

[5] Vamos apresentar formalmente a pressão no Capítulo 15. No caso das ondas longitudinais em um gás, cada área comprimida é uma região de pressão e densidade acima da média, e cada área estendida é uma região de pressão e densidade abaixo da média.

A **amplitude da pressão** $\Delta P_{máx}$ é a variação máxima na pressão em relação ao valor de equilíbrio, e a Equação 13.26 representa a **onda de pressão**. A amplitude da pressão é proporcional à de deslocamento $s_{máx}$:

$$\Delta P_{máx} = \rho v \omega s_{máx} \qquad \text{13.27} \blacktriangleleft$$

onde ρ é a densidade do meio, v a velocidade da onda e $\omega s_{máx}$ a velocidade longitudinal máxima de um elemento do meio. São essas variações de pressão em uma onda sonora que resultam em uma força oscilando no tímpano, levando à sensação de audição.

Esta discussão mostra que uma onda sonora pode ser descrita igualmente tanto em termos de pressão quanto de deslocamento. A comparação entre as Equações 13.25 e 13.26 mostra que a onda de pressão está 90° fora de fase em relação à onda de deslocamento. Os gráficos destas funções são mostrados na Figura 13.20. Observe que a mudança na pressão de equilíbrio é máxima quando o deslocamento é nulo, enquanto o deslocamento é máximo quando a mudança na pressão é nula.

Observe que a Figura 13.20 apresenta duas representações gráficas da onda longitudinal: uma para a posição dos elementos do meio, e outra para a variação de pressão. *Não* existem representações pictóricas para ondas longitudinais, entretanto, para ondas transversais o deslocamento do elemento é perpendicular ao sentido da propagação, as representações pictóricas e gráfica são semelhantes, a perpendicularidade das oscilações e da propagação é combinada pela perpendicularidade dos eixos x e y. Para ondas longitudinais, as oscilações e a propagação não apresentam perpendicularidade, de forma que essas representações pictóricas se parecem com a Figura Ativa 13.19.

A velocidade do som depende da temperatura do meio. Para a propagação do som através do ar, a relação entre a velocidade da onda e a temperatura do ar é

$$v = 331\sqrt{1 + \frac{T_C}{273}} \qquad \text{13.28} \blacktriangleleft$$

onde v está em metros/segundo, 331 m/s é a velocidade do som a 0 °C, e T_C é a temperatura do ar em graus Celsius. Usando essa equação, encontramos que a 20 °C, a velocidade do som no ar é de aproximadamente 343 m/s.

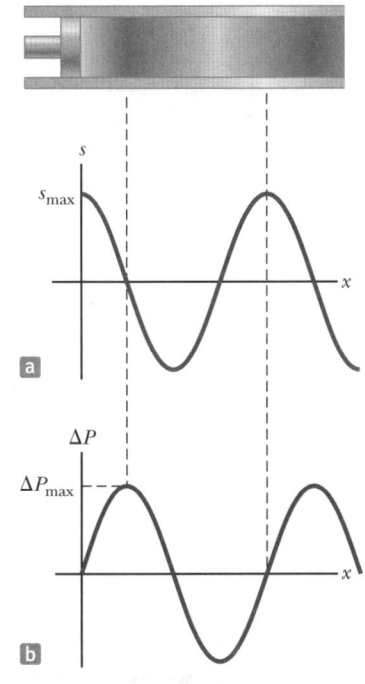

Figura 13.20 (a) Deslocamento *versus* posição e (b) pressão *versus* posição para uma onda senoidal longitudinal. A onda de deslocamento está 90° fora de fase em relação à onda de pressão.

> **PENSANDO EM FÍSICA 13.2**
>
> Por que o trovão produz um prolongado som de "rolagem" quando sua fonte, um relâmpago, ocorre em uma fração de segundo? Em primeiro lugar, como o relâmpago produz o trovão?
>
> **Raciocínio** Vamos assumir que estamos no nível do chão e ignorar as reflexões deste. Quando ocorrem as descargas nuvem-terra do raio, um canal de ar ionizado conduz uma corrente elétrica muito grande da nuvem ao solo. O resultado é um aumento muito rápido da temperatura deste canal de ar conforme conduz a corrente. O aumento da temperatura provoca uma súbita expansão do ar. Essa expansão é tão repentina e intensa, que uma tremenda perturbação é produzida no ar: o trovão. O trovão rola devido ao fato de que canal do raio é uma fonte longa e prolongada; todo o comprimento do canal produz um som essencialmente no mesmo instante de tempo. O som produzido na extremidade do canal mais próxima de você irá alcançá-lo primeiro, mas os sons das partes progressivamente mais distantes o alcançarão logo em seguida. Se o canal do raio fosse uma linha perfeitamente reta, o som resultante poderia ser um rugido constante, mas a forma em *zigue-zague* da trajetória resulta na variação de rolagem na altura. ◀

13.7 | O Efeito Doppler

Quando alguém toca a buzina de um veículo que trafega em uma rodovia, a frequência do som que você ouve é mais elevada quando o veículo se aproxima do que quando ele se afasta de você. Essa alteração é um exemplo do **Efeito Doppler,** cujo nome é uma homenagem ao físico austríaco Christian Johann Doppler (1803–1853).

O efeito Doppler para o som é experimentado sempre que há um movimento relativo entre a fonte do som e o observador. O movimento da fonte ou de um observador em direção ao outro resulta na audição pelo observador de uma frequência que é mais elevada do que a verdadeira frequência da fonte. O movimento da fonte ou do observador se afastando um do outro resulta na audição pelo observador de uma frequência que é mais baixa do que a verdadeira frequência da fonte.

Apesar de restringirmos nossa atenção ao efeito Doppler para ondas sonoras, este é um efeito associado a ondas de todos os tipos. O efeito Doppler para ondas eletromagnéticas é usado em sistemas de radar policiais para medir a velocidade dos veículos. Do mesmo modo, os astrônomos usam o efeito para determinar os movimentos relativos das estrelas, das galáxias e de outros corpos celestes. Em 1842, Doppler foi o primeiro a relatar o deslocamento da frequência em conexão com a luz emitida por duas estrelas girando uma em relação a outra, em sistemas de estrela dupla. No início do século XX, o efeito Doppler para a luz das galáxias foi usado para defender a expansão do Universo, o que levou à Teoria do Big Bang.

Para ver o que causa essa aparente mudança da frequência, imagine estar em um barco ancorado num mar calmo, onde as ondas têm um período de $T = 2,0$ s. Isso significa que a cada 2,0 s uma crista atinge seu barco. A Figura 13.21a mostra esta situação, com as ondas da água se movendo para a esquerda. Se você ligar um cronômetro em $t = 0$ assim que uma crista de onda atingir o barco, o cronômetro marcará 2,0 s quando a próxima crista atingir o barco, 4,0 s quando a terceira crista bater, e assim por diante. Dessas observações você pode concluir que a frequência da onda é $f = 1/T = 0,50$ Hz. Agora, suponha que você liga o motor e se dirige diretamente para as ondas, como mostrado na Figura 13.21b. Novamente, você ajusta seu cronômetro em $t = 0$ quando uma crista atinge a parte dianteira do seu barco. Entretanto, como você está se movendo em direção à próxima crista de onda enquanto ela se aproxima de você, ela vai atingi-lo em menos de 2,0 s após a primeira batida. Ou seja, o período que você observa é mais curto do que o de 2,0 s que observou quando estava parado. Como $f = 1/T$, você observa uma frequência de onda mais elevada do que quando estava em repouso.

Se você fizer a volta e passar a se mover no mesmo sentido que as ondas (Fig. 13.21c), irá observar o efeito oposto. Você ajusta seu cronômetro em $t = 0$ quando uma crista atinge a parte traseira do seu barco. Como você agora está se afastando da próxima crista, mais de 2,0 s terão se passado em seu cronômetro quando a próxima crista o atingir. Portanto, você observa uma frequência mais baixa do que quando estava em repouso.

Esses efeitos ocorrem porque a velocidade *relativa* entre seu barco e a água depende da direção do deslocamento e da velocidade do seu barco. Quando você está se movendo para a direita na Figura 13.21b, essa velocidade relativa é mais elevada do que a da onda, o que leva à observação de uma frequência aumentada. Quando você se vira e passa a se mover para a esquerda, a velocidade relativa se torna mais baixa, assim como a frequência observada das ondas.

Vamos analisar agora uma situação análoga com as ondas sonoras, na qual substituímos as ondas na água por ondas sonoras, a superfície da água transforma-se no ar e a pessoa no barco em um observador que escuta o som. Nesse caso, um observador O está se movendo com velocidade v_O e uma fonte de som S está parada. Para simplificar, vamos supor que o ar também está estacionário e o observador se move diretamente para a fonte.

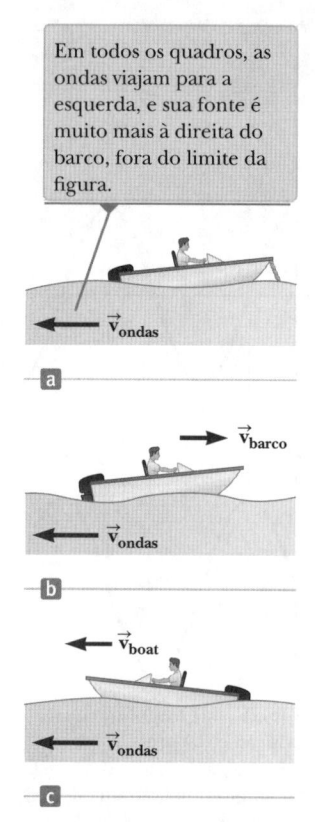

As linhas circulares na Figura Ativa 13.22 representam círculos que conectam as cristas das ondas sonoras que se afastam da fonte. Assim, a distância radial entre os círculos adjacentes é um comprimento de onda. Consideremos a frequência da fonte como sendo f, o comprimento da onda λ, e a velocidade do som v. Um observador estacionário detectaria uma frequência f, onde $f = v/\lambda$ (isto é, quando tanto a fonte quanto o observador estão em repouso, a

Em todos os quadros, as ondas viajam para a esquerda, e sua fonte é muito mais à direita do barco, fora do limite da figura.

Figura 13.21 (a) Ondas se aproximando de um barco estacionário. (b) O barco se aproximando da fonte das ondas. (c) O barco se afastando da fonte das ondas.

Figura Ativa 13.22 Um observador O (o ciclista) aproximando-se com velocidade v_O de uma fonte pontual estacionária S, a buzina de um automóvel estacionado. O observador ouve uma frequência f', que é mais alta que a frequência da fonte.

frequência observada deve ser igual à frequência verdadeira da fonte). Entretanto, se o observador se aproximar da fonte com velocidade v_O, a velocidade relativa do som experimentada pelo observador será mais elevada do que a do som no ar. Usando nossa discussão sobre velocidade relativa da Seção 3.6, se o som estiver se aproximando do observador com uma velocidade v e este estiver se aproximando do som à v_O, a velocidade relativa do som como medida pelo observador é

$$v' = v + v_O$$

A frequência do som ouvida pelo observador baseia-se nesta velocidade aparente do som:

$$f' = \frac{v'}{\lambda} = \frac{v + v_O}{\lambda} = \left(\frac{v + v_O}{v}\right)f \quad \text{(observador se aproximando da fonte)} \quad \textbf{13.29}◀$$

Agora, considere uma situação na qual a fonte se move com velocidade v_S em relação ao meio e o observador está em repouso. A Figura Ativa 13.23a mostra essa situação. Se a fonte se move diretamente na direção do observador A na Figura Ativa 13.23a, as cristas detectadas pelo observador ao longo de uma linha entre a fonte e o observador são mais próximas umas das outras do que seriam se a fonte estivesse em repouso. (A Fig. Ativa 13.23b mostra esse efeito de ondas se movendo na superfície da água.) Como resultado, o comprimento de onda λ' medido pelo observador A é menor que o da fonte. Durante cada vibração, que dura um intervalo de tempo T (período), a fonte se move uma distância $v_S T = v_S/f$, e o comprimento de onda é *reduzido* por esse montante. Portanto, o comprimento de onda observado é $\lambda' = \lambda - v_S/f$. Como $\lambda = v/f$, a frequência f' ouvida pelo observador A é:

$$f' = \frac{v}{\lambda'} = \left(\frac{v}{v - v_S}\right)f \quad \text{(fonte se aproximando do observador)} \quad \textbf{13.30}◀$$

Isto é, a frequência é *aumentada* quando a fonte se aproxima do observador. De maneira similar, se a fonte estiver se afastando do observador B em repouso, o sinal de v_S é invertido na Equação 13.30 e a frequência é mais baixa.

Na Equação 13.30, observe que o denominador tende a ser zero quando a velocidade da fonte se aproxima da do som, resultando que a frequência f' tende ao infinito. Tal situação resulta em ondas que não podem escapar da fonte em direção ao movimento desta. Essa concentração de energia na frente da fonte resulta em uma *onda de choque*. Tal perturbação é observada quando um avião atinge uma velocidade igual ou superior à velocidade do som e produz um *estrondo sônico*.

Assim, se a fonte e o observador estão em movimento, a equação a seguir para a frequência do observador é:

$$f' = \left(\frac{v + v_O}{v - v_S}\right)f \quad \textbf{13.31}◀$$

▶ Expressão geral do efeito Doppler

Nessa expressão, os sinais dos valores substituídos por v_O e v_S dependem da direção da velocidade. Um valor positivo é usado para o movimento de *aproximação* do observador ou da fonte, e um sinal negativo é usado quando o *movimento de afastamento*.

Ao trabalhar com qualquer problema associado ao efeito Doppler, lembre-se da seguinte regra sobre os sinais: A palavra *aproximação* é associada a um *aumento na frequência* observada. A palavra *afastamento* é associada a uma *diminuição na frequência* observada.

Sonografia Doppler BIO

O efeito Doppler é usado na medicina para estudar diferentes sistemas. Por exemplo, a técnica chamada ultrassonografia, ou ecografia, Doppler é um

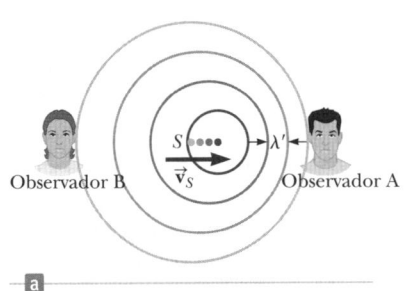

Figura Ativa 13.23 (a) Uma fonte S se aproximando com velocidade v_S de um observador estacionário A e se afastando de um observador B. O observador A ouve uma frequência aumentada e o B, uma frequência reduzida. (b) O efeito Doppler na água observado em um tanque de ondas. A fonte vibratória está se movendo para a direita. Para as letras mostradas na foto, consulte o Teste Rápido 13.6.

Prevenção de Armadilhas | 13.4
Efeito Doppler não depende da distância
Uma concepção errônea comum em relação ao efeito Doppler é de que ele depende da distância entre a fonte e o observador. Embora a intensidade de um som varie conforme a distância muda, a frequência aparente não mudará; a frequência depende apenas da velocidade relativa da fonte e do observador.

procedimento diagnóstico não invasivo que pode medir a velocidade do sangue nas artérias e detectar turbulências no fluxo sanguíneo. As ondas sonoras se refletem nas células sanguíneas em movimento, passando por uma alteração na frequência baseada na velocidade das células. A instrumentação detecta as ondas sonoras refletidas e converte as informações de frequência em velocidade de fluxo do sangue. Através da visualização da imagem do coração, os médicos podem monitorar doenças da artéria carótida e detectar problemas nas válvulas cardíacas. Os dispositivos típicos de diagnóstico por ultrassonografia operam em frequências que variam de 1 MHZ a 18 MHZ, e são um método efetivo para obter imagem de tecidos moles, tais como músculos, tendões, seios e cérebro neonatal em frequências mais altas (7 MHZ a 18 MHZ). Frequências mais baixas (1 MHz a 6 MHz) são usadas para obter imagens de estruturas mais profundas do corpo, tais como fígado ou rins, e, por sua vez, resultam em imagens de baixa resolução.

TESTE RÁPIDO 13.6 Considere detectores de ondas de água em três localidades A, B e C na Figura Ativa 13.23b. Qual das seguintes afirmações é verdadeira? (**a**) a velocidade da onda é maior na posição A; (**b**) a velocidade da onda é maior na posição C; (**c**) o comprimento de onda detectado é maior na posição B; (**d**) O comprimento de onda detectado é maior na posição C; (**e**) a frequência detectada é maior na posição C; (**f**) a frequência detectada é maior na posição A.

TESTE RÁPIDO 13.7 Você fica em uma plataforma de uma estação e ouve um trem que se aproxima a uma velocidade constante. O que você escuta enquanto o trem se aproxima, mas antes que ele chegue? (**a**) a intensidade e a frequência do som aumentando; (**b**) a intensidade e a frequência do som diminuindo; (**c**) o aumento da intensidade e a diminuição da frequência; (**d**) a intensidade e a frequência aumentando; (**e**) o aumento da intensidade e a frequência permanecendo a mesma; (**f**) a diminuição da intensidade e a frequência permanecendo a mesma.

Exemplo 13.7 | Submarinos Doppler

Um submarino (sub A) viaja através da água a uma velocidade de 8,00 m/s, emitindo uma onda sonora a uma frequência de 1.400 (Hz.). A velocidade do som na água é de 1.533 m/s. Um submarino (sub B) é localizado de tal modo que os dois estão viajando um em direção ao outro. O segundo submarino se move a 9,00 m/s.

(A) Qual frequência é detectada pelo observador no sub B, quando os submarinos se aproximam?

SOLUÇÃO

Conceitualize Mesmo que o problema envolva submarinos em movimento na água, há um Efeito Doppler, assim como quando você está em um carro em movimento e ouvindo um som que se desloca através do ar vindo de outro carro.

Categorize Como ambos os submarinos estão se movendo, categorizamos esse problema com base no Efeito Doppler para uma fonte em movimento e um observador em movimento.

Analise Use a Equação 13.31 para encontrar a frequência alterada por Doppler ouvida pelo observador no sub B, tomando cuidado com os sinais atribuídos à velocidade da fonte e do observador:

$$f' = \left(\frac{v + v_O}{v - v_S}\right)f$$

$$f' = \left[\frac{1\,533\text{ m/s} + (+9,00\text{ m/s})}{1\,533\text{ m/s} - (+8,00\text{ m/s})}\right](1\,400\text{ Hz}) = \boxed{1\,416\text{ Hz}}$$

(B) Os submarinos quase se tocam ao passar um pelo outro. Qual frequência é detectada pelo observador no sub B, quando os submarinos se afastam?

SOLUÇÃO

Use a Equação 13.31 para encontrar a frequência alterada Doppler ouvida pelo observador no sub B, novamente tendo cuidado com os sinais atribuídos às velocidades da fonte e do observador:

$$f' = \left(\frac{v + v_O}{v - v_S}\right)f$$

$$f' = \left[\frac{1\,533\text{ m/s} + (-9,00\text{ m/s})}{1\,533\text{ m/s} - (-8,00\text{ m/s})}\right](1\,400\text{ Hz}) = \boxed{1\,385\text{ Hz}}$$

13.7 cont.

Observe que a frequência cai de 1.416 Hz para 1.385 Hz quando os submarinos se cruzam. Esse resultado é semelhante à queda da frequência que você ouve quando um carro passa por você buzinando.

(C) Enquanto os submarinos estão se aproximando um do outro, parte do som do sub A reflete no sub B e retorna ao sub A. Se esse som fosse detectado por um observador no sub A, qual seria sua frequência?

SOLUÇÃO

O som da frequência aparente de 1.416 Hz encontrado no item (A) é refletido de uma fonte em movimento (sub B) e, em seguida, detectado por um observador em movimento (sub A). Encontre a frequência detectada pelo sub A:

$$f'' = \left(\frac{v + v_O}{v - v_S}\right)f'$$

$$= \left[\frac{1533 \text{ m/s} + (+8,00 \text{ m/s})}{1533 \text{ m/s} - (+9,00 \text{ m/s})}\right](1416 \text{ Hz}) = 1432 \text{ Hz}$$

Finalize Essa técnica é utilizada por policiais para medir a velocidade de um carro em movimento. As micro-ondas são emitidas a partir do carro de polícia e refletidas pelo carro em movimento. Ao detectar a frequência de deslocamento Doppler das micro-ondas refletidas, o policial pode determinar a velocidade do carro em movimento.

13.8 | Conteúdo em contexto: ondas sísmicas

Como mencionado na introdução do Contexto, a liberação de energia em um terremoto ocorre no seu **foco** ou **hipocentro**. O **Epicentro** é o ponto na superfície da Terra radialmente acima do hipocentro. A energia liberada se propagará para longe do foco do terremoto através de **ondas sísmicas**, que são como ondas sonoras, estudadas nas últimas seções deste capítulo – perturbações mecânicas que se deslocam através de um meio.

Ao discutir ondas mecânicas neste capítulo, identificamos dois tipos: transversais e longitudinais. No caso das ondas mecânicas que se deslocam pelo ar, temos somente uma possibilidade longitudinal. Para ondas mecânicas que se deslocam por meio de um sólido, entretanto, ambas as possibilidades estão disponíveis, em razão das fortes forças interatômicas existentes entre os elementos do meio sólido. Assim, no caso de ondas sísmicas, a energia se afasta do foco tanto em ondas longitudinais quanto em transversais.

No jargão dos estudos de terremotos, esses dois tipos de ondas são nomeados de acordo com a sua ordem de chegada a um sismógrafo. A onda longitudinal se propaga com uma velocidade maior do que a onda transversal. Como resultado, a onda longitudinal chega primeiro no sismógrafo, e é chamada de **onda P**, onde P significa *Primária*. A onda transversal se desloca mais lentamente e chega a seguir, sendo, assim, chamada de **onda S**, ou onda *secundária*.

Vamos ver por que as ondas longitudinais viajam mais rápido do que as transversais. A velocidade de todas as ondas mecânicas segue uma expressão da forma geral

$$v = \sqrt{\frac{\text{propriedade elástica}}{\text{propriedade inertial}}} \qquad \text{13.32} \blacktriangleleft$$

Para uma onda deslocando-se em uma corda, a velocidade é dada pela Equação 13.21:

$$v = \sqrt{\frac{T}{\mu}}$$

onde a propriedade elástica é a tensão na corda. É a tensão na corda que retorna um elemento nela deslocado para o equilíbrio. A propriedade inercial é a densidade da massa linear da corda.

Para uma onda transversal que se move por um meio sólido, a propriedade elástica é o *módulo* de cisalhamento S do material.[6] Módulo de cisalhamento é um parâmetro que mede a deformação de um sólido em uma força cortante, uma força na direção lateral. Por exemplo, coloque seu livro sobre uma mesa e ponha sua mão aberta sobre ele. Agora, mova sua mão na direção oposta à lombada do livro. O livro irá se deformar de maneira que sua seção transversal mudará de um retângulo para um paralelogramo. A quantidade de deformação do livro sob dada força exercida por sua mão está relacionada com o módulo de cisalhamento do livro. A velocidade de uma onda transversal (uma onda S) na matéria sólida é

---

[6]Para mais detalhes sobre módulos elásticos de vários materiais, consulte R. A. Serway e J. W. Jewett Jr., *Physics for Scientists and Engineers*, 8. ed. Belmont, CA, Brooks-Cole: 2010, seção 12.4.

$$v_S = \sqrt{\frac{S}{\rho}}$$

13.33

onde ρ é a densidade e S o módulo de cisalhamento do material.

Em uma onda longitudinal movendo-se em um meio gasoso ou líquido, a propriedade elástica na Equação 13.32 é o *módulo do volume B* do material. O módulo de elasticidade é um parâmetro que mede a alteração em um volume de uma amostra de material devida a uma força de compressão que atua de maneira uniforme sobre a superfície. A velocidade do som em um gás é dada por:

$$v = \sqrt{\frac{B}{\rho}}$$

13.34

onde B é o módulo de elasticidade do gás e ρ é a densidade do gás.

Agora, vamos considerar as ondas longitudinais movendo-se através de matéria sólida. Quando a onda passa por meio de uma amostra de material, este é comprimido, de forma que a velocidade da onda deve depender do módulo de elasticidade. Quando o material é comprimido ao longo da direção de deslocamento da onda, porém, este também é distorcido na direção perpendicular. (Imagine um balão parcialmente inflado que é pressionado para baixo contra uma mesa. O balão se espalha na direção paralela à mesa). O resultado é uma distorção do cisalhamento da amostra do material. Portanto, a velocidade da onda deve depender tanto do módulo de elasticidade como do módulo de cisalhamento! Uma análise cuidadosa mostra que esta velocidade da onda é:

$$v_P = \sqrt{\frac{B + \frac{4}{3}S}{\rho}}$$

13.35

Observe que essa equação para a velocidade de uma onda P fornece um valor que é maior que o da onda S na Equação 13.33.

A velocidade da onda para onda sísmica depende do meio pelo qual ela se desloca. Os valores típicos são de 8 km/s para uma onda P e 5 km/s para uma onda S. A Figura 13.24 mostra traços típicos de um sismógrafo que registra um terremoto distante em duas estações sismográficas, com as ondas S claramente chegando depois das ondas P.

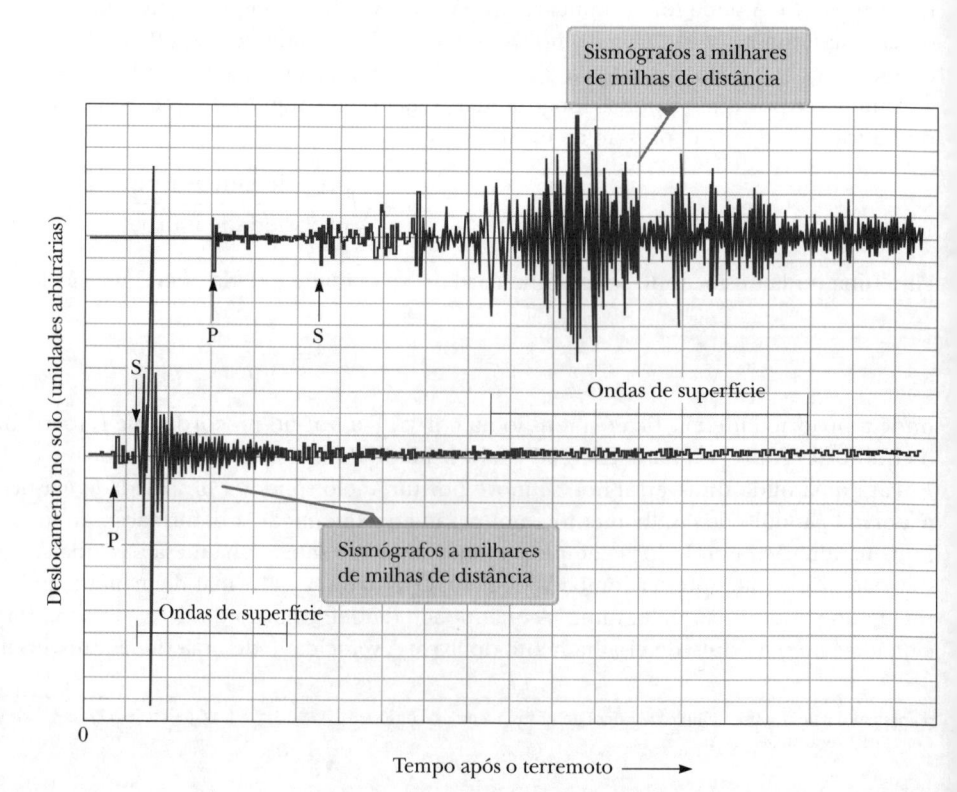

Figura 13.24 Um terremoto ocorre no tempo $t = 0$. Dois sismógrafos registram os traços de chegada das ondas sísmicas. O traço inferior é para o sismógrafo localizado a algumas centenas de milhas do epicentro; o superior, mostra as ondas que chegam em um sismógrafo a milhares de milhas do epicentro. O intervalo de tempo de chegada das ondas P e S pode ser usado para determinar a distância do epicentro até a estação do sismógrafo.

As ondas P e S movem-se através do corpo da Terra. Uma vez que alcançam a superfície, a energia pode se propagar por tipos adicionais de ondas ao longo da superfície. Em uma *onda de Rayleigh*, o movimento dos elementos na superfície é uma combinação de deslocamentos longitudinais e transversais, de forma que um movimento médio de um ponto na superfície é circular ou elíptico. Esse movimento é similar à trajetória seguida por elementos na superfície do oceano quando uma onda passa, ver Figura Ativa 13.25. A *onda de Love* é uma onda transversal de superfície, na qual as oscilações transversais ocorrem paralelamente à superfície. Assim, nenhum deslocamento vertical da superfície ocorre nela.

É possível utilizar as ondas P e S se deslocando através do corpo da Terra para obter informações sobre a estrutura do interior da Terra. As medições de um terremoto feitas por sismógrafos localizados em diversos pontos da superfície indicam que a Terra tem uma região interior que permite a passagem de ondas P, mas não das S. O fato pode ser compreendido se essa região particular for modelada como possuindo características líquidas. Similar a um gás, um líquido não pode sustentar uma força transversal. Assim, as ondas transversais S não podem atravessar essa região. Essa informação nos leva a um modelo estrutural no qual a Terra possui um *núcleo líquido* com raios aproximadamente entre $1,2 \times 10^3$ km e $3,5 \times 10^3$ km.

Outras medições das ondas sísmicas permitem interpretações adicionais das camadas interiores da Terra, incluindo um *núcleo sólido* no centro, uma região rochosa chamada *manto* e uma camada exterior relativamente fina chamada *crosta*. A Figura 13.26 mostra essa estrutura. Utilizar raios X ou ultrassom na medicina para obter informações sobre o interior do corpo humano é bastante similar a utilizar ondas sísmicas para obter informações sobre o interior da Terra.

À medida que as ondas P e S se propagam no interior da Terra, encontram variações no meio. Em cada fronteira na qual as propriedades do meio sofrem alguma mudança, ocorrem reflexão e transmissão. Quando uma onda sísmica atinge a superfície da Terra, uma pequena quantidade de energia é transmitida ao ar sob a forma de ondas sonoras de baixa frequência. Parte da energia se espalha ao longo da superfície sob a forma de ondas de Rayleigh e de Love. A energia restante é refletida de volta para o interior. Como consequência, as ondas sísmicas podem se deslocar por longas distâncias

Figura Ativa 13.25 O movimento dos elementos da água na superfície de águas profundas nas quais a onda está se propagando é a combinação dos deslocamentos transversais e longitudinais.

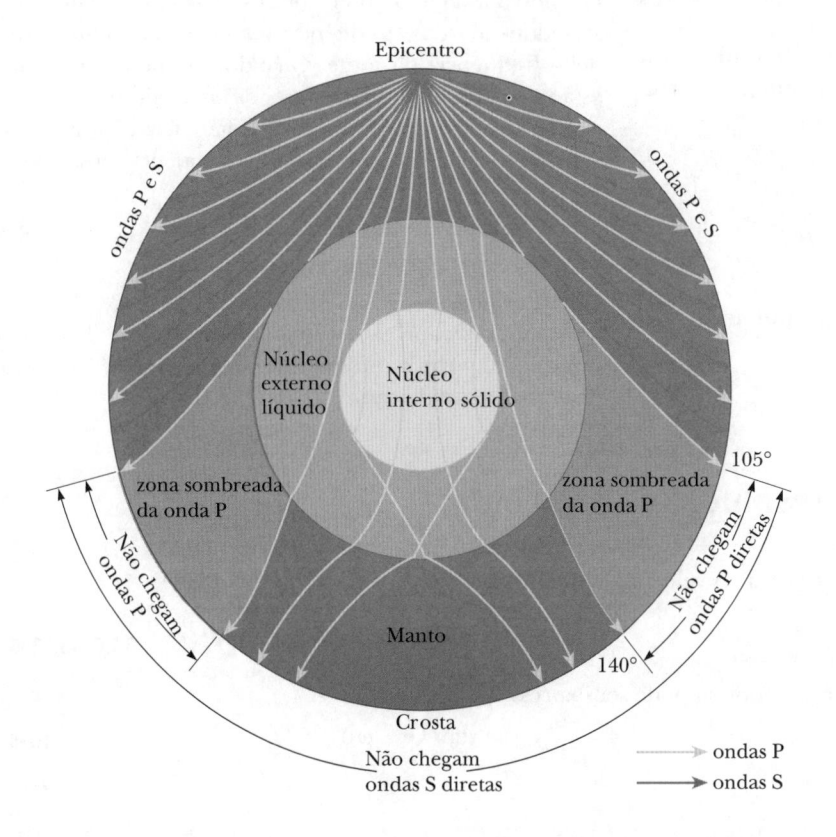

Figura 13.26 Corte transversal da Terra mostrando as trajetórias das ondas produzidas por um terremoto. Apenas as ondas P (linhas claras) podem se propagar no núcleo líquido. As ondas S (linhas escuras) não entram no núcleo líquido. Quando as ondas P se transmitem de uma região para outra, por exemplo, do manto para o núcleo líquido, elas sofrem refração, uma alteração na direção da propagação. Por causa da refração das ondas sísmicas, existe uma zona de "sombra" entre 105° e 140° a partir do epicentro, à qual não chegam ondas seguindo uma trajetória direta (isto é, uma trajetória sem reflexões).

dentro da Terra e ser detectadas por sismógrafos localizados em diversas posições em torno do globo. Além disso, como uma fração relativamente grande de energia da onda continua a ser refletida em cada encontro com a superfície, a onda pode se propagar por um longo tempo. Há dados disponíveis que mostram atividade sismográfica por várias horas após um terremoto, resultado das repetidas reflexões das ondas sísmicas da superfície.

Outro exemplo da reflexão de ondas sísmicas está disponível na tecnologia de exploração de petróleo. Um "caminhão batedor" aplica grandes forças impulsivas ao solo, que resultam em ondas sísmicas de baixa energia que penetram na Terra. Microfones especiais são usados para detectar as ondas refletidas pelas várias fronteiras entre camadas sob a superfície. Utilizando computadores para mapear a estrutura subterrânea correspondente a essas camadas, é possível detectar camadas que provavelmente contêm petróleo.

RESUMO

Onda transversal é aquela em que os elementos do meio se movem em uma direção perpendicular à velocidade da onda. Exemplo é uma onda que se desloca ao longo de uma corda esticada.

Ondas longitudinais são aquelas nas quais os elementos do meio se movem para a frente e para trás, paralelamente à direção da velocidade da onda. As ondas sonoras se deslocando no ar são longitudinais.

Qualquer onda unidimensional que se desloque a uma velocidade v na direção positiva x pode ser representada por uma **função de onda** na forma $y = f(x - vt)$. Da mesma forma, a função de onda para o deslocamento de uma onda na direção negativa x tem a forma $y = f(x + vt)$.

A função de onda para uma onda senoidal unidimensional que se desloca para a direita pode ser expressa como

$$y = A \operatorname{sen}\left[\frac{2\pi}{\lambda}(x - vt)\right] \qquad 13.5\blacktriangleleft$$

onde A é a **amplitude**, λ é o **comprimento** de onda, e v a **velocidade da onda**. O **número angular da onda** k e a **frequência angular** ω são definidas como segue:

$$k \equiv \frac{2\pi}{\lambda} \qquad 13.8\blacktriangleleft$$

$$\omega \equiv \frac{2\pi}{T} = 2\pi f \qquad 13.9\blacktriangleleft$$

onde T é o **período** da onda, e f é a sua **frequência**.

A velocidade de uma onda transversal que se desloca em uma corda esticada de massa por unidade de comprimento μ e tensão T é

$$v = \sqrt{\frac{T}{\mu}} \qquad 13.21\blacktriangleleft$$

Quando um pulso que se desloca em uma corda encontra uma extremidade fixa, ele é refletido e invertido. Se o pulso alcança uma extremidade livre, é refletido, mas não invertido.

A **potência** transmitida por uma onda senoidal em uma corda esticada é

$$P = \tfrac{1}{2}\mu\omega^2 A^2 v \qquad 13.24\blacktriangleleft$$

A mudança na frequência de uma onda sonora ouvida por um observador, sempre que há movimento relativo entre uma fonte de onda e o observador, é chamada **Efeito Doppler**. Quando a fonte e o observador estão se aproximando, o observador ouve uma frequência mais elevada do que a verdadeira frequência da fonte. Quando a fonte e o observador estão se afastando um do outro, o observador ouve uma frequência mais baixa do que a verdadeira frequência da fonte. A seguinte equação geral fornece a frequência observada:

$$f' = \left(\frac{v + v_O}{v - v_S}\right)f \qquad 13.31\blacktriangleleft$$

Um valor positivo é usado para v_O ou v_S no caso de movimento de aproximação do observador ou da fonte em direção ao outro, e um sinal negativo para o movimento de afastamento do outro.

Modelo de análise para resolução de problemas

Onda progressiva. A velocidade de propagação de uma onda senoidal é

$$v = \frac{\lambda}{T} = \lambda f \qquad 13.6, 13.12\blacktriangleleft$$

Uma onda senoidal pode ser expressa como

$$y = A \operatorname{sen}(kx - \omega t) \qquad 13.10\blacktriangleleft$$

Capítulo 13 – Ondas mecânicas | 53

PERGUNTAS OBJETIVAS

1. Uma fonte de som vibra com frequência constante. Classifique a frequência do som observado nos seguintes casos, da maior para a menor. Se duas frequências são iguais, mostre essa igualdade em sua classificação. Todos os movimentos mencionados têm a mesma velocidade de 25 m/s. (a) A fonte e o observador estão parados. (b) A fonte está se movendo em direção a um observador parado.(c) A fonte está se afastando de um observador parado. (d) O observador parado está se movendo em direção à fonte. (e) O observador está se afastando de uma fonte imóvel.

2. Se uma fonte sonora de 1,00 kHz se move a uma velocidade de 50,0 m/s em direção a um ouvinte que se move a uma velocidade de 30,0 m/s em uma direção para longe da fonte, qual é a frequência aparente ouvida pelo ouvinte? (a) 796 Hz (b) 949 Hz (c) 1.000 Hz (d) 1.068 Hz (e) 1.273 Hz

3. Uma onda sonora pode ser caracterizada como: (a) uma onda transversal; (b) uma onda longitudinal; (c) uma onda transversal ou longitudinal, dependendo da natureza da sua origem; (d) que não carrega energia; (e) uma onda que não exige um meio para ser transmitida de um lugar para o outro.

4. Se você esticar uma mangueira de borracha e soltá-la, pode observar um pulso movendo-se para cima e para baixo da mangueira (i) O que acontece com a velocidade do pulso se você esticar a mangueira com mais força? (a) aumenta; (b) diminui; (c) permanece constante; (d) muda de forma imprevisível. (ii) O que acontece com a velocidade se você encher a mangueira com água? Escolha a partir das mesmas alternativas.

5. Quando todas as cordas de uma guitarra (Fig. PO13.5) estão esticadas na mesma tensão, a velocidade de uma onda ao longo da corda grave mais massiva será; (a) mais rápida; (b) mais lenta; ou (c) a mesma da velocidade de uma onda sobre as cordas mais leves? Alternativamente; (d) a velocidade da corda grave não é necessariamente nenhuma destas respostas?

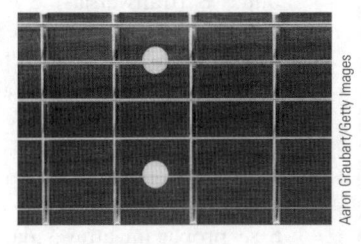

Figura PO13.5

6. (a) Uma onda pode se mover em uma corda com uma velocidade da onda que é maior que a velocidade máxima transversal $v_{y,máx}$ de um elemento da corda? (b) A velocidade da onda pode ser muito maior do que a velocidade máxima do elemento? (c) A velocidade da onda pode ser igual à velocidade máxima do elemento? (d) A velocidade da onda pode ser menor que $v_{y,máx}$?

7. Classifique as ondas representadas pelas seguintes funções, da maior para a menor, de acordo com (i) suas amplitudes, (ii) seus comprimentos de onda, (iii) suas frequências, (iv) seus períodos, e (v) sua velocidade. Se os valores de grandeza são iguais para as duas ondas, mostre que elas têm uma classificação igual. Para todas as funções, x e y estão dados em metros e t em segundos. (a) $y = 4 \sen (3x - 15t)$ (b) $y = 6 \cos (3x + 15t - 2)$ (c) $y = 8 \sen (2x = 15t)$ (d) $y = 8 \cos (4x + 20t)$ (e) $y = 7 \sen (6x - 24t)$

8. Suponha que uma mudança na fonte de som reduz o comprimento de onda de uma onda sonora no ar por um fator de 2. (i) O que acontece com a sua frequência? (a) Aumenta por um fator de 4. (b) Aumenta por um fator de 2. (c) Permanece inalterada. (d) Diminui por um fator de 2. (e) se altera por um fator imprevisível. (ii) O que acontece com a sua velocidade? Escolha entre as mesmas alternativas da parte (i).

9. Se uma extremidade de uma corda pesada é acoplada a uma extremidade de outra corda leve, uma onda pode se mover da corda pesada para a mais leve. (i) O que acontece com a velocidade da onda? (a) aumenta. (b) diminui. (c) permanece constante. (d) ela muda de forma imprevisível. (ii) O que acontece com a frequência? Escolha entre as mesmas alternativas. (iii) O que acontece ao seu comprimento de onda? Escolha a partir das mesmas alternativas.

10. Uma fonte de vibração numa frequência constante gera uma onda senoidal em uma corda sob tensão constante. Se a potência fornecida para a corda é duplicada, por qual fator a amplitude muda? (a) um fator de 4; (b) um fator de 2; (c) um fator de $\sqrt{2}$; (d) um fator de 0,707 (e) não pode ser previsto.

11. Qual das seguintes afirmações não é necessariamente verdadeira em relação a ondas mecânicas? (a) Elas são formadas por uma fonte de perturbação. (b) São senoidais em sua natureza. (c) Elas carregam energia. (d) Elas requerem um meio através do qual se propagam. (e) A velocidade da onda depende das propriedades do meio em que se propagam.

12. Por qual fator você teria que multiplicar a tensão em uma corda esticada de modo a dobrar a velocidade das ondas? Suponha que a corda não estica; (a) um fator de 8; (b) um fator de 4; (c) um fator de 2; (d) um fator de 0,5; (e) Você não pode mudar a velocidade por um fator previsível, alterando a tensão.

13. A Tabela 13.1 mostra que a velocidade do som é tipicamente uma ordem de grandeza maior nos sólidos do que em gases. A que esse valor muito maior pode ser diretamente atribuído? (a) à diferença de densidade entre sólidos e gases; (b) à diferença na compressibilidade entre sólidos e gases; (c) à dimensão limitada de um corpo sólido em relação a um gás livre; (d) à impossibilidade de manter um gás sob tensão considerável.

14. A distância entre dois picos sucessivos de uma onda senoidal movendo-se ao longo de uma corda é de 2 m. Se a frequência desta onda é de 4 Hz, qual é sua velocidade? (a) 4 m/s; (b) 1 m/s; (c) 8 m/s; (d) 2 m/s; (e) impossível de responder a partir da informação dada.

15. Conforme você viaja pela estrada no seu carro, uma ambulância se aproxima por trás em alta velocidade (Fig. PO13.15), soando sua sirene em uma frequência de 500 Hz. Qual afirmação está correta? (a) Você ouve uma frequência menor que 500 Hz. (b) Você ouve uma frequência igual a 500 Hz. (c) você ouve uma frequência maior que 500 Hz. (d) Você ouve uma frequência maior que 500 Hz, enquanto o motorista da ambulância ouve uma frequência menor que 500 Hz. (e) Você ouve uma frequência menor que 500 Hz, enquanto o motorista da ambulância ouve uma frequência de 500 Hz.

Figura PO13.15

16. Duas sirenes A e B estão soando de modo que a frequência de A é duas vezes a de B. Em comparação com a velocidade do som de A, a velocidade do som a partir de B é (a) duas

vezes mais rápida; (b) metade da velocidade; (c) quatro vezes mais rápida; (d) um quarto da velocidade; ou (e) a mesma?

17. Suponha que um observador e uma fonte de som estão em repouso em relação ao solo e um forte vento está soprando da fonte em direção ao observador. (i) Qual efeito que o vento tem sobre a frequência observada? (a) Provoca um aumento. (b) Provoca uma diminuição. (c) Não produz nenhuma alteração. (ii) Que efeito o vento tem no comprimento de onda observado? (iii) Que efeito o vento tem na velocidade da onda observada? Escolha entre as mesmas alternativas da parte (i).

PERGUNTAS CONCEITUAIS

1. Os sistemas de radar usados pela polícia para detectar infratores de velocidade são sensíveis ao efeito Doppler em um pulso de micro-ondas. Discuta como esta sensibilidade pode ser usada para medir a velocidade de um carro.

2. (a) Como você criaria uma onda longitudinal em uma corda esticada? (b) Seria possível criar uma onda transversal em uma corda?

3. Quando um pulso se propaga em uma corda esticada, ele sempre inverte na reflexão? Explique.

4. Você está dirigindo em direção a um precipício e buzina. Haverá um efeito Doppler do som quando você ouvir o eco? Se sim, será como uma fonte ou um observador em movimento? E se a reflexão não ocorre do precipício, mas a partir da extremidade da frente de uma nave espacial alienígena enorme que se desloca na sua direção conforme você dirige?

5. Por que um pulso em uma corda é considerado transversal?

6. (a) Se uma longa corda é pendurada no teto e as ondas são enviadas à corda de sua extremidade inferior, por que a velocidade das ondas muda à medida que sobem? (b) A velocidade das ondas ascendentes aumenta ou diminui? Explique.

7. Explique como a distância de um raio (Fig. PC13.7) pode ser determinada através da contagem de segundos entre o flash e o som do trovão.

8. Câmeras antigas com autofoco enviam um pulso de som e medem o intervalo de tempo necessário para o pulso alcançar um corpo, refletir-se nele, e voltar para ser detectado. A temperatura do ar pode afetar o foco da câmera? Câmeras modernas usam um sistema mais confiável de infravermelho.

Figura PC13.7

9. Se você balançar firmemente uma extremidade de uma corda esticada três vezes a cada segundo, qual será o período da onda senoidal criado na corda?

10. A velocidade vertical de um elemento de uma corda horizontal esticada, através do qual a onda está se movendo, dependerá da velocidade da onda? Explique.

11. *O evento de Tunguska.* Em 30 de junho de 1908, um meteoro queimou e explodiu na atmosfera sobre o vale do rio Tunguska, na Sibéria, derrubando árvores ao longo de milhares de quilômetros quadrados e iniciando um incêndio na floresta, mas sem produzir nenhuma cratera nem, aparentemente, causar vítimas humanas. Uma testemunha sentada à porta de sua casa, fora da zona de queda de árvores, recorda-se do evento na seguinte sequência. Ela viu uma luz se movendo no céu mais brilhante que o Sol e descendo em um ângulo pequeno em direção ao horizonte. Sentiu seu rosto ficar quente e o chão tremer. Um agente invisível a apanhou e ela caiu imediatamente, a cerca de um metro de onde estava sentada. Ela ouviu um barulho muito alto e prolongado. Sugira uma explicação para essas observações e para a ordem em que aconteceram.

12. Como um corpo pode se mover em relação a um observador de modo que o som não seja alterado em frequência?

13. Em um terremoto, ambas as ondas S (transversais) e P (longitudinais) se propagam a partir do foco do terremoto. O foco está no chão radialmente abaixo do epicentro na superfície (Fig. PC13.13). Suponha que as ondas se movam em linha reta através de material uniforme. As ondas S se propagam através da Terra mais lentamente que as P (em cerca de 5 km/s *versus* 8 km/s). Ao detectar o tempo de chegada das ondas em um sismógrafo, (a) como se pode determinar a distância do foco do terremoto? (b) Quantas estações de detecção são necessárias para localizar o foco de forma inequivocamente?

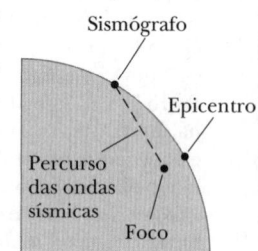

Figura PC13.13

PROBLEMAS

WebAssign Os problemas que se encontram neste capítulo podem ser resolvidos *on-line* no Enhanced WebAssign (em inglês)

1. denota problema direto;
2. denota problema intermediário;
3. denota problema desafiador;
1. denota problemas mais frequentemente resolvidos no Enhanced WebAssign;
BIO denota problema biomédico;
PD denota problema dirigido;

M denota tutorial Master It disponível no Enhanced WebAssign;
Q|C denota problema que pede raciocínio quantitativo e conceitual;
S denota problema de raciocínio simbólico;
sombreado denota "problemas emparelhados" que desenvolvem raciocínio com símbolos e valores numéricos;
W denota solução no vídeo Watch It disponível no Enhanced WebAssign.

Seção 13.1 Propagação de uma pertubação

1. Em $t = 0$, um pulso transversal em um fio é descrito pela função

$$y = \frac{6{,}00}{x^2 + 3{,}00}$$

onde x e y estão em metros. Se o pulso está viajando na direção positiva de x com uma velocidade de 4,50 m/s, escreva a função $y(x, t)$ que descreve esse pulso.

2. **Q|C** Ondas do mar com uma distância de crista de 10,0 m podem ser descritas pela função de onda

$$y(x, t) = 0{,}800 \, \text{sen} \, [0{,}628(x - vt)]$$

onde x e y estão em metros, t em segundos e $v = 1{,}20$ m/s. (a) Esboce $y(x, t)$ em $t = 0$. (b) Esboce $y(x, t)$ em $t = 2{,}00$ s. (c) Compare o gráfico na parte (b) com o da parte (a) e explique as similaridades e diferenças. (d) Como a onda se moveu entre os gráficos (a) e (b)?

Seção 13.2 Modelo de análise: ondas progressivas

3. **M** A função de onda para uma onda que viaja em uma corda esticada é (em unidades SI)

$$y(x, t) = 0{,}350 \, \text{sen} \left(10\pi t - 3\pi x + \frac{\pi}{4}\right)$$

(a) Quais são a velocidade e a direção do percurso da onda? (b) Qual é a posição vertical de um elemento da corda em $t = 0$, $x = 0{,}100$ m? Quais são (c) o comprimento de onda e (d) a frequência da onda? (e) Qual é a velocidade transversal máxima de um elemento da corda?

4. Uma onda transversal senoidal em uma corda tem um período $T = 25{,}0$ ms e se move na direção x negativa com uma velocidade de 30,0 m/s. Em $t = 0$, um elemento da corda em $x = 0$ tem uma posição transversal de 2,00 cm e está se movendo para baixo com uma velocidade de 2,00 m/s. (a) Qual é a amplitude da onda? (b) Qual é o ângulo de fase inicial? (c) Qual é a velocidade transversal máxima de um elemento da corda? (d) Escreva a função de onda para a onda.

5. **W** A corda mostrada na Figura P13.5 se propaga com uma frequência de 5,00 Hz. A amplitude do movimento é de $A = 12{,}0$ cm, e a velocidade da onda é $v = 20{,}0$ m/s. Além disso, a onda é tal que $y = 0$ em $x = 0$ e $t = 0$. Determine; (a) a frequência angular e; (b) o número de onda para esta onda; (c) escreva uma expressão para a função de onda. Calcule: (d) a velocidade transversal máxima e; (e) a aceleração transversal máxima de um elemento da corda.

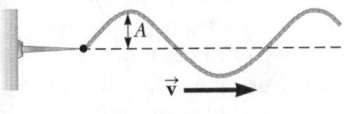

Figura P13.5

6. **PD** Uma onda senoidal movendo-se numa direção x negativa (para a esquerda) tem amplitude de 20,0 cm, comprimento de onda de 35,0 cm, e frequência de 12,00 Hz. A posição transversal de um elemento do meio em $t = 0$, $x = 0$ é $y = -3{,}00$ cm, e o elemento, aqui, tem uma velocidade positiva. Queremos encontrar uma expressão para a função de onda que a descreva. (a) Esboce a onda em $t = 0$. (b) Encontre o número angular da onda k a partir do comprimento de onda. (c) Encontre o período t a partir da frequência. Encontre (d) a frequência angular w (e) a velocidade da onda v. (f) A partir das informações sobre $t = 0$, encontre a constante de fase ϕ. (g) Escreva uma expressão para a função de onda $y(x, t)$.

7. (a) Escreva a expressão para y como uma função de x e t em unidades SI para uma onda senoidal movendo-se ao longo de uma corda na direção x negativa com as seguintes características: $A = 8{,}00$ cm, $\lambda = 80{,}0$ cm, $f = 3{,}00$ Hz, e $y(0, t) = 0$ em $t = 0$. (b) E se? Escreva a expressão para y como uma função de x e t para a onda na parte (a), supondo $y(x, 0) = 0$ no ponto $x = 10{,}0$ cm.

8. **M** Uma onda é descrita como $y = 0{,}020\,0 \, \text{sen}\,(kx - \omega t)$, onde $k = 2{,}11$ rad/m, $\omega = 3{,}62$ rad/s, x e y estão em metros, e t está em segundos. Determine (a) a amplitude da onda (b) o comprimento de onda (c) a frequência e (d) a velocidade da onda.

9. **W** Quando um fio específico está vibrando com uma frequência de 4,00 Hz, uma onda transversal de 60,0 centímetros de comprimento de onda é produzida. Determine a velocidade das ondas ao longo do fio.

10. **W** Uma onda transversal em uma corda é descrita pela função de onda

$$y = 0{,}120 \, \text{sen} \left(\frac{\pi}{8}x + 4\pi t\right)$$

onde x e y são dados em metros e t em segundos. Determine; (a) a velocidade transversal e; (b) a aceleração transversal em $t = 0{,}200$ s para um elemento da corda localizado em $x = 1{,}60$ m. Quais são; (c) o comprimento de onda; (d) o período, e (e) a velocidade de propagação dessa onda?

11. **M** Uma onda senoidal está se deslocando ao longo de uma corda. O oscilador que gera a onda completa 40,0 vibrações em 30,0 s. Uma crista da onda se move 425 centímetros ao longo da corda em 10,0 s. Qual é o comprimento da onda?

12. Para certa onda transversal, a distância entre duas cristas sucessivas é de 1,20 m, e oito cristas passam num dado ponto ao longo da direção do curso a cada 12,0 s. Calcule a velocidade da onda.

13. Considere a onda senoidal do Exemplo 13.2 com a função de onda

$$y = 0{,}150 \cos\,(15{,}7x - 50{,}3t)$$

onde x e y estão dados em metros e t em segundos. Em determinado instante, deixe o ponto A ser a origem e o B ser o ponto mais próximo de A ao longo do eixo x, onde a onda está 60,0° fora de fase com A. Qual é a coordenada de B?

14. **S** Mostre que a função de onda $y = e^{b(x-vt)}$ é uma solução da equação de onda linear (Eq. 13.20), onde b é uma constante.

Seção 13.3 A velocidade de ondas transversais em cordas

15. **M** Um fio de aço de 30,0 m de comprimento e outro de cobre de 20,0 m de comprimento, ambos com 1,00 mm de diâmetro, são conectados ponta a ponta e estendidos a uma tensão de 150 N. Durante qual intervalo de tempo uma onda transversal se propaga por todo o comprimento dos dois fios?

16. **W** Uma corda de piano com massa por unidade de comprimento igual a $5{,}00 \times 10^{-3}$ kg/m está sob uma tensão de 1.350 N. Encontre a velocidade com que uma onda viaja nesta corda.

17. **W** Um cabo de Ethernet tem 4,00 m de comprimento e massa de 0,200 kg. Um pulso transversal é produzido por um puxão em uma extremidade do cabo esticado. O pulso faz quatro viagens para baixo e para trás ao longo do cabo em 0,800 s. Qual é a tensão no cabo?

18. **Revisão.** Uma corda leve com uma massa por unidade de comprimento de 8,00 g/m tem as suas extremidades amarradas a duas paredes separadas por uma distância igual a três quartos do comprimento da corda (Fig. P13.18). Um corpo com massa m é suspenso a partir do centro da corda, colocando nela uma tensão. (a) Encontre uma expressão para a velocidade da onda transversal na corda em função da massa do corpo pendurado. (b) Qual deve ser a massa do corpo suspenso na corda, se a velocidade da onda for 60,0 m/s?

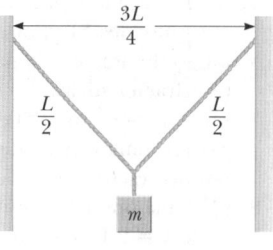

Figura P13.18

19. As ondas transversais se propagam com uma velocidade de 20,0 m/s em uma corda sob tensão de 6,00 N. Qual é a tensão necessária para uma velocidade de onda ser de 30,0 m/s na mesma corda?

20. *Por que a seguinte situação é impossível?* Um astronauta na Lua está estudando o movimento das ondas através do aparelho discutido no Exemplo 13.4 e mostrado na Figura 13.11. Ele mede o intervalo de tempo que pulsos levam para viajar ao longo do fio horizontal. Suponha que o fio horizontal tem uma massa de 4,00 g e comprimento de 1,60 m e que um corpo de 3,00 kg é suspenso a partir de sua extensão ao redor da polia. O astronauta descobre que um pulso requer 26,1 ms para percorrer o comprimento do fio.

Seção 13.4 Reflexão e transmissão

21. Uma série de pulsos, cada um de amplitude 0,150 m, é emitida através de uma corda que está unida a um poste em uma extremidade. Os pulsos são refletidos no poste e se movem de volta ao longo da corda sem perda de amplitude. Quando duas ondas estão presentes na mesma corda, o deslocamento médio de um elemento em particular da corda é a soma dos deslocamentos de ondas individuais neste ponto. Qual o deslocamento médio de um elemento no ponto da corda onde dois pulsos estão cruzando (a) se a corda estiver rigidamente presa ao poste; (b) se a extremidade na qual a reflexão ocorre está livre para deslizar para cima e para baixo?

Seção 13.5 Taxa de transferência de energia em ondas senoidais em cordas

22. Uma corda horizontal pode transmitir uma potência máxima P_0 (sem romper) se uma onda com amplitude A e frequência angular ω está se propagando ao longo dela. Para aumentar essa potência máxima, um estudante dobra a corda e usa essa "corda dupla" como meio. Supondo que a tensão nas duas partes é a mesma que a inicial na corda única e a frequência angular da onda permanece a mesma, determine a potência máxima que pode ser transmitida ao longo da "corda dupla".

23. Uma corda transporta uma onda; um segmento de 6,00 m da corda contém quatro comprimentos de onda completos e massa de 180 g. A corda vibra de forma senoidal com uma frequência de 50,0 Hz e um deslocamento de pico a vale de 15,0 cm. (A distância "pico a vale" é a distância vertical entre a posição extrema positiva e a posição extrema negativa.) (a) Escreva a função que esta onda descreve se propagando na direção x positiva. (b) Determine a energia fornecida para a corda.

24. Ondas senoidais de amplitude de 5,00 cm devem ser transmitidas ao longo de uma corda que tem densidade de massa linear de $4,00 \times 10^{-2}$ kg/m. A fonte pode fornecer uma potência máxima de 300 W, e a corda está sob uma tensão de 100 N. Qual é a maior frequência f em que a fonte pode funcionar?

25. Uma onda transversal em uma corda é descrita pela função de onda

$$y = 0,15 \operatorname{sen}(0,80x - 50t)$$

onde x e y estão dados em metros e t em segundos. A massa por unidade de comprimento da corda é de 12,0 g/m. Determine; (a) a velocidade da onda; (b) o comprimento de onda; (c) a frequência; (d) a potência transmitida pela onda.

26. Uma corda esticada tem massa de 0,180 kg e comprimento de 3,60 m. Que energia deve ser fornecida à corda, de modo a gerar ondas senoidais, com uma amplitude de 0,100 m e comprimento de onda de 0,500 m, e se propagando com uma velocidade de 30,0 m/s?

Seção 13.6 Ondas sonoras

Nota: Use os seguintes valores conforme necessário, a menos que especificado de forma diferente. A densidade de equilíbrio do ar a 20 °C é $\rho = 1,20$ kg/m³. As variações de pressão ΔP são medidas em relação à pressão atmosférica, $1,013 \times 10^5$ N/m². (1 N/m² = 1 Pa (pascal). Consulte a Seção 15.1.) A velocidade do som no ar é $v = 343$ m/s. Use a Tabela 13.1 para encontrar as velocidades do som em outros meios.

O Problema 49 no Capítulo 2 (Volume 1) também pode ser resolvido nesta seção.

27. Um golfinho (Fig. P13.27) na água do mar a uma temperatura de 25 °C emite uma onda sonora direcionada para baixo, em direção ao fundo do mar a 150 m. Quanto tempo se passa antes que ele ouça um eco?

28. Suponha que você ouça um estrondo de trovão 16,2 s depois de ver o raio associado a ele. A velocidade da luz no ar é de $3,00 \times 10^8$ m/s. (a) Quão longe você está do raio? (b) Você precisa saber o valor da velocidade da luz para responder? Explique.

Figura P13.27

29. Uma onda sonora senoidal move-se através de um meio e é descrita pela função de deslocamento de onda

$$s(x, t) = 2,00 \cos(15,7x - 858t)$$

onde s está em micrômetros, x em metros e t em segundos. Encontre; (a) a amplitude; (b) o comprimento da onda; (c) a velocidade da onda; (d) determine o deslocamento instantâneo de equilíbrio dos elementos do meio na posição $x = 0,0500$ m em $t = 3,00$ ms; (e) determine a velocidade máxima do movimento oscilatório do elemento.

30. **BIO** Um morcego (P13.30) pode detectar corpos muito pequenos, como um inseto cujo comprimento é aproximadamente igual a um comprimento de onda do som que ele faz. Se um morcego emite silvos em uma frequência de 60,0 kHz e a velocidade do som no ar é de 340 m/s, qual é o menor inseto que ele pode detectar?

Figura P13.30

31. Escreva uma expressão que descreva a variação de pressão em função da posição e do tempo para uma onda sonora senoidal no ar. Suponha que a velocidade do som é 343 m/s, $\lambda = 0,100$ m, e $\Delta P_{max} = 0,200$ Pa.

32. **W** Um avião de resgate voa horizontalmente a uma velocidade constante em busca de um barco quebrado. Quando o avião está diretamente acima do barco, seus tripulantes buzinam bem alto. Até o momento em que o detector de som do avião localiza o som, o avião percorreu uma distância igual à metade da sua altura acima do oceano. Supondo que demore 2,00 s para o som chegar ao avião, determine (a) a velocidade do avião; (b) sua altitude.

33. **BIO** O ultrassom é utilizado na medicina tanto para diagnóstico por imagem (Fig. P13.33) quanto para terapia. Para o diagnóstico pulsos curtos de ultrassom são transmitidos através do corpo do paciente. Um eco refletido a partir de uma estrutura de interesse é gravada, e a distância para a estrutura pode ser determinada a partir do tempo de demora para o retorno do eco. Para revelar detalhes, o comprimento de onda do ultrassom refletido deve ser pequeno se comparado ao tamanho do corpo que reflete a onda. A velocidade do ultrassom em tecidos humanos é de cerca de 1.500 m/s (quase o mesmo que a velocidade do som na água), (a) Qual é o comprimento de onda do ultrassom com uma frequência de 2,40 MHz? (b) Em todo o conjunto de técnicas de imagem, as frequências na faixa de 1,00 MHz a 20,0 MHz são usadas. Qual é a faixa de comprimentos de onda correspondente a esta faixa de frequências?

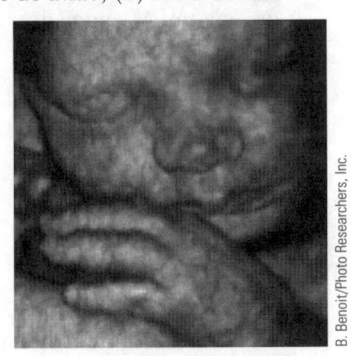

Figura P13.33

34. **M** Um pesquisador pretende gerar no ar uma onda sonora que tenha amplitude de deslocamento de $5,50 \times 10^{-6}$ m. A amplitude de pressão deve ser limitada a 0,840 Pa. Qual o comprimento de onda mínimo que a onda sonora pode ter?

35. Muitos artistas cantam notas muito altas em ornamentos *ad lib* e *cadenza*. A maior nota escrita e publicada por um cantor foi Fá sustenido acima de Dó alto, 1,480 kHz, para Zerbinetta, na versão original da ópera de Richard Strauss *Ariadne auf Naxos*. (a) Encontre o comprimento de onda do som no ar. (b) Em resposta às queixas, Strauss, mais tarde, transpôs a nota para Fá acima de Dó alto, 1,397 kHz. Quanto mudou o comprimento de onda?

36. Calcule a amplitude de pressão de uma onda sonora de 2,00 kHz no ar, assumindo que a amplitude de deslocamento é igual a $2,00 \times 10^{-8}$ m.

37. **W** Uma onda sonora no ar tem amplitude de pressão igual a $4,00 \times 10^{-3}$ Pa. Calcule a amplitude de deslocamento da onda a uma frequência de 10,0 kHz.

38. Uma fita de medição ultrassônica usa frequências acima de 20 MHz para determinar as dimensões de estruturas, de edifícios, por exemplo. Ela faz isso emitindo um pulso ultrassônico no ar e então medindo o intervalo de tempo que o eco demora para retornar de uma superfície reflexiva, cuja distância precisa ser medida. A distância é medida como uma leitura digital. Para uma fita de medição que emite um pulso de ultrassom de frequência de 22,0 MHz, (a) qual a distância do corpo no qual o pulso do eco retornou após 24,0 ms quando a temperatura do ar era de 26 °C? (b) Qual deve ser a duração do pulso emitido se este tiver que incluir dez ciclos de ondas ultrassônicas? (c) Qual o comprimento espacial de tal pulso?

Seção 13.7 O efeito Doppler

39. Uma sirene montada no telhado de um quartel de bombeiros emite som a uma frequência de 900 Hz. Um vento constante está soprando com velocidade de 15,0 m/s. Considerando que a velocidade do som em ar calmo seja de 343 m/s, encontre o comprimento de onda do som da sirene; (a) a favor do vento; (b) contra o vento. Os bombeiros estão se aproximando da sirene de várias direções a 15,0 m/s. Que frequência um bombeiro ouve; (c) se estiver se aproximando de uma posição contra o vento, de forma que se move na direção em que o vento está soprando; (d) se estiver se aproximando de uma posição a favor do vento e se movendo contra o vento?

40. **BIO** Os pais, à espera do filho, estão entusiasmados para escutar os batimentos cardíacos do bebê, revelados por um detector de ultrassom que produz *bips* de som audível em sincronia com os batimentos cardíacos fetais. Suponha que a parede ventricular do feto se move em movimento harmônico simples com amplitude de 1,80 mm e frequência de 115 batimentos por minuto. (a) Encontre a velocidade linear máxima da parede do coração. Suponha que uma fonte montada no detector em contato com o abdômen da mãe produz um som de 2 000 000,0 Hz, que viaja através do tecido a 1,50 km/s. (b) Encontre a variação máxima da frequência entre o som que chega à parede do coração do bebê e do emitido pela fonte. (c) Encontre a variação máxima da frequência entre o som refletido recebido pelo detector e o emitido pela fonte.

41. **M** Estando em uma faixa de pedestres você ouve uma frequência de 560 Hz da sirene de uma ambulância que se aproxima. Depois que a ambulância passa, a frequência observada da sirene é 480 Hz. Determine a velocidade da ambulância a partir dessas observações.

42. Um bloco com um alto-falante parafusado a ele está ligado a uma mola com constante de mola de $k = 20,0$ N/m, conforme mostrado na Figura P13.42. A massa total do bloco com o alto-falante é 5,00 kg, e a amplitude de movimento deste aparelho é 0,500 m. O alto-falante emite ondas sonoras de frequência de 440 Hz. Determine as frequências mais alta e mais baixa ouvidas pela pessoa à direita do alto-falante. Suponha que a velocidade do som é de 343 m/s.

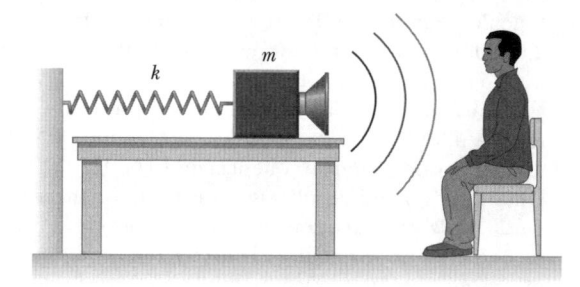

Figura P13.42

43. Em uma estrada, um motorista viaja para o norte a uma velocidade de 25,0 m/s. Um carro de polícia, viajando ao sul a uma velocidade de 40,0 m/s, aproxima-se com a sirene produzindo um som com frequência de 2.500 Hz. (a) Qual a frequência que o motorista observa conforme o carro de polícia se aproxima? (b) Qual a frequência que ele detecta depois que o carro da polícia passa por ele? (c) Repita as etapas (a) e (b) para o caso em que o carro de polícia está atrás do motorista e viaja ao norte.

44. **PD** Um submarino A viaja horizontalmente a 11,0 m/s pelo oceano. Ele emite um sinal sonoro de frequência $f = 5,27 \times 10^3$ Hz para a frente. Outro submarino B está na frente do A e se deslocando a 3,00 m/s em relação à água na mesma direção. Um tripulante do submarino B usa seu equipamento para detectar as ondas de som (pings) do submarino A. Queremos determinar o que é ouvido pelo tripulante no submarino B. (a) Um observador em qual submarino detecta uma frequência f' como descrito pela Equação 13.31? (b) Na Equação 13.31, o sinal de v_S deve ser positivo ou negativo? (c) Na Equação 13.31, o sinal de v_O deve ser positivo ou negativo? (d) Na Equação 13.31, qual velocidade do som deve ser usada? (e) Encontre a frequência do som detectada pelo tripulante do submarino B.

45. **Revisão.** Um diapasão de 512 Hz parte do repouso e acelera para baixo a 9,80 m/s². A que distância abaixo do ponto de liberação está o diapasão quando ondas de frequência de 485 Hz alcançam este ponto?

46. *Por que a seguinte situação é impossível?* Nos jogos olímpicos de verão, o atleta corre a uma velocidade constante por um caminho em linha reta, enquanto um espectador perto da pista emite uma nota numa buzina com uma frequência fixa. Quando o atleta passa pela buzina, ele ouve a frequência cair pelo intervalo musical chamado uma terceira menor. Ou seja, a frequência que ele ouve cai para cinco sextos do seu valor original.

Seção 13.8 Conteúdo em contexto: ondas sísmicas

47. **W** Uma estação sismográfica recebe ondas S e P de um terremoto, separadas por um tempo de 17,3 s. Suponha que as ondas percorreram o mesmo caminho a uma velocidade de 4,50 km/s e 7,80 km/s. Encontre a distância entre o sismógrafo e o foco do terremoto.

48. Dois pontos A e B na superfície da Terra estão na mesma longitude e 60,0° separados em latitude, como mostrado na Figura P13.48. Suponha que um terremoto no ponto A crie uma onda P que alcança o ponto B viajando diretamente através do corpo da Terra a uma velocidade constante de 7,80 km/s. O terremoto também irradia uma onda de Rayleigh que viaja a 4,50 km/s. Além das P e S, ondas de Rayleigh são um terceiro tipo de onda sísmica que percorre a *superfície* da Terra, e não através do *corpo* da Terra. (a) Qual destas duas ondas sísmicas chega em B primeiro? (b) Qual é a diferença de tempo entre a chegada destas duas ondas em B?

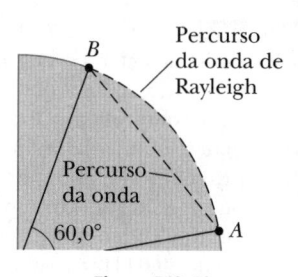

Figura P13.48

Problemas adicionais

49. **Revisão.** Um bloco de massa $M = 0,450$ kg está ligado a uma extremidade de um cabo de massa 0,00320 kg; a outra extremidade do cabo é conectada a um ponto fixo. O bloco gira a uma velocidade angular constante em um círculo sobre uma mesa horizontal sem atrito, como mostrado na Figura P13.49. Através de que ângulo o bloco gira no intervalo de tempo durante o qual uma onda transversal percorre a corda do centro do círculo para o bloco?

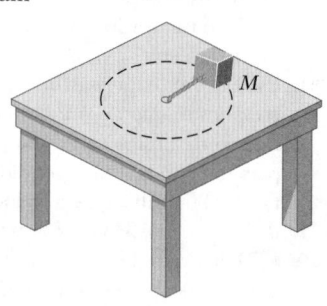

Figura P13.49 Problemas 49, 65, e 66.

50. **S Revisão.** Um bloco de massa M, apoiado por uma corda, repousa sobre uma rampa sem atrito de ângulo θ com a horizontal (Fig. P13.50). O comprimento da corda é L e sua massa é $m \ll M$. Derive uma expressão para o intervalo de tempo necessário para uma onda transversal se mover de uma ponta da corda para a outra.

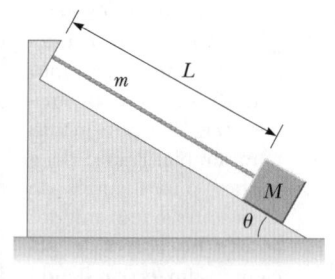

Figura P13.50

51. **S** Um pulso se propagando ao longo de uma corda de densidade de massa linear μ é descrita pela função de onda
$$y = [A_0 e^{-bx}] \operatorname{sen} (kx - \omega t)$$
onde o fator entre colchetes é a amplitude. (a) Qual é a potência $P(x)$ transportada por essa onda em um ponto x? (b) Qual é a potência $P(0)$ transportada por essa onda na origem? (c) Compute a razão $P(x)/P(0)$.

52. (a) Mostre que a velocidade de ondas longitudinais ao longo de uma mola com constante de força k é $v = \sqrt{kL/\mu}$, onde L é o comprimento da mola não esticada e μ é a massa por unidade de comprimento. (b) Uma mola cuja massa é 0,400 kg tem um comprimento, não esticada, de 2,00 m e uma constante de força de 100 N/m. Usando o resultado obtido na parte (a), determine a velocidade das ondas longitudinais ao longo dessa mola.

53. Caminhões que transportam lixo para o aterro sanitário da cidade formam uma procissão quase constante em uma estrada rural, todos viajando a 19,7 m/s na mesma direção. Dois caminhões chegam ao aterro a cada 3 min. Um ciclista também está viajando em direção ao aterro, a 4,47 m/s. (a) Com que frequência os caminhões passam o ciclista? (b) **E se?** Uma colina não diminui a velocidade dos caminhões, mas faz que a velocidade do ciclista fora de

forma caia para 1,56 m/s. Qual é a frequência com que os caminhões passam o ciclista agora?

54. A "ola" é um tipo particular de pulsação que pode se propagar através de uma grande multidão reunida em uma arena de esportes (Fig. P13.54). Os elementos do meio são os espectadores, com a posição zero correspondente à sentada, e a máxima correspondente à em pé elevando os braços. Quando uma grande parte dos espectadores participa do movimento das ondas, uma forma de pulso com alguma estabilidade pode ser desenvolvida. A velocidade da onda depende do tempo de reação das pessoas, que normalmente é da ordem de 0,1 s. Estime a ordem de grandeza, em minutos, do intervalo de tempo necessário para tal pulso para fazer um circuito em torno de um estádio de esportes. Mencione as grandezas que você mede ou estima e seus valores.

Figura P13.54

55. **Revisão.** Um bloco de 2,00 kg está pendurado por um cabo de borracha. O bloco é suportado de forma que o cabo não esteja esticado. O comprimento não esticado do cabo é de 0,500 m, e sua massa é 5,00 g. A "constante de elasticidade" para o cabo é 100 N/m. O bloco é liberado e para momentaneamente no ponto mais baixo. (a) Determine a tensão no cabo quando o bloco está neste ponto mais baixo. (b) Qual é o comprimento do cabo nesta posição "esticada"? (c) Se o bloco é mantido nesta posição mais baixa, encontre a velocidade de uma onda transversal no cabo.

56. **S Revisão.** Um bloco de massa M está pendurado em um cabo de borracha. O bloco é suportado de forma que o cabo não esteja esticado. O comprimento não esticado do cabo é L_0, e sua massa é m, muito menor que M. A "constante da corda" para o cabo é k. O bloco é liberado e para momentaneamente no ponto mais baixo. (a) Determine a tensão na corda quando o bloco está neste ponto mais baixo. (b) Qual é o comprimento do cabo nesta posição "esticada"? (c) Se o bloco é mantido nesta posição mais baixa, encontre a velocidade de uma onda transversal no cabo.

57. **W** Um vaso é derrubado do parapeito da janela de uma altura $d = 20,0$ m acima da calçada, como mostrado na Figura P13.57. Ele vai em direção a um homem de altura $h = 1,75$ m que está em pé embaixo. Suponha que o homem necessite de um intervalo de tempo $\Delta t = 0,300$ s para responder à advertência. Quão perto da calçada o vaso pode cair antes que seja tarde demais para um grito de aviso, a partir do parapeito, chegar a tempo ao homem?

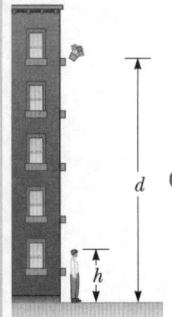

Figura P13.57 Problemas 57 e 58.

58. **S** Um vaso é derrubado do parapeito da janela de uma altura d em acima da calçada, como mostrado na Figura P13.57. Ele vai em direção a um homem de altura h que está em pé embaixo. Suponha que o homem necessite de um intervalo de tempo Δt para responder à advertência. Quão perto da calçada o vaso pode cair antes que seja tarde demais para um grito de aviso, a partir do parapeito, chegar a tempo ao homem? Use o símbolo v para a velocidade do som.

59. Uma viatura de polícia está viajando para o leste a 40,0 m/s ao longo de uma estrada reta, ultrapassando um carro antes de ele se mover para leste, a 30,0 m/s. A viatura tem uma sirene que está com mau funcionamento, travada a 1.000 Hz. (a) Qual seria o comprimento de onda no ar do som da sirene se a viatura da polícia estivesse em repouso? (b) Qual é o comprimento de onda na frente da viatura? (c) Qual é o comprimento de onda atrás da viatura? (d) Qual é a frequência ouvida pelo motorista que está sendo perseguido?

60. **S** Uma corda da massa total m e comprimento L está suspensa verticalmente. A análise mostra que, para pulsos curtos transversais, as ondas acima de uma curta distância da extremidade livre da corda pode ser representada com uma boa aproximação pela equação de onda linear discutida na Seção 13.2. Mostre que um pulso transversal percorre o comprimento da corda em um intervalo de tempo dado aproximadamente por $\Delta t \approx 2\sqrt{L/g}$. *Sugestão:* Em primeiro lugar, encontre uma expressão para a velocidade da onda em qualquer ponto a uma distância x da extremidade inferior, considerando a tensão da corda como resultante do peso do segmento abaixo deste ponto.

61. O leito do oceano é recoberto por uma camada de basalto que forma a crosta, camada mais externa da Terra nessa região. Abaixo desta crosta é encontrada rocha peridotítica mais densa, que forma o manto da Terra. A região fronteiriça destas duas camadas é chamada descontinuidade de Mohorovicic ("Moho", de forma abreviada). Se uma carga explosiva for colocada na superfície do basalto, este gerará uma onda sísmica que será refletida de volta no Moho. Se a velocidade desta onda no basalto for 6,50 km/s e o tempo do percurso nos dois sentidos for de 1,85 s, qual é a espessura dessa crosta oceânica?

62. *Por que a seguinte situação é impossível?* Tsunamis são ondas de superfície que têm comprimentos de onda enormes (100 a 200 km); a velocidade de propagação dessas ondas é $v \approx \sqrt{gd_{avg}}$ onde d_{avg} é a média da profundidade da água. Um terremoto no fundo do oceano do Golfo do Alasca produz um tsunami que atinge Hilo, no Havaí, a 4.450 km de distância, em um intervalo de tempo de 5,88 h. (Este método foi utilizado em 1856 para estimar a profundidade média do Oceano Pacífico muito antes de sondagens feitas para dar uma determinação direta.)

63. **M** Para medir sua velocidade, um paraquedista carrega um alarme que emite um som constante de 1.800 Hz. Um amigo no local do pouso, diretamente abaixo, escuta o som amplificado. Suponha que o ar esteja calmo e que a velocidade do som seja independente da altitude. Enquanto o paraquedista está caindo a uma velocidade terminal, seu amigo no chão recebe ondas de frequência de 2.150 Hz. (a) Qual é a velocidade de descida do paraquedista? (b) **E se?** Suponha que o paraquedista possa ouvir o som da buzina refletida no chão. Qual a frequência que ele recebe?

64. [S] Suponha que um corpo de massa M seja suspenso a partir do final da corda de massa m e comprimento L no Problema 60. (a) Mostre que o intervalo de tempo para um pulso transversal percorrer o comprimento da corda é

$$\Delta t = 2\sqrt{\frac{L}{mg}}\left(\sqrt{M+m} - \sqrt{M}\right)$$

(b) **E se?** Mostre que a expressão na parte (a) reduz o resultado do Problema 60 quando $M = 0$. (c) Mostre que para $m \ll M$, a expressão na parte (a) reduz para:

$$\Delta t = \sqrt{\frac{mL}{Mg}}$$

65. Revisão. Um bloco de massa $M = 0,450$ kg está ligado a uma extremidade de um cabo de massa $m = 0,003\ 20$ kg; a outra extremidade do cabo é conectada a um ponto fixo. O bloco gira a uma velocidade angular constante $\omega = 10,0$ rad/s em um círculo sobre uma mesa horizontal sem atrito, como mostrado na Figura P13.49. Qual é o intervalo de tempo necessário para uma onda transversal se deslocar ao longo da corda do centro do círculo para o bloco?

66. [S] **Revisão.** Um bloco de massa M está ligado a uma extremidade de um cabo de massa m; a outra extremidade do cabo é conectada a um ponto fixo. O bloco gira a uma velocidade angular constante ω em um círculo sobre uma mesa horizontal sem atrito, como mostrado na Figura P13.49. Qual é o intervalo de tempo necessário para uma onda transversal se deslocar ao longo da corda do centro do círculo para o bloco?

67. [S] Uma corda em um instrumento musical é mantida sob tensão t e se estende a partir do ponto $x = 0$ para o ponto $x = L$. A corda é envolvida com um fio de tal maneira que sua massa por unidade de comprimento $\mu(x)$ aumenta uniformemente de μ_0 em $x = 0$ para μ_L em $x = L$. (a) Encontre a expressão para $\mu(x)$ em função de x no intervalo $0 \leq x \leq L$. (b) Encontre a expressão para o intervalo de tempo necessário para o pulso transversal percorrer o comprimento da corda.

68. O apito de um trem ($f = 400$ Hz) parece ter frequência mais alta ou mais baixa dependendo da aproximação ou do afastamento. (a) Prove que a diferença na frequência entre o apito de aproximação e o do afastamento é

$$\Delta f = \frac{2u/v}{1 - u^2/v^2}f$$

onde u é a velocidade do trem e v a velocidade do som. (a) Calcule esta diferença para um trem que se move a uma velocidade de 130 km/h. Considere a velocidade do som no ar como sendo 340 m/s

69. [BIO] [Q|C] Um morcego, movendo-se a 5,00 m/s, está perseguindo um inseto voando. Se o morcego emite um som de 40,0 kHz e recebe de volta um eco de 40,4 kHz, (a) qual é a velocidade do inseto? (b) Será que o morcego é capaz de capturá-lo? Explique.

70. [S] Uma onda sonora move um cilindro para baixo, como na Figura Ativa 13.19. Mostre que a variação de pressão da onda é descrita por $\Delta P = \pm \rho v \omega \sqrt{s_{máx}^2 - s^2}$, onde $s = s(x, t)$ é dado pela Equação 13.25.

71. A equação Doppler apresentada no texto é válida quando o movimento entre o observador e a fonte ocorre em uma linha reta, ou seja, quando a fonte e o observador estão se aproximando diretamente ou se afastando diretamente. Se relaxarmos essa restrição, podemos utilizar a equação Doppler mais geral

$$f' = \left(\frac{v + v_O \cos\theta_O}{v - v_S \cos\theta_S}\right)f$$

onde θ_O e θ_S são definidos na Figura P13.71a. Use essa equação para resolver o seguinte problema. Um trem se move a uma velocidade constante de $v = 25,0$ m/s em direção ao cruzamento mostrado na Figura P13.71b. Um carro está parado perto do cruzamento, a 30,0 m dos trilhos. A buzina do trem emite uma frequência de 500 Hz quando o trem está a 40,0 metros do cruzamento. (a) Qual é a frequência ouvida pelos passageiros no carro? (b) Se o trem emite esse som continuamente e o carro fica parado na mesma posição muito tempo antes do trem chegar, e muito tempo depois do trem sair, qual o intervalo de frequências que os passageiros no carro ouvem? (c) Suponha que o carro está, estupidamente, tentando chegar mais rápido que o trem no cruzamento, e está viajando a 40,0 m/s na direção dos trilhos. Quando o carro estiver a 30,0 m dos trilhos e o trem a 40,0 metros do cruzamento, qual é a frequência ouvida pelos passageiros no carro agora?

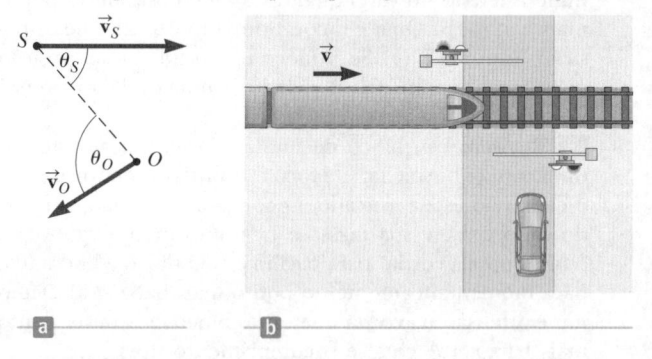

Figura P13.71

Capítulo 14

Superposição e ondas estacionárias

Sumário

14.1 Modelo de análise: ondas em interferência
14.2 Ondas estacionárias
14.3 Modelo de análise: ondas sob condições de contorno
14.4 Ondas estacionárias em colunas de ar
14.5 Batimentos: interferência no tempo
14.6 Padrões de ondas não senoidais
14.7 O ouvido e as teorias de percepção de tom
14.8 Conteúdo em contexto: com base em antinodos

No Capítulo 13, apresentamos o modelo de onda. Vimos que ondas são muito diferentes de partículas. Uma partícula ideal tem tamanho nulo, mas uma onda ideal tem comprimento infinito. Outra diferença importante entre ondas e partículas é que podemos explorar a possibilidade de duas ou mais ondas combinarem-se em um ponto no mesmo meio. Partículas podem ser combinadas para formar corpos extensos, mas devem estar em locais diferentes. Em contraste, duas ondas podem estar presentes no mesmo local, e as ramificações dessa possibilidade são exploradas neste capítulo.

Quando ondas são combinadas em sistemas com condições de contorno, somente algumas frequências permitidas podem existir, e dizemos que as frequências são *quantizadas*. Anteriormente, aprendemos sobre energias quantizadas do átomo de hidrogênio. A quantização está no cerne da mecânica quântica, um assunto que será introduzido formalmente no Capítulo 28 (Volume 4). Veremos que ondas com condições de contorno explicam muitos dos fenômenos quânticos. Para nossos propósitos neste capítulo, a quantização nos permite compreender o comportamento de uma vasta gama de instrumentos musicais baseados em cordas e em colunas de ar.

O mestre do *blues*, B.B. King, usa as ondas estacionárias nas cordas. Ele muda para notas mais altas na guitarra apertando as cordas contra a palheta no braço, encurtando os comprimentos das porções das cordas que vibram.

14.1 | Modelo de análise: ondas em interferência

Muitos fenômenos interessantes de ondas na natureza não podem ser descritos por uma única onda progressiva. Em vez disso, esses fenômenos devem ser analisados em termos de uma combinação de ondas progressivas. Conforme mencionado na introdução, há uma diferença notável entre ondas e partículas, pois as primeiras podem ser combinadas no *mesmo* local no espaço. Para analisar tais combinações de ondas, devemos usar o **princípio de superposição**:

▶ Princípio de superposição

> Se duas ou mais ondas progressivas se propagam por um meio, o valor resultante da função de onda em qualquer ponto é a soma algébrica dos valores das funções de onda das ondas individuais.

Ondas que obedecem a esse princípio são chamadas *ondas lineares*. No caso de ondas mecânicas, as lineares são geralmente caracterizadas por terem amplitudes muito menores que seus comprimentos de onda. Ondas que violam o princípio de superposição são chamadas *ondas não lineares* e, frequentemente, são caracterizadas por amplitudes grandes. Neste livro, lidaremos somente com ondas lineares.

Uma consequência do princípio de superposição é que duas ondas progressivas podem passar uma pela outra sem serem destruídas ou alteradas. Por exemplo, quando dois pedregulhos são jogados em um lago e batem na superfície em locais diferentes, as ondas circulares que se expandem na superfície nos dois locais simplesmente passam uma pela outra sem nenhum efeito permanente. Esse padrão complexo resultante pode ser visto como duas séries independentes de círculos em expansão.

A Figura Ativa 14.1 é uma representação gráfica da superposição de dois pulsos. A função de onda para o pulso se movendo para a direita é y_1, e para o pulso se movendo para a esquerda é y_2. Os pulsos têm a mesma velocidade, mas formatos diferentes, e o deslocamento dos elementos do meio é na direção positiva y para os dois pulsos. Quando as ondas se sobrepõem (Fig. Ativa 14.1b), a função de onda para as ondas complexas resultantes é dada por $y_1 + y_2$. Quando os picos dos pulsos coincidem (Fig. Ativa 14.1c), a onda resultante dada por $y_1 + y_2$ tem maior amplitude que aquela dos pulsos individuais. Os dois pulsos finalmente se separam e continuam a se mover em suas direções originais (Fig. Ativa 14.1d). Note que os formatos dos pulsos permanecem inalterados após a interação, como se nunca tivessem se encontrado!

A combinação de ondas separadas na mesma região do espaço para produzir uma onda resultante é chamada **interferência**. Para os dois pulsos mostrados na Figura Ativa 14.1, o deslocamento dos elementos do meio é na direção positiva y para ambos, e o pulso resultante (criado quando os pulsos individuais se sobrepõem) exibe uma amplitude maior que aquela de qualquer um deles individualmente. Como os deslocamentos causados pelos dois pulsos são na mesma direção, referimo-nos a sua superposição como **interferência construtiva**.

Considere agora dois pulsos viajando em direções opostas em uma corda esticada, na qual um é invertido em relação ao outro, como ilustrado na Figura Ativa 14.2. Quando esses pulsos começam a se sobrepor, o pulso resultante é dado por $y_1 + y_2$, mas os valores da função y_2 são negativos. Novamente, os dois pulsos passam um pelo outro; no entanto, como os deslocamentos causados por eles são em direções opostas, referimo-nos à superposição deles como **interferência destrutiva**.

O princípio de superposição é o ponto central do modelo de análise chamado **ondas em interferência**. Em muitas situações, tanto em acústica quanto em óptica, ondas se combinam de acordo com esse princípio e exibem fenômenos interessantes com aplicações práticas.

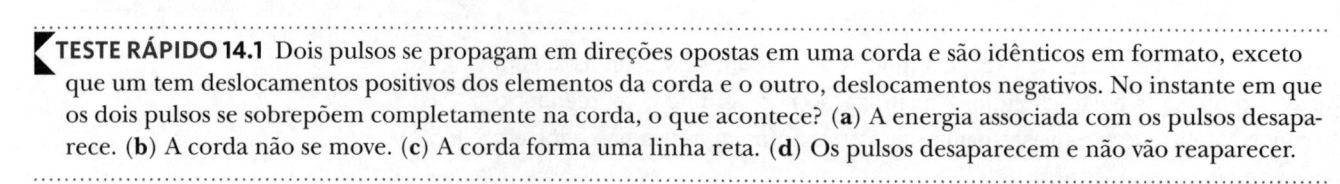

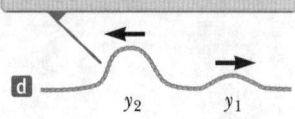

Figura Ativa 14.1 Interferência construtiva. Dois pulsos positivos se propagam em uma corda esticada em direções opostas e se sobrepõem.

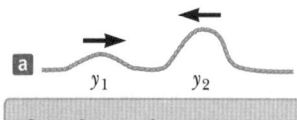

a) Quando os pulsos se sobrepõem, a função de onda é a soma das funções de ondas individuais.

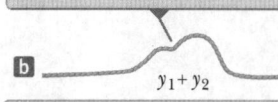

b) Quando os picos dos dois pulsos se alinham, a amplitude é a soma das amplitudes individuais.

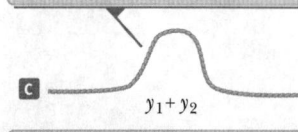

c) Quando os pulsos não se sobrepõem mais, não foram permanentemente afetados pela interferência.

d)

▶ Interferência construtiva

▶ Interferência destrutiva

TESTE RÁPIDO 14.1 Dois pulsos se propagam em direções opostas em uma corda e são idênticos em formato, exceto que um tem deslocamentos positivos dos elementos da corda e o outro, deslocamentos negativos. No instante em que os dois pulsos se sobrepõem completamente na corda, o que acontece? (**a**) A energia associada com os pulsos desaparece. (**b**) A corda não se move. (**c**) A corda forma uma linha reta. (**d**) Os pulsos desaparecem e não vão reaparecer.

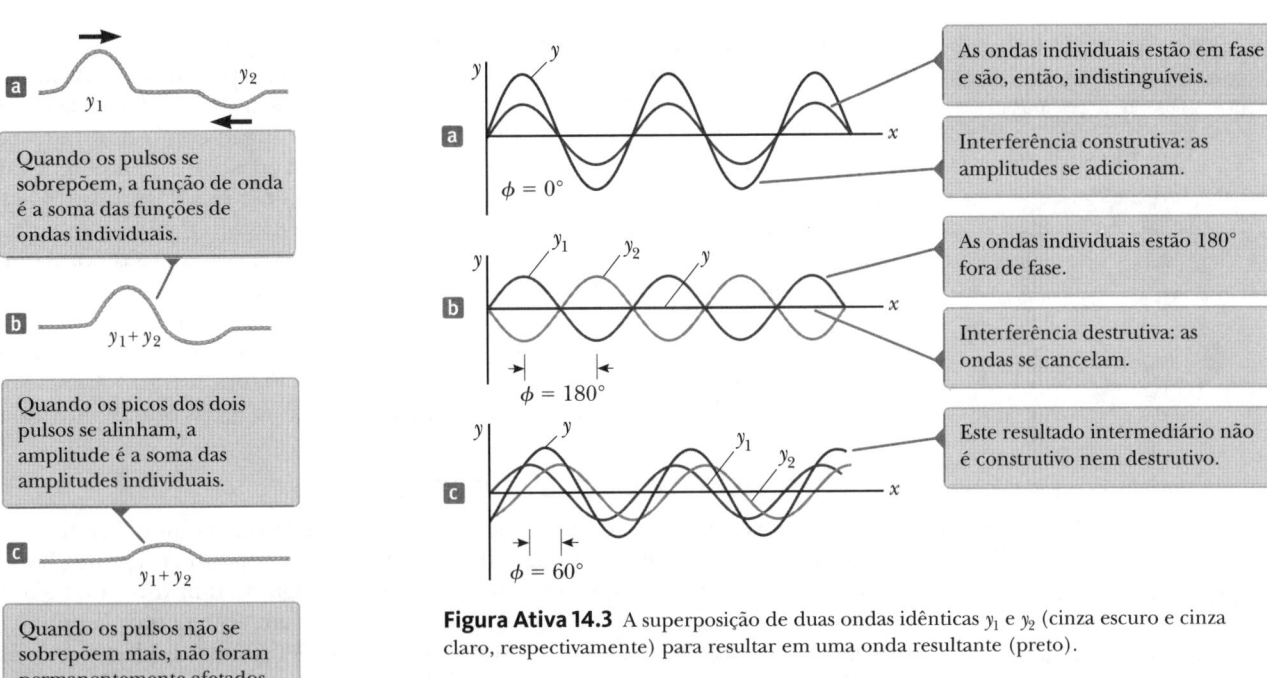

Figura Ativa 14.2 Interferência destrutiva. Dois pulsos, um positivo e um negativo, propagam-se em uma corda esticada em direções opostas e se sobrepõem.

- Quando os pulsos se sobrepõem, a função de onda é a soma das funções de ondas individuais.
- Quando os picos dos dois pulsos se alinham, a amplitude é a soma das amplitudes individuais.
- Quando os pulsos não se sobrepõem mais, não foram permanentemente afetados pela interferência.

- As ondas individuais estão em fase e são, então, indistinguíveis.
- Interferência construtiva: as amplitudes se adicionam.
- As ondas individuais estão 180° fora de fase.
- Interferência destrutiva: as ondas se cancelam.
- Este resultado intermediário não é construtivo nem destrutivo.

Figura Ativa 14.3 A superposição de duas ondas idênticas y_1 e y_2 (cinza escuro e cinza claro, respectivamente) para resultar em uma onda resultante (preto).

Superposição de ondas senoidais

Vamos aplicar o princípio de superposição a duas ondas senoidais se propagando na mesma direção em um meio linear. Se duas ondas estão se propagando para a direita e têm a mesma frequência, comprimento de onda e amplitude, mas fases diferentes, podemos expressar suas funções de ondas individuais como:

$$y_1 = A \operatorname{sen}(kx - \omega t) \quad y_2 = A \operatorname{sen}(kx - \omega t + \phi)$$

onde, como sempre, $k = 2\pi/\lambda$, $\omega = 2\pi f$ e ϕ é a constante de fase, conforme discutido na Seção 13.2. Então, a função de onda resultante y é:

$$y = y_1 + y_2 = A\,[\operatorname{sen}(kx - \omega t) + \operatorname{sen}(kx - \omega t + \phi)]$$

Para simplificar essa expressão, usamos a identidade trigonométrica:

$$\operatorname{sen} a + \operatorname{sen} b = 2 \cos\left(\frac{a-b}{2}\right) \operatorname{sen}\left(\frac{a+b}{2}\right)$$

Fazendo $a = kx - \omega t$ e $b = kx - \omega t + \phi$, descobrimos que a função de onda resultante y é reduzida para:

$$y = 2A \cos\left(\frac{\phi}{2}\right) \operatorname{sen}\left(kx - \omega t + \frac{\phi}{2}\right) \qquad 14.1 \blacktriangleleft \blacktriangleright \text{ Resultante de duas ondas senoidais progressivas}$$

> **Prevenção de Armadilhas | 14.1**
> **As ondas interferem de fato?**
> No uso popular, o termo *interferir* significa afetar uma situação de maneira a impedir alguma coisa de acontecer. Por exemplo, no futebol americano, *interferência de passe* quer dizer que um jogador de defesa afetou o receptor de modo que ele não consegue pegar a bola. Esse uso é muito diferente daquele envolvido na Física, em que ondas passam uma pela outra e interferem, mas não afetam uma à outra de qualquer outro modo. Em Física, interferência é semelhante à noção de *combinação*, conforme descrita neste capítulo.

Esse resultado tem vários aspectos importantes. A função de onda resultante y também é senoidal e tem a mesma frequência e comprimento de onda que as ondas individuais, porque a função seno incorpora os mesmos valores de k e ω que aparecem nas funções de ondas originais. A amplitude da onda resultante é $2A \cos(\phi/2)$, e sua fase é $\phi/2$. Se a constante de fase ϕ é igual a 0, $\cos(\phi/2) = \cos 0 = 1$, e a amplitude da onda resultante é $2A$, o dobro da amplitude das ondas individuais. Nesse caso, os picos das duas ondas estão no mesmo local no espaço, e se diz que as ondas estão *em fase* em todos os lugares e, portanto, interferem construtivamente. As ondas individuais y_1 e y_2 se combinam para formar a curva preta y de amplitude $2A$ mostrada na Figura Ativa 14.3a. Como as ondas individuais estão em fase, são indistinguíveis na Figura Ativa 14.3a, onde aparecem como uma única curva cinza. Em geral, a interferência construtiva ocorre quando $\cos(\phi/2) = +1$. Isso é verdadeiro, por exemplo, quando $\phi = 0, 2\pi, 4\pi, \ldots$ rad, ou seja, quando ϕ é um múltiplo *par* de π.

Uma onda de som do alto-falante (S) se propaga no tubo e se divide em duas partes no ponto P.

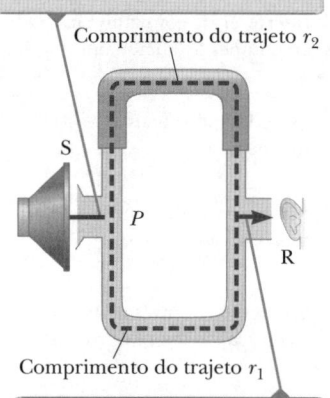

Comprimento do trajeto r_2

Comprimento do trajeto r_1

As duas ondas, que se combinam no lado oposto, são detectadas no receptor (R).

Figura 14.4 Sistema acústico para demonstrar a interferência de ondas sonoras. O comprimento superior do trajeto r_2 pode ser variado deslizando a seção superior.

Quando ϕ é igual a π rad ou a qualquer múltiplo *ímpar* de π, então cos $(\phi/2) =$ cos $(\pi/2) = 0$ e os picos de uma onda ocorrem nas mesmas posições que os vales da segunda onda (Fig. Ativa 14.3b). Então, como consequência da interferência destrutiva, a onda resultante tem amplitude *zero* em qualquer lugar, como mostrado pela linha preta na Figura Ativa 14.3b. Finalmente, quando a constante de fase tem valor arbitrário diferente de 0 ou um número inteiro múltiplo de π rad (Fig. Ativa 14.3c), a onda resultante tem uma amplitude cujo valor fica entre 0 e 2A.

No caso mais geral, em que as ondas têm o mesmo comprimento de onda, mas amplitudes diferentes, os resultados são semelhantes, com as seguintes exceções. No caso em fase, a amplitude das ondas resultantes não é o dobro daquela de uma onda única e, sim, a soma das amplitudes de duas ondas. Quando as ondas estão π rad fora de fase, elas não se cancelam completamente, como na Figura Ativa 14.3b. O resultado é uma onda cuja amplitude é a diferença nas amplitudes das ondas individuais.

Interferência de ondas sonoras

Um aparelho simples para demonstrar a interferência de ondas sonoras é ilustrado na Figura 14.4. O som de um alto-falante S é enviado para um tubo no ponto P, onde há uma junção em T. Metade da energia sonora se propaga em uma direção, e a outra na direção oposta. Portanto, as ondas sonoras que chegam ao receptor R podem se propagar ao longo de qualquer um dos dois trajetos. A distância ao longo de qualquer trajeto do alto-falante para o receptor é chamada **comprimento do trajeto** r. Esse comprimento do trajeto inferior r_1 é fixo, mas o superior r_2 pode ser variado deslizando-se o tubo em forma de U, que é parecido com aquele de um trombone de vara. Quando a diferença nos comprimentos de trajeto $\Delta r = r_2 - r_1$ é zero ou algum número inteiro múltiplo do comprimento de onda λ (isto é, $\Delta r = n\lambda$, onde $n = 0, 1, 2, 3, ...$), as duas ondas alcançam o receptor em qualquer instante em fase e interferem construtivamente, como mostrado na Figura Ativa 14.3a. Para esse caso, a intensidade máxima do som é detectada no receptor. Se o comprimento do trajeto r_2 é ajustado de modo que a diferença de trajeto seja $\Delta r = \lambda/2, 3\lambda/2, ..., n\lambda/2$ (para n ímpar), as duas ondas estão exatamente π rad, ou 180°, fora de fase no receptor e, então, cancelam uma à outra. Nesse caso de interferência destrutiva, nenhum som é detectado no receptor. Esse experimento simples demonstra que uma diferença de fase pode surgir entre duas ondas geradas pela mesma fonte quando ambas percorrem trajetórias de comprimentos desiguais. Esse fenômeno importante será indispensável em nossa investigação da interferência de ondas de luz.

> **PENSANDO A FÍSICA 14.1**

Se alto-falantes estéreos estão ligados ao amplificador "fora de fase", um alto-falante está se movendo para fora quando o outro está se movendo para dentro. O resultado é uma diminuição das notas graves, que podem ser corrigidas invertendo-se os fios em uma das ligações dos alto-falantes. Por que apenas as notas graves são afetadas neste caso e não as notas agudas? Para ajudar a responder a esta pergunta, observe que a gama de comprimentos de onda de som de um piano padrão é de 0,082 m para o Dó maior a 13 m para o Lá menor.

Raciocínio Imagine que você esteja sentado na frente dos alto-falantes, na metade do caminho entre eles. Então, o som de cada alto-falante viaja a mesma distância até você, portanto, não há diferença de fase no som por causa de alguma diferença no percurso. Como os alto-falantes estão conectados fora de fase, as ondas sonoras estão defasadas meio comprimento de onda quando saem do alto-falante e, consequentemente, ao chegar até seu ouvido. Como resultado, o som para todas as frequências se cancela no modelo simplificado de um observador pontual localizada exatamente no ponto médio entre os alto-falantes.

Se a cabeça ideal afastar-se da linha central, uma diferença de fase adicional é introduzida pela diferença do comprimento de percurso para o som dos dois alto-falantes. No caso de baixa frequência, notas graves de comprimento de onda longo, as diferenças de comprimento de caminho são uma pequena fração de um comprimento de onda, de modo que cancelamento significativo ainda ocorre. Para a alta frequência, notas agudas de curto comprimento de onda, um pequeno movimento de cabeça ideal resulta em uma fração muito maior de um comprimento de onda na diferença de comprimento de percurso ou até mesmo vários comprimentos de onda. Portanto, as notas agudas poderiam estar em fase com este movimento da cabeça. Se agora acrescentar que a cabeça não é de tamanho zero e que tem duas orelhas, podemos ver que o cancelamento completo não é possível e, mesmo com pequenos movimentos da cabeça, um ou ambos os ouvidos estão em ou próximo do máximo para as notas agudas. O tamanho da cabeça é muito menor que os comprimentos de onda graves, no entanto, assim as notas graves são enfraquecidas significativamente sobre grande parte da região na frente dos alto-falantes. ◄

Capítulo 14 – Superposição e ondas estacionárias | 65

Exemplo 14.1 | Dois alto-falantes acionados pela mesma fonte

Dois alto-falantes idênticos colocados a 3,00 m um do outro são acionados pelo mesmo oscilador (Fig. 14.5). Um ouvinte está originalmente no ponto O, localizado a 8,00 m do centro da linha, conectando os dois alto-falantes. O ouvinte se move para um ponto P, que está a uma distância perpendicular de 0,350 m de O, e ouve a *primeira mínima* na intensidade do som. Qual é a frequência do oscilador?

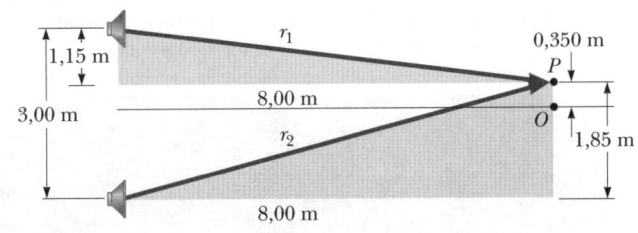

Figura 14.5 (Exemplo 14.1) Dois alto-falantes idênticos emitem ondas sonoras para um ouvinte em P.

SOLUÇÃO

Conceitualização Na Figura 14.4, uma onda sonora entra em um tubo e é, então, *acusticamente* dividida em dois trajetos diferentes antes de se recombinar na outra extremidade. Neste exemplo, um sinal representando o som é dividido *eletricamente* e enviado para dois alto-falantes diferentes. Depois de deixar os alto-falantes, as ondas sonoras se recombinam na posição do ouvinte. Apesar da diferença com a divisão, a discussão sobre a diferença de trajeto relacionada à Figura 14.4 pode ser aplicada aqui.

Categorização Como as ondas sonoras de duas fontes separadas se combinam, aplicamos o modelo de análise de ondas em interferência.

Análise A Figura 14.5 mostra o arranjo físico dos alto-falantes, junto com dois triângulos retos sombreados que podem ser desenhados com base nos comprimentos descritos no problema. A primeira mínima ocorre quando as duas ondas que chegam ao ouvinte no ponto P estão 180° fora de fase, ou seja, quando a diferença de trajeto Δr entre elas é igual a $\lambda/2$.

A partir dos triângulos sombreados, encontre os comprimentos de trajeto dos alto-falantes até o ouvinte:

$$r_1 = \sqrt{(8,00 \text{ m})^2 + (1,15 \text{ m})^2} = 8,08 \text{ m}$$

$$r_2 = \sqrt{(8,00 \text{ m})^2 + (1,85 \text{ m})^2} = 8,21 \text{ m}$$

Então, a diferença de trajeto é $r_2 - r_1 = 0,13$ m. Como essa diferença de trajeto deve ser igual a $\lambda/2$ para a primeira mínima, $\lambda = 0,26$ m.

Para obter a frequência do oscilador, use a Equação 13.12, $v = \lambda f$, onde v é a velocidade do som no ar, 343 m/s:

$$f = \frac{v}{\lambda} = \frac{343 \text{ m/s}}{0,26 \text{ m}} = \boxed{1,3 \text{ kHz}}$$

Finalização Este exemplo nos permite compreender por que os fios do alto-falante em um sistema de som devem ser conectados corretamente. Quando não o são – isto é, quando o fio positivo (ou vermelho) é conectado ao terminal negativo (ou preto) em um dos alto-falantes, e o outro é conectado corretamente – diz-se que os alto-falantes estão "fora de fase", com um alto-falante se movendo para fora, enquanto o outro se move para dentro. Em consequência, a onda de som vindo de um alto-falante interfere destrutivamente na onda vinda do outro no ponto O na Figura 14.5. Uma região de rarefação devido a um alto-falante é superposta a uma região de compressão do outro. Embora os dois sons provavelmente não se cancelem completamente (porque os sinais estéreos da esquerda e da direita normalmente não são idênticos), uma perda significativa de qualidade de som ocorre no ponto O.

E se? E se os alto-falantes fossem conectados fora de fase? O que aconteceria no ponto P na Figura 14.5?

Resposta Nessa situação, a diferença de trajeto de $\lambda/2$ combinaria com uma diferença de fase de $\lambda/2$ devido à fiação incorreta para dar uma diferença de fase inteira de λ. Como resultado, as ondas estariam em fase e haveria uma intensidade *máxima* no ponto P.

14.2 | Ondas estacionárias

As ondas sonoras do par de alto-falantes do Exemplo 14.1 saem deles na direção para a frente, e consideramos a interferência em um ponto na frente dos alto-falantes. Suponha que os viremos de forma que fiquem um de frente para o outro e, então, emitam som com mesma frequência e amplitude. Nessa situação, duas ondas idênticas se propagam em direções opostas no mesmo meio da Figura 14.6. Essas ondas se combinam de acordo com aquelas no modelo de interferência.

Podemos analisar uma dessas situações considerando funções de ondas para duas ondas senoidais transversais tendo a mesma amplitude, frequência e comprimento de onda, mas se propagando em direções opostas no mesmo meio:

$$y_1 = A\,\text{sen}(kx - \omega t) \quad \text{e} \quad y_2 = A\,\text{sen}(kx + \omega t)$$

Figura 14.6 Dois alto-falantes idênticos emitem ondas sonoras na direção um do outro. Quando se sobrepõem, ondas idênticas se propagando em direções opostas se combinam para formar ondas estacionárias.

A amplitude da oscilação vertical de qualquer elemento da corda depende da posição horizontal do elemento. Cada elemento vibra dentro dos limites da função envoltória 2A sen kx.

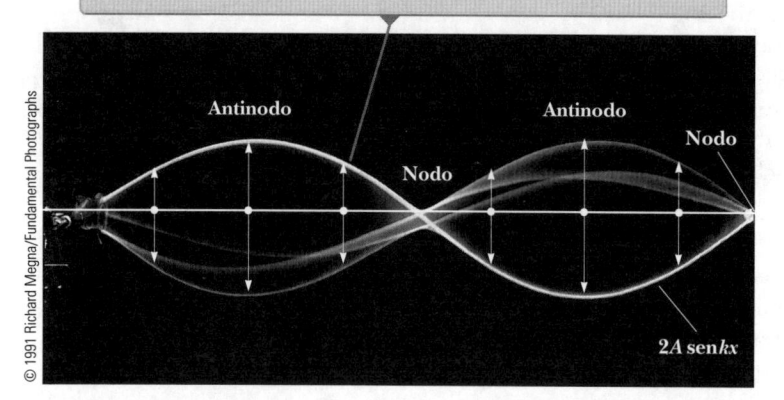

Figura 14.7 Fotografia *multiflash* de uma onda estacionária em uma corda. O comportamento do deslocamento vertical no tempo a partir do equilíbrio de um elemento individual da corda é dado por cos ωt. Isto é, cada elemento vibra a uma frequência angular ω.

onde y_1 representa uma onda se propagando na direção positiva x e y_2 representa outra se propagando na direção negativa x. A adição dessas duas funções dá a função de onda resultante y:

$$y = y_1 + y_2 = A\,\text{sen}(kx - \omega t) + A\,\text{sen}(kx + \omega t)$$

Quando usamos a identidade trigonométrica sen $(a \pm b) = $ sen a cos $b \pm$ cos a sen b, esta expressão é reduzida para:

$$y = (2A\,\text{sen}\,kx)\cos \omega t \qquad \textbf{14.2}\blacktriangleleft$$

Observe que esta função não se parece matematicamente como uma onda se propagando porque não há nenhuma função de $kx - \omega t$. A Equação 14.2 representa a função de onda de uma **onda estacionária**, como mostra a Figura 14.7. Uma onda estacionária é um padrão de oscilação que resulta de duas ondas que viajam em direções opostas. Matematicamente, esta equação parece mais com o movimento harmônico simples que com o movimento ondulatório de ondas progressivas. Cada elemento do meio oscila em movimento harmônico simples com a mesma frequência angular ω (de acordo com o fator cos ωt na equação). A amplitude de movimento de um dado elemento (o fator $2A$ sen kx), contudo, depende da sua posição ao longo do meio, descrita pela variável x. A partir deste resultado, vemos que o movimento harmônico simples de cada elemento tem uma frequência angular ω e uma amplitude dependente da posição $2A$ sen kx.

Como a amplitude do movimento harmônico simples de um elemento em qualquer valor de x é igual a $2A$ sen kx, vemos que a amplitude *máxima* do movimento harmônico simples tem o valor $2A$. Essa amplitude máxima é descrita como a amplitude da onda estacionária. Ela ocorre quando a coordenada x para um elemento satisfaz a condição sen $kx = 1$, ou quando

$$kx = \frac{\pi}{2}, \frac{3\pi}{2}, \frac{5\pi}{2}, \ldots$$

Uma vez que $k = 2\pi/\lambda$, as posições de amplitude máxima, chamadas **antinodos**, são:

$$x = \frac{\lambda}{4}, \frac{3\lambda}{4}, \frac{5\lambda}{4}, \ldots = \frac{n\lambda}{4} \qquad n = 1, 3, 5, \ldots \qquad \textbf{14.3}\blacktriangleleft$$

Note que os antinodos adjacentes são separados por uma distância $\lambda/2$.

Do mesmo modo, o movimento harmônico simples tem uma amplitude *mínima* de zero quando x satisfaz a condição sen $kx = 0$, ou quando $kx = \pi, 2\pi, 3\pi, \ldots$, dando

▶ Posições de nodos
$$x = 0, \frac{\lambda}{2}, \lambda, \frac{3\lambda}{2}, \ldots = \frac{n\lambda}{2} \qquad n = 0, 1, 2, 3, \ldots \qquad \textbf{14.4}\blacktriangleleft$$

Estes pontos de amplitude zero, chamados **nodos**, também estão espaçados por $\lambda/2$. A distância entre um nodo e um antinodo adjacente é $\lambda/4$. Os padrões de onda dos elementos do meio produzidos em diversos momentos por duas ondas progressivas transversais se movendo em direções opostas são mostrados na Figura Ativa 14.8. A parte superior de cada figura representa as ondas progressivas individuais e a parte inferior representa os padrões de ondas estacionárias. Os nodos da onda estacionária são rotulados N e os antinodos são rotulados A. Em $t = 0$ (Fig. Ativa 14.8a), as duas ondas estão em fase, dando um padrão de onda com amplitude 2A. Um quarto de período depois, em $t = T/4$ (Fig. Ativa 14.8b), as ondas progressivas se moveram um quarto de um comprimento de onda (uma para a direita e a outra para a esquerda). Neste momento, as ondas estão 180° fora de fase. Os deslocamentos individuais dos elementos do meio das suas posições de equilíbrio são de igual magnitude e de direção oposta para todos os valores de x, portanto, a onda resultante tem deslocamento zero em toda a parte. Em $t = T/2$ (Fig. Ativa 14.8c), as ondas progressivas estão em fase novamente, produzindo um padrão de onda que é invertido em relação ao padrão em $t = 0$. Na onda estacionária, os elementos do meio se alternam no tempo entre os extremos mostrados nas figuras ativas 14.8a e 14.8c.

Prevenção de Armadilhas | 14.2

Três tipos de amplitude
Aqui precisamos distinguir cuidadosamente entre **amplitude das ondas individuais**, que é A, e **amplitude do movimento harmônico simples dos elementos do meio**, que é $2A$ sen kx. Certo elemento em uma onda estacionária vibra dentro dos limites da função *envoltória* $2A$ sen kx, onde x é a posição daquele elemento no meio. Tal vibração contrasta com as ondas senoidais progressivas, onde todos os elementos oscilam com a mesma amplitude e a mesma frequência, e a amplitude A das ondas é a mesma que a amplitude A do movimento harmônico simples dos elementos. Além disso, podemos identificar a **amplitude da onda estacionária** como $2A$.

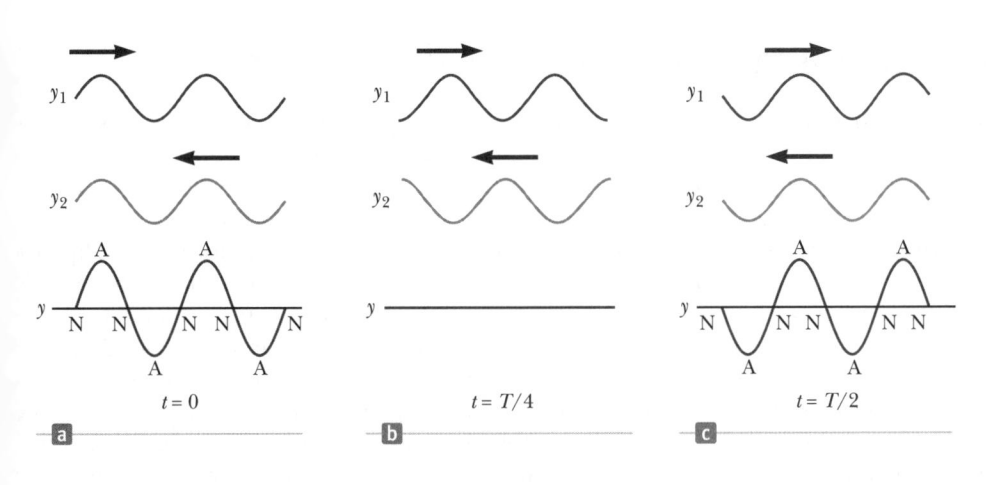

Figura Ativa 14.8 Padrões de ondas estacionárias produzidos em diversos instantes por duas ondas de amplitude igual se propagando em direções opostas. Para a onda resultante y, os nodos (N) são pontos de zero deslocamento, e os antinodos (A) são pontos de deslocamento máximo.

TESTE RÁPIDO 14.2 Considere que as ondas na Figura Ativa 14.8 sejam ondas em uma corda esticada. Defina a velocidade dos elementos da corda como positiva se eles se movem para cima na figura. (i) No momento em que a corda tem o formato mostrado pela curva preta, na Figura Ativa 14.8a, qual é a velocidade instantânea dos elementos ao longo da corda? (a) Zero para todos os elementos. (b) Positiva para todos os elementos. (c) Negativa para todos os elementos. (d) Varia com a posição do elemento. (ii) Usando as mesmas possibilidades, no instante em que a corda tem o formato mostrado pela curva preta na Figura Ativa 14.8b, qual é a velocidade instantânea dos elementos ao longo da corda?

Exemplo 14.2 | Formação de uma onda estacionária

Duas ondas se propagando em direções opostas produzem uma onda estacionária. As funções de ondas individuais são:

$$y_1 = 4{,}0 \text{ sen } (3{,}0x - 2{,}0t) \qquad y_2 = 4{,}0 \text{ sen } (3{,}0x + 2{,}0t)$$

onde x e y são medidos em centímetros e t em segundos.

(A) Encontre a amplitude do movimento harmônico simples do elemento do meio localizado em $x = 2{,}3$ cm.

SOLUÇÃO

Conceitualização As ondas descritas pelas equações dadas são idênticas, exceto por suas direções de propagação; então, elas realmente se combinam para formar uma onda estacionária, como discutido nesta seção. Podemos representar as ondas graficamente pelas curvas cinza claro e cinza escuro na Figura Ativa 14.8.

Categorização Substituiremos valores nas equações desenvolvidas nesta seção; então, categorizamos este exemplo como um problema de substituição.

A partir das equações para as ondas, vemos que $A = 4{,}0$ cm, $k = 3{,}0$ rad/cm $y = (2A \text{ sen } kx) \cos \omega t = 8{,}0 \text{ sen } 3{,}0x \cos 2{,}0t$
e $\omega = 2{,}0$ rad/s. Use a Equação 14.2 para escrever a expressão para uma
onda estacionária:

Encontre a amplitude do movimento harmônico simples do elemento na $y_{\text{máx}} = (8{,}0 \text{ cm}) \text{ sen } 3{,}0x \big|_{x = 2{,}3}$
posição $x = 2{,}3$ cm ao avaliar o coeficiente da função cosseno nessa posição: $= (8{,}0 \text{ cm}) \text{ sen } (6{,}9 \text{ rad}) = \boxed{4{,}6 \text{ cm}}$

(B) Encontre as posições dos nodos e antinodos quando uma extremidade da corda estiver a $x = 0$.

SOLUÇÃO

Encontre o comprimento de onda das ondas se propagando: $k = \dfrac{2\pi}{\lambda} = 3{,}0$ rad/cm $\rightarrow$ $\lambda = \dfrac{2\pi}{3{,}0}$ cm

Use a Equação 14.4 para encontrar as posições dos nodos: $x = n\dfrac{\lambda}{2} = \boxed{n\left(\dfrac{\pi}{3{,}0}\right) \text{cm}}$ $n = 0, 1, 2, 3, \ldots$

Use a Equação 14.3 para encontrar as posições dos antinodos: $x = n\dfrac{\lambda}{4} = \boxed{n\left(\dfrac{\pi}{6{,}0}\right) \text{cm}}$ $n = 1, 3, 5, 7, \ldots$

14.3 | Modelo de análise: ondas sob condições de contorno

Na seção anterior, discutimos as ondas estacionárias formadas por ondas idênticas que se movem em direções opostas no mesmo meio. Uma forma de estabelecer uma onda estacionária em uma corda é combinar ondas incidentes e refletidas a partir de uma extremidade rígida. Se a corda está esticada entre dois suportes rígidos (Fig. Ativa 14.9a) e ondas são estabelecidas na corda, ondas estacionárias serão formadas pela superposição contínua das ondas incidentes e refletidas a partir das extremidades. Este sistema físico é um modelo para a fonte sonora de qualquer instrumento de corda, como o violão, o violino e o piano. A corda tem um número de padrões naturais discretos de oscilação, chamados **modos normais**, cada um com uma frequência característica, que é facilmente calculada.

Esta discussão é a nossa introdução a um importante modelo de análise, chamado **ondas sob condições de contorno**. Quando as condições de contorno são aplicadas a uma onda, encontramos um comportamento muito interessante diferente da física de partículas. O aspecto mais pronunciado desse comportamento é a quantização. Veremos que apenas certas ondas — aquelas que satisfazem as condições de contorno — são permitidas. A noção de quantização foi introduzida no Capítulo 11 (Volume 1) quando discutimos o modelo de Bohr do átomo. Nesse modelo, o momento angular era quantizado. Como veremos adiante, esta **quantização** é apenas uma aplicação do modelo de onda em condições de contorno.

No padrão de onda estacionária em uma corda esticada, as extremidades da corda devem ser nodos, porque esses pontos são fixos, estabelecendo a condição limite sobre as ondas. O resto do padrão pode ser construído a partir dessa condição limite, juntamente com a exigência de que os nodos e os antinodos sejam separados por um quarto de comprimento de onda. O padrão mais simples que satisfaz essas condições tem os nodos necessários nas extremidades da corda e um antinodo no ponto central (Fig. Ativa 14.9b). Para esse modo normal, o comprimento da corda é igual a $\lambda/2$ (a distância entre nodos adjacentes):

$$L = \frac{\lambda_1}{2} \quad \text{ou} \quad \lambda_1 = 2L$$

O próximo modo normal, de comprimento de onda λ_2 (Figura Ativa 14.9c), ocorre quando o comprimento da corda é igual a um comprimento de onda, ou seja, quando $\lambda_2 = L$. Neste modo, as duas metades da corda estão se movendo em direções opostas em um dado instante, e algumas vezes podemos dizer que ocorrem dois *loops*. O terceiro modo normal (Fig. Ativa 14.9d) corresponde ao caso em que o comprimento é igual a $3\lambda/2$, por isso, $\lambda_3 = 2L/3$. Em geral, os comprimentos de onda dos vários modos normais podem ser convenientemente expressos como:

▶ Comprimentos de onda de modos normais
$$\lambda_n = \frac{2L}{n} \quad n = 1, 2, 3, \ldots \qquad 14.5 ◀$$

onde o índice n se refere ao n-ésimo modo de oscilação. As frequências naturais associadas a esses modos são obtidas da relação $f = v/\lambda$, em que a velocidade da onda v é determinada pela tensão T e pela densidade de massa linear μ da corda e, portanto, é a mesma para todas as frequências. Usando a Equação 14.5, vemos que as frequências dos modos normais são:

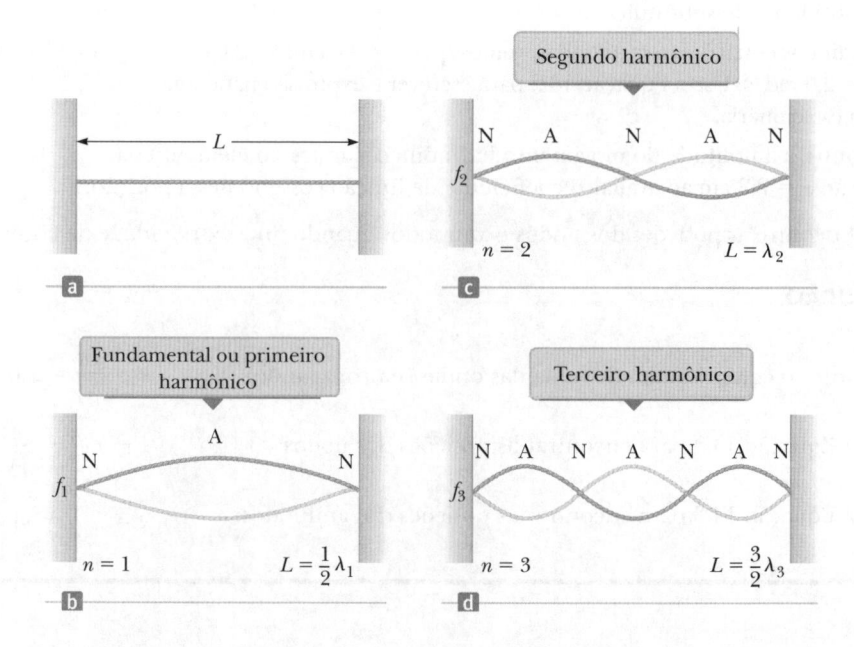

Figura Ativa 14.9 (a) Uma corda de comprimento L fixa nas duas extremidades. (b)–(d) Os modos normais de vibração da corda na Figura Ativa 14.9a formam uma série harmônica. A corda vibra entre os extremos mostrados.

$$f_n = \frac{v}{\lambda n} = \frac{n}{2L} v \qquad n = 1, 2, 3, \ldots$$

14.6 ◄ ▶ Frequências dos modos normais como funções da velocidade da onda e do comprimento de corda

Uma vez que $v = \sqrt{T/\mu}$ (Equação 13.21), podemos expressar as frequências naturais de uma corda esticada como:

$$f_n = \frac{n}{2L}\sqrt{\frac{T}{\mu}} \qquad n = 1, 2, 3, \ldots$$

14.7 ◄ ▶ Frequências dos modos normais como função da tensão na corda e da densidade de massa linear

A Equação 14.7 demonstra a quantização que mencionamos como uma característica da onda sob o modelo de condições de contorno. As frequências são quantizadas porque apenas determinadas frequências de ondas satisfazem as condições de contorno e podem existir na corda. A frequência mais baixa, correspondente a $n = 1$, é chamada de **frequência fundamental** f_1 e é:

$$f_1 = \frac{1}{2L}\sqrt{\frac{T}{\mu}}$$

14.8 ◄ ▶ Frequência fundamental de uma corda esticada

As frequências dos modos normais remanescentes são múltiplos inteiros da frequência fundamental. Frequências de modos normais que exibem a relação número inteiro-múltiplo formam uma **série harmônica**, e os modos normais são chamados de **harmônicos**. A frequência fundamental f_1 é a frequência do primeiro harmônico, a $f_2 = 2f_1$ é a do segundo harmônico, e a $f_n = nf_1$ é a do n-ésimo harmônico. Outros sistemas oscilatórios, tal como a pele do tambor, exibem modos normais, porém, as frequências não são relacionadas como múltiplos inteiros de uma fundamental. Portanto, não usamos o termo *harmônico* associado a esses tipos de sistemas.

Vamos examinar com mais detalhe como os diversos harmônicos são criados em uma corda. Para estimular um único harmônico, a corda deve ser distorcida até um formato que corresponda àquele do harmônico desejado. Após ser liberada, a corda vibra na frequência daquele harmônico. No entanto, essa manobra é de difícil execução, e não é como a corda de um instrumento musical é estimulada. Se a corda é distorcida de maneira que seu formato não é aquele de um único harmônico, a vibração resultante inclui uma combinação de vários harmônicos. Tal distorção ocorre em instrumentos musicais quando a corda é tocada (como na guitarra), passa por um arco (como em um violoncelo) ou é golpeada (como em um piano). Quando a corda é distorcida em um formato não senoidal, somente ondas que satisfazem as condições de contorno podem persistir na corda. Essas ondas são os harmônicos.

A frequência de uma corda que define a nota musical que ela toca é aquela da fundamental. A frequência da corda pode ser variada mudando-se a tensão da corda ou seu comprimento. Por exemplo, a tensão nas cordas do violino e da guitarra é variada por um mecanismo de ajuste por parafuso ou grampos de afinação localizados no pescoço do instrumento. Conforme a tensão aumenta, a frequência dos modos normais aumenta de acordo com a Equação 14.7. Depois que o instrumento é "afinado", tocadores variam a frequência movendo seus dedos ao longo do pescoço, mudando assim o comprimento de porção oscilatória da corda. Conforme o comprimento diminui, a frequência aumenta, porque, como a Equação 14.7 especifica, as frequências do modo normal são inversamente proporcionais ao comprimento da corda.

Imagine que temos diversas cordas de mesmo comprimento, sob a mesma tensão, mas com diferentes densidades de massa linear μ. As cordas terão velocidades de onda diferentes e, portanto, diferentes frequências fundamentais. A densidade de massa linear pode ser modificada variando-se o diâmetro da corda ou adicionando-se massa extra ao redor da corda. Essas duas possibilidades podem ser vistas no violão, em que as cordas de frequência mais elevada variam em diâmetro e as cordas de menor frequência possuem um fio adicional enrolado em torno delas.

> **TESTE RÁPIDO 14.3** Quando uma onda estacionária é estabelecida em uma corda fixa nas duas extremidades, qual das afirmativas a seguir é verdadeira? (**a**) O número de nodos é igual ao de antinodos. (**b**) O comprimento de onda é igual ao da corda dividido por um número inteiro. (**c**) A frequência é igual ao número de nodos vezes a frequência fundamental. (**d**) O formato da corda em qualquer instante apresenta simetria no ponto central da corda.

Exemplo 14.3 | Dê-me uma nota Dó!

O meio da corda Dó natural em um piano tem frequência fundamental de 262 Hz, e a corda para o primeiro Lá natural acima do Dó natural, de 440 Hz.

(A) Calcule as frequências dos próximos dois harmônicos da corda Dó.

SOLUÇÃO

Conceitualização Lembre-se de que os harmônicos de uma corda vibratória têm frequências que são relacionadas por múltiplos inteiros da fundamental.

Categorização Esta primeira parte do exemplo é um problema de substituição simples.

Sabendo que a frequência fundamental é $f_1 = 262$ Hz, encontre as frequências dos próximos harmônicos multiplicando os números inteiros:

$$f_2 = 2f_1 = \boxed{524 \text{ Hz}}$$
$$f_3 = 3f_1 = \boxed{786 \text{ Hz}}$$

(B) Se as cordas Lá e Dó têm a mesma densidade linear de massa μ e comprimento L, determine a proporção das tensões nas duas cordas.

SOLUÇÃO

Categorização Esta parte do exemplo é mais um problema de análise que a parte (A).

Análise Use a Equação 14.8 para escrever expressões para as frequências fundamentais das duas cordas:

$$f_{1A} = \frac{1}{2L}\sqrt{\frac{T_A}{\mu}} \quad \text{e} \quad f_{1C} = \frac{1}{2L}\sqrt{\frac{T_C}{\mu}}$$

Divida a primeira equação pela segunda e resolva para a proporção das tensões:

$$\frac{f_{1A}}{f_{1C}} = \sqrt{\frac{T_A}{T_C}} \rightarrow \frac{T_A}{T_C} = \left(\frac{f_{1A}}{f_{1C}}\right)^2 = \left(\frac{440}{262}\right)^2 = \boxed{2{,}82}$$

Finalização Se as frequências das cordas do piano fossem determinadas somente pela tensão, esse resultado sugeriria que a proporção das tensões da corda mais baixa para a mais alta no piano seria enorme. Tensões grandes assim dificultariam o desenho de uma estrutura para suportar as cordas. Na realidade, as frequências de cordas de piano variam com parâmetros adicionais, incluindo a massa por unidade de comprimento e o comprimento da corda. A questão E se? a seguir explora uma variação no comprimento.

E se? Se você olhar dentro de um piano real, verá que a suposição que fez na parte (B) só é parcialmente verdadeira. As cordas provavelmente não terão o mesmo comprimento. As densidades das cordas para as notas citadas podem ser iguais, mas suponha que o comprimento de uma corda Lá seja só 64% do comprimento da corda Dó. Qual é a proporção de suas tensões?

Resposta Usando a Equação 14.8 novamente, estabelecemos a proporção de frequências:

$$\frac{f_{1A}}{f_{1C}} = \frac{L_C}{L_A}\sqrt{\frac{T_A}{T_C}} \rightarrow \frac{T_A}{T_C} = \left(\frac{L_A}{L_C}\right)^2\left(\frac{f_{1A}}{f_{1C}}\right)^2$$

$$\frac{T_A}{T_C} = (0{,}64)^2\left(\frac{440}{262}\right)^2 = 1{,}16$$

Note que esse resultado representa um aumento de 16% na tensão, comparado ao aumento de 182% na parte (B).

14.4 | Ondas estacionárias em coluna de ar

Discutimos instrumentos musicais que usam cordas, incluindo violões, violinos e pianos. E os instrumentos classificados como metais ou instrumentos de sopro? Esses instrumentos produzem música usando uma coluna de ar. O modelo de ondas sob condições de contorno pode ser aplicado a ondas sonoras em uma coluna de ar tais como aquelas existentes em um órgão ou um clarinete. Ondas estacionárias resultam da interferência entre ondas sonoras longitudinais se propagando em direções opostas.

Pode haver um nodo ou um antinodo no final de uma coluna de ar, dependendo se a extremidade estiver aberta ou fechada. A extremidade fechada de uma coluna de ar é um **nodo de deslocamento**, assim como a extremidade fixa de uma corda de vibração é um nodo de deslocamento. Além disso, como a onda de pressão está 90° fora de fase com a onda de deslocamento (veja a Seção 13.6), a extremidade fechada de uma coluna de ar corresponde a um **antinodo de pressão** (isto é, um ponto de variação máxima de pressão). Por outro lado, a extremidade aberta de uma coluna de ar é quase um **antinodo de deslocamento** e um nodo da pressão.

Talvez você se pergunte como uma onda sonora pode refletir em uma extremidade aberta, já que aparentemente não há mudança no meio nesse ponto; o meio pelo qual a onda sonora se move é o ar dentro e fora do tubo. Entretanto, o som pode ser representado como uma onda de pressão e uma região de compressão das ondas sonoras constrita pelas laterais do tubo, desde que a região seja dentro do tubo. Conforme a região de compressão sai pela extremidade aberta do tubo, a constrição do tubo é removida e o ar comprimido fica livre para se expandir na atmosfera. Portanto, há uma mudança na *característica* do meio entre o interior e o exterior do tubo, mesmo que não haja mudança no *material* do meio. Essa mudança de característica é suficiente para permitir alguma reflexão.[1]

Podemos determinar os modos de vibração de uma coluna de ar aplicando a condição de contorno adequada no final da coluna, juntamente com a exigência de que os nodos e antinodos estejam separados por um quarto de comprimento de onda. Veremos que a frequência de ondas sonoras em colunas de ar é quantizada, assim como os resultados encontrados para ondas em cordas sob condições de contorno.

Os primeiros três modos de oscilação de um tubo aberto nas duas extremidades são mostrados na Figura 14.10a. Note que as duas extremidades são antinodos de deslocamento (aproximadamente). No modo fundamental, a onda estacionária se estende entre dois antinodos adjacentes, uma distância de meio comprimento de onda. Portanto, o comprimento de

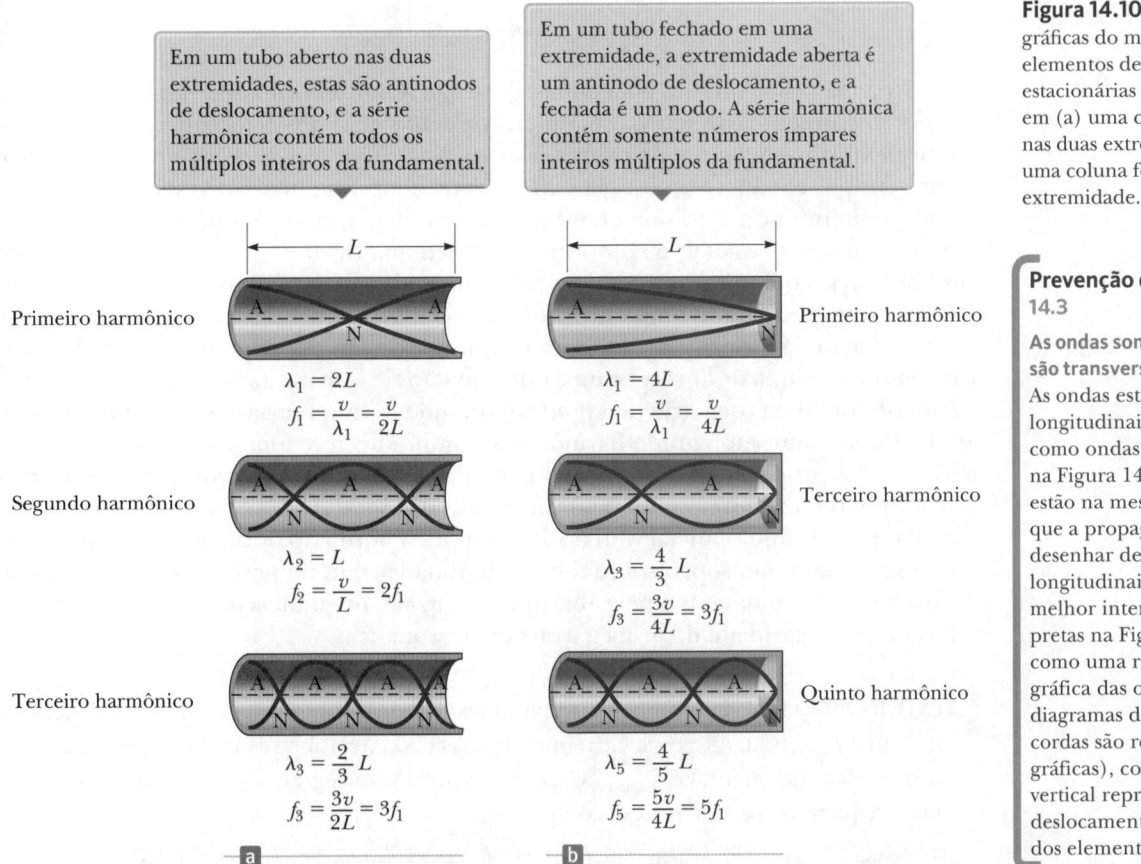

Figura 14.10 Representações gráficas do movimento dos elementos de ar em ondas estacionárias longitudinais em (a) uma coluna aberta nas duas extremidades e (b) uma coluna fechada em uma extremidade.

Em um tubo aberto nas duas extremidades, estas são antinodos de deslocamento, e a série harmônica contém todos os múltiplos inteiros da fundamental.

Em um tubo fechado em uma extremidade, a extremidade aberta é um antinodo de deslocamento, e a fechada é um nodo. A série harmônica contém somente números ímpares inteiros múltiplos da fundamental.

Primeiro harmônico:
$\lambda_1 = 2L$
$f_1 = \dfrac{v}{\lambda_1} = \dfrac{v}{2L}$

Segundo harmônico:
$\lambda_2 = L$
$f_2 = \dfrac{v}{L} = 2f_1$

Terceiro harmônico:
$\lambda_3 = \dfrac{2}{3}L$
$f_3 = \dfrac{3v}{2L} = 3f_1$

Primeiro harmônico:
$\lambda_1 = 4L$
$f_1 = \dfrac{v}{\lambda_1} = \dfrac{v}{4L}$

Terceiro harmônico:
$\lambda_3 = \dfrac{4}{3}L$
$f_3 = \dfrac{3v}{4L} = 3f_1$

Quinto harmônico:
$\lambda_5 = \dfrac{4}{5}L$
$f_5 = \dfrac{5v}{4L} = 5f_1$

Prevenção de Armadilha | 14.3

As ondas sonoras no ar não são transversais
As ondas estacionárias longitudinais são desenhadas como ondas transversais na Figura 14.10. Como elas estão na mesma direção que a propagação, é difícil desenhar deslocamentos longitudinais. Portanto, é melhor interpretar as curvas pretas na Figura 14.10 como uma representação gráfica das ondas (nossos diagramas de ondas de cordas são representações gráficas), com o eixo vertical representando o deslocamento horizontal dos elementos do meio.

---

[1] Estritamente falando, a extremidade aberta de uma coluna de ar não é exatamente um antinodo de deslocamento. Uma compressão atingindo uma extremidade aberta não reflete até passar do final. Para um tubo de seção transversal circular, uma correção no final aproximadamente igual a 0,6R, onde R é o raio do tubo, deve ser acrescentada ao comprimento da coluna de ar. Então, o comprimento efetivo da coluna de ar é mais longo que o comprimento verdadeiro L. Desprezamos essa correção final nesta discussão.

onda é duas vezes o comprimento do tubo, e a frequência fundamental é $f_1 = v/2L$. Como a Figura 14.10 mostra, as frequências dos harmônicos mais altos são $2f_1, 3f_1, \ldots$. Portanto,

em um tubo aberto nas duas extremidades, as frequências naturais de oscilação formam uma série harmônica que inclui todos os números inteiros múltiplos da frequência fundamental.

Como todos os harmônicos estão presentes, podemos expressar as frequências naturais de vibração como

▶ Frequências naturais de um tubo aberto nas duas extremidades

$$f_n = n\frac{v}{2L} \quad n = 1, 2, 3, \ldots \quad \text{14.9}◀$$

onde v é a velocidade do som no ar.

Se um tubo é fechado em uma extremidade e aberto na outra, a fechada é um nodo de deslocamento e a aberta é um antinodo de deslocamento (Fig. 14.10b). Neste caso, o comprimento de onda para o modo normal é quatro vezes o comprimento da coluna. Consequentemente, a frequência fundamental f_1 é igual a $v/4L$, e as frequências dos harmônicos mais altos são iguais a $3f_1, 5f_1, \ldots$. Isto é,

em um tubo fechado em uma extremidade, as frequências naturais de oscilação formam uma série harmônica que só inclui os números ímpares inteiros múltiplos da frequência fundamental.

Expressamos esse resultado matematicamente como:

▶ Frequências naturais de um tubo fechado em uma extremidade e aberto na outra

$$f_n = n\frac{v}{4L} \quad n = 1, 3, 5, \ldots \quad \text{14.10}◀$$

As ondas estacionárias em colunas de ar são as fontes primárias dos sons produzidos por instrumentos de sopro. Em um instrumento de sopro, a tecla pressionada abre um orifício na parte lateral da coluna. Esse orifício define o fim da coluna de vibração de ar (porque ele atua como uma extremidade aberta na qual a pressão pode ser liberada), diminuindo a coluna efetivamente e aumentando a frequência normal. Em um instrumento de metal, o comprimento da coluna de ar é alterado por uma seção ajustável, como em um trombone, ou pela adição de segmentos ao tubo, como é feito em um trompete quando uma válvula é pressionada.

Instrumentos musicais baseados em colunas de ar são geralmente estimulados por *ressonância*. A coluna de ar recebe uma onda de som rica em muitas frequências e, então, responde com uma oscilação de grande amplitude às frequências que combinam com as quantizadas em seu jogo de harmônicos. Em muitos instrumentos de sopro, o som rico inicial é proporcionado por uma palheta vibratória. Em instrumentos de metal, esse estímulo é proporcionado pelo som vindo da vibração dos lábios do músico. Em uma flauta, o estímulo inicial vem do sopro sobre a borda do bocal do instrumento de modo semelhante ao sopro sobre a boca de uma garrafa de pescoço estreito. O som do ar passando rapidamente pela abertura da garrafa tem muitas frequências, inclusive uma que põe a cavidade do ar na garrafa em ressonância.

TESTE RÁPIDO 14.4 Um tubo aberto nas duas extremidades ressoa com frequência fundamental f_aberta. Quando uma extremidade é fechada e o tubo ressoa novamente, a frequência fundamental é f_fechada. Qual das expressões a seguir descreve como essas duas frequências ressonantes se comparam?

(a) $f_\text{fechada} = f_\text{aberta}$ (b) $f_\text{fechada} = \frac{1}{2} f_\text{aberta}$ (c) $f_\text{fechada} = 2 f_\text{aberta}$ (d) $f_\text{fechada} = \frac{3}{2} f_\text{aberta}$

TESTE RÁPIDO 14.5 O Balboa Park, em San Diego, tem um órgão ao ar livre. Quando a temperatura do ar aumenta, a frequência fundamental de um dos tubos do órgão (a) fica a mesma, (b) abaixa, (c) sobe ou (d) é impossível determinar.

PENSANDO EM FÍSICA 14.2

Uma corneta não tem válvulas, chaves, varas ou orifícios para os dedos. Como é que pode tocar uma música?

Raciocínio Canções para a corneta são limitadas a harmônicas de frequência fundamental, porque a corneta não tem controle sobre as frequências por meio de válvulas, chaves, varas ou orifícios para os dedos. O músico obtém notas diferentes alterando a tensão nos lábios enquanto a corneta é tocada para excitar diferentes harmônicos. O intervalo de reprodução normal de uma corneta está entre as terceiras, quartas, quintas e sextas harmônicas do fundamental. Como exemplos, "Reveille" é tocada com apenas três notas: Ré (294 Hz), Sol (392 Hz) e Si (490 Hz), e "Taps" é tocada com as mesmas três notas e a Ré uma oitava acima do Ré menor (588 Hz). Note-se que a frequência dessas quatro notas são, respectivamente, três, quatro, cinco e seis vezes o fundamental de 98 Hz. ◄

PENSANDO EM FÍSICA 14.3

Se uma orquestra não se aquecer antes de uma performance, os instrumentos de corda sobem o tom e os de sopro diminuem o tom durante a performance. Por quê?

Raciocínio Sem o aquecimento, todos os instrumentos estarão na temperatura ambiente no começo do concerto. À medida que os instrumentos de sopro são tocados, eles se enchem de ar quente de exalação do músico. O aumento da temperatura do ar no instrumento provoca um aumento na velocidade do som, que aumenta as frequências fundamentais das colunas de ar. Como consequência, os instrumentos de sopro ficam acima do tom. As cordas nos instrumentos de cordas também aumentam a temperatura devido ao atrito de fricção com o arco. Esse aumento de temperatura resulta na expansão térmica, que provoca uma diminuição da tensão nas cordas. (Vamos estudar a expansão térmica no Capítulo 16.) Com uma diminuição da tensão, a velocidade da onda nas cordas cai e as frequências fundamentais diminuem. Portanto, os instrumentos de cordas ficam abaixo do tom. ◄

Exemplo 14.4 | Vento em uma galeria

A seção de uma galeria de drenagem com 1,23 m de comprimento faz um som uivante quando o vento sopra por sua extremidade.

(A) Determine as frequências dos primeiros três harmônicos da galeria se ela tem formato cilíndrico e é aberta nas duas extremidades. Considere $v = 343$ m/s como a velocidade do som no ar.

SOLUÇÃO

Conceitualização O som do vento soprando pela extremidade do tubo contém muitas frequências, e a galeria responde ao som vibrando nas frequências naturais da coluna de ar.

Categorização Este exemplo é um problema relativamente simples de substituição.

Encontre a frequência do primeiro harmônico da galeria, modelando-o como uma coluna de ar aberta nas duas extremidades:

$$f_1 = \frac{v}{2L} = \frac{343 \text{ m/s}}{2(1,23 \text{ m})} = \boxed{139 \text{ Hz}}$$

Encontre os próximos harmônicos multiplicando por números inteiros:

$$f_2 = 2f_1 = \boxed{279 \text{ Hz}}$$

$$f_3 = 3f_1 = \boxed{418 \text{ Hz}}$$

(B) Quais são as três frequências naturais mais baixas da galeria se uma de suas extremidades for bloqueada?

SOLUÇÃO

Encontre a frequência do primeiro harmônico da galeria, modelando-a como uma coluna de ar fechada em uma ponta:

$$f_1 = \frac{v}{4L} = \frac{343 \text{ m s}}{4(1,23 \text{ m})} = \boxed{69,7 \text{ Hz}}$$

Encontre os próximos dois harmônicos multiplicando por números inteiros ímpares:

$$f_3 = 3f_1 = \boxed{209 \text{ Hz}}$$

$$f_5 = 5f_1 = \boxed{349 \text{ Hz}}$$

Exemplo 14.5 | Medindo a frequência de um diapasão

Um aparelho simples para demonstrar a ressonância em uma coluna de ar é descrito na Figura 14.11. Um tubo vertical aberto nas duas extremidades é parcialmente submerso em água, e um diapasão vibrando com frequência desconhecida é colocado perto do topo do tubo. O comprimento L da coluna de ar pode ser ajustado movendo o tubo verticalmente. As ondas sonoras geradas pelo diapasão são reforçadas quando L corresponde a uma das frequências de ressonância do tubo. Para o tubo, o menor valor de L para o qual um pico ocorre na intensidade do som é 9,00 cm.

(A) Qual é a frequência do diapasão?

SOLUÇÃO

Conceitualização Considere que este problema é diferente do do exemplo anterior. Na galeria, o comprimento era fixo e a coluna de ar recebeu uma mistura de muitas frequências. O tubo, aqui, recebe uma frequência única do diapasão, e o comprimento do tubo varia até que atinja a ressonância.

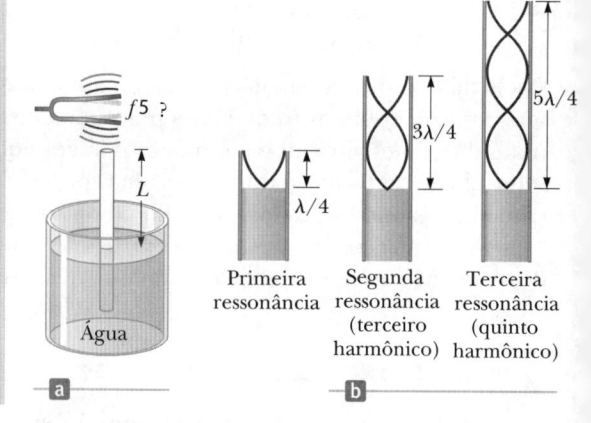

Figura 14.11 (Exemplo 14.5) (a) Aparelho para demonstrar a ressonância de ondas sonoras em um tubo fechado em uma extremidade. O comprimento L da coluna de ar é variado movendo o tubo verticalmente, enquanto está parcialmente submerso em água. (b) Os três primeiros modos normais do sistema mostrados em (a).

Categorização Este exemplo é um problema simples de substituição. Embora o tubo seja aberto em sua extremidade inferior para permitir a entrada de água, sua superfície age como uma barreira. Portanto, essa configuração pode ser modelada como uma coluna de ar fechada em uma extremidade.

Use a Equação 14.10 para achar a frequência fundamental para $L = 0{,}0900$ m:
$$f_1 = \frac{v}{4L} = \frac{343 \text{ m s}}{4(0{,}0900 \text{ m})} = \boxed{953 \text{ Hz}}$$

Como o diapasão faz a coluna de ar ressoar nessa frequência, esta deve ser aquela do diapasão.

(B) Quais são os valores de L para as duas próximas condições de ressonância?

SOLUÇÃO

Use a Equação 13.12 para achar o comprimento de onda da onda sonora do diapasão:
$$\lambda = \frac{v}{f} = \frac{343 \text{ m/s}}{953 \text{ Hz}} = 0{,}360 \text{ m}$$

Note na Figura 14.11b que o comprimento da coluna de ar para a segunda ressonância é $3\lambda/4$:
$$L = 3\lambda/4 = \boxed{0{,}270 \text{ m}}$$

Note na Figura 14.11b que o comprimento da coluna de ar para a terceira ressonância é $5\lambda/4$:
$$L = 5\lambda/4 = \boxed{0{,}450 \text{ m}}$$

14.5 | Batimentos: interferência no tempo

Os fenômenos de interferência estudados até agora envolvem a superposição de duas ou mais ondas com a mesma frequência. Como a amplitude da oscilação de elementos do meio varia com a posição no espaço do elemento em uma dessas ondas, referimo-nos aos fenômenos como interferência espacial. Ondas estacionárias em cordas e tubos são exemplos comuns de *interferência espacial*.

Vamos considerar outro tipo de interferência, que resulta da superposição de duas ondas com frequências levemente diferentes. Nesse caso, quando as duas ondas de amplitude A_1 e A_2 são observadas em um ponto no espaço, elas estão periodicamente dentro e fora de fase. Chamamos este fenômeno de *interferência no tempo* ou *interferência temporal*. Quando as ondas estão em fase, a amplitude combinada é $A_1 + A_2$. Quando estão fora de fase, a amplitude combinada é $|A_1 - A_2|$. Por conseguinte, a combinação varia entre pequenas e grandes amplitudes, resultando num fenômeno denominado **batimento**.

Embora os batimentos ocorram para todos os tipos de ondas, são percebidos, particularmente, em ondas sonoras. Por exemplo, se dois diapasões, de frequências ligeiramente diferentes, forem excitados, você ouve um som de intensidade pulsante.

O número de amplitudes máximas ouvido por segundo, ou a *frequência de batimento*, é igual à diferença em frequência entre as duas fontes. A frequência máxima de batimento que o ouvido humano pode detectar é de aproximadamente 20 batimentos/s. Quando a frequência de batimento excede esse valor, os batimentos se fundem com os sons que os produzem e são indistinguíveis.

Pode-se usar o batimento para afinar instrumentos de corda, como um piano, batendo uma nota contra um tom de referência de frequência conhecida. A frequência da corda pode ser ajustada para se igualar à frequência de referência, alterando a tensão da corda até que os batimentos desapareçam; as duas frequências, então, são as mesmas.

Observemos a representação matemática dos batimentos. Considere duas ondas sonoras de amplitudes iguais se propagando por um meio com frequências levemente diferentes f_1 e f_2. Podemos representar a posição de um elemento do meio associado a cada onda, num ponto fixo $x = 0$, como

$$y_1 = A \cos 2\pi f_1 t \quad \text{e} \quad y_2 = A \cos 2\pi f_2 t$$

Usando o princípio de superposição, descobrimos que a posição resultante neste ponto é dada por

$$y = y_1 + y_2 = A(\cos 2\pi f_1 t + \cos 2\pi f_2 t)$$

É conveniente escrever esta expressão em uma forma que use a identidade trigonométrica:

$$\cos a + \cos b = 2 \cos\left(\frac{a-b}{2}\right) \cos\left(\frac{a+b}{2}\right)$$

Deixando $a = 2\pi f_1 t$ e $b = 2\pi f_2 t$, vemos que

$$y = \left[2A \cos 2\pi \left(\frac{f_1 - f_2}{2}\right) t\right] \cos 2\pi \left(\frac{f_1 + f_2}{2}\right) t \qquad \text{14.11} \blacktriangleleft$$

Os gráficos das ondas individuais e da onda resultante são mostrados na Figura Ativa 14.12. A partir dos fatores na Equação 14.11, vemos que a onda resultante tem uma frequência efetiva igual à frequência média $(f_1 + f_2)/2$ e uma amplitude de

$$A_{x=0} = 2A \cos 2\pi \left(\frac{f_1 - f_2}{2}\right) t \qquad \text{14.12} \blacktriangleleft$$

Ou seja, a *amplitude varia no tempo* com uma frequência de $(f_1 + f_2)/2$. Quando f_1 for próxima de f_2, essa variação de amplitude é lenta quando comparada à frequência das ondas individuais, como ilustrado pela função envelope (linha quebrada) da onda resultante na Figura Ativa 14.12b.

O máximo na amplitude da onda de som resultante é detectado sempre que:

$$\cos 2\pi \left(\frac{f_1 - f_2}{2}\right) t = \pm 1$$

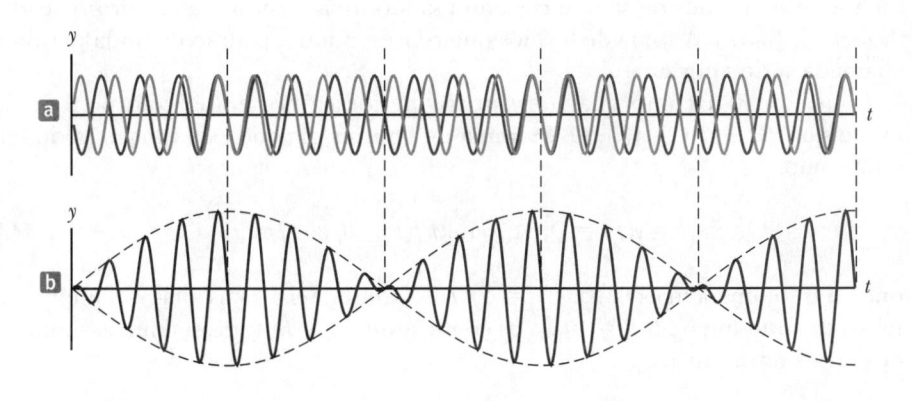

Figura Ativa 14.12 Batimentos são formados pela combinação de duas ondas de frequências levemente diferentes: (a) as ondas individuais e (b) a onda combinada. A onda envoltória (linha pontilhada) representa o batimento dos sons combinados.

Isto é, a amplitude tem dois pontos máximos em cada ciclo da função à esquerda na expressão anterior. Portanto, o número de batimentos por segundo, ou a frequência de batimento f_b, é o dobro desse valor:

$$f_b = |f_1 - f_2| \qquad 14.13$$

▶ Frequência de batimento

Por exemplo, se um diapasão vibra a 438 Hz e um segundo a 442 Hz, a onda sonora resultante da combinação tem frequência de $(f_1 + f_2)/2 = 440$ Hz (a nota musical Lá) e uma frequência de batimento de $|f_1 - f_2| = 4$ Hz. Um ouvinte ouviria uma onda sonora de 440 Hz passar por uma intensidade máxima quatro vezes a cada segundo.

TESTE RÁPIDO 14.6 Você está afinando um violão, comparando o som da corda com a de um diapasão padrão. Você percebe uma frequência de batimento de 5 Hz, quando ambos os sons estão presentes. Você aperta a corda do violão e a frequência de batimento eleva-se para 8 Hz. Para afinar a corda exatamente ao diapasão, o que deve fazer? (**a**) Continuar a apertar a corda. (**b**) Soltar a corda. (**c**) É impossível determinar.

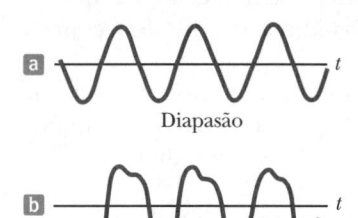

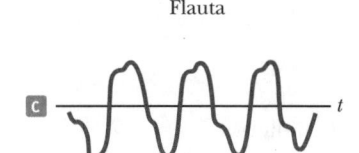

Figura 14.13 Padrões de ondas sonoras produzidos por (a) um diapasão, (b) uma flauta e (c) um clarinete, cada um aproximadamente na mesma frequência.

14.6 | Padrões de ondas não senoidais

Os padrões de ondas sonoras produzidos pela maioria dos instrumentos musicais são não senoidais. Padrões característicos produzidos por um diapasão, uma flauta e um clarinete, cada um tocando a mesma nota, são mostrados na Figura 14.13. Embora cada instrumento tenha seu próprio padrão característico, a Figura 14.13 mostra que todas as três formas de onda são periódicas. A vibração de um diapasão produz primordialmente um harmônico (fundamental), enquanto a flauta e o clarinete produzem muitas frequências, que incluem o fundamental e diversos harmônicos. As formas de onda não senoidais produzidas por um violino ou por um clarinete e a riqueza correspondente dos tons musicais são resultado da superposição de vários harmônicos.

Este fenômeno contrasta com um instrumento musical de percussão, como o tambor, no qual a combinação de frequências não forma uma série harmônica. Quando frequências que são múltiplos inteiros de uma frequência fundamental são combinadas para fazer um som, o resultado é um som *musical*. Um ouvinte pode atribuir um tom ao som com base na frequência fundamental. Tom é uma reação psicológica que permite a uma pessoa classificar o som em uma escala de baixo para alto (baixo para soprano). Combinações de frequências que não são múltiplos inteiros de uma fundamental resultam em *ruído*, e não em som musical. É muito mais difícil um ouvinte atribuir um tom a um ruído que a um som musical.

A análise de padrões de ondas não senoidais parece ser uma tarefa desafiadora. Entretanto, se o padrão de onda é periódico, ele pode ser representado pela combinação de um número suficientemente grande de ondas senoidais que formam uma série de harmônicos. Na realidade, podemos representar qualquer função periódica como uma série de termos de seno e cosseno usando uma técnica matemática baseada no *Teorema de Fourier*. A soma de termos que representam o padrão de onda periódica é chamada **série Fourier**.

Considere $y(t)$ como qualquer função periódica no tempo com período T de modo que $y(t + T) = y(t)$. O **Teorema de Fourier** diz que essa função pode ser escrita como:

▶ Teorema de Fourier

$$y(t) = \sum (A_n \operatorname{sen} 2\pi f_n t + B_n \cos 2\pi f_n t) \qquad 14.14$$

onde a frequência mais baixa é $f_1 = 1/T$. As frequências mais altas são múltiplos inteiros da fundamental, $f_n = nf_1$, e os coeficientes A_n e B_n representam as amplitudes dos vários harmônicos.

> **Prevenção de Armadilhas | 14.4**
> **Tom *versus* frequência**
> Não confunda o termo *tom* com *frequência*. Frequência é a medida física do número de oscilações por segundo. Tom é uma reação psicológica que permite a uma pessoa classificar o som em uma escala de alto para baixo ou de soprano para baixo. Então, a frequência é o estímulo e o tom é a resposta. Embora o tom seja fortemente, mas não completamente, relacionado à frequência, eles não são a mesma coisa. Uma frase como "o tom do som" é incorreta, porque tom não é uma propriedade física do som.

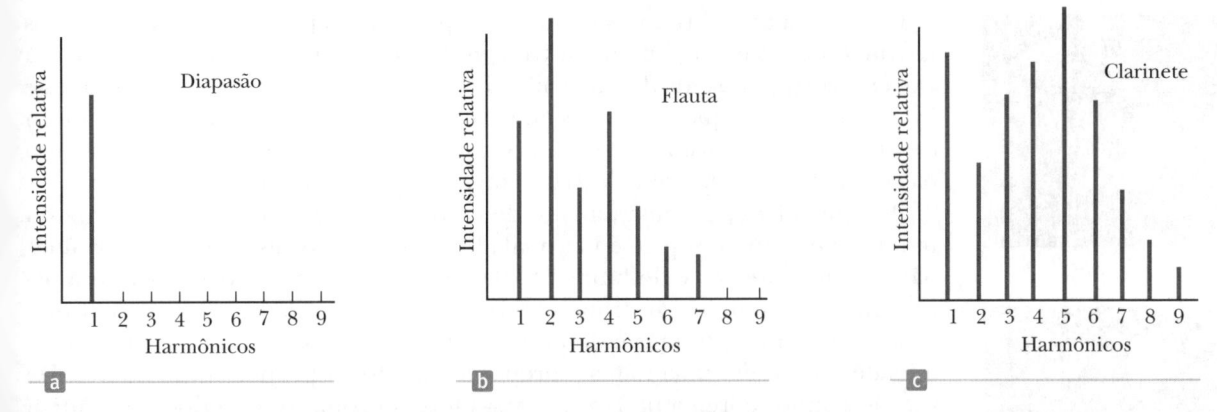

Figura 14.14 Harmônicos dos padrões de onda mostrados na Figura 14.13. Note as variações em intensidade dos diversos harmônicos. As partes (a), (b) e (c) correspondem àquelas na Figura 14.13.

A Figura 14.14 representa uma análise harmônica dos padrões de onda mostrados na Figura 14.13. Note a variação na intensidade relativa dos vários harmônicos para a flauta e o clarinete. Em geral, qualquer som musical consiste em uma série harmônica com intensidade relativa variável.

Discutimos a *análise* de um padrão de onda usando o Teorema de Fourier, que envolve determinar os coeficientes dos harmônicos na Equação 14.14 a partir do conhecimento do padrão de onda. O processo inverso, chamado *síntese de Fourier*, também pode ser realizado; neste, os diversos harmônicos são adicionados para formar um padrão de onda resultante. Como exemplo da síntese de Fourier, considere a construção de uma onda quadrada mostrada na Figura Ativa 14.15. A simetria da onda quadrada resulta na combinação somente de múltiplos ímpares da frequência fundamental em sua síntese. Na Figura Ativa 14.15a, a curva cinza escuro mostra a combinação de f e $3f$. Na 14.15b, adicionamos $5f$ à combinação e obtivemos a curva cinza claro. Note como o formato geral da onda quadrada é aproximado, embora as porções mais altas e mais baixas não sejam planas como deveriam ser.

A Figura Ativa 14.15c mostra o resultado da adição de frequências ímpares até $9f$, a curva cinza. Essa aproximação para a onda quadrada (curva preta) é melhor que as partes (a) e (b). Para aproximar a onda quadrada tanto quanto possível, adicionamos todos os múltiplos ímpares da frequência fundamental até a frequência infinita.

A mistura física de harmônicos pode ser descrita como o **espectro** do som, com um gráfico como a Figura 14.14. A reação psicológica às mudanças no espectro de um som é a detecção de uma mudança no **timbre** ou na **qualidade** do som. Se um clarinete e um trompete estiverem tocando a mesma nota, você vai atribuir o mesmo tom para as duas notas. No entanto, se apenas um dos instrumentos, em seguida, reproduz a nota, você provavelmente será capaz de dizer qual instrumento está tocando. Os sons que você ouve dos dois instrumentos diferem em timbre por causa de uma mistura de harmônicos diferentes. Por exemplo, o timbre do som de um trompete é diferente daquele de um clarinete. Você provavelmente já desenvolveu palavras para descrever timbres de vários instrumentos, tais como "estridente", "suave" e "metálico".

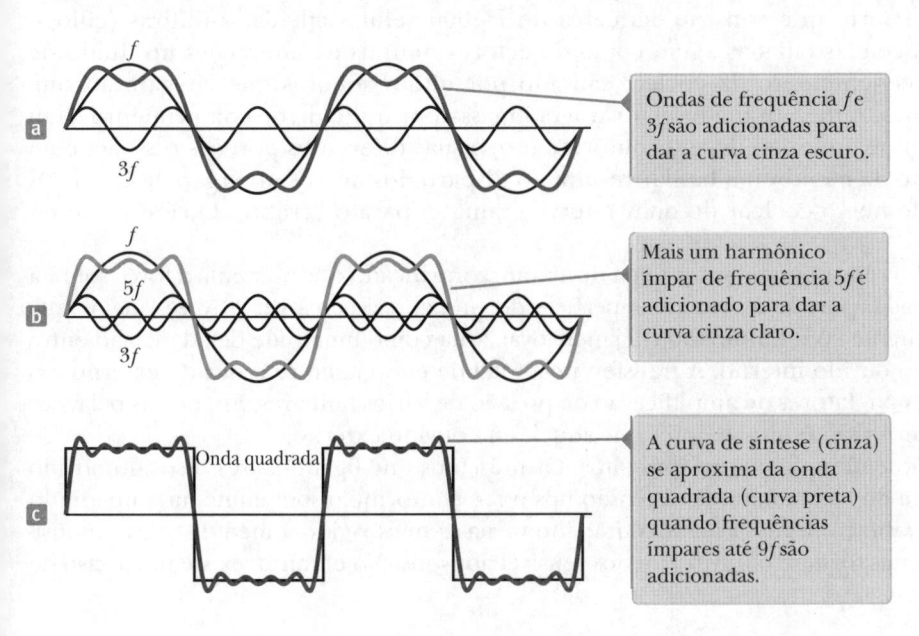

Figura Ativa 14.15 A síntese de Fourier de uma onda quadrada, representada pela soma de múltiplos ímpares do primeiro harmônico, que tem frequência f.

Ondas de frequência f e $3f$ são adicionadas para dar a curva cinza escuro.

Mais um harmônico ímpar de frequência $5f$ é adicionado para dar a curva cinza claro.

A curva de síntese (cinza) se aproxima da onda quadrada (curva preta) quando frequências ímpares até $9f$ são adicionadas.

O teorema de Fourier nos permite compreender o processo de excitação dos instrumentos musicais. Em um instrumento de corda que é dedilhado, como um violão, a corda é puxada de lado e liberada. Após a liberação, a corda oscila quase livremente; um pequeno amortecimento faz com que a amplitude decaia a zero eventualmente. A mistura de frequências harmônicas depende do comprimento da corda, de sua densidade de massa linear e do ponto dedilhado.

Por outro lado, um instrumento de cordas arqueadas, como um violino, ou um instrumento de sopro, é um oscilador forçado. No caso do violino, a alternância entre pressão e deslizamento da corda fornecem a força propulsora periódica. No caso de um instrumento de sopro, a vibração de uma palheta (num sopro), dos lábios do músico (em um metal), ou o sopro de ar em uma extremidade (como em uma flauta), proporciona a força propulsora periódica. De acordo com o teorema de Fourier, essas forças propulsoras periódicas contêm uma mistura de frequências harmônicas. A corda do violino ou a coluna de ar em um instrumento de sopro são, consequentemente, impulsionadas com uma grande variedade de frequências. A frequência realmente tocada é determinada pela *ressonância*, que estudamos no Capítulo 12. A resposta máxima do instrumento será para aquelas frequências que se igualam ou se aproximam muito das frequências harmônicas do instrumento. O espectro do instrumento, portanto, depende muito dos pontos fortes dos vários harmônicos na força propulsora inicial periódica.

Cada instrumento musical tem suas características próprias de som e mistura de harmônicos.
Os instrumentos mostrados são (a) violino, (b) saxofone e (c) trompete.

14.7 | O ouvido e as teorias de percepção do tom BIO

O ouvido humano (Fig. 14.16) é dividido em três regiões: o ouvido externo, o ouvido médio e o ouvido interno. O *ouvido externo* é composto pelo canal do ouvido (que é aberto para a atmosfera), encerrando no tímpano. As ondas sonoras viajam pelo canal do ouvido para o tímpano, que vibra em resposta à alternância de pressões altas e baixas de ondas. Por trás do tímpano estão três pequenos ossos do *ouvido médio*, chamados martelo, bigorna e estribo por causa de suas formas. Esses ossos transmitem a vibração para o *ouvido interno*, que contém a cóclea, um tubo em forma de caracol de cerca de 2 cm de comprimento. A cóclea faz contato com o estribo na janela oval e é dividida ao longo do seu comprimento pela membrana basilar, em um compartimento superior e um inferior. Repousando sobre a membrana basilar está o órgão de Corti, que consiste em cerca de 15 000 células ciliadas auditivas (cílios). As células ciliadas agem como detectores neurais de alterações no fluido de preenchimento da cóclea, causado por ondas sonoras que chegam ao tímpano. A membrana basilar varia em massa por unidade de comprimento e em tensão ao longo do seu comprimento, e suas diferentes porções ressoam com diferentes frequências. O movimento da membrana basilar resulta no disparo dos nervos no órgão de Corti. Os sinais neurais são transportados pelo nervo coclear do oitavo nervo craniano para o cérebro. O cérebro interpreta os sinais como som.

Os pequenos ossos do ouvido médio representam um sistema de alavanca intrincado que aumenta a força sobre a janela oval. A pressão é muito ampliada, porque a área de superfície do tímpano é cerca de 20 vezes maior que a janela oval. O ouvido médio, juntamente com o tímpano e a janela oval, atua como uma rede de adaptação entre o ar no ouvido externo e o líquido no ouvido interno. A transferência total de energia entre o ouvido externo e o ouvido interno é altamente eficiente, com fatores de amplificação da pressão de vários milhares. Em outras palavras, as variações de pressão no ouvido interno são muito maiores que aquelas no ouvido externo.

O ouvido tem sua própria proteção embutida contra sons altos. Os músculos que ligam os três ossos do ouvido médio às paredes controlam o volume do som, alterando a tensão nos ossos conforme o som aumenta, impedindo assim a sua capacidade de transmitir vibrações. Além disso, o tímpano torna-se mais rígido à medida que a intensidade do som aumenta. Esses dois eventos tornam o ouvido menos sensível aos sons. No entanto, existe um atraso de

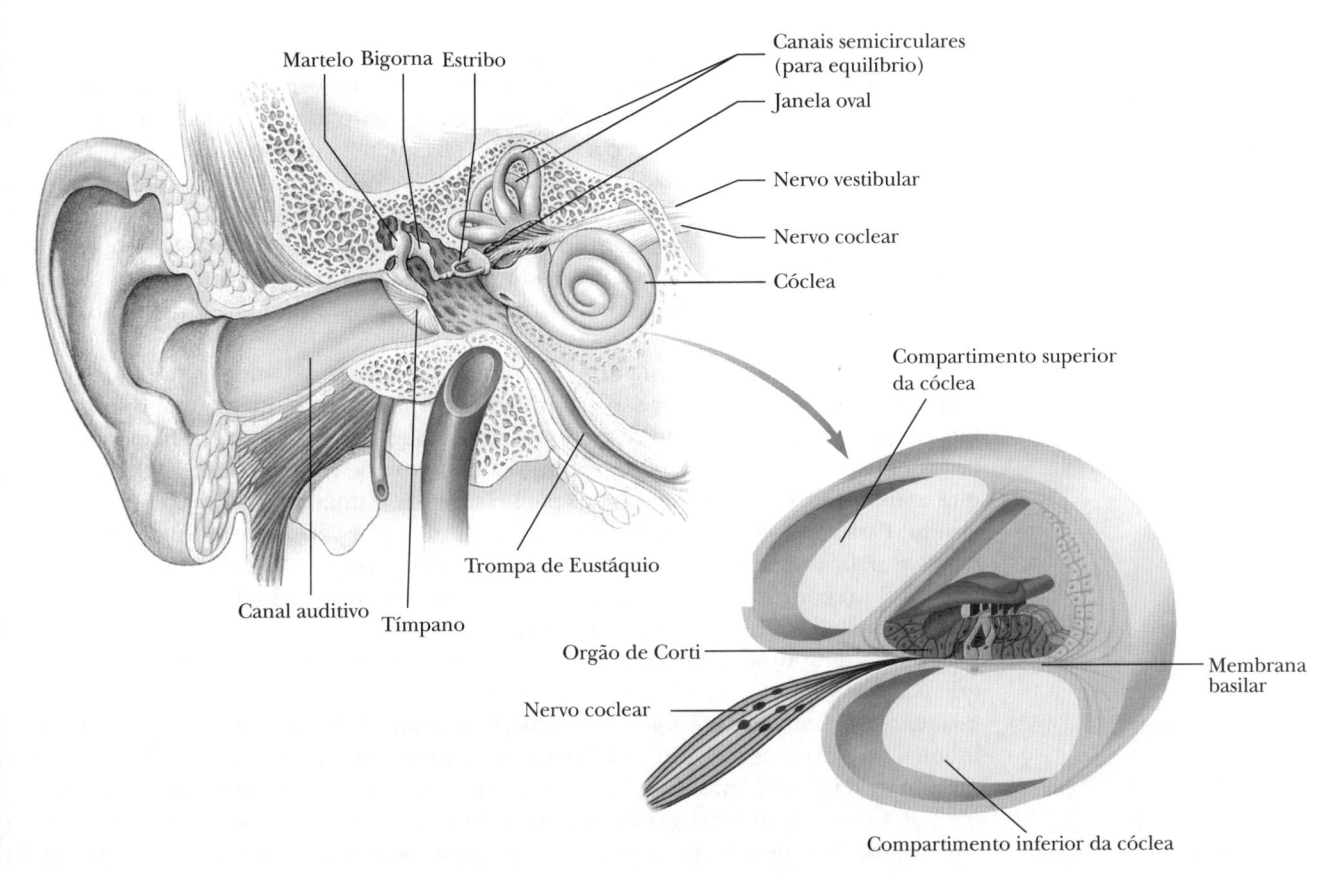

Figura 14.16 A estrutura do ouvido humano. Os três pequenos ossos (martelo, bigorna e estribo), que ligam o tímpano à janela da cóclea, agem como um sistema de alavanca dupla para diminuir a amplitude de vibração e, consequentemente, aumentar a pressão sobre o fluido na cóclea. O lado direito da figura mostra um corte transversal ampliado da cóclea. (Visualização ampliada de Sherwood, *Fundamentos de Fisiologia Humana*, 4a ed., Brooks/Cole.)

tempo entre o início de um som forte e reação de proteção do ouvido, assim, um som alto muito repentino pode ainda danificar o ouvido.

Teorias de percepção de tom

Como observado na "Prevenção de Armadilhas 14.4", o *tom* é uma resposta psicológica humana ao estímulo de uma onda sonora. Várias teorias no campo da *psicoacústica* foram propostas em relação à maneira pela qual o tom é percebido pelo ouvido humano. Vamos descrever brevemente as duas teorias mais comuns e aceitas de audição, a *teoria de lugar* e a *teoria temporal*.

A maior influência sobre a percepção do tom é a frequência do som. O tom pode alterar, no entanto, ainda que a frequência permaneça constante. Por exemplo, um grande número de indivíduos percebe uma mudança no tom de um som quando sua intensidade é aumentada rapidamente, enquanto a sua frequência permanece fixa. Qualquer teoria bem-sucedida de percepção de tom deve abordar esse efeito. Outro resultado experimental interessante é a *fundamental ausente*. Suponhamos que um som, que consiste em uma mistura de harmônicos, seja apresentado a um ouvinte. O tom global do som vai ser associado à frequência fundamental, como observado para cordas de vibração na Seção 14.3. Agora imagine que a frequência fundamental do som seja filtrada. As experiências mostram que o tom do som permanece o mesmo, embora a frequência associada a esse tom não esteja mais presente. Este efeito também deve ser previsto por uma teoria de percepção do tom.

A teoria local assume que cada região de fibras nervosas auditivas ao longo da membrana basilar é sensível a uma determinada frequência de som (ver um corte transversal da cóclea na Fig. 14.16). De acordo com essa teoria, o tom percebido de uma frequência particular depende do local ao longo da membrana basilar que exibe a vibração máxima. Essa teoria é consistente com as observações experimentais feitas em ouvidos de animais.

A vibração significativa vai se espalhar ao longo de um comprimento curto da membrana basilar, ao invés de ocorrer em um ponto agudo. Portanto, deve haver algum mecanismo para apurar a resposta. Ainda não se sabe claramente como funciona esse mecanismo.

Uma variação dessa teoria, conhecida como *teoria das ondas viajantes*, sugere que o estribo, um dos ossos do ouvido médio, produz uma onda viajante junto à membrana basilar. A amplitude máxima da onda ocorre num ponto junto à membrana basilar na qual a frequência característica corresponde à frequência da fonte.

A teoria de lugar é capaz de explicar a mudança de tom com o rápido aumento da intensidade do estímulo sonoro. À medida que a intensidade do som aumenta, a região de resposta significativa junto à membrana basilar se espalha. Se este espalhamento não é simétrico, então a posição média de resposta pode mudar um pouco a partir da sua localização para o som original suave. Essa mudança é detectada como uma mudança no tom.

A teoria temporal, também conhecida como *teoria do tempo*, sugere que todos os elementos da membrana basilar são estimulados por todas as frequências, e o tom percebido depende do número de vezes por segundo que os neurônios produzem descarga no sistema nervoso auditivo. Por exemplo, uma fonte de frequência 2,000 kHz faz com que os neurônios enviem mensagens para o cérebro, a uma razão de 2,000 vezes por segundo. Para um som musical complexo constituído por vários harmônicos, a frequência de repetição geral da forma de onda é aquela da frequência fundamental. A teoria temporal preconiza que o ouvido detecta essa taxa de repetição da forma de onda e o cérebro decodifica o tom com base nessa informação.

A teoria temporal explica o fenômeno do fundamental ausente. Mesmo após a frequência fundamental ser filtrada para fora de um som complexo, *a frequência de repetição do conjunto de harmônicas é ainda aquela da fundamental.* Por exemplo, se o primeiro harmônico do clarinete na Figura 14.14c for filtrado, a onda do clarinete na Figura 14.13c vai mudar de forma, mas ainda vai repetir com a mesma frequência, aquela da fundamental. Com base neste conceito, o ouvido envia um sinal para ao cérebro relacionado com a taxa de repetição do som, e um tom associado com o fundamental é atribuído mesmo que a fundamental não esteja presente.

BIO Implantes cocleares

Um dos avanços médicos mais surpreendentes nas últimas décadas é o implante coclear, permitindo que alguns indivíduos surdos ouçam. A surdez pode ocorrer quando os sensores semelhantes a pelos (cílios) da cóclea se rompem ao longo da vida ou, por vezes, por causa da exposição prolongada a sons altos. Uma vez que os cílios não voltam a crescer, o ouvido perde a sensibilidade para determinadas frequências de som. O implante coclear estimula os nervos do ouvido eletronicamente para restaurar a perda auditiva causada pelos cílios danificados ou ausentes.

A pesquisa com implantes cocleares modernos sugere que a percepção de tom pode depender tanto da localização da resposta ao longo da membrana basilar como da frequência na qual os neurônios emitem descarga, uma combinação de ambas as teorias. A teoria de lugar pode ser dominante para frequências acima da taxa máxima de disparo dos neurônios. A pesquisa continua nesta área interessante que combina física, biologia e psicologia.

14.8 | Conteúdo em contexto: com base em antinodos

Como exemplo da aplicação de ondas estacionárias aos terremotos, consideramos os efeitos das ondas estacionárias em *bacias sedimentares*. Muitas das principais cidades do mundo são construídas em bacias sedimentares, que são depressões topográficas que, ao longo do tempo geológico, são preenchidas com sedimentos. Essas áreas oferecem grandes extensões de terras planas, muitas vezes cercadas por montanhas atraentes, como na bacia de Los Angeles. Terra plana para a construção e belo cenário atraíram os primeiros colonos e resultaram nas cidades de hoje.

A destruição por um terremoto pode aumentar dramaticamente se as frequências naturais dos edifícios ou das outras estruturas coincidirem com as frequências ressonantes da bacia subjacente. Essas frequências de ressonância estão associadas a ondas estacionárias tridimensionais, formadas a partir de ondas sísmicas refletidas nos limites da bacia.

Para compreender essas ondas estacionárias, suponhamos um modelo simples de bacia no formato de elipsoide, similar a um ovo cortado ao meio no seu diâmetro mais longo. Quatro possíveis modos normais associados ao movimento do solo em tal bacia são mostrados na Figura 14.17. O eixo longo do elipsoide é chamado de x e o eixo menor, de y. Na Figura 14.17a, toda a superfície do solo se move para cima e para baixo (isto é, dentro e fora da página) exceto numa curva nodal circulando em torno da borda da bacia.

No modo fundamental de oscilação, a única linha nodal é a borda da bacia e toda a superfície se move junta para cima e para baixo.

A superfície oscila em duas metades, com uma linha nodal ao longo do eixo x.

A superfície oscila em duas metades, com uma linha nodal ao longo do eixo y.

A superfície oscila em quatro quartos, com linhas nodais ao longo de ambos os eixos x e y.

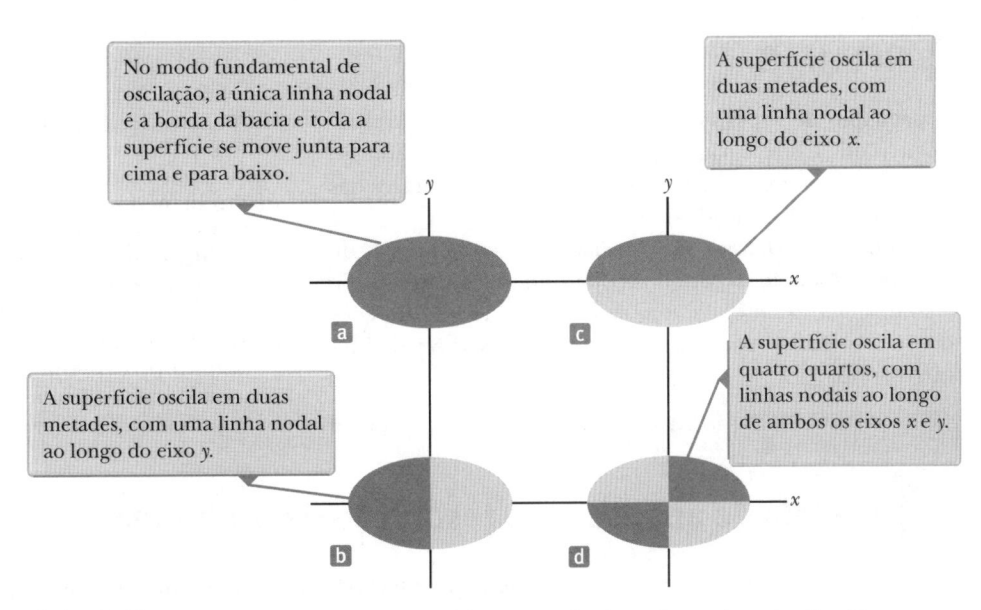

Figura 14.17 Vista superior de ondas estacionárias em uma bacia em forma de meio elipsoide. Em cada caso, se o elemento cinza escuro está acima do plano da página em determinado instante, o elemento cinza claro está abaixo do plano da página.

Nas figuras 14.17b e 14.17c, metade da superfície do solo encontra-se acima e metade encontra-se abaixo da posição de equilíbrio, sendo que cada metade oscila para cima e para baixo em ambos os lados de uma linha nodal. A linha nodal está junta ao eixo y na Figura 14.17b e ao longo do eixo x na Figura 14.17c. Na Figura 14.17d, as linhas nodais ocorrem ao longo de ambos os eixos x e y e a superfície oscila em quatro segmentos, com dois acima da posição de equilíbrio a qualquer momento, e os outros dois abaixo.

Os padrões de ondas estacionárias em uma bacia surgem de ondas sísmicas que se propagam horizontalmente entre os limites da bacia. Para estruturas construídas sobre bacias sedimentares, o grau de risco sísmico dependerá dos modos da excitação das ondas estacionárias pela interferência de ondas sísmicas presas na bacia. É claro que as estruturas construídas em regiões de movimento do solo máximo (isto é, os antinodos) sofrerão máxima agitação, enquanto estruturas que se localizam perto de nodos irão experimentar um movimento de solo relativamente leve. Essas considerações parecem ter desempenhado um papel importante na destruição seletiva que ocorreu na Cidade do México no terremoto Michoacán, em 1985, e no terremoto de Loma Prieta, em 1989, que causou o colapso de uma seção da rodovia Nimitz, em Oakland, Califórnia.

Um efeito similar ocorre em volumes de água limitados, tais como portos e baías. Um padrão de onda estacionária que ocorra em tal volume de água é chamado de **seicha**. Esse padrão de onda pode resultar em variações do nível da água que exibem um período de vários minutos, sobreposto nos longos períodos de variações das marés. Seichas podem ser causadas por terremotos, *tsunamis*, ventos ou perturbações meteorológicas. Você pode criar uma seicha em sua banheira, deslizando para trás e para frente apenas na frequência correta de tal forma que a água espirra para trás e para frente em uma grande amplitude de forma que grande parte dela derrama no chão.

Durante o terremoto de Northridge em 1994, piscinas em todo o sul da Califórnia transbordaram como resultado de seichas criadas pelo tremor da terra. Eventos sísmicos podem também causar seicha muito longe do epicentro. O terremoto de magnitude 8,8, no Chile em 27 de fevereiro de 2010, causou uma seicha mensurável em Lake Pontchartrain, Louisiana, de altura de 0,15 m. Um exemplo mais dramático foi o terremoto de magnitude 9,0, no Japão, em 11 de março de 2011. Isso causou uma seicha de 1,8 m em Sognefjorden, o maior fiorde na Noruega!

Consideramos agora o papel das ondas estacionárias nos danos causados por um terremoto. Na conclusão, juntaremos os princípios das vibrações e das ondas que aprendemos para responder de forma mais completa à pergunta central deste Contexto.

RESUMO

O **princípio de superposição** especifica que, quando duas ou mais ondas se propagam por um meio, o valor da função de onda resultante é igual à soma algébrica dos valores das funções de onda individuais.

Ondas estacionárias são formadas da combinação de duas ondas senoidais com a mesma frequência, amplitude e comprimento de onda, mas se propagando em direções opostas. A onda estacionária resultante é descrita pela função de onda:

$$y = (2A \, \text{sen} \, kx) \cos \omega t \qquad 14.2◄$$

Os pontos de amplitude máxima (chamados **antinodos**) estão separados por uma distância de $\lambda/2$. No ponto médio entre os antinodos estão os pontos de amplitude zero (chamados de **nodos**).

O fenômeno de **batimento** é a variação periódica da intensidade em um ponto devida à superposição de duas ondas com frequências levemente diferentes. Para ondas sonoras em um ponto dado, ouve-se uma alternação na intensidade sonora com o tempo.

Toda forma de onda periódica pode ser representada pela combinação de ondas senoidais que formam uma série harmônica. O processo é baseado no **teorema de Fourier**.

Modelo de análise para resolução de problemas

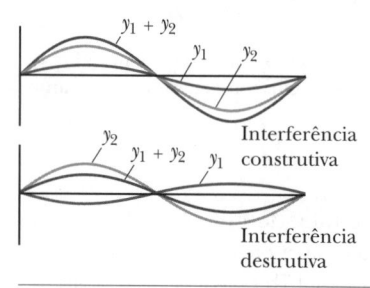

Ondas em interferência. Quando duas ondas com frequências iguais se sobrepõem, a onda resultante tem uma amplitude que depende do ângulo de fase f entre as duas ondas. **Interferência construtiva** ocorre quando as duas ondas estão em fase, correspondendo a $\phi = 0, 2\pi, 4\pi, \ldots$ rad. **Interferência destrutiva** ocorre quando as duas ondas estão 180° fora de fase, correspondendo a $\phi = \pi, 3\pi, 5\pi, \ldots$ rad.

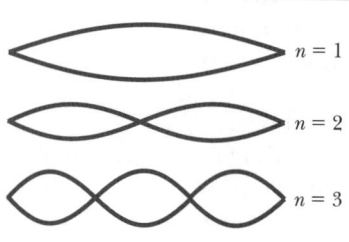

Ondas sob condições limite. Quando uma onda é sujeita a condições de contorno, somente algumas frequências naturais são permitidas; dizemos que as frequências são quantizadas.

Para ondas em uma corda fixa nas duas pontas, as frequências naturais são:

$$f_n = \frac{n}{2L}\sqrt{\frac{T}{\mu}} \quad n = 1, 2, 3, \ldots \qquad 14.7◄$$

onde T é a tensão na corda e μ é sua densidade de massa linear.

Para ondas sonoras com velocidade v em uma coluna de ar de comprimento L aberta em ambas as extremidades, as frequências naturais são:

$$f_n = n\frac{v}{2L} \quad n = 1, 2, 3, \ldots \qquad 14.9◄$$

Se uma coluna de ar é aberta em uma ponta e fechada em outra, somente harmônicos ímpares estão presentes e as frequências naturais são:

$$f_n = n\frac{v}{4L} \quad n = 1, 3, 5, \ldots \qquad 14.10◄$$

PERGUNTAS OBJETIVAS

1. Conforme pulsos de mesmo formato movem-se em direções opostas (um para cima e o outro para baixo) em uma corda e passam um pelo outro, em um determinado instante, a corda não apresenta deslocamento da posição de equilíbrio em ponto algum. O que aconteceu com a energia carregada pelos pulsos nesse momento? (a) Foi usada na produção do movimento anterior. (b) É toda energia potencial. (c) É toda energia interna. (d) É toda energia cinética. (e) A energia positiva de um pulso cancela-se a zero com a energia negativa do outro pulso.

2. Uma série de pulsos, cada um de amplitude 0,1 m, é enviada por uma corda presa a uma extremidade de um poste. Os pulsos são refletidos no poste e se propagam de volta ao longo da corda sem perder amplitude. (i) Qual é o deslocamento total em um ponto na corda onde os dois pulsos se cruzam? Suponha que a corda seja presa rigidamente ao poste. (a) 0,4 m (b) 0,3 m (c) 0,2 m (d) 0,1 m (e) 0. (ii) Suponha, agora, que a extremidade onde ocorre a reflexão seja livre para deslizar para cima e para baixo. Qual o deslocamento total em um ponto na corda

onde os dois pulsos se cruzam? Escolha sua resposta entre as mesmas possibilidades da parte (i).

3. Na Figura PO14.3, uma onda sonora com comprimento de onda 0,8 m se divide em duas partes iguais que se recombinam para interferir construtivamente, com a diferença original entre seus comprimentos de trajeto sendo $|r_2 - r_1| = 0,8$ m. Classifique as situações seguintes de acordo com a intensidade do som no receptor do mais alto para o mais baixo. Suponha que as paredes do tubo não absorvam energia do som. Dê classificações iguais para as situações em que a intensidade é igual. (a) A partir de sua posição original, a seção deslizante é movida 0,1 m para fora. (b) Em seguida, ela desliza mais 0,1 m para fora. (c) Ela desliza mais 0,1 m para fora. (d) Ela se move ainda mais 0,1 m.

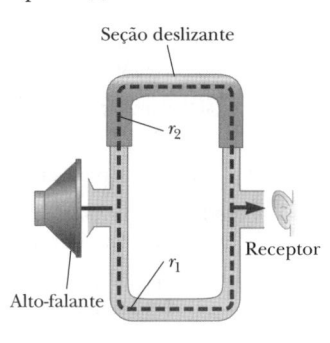

Figura PO14.3

4. Uma corda de comprimento L, massa por unidade de comprimento m e tensão T vibra em sua frequência fundamental. (i) Se o comprimento da corda é dobrado e todos os outros fatores forem mantidos constantes, qual é o efeito sobre a frequência fundamental? (a) Fica duas vezes maior. (b) Fica $\sqrt{2}$ vezes maior. (c) Fica inalterada. (d) Fica $1/\sqrt{2}$ vezes o tamanho. (e) Fica metade do tamanho. (ii) Se a massa por unidade de comprimento for dobrada e todos os outros fatores forem mantidos constantes, qual é o efeito sobre a frequência fundamental? Escolha entre as mesmas possibilidades da parte (i). (iii) Se a tensão é dobrada e todos os outros fatores forem mantidos constantes, qual é o efeito sobre a frequência fundamental? Escolha entre as mesmas possibilidades da parte (i).

5. Um arqueiro lança uma flecha horizontalmente do centro da corda de um arco segurado verticalmente. Depois que a flecha sai dela, a corda do arco vibra como uma superposição de quais harmônicos de onda estacionária? (a) Somente no harmônico número 1, o fundamental. (b) Somente no segundo harmônico. (c) Somente nos harmônicos ímpares 1, 3, 5, 7, ... (d) Somente nos harmônicos pares 2, 4, 6, 8, ... (e) Em todos os harmônicos.

6. Sabe-se que um diapasão vibra com frequência 262 Hz. Quando ele é tocado juntamente com uma corda de bandolim, quatro batimentos são ouvidos a cada segundo. Então, um pouco de fita é colocada em cada dente do diapasão, e ele, agora, produz cinco batimentos por segundo com a mesma corda de bandolim. Qual é a frequência da corda? (a) 257 Hz (b) 258 Hz (c) 262 Hz (d) 266 Hz (e) 267 Hz.

7. Uma flauta tem comprimento de 58,0 cm. Se a velocidade do som no ar é 343 m/s, qual é a frequência fundamental da flauta, supondo que seja um tubo fechado em uma extremidade e aberto na outra? (a) 148 Hz (b) 296 Hz (c) 444 Hz (d) 591 Hz (e) Nenhuma das anteriores.

8. Suponha que duas ondas senoidais idênticas estejam se propagando pelo mesmo meio na mesma direção. Sob que condição a amplitude da onda resultante será maior que qualquer uma das ondas originais? (a) Em todos os casos. (b) Só se as ondas não tiverem diferença de fase. (c) Só se a diferença de fase for menor que 90°. (d) Só se a diferença de fase for menor que 120°. (e) Só se a diferença de fase for menor que 180°.

9. Suponha que todas as seis cordas de comprimentos iguais de um violão acústico sejam tocadas sem dedilhar, ou seja, sem ser apertadas em nenhuma palheta. Quais quantidades são as mesmas para todas as seis cordas? Escolha todas as respostas corretas. (a) A frequência fundamental. (b) O comprimento de onda fundamental da onda da corda. (c) O comprimento de onda fundamental do som emitido. (d) A velocidade da onda da corda. (e) A velocidade do som emitido.

10. Quando dois diapasões são tocados ao mesmo tempo, uma frequência de batimento de 5 Hz ocorre. Se um dos diapasões tiver frequência de 245 Hz, qual é a frequência do outro? (a) 240 Hz (b) 242,5 Hz (c) 247,5 Hz (d) 250 Hz (e) Mais de uma resposta poderia ser correta.

11. Uma onda estacionária com três nodos é estabelecida em uma corda fixa nas duas extremidades. Se a frequência da onda for dobrada, quantos antinodos haverá? (a) 2 (b) 3 (c) 4 (d) 5 (e) 6.

PERGUNTAS CONCEITUAIS

1. Uma garrafa de refrigerante ressoa conforme o ar é soprado por seu topo. O que acontece com a frequência de ressonância à medida que o nível do fluido na garrafa diminui?

2. Quando duas ondas interferem construtiva ou destrutivamente, há alguma perda ou ganho de energia no sistema das ondas? Explique.

3. O que limita a amplitude de movimento de um sistema vibratório real que é forçado a vibrar em uma de suas frequências de ressonância?

4. O fenômeno de interferência de onda se aplica somente a ondas senoidais?

5. Explique como um instrumento musical, como um piano, pode ser afinado usando o fenômeno de batimentos.

6. Um mecânico de aviões nota que o som de um bimotor varia rapidamente em volume quando os dois motores estão funcionando. O que poderia estar causando essa variação de alto para baixo?

7. Um modelo tosco de garganta humana é um tubo aberto nas duas extremidades com uma fonte de vibração para introduzir o som em uma extremidade do tubo. Supondo que a fonte de vibração produza uma variação de frequências, discuta o efeito de mudar o comprimento do tubo.

8. Um diapasão, por si só, produz um som fraco. Explique como cada um dos métodos a seguir pode ser usado para dele obter um som mais alto. Explique também qualquer efeito no intervalo de tempo durante o qual o diapasão vibra audivelmente. (a) Segurar a borda de uma folha de papel contra um dente em vibração. (b) Apertar o cabo do diapasão contra um quadro de giz ou um tampo de mesa. (c) Segurar o diapasão em cima de uma coluna de ar de comprimento adequado, como no Exemplo 4.6. (d) Segurar o diapasão próximo de uma abertura cortada em uma folha de espuma ou papelão (com a abertura de tamanho e formato semelhantes àquele do dente do garfo e o movimento dos dentes perpendicular à folha).

PROBLEMAS

WebAssign Os problemas que se encontram neste capítulo podem ser resolvidos *on-line* no Enhanced WebAssign (em inglês)

1. denota problema direto;
2. denota problema intermediário;
3. denota problema desafiador;
1. denota problemas mais frequentemente resolvidos no Enhanced WebAssign;
BIO denota problema biomédico;
PD denota problema dirigido;

M denota tutorial Master It disponível no Enhanced WebAssign;
Q|C denota problema que pede raciocínio quantitativo e conceitual;
S denota problema de raciocínio simbólico;
sombreado denota "problemas emparelhados" que desenvolvem raciocínio com símbolos e valores numéricos;
W denota solução no vídeo Watch It disponível no Enhanced WebAssign.

Observação: a menos que especificado, suponha que a velocidade do som no ar seja 343 m/s, seu valor a uma temperatura do ar de 20,0 °C. A qualquer outra temperatura Celsius, T_C, a velocidade do som no ar é descrita por:

$$v = 331\sqrt{1 + \frac{T_C}{273}}$$

onde v é dado em m/s e T_C em °C.

Seção 14.1 Modelo de análise: ondas em interferência

1. **W** Duas ondas em uma corda são descritas pela função de ondas:

$$y_1 = 3,0 \cos(4,0x - 1,6t) \qquad y_2 = 4,0 \sen(5,0x - 2,0t)$$

onde x e y são dados em centímetros, e t em segundos. Encontre a superposição das ondas $y_1 + y_2$ nos pontos (a) $x = 1,00$, $t = 1,00$; (b) $x = 1,00$, $t = 0,500$; e (c) $x = 0,500$, $t = 0$. *Observação*: lembre-se de que os argumentos das funções trigonométricas são dados em radianos.

2. Dois pulsos de onda A e B se propagam em direções opostas, cada um com velocidade $v = 2.00$ cm/s. A amplitude de A é o dobro da de B. Os pulsos são mostrados na Figura P14.2 em $t = 0$. Desenhe a onda resultante em $t = 1,00$ s; 1,50 s; 2,00 s; 2,50 s e 3,00 s.

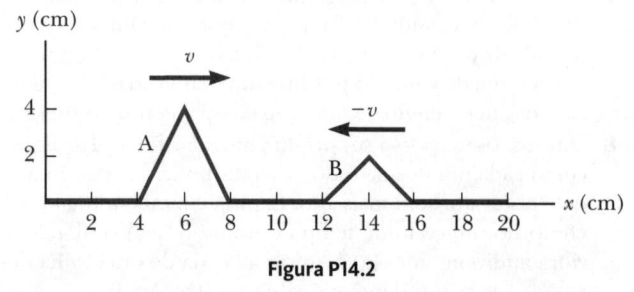

Figura P14.2

3. **M** Duas ondas senoidais são definidas pelas seguintes funções de onda.

$$y_1 = 2,00 \sen(20,0x - 32,0t) \qquad y_2 = 2,00 \sen(25,0x - 40,0t)$$

onde x, y_1 e y_2 são dados em centímetros, e t em segundos. (a) Qual é a diferença de fase entre essas duas ondas no ponto $x = 5,00$ cm e $t = 2,00$ s? (b) Qual é o valor positivo de x mais próximo da origem para o qual as duas fases diferem por $\pm \pi$ em $t = 2,00$ s? (Nesse local, as duas ondas somam zero.)

4. **W** Dois alto-falantes idênticos são colocados em uma parede a 2,00 m um do outro. Um ouvinte está a 3,00 m da parede diretamente em frente a um deles. Um único oscilador impulsiona os alto-falantes a uma frequência de 300 Hz. (a) Qual é a diferença de fase em radianos entre as ondas dos alto-falantes quando alcançam o observador? (b) **E se?** Qual é a frequência mais próxima de 300 Hz para a qual o oscilador pode ser ajustado para que o observador ouça o som mínimo?

5. **W** Duas ondas se propagam na mesma direção ao longo de uma corda esticada. As ondas estão 90,0° fora de fase. Cada onda tem amplitude de 4,00 cm. Encontre a amplitude da onda resultante.

6. Dois alto-falantes idênticos são forçados a vibrar pelo mesmo oscilador a uma frequência f. Eles estão localizados a uma distância d em relação um ao outro sobre um poste vertical. Um homem caminha em linha reta em direção ao mais baixo, e perpendicular em relação ao poste, como mostra a Figura P14.6. (a) Quantas vezes ele vai ouvir um mínimo de intensidade sonora? (b) A que distância ele está do poste nesses momentos? Considere que v representa a velocidade do som e que o solo não reflete o som.

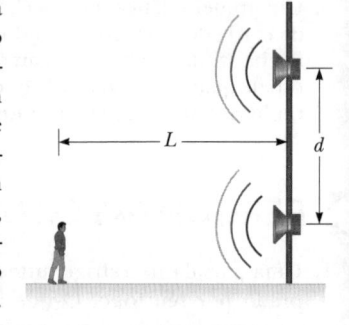

Figura P14.6

7. Dois pulsos se propagando na mesma corda são descritos por:

$$y_1 = \frac{5}{(3x - 4t)^2 + 2} \qquad y_2 = \frac{-5}{(3x + 4t - 6)^2 + 2}$$

(a) Em que direção cada pulso se propaga? (b) Em que instante eles se cancelam em qualquer lugar? (c) Em que ponto ambos sempre se cancelam?

8. *Por que a seguinte situação é impossível?* Dois alto-falantes idênticos são forçados a vibrar pelo mesmo oscilador a uma frequência de 200 Hz. Eles estão no solo a uma distância $d = 4,00$ m um do outro. Começando longe dos alto-falantes, um

homem caminha diretamente em direção ao da direita, como mostra a Figura P14.8. Depois de passar por três mínimos em intensidade de som, ele anda até o próximo máximo e para. Ignore qualquer reflexão do som do solo.

9. **M** Duas ondas senoidais progressivas são descritas pelas funções de ondas:

$$y_1 = 5{,}00 \operatorname{sen}[\pi(4{,}00x - 1\,200t)]$$
$$y_2 = 5{,}00 \operatorname{sen}[\pi(4{,}00x - 1\,200t - 0{,}250)]$$

onde x, y_1 e y_2 são dados em metros, e t em segundos. (a) Qual é a amplitude da função de onda resultante $y_1 + y_2$? (b) Qual é a frequência da função de onda resultante?

10. Duas ondas senoidais idênticas, com comprimentos de onda de 3,00 m, propagam-se no mesmo sentido a uma velocidade de 2,00 m/s. A segunda onda se origina no mesmo ponto que a primeira, mas posteriormente. A amplitude da onda resultante é a mesma que a de cada uma das duas ondas iniciais. Determine o intervalo mínimo de tempo possível entre os momentos de início das duas ondas.

11. Um diapasão gera ondas sonoras com uma frequência de 246 Hz. As ondas viajam em direções opostas ao longo de um corredor, são refletidas pelas paredes finais e retornam. O corredor tem 47,0 m de comprimento e o diapasão está localizado a 14,0 m de uma extremidade. Qual é a diferença de fase entre as ondas refletidas quando elas se encontram no diapasão? A velocidade de som no ar é 343 m/s.

12. **Q|C** Dois alto-falantes idênticos a 10,0 m um do outro são forçados a vibrar pelo mesmo oscilador com frequência de $f = 21{,}5$ Hz (Fig. P4.12) em uma área onde a velocidade do som é 344 m/s. (a) Mostre que um receptor no ponto A registra um mínimo de intensidade de som dos dois alto-falantes. (b) Se o receptor é movido nos planos dos alto-falantes, mostre que o trajeto que ele deveria seguir para manter a intensidade mínima é ao longo da hipérbole $9x^2 - 16y^2 = 144$ (em preto) na Fig. P14.12. (c) O receptor pode permanecer em um mínimo e se mover para longe das duas fontes? Se sim, determine a forma limitante do trajeto a ser seguido. Se não, explique qual distância ele alcança.

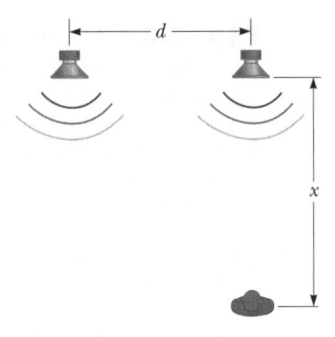

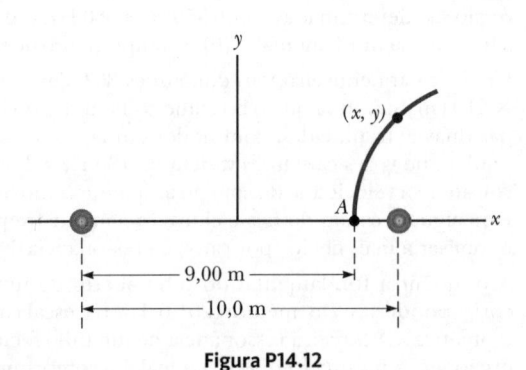

Figura P14.8

Figura P14.12

Seção 14.2 **Ondas estacionárias**

13. **M** Duas ondas senoidais transversais combinando-se em um meio são descritas pelas funções de onda:

$$y_1 = 3{,}00 \operatorname{sen} \pi(x + 0{,}600t) \qquad y_2 = 3{,}00 \operatorname{sen} \pi(x - 0{,}600t)$$

onde x, y_1 e y_2 são dados em centímetros, e t em segundos. Determine a posição transversal máxima de um elemento do meio em (a) $x = 0{,}250$ cm, (b) $x = 0{,}500$ cm e (c) $x = 1{,}50$ cm. (d) Encontre os três menores valores de x correspondentes a antinodos.

14. Verifique através de substituição direta que a função de onda para uma onda estacionária dada na Equação 14.2,

$$y = (2A \operatorname{sen} kx) \cos \omega t$$

é uma solução da equação geral de onda linear, Equação 13.20:

$$\frac{\partial^2 y}{\partial x^2} = \frac{1}{v^2} \frac{\partial^2 y}{\partial t^2}$$

15. **W** Duas ondas senoidais se propagando em direções opostas interferem para produzir uma onda estacionária com função de onda:

$$y = 1{,}50 \operatorname{sen}(0{,}400x) \cos(200t)$$

onde x e y são dados em metros, e t em segundos. Determine (a) o comprimento de onda, (b) a frequência e (c) a velocidade das ondas em interferência.

16. **Q|C** Duas ondas presentes simultaneamente em uma corda longa têm uma diferença de fase ϕ entre elas, tal que uma onda estacionária formada a partir da combinação delas é descrita por:

$$y(x, t) = 2A \operatorname{sen}\left(kx + \frac{\phi}{2}\right) \cos\left(\omega t - \frac{\phi}{2}\right)$$

(a) Apesar da presença do ângulo de fase ϕ, ainda é verdadeiro que os nodos estejam separados por meio comprimento de onda? Explique. (b) Os nodos seriam diferentes de alguma maneira se ϕ fosse zero? Explique.

17. **M** Dois alto-falantes idênticos são impulsionados em fase por um oscilador comum a 800 Hz e ficam de frente um para o outro a uma distância de 1,25 m. Localize os pontos da linha que une os dois alto-falantes onde seria esperado um mínimo relativo da pressão da amplitude do som.

Seção 14.3 **Modelo de análise: onda sob condições de contorno**

18. **W** No arranjo mostrado na Figura P14.18, um corpo pode ser pendurado em uma corda (com densidade de massa linear $\mu = 0{,}00200$ kg/m) que passa sobre uma roldana leve. A corda é conectada a um vibrador (de frequência constante f), e o comprimento da corda entre o ponto P e a roldana é $L = 2{,}00$ m. Quando a massa m do corpo é 16,0 kg ou 25,0 kg, ondas estacionárias são observadas; no entanto, não se observam ondas estacionárias com nenhuma massa entre esses valores. (a) Qual é a frequência do vibrador? *Observação*: quanto maior a tensão na corda, menor o número de nodos na onda estacionária. (b) Qual é a maior massa do corpo para a qual ondas estacionárias poderiam ser observadas?

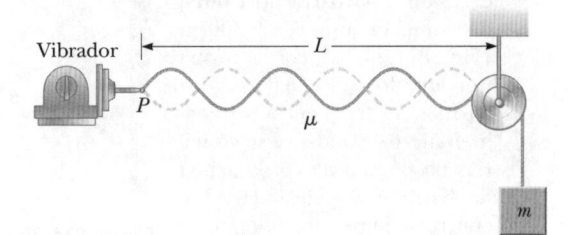

Figura P14.18

19. Uma corda de 30,0 cm de comprimento e massa por unidade de comprimento de $9,00 \times 10^{-3}$ kg/m é esticada a uma tensão de 20,0 N. Encontre (a) a frequência fundamental e (b) as três frequências seguintes que poderiam causar padrões de ondas estacionárias na corda.

20. Um padrão de onda estacionária é observado em um arame fino com comprimento de 3,00 m. A função de onda é:

$$y = 0,002\ 00\ \text{sen}\ (\pi x) \cos (100\pi t)$$

onde x e y são dados em metros e t em segundos. (a) Quantos anéis esse padrão exibe? (b) Qual é a frequência fundamental de vibração do arame? (c) **E se?** Se a frequência original é mantida constante e a tensão no arame é aumentada por um fator de 9, quantos anéis estão presentes no novo padrão?

21. Uma corda com massa $m = 8,00$ e comprimento $L = 5,00$ m tem uma extremidade presa a uma parede. A outra extremidade é drapeada sobre uma roldana pequena, fixada a uma distância $d = 4,00$ m da parede e presa a um corpo pendurado de massa $M = 4,00$ kg, como na Figura P14.21. Se a parte horizontal da corda for puxada, qual é a frequência fundamental de sua vibração?

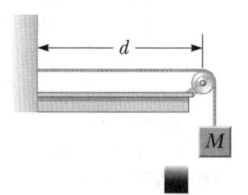

Figura P14.21

22. A corda de 64,0 cm de comprimento de uma guitarra tem frequência fundamental de 330 Hz quando vibra livremente ao longo de todo seu comprimento. Uma palheta é usada para limitar a vibração a dois terços da corda. (a) Se a corda é pressionada para baixo nessa palheta e puxada, qual é a nova frequência fundamental? (b) **E se?** O guitarrista pode tocar "harmônico natural" tocando gentilmente a corda no lugar dessa palheta e puxando a corda em um sexto do caminho ao longo do comprimento a partir da outra extremidade. Que frequência será ouvida, então?

23. Uma corda de comprimento L, massa por unidade de comprimento μ e tensão T está vibrando na sua frequência fundamental. Que efeito terá na frequência fundamental os seguintes fatores? (a) O comprimento da corda é dobrado, com todos os outros fatores mantidos constantes. (b) A massa por unidade de comprimento é dobrada, com todos os outros fatores mantidos constantes. (c) A tensão é dobrada, com todos os outros fatores mantidos constantes.

24. Uma onda estacionária é estabelecida em uma corda de 120 cm de comprimento fixa em ambas as extremidades. A corda vibra em quatro segmentos quando impulsionada em 120 Hz. (a) Determine o comprimento de onda. (b) Qual é a frequência fundamental da corda?

25. **Revisão**. Uma esfera de massa $M = 1,00$ kg é suportada por uma corda que passa sobre uma roldana leve na extremidade de uma barra horizontal de comprimento $L = 0,300$ m (Fig. P14.25). A corda forma um ângulo $\theta = 35,0°$ com a barra. A frequência fundamental de ondas estacionárias na porção da corda acima da barra é $f = 60,0$ Hz. Encontre a massa da porção da corda acima da barra.

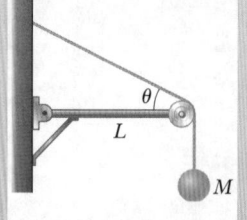

Figura P14.25
Problemas 25 e 26.

26. **S Revisão**. Uma esfera de massa M é suportada por uma corda que passa sobre uma roldana leve na extremidade de uma barra horizontal de comprimento L (Fig. P14.25). A corda forma um ângulo θ com a barra. A frequência fundamental de ondas estacionárias na porção da corda acima da barra é f. Encontre a massa da porção da corda acima da barra.

27. **W** A corda Lá de um violoncelo vibra em seu primeiro modo normal com frequência de 220 Hz. O segmento vibratório tem 70,0 cm de comprimento e massa de 1,20 g. (a) Encontre a tensão na corda. (b) Determine a frequência de vibração quando a corda vibra em três segmentos.

28. Uma corda de violino tem comprimento de 0,350 m e é afinada para Sol G, com $f_G = 392$ Hz. (a) A que distância da extremidade da corda o violinista deve posicionar seu dedo para tocar Lá, com $f_A = 440$ Hz? (b) Se essa posição deve permanecer correta até metade da largura de um dedo (ou seja, até 0,600 cm), qual é o percentual máximo de variação permitido na tensão da corda?

Seção 14.4 Ondas estacionárias em coluna de ar

29. Calcule o comprimento de um tubo que tem frequência fundamental de 240 Hz supondo que o tubo seja (a) fechado em uma extremidade e (b) aberto nas duas extremidades.

30. **BIO** Não introduza coisa alguma em seu ouvido! Estime o comprimento de seu canal do ouvido, a partir de sua abertura no ouvido externo até o tímpano. Se você considerar o canal como um tubo estreito que está aberto em uma extremidade e fechado na outra, aproximadamente em qual frequência fundamental você esperaria que a sua audição fosse mais sensível? Explique por que você pode ouvir sons especialmente suaves exatamente ao redor dessa frequência.

31. Um tubo de vidro (aberto em ambas as extremidades) de comprimento L está posicionado perto de um alto-falante de frequência $f = 680$ Hz. Para que valores de L o tubo irá ressoar com o alto-falante?

32. *Por que a seguinte situação é impossível?* Um estudante ouve os sons de uma coluna de ar com 0,730 m de comprimento. Ele não sabe se a coluna é aberta nas duas extremidades ou somente em uma. Ele ouve a ressonância da coluna de ar em frequências de 235 Hz e 587 Hz.

33. **M** Duas frequências naturais adjacentes do tubo de um órgão são determinadas como 550 Hz e 650 Hz. Calcule (a) a frequência fundamental e (b) o comprimento desse tubo.

34. Um box para chuveiro tem dimensões 86,0 cm $\times$ 86,0 cm $\times$ 210 cm. Suponha que o box atue como um tubo fechado nas duas extremidades, com nodos em lados opostos. Suponha que vozes cantantes variem de 130 Hz a 2 000 Hz e considere a velocidade do som no ar quente como 355 m/s. Para alguém cantando nesse chuveiro, em que frequências o som seria mais cheio (por causa da ressonância)?

35. A frequência fundamental do tubo aberto de um órgão corresponde ao Dó médio (261,6 Hz na escala musical cromática). A terceira ressonância de um tubo fechado de órgão tem a mesma frequência. Qual é o comprimento do tubo (a) aberto e (b) fechado?

36. **Q|C** Um túnel embaixo de um rio tem 2,00 km de extensão. (a) A que frequências o ar no túnel pode ressoar? (b) Explique se seria bom criar uma regra contra buzinar o carro enquanto se está no túnel.

37. De acordo com a Figura P14.37, água é bombeada em um cilindro alto, vertical, a uma taxa de fluxo de volume $R = 1,00\ L/min$. O raio do cilindro é $r = 5,00$ cm e, no topo aberto do cilindro, um diapasão vibra com frequência $f = 512$ Hz. Conforme a água sobe, que intervalo de tempo decorre entre ressonâncias sucessivas?

38. **S** De acordo com a Figura P14.37, água é bombeada em um cilindro alto, vertical, a uma taxa de fluxo de volume R. O raio do cilindro é r e, no topo aberto do cilindro, um diapasão vibra com uma frequência f. Conforme a água sobe, que intervalo de tempo decorre entre ressonâncias sucessivas?

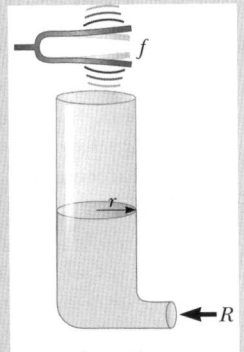

Figura P14.37
Problemas 37 e 38.

39. **BIO** A traqueia de um grou americano típico é de 5,00 pés (1,52 metros) de comprimento. Qual é a frequência de ressonância fundamental da traqueia do pássaro, modelada como um tubo estreito fechado numa das extremidades? Suponha uma temperatura de 37 °C.

40. Um diapasão com frequência $f = 512$ Hz é colocado perto do topo de um tubo, como mostrado na Figura P14.40. O nível da água é diminuído de modo que o comprimento L aumenta lentamente a partir de um valor inicial de 20,0 cm. Determine os dois valores seguintes de L que correspondem aos modos ressoantes.

41. Com um dedilhar específico, uma flauta produz uma nota com frequência 880 Hz a 20,0 °C. A flauta é aberta nas duas extremidades. (a) Encontre o comprimento da coluna de ar. (b) No começo do intervalo de uma apresentação em um jogo de futebol no final da temporada, a temperatura ambiente é −5,00 °C e o flautista não teve a oportunidade de aquecer seu instrumento. Encontre a frequência que a flauta produz sob essas condições.

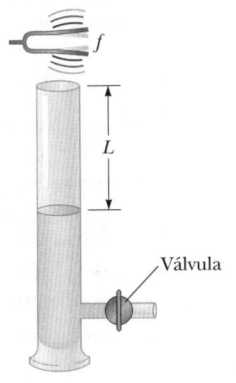

Figura P14.40

42. **W** O comprimento total de um flautim é 32,0 cm. A coluna de ar ressoante é aberta nas duas extremidades. (a) Encontre a frequência da nota mais baixa que um flautim pode soar. (b) Abrir buracos nos lados do flautim diminui efetivamente o comprimento da coluna ressoante. Suponha que a nota mais alta que um flautim pode soar seja 4,000 Hz. Encontre a distância entre antinodos adjacentes para esse modo de vibração.

43. Uma coluna de ar em um tubo de vidro é aberta em uma extremidade e fechada na outra por um pistão móvel. O ar no tubo é aquecido além da temperatura ambiente, e um diapasão de 384 Hz é segurado na extremidade aberta. Ouve-se ressonância quando o pistão está a uma distância $d_1 = 22,8$ cm da extremidade aberta e novamente quando está a uma distância $d_2 = 68,3$ cm da mesma extremidade. (a) Que velocidade do som é inferida a partir desses dados? (b) A que distância da extremidade aberta o pistão estará quando a próxima ressonância for ouvida?

Seção 14.5 Batimentos: interferência no tempo

44. **W** Enquanto tenta afinar uma nota Dó a 523 Hz, um afinador de piano ouve 2,00 batimentos/s entre um oscilador de referência e a corda. (a) Quais são as frequências possíveis da corda? (b) Quando ele aperta a corda levemente, ele ouve 3,00 batimentos/s. Qual é a frequência da corda agora? (c) Por que percentual o afinador deveria mudar a tensão na corda para que fique afinada?

45. **M** Em algumas extensões de um teclado de piano, mais que uma corda é afinada para a mesma nota para dar volume extra. Por exemplo, a nota a 110 Hz tem duas cordas nessa frequência. Se uma corda escorrega de sua tensão normal de 600 N para 540 N, que frequência de batimento é ouvida quando o martelo bate nas duas cordas simultaneamente?

46. **M** Revisão. Um estudante segura um diapasão oscilando a 256 Hz. Ele anda na direção de uma parede com velocidade constante de 1,33 m/s. (a) Que frequência de batimento ele observa entre o diapasão e seu eco? (b) Com que velocidade ele deve se afastar da parede para observar uma frequência de batimento de 5,00 Hz?

Seção 14.6 Padrões de onda não senoidais

47. Um acorde Lá maior consiste nas notas denominadas Lá, Dó# e Mi. Ele pode ser reproduzido em um piano tocando-se simultaneamente as cordas com frequências fundamentais de 440,00 Hz, 554,37 Hz e 659,26 Hz. A rica consonância do acorde está associada à quase igualdade das frequências de alguns dos harmônicos mais altos dos três tons. Considere os cinco primeiros harmônicos de cada sequência e determine quais harmônicos apresentam igualdade próximas.

48. Suponha que um flautista toque uma nota Dó de 523 Hz com amplitude de deslocamento do primeiro harmônico $A_1 = 100$ nm. A partir da Figura 14.14b, leia, por proporção, as amplitudes de deslocamento dos harmônicos 2 até 7. Considere essas amplitudes como os valores A_2 até A_7 na análise do som de Fourier e suponha que $B_1 = B_2 = \ldots = B_7 = 0$. Construa um gráfico da forma de onda do som. Sua forma de onda não será exatamente como a de onda da flauta na Figura 14.13b porque você simplifica desprezando os termos cosseno; apesar disso, ela produz a mesma sensação na audição humana.

Seção 14.7 O ouvido e as teorias de percepção do tom

49. **BIO** Alguns estudos sugerem que o limite de frequência superior de audição é determinado pelo diâmetro do tímpano. O comprimento de onda da onda sonora e o diâmetro do tímpano é aproximadamente igual a esse limite superior. Se a relação for correta, qual é o diâmetro do tímpano de uma pessoa capaz de ouvir 20 000 Hz? (Considere a temperatura corporal como 37,0 °C.)

50. **BIO** Se um canal auditivo humano pode ser considerado semelhante a um tubo de órgão, fechado numa extremidade, que ressoa a uma frequência fundamental de 3 000 Hz, qual é o comprimento do canal? Use a temperatura normal do corpo como 37 °C para a determinação da velocidade do som no canal.

Seção 14.8 Conteúdo em contexto: com base em antinodos

51. Um terremoto pode produzir uma seicha em um lago onde a água balança para a frente e para trás de ponta a ponta com grande amplitude e longo período. Considere uma seicha produzida na lagoa de uma fazenda. Suponha que a lagoa tenha 9,15 m de comprimento e largura e profundidade uniformes. Você mede um pulso produzido em uma ponta que atinge a outra em 2,50 s. (a) Qual é a velocidade da onda? (b) Qual deveria ser a frequência do movimento do solo durante o terremoto para produzir uma seicha, que é uma onda estacionária com antinodos em cada ponta da lagoa e um nodo no centro?

52. Q|C A Baía de Fundy, na Nova Escócia, tem as marés mais altas do mundo. Suponha que no meio do oceano e na boca da baía o gradiente de gravidade da Lua e a rotação da Terra façam a superfície oscilar com amplitude de alguns centímetros e período de 12h24min. Na entrada da baía, a amplitude é de vários metros. Suponha que a baía tenha um comprimento de 210 km e profundidade uniforme de 36,1 m. A velocidade das ondas de água de comprimento longo é dada por $v = \sqrt{gd}$, onde d é a profundidade da água. Argumente a favor ou contra a proposição de que a maré é ampliada pela ressonância de ondas estacionárias.

Problemas adicionais

53. Em uma marimba (Fig. P14.53), a barra de madeira, que soa um tom quando atingida, vibra em uma onda estacionária transversal com três antinodos e dois nodos. A nota de menor frequência é 87,0 Hz, produzida por uma barra de 40,0 cm. (a) Encontre a velocidade das ondas transversais na barra. (b) Um tubo ressoante suspenso verticalmente embaixo do centro da barra aumenta o volume do som emitido. Se o tubo for aberto só na extremidade superior, que comprimento de tubo é necessário para ressoar com a barra na parte (a)?

Figura P14.53

54. Um som de alta frequência pode ser usado para produzir vibrações de ondas estacionárias em uma taça de vinho. Uma vibração de onda estacionária em uma taça de vinho é observada em quatro nodos e quatro antinodos igualmente espaçados ao redor da circunferência de 20,0 cm da borda da taça. Se ondas transversais se propagam ao redor da taça a 900 m/s, um cantor de ópera teria que produzir um harmônico alto de que frequência para estilhaçar a taça com uma vibração ressoante como mostrado na Figura P14.54?

Figura P14.54

55. Um fio com 0,0100 kg, de 2,00 m de comprimento, é fixado em ambas as extremidades e vibra em seu modo mais simples sob uma tensão de 200 N. Quando um diapasão é colocado perto do fio, uma frequência de batimento de 5,00 Hz é ouvida. (a) Qual poderia ser a frequência do diapasão? (b) Qual deveria ser a tensão no fio se os batimentos desaparecerem?

56. Um fio de nylon tem massa 5,50 g e comprimento $L = 86,0$ cm. A extremidade inferior é amarrada ao chão, e a superior, a um pequeno conjunto de rodas por uma abertura em uma pista onde as rodas se movem (Figura P14.56). As rodas têm massa desprezível comparada àquela do fio e rolam sem atrito na pista, de modo que a parte superior do fio fica livre. No equilíbrio, o fio é vertical e sem movimento. Quando transporta uma onda de pequena amplitude, você pode supor que o fio sempre está sob tensão uniforme 1,30 N. (a) Encontre a velocidade das ondas transversais no fio. (b) A vibração do fio permite um conjunto de estados de ondas estacionárias, cada uma com um nodo na extremidade inferior fixa e um antinodo na extremidade superior livre. Encontre as distâncias nodo-antinodo para cada um dos três estados mais simples. (c) Encontre a frequência de cada um desses estados.

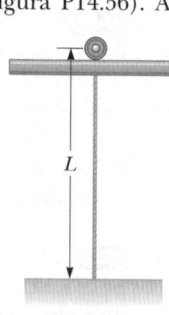

Figura P14.56

57. **Revisão.** Dois apitos de trem têm frequências idênticas de 180 Hz. Quando um está em repouso na estação e o outro se move por perto, um passageiro na plataforma da estação ouve batimentos com frequência de 2,00 batimentos/s quando os apitos soam juntos. Quais são as duas velocidades e direções possíveis que o trem em movimento pode ter?

58. Duas ondas são descritas pelas funções de onda:
$$y_1(x, t) = 5,00 \text{ sen } (2,00x - 10,0t)$$
$$y_2(x, t) = 10,0 \cos (2,00x - 10,0t)$$
onde x, y_1 e y_2 são dados em metros, e t em segundos. (a) Mostre que a onda que resulta da superposição delas pode ser expressa como uma função seno única. (b) Determine a amplitude e ângulo de fase para essa onda senoidal.

59. **M** Dois fios são soldados ponta com ponta. Eles são feitos do mesmo material, mas o diâmetro de um é o dobro do outro. Eles estão sujeitos a uma tensão de 4,60 N. O fio fino tem comprimento de 40,0 cm e densidade de massa linear de 2,00 g/m. A combinação é fixada nas duas pontas e vibrada de tal modo que dois antinodos estão presentes, com o nodo entre eles bem na solda. (a) Qual é a frequência de vibração? (b) Qual é o comprimento do fio grosso?

60. **PD Revisão.** Para o arranjo mostrado na Figura P14.60, o plano inclinado e a pequena roldana não têm atrito; a corda suporta o corpo de massa M na base do plano; e a corda tem massa m. O sistema está em equilíbrio, e a parte vertical da corda tem comprimento h. Queremos estudar as ondas estacionárias estabelecidas na seção vertical da corda. (a) Que modelo de análise descreve o corpo de massa M? (b) Que modelo de análise descreve as ondas na parte vertical da corda? (c) Encontre a tensão na corda.

(d) Modele o formato da corda como sendo um cateto e a hipotenusa de um triângulo retângulo. Encontre o comprimento total da corda. (e) Encontre a massa por unidade de comprimento da corda. (f) Encontre a velocidade das ondas na corda. (g) Encontre a frequência mais baixa para uma onda estacionária na seção vertical da corda. (h) Avalie esse resultado para $M = 1{,}50$ kg; $m = 0{,}750$ g; $h = 0{,}500$ m e $\theta = 30{,}0°$. (i) Encontre o valor numérico para a frequência mais baixa para uma onda estacionária na seção inclinada da corda.

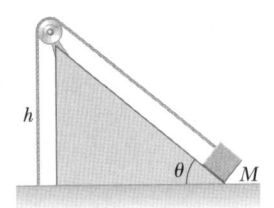

Figura P14.60

61. Um estudante usa um oscilador de áudio de frequência ajustável para medir a profundidade de um poço de água. O estudante relata ouvir duas ressonâncias sucessivas, a 51,87 Hz e 59,85 Hz. (a) Qual a profundidade do poço? (b) Quantos antinodos estão na onda estacionária a 51,87 Hz?

62. **S** Uma onda estacionária é estabelecida em uma corda de comprimento e tensão variáveis por um vibrador de frequência variável. As duas extremidades da corda são fixas. Quando o vibrador tem frequência f, em uma corda de comprimento L e sob tensão T, n antinodos são estabelecidos na corda. (a) Se o comprimento da corda é dobrado, por qual fator a frequência deve ser alterada para que o mesmo número de antinodos seja produzido? (b) Se a frequência e o comprimento forem mantidos constantes, que tensão produzirá $n + 1$ antinodos? (c) Se a frequência é triplicada e o comprimento da corda é a metade, por qual fator a tensão deve ser alterada de modo que o dobro de antinodos sejam produzidos?

63. **Revisão.** Um corpo de massa 12,0 kg está pendurado em equilíbrio em uma corda com comprimento total $L = 5{,}00$ m e densidade de massa linear $\mu = 0{,}00100$ kg/m. A corda é enrolada ao redor de duas roldanas leves e sem atrito que são separadas por uma distância $d = 2{,}00$ m (Figura P14.63a). (a) Determine a tensão na corda. (b) A que frequência a corda entre as roldanas deve vibrar para formar o padrão de onda estacionária mostrado na Figura P14.63b?

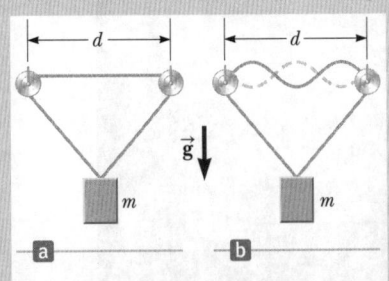

Figura P14.63 Problemas 63 e 64.

64. **S Revisão.** Um corpo de massa m está pendurado em equilíbrio em uma corda com comprimento total L e densidade de massa linear μ. A corda é enrolada ao redor de duas roldanas leves e sem atrito que são separadas por uma distância d (Figura P14.63a). (a) Determine a tensão na corda. (b) A que frequência a corda entre as roldanas deve vibrar para formar o padrão de onda estacionária mostrado na Figura P14.63b?

65. Uma corda de 0,400 m de comprimento tem uma massa por unidade de comprimento de $9{,}00 \times 10^{-3}$ kg/m. Qual deve ser a tensão na corda se seu segundo harmônico tiver a mesma frequência que o segundo modo de ressonância de um tubo de 1,75 m de comprimento aberto em uma extremidade?

66. **Revisão.** Um alto-falante posicionado em frente a um quarto e outro, idêntico, posicionado na parte traseira desse quarto estão sendo guiados pelo mesmo oscilador a 456 Hz. Uma estudante anda a uma velocidade uniforme de 1,50 m/s ao longo do comprimento do quarto. Ela ouve um único tom repetidas vezes se tornando cada vez mais alto e mais suave. (a) Modele essas variações como batimentos entre os sons alterados pelo efeito Doppler que a aluna recebe. Calcule o número de batidas que a aluna ouve a cada segundo. (b) Modele os dois alto-falantes como produzindo uma onda estacionária no quarto e a aluna como caminhando entre antinodos. Calcule o número de intensidades máximas que a estudante ouve a cada segundo.

67. Um relógio de quartzo contém um oscilador de cristal em forma de um bloco de quartzo que vibra, contraindo-se e se expandindo. Um circuito elétrico supre energia para manter a oscilação e conta os pulsos de voltagem para obter o tempo. Duas faces opostas do bloco, distantes 7,05 mm, são antinodos, se movendo alternadamente na direção uma da outra e para longe uma da outra. O plano a meio caminho entre essas duas faces é um nodo de vibração. A velocidade do som no quartzo é igual a $3{,}70 \times 10^3$ m/s. Encontre a frequência da vibração.

68. **S Revisão.** Considere o aparelho mostrado na Figura P14.68a, onde o corpo pendurado tem massa M e a corda vibra em seu segundo harmônico. A lâmina vibratória na esquerda mantém frequência constante. O vento começa a soprar para a direita, aplicando uma força horizontal constante $\vec{F}$ no corpo pendurado. Qual é a intensidade da força que o vento deve aplicar sobre o corpo pendurado de modo que a corda vibre em seu primeiro harmônico, como mostra a Figura 14.68b?

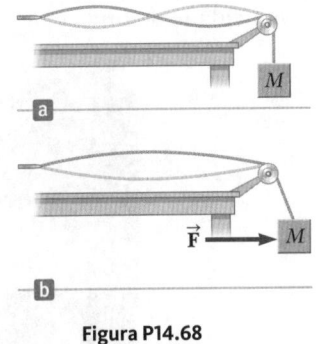

Figura P14.68

69. **QC** Um barbante fixo nas duas pontas e com massa de 4,80 g, comprimento de 2,00 m e tensão de 48,0 N vibra em seu segundo ($n = 2$) modo normal. (a) O comprimento de onda do som emitido por este barbante vibratório no ar é maior ou menor que o comprimento da onda no barbante? (b) Qual é a proporção do comprimento de onda do som emitido por este barbante vibratório no ar e o comprimento da onda no barbante?

Contexto 3 — CONCLUSÃO

Minimizando o risco

Nós exploramos a física das vibrações e ondas. Voltemos agora à nossa questão central para este Contexto de *Terremotos*:

> Como podemos escolher locais apropriados e construir prédios de forma a minimizar o risco de danos em um terremoto?

Para responder a essa questão, usaremos os princípios da física, que agora entendemos mais claramente, e os aplicaremos a nossas escolhas de locais e a projetos de estruturas.

Em nossa discussão sobre oscilação harmônica simples, aprendemos sobre ressonância. A ressonância é uma das considerações mais importantes na concepção de edifícios em matéria de segurança sobre terremotos. *Designers* de estruturas em áreas sujeitas a terremotos precisam prestar muita atenção a vibrações de ressonância provenientes da agitação do solo. As características de *design* a serem consideradas incluem a garantia de que as frequências de ressonância do edifício não correspondem às frequências de terremotos típicas. Além disso, os detalhes estruturais devem incluir amortecimento suficiente para garantir que a amplitude da vibração de ressonância não destrua a estrutura.

A ressonância é uma consideração primordial para a concepção de uma estrutura; e sobre, como sugerido por nossa questão central, a *localização* da estrutura? No Capítulo 13, discutimos o papel do meio na propagação de uma onda. Para ondas sísmicas movendo-se sobre a superfície da Terra, o solo na superfície é o meio. O solo varia de um local para outro, portanto a velocidade das ondas sísmicas irá variar em locais diferentes. Uma situação particularmente perigosa existe para estruturas construídas em terra solta ou na lama. Nesses tipos de meios, as forças interpartículas são muito mais fracas do que em uma base mais sólida, como um alicerce de granito. Consequentemente, a velocidade da onda é menor em um solo não firme que em leito de rocha.

Figura 1 Partes da pista de dois andares Nimitz, em Oakland, Califórnia, desabou durante o terremoto de Loma Prieta de 1989.

Considere a Equação 13.24, que fornece uma expressão para a taxa de transferência de energia por ondas. Essa equação foi derivada para ondas em cordas, mas a proporcionalidade para o quadrado da amplitude e a velocidade é geral. Por causa da conservação de energia, a taxa de transferência de energia para uma onda deve permanecer constante, independentemente do meio. Portanto, de acordo com a Equação 13.24, se a velocidade da onda diminui, como para as ondas sísmicas que se deslocam da rocha em solo solto, a amplitude deve aumentar. Disso resulta que o tremor de estruturas construídas sobre solo não firme é de maior magnitude que o daquelas construídas sobre leito de rocha.

Esse fator contribuiu para a destruição da rodovia Nimitz durante o terremoto de Loma Prieta, próximo de São Francisco, em 1989. A Figura 1 mostra a consequência do terremoto sobre a via expressa. A parte da estrada que desabou foi construída sobre lama, mas a parte restante foi construída sobre a rocha. A amplitude da oscilação na porção construída em lama era mais que cinco vezes maior que a amplitude de outras porções.

Outro perigo para estruturas sobre solo não firme é a possibilidade de **liquefação** do solo. Quando o solo é agitado, seus elementos podem se mover uns em relação aos outros, como se o solo fosse um líquido e não um sólido. É possível que o prédio afunde no solo durante um terremoto. Se a liquefação não é uniforme sobre a base da estrutura, esta pode desviar-se da sua orientação vertical, como no caso da estação de polícia japonesa visto na Figura 2. Em alguns casos, os edifícios podem tombar completamente, como aconteceu com alguns prédios de apartamentos durante um terremoto no Japão, em 1964. Como resultado, mesmo que as vibrações do sismo não sejam suficientes para danificar a estrutura, eles não poderão ser utilizados inclinados.

Como discutido na Seção 14.8, construir edifícios ou outras estruturas onde ondas sísmicas estacionárias podem ser estabelecidas é perigoso. Tal situação foi um agente no terremoto de Michoacán, em 1985. O formato do leito de rocha sob a Cidade do México resultou em ondas estacionárias, com grandes danos aos edifícios localizados nos antinodos.

Em resumo, para minimizar o risco de danos em um terremoto, os arquitetos e engenheiros devem projetar estruturas para evitar ressonâncias destrutivas, evitar a construção em solo solto e prestar atenção nas formações rochosas subterrâneas, a fim de estar ciente de possíveis padrões de ondas estacionárias. Outras precauções também podem ser tomadas. Por exemplo, podem ser construídos edifícios com **isolamento sísmico** a partir do solo. Esse método envolve a montagem da estrutura em **amortecedores de isolamento**, suportes pesados que amortecem as oscilações do edifício, resultando em amplitude reduzida de vibração. A Figura 3 mostra os resultados do terremoto de 2011, em Christchurch, na Nova Zelândia, em um prédio que não instalou os amortecedores de isolamento. Muitos edifícios antigos foram adaptados com amortecedores, incluindo vários na Califórnia (Prefeitura de Los Angeles, Prefeitura de San Francisco, Prefeitura de Oakland), bem como em outras partes do mundo, como os edifícios do Parlamento da Nova Zelândia. Medidas adicionais incluem amortecedores afinados, tal como na fotografia de abertura do Capítulo 12, treliças de cisalhamento, órtese externa e outras técnicas de abertura.

Figura 2 A delegacia de polícia inclina-se para um lado, devido à liquefação do solo subjacente durante o terremoto japonês de março de 2011.

Figura 3 Danos a um edifício garagem em Christchurch, Nova Zelândia, após o terremoto de magnitude 6,3 em 22 de fevereiro de 2011. A garagem não tinha amortecedores de isolamento instalados para isolá-la do chão.

Não abordamos muitas outras considerações em relação à segurança das estruturas em terremotos, mas fomos capazes de aplicar muitos de nossos conceitos de oscilações e ondas, de modo a compreender alguns aspectos das escolhas lógicas na localização e concepção de estruturas.

Problemas

1. Para a propagação de ondas sísmicas a partir de um ponto (o epicentro) na superfície da Terra, a intensidade das ondas diminui com a distância de forma inversamente proporcional. Isto é, a intensidade da onda é proporcional a $1/r$, onde r é a distância a partir do epicentro ao ponto de observação. Essa regra se aplica se o meio for uniforme. A intensidade da onda é proporcional à taxa de transferência de energia para a onda. Além disso, mostramos que a energia de vibração de um oscilador é proporcional ao quadrado da amplitude da vibração. Suponha que um terremoto em particular faça o chão tremer com uma amplitude de 5,0 cm a uma distância de 10 km do epicentro. Se o meio for uniforme, qual é a amplitude de agitação do solo em um ponto a 20 km do epicentro?

2. Como mencionado no texto, a amplitude de oscilação durante o terremoto de Loma Prieta de 1989 foi cinco vezes maior em áreas de lama do que em áreas de terra firme. A partir desta informação, encontre o coeficiente pelo qual a velocidade da onda sísmica mudou, à medida que as ondas se moveram do leito rochoso para a lama. Ignore qualquer reflexão da energia das ondas e qualquer mudança na densidade entre os dois meios.

3. A Figura 4 é uma representação gráfica do tempo de propagação para as ondas P e S, a partir do epicentro de um terremoto, a um sismógrafo, em função da distância da propagação. A tabela a seguir mostra os tempos do dia medidos para a chegada de ondas P a partir de um terremoto específico em três locais sismográficos. Na última coluna, complete os tempos do dia para a chegada das ondas S nos três locais sismográficos.

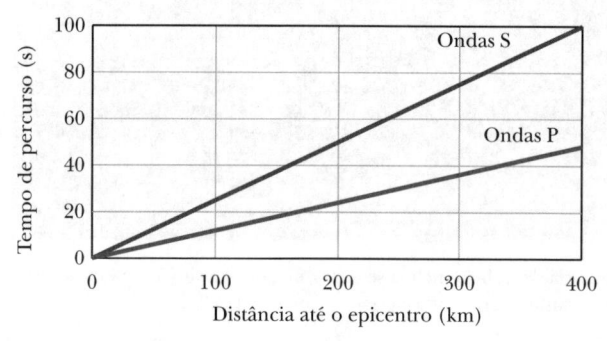

Estação sismográfica	Distância do epicentro (km)	Hora de chegada onda P	Hora de chegada onda S
#1	200	15:46:06	
#2	160	15:46:01	
#3	105	15:45:54	

Figura 4 Gráfico do tempo de viagem em função da distância do epicentro para as ondas P e S.

Contexto 4

Ataques cardíacos

Durante o tempo médio de uma vida, o coração humano bate mais de três bilhões de vezes sem descanso, bombeando mais de um milhão de barris de sangue (em um barril há 42 galões ou 159 litros). Esse ritmo de vida, no entanto, às vezes é interrompido por um ataque cardíaco ou um *enfarte do miocárdio* (como é conhecido cientificamente), uma das principais causas de morte no mundo. Um ataque cardíaco ocorre quando há uma interrupção do fluxo sanguíneo para o coração, muitas vezes resultando em danos permanentes a este órgão vital. O termo *doença cardiovascular* (DCV) refere-se a doenças que afetam o coração e os vasos sanguíneos. A Figura 1 mostra a incidência de mortes atribuídas à doença cardiovascular e o total de mortes por ano por 100 000 homens em idade de 35-74 anos em vários países desenvolvidos. A porcentagem de todas as mortes por DCV varia entre um mínimo de 19,7% na França e 48% na Federação Russa. A doença cardiovascular é responsável por 31% de todas as mortes nos Estados Unidos a cada ano para os homens de 35 a 74 anos de idade. A taxa correspondente para as mulheres na mesma faixa etária é de 25%.

O *sistema cardiovascular* humano, ou o *sistema circulatório*, tem sido matéria de interesse cientifico há milênios. O Papiro de Ebers, do século 16 a.C, propôs uma ligação entre o coração e as artérias. No século II, Galeno, um importante médico grego e famoso por tentar realizar cirurgias de catarata, identificou os papéis

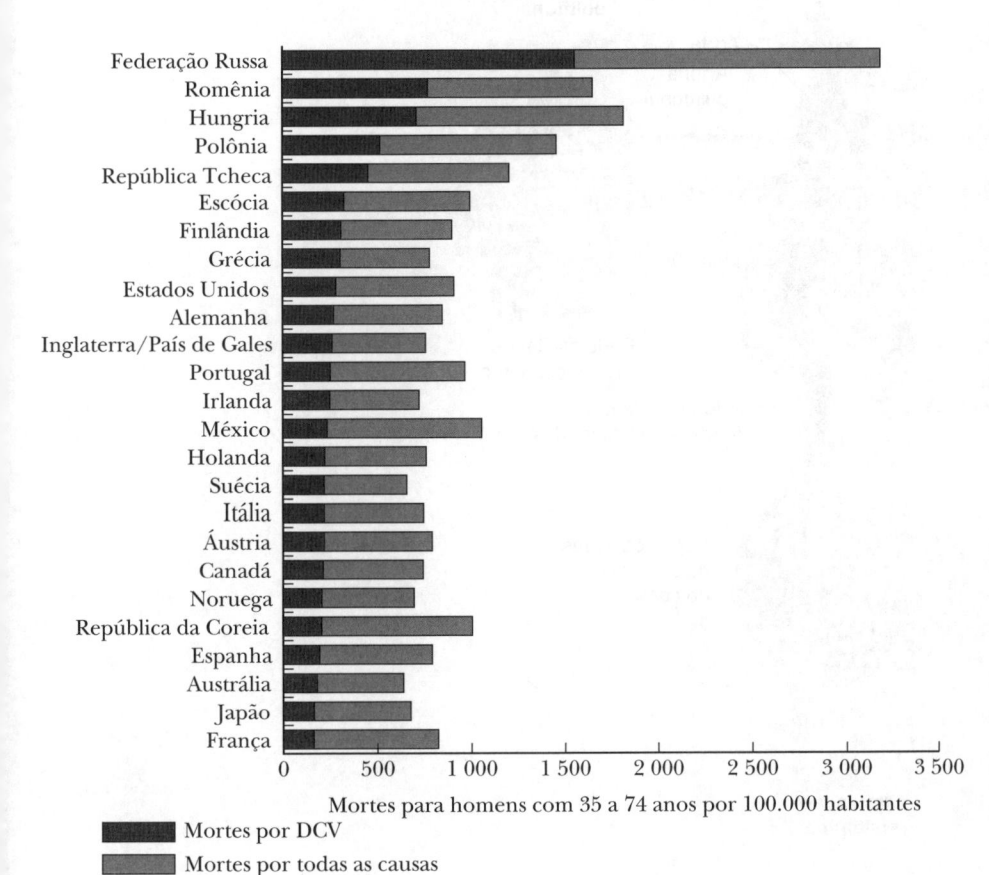

Figura 1 Mortes anuais a cada 100 000 homens por doença cardiovascular (cinza escuro) e por todas as causas (cinza) em países selecionados. O maior percentual devido à doença cardiovascular em comparação com todas as mortes ocorre na Federação Russa. (Gráfico derivado da Tabela 2.3, p. e42, Taxas de Mortalidade Internacionais (Revisado 2008):Taxas de Mortalidade (por 100 000 habitantes) para Doença Cardiovascular Total, Doença Cardíaca Coronária, Derrame e Total de Mortes em Países Selecionados (Ano Mais Recente Disponível) WRITING GROUP MEMBERS et al. para o American Association Statistics Committee e Stroke Statistics Subcommittee, "Heart Disease and Stroke Statistics – 2009 Update: um relatório do American Association Statistics Committee and Stroke Statistics Subcommittee" Circulation 119 (3):. e21-E181)

do sangue carregado pelas artérias e pelas veias. Ibn Al-Nafis, médico árabe do século XIII, descreveu corretamente o sistema de circulação pulmonar, a parte do sistema cardiovascular que leva e traz o sangue entre o coração e os pulmões. Com base no trabalho de seus antecessores, William Harvey é creditado pela descoberta e descrição quase completa do sistema circulatório em uma publicação de 1628, bem como pela percepção de que o coração era responsável por bombear o sangue por todo o corpo. Harvey explicou corretamente os papéis da circulação pulmonar em oxigenar o sangue e eliminar o dióxido de carbono produzido pelo metabolismo celular, e da circulação sistêmica (ver Figura 2) no transporte de sangue oxigenado para os órgãos vitais.

Enquanto bombeia sangue oxigenado por suas câmaras, o próprio coração depende de uma rede de vasos e capilares que cercam sua superfície para o suprimento de oxigênio, sendo o terceiro maior consumidor de oxigênio do corpo humano (cerca de 12% do consumo total de oxigênio), após o fígado (20%) e o cérebro (18%). A Figura 3 mostra a superfície do coração e a rede de vasos sanguíneos que fornecem oxigênio ao coração.

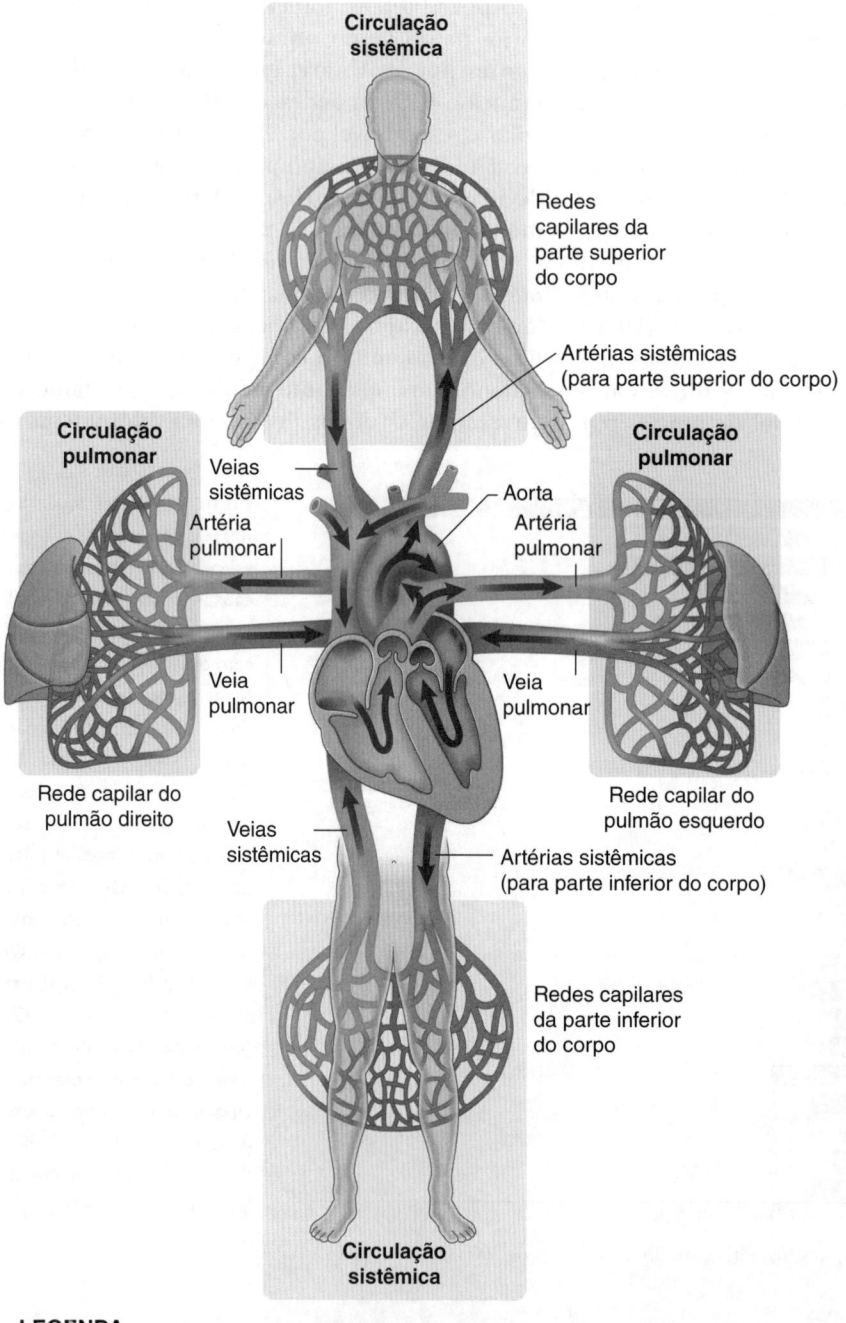

Figura 2 O sistema circulatório humano é composto de dois circuitos separados. O sistema de circulação pulmonar troca sangue entre o coração e os pulmões. O sistema de circulação sistêmica troca sangue entre o coração e os outros órgãos do corpo. (De Sherwood, *Fundamentals of Human Physiology*, 4. ed., 2012, Brooks/Cole, Figura 9.1, p. 230)

LEGENDA

■ = Sangue rico em O_2 ■ = Sangue pobre em O_2

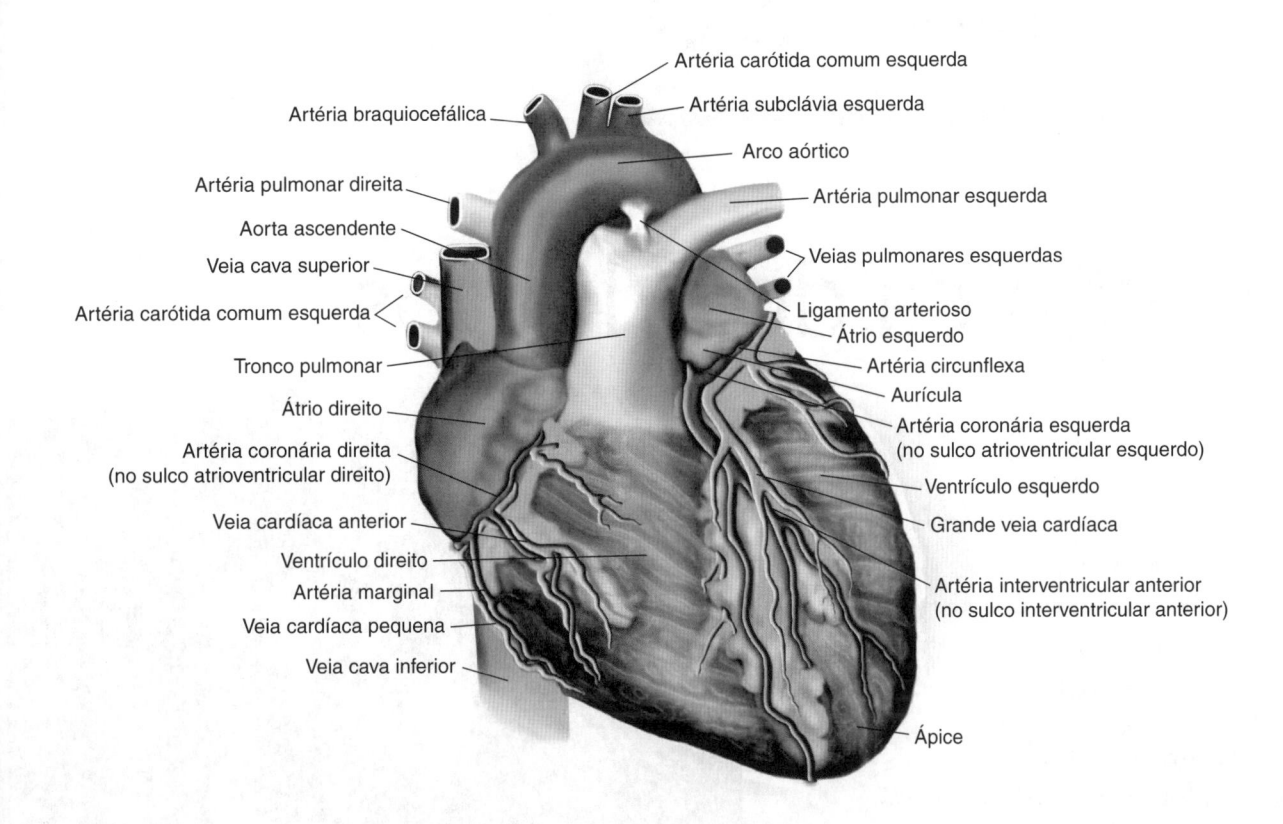

Figura 3 O coração humano. Neste diagrama, vemos seções dos grandes vasos sanguíneos, que transportam sangue para o restante do corpo, bem como o sistema de vasos que fornecem sangue para o próprio coração. [Des Jardins, *Anatomia e fisiologia cardiopulmonar:* Cuidados Essenciais para Respiração, 5. ed, 2008, Delmar, p. 189 (Fig. 5-2, parte (A)]

Podem-se identificar vários exemplos de sistemas que dependem do fluxo de fluidos para o funcionamento adequado. Por exemplo, se um cano de água em uma casa se rompe, o abastecimento de água nas pias, chuveiros e máquinas de lavar roupa é afetado. Se uma linha hidráulica do sistema de freio de um automóvel se rompe, os freios podem não funcionar. De um modo semelhante, um defeito nos vasos sanguíneos que afeta o fluxo de sangue ao coração pode causar várias condições médicas perigosas, incluindo ataques cardíacos.

Embora os ataques cardíacos sejam ocorrências repentinas, na maioria dos casos, eles são consequência de anos de acúmulo de placas nas artérias. Durante um ataque de coração, uma placa na rede arterial do coração se rompe, resultando na formação de um coágulo de sangue, que pode causar a interrupção do fluxo sanguíneo para uma parte do coração, privando-o de oxigênio. Se essa ausência de oxigênio perdura muito tempo, as células da porção afetada do coração morrem, resultando em danos permanentes no coração.

Mesmo que um paciente sobreviva a um ataque cardíaco, é um evento de mudança de vida. Várias mudanças são necessárias para reduzir o risco de um ataque cardíaco subsequente, incluindo incorporação de exercício físico na rotina diária, alterações na dieta, abandono do hábito de fumar, e uma variedade de medicamentos. Além disso, o monitoramento cuidadoso da pressão arterial é necessário — sugerindo novamente a importância do fluxo de fluido no interior do sistema circulatório.

Depois de ter visto essa introdução ao sistema circulatório e alguns dos impactos de doenças cardíacas e ataques cardíacos em vidas humanas, vamos explorar a física de fluidos neste Contexto. Iremos aplicar os princípios que aprendemos para esta questão:

> **Como os princípios da física podem ser aplicados na medicina para ajudar a prevenir ataques do coração?**

Capítulo 15

Mecânica dos fluidos

Sumário

15.1 Pressão
15.2 Variação da pressão com a profundidade
15.3 Medições de pressão
15.4 Forças de empuxo e o princípio de Arquimedes
15.5 Dinâmica dos fluidos
15.6 Linhas de fluxo e a equação da continuidade para fluidos
15.7 Equação de Bernoulli
15.8 Outras aplicações da dinâmica dos fluidos
15.9 Conteúdo em contexto: fluxo turbulento de sangue

A matéria é normalmente classificada em um dos três estados: sólido, líquido ou gasoso. A experiência diária nos ensina que um sólido tem um volume e uma forma definidos. Um tijolo mantém sua forma e tamanho familiares por muito tempo. Sabemos também que um líquido tem um volume definido, mas nenhuma forma definida. Por exemplo, um copo de água no estado líquido tem um volume fixo, mas assume a forma do seu recipiente. Finalmente, um gás não confinado não tem nem volume nem forma definidos. Por exemplo, se houver um vazamento no fornecimento de gás natural em sua casa, o gás que escapa continua a expandir-se pela atmosfera circundante. Essas definições ajudam a visualizar os estados da matéria, mas são um tanto artificiais. Por exemplo, asfalto, vidro e plásticos são normalmente considerados sólidos, mas durante longo intervalos de tempo tendem a fluir como líquidos. Do mesmo modo, a maioria das substâncias pode ser um sólido, um líquido ou um gás (ou combinações desses estados), dependendo da temperatura e pressão. No geral, o intervalo de tempo necessário para que uma substância específica mude sua forma em resposta a uma força externa determina se devemos tratar a substância como um sólido, um líquido ou um gás.

Um **fluido** é um conjunto de moléculas que estão aleatoriamente arranjadas e mantidas juntas por forças coesivas fracas entre moléculas e por forças exercidas pelas paredes de um recipiente. Tanto os líquidos quanto os gases são fluidos. Em nosso tratamento da mecânica dos fluidos, veremos que nenhum novo princípio físico é necessário para explicar tais efeitos, como a força de empuxo sobre um objeto submerso e a curva feita por uma bola no beisebol. Neste capítulo, aplicaremos uma série de modelos de análise familiares à física dos fluidos.

> Peixes se juntam ao redor de um recife no Havaí em busca de comida. Como é que peixes, como o peixe-borboleta-amarelo, na frente, controlam seus movimentos para cima e para baixo na água? Descobriremos neste capítulo.

15.1 | Pressão

Nossa primeira tarefa para a compreensão da física de fluidos é definir um novo conceito para descrever fluidos. Imagine aplicar uma força contra a superfície de um corpo, com a força possuindo componentes paralelos e perpendiculares à superfície. Se o corpo é um sólido em repouso sobre uma mesa, o componente da força perpendicular à superfície pode levar o corpo a se achatar, dependendo de quanto rígido seja o objeto. Supondo que ele não deslize pela mesa, o componente da força paralela à superfície do corpo o levará a se distorcer. Como exemplo, suponha que você coloque o seu livro de física deitado em uma mesa e aplique certa força com a mão paralela à capa frontal e perpendicular à lombada. O livro vai distorcer, com as páginas de fundo permanecendo fixas em sua posição original e as páginas superiores se deslocando horizontalmente a determinada distância. A seção transversal do livro muda de um retângulo para um paralelogramo. Esse tipo de força paralela à superfície é chamado *força de cisalhamento*.

Vamos adotar um modelo simplificado em que os fluidos estudados serão não viscosos, ou seja, não existe atrito entre as camadas adjacentes do fluido. Fluidos não viscosos e fluidos estáticos não sustentam forças de cisalhamento. Se você imaginar sua mão em uma superfície de água e empurrando-a paralelamente à superfície, a sua mão simplesmente desliza sobre a água, você não pode distorcer a água como você fez com o livro. Esse fenômeno ocorre porque as forças interatômicas em um fluido não são suficientemente fortes para travar os átomos um no lugar do outro. O líquido não pode ser modelado como um corpo rígido. Se tentarmos aplicar uma força de cisalhamento, as moléculas do fluido simplesmente deslizam uma após a outra.

Portanto, o único tipo de força que pode existir em um fluido é aquele que é perpendicular a uma superfície. Por exemplo, as forças exercidas pelo fluido no corpo na Figura 15.1 são perpendiculares em em todas as partes às superfícies do objeto.

A força que o fluido exerce sobre uma superfície se origina das colisões das moléculas do fluido com a superfície. Cada colisão resulta na reversão da componente do vetor velocidade da molécula perpendicular à superfície. Pelo teorema de impulso-momento e a terceira lei de Newton, cada colisão resulta em uma força sobre a superfície. Um grande número dessas forças impulsivas ocorre a cada segundo, resultando em uma força macroscópica constante na superfície. Essa força se espalha sobre a área da superfície e é relacionada a uma nova grandeza chamada *pressão*.

A pressão em um ponto específico em um fluido pode ser medida com o aparelho mostrado na Figura 15.2. O aparelho consiste em um cilindro sem matéria (vácuo) que contém um pistão conectado a uma mola. Conforme o aparelho é submerso em um fluido, este pressiona o topo do pistão e comprime a mola até que a força para dentro do fluido seja equilibrada pela força que a mola exerce para fora. A força exercida sobre o êmbolo pelo fluido pode ser medida se a mola for calibrada com antecedência.

Se *F* é o módulo da força exercida pelo fluido no pistão e *A*, a área da superfície do pistão, a **pressão** *P* do fluido no nível do qual o aparelho foi submerso é definida como o quociente da força pela área:

$$P \equiv \frac{F}{A}$$ 15.1◀ ▶ Definição de pressão

Embora tenhamos definido pressão em termos de nosso dispositivo na Figura 15.2, a definição é geral. Como a pressão é a força por unidade de área, tem unidades de newtons por metro quadrado no SI. Outro nome para a unidade de pressão no SI é o **pascal** (Pa):

$$1\ \text{Pa} \equiv 1\ \text{N/m}^2$$ 15.2◀ ▶ O pascal

Observe que pressão e força são grandezas diferentes. Podemos ter uma pressão muito grande a partir de uma força relativamente pequena ao diminuir a área sobre a qual a força é aplicada. Tal é o caso das agulhas hipodérmicas. A área da ponta da agulha é muito pequena, de modo que uma pequena força empurrando a agulha é suficiente para causar uma pressão grande o bastante para perfurar a pele. Também podemos criar uma pressão pequena a partir de uma força grande ampliando a área de atuação da força. Tal é o princípio para o projeto de sapatos para neve. Se uma pessoa tentar andar na neve profunda com sapatos normais, provavelmente seus pés afundem. Sapatos para neve, no entanto, permitem que a força sobre a neve causada pelo peso da pessoa se espalhe sobre uma área maior, reduzindo a pressão suficiente de modo que a superfície de neve não ceda (Figura 15.3).

A atmosfera exerce pressão sobre a superfície da Terra e sobre todos os corpos que estão na superfície. Essa pressão é responsável pela ação das ventosas, dos canudinhos, dos aspiradores de pó e de muitos outros aparelhos e dispositivos. Em nossos

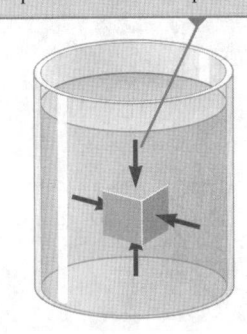

Figura 15.1 As forças exercidas por um fluido nas superfícies de um corpo submerso. (As forças nos lados da frente e de trás do corpo não são mostradas.)

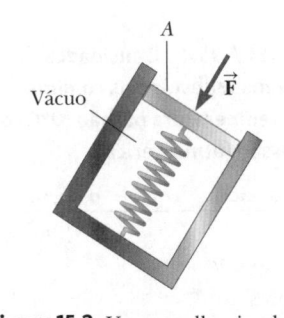

Figura 15.2 Um aparelho simples para medir a pressão exercida por um fluido.

Prevenção de Armadilhas | 15.1

Força e pressão
A Equação 15.1 faz uma clara distinção entre força e pressão. Outra importante distinção é que *força é um vetor* e *pressão é um escalar*. Não há direção associada à pressão, mas a direção da força associada à pressão é perpendicular à superfície na qual a pressão atua.

Figura 15.3 Os sapatos de neve evitam que você afunde na neve, porque espalham a força para baixo que você exerce sobre a neve em uma grande área, reduzindo a pressão sobre a superfície.

TABELA 15.1 | Densidades de algumas substâncias comuns em temperatura padrão (0°C) e pressão (atmosférica)

Substância	ρ (kg/m³)
Ar	1,29
Ar (a 20 °C e pressão atmosférica)	1,20
Alumínio	$2,70 \times 10^3$
Benzeno	$0,879 \times 10^3$
Latão	$8,4 \times 10^3$
Cobre	$8,92 \times 10^3$
Álcool etílico	$0,806 \times 10^3$
Água doce	$1,00 \times 10^3$
Glicerina	$1,26 \times 10^3$
Ouro	$19,3 \times 10^3$
Gás Hélio	$1,79 \times 10^{-1}$
Gás Hidrogênio	$8,99 \times 10^{-2}$
Gelo	$0,917 \times 10^3$
Ferro	$7,86 \times 10^3$
Chumbo	$11,3 \times 10^3$
Mercúrio	$13,6 \times 10^3$
Gás de Nitrogênio	1,25
Carvalho	$0,710 \times 10^3$
Ósmio	$22,6 \times 10^3$
Gás Oxigênio	1,43
Pinho	$0,373 \times 10^3$
Platina	$21,4 \times 10^3$
Água do mar	$1,03 \times 10^3$
Prata	$10,5 \times 10^3$
Estanho	$7,30 \times 10^3$
Urânio	$19,1 \times 10^3$

cálculos e nos problemas do final do capítulo, normalmente consideraremos a pressão atmosférica como

$$P_0 = 1,00 \text{ atm} \approx 1,013 \times 10^5 \text{ P} \qquad 15.3$$

Pressões superiores à da atmosfera são usadas na *medicina hiperbárica* ou *oxigenoterapia hiperbárica* (OHB). Esse tipo de terapia foi inicialmente desenvolvido para o tratamento de distúrbios associados com acidentes de mergulho, como doenças descompressivas e embolias. Hoje é usado para uma ampla gama de situações médicas.

Para receber oxigenoterapia hiperbárica, o paciente reclina em uma câmara especial. Câmaras modernas são transparentes, permitindo que o paciente veja o terapeuta do lado de fora. Os pacientes podem ler um livro, ouvir música, assistir a um filme, ou simplesmente descansar durante o procedimento. A pressão na câmara é aumentada lentamente, até no máximo três vezes a pressão atmosférica. O paciente experimenta o aumento da pressão durante um intervalo de tempo determinado pelo terapeuta, e, em seguida, a pressão é reduzida, a sessão inteira exige de uma a duas horas.

Muitos pacientes com câncer se submetem a tratamentos de radiação. A radiação aplicada na região pélvica pode causar a *cistite por radiação*, resultando em infecções da bexiga que às vezes ocorre anos após a terapia de radiação. Desde 1985, a oxigenoterapia hiperbárica tem sido utilizada para tratar essa condição. A terapia estimula a *angiogênese*, o crescimento de novos vasos sanguíneos. Esse crescimento inverte as alterações vasculares induzidas pela radiação, curando desse modo a lesão da bexiga induzida por radiação.

Outra área em que a OHB é utilizada são feridas de difícil manejo, tais como aquelas associadas a diabetes ou amputações. O aumento da pressão ajuda a oxigenação do tecido na ferida e estimula a angiogênese no tecido danificado. Também tem sido demonstrado que o aumento de pressão ajuda a exterminar vários tipos de bactérias na área da ferida.

TESTE RÁPIDO 15.1 Suponha que você está em pé diretamente atrás de alguém que anda para trás e, sem querer, pisa no seu pé com o salto do sapato. Você sentiria menos dor se aquela pessoa fosse (a) um jogador grande profissional de basquete, usando tênis ou (b) uma mulher pequena com sapatos de saltos altos e finos?

> **PENSANDO EM FÍSICA 15.1**
>
> Ventosas podem ser usadas para prender corpos em superfícies. Por que os astronautas não usam ventosas para prender a superfície exterior de uma nave espacial em órbita?
>
> **Raciocínio** Uma ventosa funciona porque o ar é eliminado debaixo dela quando é pressionada contra uma superfície. Quando a ventosa é liberada, tende a ir um pouco para trás, fazendo com que o ar preso sob ela se expanda. Essa expansão diminui a pressão dentro da ventosa. Portanto, a diferença entre a pressão atmosférica no exterior da ventosa e a pressão reduzida no interior proporciona uma força que empurra a ventosa contra a superfície. No caso dos astronautas em órbita em torno da Terra, quase não existe ar fora da superfície da nave espacial. Portanto, se uma ventosa fosse pressionada contra a superfície do lado de fora da nave, o diferencial de pressão necessário para pressionar a ventosa contra a superfície não estaria presente. ◄

15.2 | Variação da pressão com a profundidade

O estudo da mecânica dos fluidos envolve a densidade de uma substância, definida na Equação 1.1 como a massa por unidade de volume da substância. A Tabela 15.1 relaciona as densidades de várias substâncias. Esses valores variam ligeiramente com a temperatura, porque o volume de uma substância depende da temperatura (como veremos no Capítulo 16). Observe que, sob condições padrão (a 0°C e pressão atmosférica), as densidades dos gases são da ordem de 1/1 000 das densidades dos sólidos e líquidos. Essa diferença faz com que o espaçamento molecular médio em um gás sob essas condições seja aproximadamente dez vezes maior em cada dimensão do que em um sólido ou em um líquido.

Como os mergulhadores bem sabem, a pressão no mar ou em um lago aumenta à medida que eles mergulham a profundidades cada vez maiores. Do mesmo modo, a pressão atmosférica diminui com o aumento da altitude. Por esta razão, as aeronaves que voam a grandes altitudes devem ter cabines pressurizadas para fornecer oxigênio suficiente para os passageiros.

Mostraremos agora matematicamente como a pressão em um fluido aumenta com a profundidade. Considere um líquido de densidade ρ em repouso, como na Figura 15.4. Deixe-nos selecionar uma amostra do líquido contido em um cilindro imaginário de área transversal A, que se estende da profundidade d até a profundidade $d + h$. A amostra do líquido está em equilíbrio e em repouso. Portanto, de acordo com o modelo de partículas em equilíbrio, a força resultante sobre a amostra deve ser igual a zero. Investigaremos as forças na amostra relacionadas à pressão sobre ela.

O líquido externo da nossa amostra exerce forças em todos os pontos na superfície da amostra, perpendicular à superfície. Nas laterais da amostra de líquido na Figura 15.4, forças decorrentes da pressão atuam horizontalmente e se cancelam em pares nos lados opostos, levando a uma força horizontal resultante igual a zero. A pressão exercida pelo líquido na face inferior da amostra é P, e a pressão na face superior é P_0. Então, a partir da Equação 15.1, a força exercida para cima pelo fluido na base da amostra tem módulo PA, e a força para baixo exercida pelo líquido no topo tem módulo P_0A. Além disso, uma força gravitacional é exercida sobre a amostra. Como a amostra está em equilíbrio, a força resultante no sentido vertical tem de ser zero:

$$\sum F_y = 0 \rightarrow PA - P_0A - Mg = 0$$

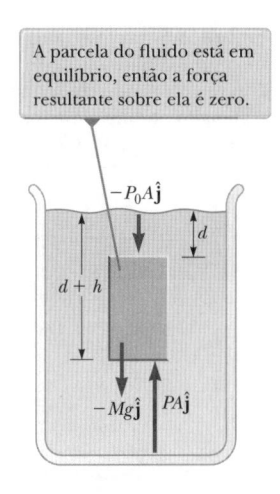

Figura 15.4 Uma parcela de fluido é selecionada em um volume maior de fluido.

Como a massa do líquido na amostra é $M = \rho V = \rho A h$, a força gravitacional no líquido na amostra é $Mg = \rho g A h$. Portanto,

$$PA = P_0 A + \rho g A h$$

ou

$$P = P_0 + \rho g h \quad \text{15.4} \blacktriangleleft$$

▶ Variação da pressão com a profundidade em um líquido

Se a superfície superior de nossa amostra está em $d = 0$ de forma que está aberta para a atmosfera, P_0 é a pressão atmosférica. A Equação 15.4 indica que a pressão em um líquido depende apenas da profundidade h dentro do líquido. Consequentemente, a pressão é a mesma em todos os pontos que têm a mesma profundidade, independentemente do formato do recipiente.

Pela Equação 15.4, todo aumento na pressão sobre a superfície deve ser transmitido a cada ponto do fluido. Esse comportamento foi reconhecido pela primeira vez pelo cientista francês Blaise Pascal (1623-1662) e é chamado **lei de Pascal:**

Uma mudança na pressão aplicada a um fluido é transmitida sem diminuição para todos os pontos no fluido e para as paredes do recipiente.

▶ Lei de Pascal

Você usa a lei de Pascal quando você aperta os lados do seu tubo de pasta de dente. O aumento da pressão sobre os lados do tubo aumenta a pressão no tubo todo, o que empurra um fluxo de pasta de dentes para fora da abertura.

Uma aplicação importante da lei de Pascal é a prensa hidráulica ilustrada na Figura 15.5a. Uma força $\vec{F}_1$ é aplicada em um pequeno pistão de área A_1. A pressão é transmitida por um líquido para um pistão maior de área A_2, e a força $\vec{F}_2$ é exercida pelo líquido nesse pistão. Como a pressão é a mesma em ambos os pistões, vemos que $P = F_1/A_1 = F_2/A_2$. O módulo da força F_2 é, portanto, maior que F_1 pelo fator de multiplicação A_2/A_1. Em freios hidráulicos, elevadores de carros, macacos hidráulicos e empilhadeiras é aplicado esse princípio.

TESTE RÁPIDO 15.2 A pressão base de um copo cheio de água ($\rho = 1\,000 \text{ kg/m}^3$) é P. A água é despejada, e o copo é preenchido com álcool etílico ($\rho = 806 \text{ kg/m}^3$). Qual é a pressão na base do copo? (a) menor que P (b) igual a P (c) maior que P (d) indeterminado.

Figura 15.5 (a) Diagrama de uma prensa hidráulica. (b) Um veículo sendo consertado é apoiado por um elevador hidráulico em uma oficina.

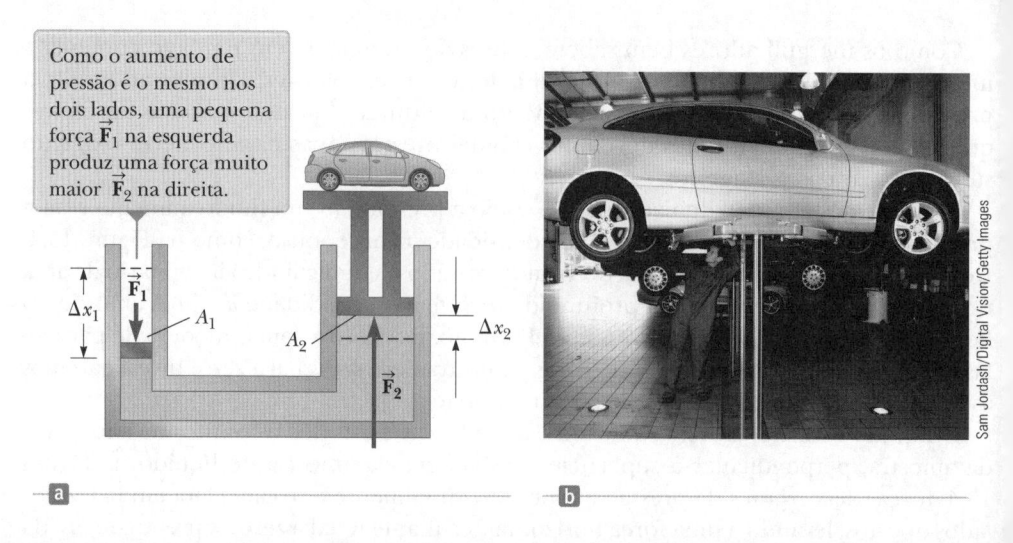

Como o aumento de pressão é o mesmo nos dois lados, uma pequena força $\vec{F}_1$ na esquerda produz uma força muito maior $\vec{F}_2$ na direita.

> **PENSANDO EM FÍSICA 15.2**   **BIO** Medindo a pressão sanguínea

A pressão arterial é medida normalmente com a braçadeira do esfigmomanômetro em torno do braço. Suponha que a pressão arterial foi medida com a braçadeira ao redor da panturrilha de uma pessoa em pé. A leitura da pressão arterial seria a mesma que a obtida no braço?

Raciocínio A pressão arterial medida na panturrilha seria maior do que a medida no braço. Se imaginarmos o sistema vascular do corpo como um recipiente contendo um fluido (sangue), a pressão no fluido aumentará com a profundidade. O sangue na panturrilha está mais baixo no fluido do que o sangue do braço e está em uma pressão mais elevada.

A pressão arterial normalmente é medida no braço porque ele está aproximadamente na mesma altura do coração. Se a pressão arterial na panturrilha fosse utilizada como padrão, os ajustes que precisariam ser feitos na altura da pessoa e na pressão arterial seriam diferentes se a pessoa estivesse deitada. ◄

Exemplo 15.1 | O elevador de carros

Em um elevador de carros usado em um posto de serviços (Fig. 15.5), o ar comprimido exerce uma força sobre um pistão pequeno que tem seção transversal circular e raio de 5,00 cm. Essa pressão é transmitida por um líquido para um pistão que tem raio de 15,0 cm.

(A) Que força o ar comprimido deve exercer para levantar um carro que pesa 13 300 N?

SOLUÇÃO

Conceitualização Revise o material sobre a lei de Pascal para entender a operação de um elevador de carros.

Categorização Este exemplo é um problema de substituição

Resolva $F_1/A_1 = F_2/A_2$ para F_1:

$$F_1 = \left(\frac{A_1}{A_2}\right)F_2 = \frac{\pi(5,00 \times 10^{-2}\ \text{m})^2}{\pi(15,0 \times 10^{-2}\ \text{m})^2}(1,33 \times 10^4\ \text{N})$$

$$= \boxed{1,48 \times 10^3\ \text{N}}$$

(B) Que pressão do ar produz esta força?

SOLUÇÃO

Use a Equação 15.1 para encontrar a pressão do ar que produz esta força:

$$P = \frac{F_1}{A} = \frac{1,48 \times 10\ \text{N}}{\pi(5,00 \times 10^{-2}\ \text{m})^2}$$

$$= \boxed{1,88 \times 10^5\ \text{Pa}}$$

Essa pressão é aproximadamente o dobro da pressão atmosférica.

(C) Considere o elevador como um sistema não isolado e mostre que a transferência de energia de entrada é igual em módulo à transferência de energia de saída.

15.1 cont.

SOLUÇÃO

A entrada e saída de energia acontece por meio de trabalho realizado pelas forças quando os pistões se movem. Para determinar o trabalho feito, temos de encontrar o módulo do deslocamento pelo qual cada força atua. Conforme o fluido é modelado como incompressível, o volume do cilindro pelo qual o pistão da entrada se movimenta deve igualar-se ao daquele no qual o pistão da saída se move. Os comprimentos desses cilindros são os módulos Δx_1 e Δx_2 dos deslocamentos das forças (ver Fig. 15.5a).

Defina os volumes pelos quais os pistões se movem por igual:

$$V_1 = V_2 \rightarrow A_1 \Delta x_1 = A_2 \Delta x_2$$

$$\frac{A_1}{A_2} = \frac{\Delta x_2}{\Delta x_1}$$

Avalie a relação entre o trabalho de entrada e o trabalho de saída:

$$\frac{W_1}{W_2} = \frac{F_1 \Delta x_1}{F_2 \Delta x_2} = \left(\frac{F_1}{F_2}\right)\left(\frac{\Delta x_1}{\Delta x_2}\right) = \left(\frac{A_1}{A_2}\right)\left(\frac{A_2}{A_1}\right) = 1$$

Este resultado confirma que a entrada e a saída de trabalho são iguais, condição para que a energia seja conservada.

Exemplo 15.2 | A força sobre uma represa

Coloca-se água até uma altura H atrás de uma represa de largura w (Fig. 15.6). Determine a força resultante exercida pela água sobre a represa.

SOLUÇÃO

Conceitualização Como a pressão varia com a profundidade, não podemos calcular a força simplesmente multiplicando a área pela pressão. Conforme a pressão na água aumenta com a profundidade, a força sobre a porção adjacente à represa também aumenta.

Categorização Por causa da variação da pressão com a profundidade, devemos usar integração para resolver este exemplo, então ele é categorizado como um problema de análise.

Análise Imagine um eixo vertical y, com $y = 0$ no fundo da represa. Dividimos a face da represa em faixas horizontais estreitas a uma distância y acima do fundo, como a faixa mais escura na Figura 15.6. A pressão sobre cada faixa é causada apenas pela água; a pressão atmosférica atua nos dois lados da represa.

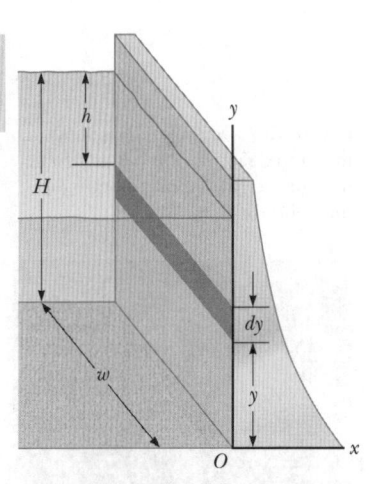

Figura 15.6 (Exemplo 15.2) Água exerce uma força sobre uma represa.

Use a Equação 15.4 para calcular a pressão da água na profundidade h:

$$P = \rho g h = \rho g (H - y)$$

Use a Equação 15.1 para encontrar a força exercida na faixa sombreada de área $dA = w\,dy$:

$$dF = P\,dA = \rho g (H - y) w\,dy$$

Integre para encontrar a força total sobre a represa:

$$F = \int P\,dA = \int_0^H \rho g (H - y) w\,dy = \boxed{\tfrac{1}{2}\rho g w H^2}$$

Finalização Note que a espessura da represa mostrada na Figura 15.6 aumenta com a profundidade. Este desenho explica a maior força exercida pela água sobre a represa a maiores profundidades.

E se? E se fosse pedido a você para encontrar essa força sem usar cálculo? Como poderia determinar seu valor?

Resposta Sabemos, a partir da Equação 15.4, que a pressão varia linearmente com a profundidade. Portanto, a pressão média exercida pela água sobre a face da represa é a média daquela no topo e da pressão no fundo:

$$P_{avg} = \frac{P_{topo} + P_{fundo}}{2} = \frac{0 + \rho g H}{2} = \tfrac{1}{2}\rho g H$$

A força total sobre a represa é igual ao produto da pressão média e a área da face da represa:

$$F = P_{avg} A = (\tfrac{1}{2}\rho g H)(Hw) = \tfrac{1}{2}\rho g w H^2$$

que é o mesmo resultado obtido usando cálculo.

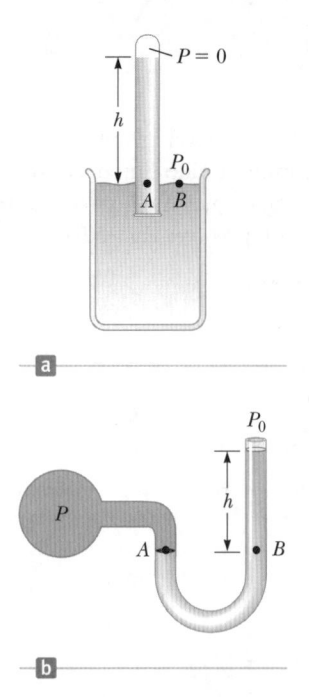

Figura 15.7 Dois aparelhos para medir pressão: (a) um barômetro de mercúrio e (b) um manômetro de tubo aberto.

Arquimedes
Matemático, físico e engenheiro grego (c.287–212 a.C.)
Arquimedes foi talvez o maior cientista da antiguidade. Ele foi o primeiro a computar precisamente a proporção da circunferência de um círculo com seu diâmetro e também mostrou como calcular o volume e a área de superfície de esferas, cilindros e outras formas geométricas. Ele é conhecido por descobrir a natureza da força de empuxo e foi também um grande inventor. Uma de suas invenções práticas, ainda usada, é o parafuso de Arquimedes, um tubo enrolado, inclinado, giratório, usado originalmente para retirar água de porões de navios. Ele também inventou a catapulta e criou sistemas de alavancas, roldanas e pesos para levantar cargas pesadas. Tais invenções foram usadas com sucesso na defesa de sua cidade nativa, Siracusa, durante um cerco romano que durou dois anos.

15.3 | Medições de pressão

Durante a previsão do tempo na televisão, frequentemente é informada a pressão barométrica. A pressão barométrica é a pressão atual da atmosfera, que varia por um pequeno alcance do valor padrão fornecido na Equação 15.3. Como é medida essa pressão?

Um instrumento usado para medir a pressão atmosférica é o barômetro comum, inventado por Evangelista Torricelli (1608-1647). Um tubo longo fechado em uma extremidade é preenchido com mercúrio e depois virado sobre um prato de mercúrio (Fig. 15.7a). A extremidade fechada do tubo é quase um vácuo, assim, a pressão no alto da coluna do mercúrio pode ser considerada zero. Na Figura 15.7a, a pressão no ponto A provocada pela coluna de mercúrio deve igualar a pressão no ponto B causada pela atmosfera. Se não fosse este o caso, haveria uma força resultante que moveria o mercúrio de um ponto para o outro até que o equilíbrio fosse estabelecido. Portanto, $P_0 = \rho_{Hg} g h$, onde ρ_{Hg} é a densidade do mercúrio e h é a altura da coluna de mercúrio. Conforme a pressão atmosférica varia, a altura da coluna de mercúrio também varia e, assim, a altura pode ser calibrada para medir a pressão atmosférica. Vamos determinar a altura de uma coluna de mercúrio para uma atmosfera de pressão, $P_0 = 1$ atm $= 1,013 \times 10^5$ Pa:

$$P_0 = \rho_{Hg} g h \rightarrow h = \frac{P_0}{\rho_{Hg} g} = \frac{1,013 \times 10^5 \text{ Pa}}{(13,6 \times 10^3 \text{ kg/m}^3)(9,80 \text{ m/s}^2)} = 0,760 \text{ m}$$

Com base em um cálculo como esse, uma pressão atmosférica é definida como a pressão equivalente de uma coluna de mercúrio que tem exatamente 0,760 0 m de altura a 0°C.

O manômetro de tubo aberto ilustrado na Figura 15.7b é um dispositivo para medir a pressão de um gás contido em um recipiente. Uma extremidade de um tubo em forma de U contendo um líquido é aberta para a atmosfera, e a outra extremidade é conectada a um sistema de pressão desconhecida P. As pressões nos pontos A e B devem ser as mesmas (de outra forma, a porção curvada do líquido experimentaria uma força resultante e aceleraria), e a pressão em A é a pressão desconhecida do gás. Portanto, equacionando a pressão desconhecida P àquela no ponto B, vemos que $P = P_0 + \rho g h$. A diferença de pressão $P - P_0$ é igual a $\rho g h$. A pressão P é chamada **pressão absoluta**, e a diferença $P - P_0$ é chamada **pressão manométrica**. Por exemplo, a pressão que você mede no pneu da sua bicicleta é uma pressão manométrica.

15.4 | Forças de empuxo e o princípio de Arquimedes

Você já tentou empurrar uma bola de praia para baixo da água (Fig. 15.8a)? É extremamente difícil por causa da grande força para cima exercida pela água sobre a bola. A força exercida para cima por um fluido sobre qualquer corpo imerso é chamada **força de empuxo**. Podemos determinar o módulo de uma força de empuxo aplicando um pouco de lógica. Imagine um bolsão de água do tamanho de uma bola de praia sob a superfície da água como na Figura 15.8b. Como o bolsão está em equilíbrio, deve haver uma força para cima que equilibra a força gravitacional para baixo sobre ele. Essa força para cima é a de empuxo, e seu módulo é igual ao peso

A força de empuxo $\vec{B}$ sobre uma bola de praia que substitui este bolsão de água é exatamente a mesma que a força de empuxo sobre o bolsão.

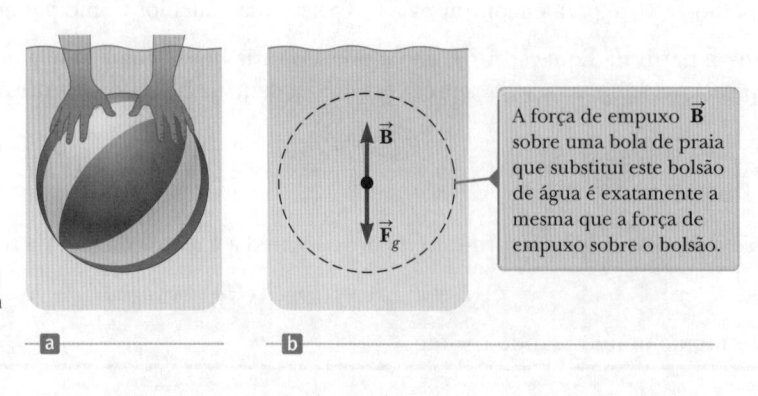

Figura 15.8 (a) Um nadador empurra uma bola sob a água. (b) As forças sobre um bolsão de água do tamanho de uma bola de praia.

da água no bolsão. A força de empuxo é a força resultante sobre o bolsão devido a todas as forças aplicadas pelo fluido em volta dele.

Imagine agora substituir o bolsão de água do tamanho de uma bola de praia por uma bola de praia do mesmo tamanho. A força resultante aplicada pelo fluido em volta da bola de praia é a mesma, não importando se é aplicada a uma bola de praia ou a um bolsão de água. Consequentemente, **o módulo da força de empuxo sobre um corpo é sempre igual ao peso do fluido deslocado por aquele corpo**. Essa afirmação é conhecida como o **princípio de Arquimedes**.

Com a bola de praia embaixo da água, a força de empuxo, igual ao peso de um bolsão de água do tamanho de uma bola de praia, é muito maior que o peso da bola de praia propriamente dita. Então, há uma grande força resultante para cima, o que explica por que é tão difícil segurar a bola embaixo da água. Note que o princípio de Arquimedes não se refere à forma do corpo que experimenta a força de empuxo. A composição do corpo não é um fator na força de empuxo porque esta é exercida pelo fluido circundante.

Para entender melhor a origem da força de empuxo, considere um cubo de material sólido imerso em um líquido como na Figura 15.9. De acordo com a Equação 15.4, a pressão P_{fundo} na base do cubo é maior que a pressão P_{topo} no topo por um valor $\rho_{fluido}gh$, onde h é a altura do cubo e ρ_{fluido} é a densidade do fluido. A pressão na base do cubo causa uma força para *cima* igual a $P_{fundo}A$, onde A é a área da face da base. A pressão no topo do cubo causa uma força para *baixo* igual a $P_{topo}A$. A resultante dessas duas forças é a força de empuxo $\vec{B}$ com módulo

$$B = (P_{fundo} - P_{topo})A = (\rho_{fluido}gh)A$$

$$B = \rho_{fluido}gV_{desl} \qquad 15.5 \blacktriangleleft$$

onde $V_{desl} = Ah$ é o volume do fluido deslocado pelo cubo. Como o produto $\rho_{fluido}V_{desl}$ é igual à massa de fluido deslocada pelo objeto,

$$B = Mg$$

onde Mg é o peso do fluido deslocado pelo cubo. Este resultado é consistente como nossa afirmação inicial acima sobre o princípio de Arquimedes, baseado na discussão sobre a bola de praia.

Antes de prosseguir com alguns exemplos, é instrutivo comparar dois casos comuns: a força de empuxo agindo sobre um corpo totalmente submerso e sobre um corpo flutuante.

Caso I: Um corpo totalmente submerso

Quando um corpo está totalmente submerso em um fluido de densidade ρ_{fluido}, o volume V_{desl} do fluido deslocado é igual ao volume V_{obj} do corpo; então, da Equação 15.5, o módulo da força de empuxo para cima é $B = \rho_{fluido}gV_{obj}$. Se o corpo tem uma massa M e densidade ρ_{obj}, seu peso é igual a $F_g = Mg = \rho_{obj}gV_{obj}$, e a força resultante sobre o corpo é $B - F_g = (\rho_{fluido} - \rho_{obj})gV_{obj}$. Portanto, se a densidade do corpo for menor que a densidade do fluido, a força gravitacional para baixo é menor que a de empuxo, e o corpo sem suporte acelerará para cima (Fig. Ativa 15.10a). Se a densidade do corpo for maior que a do fluido, a força de empuxo para cima é menor que a força gravitacional para baixo e o corpo sem suporte afundará (Fig. Ativa 15.10b). Se a densidade do corpo submerso é igual à do fluido, a força resultante sobre o corpo é zero e o corpo permanece em equilíbrio. Portanto, a direção do movimento de um corpo submerso em um fluido é determinada *somente* pelas densidades do corpo e do fluido.

O mesmo comportamento é exibido por um corpo imerso em um gás, tal como o ar da atmosfera.[1] Se o corpo é menos denso do que o ar, como um balão cheio de hélio, o corpo flutua para cima. Se for mais denso, cai como uma rocha.

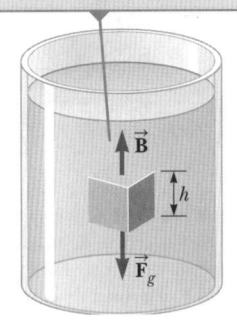

Figura 15.9 As forças externas atuando sobre um cubo imerso são a gravitacional $\vec{F}_g$ e a de empuxo $\vec{B}$.

> **Prevenção de Armadilhas | 15.2**
> **A força de empuxo é exercida pelo fluido**
> Lembre que **a força de empuxo é exercida pelo fluido**. Ela não é determinada pelas propriedades do objeto exceto pela quantidade de fluido deslocada pelo objeto. Então, se vários objetos de densidades diferentes mas de mesmo volume são imersos em um fluido, todos experimentarão a mesma força de empuxo. Se eles afundam ou flutuam é determinado pela relação entre a força de empuxo e a força gravitacional.

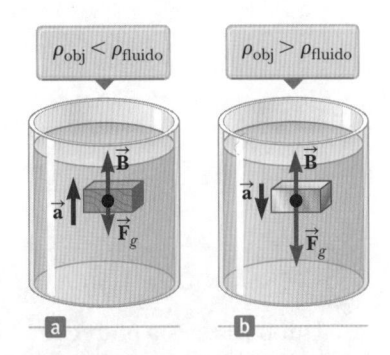

Figura Ativa 15.10 (a) Um corpo totalmente submerso que é menos denso que o fluido no qual está mergulhado experimenta uma força resultante para cima e sobe à superfície após ser liberado. (b) Um corpo totalmente submerso que é mais denso que o fluido experimenta uma força resultante para baixo e afunda.

---

[1] O comportamento geral é o mesmo, mas a força de empuxo varia com a altura da atmosfera devido à variação na densidade do ar.

Como o corpo flutua em equilíbrio, $B = F_g$.

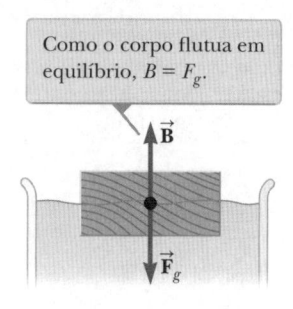

Figura Ativa 15.11 Um objeto flutuando na superfície de um fluido experimenta duas forças, a força gravitacional $\vec{F}_g$ e a força de empuxo $\vec{B}$.

Caso II: Um corpo flutuante

Agora considere um corpo de volume V_{obj} e densidade $\rho_{obj} < \rho_{fluido}$, em equilíbrio estático flutuando na superfície de um fluido, isto é, um corpo que só está parcialmente submerso (Fig. Ativa 15.11). Nesse caso, a força de empuxo para cima é equilibrada pela força gravitacional para baixo que atua sobre o corpo. Se V_{desl} é o volume do fluido deslocado pelo corpo (este volume é igual ao da parte do corpo sob a superfície do fluido), a força de empuxo tem módulo $B = \rho_{fluido} g V_{desl}$. Como o peso do corpo é $F_g = Mg = \rho_{obj} g V_{obj}$ e $F_g = B$, vemos que $\rho_{fluido} g V_{desl} = \rho_{obj} g V_{obj}$, ou

$$\frac{V_{desl}}{V_{obj}} = \frac{\rho_{obj}}{\rho_{fluido}}$$

◀ 15.6

Portanto, a fração do volume do corpo sob a superfície do fluido é igual à razão entre a densidade do corpo e a densidade do fluido.

Vamos analisar exemplos de ambos os casos. Sob condições normais, a densidade de um peixe, como o da fotografia de abertura deste capítulo, é ligeiramente maior que a densidade da água. Dessa maneira, um peixe iria afundar se não tivesse algum mecanismo para neutralizar a força resultante para baixo. O peixe faz isso regulando internamente o tamanho de sua bexiga natatória, uma cavidade cheia de gás dentro do corpo do peixe. Aumentando seu tamanho, aumenta a quantidade de água deslocada, o que aumenta a força de empuxo. Dessa forma, os peixes são capazes de nadar a várias profundidades. Uma vez que o peixe está totalmente submerso na água, esse exemplo ilustra o Caso I.

Como um exemplo do Caso II, imagine um grande navio de carga. Quando o navio está em repouso, a força de empuxo da água para cima equilibra o peso, de modo que o navio fica em equilíbrio. Somente parte do volume do navio está debaixo da água. Se o navio for carregado com carga pesada, afunda mais na água. O peso aumentado do navio por causa da carga é contrabalançeado pela força de empuxo extra do volume adicional que agora se encontra abaixo da superfície da água.

Esses balões de ar quente flutuam porque estão cheios de ar em alta temperatura. A força de empuxo sobre um balão, devido ao ar circundante, é igual ao peso do balão, o que resulta numa força líquida igual a zero.

▶ **PROBLEMA RÁPIDO 15.3** Uma maçã é totalmente submersa imediatamente abaixo da superfície de água em um recipiente. A maçã é movida para um ponto mais fundo na água. Comparada com a força necessária para manter a maçã imediatamente abaixo da superfície, qual é a força necessária para mantê-la neste ponto mais fundo? (a) maior (b) a mesma (c) menor (d) impossível determinar

▶ **PROBLEMA RÁPIDO 15.4** Você naufragou e está flutuando no meio do oceano em uma balsa. Sua carga na balsa inclui um baú do tesouro cheio de ouro que você encontrou antes de o navio naufragar, e por isso a balsa mal consegue flutuar. Para continuar flutuando o mais alto possível na água, o que você deveria fazer (a) deixar o baú do tesouro no topo da balsa, (b) prendê-lo na parte inferior da balsa, ou (c) pendurá-lo na água preso à balsa por uma corda? (Suponha que jogar o baú do tesouro ao mar não é uma opção válida.)

▶ **PENSANDO EM FÍSICA 15.3**

Um florista está entregando uma cesta de flores em uma casa. A cesta inclui um balão cheio de hélio, que de repente se solta da cesta e começa a acelerar para cima em direção ao céu. Assustado com o desprendimento do balão, o entregador derruba a cesta de flores. À medida que a cesta cai, o sistema cesta-Terra experimenta um aumento da energia cinética e uma diminuição na energia potencial gravitacional, consistente com a conservação de energia mecânica. O sistema balão-Terra, no entanto, experimenta um aumento tanto de energia potencial gravitacional como de energia cinética. Isso é consistente com o princípio de conservação da energia mecânica? Caso não seja, de onde está vindo a energia extra?

Raciocínio No caso do sistema cesta-Terra, para estimar o movimento da cesta podemos ignorar os efeitos do ar. Portanto, o sistema cesta-Terra pode ser analisado com o modelo do sistema isolado e a energia mecânica é conservada. Para o sistema balão-Terra, não podemos ignorar os efeitos do ar, porque é a força de empuxo do ar que leva o balão a subir. Portanto, o sistema balão-Terra é analisado com o modelo do sistema não isolado. O empuxo do ar realiza trabalho através do limite do sistema e esse trabalho resulta em um aumento na energia cinética e na energia potencial gravitacional do sistema. ◄

Exemplo **15.3** | **Eureca!**

Supostamente, pediram a Arquimedes para determinar se uma coroa feita para o rei era feita de ouro puro. De acordo com a lenda, ele resolveu esse problema pesando a coroa primeiro no ar, e depois na água, como mostra na Figura 15.12. Suponha que a balança tenha marcado 7,84 N quando a coroa estava no ar e 6,84 N quando estava na água. O que Arquimedes deveria ter dito ao rei?

SOLUÇÃO

Conceitualização A Figura 15.12 ajuda a imaginar o que está acontecendo neste exemplo. Por causa da força de empuxo, a leitura da balança é menor na Figura 15.12b que na Figura 15.12a.

Categorização Este problema é um exemplo do Caso I discutido anteriormente porque a coroa está completamente submersa. A leitura na balança é uma medida de uma das forças sobre a coroa, que é estacionária. Podemos, então, categorizar a coroa como uma partícula em equilíbrio.

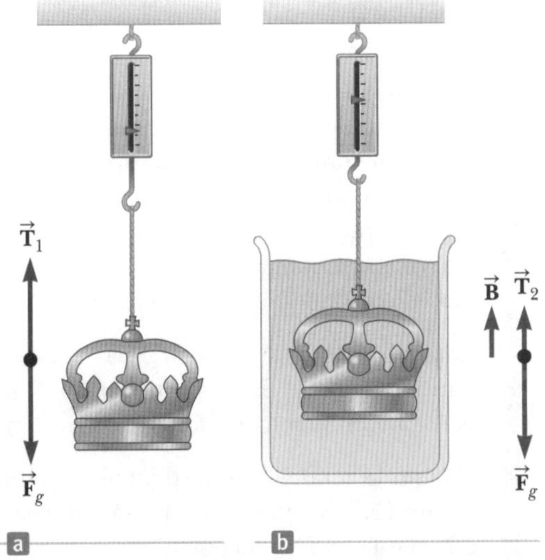

Figura 15.12 (Exemplo 15.3) (a) Quando a coroa é suspensa no ar, a balança marca seu peso real porque $T_1 = F_g$ (o empuxo do ar é desprezível) (b) Quando a coroa é imersa em água, a força de empuxo B muda a leitura desprezível para um valor mais baixo $T_2 = F_g - B$.

Análise Quando a coroa é suspensa no ar, a balança marca o peso real $T_1 = F_g$ (desprezando a pequena força de empuxo do ar circundante). Quando a coroa é imersa em água, a força de empuxo $\vec{B}$ reduz a marcação da balança para um peso *aparente* de $T_2 = F_g - B$.

Aplique o modelo de partícula em equilíbrio à coroa na água:

$$\sum F = B + T_2 - F_g = 0$$

Resolva para B e substitua os valores conhecidos:

$$B = F_g - T_2 = 7{,}84\text{ N} - 6{,}84\text{ N} = 1{,}00\text{ N}$$

Como essa força de empuxo é igual em módulo ao peso da água deslocada, $B = \rho_w g V_{desl}$, onde V_{desl} é o volume de água deslocado e ρ_w é a sua densidade. Além disso, o volume da coroa V_c é igual ao volume de água deslocado, pois a coroa está completamente submersa, então $B = \rho_w g V_c$.

Encontre a densidade da coroa a partir da Equação 1.1:

$$\rho_c = \frac{m_c}{V_c} = \frac{m_c g}{V_c g} = \frac{m_c g}{(B/\rho_w)} = \frac{m_c g \rho_w}{B}$$

Substitua os valores numéricos:

$$\rho_c = \frac{(7{,}84\text{ N})(1\,000\text{ kg/m}^3)}{1{,}00\text{ N}} = 7{,}84 \times 10^3\text{ kg/m}^3$$

Finalização Na Tabela 15.1, vemos que a densidade do ouro é $19{,}3 \times 10^3$ kg/m^3. Portanto, Arquimedes deveria ter dito ao rei que ele havia sido enganado. Ou a coroa era oca, ou não era feita de ouro puro.

E se? Suponha que a coroa tenha o mesmo peso, mas seja de ouro puro e não seja oca. Qual seria a leitura da balança quando a coroa é imersa em água?

Resposta Encontre a força de empuxo sobre a coroa:

$$B = \rho_w g V_w = \rho_w g V_c = \rho_w g \left(\frac{m_c}{\rho_c}\right) = \rho_w \left(\frac{m_c g}{\rho_c}\right)$$

Substitua os valores numéricos:

$$B = (1{,}00 \times 10^3 \text{ kg/m}^3)\frac{7{,}84\text{ N}}{19{,}3 \times 10^3 \text{ kg/m}^3} = 0{,}406\text{ N}$$

Encontre a tensão no cordão pendurado na balança:

$$T_2 = F_g - B = 7{,}84\text{ N} - 0{,}406\text{ N} = 7{,}43\text{ N}$$

Exemplo 15.4 | Mudando a vibração de um barbante com água

Uma ponta de um barbante é presa horizontalmente a uma lâmina vibratória, e a outra ponta passa por uma roldana, como na Figura 15.13a. Uma esfera de massa 2,00 kg está pendurada na extremidade livre do barbante. O barbante está vibrando em seu segundo harmônico. Um recipiente de água é levantado abaixo da esfera para que esta fique completamente submersa. Nessa configuração, o barbante vibra em seu quinto harmônico, como mostra a Figura 15.13b. Qual é o raio da esfera?

SOLUÇÃO

Conceitualização Imagine o que acontece quando a esfera é imersa na água. A força de empuxo atua para cima na esfera, reduzindo a tensão no barbante. A mudança de tensão causa uma mudança na velocidade das ondas no barbante, que por sua vez causa uma mudança no comprimento de onda. Esse comprimento de onda alterado resulta no barbante vibrar em seu quinto modo normal em vez do segundo.

Categorização A esfera pendurada é modelada como uma partícula em equilíbrio. Uma das forças atuando sobre ela é a força de empuxo da água. Também aplicamos o modelo de ondas sob condições de contorno ao barbante.

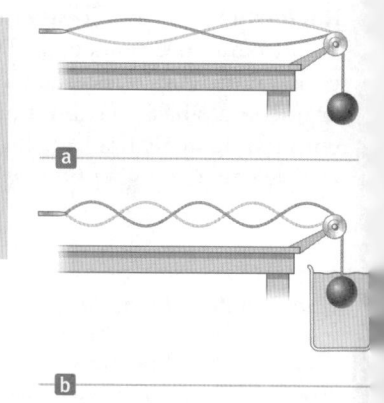

Figura 15.13 (Exemplo 15.4)(a) Quando a esfera fica pendurada no ar, o barbante vibra em seu segundo harmônico. (b) Quando a esfera é imersa em água, o barbante vibra em seu quinto harmônico.

Análise Aplique o modelo de partícula em equilíbrio à esfera na Figura 15.13a, identificando T_1 como a tensão no barbante enquanto a esfera está pendurada no ar:

$$\sum F = T_1 - mg = 0$$
$$T_1 = mg$$

Aplique o modelo de partícula em equilíbrio à esfera na Figura 15.13b, onde T_2 é a tensão no barbante enquanto a esfera está imersa em água:

$$T_2 + B - mg = 0$$
$$(1) \quad B = mg - T_2$$

A quantidade desejada e o raio da esfera aparecerão na expressão para a força de empuxo B. Entretanto, antes de prosseguir nesta direção, devemos avaliar T_2 a partir da informação sobre a onda estacionária.

Escreva a equação para a frequência de uma onda estacionária em um barbante (Eq. 14.7) duas vezes, uma vez antes de a esfera ser imersa e uma, depois. Note que a frequência f é a mesma nos dois casos porque ela é determinada pela lâmina vibratória. Além disso, a densidade linear de massa μ e o comprimento L da porção vibratória do barbante são iguais nos dois casos. Divida as equações:

$$f = \frac{n_1}{2L}\sqrt{\frac{T_1}{\mu}}$$
$$f = \frac{n_2}{2L}\sqrt{\frac{T_2}{\mu}} \rightarrow 1 = \frac{n_1}{n_2}\sqrt{\frac{T_1}{T_2}}$$

Resolva para T_2:

$$T_2 = \left(\frac{n_1}{n_2}\right)^2 T_1 = \left(\frac{n_1}{n_2}\right)^2 mg$$

Substitua esse resultado na Equação (1):

$$(2) \quad B = mg - \left(\frac{n_1}{n_2}\right)^2 mg = mg\left[1 - \left(\frac{n_1}{n_2}\right)^2\right]$$

Usando a Equação 15.5, expresse a força de empuxo em termos do raio da esfera:

$$B = \rho_{\text{água}} g V_{\text{esfera}} = \rho_{\text{água}} g\left(\tfrac{4}{3}\pi r^3\right)$$

Resolva para o raio da esfera e substitua da Equação (2):

$$r = \left(\frac{3B}{4\pi\rho_{\text{água}} g}\right)^{1/3} = \left\{\frac{3m}{4\pi\rho_{\text{água}}}\left[1 - \left(\frac{n_1}{n_2}\right)^2\right]\right\}^{1/3}$$

Substitua os valores numéricos:

$$r = \left\{\frac{3(2{,}00 \text{ kg})}{4\pi(1\,000 \text{ k/m}^3)}\left[1 - \left(\frac{2}{5}\right)^2\right]\right\}^{1/3}$$

$$= 0{,}073\,7 \text{ m} = \boxed{7{,}37 \text{ cm}}$$

Finalização Note que somente esferas de determinados raios resultarão na vibração do barbante em modo normal; a velocidade das ondas no barbante pode ser mudada para um valor tal que o comprimento do barbante é um número inteiro múltiplo de meio comprimento de onda. Essa limitação é uma característica da *quantização* que foi apresentada anteriormente: os valores para o raio da esfera que levam o barbante a vibrar em um modo normal são *quantizados*.

15.5 | Dinâmica dos fluidos

Até agora, nosso estudo de fluidos foi restrito àquela em repouso, ou **fluido estático**. Agora, vamos nos concentrar em **fluidos dinâmicos**, o estudo dos fluidos em movimento. Em vez de tentar estudar o movimento de cada uma das partículas do fluido como uma função de tempo, descrevemos as propriedades do fluido como um todo.

Características do escoamento

Quando um fluido está em movimento, seu fluxo é um dentre dois tipos principais. O fluxo é chamado **regular**, ou **laminar**, se cada partícula do fluido segue uma trajetória plana de modo que as trajetórias de diferentes partículas nunca se cruzam uma com a outra, como na Figura 15.14. Portanto, em fluxo constante, a velocidade do fluido em qualquer ponto permanece constante no tempo.

Acima de uma velocidade crítica, o fluxo do fluido torna-se **turbulento**. Fluxo turbulento é um fluxo irregular caracterizado por pequenas regiões de redemoinhos, como mostra a Figura 15.15. Como exemplo, o fluxo de água em um rio torna-se turbulento em regiões com rochas e outros obstáculos, muitas vezes formando corredeiras "de água branca".

O termo **viscosidade** é comumente usado na descrição de fluxo de fluido para caracterizar o grau de atrito interno. Esse atrito interno, ou força viscosa, está associado com a resistência que duas camadas adjacentes de fluido têm em se mover uma em relação à outra. Porque a viscosidade representa uma força não conservativa, parte da energia cinética de um fluido é convertida em energia interna, quando as camadas de fluido deslizam uma após a outra. Essa conversão é semelhante ao mecanismo no qual um objeto deslizando em uma superfície horizontal áspera sofre uma transformação de energia cinética para energia interna.

Como o movimento de um fluido real é muito complexo e ainda não totalmente compreendido, adotamos um modelo simplificado. Como veremos, muitas características de fluidos reais em movimento podem ser entendidas considerando o comportamento de um fluido ideal. Em nosso modelo de simplificação, fazemos as quatro seguintes suposições:

1. *Fluido não viscoso*. Em um fluido não viscoso, o atrito interno é desprezado. Um corpo se movendo pelo fluido não experimenta nenhuma força viscosa.
2. *Líquido incompressível*. Supõe-se que a densidade do fluido permaneça constante, independentemente da pressão.
3. *Fluxo estacionário*. Em fluxo regular, a velocidade do fluido em qualquer ponto permanece constante no tempo.
4. *Fluxo irrotacional*. O fluxo de fluido é irrotacional se o fluido não tem momento angular sobre nenhum ponto. Se uma pequena roda de pás colocada em qualquer local no fluido não girar pelo centro de massa, o fluxo é irrotacional. (Se a roda girasse, caso houvesse turbulência, o fluxo seria rotacional.)

As duas primeiras suposições em nosso modelo de simplificação são as propriedades de nosso fluido ideal. As duas últimas são descrições do fluxo do fluido.

15.6 | Linhas de fluxo e a equação da continuidade para fluidos

Se você está regando seu jardim e sua mangueira é muito curta para alcançar o jardim, você (antes de procurar uma mangueira maior!). Você pode colocar um bico na extremidade da mangueira ou, na ausência de um bico, pode pôr seu polegar sobre a extremidade da mangueira, para que a água saia por uma abertura mais estreita. Por que essas técnicas fazem com que a água saia mais rapidamente e seja projetada a uma distância maior? Veremos a resposta a essa questão nesta seção.

A trajetória seguida por uma partícula de fluido por um fluxo estacionário é chamada **linha de fluxo**. A velocidade da partícula é sempre tangente às linhas de fluxo, como mostra a Figura 15.16. Um conjunto de linhas de fluxo, como na Figura 15.16, forma um *tubo de fluxo*. Partículas fluidas não podem fluir para dentro ou fora dos lados desse tubo; se pudessem, as linhas de fluxo cruzariam umas com as outras.

Figura 15.14 Fluxo laminar ao redor de um automóvel em um teste de túnel de vento. As linhas de corrente do fluxo de ar são visíveis por partículas de fumaça.

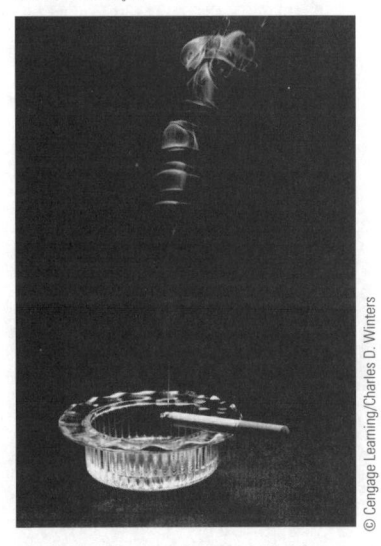

Figura 15.15 Gases quentes de um cigarro tornados visíveis por partículas de fumaça. A fumaça primeiro se move em fluxo laminar embaixo e depois em fluxo turbulento mais acima.

Em cada ponto ao longo de sua trajetória, a velocidade da partícula é tangente às linhas de fluxo.

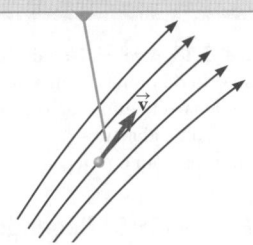

Figura 15.16 Uma partícula em fluxo laminar segue uma linha de fluxo.

A $t = 0$, o fluido na porção cinza mais claro se move pelo ponto 1 com velocidade $\vec{v}_1$.

Após um intervalo de tempo Δt, o fluido na porção cinza mais claro se move pelo ponto 2 com velocidade $\vec{v}_2$.

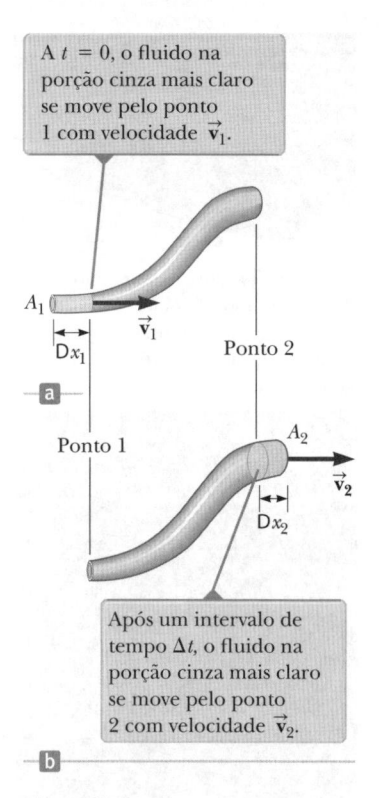

Figura 15.17 Um fluido se movendo com fluxo regular por um cano de área transversal variável. (a) A $t = 0$, a pequena porção cinza mais claro do fluido na esquerda se move pela área A_1. (b) Após um intervalo de tempo Δt, a porção cinza claro é aquela que o fluido se moveu pela área A_2.

Figura 15.18 A velocidade da água borrifando da ponta de uma mangueira de jardim aumenta conforme o tamanho da abertura é diminuída com o polegar.

Considere o fluxo de um fluido ideal por um cano de tamanho não uniforme, como ilustra a Figura 15.17. Vamos nos concentrar em um segmento de fluido no cano. A Figura 15.17a mostra o segmento no instante $t = 0$ compreendido na porção cinza, entre o ponto 1 e o ponto 2, e a porção cinza claro curta, à esquerda do ponto 1. Nesse instante, o fluido na porção cinza claro curta flui por uma seção transversal de área A_1 com velocidade v_1. Durante o intervalo de tempo Δt, o pequeno comprimento Δx_1 do fluido na porção cinza claro se move pelo ponto 1. Durante o mesmo tempo, o fluido se move pelo ponto 2 na outra extremidade do cano. A Figura 15.17b mostra a situação ao final do intervalo de tempo Δt. A porção cinza claro na extremidade direita representa o fluido que se moveu pelo ponto 2 por uma área A_2 a uma velocidade v_2.

A massa de fluido contida na porção cinza claro na Figura 15.17a é dada por $m_1 = \rho A_1 \Delta x_1 = \rho A_1 v_1 \Delta t$, onde ρ é a densidade (inalterada) do fluido ideal. Da mesma maneira, o fluido na porção cinza claro, na Figura 14.16b, tem massa $m_2 = \rho A_2 \Delta x_2 = \rho A_2 v_2 \Delta t$. Entretanto, como o fluido é incompressível e o fluxo é estacionário, a massa de fluido que passa pelo ponto 1, em um intervalo de tempo Δt, deve ser igual à massa que passa pelo ponto 2 no mesmo intervalo de tempo. Ou seja, $m_1 = m_2$ ou $\rho A_1 v_1 \Delta t = \rho A_2 v_2 \Delta t$, o que significa que

$$A_1 v_1 = A_2 v_2 = \text{constante} \qquad 15.7◀$$

Essa expressão é chamada **equação da continuidade para fluidos.** Ela demonstra que o produto da área e da velocidade do fluido em todos os pontos ao longo de um cano é constante para um fluido incompressível. A Equação 15.7 mostra que a velocidade é alta onde o cano é apertado (pequeno A) e baixa onde o cano é largo (grande A). O produto Av, o qual tem dimensão de volume por unidade de tempo, é chamado *volume de fluxo* ou *taxa de fluxo*. A condição $Av = $ constante é equivalente à afirmação de que o volume de um fluido que entra na extremidade de um cano em dado intervalo de tempo é igual ao que sai na outra extremidade no mesmo intervalo de tempo se não houver vazamentos.

Você demonstra a equação de continuidade para fluidos cada vez que rega seu jardim com seu polegar em cima da ponta de uma mangueira de jardim, como na Figura 15.18. Bloqueando parcialmente a abertura da mangueira com seu polegar, você reduz a área transversal pela qual a água passa. Como resultado, a velocidade da água aumenta à medida que sai da mangueira, podendo ser borrifada por uma longa distância.

PROBLEMA RÁPIDO 15.5 Você cola dois canudos de refrigerante diferentes ponta com ponta para fazer um canudo maior sem vazamentos. Os dois canudos têm um raio de 3 mm e 5 mm. Você bebe um refrigerante com a sua combinação de canudos. Em qual canudo a velocidade do líquido é maior? (**a**) É maior naquele que estiver mais próximo de sua boca. (**b**) É maior naquele que tem um raio de 3 mm. (**c**) é maior naquele que tem um raio de 5 mm. (**d**) Nenhum, porque a velocidade é a mesma em ambos os canudos.

Exemplo **15.5** | **Regando um jardim**

Um jardineiro usa uma mangueira com 2,50 cm de diâmetro para encher um balde de 30,0 L com água. Ele nota que leva 1,00 min para enchê-lo. Um bocal com abertura de área de seção transversal de 0,500 cm² é preso à mangueira e segurado para que a água seja projetada horizontalmente de um ponto 1,00 m acima do solo. Por qual distância horizontal a água pode ser projetada?

SOLUÇÃO

Conceitualização Imagine qualquer experiência que você tenha tido projetando água de um cano ou mangueira horizontal. Quanto mais rápido a água sai da mangueira, mais longe de uma ponta ela vai.

Categorização Assim que a água sai da mangueira, ela está em queda livre. Então, categorizamos dado elemento da água como um projétil. O elemento é modelado como uma partícula sob aceleração constante (devido à gravidade) na

15.5 cont.

direção vertical e como uma partícula sob velocidade constante na direção horizontal. A distância horizontal pela qual o elemento é projetado depende da velocidade de sua projeção. Este exemplo envolve uma mudança na área do cano, então também o categorizamos como um exemplo que usa a equação de continuidade para fluidos.

Análise Primeiro encontramos a velocidade da água na mangueira com base na informação sobre o enchimento do balde.

Encontre a área transversal da mangueira:
$$A = \pi r^2 = \pi \frac{d^2}{4} = \pi \left[\frac{(2,50 \text{ cm})^2}{4}\right] = 4,91 \text{ cm}^2$$

Avalie a taxa do fluxo de volume:
$$Av_1 = 30,0 \text{ L/min} = \frac{30,0 \times 10^3 \text{ cm}^3}{60,0 \text{ s}} = 500 \text{ cm}^3/\text{s}$$

Resolva para a velocidade da água na mangueira:
$$v_1 = \frac{500 \text{ cm}^3/\text{s}}{A} = \frac{500 \text{ cm}^3/\text{s}}{4,91 \text{ cm}^2} = 102 \text{ cm/s} = 1,02 \text{ m/s}$$

Rotulamos esta velocidade v_1 porque identificamos o ponto 1 dentro da mangueira, e o ponto 2 no ar, fora do bocal. Devemos encontrar a velocidade $v_2 = v_{xi}$ com a qual a água sai do bocal. O subscrito i antecipa que será a componente *inicial* de velocidade da água projetada da mangueira, e o x indica que o vetor velocidade inicial da água projetada é horizontal.

Resolva a equação de continuidade para fluidos para v_2:
$$v_2 = v_{xi} = \frac{A_1}{A_2} v_1$$

Substitua os valores numéricos:
$$v_{xi} = \frac{4,91 \text{ cm}^2}{0,500 \text{ cm}^2}(1,02 \text{ m/s}) = 10,0 \text{ m/s}$$

Mudamos nosso raciocínio dos fluidos para o movimento de projétil. Na direção vertical, um elemento da água começa do repouso e cai por uma distância vertical de 1,00 m.

Escreva a Equação 2.13 para a posição vertical de um elemento da água, modelado como uma partícula sob aceleração constante:
$$y_f = y_i + v_{yi}t - \tfrac{1}{2}gt^2$$

Substitua os valores numéricos:
$$-1,00 \text{ m} = 0 + 0 - \tfrac{1}{2}(9,80 \text{ m/s}^2)t^2$$

Resolva para o momento em que o elemento de água alcança o solo:
$$t = \sqrt{\frac{2(1,00 \text{ m})}{9,80 \text{ m/s}^2}} = 0,452 \text{ s}$$

Use a Equação 2.5 para encontrar a posição horizontal do elemento neste momento, modelado como uma partícula sob velocidade constante:
$$x_f = x_i + v_{xi}t = 0 + (10,0 \text{ m/s})(0,452 \text{ s}) = \boxed{4,52 \text{ m}}$$

Finalização O intervalo de tempo para que o elemento de água caia no solo é inalterado se a velocidade de projeção for mudada, porque a projeção é horizontal. Aumentar a velocidade de projeção resulta na maior distância atingida pela água, mas exige o mesmo intervalo de tempo para atingir o solo.

15.7 | Equação de Bernoulli

Você provavelmente já dirigiu em uma rodovia e foi ultrapassado por um caminhão grande em alta velocidade. Nessa situação, você pode ter sentido medo de seu carro ser puxado na direção do caminhão enquanto ele passava. Nesta seção, investigaremos a origem deste efeito.

Conforme um fluido se move por uma região onde sua velocidade ou elevação acima da superfície da Terra muda, a pressão no fluido varia com essas mudanças. A relação entre velocidade do fluido, pressão e elevação foi derivada pela primeira vez em 1738, pelo físico suíço Daniel Bernoulli. Considere o fluxo de um segmento de um fluido ideal por um cano não uniforme em um intervalo de tempo Δt, como ilustra a Figura 15.19.

Essa figura é muito semelhante à Figura 15.17, que usamos para desenvolver a equação de continuidade. Adicionamos duas características: as forças nas pontas externas das porções *azuis* do fluido e as alturas dessas porções acima da posição de referência $y = 0$.

Daniel Bernoulli
Físico suíço (1700–1782)
Bernoulli fez descobertas importantes sobre a dinâmica dos fluidos. A obra mais famosa de Bernoulli, *Hydrodynamica*, foi publicada em 1738. É um estudo teórico e prático sobre equilíbrio, pressão e velocidade em fluidos. Ele mostrou que à medida que a velocidade de um fluido aumenta, sua pressão diminui. Chamado de "princípio de Bernoulli", o trabalho de Bernoulli é usado para produzir um vácuo parcial em laboratórios de química através da conexão de um recipiente a um tubo no qual água passa rapidamente..

A força exercida pelo fluido para a esquerda da porção cinza claro na Figura 15.19a tem módulo $P_1 A_1$. O trabalho realizado por essa força sobre o segmento em um intervalo de tempo Δt é $W_1 = F_1 \Delta x_1 = P_1 A_1 \Delta x_1 = P_1 V$, onde V é o volume da porção cinza claro de fluido passando pelo ponto 1 na Figura 15.19a. De modo semelhante, o trabalho realizado pelo fluido para a direita do segmento no mesmo intervalo de tempo Δt é $W_2 = -P_2 A_2 \Delta x_2 = -P_2 V$, onde V é o volume da porção cinza claro de fluido passando pelo ponto 2 na Figura 15.19b. (Os volumes das porções cinzas claros de fluido nas figuras 15.19a e 15.19b são iguais porque o fluido é incompressível.) Esse trabalho é negativo porque a força no segmento de fluido é para a esquerda e o deslocamento do ponto de aplicação da força é para a direita. Então, o trabalho resultante realizado sobre o segmento por estas forças no intervalo de tempo Δt é

$$W = (P_1 - P_2)V$$

Parte desse trabalho muda a energia cinética do segmento de fluido, e parte muda a energia potencial gravitacional do sistema segmento-Terra. Como supomos um fluxo em linha, a energia cinética K_{cinza} da porção cinza do segmento é o mesma nas duas partes da Figura 15.19. Portanto, a variação na energia cinética do segmento de fluido é

$$\Delta K = \left(\tfrac{1}{2}mv_2^2 + K_{\text{cinza}}\right) - \left(\tfrac{1}{2}mv_1^2 + K_{\text{cinza}}\right) = \tfrac{1}{2}mv_2^2 - \tfrac{1}{2}mv_1^2$$

onde m é a massa das porções cinzas claros do fluido nas duas partes da Figura 15.19. (Como os volumes das duas porções são iguais, elas também têm a mesma massa.)

Considerando a energia gravitacional potencial do sistema segmento-Terra, mais uma vez não há mudança durante o intervalo de tempo para a energia gravitacional potencial U_{cinza} associada à porção cinza do fluido. Consequentemente, a variação na energia gravitacional potencial do sistema é

$$\Delta U = (mgy_2 + U_{\text{cinza}}) - (mgy_1 + U_{\text{cinza}}) = mgy_2 - mgy_1$$

A partir da Equação 7.2, o trabalho total realizado sobre o sistema pelo fluido fora do segmento é igual à variação na energia mecânica do sistema: $W = \Delta K + \Delta U$. Substituindo para cada um desses termos, resulta em

$$(P_1 - P_2)V = \tfrac{1}{2}mv_2^2 - \tfrac{1}{2}mv_1^2 + mgy_2 - mgy_1 \qquad \mathbf{15.8}\blacktriangleleft$$

Se dividirmos cada termo pelo volume V da porção e lembrando que $\rho = m/V$, esta expressão é reduzida para

$$P_1 - P_2 = \tfrac{1}{2}\rho v_2^2 - \tfrac{1}{2}\rho v_1^2 + \rho g y_2 - \rho g y_1$$

Rearranjando os termos, temos

$$\boxed{P_1 + \tfrac{1}{2}\rho v_1^2 + \rho g y_1 = P_2 + \tfrac{1}{2}\rho v_2^2 + \rho g y_2} \qquad \mathbf{15.9}\blacktriangleleft$$

que é a **equação de Bernoulli** aplicada a um fluido ideal. É frequentemente expressa como

$$P + \tfrac{1}{2}\rho v^2 + \rho g y = \text{constante} \qquad \mathbf{15.10}\blacktriangleleft$$

A equação de Bernoulli mostra que a soma da pressão P com a energia gravitacional potencial por unidade volume $\rho g y$ tem o mesmo valor em todos os pontos ao longo da linha de fluxo.

Quando o fluido está em repouso, $v_1 = v_2 = 0$ e a Equação 15.9 se torna

$$P_1 - P_2 = \rho g(y_2 - y_1) = \rho g h$$

o que concorda com a Equação 15.4.

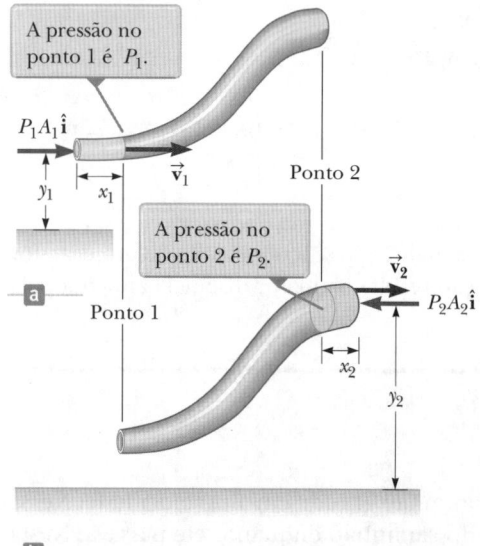

Figura 15.19 Um fluido em fluxo laminar por um cano. (a) Um segmento do fluido no momento $t = 0$. Uma pequena porção do fluido de cor cinza claro está a uma altura y_1 acima de uma posição de referência. (b) Após um intervalo de tempo Δt, todo o segmento se moveu para a direita. A porção de cor cinza claro do fluido está a uma altura y_2.

Embora a Equação 15.10 tenha sido derivada para um fluido incompresssível, o comportamento geral da pressão com velocidade é verdadeira mesmo para gases: conforme a velocidade aumenta, a pressão diminui. Este *efeito de Bernoulli* explica a experiência com o caminhão na rodovia na abertura desta seção. Conforme o ar passa entre o seu carro e o caminhão, ele deve passar por um canal relativamente estreito. De acordo com a equação de continuidade, a velocidade do ar é alta. De acordo com o efeito de Bernoulli, este ar de maior velocidade exerce menos pressão sobre seu carro que o ar mais lento se movimentando do outro lado do seu carro. Então, há uma força resultante empurrando você na direção do caminhão.

PROBLEMA RÁPIDO 15.6 Você vê dois balões de hélio flutuando próximos um ao outro, presos a uma mesa por barbantes. As superfícies dos balões que estão de frente uma para a outra são separadas por 1-2 cm. Você sopra através do pequeno espaço entre os balões. O que acontece com os balões? (**a**) Eles se movem na direção um do outro, (**b**) Distanciam-se um do outro. (**c**) Não são afetados.

Exemplo 15.6 | Naufrágio do navio cruzeiro

Um mergulhador está à procura de peixe com um arpão. Ele acidentalmente dispara a arma de modo que o arpão perfura o lado de um navio cruzeiro. O furo se encontra a uma profundidade de 10,0 m abaixo da superfície da água. Com que velocidade a água entra no navio cruzeiro pelo furo?

SOLUÇÃO

Conceitualização Imagine a água que flui pelo orifício. Quanto mais profundo é o orifício, maior a pressão e, portanto, maior é a velocidade da água que entra.

Categorização Vamos avaliar o resultado diretamente da equação de Bernoulli, pois este é um problema de substituição.

Identificamos o ponto 2 como a superfície da água do lado de fora do navio, que atribuiremos como $y = 0$. Nesse ponto, a água é estática, assim $v_2 = 0$. Identificamos o ponto 1 como um ponto no orifício no interior do navio, porque esse é o ponto no qual desejamos avaliar a velocidade da água. Esse ponto está na profundidade $y = -h = -10,0$ m abaixo da superfície da água. Usamos a equação de Bernoulli para comparar os dois pontos. Em ambos, a água é aberta para a pressão atmosférica, assim $P_1 = P_2 = P_0$.

Com base nesse argumento, resolva a equação de Bernoulli para a velocidade v_1 da água que entra no navio e avalie:

$$P_0 + \tfrac{1}{2}\rho(0)^2 + \rho g(0) = P_0 + \tfrac{1}{2}\rho v_1^2 + \rho g(-h) \rightarrow$$
$$v_1 = \sqrt{2gh} = \sqrt{2(9{,}80 \text{ m/s}^2)(10{,}0 \text{ m})} = \boxed{14 \text{ m/s}}$$

Exemplo 15.7 | Lei de Torricelli

Um tanque fechado contendo um líquido de densidade ρ tem um buraco no lado a uma distância y_1 da base do tanque (Fig. 15.20). O buraco é aberto para a atmosfera, e seu diâmetro é muito menor que o do tanque. O ar acima do líquido é mantido a uma pressão P. Determine a velocidade do líquido conforme ele sai do buraco quando seu nível está a uma distância h acima do buraco.

SOLUÇÃO

Conceitualização Imagine que o tanque é um extintor de incêndio. Quando o buraco é aberto, o líquido sai com certa velocidade. Se a pressão P no topo do líquido aumenta, ele sai com maior velocidade. Se a pressão P cai demais, o líquido sai com baixa velocidade e o extintor deve ser substituído.

Categorização Olhando a Figura 15.20, sabemos a pressão em dois pontos e a velocidade em um deles. Queremos encontrar a velocidade no segundo ponto. Portanto, podemos categorizar este exemplo como um ao qual podemos aplicar a equação de Bernoulli.

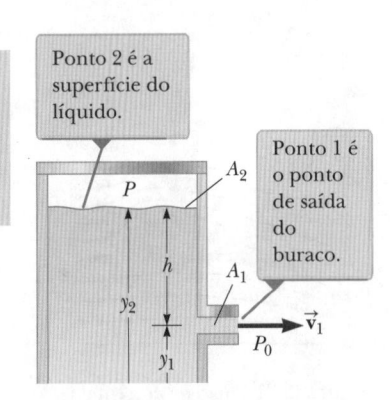

Figura 15.20 (Exemplo 15.7) Um líquido sai de um buraco em um tanque com velocidade v_1.

Análise Como $A_2 \gg A_1$ o líquido está aproximadamente em repouso no topo do tanque, onde a pressão é P. No buraco, P_1 é igual à pressão atmosférica P_0.

continua

15.7 cont.

Aplique a equação de Bernoulli entre os pontos 1 e 2 e resolva para v_1, observando que $y_2 - y_1 = h$:

$$P_0 + \tfrac{1}{2}\rho v_1^2 + \rho g y_1 = P + \rho g y_2 \rightarrow v_1 = \sqrt{\dfrac{2(P - P_0)}{\rho} + 2gh}$$

Finalização Quando P é muito maior que P_0 (então o termo $2gh$ pode ser desprezado), a velocidade de saída da água é primariamente uma função de P. Se o tanque está aberto para a atmosfera, então $P = P_0$ e $v_1 = \sqrt{2gh}$, como no Exemplo 15.6. Em outras palavras, para um tanque aberto, a velocidade do líquido que sai por um buraco a uma distância h abaixo da superfície é igual àquela adquirida por um objeto que cai livremente por uma distância vertical h. Esse fenômeno é conhecido como **lei de Torricelli.**

E se? E se a posição do buraco na Figura 15.20 pudesse ser ajustada verticalmente? Se o tanque estiver aberto para a atmosfera e sobre uma mesa, que posição do buraco levaria a água à mesa o mais longe do tanque?

Resposta Modele uma porção de água saindo pelo buraco como um projétil. Encontre o momento em que a porção atinge a mesa a partir de um buraco em uma posição arbitrária y_1:

$$y_f = y_i + v_{yi}t - \tfrac{1}{2}gt^2 \rightarrow 0 = y_1 + 0 - \tfrac{1}{2}gt^2$$

$$t = \sqrt{\dfrac{2y_1}{g}}$$

Encontre a posição horizontal da porção no momento em que atinge a mesa:

$$x_f = x_i + v_{xi}t = 0 + \sqrt{2g(y_2 - y_1)}\sqrt{\dfrac{2y_1}{g}} = 2\sqrt{(y_2 y_1 - y_1^2)}$$

Maximize a posição horizontal considerando a derivada de x_f com relação a y_1 (porque y_1, a altura do buraco, é a variável que pode ser ajustada) e estabelecendo igual a zero. Resolva para y_1:

$$\dfrac{dx_f}{dy_1} = \tfrac{1}{2}(2)(y_2 y_1 - y_1^2)^{-1/2}(y_2 - 2y_1) = 0 \rightarrow y_1 = \tfrac{1}{2}y_2$$

Então, para maximizar a distância horizontal, o buraco deveria ser a meia distância entre a base do tanque e a superfície da água. Abaixo dessa localização, a água é projetada com maior velocidade mas cai por um curto intervalo de tempo, reduzindo a extensão horizontal. Acima deste ponto, a água fica no ar por um intervalo de tempo maior mas é projetada com velocidade horizontal menor.

15.8 | Outras aplicações da dinâmica dos fluidos

Considere as linhas de fluxo ao redor de uma asa de avião, como mostra a Figura 15.21. Vamos supor que o fluxo de ar se aproxime das asas horizontalmente a partir da direita. A inclinação da asa faz com que o fluxo de ar seja desviado para baixo. Como o fluxo de ar é desviado pela asa, esta deve exercer uma força no fluxo de ar. De acordo com a terceira lei de Newton, o fluxo de ar exerce uma força $\vec{F}$ igual e oposta sobre a asa. Essa força tem um componente vertical chamado **sustentação** (ou sustentação aerodinâmica) e uma componente horizontal chamada arrasto. A sustentação depende de vários fatores, tais como a velocidade do avião, a área e a a curvatura da asa e o ângulo entre a asa e a **horizontal**. Conforme esse ângulo aumenta, o fluxo turbulento pode começar acima da asa para reduzir a sustentação.

Em geral, um corpo experimenta sustentação por qualquer efeito que leve o fluido a mudar sua direção enquanto ele flui pelo corpo. Alguns fatores que influenciam a sustentação são o formato do corpo, sua orientação em relação ao fluxo do fluido, movimento giratório (por exemplo, uma bola curva arremessada em um jogo de beisebol devido ao movimento giratório da bola) e a textura da superfície do corpo.

Figura 15.21 Fluxo de corrente de ar ao redor de uma asa de avião em movimento. Pela terceira lei de Newton, o ar desviado pela asa resulta em uma força para cima na asa, pelo ar: sustentação. Por causa da resistência do ar, também há uma força oposta à velocidade da asa: arrasto.

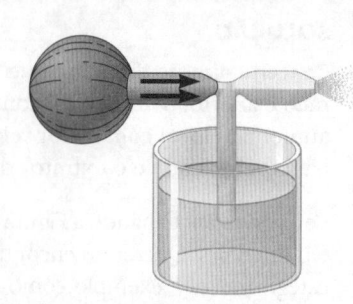

Figura 15.22 Uma corrente de ar passando sobre um tubo mergulhado em um líquido faz com que o líquido no tubo suba.

Vários dispositivos operam de maneira semelhante ao *atomizador* da Figura 15.22. Um fluxo de ar que passa sobre um tubo aberto reduz a pressão acima dele. Essa redução na pressão faz com que o fluido se eleve em direção à corrente de ar. O fluido é então dispersado em um borrifo de gotículas. Esse tipo de sistema é usado nos frascos de perfume e nos pulverizadores (*sprays*) de tinta.

15.9 | Conteúdo em contexto: fluxo turbulento de sangue

Os fluidos desempenham um papel dominante no transporte de nutrientes e outros materiais no corpo humano. O sistema circulatório transporta nutrientes para as células e remove os resíduos, o sistema respiratório fornece o oxigênio necessário para as células consumirem nutrientes e removerem o dióxido de carbono produzido nessas reações, e o sistema gastrointestinal absorve alimentos e remove os resíduos do corpo. Cada um desses sistemas representa um complexo sistema dinâmico de fluidos com propriedades únicas.

Com cada batida do coração, o sangue em nosso corpo é movido ao longo das artérias, veias e da vasta rede de capilares que compõem o sistema de circulação sanguínea. O fluxo de sangue em partes de artérias retas e saudáveis seria simples de analisar se ele pudesse ser modelado como *laminar*, como discutido na Seção 15.5. No entanto, tal modelo de simplificação é incorreto por, pelo menos, duas razões. Em primeiro lugar, o fluxo de sangue é instável porque a batida do coração provoca um diferencial de pressão nas artérias que varia no tempo. Em segundo lugar, vórtices turbulentos são criados quando o sangue que flui interage com as paredes das artérias e vasos menores.

Cada litro de sangue contém entre 4×10^{12} e 6×10^{12} células vermelhas com diâmetros que variam de 6 mm a 8 mm. Essas células são suficientemente grandes para que cada um dos lados das células em forma de panqueca experimentem uma força diferente do fluido envolvente. O torque resultante nas células faz com que elas girem, criem turbulência no fluido. À medida que a velocidade do sangue aumenta, os gradientes da velocidade de fluxo entre as paredes e o centro do vaso tornam-se maiores. Esses gradientes maiores fazem com que as células vermelhas do sangue girem mais rápido, agitando o sangue e fazendo com que se torne ainda mais turbulento.

O sangue que flui também interage quimicamente com as células que revestem as paredes dos vasos sanguíneos. As superfícies interiores do coração e dos vasos sanguíneos são cobertas com uma camada espessa de *células endoteliais*, o que reduz o atrito entre as células e as paredes dos vasos. Essas células têm também um papel importante na extração de minerais do sangue, na passagem de células brancas do sangue para dentro e para fora da corrente sanguínea, e na formação de coágulos sanguíneos. No fluxo laminar, as células endoteliais têm forma de bola de futebol americano e alinham-se com a direção do fluxo de sangue, criando uma camada protetora sobre as paredes dos vasos. Os vasos sanguíneos se expandem e se contraem continuamente por causa de fatores ambientais, como mudanças na temperatura do ambiente. Defeitos hereditários nos vasos sanguíneos, distúrbios nos nervos que controlam a contração dos vasos, lesões e drogas podem fazer os vasos sanguíneos se contraírem. De acordo com a equação da continuidade para os fluidos (Eq. 15.7), isso resultará num aumento da velocidade do fluxo do sangue. Quando o sangue flui mais rapidamente e torna-se mais turbulento, as células endoteliais reagem tornando-se arredondadas e dividindo-se muito mais rapidamente do que o normal. A divisão de células endoteliais cria aberturas no revestimento dos vasos sanguíneos, permitindo que as plaquetas do sangue e lipoproteínas que transportam colesterol unam-se à parede dos vasos, e uma placa começa a formar-se no vaso sanguíneo. As paredes lisas dos vasos tornam-se ásperas, perturbando ainda mais o fluxo de sangue, que por sua vez afeta as células endoteliais a jusante dos trechos ásperos, criando ainda mais placas. Conforme a placa se acumula no vaso sanguíneo, o canal de fluxo se contrai mais, aumentando a velocidade do fluxo e afetando um grande número de células endoteliais (Fig. 15.23).

O acúmulo gradual de placa, chamada *aterosclerose*, pode se tornar catastrófico quando a placa se torna instável e se rompe. Nesse caso, o sangue é exposto ao colágeno na capa do tecido em que a placa se acumula. Essa exposição provoca a coagulação do sangue

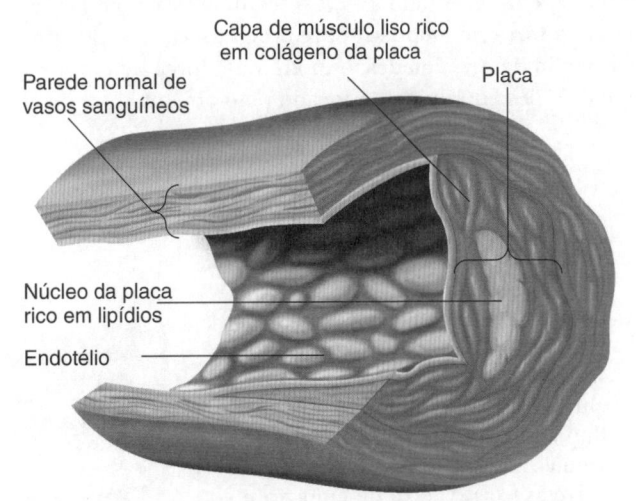

Figura 15.23 O lado esquerdo desta seção em corte de um vaso coronário é normal. No lado direito, a aterosclerose tem levado ao desenvolvimento de uma placa, saliente para o interior do vaso e que afeta o fluxo de sangue. (Sherwood, *Fundamentos de fisiologia humana*, 4. ed., 2012, Brooks/Cole, metade superior da Fig. 9-24, p. 253, © 2012 Brooks/Cole, uma parte de Cengage Learning, Inc. Reproduzido com permissão www.cengage.com/permissions.)

no ponto de ruptura, formando o *trombo*. O trombo pode continuar a crescer até bloquear completamente o vaso sanguíneo. Por outro lado, ele pode se soltar do local da placa e fluir com o sangue até que bloqueie um vaso menor em algum lugar adjacente. Vasos sanguíneos bloqueados nos braços, pernas ou pélvis podem resultar em dormência, dor e aparecimento de infecções, como *gangrena*. Um grave bloqueio num vaso sanguíneo coronário, no entanto, pode levar a um ataque cardíaco, e um bloqueio de uma artéria carótida pode levar a um derrame. A gravidade da lesão do músculo cardíaco durante um ataque de coração depende do local da obstrução. A artéria coronária esquerda (ver. Fig. 3 na Introdução do Contexto) fornece sangue para 85% do tecido cardíaco, e por isso um bloqueio nesse vaso em um ponto alto no coração perto das veias pulmonares pode provocar grandes danos.

Nesta Conexão de Contexto, investigamos o papel do fluxo turbulento e usamos a equação da continuidade para fluidos para esclarecer o processo de acúmulo de placa cardiovascular. Na Conclusão do Contexto, vamos explorar uma aplicação do princípio de Bernoulli para o diagnóstico e prevenção de doenças cardiovasculares e ataques cardíacos

▶ RESUMO

A **pressão** P em um fluido é a força por unidade de área que o fluido exerce sobre uma superfície:

$$P \equiv \frac{F}{A} \qquad 15.1◀$$

No SI, a pressão tem unidade de newtons por metro quadrado e $1 \text{ N/m}^2 = 1$ pascal (Pa).

A pressão em um fluido varia com a profundidade h de acordo com a expressão

$$P = P_0 + \rho g h \qquad 15.4◀$$

onde P_0 é a pressão na superfície do líquido e ρ é a densidade do líquido, considerada uniforme.

A **lei de Pascal** diz que, quando uma alteração na pressão é aplicada a um fluido contido, ela é transmitida sem diminuição para todos os pontos no fluido e para todos os pontos nas paredes do recipiente.

Quando um objeto é parcialmente ou completamente submerso em um fluido, este exerce uma força para cima chamada **força de empuxo** sobre o objeto. De acordo com o **princípio de Arquimedes**, o módulo da força de empuxo é igual ao peso do fluido deslocado pelo objeto:

$$B = \rho_{\text{fluido}} g V_{\text{desl}} \qquad 15.5◀$$

Vários aspectos da dinâmica de fluidos podem ser compreendidos por meio da adoção de um modelo de simplificação no qual o fluido é não viscoso e incompressível e o seu movimento é um fluxo constante, sem turbulência.

Usando esse modelo, dois resultados importantes sobre o fluxo de fluido através de um tubo de tamanho não uniforme podem ser obtidos:

1. A taxa de fluxo por um cano é constante; isto é equivalente a dizer que o produto da área transversal A e a velocidade v em qualquer ponto é uma constante. Esse comportamento é descrito pela equação da **continuidade para fluidos**:

$$A_1 v_1 = A_2 v_2 = \text{constante} \qquad 15.7◀$$

2. A soma da pressão, da energia cinética por unidade de volume e da energia potencial gravitacional por unidade de volume tem o mesmo valor em todos os pontos ao longo de uma linha de fluxo. Esse comportamento é descrito pela **equação de Bernoulli**:

$$P_1 + \tfrac{1}{2}\rho v_1^2 + \rho g y_1 = P_2 + \tfrac{1}{2}\rho v_2^2 + \rho g y_2 \qquad 15.9◀$$

▶ PERGUNTAS OBJETIVAS

1. Um bloco de madeira flutua na água, e um objeto de aço é preso à sua base por um cordão, como na Figura PO15.1. Se o bloco permanece flutuando, quais das afirmações a seguir são válidas? (Escolha todas as corretas.) (a) A força de empuxo no objeto de aço é igual a seu peso. (b) A força de empuxo no bloco é igual a seu peso. (c) A tensão no cordão é igual ao peso do objeto de aço. (d) A tensão no cordão é menor que o peso do objeto de aço.

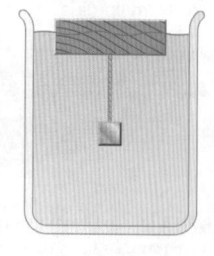

Figura PO15.1

(e) A força de empuxo no bloco é igual ao volume de água que ele desloca.

2. Um barco apresenta vazamento, e depois que seus passageiros são resgatados, ele afunda no lago. Quando o barco está no fundo, qual é a força do fundo do lago sobre ele? (a) maior que seu peso, (b) igual a seu peso, (c) menor que seu peso, (d) igual ao peso da água deslocada, (e) igual à força de empuxo sobre ele.

3. A Figura PO15.3 mostra vistas aéreas diretamente acima de duas barragens. Ambas têm a mesma largura (a dimensão vertical no diagrama) e a mesma altura (para dentro da página no diagrama). A barragem da esquerda contém um

lago muito grande, e a da direita, um rio estreito. Qual delas deve ter a construção mais forte? (a) a da esquerda, (b) a da direita, (c) o mesmo para as duas, (d) é impossível prever.

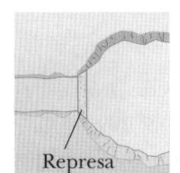

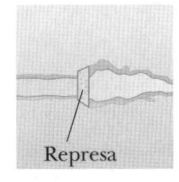

Figura PO15.3

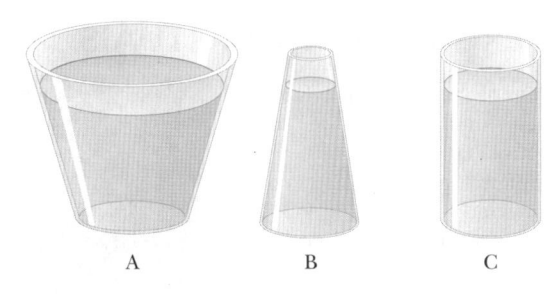

Figura PO15.8

4. Uma bola de praia cheia de ar é empurrada aproximadamente 1 m abaixo da superfície de uma piscina e liberada do repouso. Quais das seguintes afirmativas são válidas, supondo que o tamanho da bola permaneça o mesmo? (Escolha todas as afirmativas corretas.) (a) Conforme a bola sobe na piscina, a força de empuxo sobre ela aumenta. (b) Quando a bola é liberada, a força de empuxo excede a força gravitacional, e ela acelera para cima. (c) A força de empuxo sobre a bola diminui conforme ela se aproxima da superfície da piscina. (d) A força de empuxo sobre a bola é igual a seu peso e permanece constante conforme ela sobe. (e) A força de empuxo sobre a bola enquanto está submersa é aproximadamente igual ao peso do volume de água que poderia enchê-la.

5. Uma esfera de ferro sólida e outra de chumbo sólida do mesmo tamanho são suspensas, cada uma por fios, e submersas em um tanque de água. (Note que a densidade do chumbo é maior que a do ferro.) Quais das seguintes afirmativas são válidas? (Escolha todas as corretas.) (a) A força de empuxo em cada uma é a mesma. (b) A força de empuxo na esfera de chumbo é maior que a na de ferro porque o chumbo tem densidade maior. (c) A tensão no fio que suporta a esfera de chumbo é maior que a no fio que suporta a de ferro. (d) A força de empuxo na esfera de ferro é maior que a na de chumbo porque o chumbo desloca mais água. (e) Nenhuma das afirmativas é verdadeira.

6. Um copo de água contém cubos de gelo flutuando. Quando o gelo derrete, o nível da água no copo (a) sobe, (b) desce ou (c) permanece o mesmo?

7. Um fluido ideal flui por um cano horizontal cujo diâmetro varia ao longo de seu comprimento. Medições indicariam que a soma da energia cinética por unidade volume e pressão em seções diferentes do cano (a) diminuiria conforme o diâmetro do cano aumenta, (b) aumentaria conforme o diâmetro do cano aumenta, (c) aumentaria conforme o diâmetro do cano diminui, (d) diminui conforme o diâmetro do cano diminui, ou (e) permaneceria o mesmo conforme o diâmetro do cano muda.

8. Três vasos de formatos diferentes são cheios até o mesmo nível com água, conforme a Figura PO15.8. A área da base é a mesma para os três. Quais das seguintes afirmativas são válidas? (Escolha todas as afirmativas corretas.) (a) A pressão na superfície superior do vaso A é maior porque tem a maior área de superfície. (b) A pressão na base do vaso A é maior porque contém mais água. (c) A pressão na base de cada vaso é a mesma. (d) A força na base de cada vaso não é a mesma. (e) Em determinada profundidade abaixo da superfície de cada vaso, a pressão na lateral do vaso A é maior por causa da sua inclinação.

9. Uma pessoa em um barco flutuando numa pequena lagoa joga uma âncora na água. O que acontece com o nível da lagoa? (a) Sobe. (b) Desce. (c) Permanece o mesmo.

10. Um pequeno pedaço de aço é preso a um bloco de madeira. Quando a madeira é colocada em uma banheira de água com o aço por cima, metade do bloco é submerso. Agora, o bloco é invertido para que o aço fique embaixo da água. (i) A parte do bloco submerso (a) aumenta, (b) diminui ou (c) permanece o mesmo? (ii) O que acontece com o nível de água na banheira quando o bloco é invertido? (a) Sobe. (b) Desce. (c) Permanece o mesmo.

11. Um pedaço de madeira porosa sem pintura mal consegue flutuar em um recipiente aberto e parcialmente cheio de água. O recipiente é lacrado e pressurizado acima da pressão atmosférica. O que acontece com a madeira em relação à água? (a) Sobe. (b) Afunda. (c) Permanece no mesmo nível.

12. Uma bola de praia é feita de plástico fino. Ela foi cheia com ar, mas o plástico não está esticado. Nadando com nadadeiras, você consegue levar a bola da superfície para o fundo de uma piscina. Quando a bola está completamente submersa, o que acontece com a força de empuxo exercida sobre ela à medida que você a leva mais para o fundo? (a) Aumenta. (b) Permanece constante. (c) Diminui. (d) Impossível determinar.

13. Um dos problemas previstos por causa do aquecimento global é o derretimento das calotas polares, que elevará o nível dos mares em todo o mundo. Isto é mais preocupante para o gelo (a) no polo norte, onde a maior parte do gelo flutua na água; (b) no polo sul, onde a maior parte do gelo fica sobre o solo; (c) igualmente em ambos os polos ou (d) em nenhum polo?

14. Classifique as forças de empuxo exercidas sobre os cinco objetos a seguir, de igual volume, da maior para a menor. Suponha que os objetos foram jogados em uma piscina e atingiram equilíbrio mecânico. Se quaisquer forças de empuxo forem iguais, mencione isto em sua classificação. (a) um bloco sólido de carvalho, (b) um bloco de alumínio, (c) uma bola de praia feita de plástico fino e cheia com ar, (d) um bloco de ferro, (e) uma garrafa de água fina e lacrada.

15. Um suprimento de água mantém uma taxa constante de fluxo em uma mangueira. Você quer mudar a abertura do bocal de modo que a água saindo dele atinja uma altura quatro vezes a máxima atual com o bocal vertical. Para fazer isso, você deve (a) diminuir a área da abertura por um fator de 16, (b) diminuir a área por um fator de 8, (c) diminuir a área por um fator de 4, (d) diminuir a área por um fator de 2, ou (e) desistir, porque não pode ser feito?

PERGUNTAS CONCEITUAIS

1. Um silo típico em uma fazenda tem muitas faixas de metal enroladas ao redor de seu perímetro para suporte, como mostrado na Figura PO15.1. Por que o espaçamento entre as faixas sucessivas é menor para as porções mais baixas na esquerda do silo, e por que faixas duplas são usadas nas porções mais baixas na direita do silo?

   Figura PC15.1

2. **BIO** Como a pressão atmosférica é aproximadamente 10^5 N/m² e a área do peito de uma pessoa é aproximadamente 0,13 m², a força da atmosfera sobre o peito de alguém é de aproximadamente 13,000 N. Considerando esta enorme força, por que nossos corpos não entram em colapso?

3. Dois copos com laterais finas têm áreas de base iguais, mas formatos diferentes e áreas transversais muito diferentes acima da base, e são cheios até o mesmo nível com água. De acordo com a expressão $P = P_0 + \rho g h$, a pressão é a mesma na base dos dois copos. Em vista desta igualdade, por que um copo pesa mais que o outro?

4. Um navio flutua mais alto na água de um lago ou no oceano? Por quê?

5. Quando um corpo é imerso em um líquido em repouso, por que a força resultante sobre ele na direção horizontal é igual a zero?

6. Um peixe repousa no fundo de um balde de água enquanto este é pesado em uma balança. Quando o peixe começa a nadar, a leitura da balança muda? Explique sua resposta.

7. Cães da pradaria ventilam suas tocas construindo um monte ao redor da entrada, que é aberta para uma corrente de ar quando o vento sopra de qualquer direção. Uma segunda entrada no nível do chão é aberta para o ar quase estagnado. Como esta construção cria um fluxo de ar pela toca?

8. Na Figura PO15.8, um fluxo de ar move-se da direita para a esquerda por um tubo que é apertado no meio. Três bolas de tênis de mesa são levitadas em equilíbrio acima de colunas verticais pelas quais o ar escapa. (a) Por que a bola da direita é mais alta que a do meio? (b) Por que a da esquerda é mais baixa que a da direita, embora o tubo horizontal tenha as mesmas dimensões nestes dois pontos?

   Figura PC15.8

9. Você é um passageiro em uma nave espacial. Para sua sobrevivência e conforto, o interior contém ar exatamente como o da superfície da Terra. A nave está passando por uma região muito vazia do espaço. Isto é, um vácuo quase perfeito existe do outro lado da parede. De repente, um meteorito faz um buraco, do tamanho de uma moeda grande, na parede próxima a seu assento. (a) O que acontece? (b) Há algo que você possa ou deva fazer sobre isto?

10. Por que pilotos de avião preferem levantar voo com o avião contra o vento?

11. Uma torre de água é uma visão comum em muitas comunidades. A Figura PO15.11 mostra uma coleção de torres de água na cidade do Kuwait, no Kuwait. Note que o grande peso da água faz com que o centro de massa do sistema esteja alto, acima do solo. Por que é desejável que uma torre de água tenha este formato altamente irregular, em vez da forma de um cilindro alto?

    Figura PC15.11

12. Como você determinaria a densidade de uma pedra com formato irregular?

13. Se você soltar uma bola enquanto estiver dentro de um elevador em queda livre, a bola permanece na sua frente em vez de cair no chão, porque ela, o elevador e você, todos experimentam a mesma aceleração da gravidade para baixo. O que acontece se você repetir este experimento com um balão de hélio?

14. Uma saboneteira de metal mal consegue flutuar na água. Uma barra de sabonete flutua na água. Quando o sabonete está grudado na saboneteira, a combinação afunda. Explique por quê.

15. (a) A força de empuxo é conservativa? (b) Há uma energia potencial associada com a força de empuxo? (c) Explique suas respostas para as partes (a) e (b).

16. Se a corrente de ar de um secador de cabelos é direcionada para uma bola de tênis de mesa, a bola pode ser levitada. Explique.

17. O suprimento de água de uma cidade geralmente vem de reservatórios construídos em terrenos altos. A água flui deles, por canos, e chega até sua casa quando você gira a torneira. Por que a água flui mais rapidamente de uma torneira no primeiro andar de um edifício do que da de um apartamento em um andar mais alto?

18. Coloque duas latas de refrigerante, um normal e um *diet*, em um recipiente de água. Você verá que o refrigerante *diet* flutua enquanto o normal afunda. Use o princípio de Arquimedes para chegar a uma explicação.

19. Quando saltadores de esqui estão no ar (Fig. PC 15.19), eles dobram seus corpos para a frente e mantêm suas mãos ao lado do corpo. Por quê?

    Figura PC15.19

PROBLEMAS

WebAssign Os problemas que se encontram neste capítulo podem ser resolvidos *on-line* no Enhanced WebAssign (em inglês)

1. denota problema direto;
2. denota problema intermediário;
3. denota problema desafiador;

1. denota problemas mais frequentemente resolvidos no Enhanced WebAssign;

BIO denota problema biomédico;

PD denota problema dirigido;

M denota tutorial Master It disponível no Enhanced WebAssign;

Q|C denota problema que pede raciocínio quantitativo e conceitual;

S denota problema de raciocínio simbólico;

sombreado denota "problemas emparelhados" que desenvolvem raciocínio com símbolos e valores numéricos;

W denota solução no vídeo Watch It disponível no Enhanced WebAssign.

Seção 15.1 Pressão

1. Os quatro pneus de um automóvel são inflados a uma pressão de 200 kPa. Cada pneu tem uma área de 0,024 m² em contato com o solo. Determine o peso do automóvel.

2. **Q|C W** Uma mulher de 50,0 kg calçando sapatos de saltos altos entra em uma cozinha cujo piso é coberto com vinil. O salto de cada sapato é circular e tem raio de 0,500 cm. (a) Se a mulher se equilibra sobre um salto, que pressão ela exerce sobre o piso? (b) O dono da casa deveria se preocupar com isto? Justifique sua resposta.

3. **M** Calcule a massa de uma barra de ouro sólida retangular que tem dimensões de 4,50 cm × 11,0 cm × 26,0 cm.

4. Estime a massa total da atmosfera da Terra. (O raio da Terra é $6,37 \times 10^6$ m, e a pressão atmosférica na superfície é $1,013 \times 10^5$ Pa.)

Seção 15.2 Variação de pressão com a profundidade

5. **M** A mola do manômetro mostra a Figura P15.5 que tem força constante de 1 250 N/m, e o pistão tem diâmetro de 1,20 cm. Conforme o manômetro é baixado na água de um lago, que variação de profundidade faz o pistão se mover para dentro 0,750 cm?

6. **W** O pistão pequeno de um elevador hidráulico (Fig. P15.6) tem área transversal de 3,00 cm², e o grande, de 200 cm². Que força para baixo de módulo F_1 deve ser aplicada ao pistão pequeno para que o elevador levante uma carga de peso $F_g = 15,0$ kN?

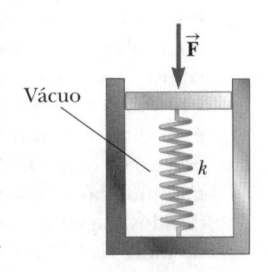

Figura P15.5

7. **W** (a) Calcule a pressão absoluta a uma profundidade de 1 000 m no oceano. Suponha que a densidade da água do mar seja 1 030 kg/m³ e que o ar acima exerça uma pressão de 101,3 kPa. (b) A esta profundidade, qual é a força de empuxo sobre um submarino esférico com diâmetro de 5,00 m?

8. **W** Uma piscina tem dimensões 30,0 m × 10,0 m e fundo plano. Quando ela é cheia até uma profundidade de 2,00 m com água doce,

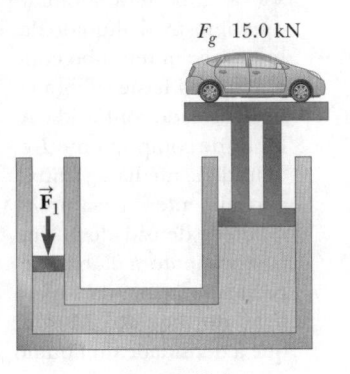

Figura P15.6

qual é a força exercida pela água sobre (a) o fundo? (b) Cada extremidade? (c) Cada lado?

9. **W** Um recipiente é cheio até uma profundidade de 20,0 cm com água. Na superfície da água flutua uma camada de 30,0 cm de espessura de óleo com densidade 0,700. Qual é a pressão absoluta na parte inferior do recipiente?

10. Para o porão de uma casa nova, um buraco é cavado no chão, com os lados verticais descendo 2,40 m. Uma parede de fundação de concreto é construída em toda a extensão de 9,60 m de largura da escavação. Essa parede de fundação tem 0,183 m de distância da parte da frente do buraco do porão. Durante uma tempestade, a drenagem da rua enche o espaço em frente da muro de cimento, mas não o porão por trás da parede. A água não penetra no solo argiloso. Encontre a força que a água faz na parede da fundação. Para comparação, o peso da água é dado por 2,40 m × 9,60 m × 0,183 m × 1 000 kg/m³ × 9,80 m/s² = 41,3 kN.

11. **M** Qual deve ser a área de contato entre uma ventosa (completamente evacuada) e um teto, se o copo deve suportar o peso de um estudante de 80,0 kg?

12. *Por que a seguinte situação é impossível?* A Figura P15.12 mostra o Super Homem tentando beber água gelada por um canudo de comprimento, $\ell = 12,0$ m. As paredes do canudo tubular são muito fortes e não entram em colapso. Com sua enorme força, ele consegue a sucção máxima e se refresca bebendo a água gelada.

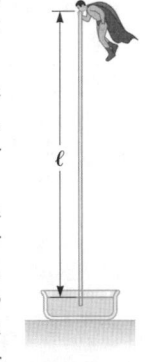

Figura P15.12

13. **Revisão.** O tanque na Figura P15.13 está cheio com água a uma profundidade de $d = 2,00$ m. No fundo de uma parede lateral há uma escotilha retangular de altura $h = 1,00$ m e largura $w = 2,00$ m que está presa por dobradiças em seu topo. (a) Determine o módulo da força que a água exerce sobre a escotilha. (b) Encontre o módulo do torque exercido pela água nas dobradiças.

14. **Revisão.** **S** O tanque na Figura P15.13 está cheio com água a uma profundidade d. No fundo de uma parede lateral há um escotilha retangular de altura h e largura w que está presa por dobradiças em seu topo. (a) Determine o módulo da força que a água exerce sobre a escotilha. (b) Encontre o módulo do torque exercido pela água nas dobradiças.

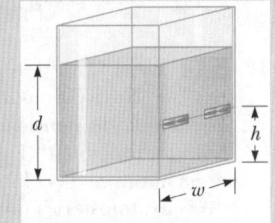

Figura P15.13 Problemas 13 e 14.

15. **Revisão.** O pistão ① na Figura P15.15 tem um diâmetro de 0,250 polegadas. O pistão ② tem um diâmetro de 1,50 polegadas. Determine o módulo F da força necessária para suportar a carga de 500 libras, na ausência de atrito.

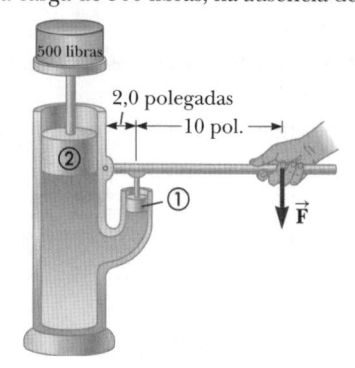

Figura P15.15

16. (a) Um aspirador de pó muito potente tem uma mangueira de 2,86 cm de diâmetro. Com a ponta da mangueira colocada perpendicularmente na face plana de um tijolo, qual é o peso do tijolo mais pesado que o aspirador é capaz de levantar? (b) **E se?** Um polvo usa uma ventosa de diâmetro 2,86 cm em cada uma das duas conchas de um molusco numa tentativa de abrir suas conchas. Encontre a maior força que o polvo pode exercer sobre um molusco em água salgada a 32,3 m de profundidade.

Seção 15.3 Medições de pressão

17. **W** Mercúrio é despejado em um tubo em forma de U, como mostra a Figura P15.17a. O braço esquerdo do tubo tem area transversal A_1 de 10,0 cm², e o braço direito tem área transversal A_2 de 5,00 cm². Cem gramas de água são então despejados no braço direito, como mostra a Figura P15.17b. (a) Determine o comprimento da coluna de água no braço direito do tubo U. (b) Sendo a densidade de mercúrio 13,6 g/cm³, que distância h o mercúrio sobe no braço esquerdo?

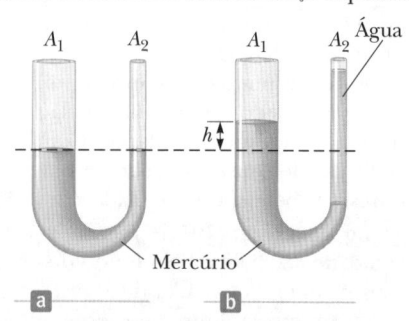

Figura P15.17

18. **Q|C** Blaise Pascal reproduziu o barômetro de Torricelli usando um vinho tinto Bordeaux, de densidade 984 kg/m³, como líquido funcional (Fig. P15.18). (a) Qual era a altura h da coluna de vinho para uma pressão atmosférica normal? (b) Você esperaria que o vácuo acima da coluna fosse tão bom quanto para o mercúrio?

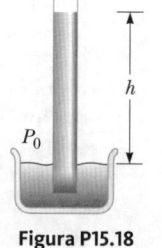

Figura P15.18

19. Uma piscina com base circular de diâmetro 6,00 m é cheia até uma profundidade de 1,50 m. (a) Encontre a pressão absoluta no fundo da piscina. (b) Duas pessoas com massa combinada de 150 kg entram na piscina e flutuam tranquilamente. Nenhuma água transborda. Encontre o aumento de pressão no fundo da piscina depois que elas entram e flutuam.

20. **S** Um tanque com fundo plano de área A e lados verticais é cheio até uma profundidade h com água. A pressão é P_0 no topo da superfície. (a) Qual é a pressão absoluta no fundo do tanque? (b) Suponha que um objeto de massa M e densidade menor que a da água seja colocado dentro do tanque e flutue. Nenhuma água transborda. Qual é o aumento de pressão resultante no fundo do tanque?

21. A pressão atmosférica normal é $1,013 \times 10^5$ Pa. A aproximação de uma tempestade faz com que a altura de um barômetro de mercúrio caia 20,0 mm de sua altura normal. Qual é a pressão atmosférica?

Seção 15.4 Forças de empuxo e o princípio de Arquimedes

22. **S Revisão.** Uma haste longa, cilíndrica de raio r tem um peso em uma extremidade, e flutua na posição vertical em um líquido de densidade ρ. Ela é empurrada para baixo a uma distância x a partir da sua posição de equilíbrio e solta. Mostre que a haste vai executar um movimento harmônico simples, se os efeitos resistivos do fluido forem desprezíveis, e determine o período das oscilações.

23. Uma bola de tênis de mesa tem diâmetro de 3,80 cm e densidade média de 0,0840 g/cm³. Que força é necessária para mantê-la completamente submersa na água?

24. A força gravitacional exercida sobre um objeto sólido é 5,00 N. Quando ele é suspenso por uma balança com mola e submerso na água, a balança marca 3,50 N (Fig. P15.24). Encontre a densidade do objeto.

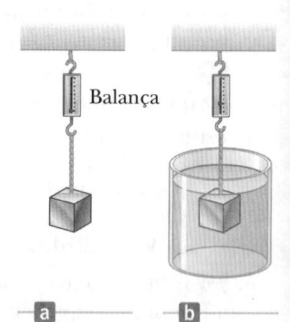

25. Um bloco de metal de 10,0 kg, medindo 12,0 cm por 10,0 cm por 10,0 cm, é suspenso por uma balança e imerso em água, como mostrado na Figura P14.24b. A dimensão de 12,0 cm é vertical, e o topo do bloco está a 5,00 cm abaixo da superfície da água. (a) Quais são os módulos das forças que atua sobre o topo e a base do bloco devidos à água circundante? (b) Qual é a leitura na balança de mola? (c) Mostre que a força de empuxo é igual à diferença entre as forças no topo e na base do bloco.

Figura P15.24 Problemas 24 e 25.

26. **S** *Densímetro* é um instrumento usado para determinar a densidade de líquidos. Um densímetro simples está desenhado na Figura P15.26. O bulbo de uma seringa é espremido e solto para deixar a atmosfera levantar uma amostra do líquido de interesse em um tubo contendo uma haste calibrada de densidade conhecida. A haste, de comprimento L e densidade média ρ_0, flutua parcialmente imersa no líquido de densidade ρ. Um comprimento h da haste é projetado acima da superfície do líquido. Mostre que a densidade do líquido é dada por

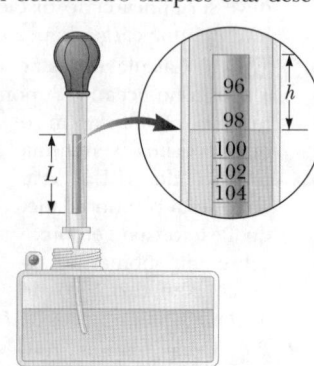

$$\rho = \frac{\rho_0 L}{L - h}$$

Figura P15.26 Problemas 26 e 28.

27. **M** Um cubo de madeira com dimensão de aresta de 20,0 cm e densidade de 650 kg/m³ flutua na água. (a) Qual é a distância da superfície horizontal de cima do cubo até o nível da água? (b) Que massa de chumbo deveria ser colocada sobre o cubo de modo que seu topo fique nivelado com a superfície da água?

28. **Q|C** Consulte o Problema 26 e a Figura P15.26. Um hidrômetro será construído com uma haste cilíndrica flutuante. Nove marcas fiduciárias serão colocadas na haste para indicar densidades de 0,98 g/cm³, 1,00 g/cm³, 1,02 g/cm³, 1,04 g/cm³, ..., 1,14 g/cm³. A linha de marcas deve começar a 0,200 cm da extremidade superior da haste e terminar a 1,80 cm da mesma extremidade. (a) Qual é o comprimento necessário para a haste? (b) Qual deve ser sua densidade média? (c) As marcas devem ter espaçamentos iguais? Explique sua resposta.

29. **M** Quantos metros cúbicos de hélio são necessários para levantar um balão com carga de 400 kg até uma altura de 8.000 m? Considere $\rho_{He} = 0,179$ kg/cm³. Suponha que o balão mantenha um volume constante e que a densidade do ar diminua com a altitude z de acordo com a expressão $\rho_{ar} = \rho_0 e^{-z/8\,000}$, onde z está em metros e $\rho_0 = 1,20$ kg/cm³ é a densidade do ar no nível do mar.

30. **S** Uma placa de isopor tem uma espessura h, e densidade ρ_s. Quando um nadador de massa m repousa sobre ela, a placa flutua na água doce ao mesmo nível da superfície da água. Encontre a área da placa.

31. **M** Uma esfera plástica flutua na água com 50,0% de seu volume submerso. Esta mesma esfera flutua em glicerina com 40,0% de seu volume submerso. Determine as densidades (a) da glicerina e (b) da esfera.

32. Em ordem de grandeza, quantos balões de brinquedo de hélio seriam necessários para levantar você? Como o hélio é um recurso insubstituível, desenvolva uma resposta teórica, em vez de uma resposta experimental. Em sua solução, mencione quais as grandezas físicas você usa como dados e os valores que você mede ou estima para essas quantidades.

33. **BIO** Décadas atrás, pensava-se que grandes dinossauros herbívoros, como o *Apatosaurus* e *Brachiosaurus*, andavam no fundo dos lagos, estendendo seus longos pescoços até a superfície para respirar. O *Brachiosaurus* tinha suas narinas no topo de sua cabeça. Em 1977, Knut Schmidt-Nielsen apontou que essa respiração daria muito trabalho para tal criatura. Para um modelo simples, considere uma amostra que consiste em 10,0 L de ar a uma pressão absoluta 2,00 atm, com densidade de 2,40 kg/m³, localizada na superfície de um lago de água doce. Encontrar o trabalho necessário para transportar essa quantidade a uma profundidade de 10,3 m, com a temperatura, volume e pressão constantes. O investimento de energia é maior do que a energia que pode ser obtida por meio do metabolismo de alimentos com o oxigênio naquela quantidade de ar.

34. **Q|C** O peso de um bloco retangular de material de baixa densidade é 15,0 N. O centro da sua face horizontal é preso ao fundo de uma proveta parcialmente cheia de água por um cordão fino. Quando 25,0% do volume do bloco está submerso, a tensão no cordão é 10,0 N. (a) Encontre a força de empuxo sobre o bloco. (b) Óleo de densidade 800 kg/m³ é adicionado à proveta, formando uma camada sobre a água e ao redor do bloco. O óleo exerce forças em cada uma das quatro paredes laterais do bloco tocadas pelo óleo. Quais são as direções destas forças? (c) O que acontece com a tensão no cordão conforme o óleo é adicionado? Explique como o óleo tem este efeito sobre a tensão do cordão. (d) O cordão arrebenta quando sua tensão atinge 60,0 N. Neste momento, 25,0% do volume do bloco ainda estão abaixo da linha de água. Que fração adicional do volume do bloco está abaixo da superfície superior do óleo?

35. Uma embarcação esférica usada para exploração em alta profundidade tem raio de 1,50 m e massa de $1,20 \times 10^4$ kg. Para mergulhar, a embarcação leva massa sob a forma de água do mar. Determine a massa que a embarcação deve levar se deve descer a uma velocidade constante de 1,20 m/s quando a força resistiva sobre ela é 1.100 N na direção para cima. A densidade da água do mar é igual a $1,03 \times 10^3$ kg/m³.

36. **W** Um balão leve é cheio com 400 m³ de hélio em pressão atmosférica. (a) A 0 °C, que massa de carga o balão consegue levantar? (b) **E se?** Na Tabela 15.1, observe que a densidade do hidrogênio é quase a metade da do hélio. Que carga o balão levanta se for cheio com hidrogênio?

Seção 15.5 Dinâmica dos fluidos
Seção 15.6 Linhas de fluxo e a equação da continuidade para fluidos
Seção 15.7 Equação de Bernoulli

37. Um tubo horizontal de 10,0 cm de diâmetro tem uma redução suave para um tubo de 5,00 cm de diâmetro. Se a pressão da água no tubo maior é de $8,00 \times 10^4$ Pa e a pressão no tubo menor é de $6,00 \times 10^4$ Pa, qual é a taxa de fluxo de água através dos tubos?

38. A água flui por uma mangueira de incêndio de 6,35 cm de diâmetro, a uma taxa de 0,0120 m³/s. A mangueira de incêndio termina em um bocal de diâmetro 2,20 cm. Qual é a velocidade com que a água sai do bocal?

39. Um tanque de armazenamento grande, com um topo aberto está cheio até uma altura h_0. O tanque é perfurado a uma altura h acima do fundo (Fig. P15.39). Encontre uma expressão para quanto distante cai o fluxo que sai do tanque.

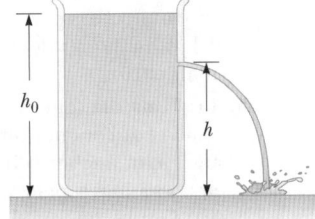

Figura P15.39

40. **Q|C Revisão.** O gêiser Old Faithful, no Yellowstone National Park, entra em erupção em intervalos de aproximadamente uma hora, e a altura da coluna de água atinge 40,0 m. (Fig. P15.40) (a) Modele o fluxo que sobe como uma série de gotículas separadas. Analise o movimento em queda livre de uma das gotículas para determinar a velocidade com a qual a água sai do solo. (b) **E se?** Modele o fluxo de água que sobe como um fluido ideal em um fluxo de corrente. Use a equação de Bernoulli para determinar a velocidade da água à medida que ela sai do nível do solo. (c) Como a resposta da parte (a) se compara com a da parte (b)? (d) Qual é a pressão (acima da atmosférica) na câmara

Figura P15.40

aquecida no subsolo se sua profundidade é 175 m? Suponha que a câmara seja grande comparada à abertura do gêiser.

41. Uma aldeia mantém um grande tanque aberto contendo água para emergências. A água pode ser drenada do tanque por uma mangueira de diâmetro 6,60 cm. A mangueira termina em um bocal de diâmetro 2,20 cm. Uma tampa de borracha é inserida no bocal. O nível da água no tanque é mantido em 7,50 m acima do bocal. (a) Calcule a força de atrito exercida pelo bocal sobre a tampa. (b) A tampa é removida. Que massa de água flui do bocal em 2h00? (c) Calcule a pressão manométrica da água que flui na mangueira logo atrás do bocal.

42. Água passa por cima de uma represa de altura h com taxa de fluxo de massa de R, em unidades de quilogramas por segundo. (a) Mostre que a potência obtida da água é

$$P = Rgh$$

onde g é a aceleração da gravidade. (b) Cada unidade hidrelétrica na Represa Grand Coulee recebe água a uma taxa de $8{,}50 \times 10^5$ kg/s de uma altura de 87,0 m. A potência desenvolvida pela água que cai é convertida em eletricidade com eficiência de 85,0%. Quanta eletricidade cada unidade hidrelétrica produz?

43. **M** Um tanque de armazenamento grande, aberto no topo e cheio de água, tem um pequeno buraco em sua lateral a um ponto 16,0 m abaixo do nível da água. A taxa de fluxo do buraco é de $2{,}50 \times 10^{-3}$ m³/min. Determine (a) a velocidade na qual a água sai do buraco e (b) o diâmetro do buraco.

44. Água é bombeada para cima do Rio Colorado para abastecer a aldeia de Grand Canyon Village, situada na borda do cânion. O rio está a uma elevação de 564 m, e a vila a 2 096 m. Imagine que a água é bombeada por um cano longo com 15,0 cm de diâmetro, por uma única bomba na extremidade de baixo. (a) Qual é a pressão mínima com a qual a água deve ser bombeada se deve chegar até a aldeia? (b) Se 4 500 m³ de água são bombeados por dia, qual é a velocidade da água no cano? *Observação*: Suponha que a aceleração da gravidade e a densidade do ar sejam constantes nesta variação de elevações. As pressões calculadas são muito altas para um cano comum. Na realidade, a água é levantada em fases por várias bombas, através de canos mais curtos.

45. (a) Uma mangueira de água com 2,00 cm de diâmetro é usada para encher um balde de 20,0-L. Se ela demora 1,00 min para encher o balde, qual é a velocidade v em que a água se move pelo tubo? (*Observação:* 1 L = 1 000 cm³) (b) O tubo tem um bocal de 1,00 centímetro de diâmetro. Encontre a velocidade da água no bocal.

46. Um lendário menino holandês salvou a Holanda colocando seu dedo em um buraco de diâmetro 1,20 cm que havia em um dique. Se o buraco fosse 2,00 m abaixo da superfície do Mar do Norte (densidade 1 030 kg/m³), (a) qual era a força no dedo dele? (b) Se ele puxasse o dedo para fora do buraco, durante qual intervalo de tempo a água liberada encheria 1 acre de terra até uma profundidade de 1 pé? Suponha que o buraco permaneça constante em tamanho.

47. A Figura P15.47 mostra o fluxo de água de uma torneira de cozinha com fluxo regular. Na torneira, o diâmetro do fluxo é 0,960 cm. O fluxo enche um recipiente de 125 cm³ em 16,3 s.

Figura P15.47

Encontre o diâmetro do fluxo 13,0 cm abaixo da abertura da torneira.

48. Um avião está em velocidade constante a uma altitude de 10 km. A pressão fora da aeronave é de 0,287 atm; dentro do compartimento de passageiros, a pressão é de 1,00 atm e a temperatura é 20 °C. Um pequeno vazamento ocorre em um dos lacres da janela no compartimento de passageiros. Modele o ar como um fluido ideal para estimar a velocidade do fluxo do ar passando pelo vazamento

Seção 15.8 Outras aplicações da dinâmica de fluidos

49. O efeito de Bernoulli pode ter consequências importantes para o planejamento de edifícios. Por exemplo, o vento pode soprar ao redor de um arranha-céu com velocidade extremamente alta, criando baixa pressão. A pressão atmosférica mais alta no ar parado dentro de edifícios pode levar os vidros a explodir. Do modo como foi originalmente construído, o Edifício John Hancock, em Boston, teve várias janelas que explodiram e caíram. (a) Suponha que um vento horizontal sopre com velocidade de 11,2 m/s do lado de fora de um grande painel de vidro com dimensões 4,00 m × 1,50 m. Suponha que a densidade do ar seja constante a 1,20 kg/m³. O ar dentro do edifício está à pressão atmosférica. Qual é a força total exercida pelo ar sobre o vidro da janela? (b) **E se?** Se um segundo arranha-céu é construído perto do primeiro, a velocidade do ar pode ser especialmente alta onde o vento passa pela separação estreita entre os edifícios. Resolva a parte (a) novamente considerando que a velocidade do vento seja de 22,4 m/s.

50. **Q|C** Um avião tem massa de $1{,}60 \times 10^4$ kg, e cada asa tem área de 40,0 m². Durante um voo em nível, a pressão na superfície da asa mais baixa é $7{,}00 \times 10^4$ Pa. (a) Suponha que a elevação no avião acontecesse somente por causa da diferença de pressão. Determine a pressão na superfície da asa mais alta. (b) Mais realisticamente, uma parte significante da elevação é por causa do desvio do ar para baixo pela asa. A inclusão dessa força significa que a pressão na parte (a) é mais alta ou mais baixa? Explique.

51. Um sifão é usado para drenar água de um tanque como ilustrado na Figura P15.51. Suponha um fluxo regular sem atrito. (a) Se $h = 1{,}00$ m, encontre a velocidade do fluxo de saída na ponta do sifão. (b) **E se?** Qual é a limitação da altura do topo do sifão acima da sua extremidade final? *Observação*: Para que o fluxo do líquido seja contínuo, sua pressão não deve cair abaixo de sua pressão de vapor. Suponha que a água esteja a 20,0 °C quando a pressão de vapor é 2,3 kPa.

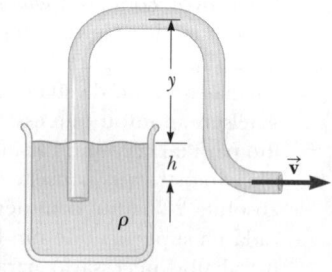

Figura P15.51

Seção 15.9 Conteúdo em contexto: fluxo turbulento de sangue

52. **BIO Q|C** Um parâmetro comum que pode ser utilizado para prever a turbulência no fluxo do fluido é chamado o *número de Reynolds*. O número de Reynolds do fluxo de fluido em um tubo é uma quantidade adimensional definida como

$$\mathrm{Re} = \frac{\rho v d}{\mu}$$

onde ρ é a densidade do fluido, v é a velocidade, d é o diâmetro interno do tubo, e μ é a viscosidade do fluido.

A viscosidade é uma medida da resistência interna do líquido a fluir e tem unidades de Pa · s. Os critérios para o tipo de fluxo são os seguintes:

- Se Re < 2 300, o fluxo é laminar.
- Se 2 300 < Re < 4 000, o fluxo é uma região de transição entre laminar e turbulento.
- Se Re > 4 000, o fluxo é turbulento.

(a) Vamos modelar o sangue com densidade $1,06 \times 10^3$ kg/m³ e uma viscosidade de $3,00 \times 10^{-3}$ Pa · s como um líquido puro, isto é, ignorar o fato de que ele contém as células vermelhas do sangue. Suponha que o sangue está fluindo em uma grande artéria de raio 1,50 cm com uma velocidade de 0,067 m/s. Mostre que o fluxo é laminar. (b) Imagine que a artéria termina num capilar de raio muito menor. Qual é o *raio* do capilar que faria com que o fluxo se tornasse turbulento? (c) Capilares reais têm um raio de cerca de 5-10 micrômetros, muito menores do que o valor do item (b). Por que o fluxo nos capilares reais não se tornam turbulentos?

Problemas Adicionais

53. A água é forçada para fora de um extintor de incêndio pela pressão do ar, como mostrado na Figura P15.53. Que pressão manométrica do ar no tanque é necessária para que o jato de água tenha uma velocidade de 30,0 m/s quando o nível da água está 0,500 m abaixo do bocal?

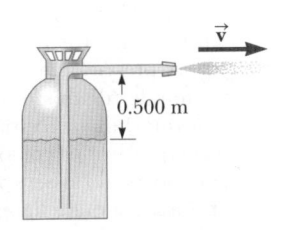

Figura P15.53

54. **S** O peso verdadeiro de um objeto pode ser medido em um vácuo, onde não há forças de empuxo. No entanto, uma medição no ar é perturbada pelas forças de empuxo. Um objeto de volume V é pesado no ar em uma balança de braços iguais com o uso de contrapesos de densidade ρ. Representando a densidade do ar como ρ_{ar} e a leitura da balança como ρ_{ar}, mostre que o peso verdadeiro F_g é

$$F_g = F'_g + \left(V - \frac{F'_g}{\rho g}\right)\rho_{ar} g$$

55. Uma mola leve de constante $k = 90,0$ N/m é presa verticalmente a uma mesa (Fig. P15.55a). Um balão de 2,00 g é cheio com hélio (densidade = 0,179 kg/m³) até um volume de 5,00 m³ e é, então, conectado à mola por uma corda leve, fazendo com que a mola se estique, como mostra a Figura P15.55b. Determine a distância de extensão L quando o balão está em equilíbrio.

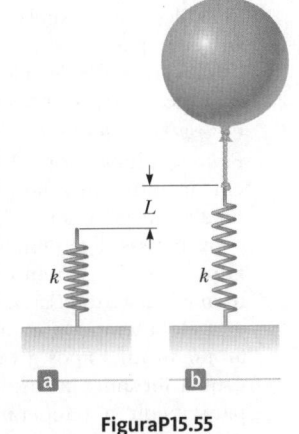

FiguraP15.55

56. **S** O porão de um barco experimental deve ser levantado acima da água por um hidrofólio montado abaixo de sua quilha, como mostra a Figura P15.56. O hidrofólio tem formato de asa de avião. Sua área projetada sobre uma superfície horizontal é A. Quando o barco é rebocado a uma velocidade suficientemente alta, água de densidade ρ

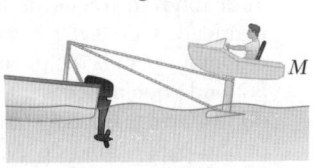

Figura P15.56

move-se em um fluxo de corrente, de modo que sua velocidade média no topo do hidrofólio é n vezes maior que sua velocidade v_b embaixo do hidrofólio. (a) Ignorando a força de empuxo, mostre que a força de elevação para cima exercida pela água sobre a lâmina hidrodinâmica tem um módulo

$$F \approx \tfrac{1}{2}(n^2 - 1)\rho v_b^2 A$$

(b) O barco tem massa M. Mostre que a velocidade de decolagem é dada por

$$v \approx \sqrt{\frac{2Mg}{(n^2 - 1)A\rho}}$$

57. **Revisão.** Um cilindro de cobre está pendurado por um fio de aço de massa insignificante. A extremidade superior do arame é fixa. Quando o fio é golpeado, emite um som com uma frequência fundamental de 300 Hz. O cilindro de cobre é então submerso em água de modo que metade do seu volume fica abaixo da linha da água. Determine a nova frequência fundamental.

58. **GP** Um balão cheio de gás hélio (cuja massa, vazio, é $m_b = 0,250$ kg) é preso a um cordão uniforme de comprimento, $\ell = 2,00$ m e massa $m = 0,0500$ kg. O balão é esférico com raio de $r = 0,400$ m. Quando liberado no ar a uma temperatura de 20 °C e densidade $\rho_{ar} = 1,20$ kg/m³, ele levanta um comprimento h de cordão e depois permanece estacionário, como mostra a Figura P15.58. Queremos saber o comprimento do cordão levantado pelo balão. (a) Quando o balão permanece estacionário, qual é o modelo de análise adequado para descrevê-lo? (b) Escreva uma equação de força para o balão a partir deste modelo em termos da força de empuxo B, do peso F_b do balão, do peso F_{He} do hélio, e do peso F_s do segmento de cordão de comprimento h. (c) Faça uma substituição adequada para cada uma dessas forças e resolva simbolicamente para a massa m_s do segmento de cordão de comprimento h em termos de m_b, r, ρ_{ar} e da densidade do hélio ρ_{He}. (d) Encontre o valor numérico da massa m_s (e) Encontre o comprimento h numericamente.

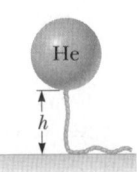

Figura P15.58

59. Evangelista Torricelli foi a primeira pessoa a perceber que vivemos no fundo de um oceano de ar. Ele conjeturou corretamente que a pressão da nossa atmosfera é atribuível ao peso do ar. A densidade do ar a 0 °C na superfície da Terra é 1,29 kg/m³. Esta densidade diminui com maior altitude (conforme a atmosfera fica rarefeita). Por outro lado, se supormos que a densidade seja constante a 1,29 kg/m³ até uma altitude h, e seja zero acima desta altitude, então h representaria a profundidade do oceano de ar. (a) Use este modelo para determinar o valor de h que dá uma pressão de 1,00 atm na superfície da Terra. (b) O pico do Monte Everest se elevaria acima da superfície de tal atmosfera?

60. **S Revisão.** Em relação à represa estudada no Exemplo 15.2 e na Figura 15.6, (a) mostre que o torque total exercido pela água atrás da represa por um eixo horizontal que passa por O é $\tfrac{1}{6}\rho g w H^3$. (b) Mostre que a linha efetiva de ação da força total exercida pela água está a uma distância $\tfrac{1}{3}H$ acima de O.

61. Um fluido incompressível e não viscoso está inicialmente em repouso na porção vertical do cano mostrado na Figura P15.61a, onde $L = 2,00$ m. Quando a válvula é aberta, o fluido flui na seção horizontal do cano. Qual é a velocidade do fluido quando todo ele está na seção horizontal, como mostra a Figura P15.61b? Considere que a área transversal do cano inteiro é constante.

Figura P15.61

62. **S** Em 1657, Otto von Guericke, inventor da bomba de ar, esvaziou uma esfera feita de dois hemisférios de latão (Fig. P15.62). Dois grupos com oito cavalos cada separaram os hemisférios somente em algumas provas e "com enorme dificuldade", e o som resultante foi parecido com um tiro de canhão. Encontre a força F necessária para separar os hemisférios de paredes finas esvaziados em termos de R, o raio dos hemisférios; P, a pressão dentro dos hemisférios P_0

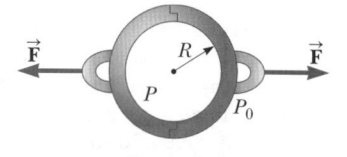

Figura P15.62

63. Uma proveta de 1,00 kg contendo 2,00 kg de óleo (densidade = 916,0 kg/m³) repousa em uma balança. Um bloco de ferro de 2,00 kg suspenso por uma balança de mola é completamente submerso no óleo, como mostra a Figura P15.63. Determine a leitura de equilíbrio nas duas balanças.

64. **S** Uma proveta de massa m_b contendo óleo de massa m_o e densidade ρ_o repousa em uma balança. Um bloco de ferro de massa m_{Fe} suspenso por uma balança de mola é completamente submerso no óleo, como mostra a Figura P15.63. Determine a leitura de equilíbrio nas duas balanças.

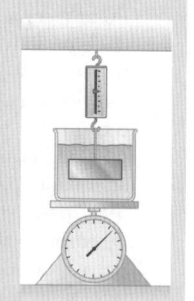

Figura P15.63
Problemas 63 e 64.

65. O abastecimento de água de um edifício vem de um cano principal de 6,00 cm de diâmetro. Uma torneira de 2,00 cm de diâmetro, localizada 2,00 m acima do cano principal, enche um recipiente de 25,0 L em 30,0 s. (a) Qual é a velocidade com que a água sai da torneira? (b) Qual é a pressão manométrica no cano principal de 6 cm? Suponha que a torneira seja o único "vazamento" no edifício.

66. *Por que a seguinte situação é impossível?* Uma barcaça carrega uma pequena carga de peças de ferro ao longo de um rio. A pilha de ferro tem forma de cone, cujo raio r da sua base é igual à sua altura central h. A barcaça é quadrada, com lados verticais de comprimento $2r$ de maneira que a pilha de ferro chega às suas beiradas. A barcaça se aproxima de uma ponte baixa, e o capitão percebe que o topo da pilha de ferro não passará embaixo da ponte. Ele ordena que a tripulação jogue pedaços de ferro na água para reduzir a altura da pilha. Enquanto o ferro é removido da pilha, a pilha sempre tem o formato de cone, cujo diâmetro é igual ao comprimento lateral da barcaça. Depois que certo volume de ferro é removido da barcaça, ela passa por baixo da ponte sem que o topo da pilha bata na ponte.

67. Um tubo em forma de U aberto nas duas pontas é parcialmente cheio com água (Fig. P15.67a). Óleo com densidade 750 kg/m³ é despejado no braço direito e forma uma coluna $L = 5,00$ cm de altura (Fig. P15.67b). (a) Determine a diferença h nas alturas das duas superfícies líquidas. (b) O braço direito é protegido de qualquer movimento do ar enquanto ar é soprado pelo topo do braço esquerdo até que as superfícies dos dois líquidos estejam na mesma altura (Fig. P15.67c). Determine a velocidade do ar sendo soprado pelo braço esquerdo. Suponha que a densidade do ar seja constante a 1,20 kg/m³.

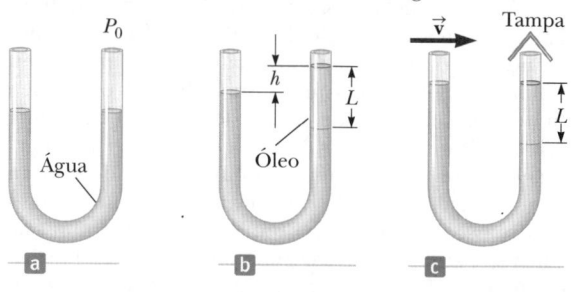

Figura P15.67

68. **S** Mostre que a variação da pressão atmosférica com altitude é dada por $P = P_0 e^{-\alpha y}$, onde $\alpha = \rho_0 g/P_0$, P_0 é a pressão atmosférica em algum nível de referência $y = 0$, e ρ_0 é a densidade atmosférica neste nível. Suponha que a diminuição na pressão atmosférica por uma variação infinitesimal na altitude (de modo que a densidade é aproximadamente uniforme durante a variação infinitesimal) possa ser expressa pela Equação 15.4 como $dP = -\rho g\, dy$. Suponha também que a densidade do ar seja proporcional à pressão, que é equivalente a supor que a temperatura do ar é a mesma em todas as altitudes.

69. Um cubo de gelo com faces medindo 20,0 mm flutua em um copo de água gelada, e uma das faces do cubo está paralela à superfície da água. (a) A que distância abaixo da superfície da água está a face de baixo do cubo? (b) Álcool etílico gelado é despejado suavemente na superfície da água para formar uma camada de 5,00 mm de espessura acima da água. O álcool não se mistura com a água. Quando o cubo de gelo atinge equilíbrio hidrostático novamente, qual é a distância do topo da água até a face de baixo do cubo? (c) Mais álcool etílico gelado é despejado sobre a superfície da água até que a superfície de cima do álcool coincida com a de cima do cubo de gelo (em equilíbrio hidrostático). Qual é a espessura da camada de álcool etílico necessária?

70. O *termômetro de álcool no vidro*, inventado em Florença, Itália, por volta de 1654, consiste em um tubo de fluido (álcool) contendo uma série de esferas de vidro submersas com massas ligeiramente diferentes (Figura P15.57). A temperaturas suficientemente baixas, todas as esferas flutuam, mas quando a temperatura aumenta, as esferas afundam uma após a outra. O dispositivo é uma ferramenta tosca, mas interessante para medir a temperatura. Suponhamos que o tubo esteja cheio de álcool etílico, cuja densidade é de $0,789 \times 45$ g cm³ a 20,0 °C e diminui para 0,780 g/cm³ a 30,0 °C. (a) Supondo que uma das esferas tem um raio de 1,000 cm e está em equilíbrio a meio caminho para o tubo de 20,0 °C, determine a sua massa. (b) Quando a temperatura aumenta para 30,0 °C, que massa uma segunda esfera do mesmo raio tem para estar em equilíbrio no meio do caminho? (c) A 30,0°C, a primeira esfera caiu para a base do tubo. Qual força para cima o fundo do tubo exerce sobre essa esfera?

Figura P15.70

Contexto 4

CONCLUSÃO

Detecção de aterosclerose e prevenção de ataques cardíacos

Após explorar a física de fluidos, podemos voltar à nossa questão central: o Contexto de Ataques Cardíacos:

> Como os princípios da física podem ser aplicados na medicina para ajudar a prevenir ataques to coração?

Vamos aplicar nossa compreensão da dinâmica de fluidos para explorar a pesquisa sobre as causas da doença cardiovascular e ataques cardíacos.

Tradicionalmente, a prevenção e o tratamento de doenças cardiovasculares e ataques cardíacos tem se concentrado em um regime de exercícios, uma dieta saudável, destinada a reduzir o colesterol e a prevenir a hipertensão arterial, deixar de fumar, reduzir o estresse e medicamentos para reduzir o colesterol e a pressão arterial do paciente e evitar a formação de coágulos. Em casos graves, a *angioplastia*, um procedimento para alargar as artérias constritas, ou a colocação de um stent, um tubo de malha, que atua como um andaime para manter as artérias abertas, também pode ser utilizado. Esse procedimento é mostrado na Figura 1, que ilustra a utilização de um balão para abrir uma artéria constrita e a colocação de um stent.

Embora as causas da aterosclerose (Seção 15.9) ainda não sejam conhecidas, a dinâmica de fluidos tem ajudado a esclarecer muitos dos fatores que podem resultar no endurecimento das artérias e no acúmulo de placa, que caracterizam esta condição. Como discutido na Seção 15.9, a pesquisa recente tem focado na resposta das células endoteliais que revestem as paredes arteriais a fluxos turbulentos e a formação de placas nos vasos sanguíneos constritos.

Vamos examinar mais a física de uma constrição arterial ou *estenose*. O fluxo de sangue no vaso sanguíneo saudável é laminar, e a pesquisa mostrou que a placa não se acumula sob essas circunstâncias. A situação é muito diferente na artéria constrita; em casos de estreitamento grave, a seção transversal arterial pode ser reduzida em até 75%, a um quarto da sua área original. Da equação da continuidade para fluidos (Eq. 15.7), com $A_2 = \frac{1}{4}A_1$, nós obtemos

$$A_1 v_1 = \left(\tfrac{1}{4}A_1\right) v_2 \quad \rightarrow \quad v_2 = 4v_1 \qquad \blacktriangleleft 1$$

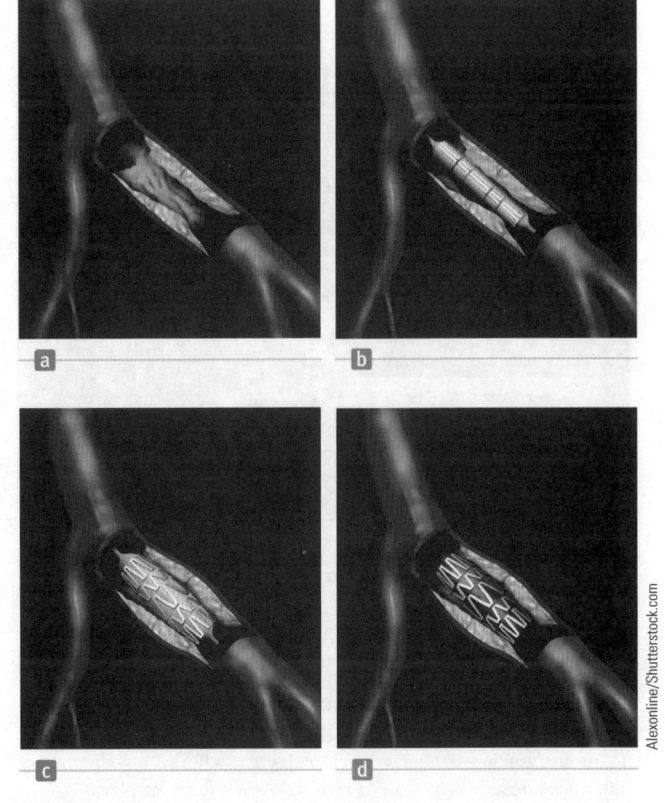

Figura 1 A colocação de um stent para melhorar o fluxo de sangue num vaso. (a) Uma artéria tem um acúmulo de placas que restringe o fluxo de sangue. (b) Um cateter com um balão vazio e stent contraído é inserido na artéria e guiado para o local da placa. (c) O balão é inflado, expandindo o stent e as paredes do vaso. (d) O balão é esvaziado e o cateter é removido. O stent mantém a artéria aberta.

Vemos que o sangue flui quatro vezes mais rápido na região de constrição da artéria. Semelhante à situação mostrada na Figura 15.15, quando um fluido acelera, o fluxo torna-se turbulento, assim, o fluxo de sangue imediatamente adiante da estenose apresenta regiões semelhantes a uma hidromassagem. Como discutido na Seção 15.9, essa turbulência pode levar a mais problemas.

Se assumirmos o fluxo em dado instante, nós podemos relacionar a pressão na porção constrita 2 do vaso sanguíneo à porção aberta 1, pelo uso da equação de Bernoulli para um segmento horizontal da artéria (Eq. 15.9):

$$P_1 + \tfrac{1}{2}\rho v_1^2 = P_2 + \tfrac{1}{2}\rho v_2^2$$

Resolvendo para a diferença de pressão entre esses dois locais,

$$\Delta P = P_2 - P_1 = \tfrac{1}{2}\rho v_1^2 - \tfrac{1}{2}\rho v_2^2 = \tfrac{1}{2}\rho(v_1^2 - v_2^2)$$

Substituindo v_2 para a Equação (1),

$$\Delta P = \tfrac{1}{2}\rho\left[v_1^2 - (4v_1)^2\right] = -\tfrac{15}{2}\rho v_1^2 \quad \mathbf{2\blacktriangleleft}$$

A pressão arterial *sistólica* média (a pressão durante a contração do coração) é de 120 mm de mercúrio, ou de 15,7 kPa (note que esse é um indicador de pressão e não a pressão absoluta no vaso sanguíneo). Também, em média, o sangue ($\rho = 1,05 \times 10^3$ kg/m^3) flui a uma velocidade de $v_1 = 0,40$ m/s. Avaliando a diferença de pressão na Equação (2) numericamente,

$$\Delta P = -\tfrac{15}{2}(1,05 \times 10^3 \text{ kg/m}^3)(0,40 \text{ m/s})^2 = -1,3 \times 10^3 \text{ Pa}$$

Comparando esse resultado com a pressão inicial, encontramos

$$\frac{\Delta P}{P_0} = \frac{-1,3 \times 10^3 \text{ Pa}}{15,7 \times 10^3 \text{ Pa}} = -8,0\%$$

Essa queda de 8% da pressão pode ser suficiente para que a diferença de pressão entre o tecido fora do vaso e aquela na constrição faça com que o vaso entre em colapso, causando uma interrupção momentânea no fluxo sanguíneo. Nesse momento, a velocidade do sangue cai a zero, sua pressão se eleva novamente e o vaso reabre. Quando o sangue volta a passar pela artéria constrita, a pressão interna cai e, outra vez, a artéria se fecha. Esse fenômeno é chamado *vibração vascular*. Ele pode ser ouvido por um médico com um estetoscópio e é uma indicação de doença aterosclerótica avançada. Além disso, a abertura e o fechamento contínuo da artéria podem contribuir ainda mais para a turbulência do sangue e seus efeitos. Portanto, a vibração vascular deve ser levada muito a sério e reconhecida como uma forte indicação de que é necessário atendimento médico para evitar um ataque cardíaco.

A relação entre o fluxo turbulento que ocorre para baixo de constrições arteriais e o acúmulo de placa foi demonstrado por uma série de estudos recentes que combinam a investigação médica, física e engenharia para encontrar as causas físicas e bioquímicas da aterosclerose e da doença cardiovascular. Nesses estudos, o sangue de animais rico em plaquetas, marcado com índio-111 radioativo, foi distribuído por tubos de fluxo com várias geometrias de constrição. A localização e a quantidade de depósitos de plaquetas foram então registrados utilizando um aparelho para medição da radiação gama emitida pelas plaquetas radioativas. (Vamos estudar a radiação gama mais adiante.) Isso permitiu aos pesquisadores determinar os locais

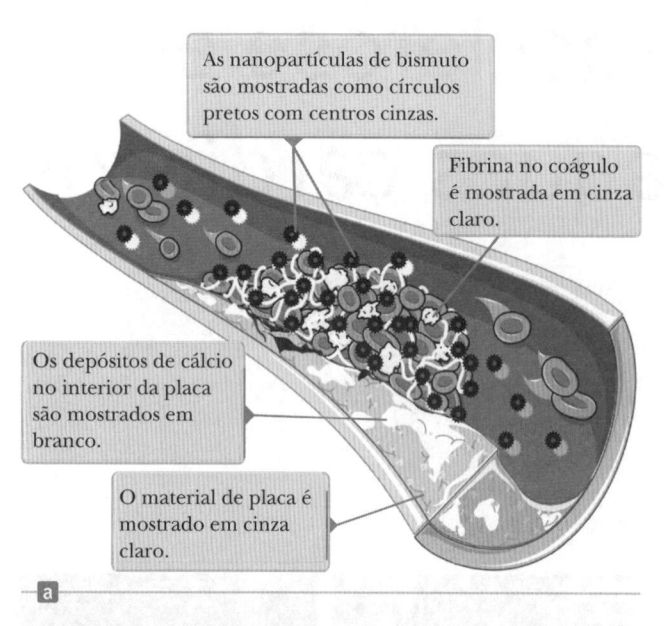

Figura 2 (a) Um vaso sanguíneo com placa aterosclerótica rompida e depósitos de cálcio está desenvolvendo um coágulo de sangue. Uma imagem tradicional de TC não diferencia entre o coágulo de sangue e o cálcio presente na placa, tornando pouco claro se a imagem mostra um coágulo que deva ser tratado. Para ajudar a fazer essa diferenciação, as nanopartículas de bismuto são direcionadas para uma proteína no coágulo de sangue chamado de fibrina. (b) Uma imagem espectral de TC mostra as nanopartículas direcionadas para a fibrina em cinza claro, diferenciando-a do cálcio, ainda mostrado em branco, na placa.

de deposição máxima de plaquetas e sua relação com o fluxo de sangue na artéria.[1] Estudos semelhantes têm usado a dinâmica de fluidos para examinar o depósito de placas nas válvulas cardíacas artificiais e ajudaram a projetar válvulas mais hidrodinâmicas que também são menos propensas a acúmulo de placa.

Mais recentemente, os pesquisadores começaram a usar nanopartículas radioativas que se ligam às partículas formadoras de placa na corrente sanguínea, permitindo a detecção mais precoce da formação de placa (Fig. 2). Usando ressonância magnética (IRM), os investigadores também podem seguir o fluxo dessas nanopartículas para obter detalhes sem precedentes no fluxo de sangue na complicada geometria do sistema cardiovascular humano. (Discutiremos ressonância magnética com mais detalhes no Contexto 7.) Ao combinar nanopartículas com células-tronco adultas, a placa arterial em corações de suínos foi queimada quando as nanopartículas são iluminadas com luz a *laser*.[2]

Ao mesmo tempo, os avanços na velocidade da computação e capacidade de memória têm permitido modelos computacionais para a dinâmica de fluidos para simular as interações dos fluidos complexos que ocorrem em vasos sanguíneos (Fig. 3). Uma das vantagens de modelos de computador é que geometrias muito complexas podem ser examinadas com o objetivo final de simular todo o sistema cardiovascular humano do coração ao mais ínfimo dos capilares.

A aplicação de dinâmica de fluidos para o corpo humano, o uso de imagens de ressonância magnética e o uso de *lasers* na exploração do sistema cardiovascular resultaram em estreita cooperação entre a física e a medicina. Essa colaboração já produziu resultados significativos, e é certo que levará a avanços importantes na medicina nos próximos anos.

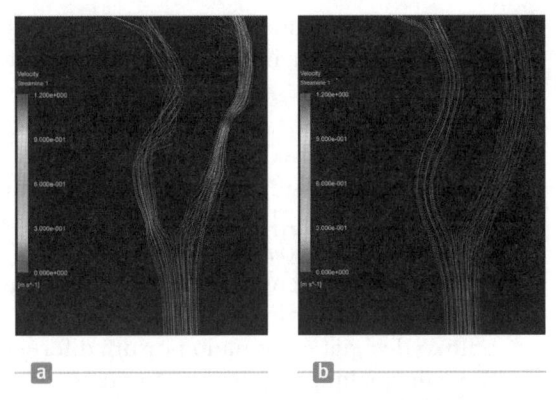

Figura 3 Uma simulação dinâmica de fluidos (DFC) computacional do fluxo sanguíneo através de artérias constritas (à esquerda) e saudáveis (à direita). (Ding, S., Tu, J. Cheung, C. 2007, "Geometric model generation for CFD simulation of blood and air flows", p. 1335-1338 in Proceedings of the 1st International Conference on Bioinformatics and Biomedical Engineering, Wuhan, China, 6-8 July 2007.)

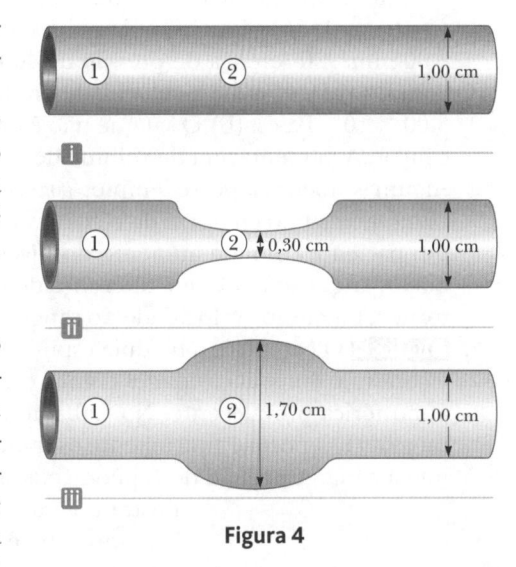

Problemas

1. **BIO** Três geometrias arteriais são mostradas na Figura 4, incluindo um vaso sanguíneo saudável (Figura 4, acima), de um vaso sanguíneo constrito (Figura 4, no meio), e um vaso sanguíneo com um aneurisma (uma protuberância em forma de balão, Figura 4, inferior). A velocidade do sangue no ponto 1, em todos os três recipientes é a mesma. (a) Em qual dos três vasos sanguíneos o sangue estaria fluindo a uma velocidade maior no ponto 2? (b) Qual seria a relação das velocidades do sangue dos vasos sanguíneos (ii) e (iii) no ponto 2?

Figura 4

2. **BIO** Há muitas situações na física que podem ser descritas por uma equação da forma

    (1)   (influência de um forçamento) = (resistência) (resultado da influência)

    Em muitos casos, a influência de forçamento pode ser expressa como a diferença entre os dois valores de uma variável em locais diferentes no espaço. Por exemplo, quando estudamos a termodinâmica, vamos descobrir que a taxa de P de transferência de energia por calor através de um material de área transversal A e comprimento L está relacionado com a diferença de temperatura ΔT entre as duas extremidades do material, como se segue:

    $$(2) \quad \Delta T = \left(\frac{L}{kA}\right)P$$

    onde k é a *condutividade térmica* do material (ver Seção 17.10). A diferença de temperatura ΔT é a influência do forçamento. O resultado é a taxa de transferência de energia P. A quantidade L/kA representa a resistência para a transferência de energia pelo calor. A razão L/k é chamada *valor de R* (que representa a resistência térmica) para os materiais utilizados para proporcionar o isolamento térmico em casas e edifícios.

---

[1] Schoephoerster, R. T. et al., "Effects of local geometry and fluid dynamics on regional platelet deposition on artificial surfaces", Arterioscler. Thromb. Vasc. Biol., 1993, n. 13, 1806-181.
[2] American Heart Association. "Nanoparticles plus adult stem cells demolish plaque, study finds". *Science Daily*, 21 jul. 2010.

Quando estudamos a eletricidade, vamos descobrir que a *diferença de potencial* ΔV entre duas extremidades de um material é uma influência de forçamento que resulta em uma *corrente I* no material como dado por

$$(3) \quad \Delta V = \left(\frac{\ell}{\sigma A}\right) I$$

Uma corrente existe em um pedaço de material de comprimento ℓ e área transversal A, com condutividade elétrica σ (ver Seção 21.2). A combinação entre parênteses representa a resistência ao forçamento, que neste caso é chamado *resistência elétrica*.

Vamos agora pensar sobre o fluxo de sangue em uma artéria. O que impulsiona o fluxo? O que retarda o fluxo? O fluxo de sangue é impulsionado por uma diferença de pressão de ΔP ao longo de uma artéria, tal como o fluxo de água é acionado por um diferencial de pressão ao longo de um tubo. A equação a seguir descreve o fluxo de qualquer líquido em um tubo:

$$(4) \quad \Delta P = \left(8\pi\mu\frac{L}{A}\right) v$$

onde v, a velocidade do fluido, é o resultado da diferença de pressão e a resistência está relacionada à *viscosidade* μ do fluido. A viscosidade é uma medida da resistência interna do líquido a fluir e tem unidades de Pa · s. O mel, por exemplo, é um líquido mais viscoso do que a água. A manteiga de amendoim é um líquido extremamente viscoso. Observe a semelhança entre Equação (4), e as equações (2) e (3).

A artéria pulmonar leva sangue oxigenado do coração para o pulmão. (Veja a Figura 2 na Introdução do Contexto *Ataques Cardíacos*.) Suponha que uma artéria pulmonar tem um comprimento de 9,00 cm e um raio de 3,00 mm. A diferença de pressão de 400 Pa existe ao longo do comprimento da artéria e entre as suas extremidades. (a) Determine a velocidade do fluxo de sangue através desta artéria se o sangue tem uma viscosidade de $3,00 \times 10^{-3}$ Pa · s. (b) O sangue não é um líquido simples. Ele contém os glóbulos vermelhos, assim como outras células. A percentagem de volume de sangue ocupado pelas células vermelhas do sangue é chamado *hematócrito*. Algumas doenças, por exemplo, *policitemia*, são caracterizadas por um aumento dos níveis de hematócrito. O aumento da percentagem de células vermelhas do sangue pode aumentar a viscosidade do sangue. Suponha que um paciente com um aumento do nível de hematócrito tem sangue com uma viscosidade 1,80 vezes maior do que o sangue em (a). Que diferença de pressão é necessária ao longo do comprimento da artéria pulmonar para fornecer a mesma velocidade do sangue?

3. **BIO Q C** O cérebro e a medula espinhal humana são imersos no fluido cerebrospinal. Esse fluido normalmente é contínuo entre as cavidades cranial e espinhal e exerce uma pressão de 100 a 200 mm de H_2O acima da pressão atmosférica prevalecente. No trabalho médico, as pressões são frequentemente medidas em unidades de milímetros H_2O porque tipicamente os fluidos corpóreos, incluindo o fluido cerebrospinal, tem a mesma densidade que a água. A pressão do líquido cefalorraquidiano pode ser medida por meio de uma *punção lombar*, tal como ilustra a Figura 5. Um tubo oco é inserido na coluna vertebral, e a altura para a qual o fluido sobe é observada. Se o fluido subir até uma altura de 160 mm, descrevemos sua pressão manométrica como 160 mm H_2O. (a) Expresse essa pressão em pascais, em atmosferas, e em milímetros de mercúrio (b) Algumas condições que bloqueiam ou inibem o fluxo do fluido cerebrospinal podem ser investigadas por meio do *teste de Queckenstedt*. Neste procedimento, as veias do pescoço do paciente são comprimidas para aumentar a pressão sanguínea no cérebro, que por sua vez será transmitida ao fluido cerebrospinal. Explique como o nível de fluido na punção lombar pode ser usado como um diagnóstico da condição da espinha de uma paciente.

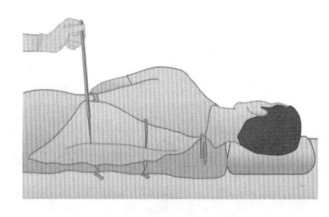

Figura 5

4. **BIO M** Uma seringa hipodérmica contém um medicamento com a densidade da água (Fig. 6). O cano da seringa tem área transversa $A = 2,50 \times 10^{-5}$ m², e a agulha tem área transversal $a = 1,00 \times 10^{-8}$ m². Na ausência de uma força no êmbolo, a pressão em todos os pontos é 1,00 atm. Uma força $\vec{F}$ de módulo 2,00 N atua sobre o êmbolo, fazendo o medicamento esguichar horizontalmente da agulha. Determine a que velocidade o medicamento sai da ponta da agulha.

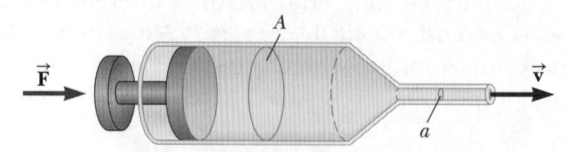

Figura 6

Contexto 5

Aquecimento global

Numerosos estudos científicos têm detalhado os efeitos de um aumento na temperatura da Terra, incluindo o derretimento do gelo das calotas polares e as mudanças climáticas e os efeitos correspondentes sobre a vegetação. Dados retirados ao longo das últimas décadas mostram um aumento mensurável da temperatura global. A vida neste planeta depende de um delicado equilíbrio que mantém a temperatura global em um intervalo estreito necessário para a nossa sobrevivência. Como essa temperatura é determinada? Quais fatores precisam estar em equilíbrio para manter a temperatura constante? Se pudermos conceber um modelo estrutural adequado que preveja a temperatura da superfície correta da Terra, podemos usá-lo o modelo para prever as mudanças na temperatura quando variamos os parâmetros.

Você provavelmente tem um sentido intuitivo para a temperatura de um objeto e, desde que ele seja pequeno (e que não esteja passando por combustão ou algum outro processo rápido), nenhuma variação significativa da temperatura ocorre entre diferentes pontos do objeto. Todavia, que tal um enorme objeto como a Terra? É claro que nenhuma temperatura única descreve todo o planeta; sabemos que é verão na Austrália quando é inverno no Canadá. As calotas polares de gelo claramente possuem temperaturas diferentes das regiões tropicais. Variações também ocorrem dentro de um único grande volume de água como um oceano. A temperatura varia grandemente com a altitude de uma região relativamente local, tal como em e perto de Palm Springs, Califórnia, como mostrado na Figura 1. Portanto, quando falamos da temperatura da Terra, vamos nos referir a uma temperatura *média* de superfície, tendo em conta todas as variações em toda a superfície. É essa temperatura média que gostaríamos de calcular, construindo um modelo estrutural da atmosfera e comparando a sua previsão com a temperatura de superfície medida.

Um fator primordial para determinar a temperatura da superfície da Terra é a existência de nossa atmosfera. A atmosfera é uma camada relativamente fina (comparada com o raio da Terra) de gás sobre a superfície que nos fornece o oxigênio que garante a vida. Além de fornecer este elemento importante para a vida, a atmosfera desempenha um papel importante no equilíbrio da

Figura 1 Variações de temperatura com altitude podem existir em uma região local na Terra. Aqui em Palm Springs, Califórnia, palmeiras crescem na cidade e neve está presente no topo das montanhas locais.

energia que determina a temperatura média. À medida que avançamos com este contexto, devemos enfocar sobre a física de gases e aplicar os princípios que aprendemos para a atmosfera.

Um componente importante do problema do aquecimento global é a concentração de dióxido de carbono na atmosfera. O dióxido de carbono desempenha um

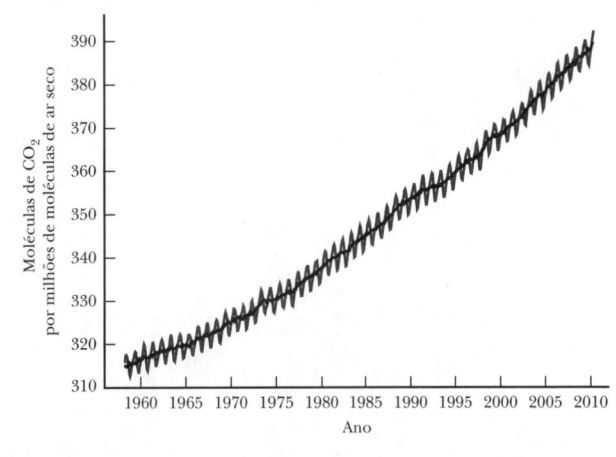

Figura 2 A concentração de dióxido de carbono atmosférico em partes por milhão (ppm) de ar seco como uma função de tempo. Esses dados foram registrados no Mauna Loa Observatory, no Havaí. As variações anuais (curva cinza) coincidem com períodos de crescimento, pois a vegetação absorve o dióxido de carbono do ar. O aumento constante da concentração média (curva preta) é motivo de preocupação para os cientistas.

Figura 3 Neste contexto, nós exploramos o equilíbrio energético da Terra, que é um sistema grande, não-isolado, que interage com o seu ambiente exclusivamente por meio de radiação eletromagnética

papel importante na absorção de energia e na elevação da temperatura da atmosfera. Como visto na Figura 2, a quantidade de dióxido de carbono na atmosfera tem aumentado constantemente desde meados do século XX. O gráfico mostra dados brutos que indicam que a atmosfera está passando por uma mudança importante, apesar de nem todos os cientistas concordarem com a interpretação do que essa mudança significa em termos de temperaturas globais.

O Painel Intergovernamental sobre Mudanças Climáticas (IPCC) é um órgão científico que avalia a informação disponível relacionada com o aquecimento global e os efeitos conexos relacionados às mudanças climáticas. Ele foi originalmente criado em 1988 por duas organizações das Nações Unidas, a Organização Meteorológica Mundial e o Programa das Nações Unidas para o Ambiente. O IPCC publicou quatro relatórios de avaliação sobre a mudança climática, o mais recente em 2007, e um quinto relatório está programado para ser lançado em 2014. O relatório de 2007 conclui que existe uma probabilidade superior a 90% de que o aumento da temperatura global medido pelos cientistas seja devido à colocação de gases como o dióxido de carbono na atmosfera por seres humanos. O relatório também prevê um aumento de temperatura global entre 1 e 6 °C no século XXI, que o nível do mar suba 18 a 59 cm e altíssimas probabilidades de eventos climáticos extremos, incluindo ondas de calor, secas, ciclones e chuvas fortes.

Além de seus aspectos científicos, o aquecimento global é uma questão social, com muitas facetas. Essas facetas abrangem política e economia internacionais, porque o aquecimento global é um problema mundial. Modificar nossas políticas públicas requer custos reais para solucionar o problema. O aquecimento global também tem aspectos tecnológicos e novos métodos de produção, transporte e fornecimento de energia devem ser projetados para retardar ou reverter o aumento da temperatura. Vamos restringir nossa atenção para os aspectos físicos do aquecimento global quando abordarmos esta questão central:

> **Podemos construir um modelo estrutural da atmosfera que preveja a temperatura média na superfície da Terra?**

Capítulo 16

Temperatura e a teoria cinética dos gases

Sumário

16.1 Temperatura e a lei zero da termodinâmica
16.2 Termômetros e escalas de temperatura
16.3 Expansão térmica de sólidos e líquidos
16.4 Descrição mascroscópica de um gás ideal
16.5 A teoria cinética dos gases
16.6 Distribuição das velocidades moleculares
16.7 Conteúdo em contexto: a taxa de lapso atmosférica

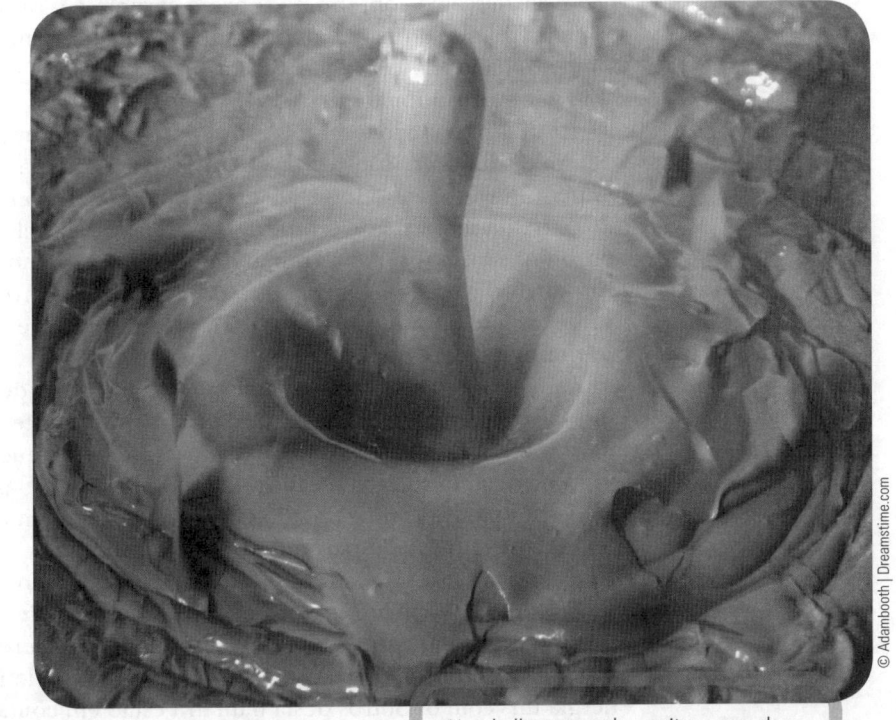

Uma bolha em um dos muitos poços de lama no parque Nacional de Yellowstone é fotografada bem no momento em que vai estourar. Esses poços são piscinas de lama quente borbulhante que demonstram a existência de processos termodinâmicos abaixo da superfície da Terra.

Nosso estudo concentrou-se, até agora, principalmente na mecânica newtoniana, que explica uma ampla variedade de fenômenos, como o movimento de bolas de beisebol, foguetes e planetas. Temos aplicado estes princípios em sistemas isolados e não isolados, sistemas oscilatórios, propagação de ondas mecânicas em um meio e propriedades de fluidos em repouso e em movimento. No Capítulo 6 (Volume 1), introduzimos as noções de temperatura e energia interna. Agora ampliaremos o estudo dessas noções com ênfase na **termodinâmica**, que se preocupa com a transferência de energia entre um sistema e seu ambiente e com variações resultantes na temperatura ou mudanças de estado. Como veremos, a termodinâmica explica as propriedades de um volume de matéria e a correlação entre elas e a mecânica de átomos e moléculas.

Você já se perguntou como um refrigerador esfria seu conteúdo, ou que tipos de transformações ocorrem em um motor de automóvel, ou por que uma bomba de ar para bicicleta se aquece enquanto você infla o pneu? As leis da termodinâmica nos permitem responder essas perguntas. Em geral, a termodinâmica lida com as transformações físicas e químicas da matéria em diversos estados: sólido, líquido e gás.

Este capítulo termina com um estudo dos gases ideais, que trataremos em dois níveis. O primeiro examina os gases ideais em escala macroscópica. Nós nos preocuparemos com as relações entre quantidades, como pressão, volume e temperatura de um gás. No segundo nível, examinaremos os gases em uma escala microscópica (molecular), usando um modelo estrutural que trata o gás como uma coleção de partículas. Essa abordagem nos ajudará a compreender como o comportamento ao nível atômico afeta propriedades macroscópicas, como a pressão e a temperatura.

16.1 | Temperatura e a lei zero da termodinâmica

Frequentemente associamos o conceito de temperatura com o grau de calor ou frio do corpo ao tocá-lo. Nosso sentido do tato nos proporciona uma indicação qualitativa da temperatura. Nossos sentidos, porém, não são confiáveis e frequentemente nos enganam. Por exemplo, se você ficar descalço com um pé sobre o carpete e o outro sobre o piso de cerâmica, este parece ser mais frio que aquele, embora ambos estejam na mesma temperatura. Isso acontece porque as propriedades da cerâmica são tais que a transferência da energia (por calor), do piso para o seu pé, é mais rápida que a do carpete. A sua pele é sensível à *taxa* de transferência de energia – potência – e não à temperatura do corpo. Naturalmente, quanto maior a diferença entre a temperatura do corpo e a da sua mão, mais rápida será a transferência de energia, assim, a temperatura e o seu tato estão relacionados de *alguma* maneira. Pesquisas recentes sugerem que parte da sensação de temperatura na pele está relacionada à proteína TRPV3, presente em neurônios sensoriais que terminam na pele. Precisamos, na verdade, de um método confiável e reprodutível para estabelecer o "calor" ou "frio" relativo de corpos que esteja relacionado exclusivamente à temperatura desses. Cientistas desenvolveram uma variedade de termômetros para fazer tais medições quantitativas.

Estamos familiarizados com experiências nas quais dois corpos com temperaturas iniciais diferentes eventualmente alcançam uma temperatura intermediária quando colocados em contato um com o outro. Por exemplo, se misturarmos água quente e água fria numa banheira, a temperatura da água misturada alcança um equilíbrio entre as temperaturas da água quente e da fria. Do mesmo modo, se um cubo do gelo for colocado em um copo de café quente, o gelo eventualmente derreterá e a temperatura do café diminuirá.

Devemos usar esses exemplos familiares para desenvolver a noção científica de temperatura. Imagine que dois corpos são colocados em um recipiente isolado de modo que formem um sistema isolado. Se os corpos estão em temperaturas diferentes, a energia poderá ser trocada entre eles, por exemplo, por meio de calor ou radiação eletromagnética. Corpos que podem trocar energia uns com os outros desta maneira estão em **contato térmico**. No fim, as temperaturas dos dois corpos irão se igualar, um tornando-se mais quente e o outro mais frio, como nos exemplos anteriores. O **equilíbrio térmico** é a situação em que dois corpos em contato térmico interrompem qualquer troca líquida de energia, seja por calor ou radiação eletromagnética.

Usando essas ideias, podemos desenvolver uma definição formal de temperatura. Considere dois corpos, A e B, que não estão em contato térmico, e um terceiro corpo, C, que será o nosso **termômetro**, dispositivo calibrado para medir a temperatura de um corpo. Desejamos determinar se A e B estariam em equilíbrio térmico caso fossem colocados em contato térmico. O termômetro é primeiramente colocado em contato térmico com A e sua leitura é registrada, como mostra a Figura 16.1a. O termômetro é, então, colocado em contato térmico com B e sua leitura também é registrada (Fig. 16.1b). Se as duas leituras são iguais, A e B estão em equilíbrio térmico entre eles. Se forem colocados em contato térmico um com o outro, como na Figura 16.1c, não há nenhuma transferência líquida de energia entre eles.

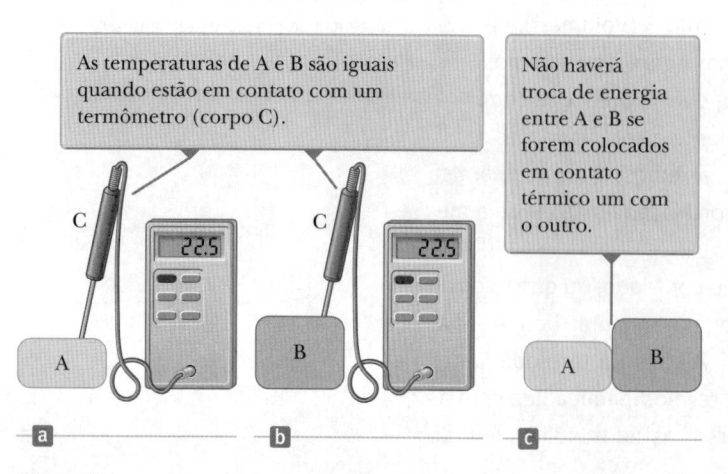

Figura 16.1 A lei zero da termodinâmica.

Podemos resumir esses resultados em uma afirmação conhecida como a **lei zero da termodinâmica**:

> Se os corpos A e B estão separadamente em equilíbrio térmico com um terceiro corpo, C, então A e B estão em equilíbrio térmico um com o outro.

▶ Lei zero da termodinâmica

Essa afirmação, elementar como parece, é muito importante porque pode ser usada para definir a noção de temperatura e é facilmente comprovada experimentalmente. Podemos pensar na temperatura como a propriedade que determina se um corpo está em equilíbrio térmico com outro: dois corpos, em equilíbrio térmico um com o outro, estão na mesma temperatura.

16.2 | Termômetros e escalas de temperatura

Em nossa discussão da lei zero, mencionamos um termômetro. Os termômetros são dispositivos utilizados para medir a temperatura de um corpo ou de um sistema com o qual o termômetro está em equilíbrio térmico. Todos empregam alguma propriedade física que muda com a temperatura e que pode ser calibrada para torná-la mensurável. Algumas das propriedades físicas usadas são (1) o volume de um líquido, (2) as dimensões de um sólido, (3) a pressão de um gás com volume constante, (4) o volume de um gás com pressão constante, (5) a resistência elétrica de um condutor e (6) a cor de um corpo quente.

Um termômetro comum de uso diário consiste em um líquido, geralmente mercúrio ou álcool, que se expande num tubo capilar de vidro quando a sua temperatura aumenta (Fig. 16.2). Neste caso, a propriedade física que muda é o volume do líquido. Como a área da seção transversal do tubo capilar é uniforme, a mudança no volume do líquido varia linearmente com seu comprimento ao longo do tubo. Podemos então definir uma temperatura que esteja relacionada com o comprimento da coluna de líquido.

O termômetro pode ser calibrado quando colocado em contato térmico com um sistema natural que permaneça à temperatura constante e marcando-se o nível da coluna de líquido no termômetro. Um desses sistemas é uma mistura de água e gelo em equilíbrio térmico um com o outro à pressão atmosférica. Após marcar os níveis da coluna de líquido para os sistemas escolhidos, necessitamos definir uma escala de números associada a várias temperaturas. Um exemplo disso é a **escala Celsius de temperatura**. Na escala Celsius, a temperatura da mistura de gelo e água é definida como zero graus Celsius, 0 °C, e é chamada de **ponto de congelamento** da água. Outro sistema geralmente utilizado é a mistura de água e vapor em equilíbrio térmico um com o outro à pressão atmosférica. Na escala Celsius, esta temperatura é definida como 100 °C e é chamada de **ponto de vaporização** da água. Uma vez que os níveis da coluna de líquido foram marcados nesses dois pontos do termômetro, o comprimento entre as marcas é dividido em 100 segmentos iguais, cada um denotando uma mudança de um grau Celsius na temperatura.

Os termômetros calibrados dessa maneira apresentam problemas quando são necessárias leituras extremamente precisas. Por exemplo, um termômetro de álcool, calibrado nos pontos de congelamento e de vaporização da água, pode coincidir com um termômetro de mercúrio somente nos pontos de calibração. Como o mercúrio e o álcool têm propriedades diferentes de expansão térmica (a expansão pode não ser perfeitamente linear com a temperatura), quando um indica uma determinada temperatura, o outro pode indicar um valor levemente diferente. As discrepâncias entre os diferentes tipos de termômetros são maiores quando as temperaturas medidas estão distantes dos pontos de calibração.

Figura 16.2 Um termômetro de mercúrio antes e depois de aumentar sua temperatura.

O volume de gás no frasco é mantido constante subindo ou baixando o reservatório B para manter o nível do mercúrio na coluna A constante.

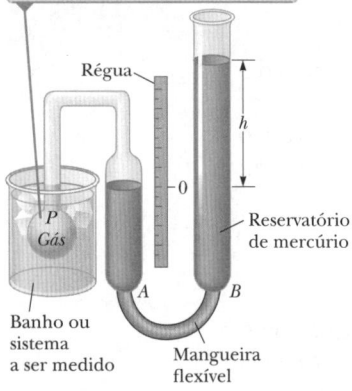

Figura 16.3 Um termômetro de gás com volume constante mede a pressão do gás contido no frasco imerso no banho.

Os dois pontos representam temperaturas de referência conhecidas (o ponto de congelamento e vaporização da água).

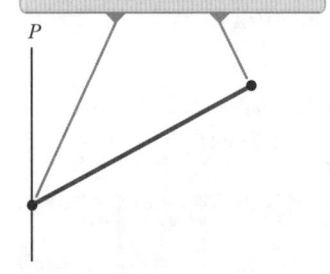

Figura 16.4 Um gráfico típico de pressão *versus* temperatura obtido com um termômetro de gás com volume constante.

O termômetro de gás a volume constante e a escala Kelvin

Os dispositivos práticos como o termômetro de mercúrio podem medir a temperatura, mas não de forma fundamental. Somente um termômetro, o **termômetro de gás**, define a temperatura e a relaciona com a energia interna diretamente. Em um termômetro de gás, as leituras da temperatura são quase independentes da substância nele usada. Um tipo de termômetro de gás é o aparelho com volume constante mostrado na Figura 16.3. O comportamento observado nesse aparelho é a variação da pressão de um volume fixo de gás com a temperatura.

Quando foi desenvolvido, o termômetro de gás a volume constante foi calibrado utilizando-se os pontos de congelamento e de vaporização da água como mostrado a seguir. (Um procedimento de calibração diferente, que será discutido brevemente, é usado agora.) O frasco é imerso em um banho de gelo, e o reservatório de mercúrio B é elevado ou abaixado até que o volume do gás confinado atinja um valor, indicado pelo ponto zero na escala. A altura h, a diferença entre os níveis de mercúrio no reservatório e na coluna A, indica a pressão no frasco a 0 °C, de acordo com a Equação 15.4. O frasco é inserido na água no ponto de vaporização, e o reservatório B é reajustado até que a altura na coluna A volte para o zero na escala, assegurando que o volume do gás seja o mesmo do banho de gelo (por isso a designação "volume constante"). A medida do novo valor para h dá um valor para a pressão a 100 °C. Estes valores de pressão e temperatura são passados para um gráfico, como na Figura 16.4. Baseando-se em observações experimentais de que a pressão de um gás varia linearmente com a sua temperatura, o que é discutido com mais detalhes na Seção 16.4, desenhamos uma linha reta entre os dois pontos. A linha que conecta os dois pontos serve como uma curva de calibração para medição de temperaturas desconhecidas. Se quisermos medir a temperatura de uma substância, colocamos o frasco de gás em contato térmico com esta e ajustamos a coluna de mercúrio até que o nível da coluna A retorne a zero. A altura da coluna de mercúrio nos mostra a pressão do gás, logo, podemos encontrar a temperatura da substância a partir da curva de calibração.

Agora, suponha que as temperaturas sejam medidas com vários termômetros de gás contendo gases diferentes. Experimentos mostram que as leituras do termômetro são praticamente independentes do tipo de gás usado, desde que a pressão do gás seja baixa e a temperatura esteja bem acima do ponto no qual o gás se liquefaz.

Podemos, também, realizar a medição de temperatura com o gás no frasco em diferentes pressões iniciais a 0 °C. Enquanto a pressão for baixa, geraremos curvas de calibração em linha reta para cada pressão inicial diferente, como mostrado em três experimentos (linhas contínuas) na Figura 16.5.

Se as curvas na Figura 16.5 forem estendidas em direção às temperaturas negativas, temos um resultado surpreendente. Em todos os casos, independente do tipo de gás ou do valor da temperatura inicial mais baixa, *a pressão extrapola a zero quando a temperatura é* −273,15°C*!* Esse resultado sugere que essa temperatura particular é universal. A sua importância se deve a ela não depender da substância usada no termômetro. Além disso, como a menor pressão possível é $P = 0$, que seria um vácuo perfeito, esta deve representar um limite inferior para processos físicos. Portanto, definimos essa temperatura como zero absoluto. Alguns efeitos interessantes ocorrem em temperaturas próximas ao **zero absoluto**, tal como o fenômeno da *supercondutividade*, que estudaremos no Capítulo 21 (vol. III).

Essa temperatura significativa é usada como base para a **escala Kelvin de temperatura**, que determina −273,15°C como seu ponto zero (0 K). O tamanho de um grau na escala Kelvin é idêntico ao tamanho de um grau na escala Celsius. Portanto, a seguinte relação permite a conversão entre essas temperaturas

$$T_C = T - 273,15 \qquad \textbf{16.1}◀$$

onde T_C é a temperatura Celsius e T é a temperatura Kelvin (às vezes chamada de **temperatura absoluta**). A diferença principal entre essas duas escalas de temperatura é um deslocamento do zero na escala. O zero da escala Celsius é arbitrário; depende da propriedade associada a uma única substância, a água. O zero na escala Kelvin não é arbitrário porque é característico de um comportamento associado a todas as substâncias. Consequentemente, quando uma equação contém T como uma variável, a temperatura absoluta deve ser usada. Similarmente, a razão das temperaturas é significativa apenas se as temperaturas forem expressas na escala Kelvin.

A Equação 16.1 mostra que a temperatura Celsius T_C é mudada da temperatura absoluta T por 273,15°. Como o tamanho de um grau é o mesmo nas duas escalas, uma diferença de temperatura de 5 °C é igual à diferença de temperatura de 5 K. As duas escalas diferem somente na escolha do ponto zero. Portanto, o ponto de congelamento (273,15 K) corresponde a 0,00 °C, e o ponto de vaporização (373,15 K) é equivalente a 100,00 °C.

Os primeiros termômetros de gás empregaram pontos de congelamento e de vaporização de acordo com o procedimento descrito anteriormente. No entanto, esses pontos são difíceis de serem reproduzidos experimentalmente. Por tal razão, um novo procedimento baseado em dois novos pontos foi adotado em 1954 pelo Comitê Internacional de Pesos e Medidas. O primeiro ponto é o zero absoluto. O segundo ponto é o **ponto triplo da água**, que corresponde à única temperatura e à única pressão nas quais a água, o vapor de água e o gelo podem coexistir em equilíbrio. Esse ponto é uma temperatura de referência conveniente e reprodutível para a escala Kelvin. Ele ocorre na temperatura de 0,01 °C e em uma pressão muito baixa de 4,58 mm de mercúrio. A temperatura no ponto triplo da água na escala **Kelvin** tem um valor de 273,16 K. Portanto, a unidade SI de temperatura, o Kelvin, é definida como **1/273,16 da temperatura do ponto triplo da água.**

A Figura 16.6 mostra as temperaturas Kelvin para vários processos e condições físicas. Como a figura revela, o zero absoluto nunca foi atingido, embora experimentos de laboratório tenham criado condições que são muito próximas ao zero absoluto.

O que aconteceria a um gás se sua temperatura atingisse 0 K? Como indica a Figura 16.5 (ignorando-se a liquefação e a solidificação da substância), a pressão que ele exerceria nas paredes do recipiente seria zero. Na seção 16.5, mostraremos que a pressão de um gás é proporcional à energia cinética das moléculas desse gás. Portanto, de acordo com a física clássica, a energia cinética do gás iria para zero e não haveria nenhum movimento dos componentes individuais do gás; consequentemente, as moléculas se depositariam no fundo do recipiente. A teoria quântica, que será discutida adiante, modifica essa afirmação para indicar que haveria alguma energia residual, chamada de *energia do ponto zero*, nesta temperatura tão baixa.

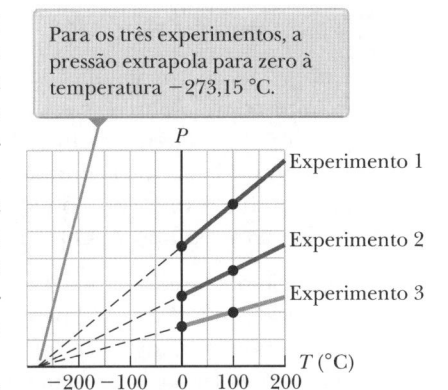

Figura 16.5 Pressão *versus* temperatura para experimentos com gases de pressões diferentes em um termômetro de gás com volume constante.

Prevenção de Armadilhas | 16.1
Uma questão de grau
Observe que as notações para temperaturas na escala Kelvin não utilizam o símbolo de grau. A unidade para uma temperatura Kelvin é simplesmente "kelvins" e não "graus Kelvin".

A escala Fahrenheit

A escala de temperatura mais comum nos Estados Unidos é a **escala Fahrenheit**. Essa escala estabelece a temperatura do ponto de congelamento em 32 °F e do ponto de vaporização em 212 °F. A relação entre as escalas de temperatura Celsius e Fahrenheit é

$$T_F = \tfrac{9}{5} T_C + 32°F \qquad 16.2$$

A Equação 16.2 pode ser facilmente usada para encontrar uma relação entre mudanças de temperatura nas escalas Celsius e Fahrenheit. Deixamos para você demonstrar que se a temperatura Celsius mudar em ΔT_C, a temperatura Fahrenheit mudará em ΔT_F dada por

$$\Delta T_F = \tfrac{9}{5} \Delta T_C \qquad 16.3$$

TESTE RÁPIDO 16.1 Considere as seguintes duplas de materiais. Qual dupla representa dois materiais, um dos quais está duas vezes mais quente que o outro? (a) água fervendo a 100 °C, um copo de água a 50 °C (b) água fervendo a 100 °C, metano congelado a −50 °C (c) um cubo de gelo a −20 °C, chamas de um engolidor de fogo a 233 °C (d) nenhuma destas duplas

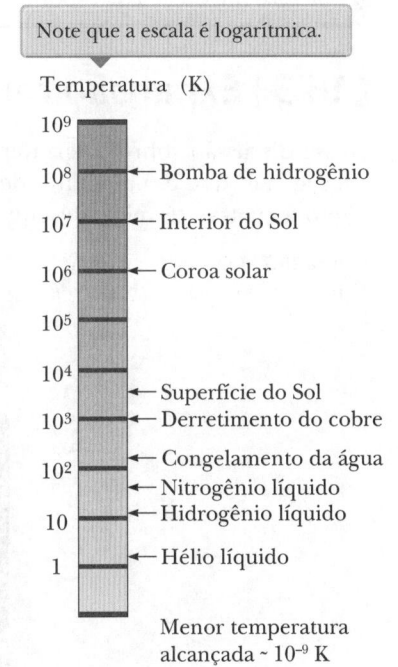

Figura 16.6 Temperaturas absolutas nas quais ocorrem vários processos físicos.

PENSANDO EM FÍSICA 16.1

Um grupo de astronautas do futuro aterrissa em um planeta habitado. Os astronautas puxam conversa com os extraterrestres sobre escalas de temperatura. Acontece que os habitantes deste planeta têm uma escala de temperatura baseada nos pontos de congelamento e vaporização da água, separados por 100 unidades de graus dos habitantes. Essas duas temperaturas nesse planeta serão as mesmas que aquelas na Terra? O tamanho dos graus dos extraterrestres seria o mesmo que o dos nossos? Suponha que eles também tenham concebido uma escala similar à escala Kelvin. O zero absoluto deles seria o mesmo que o nosso?

Raciocínio Os valores de 0 °C e 100 °C para os pontos de congelamento e vaporização da água são definidos em pressão atmosférica. Em outro planeta, é improvável que a pressão atmosférica seja exatamente igual à da Terra. Portanto, a água poderá congelar e ferver a temperaturas diferentes no planeta dos extraterrestres. Seus habitantes podem chamar essas temperaturas 0° e 100°, porém elas não serão as mesmas temperaturas que os nossos 0 °C e 100 °C. Se os extraterrestres designarem valores de 0° e 100° para essas temperaturas, seus graus não terão os mesmos tamanhos que os nossos graus Celsius (a menos que a sua pressão atmosférica seja a mesma que a nossa). Para uma versão extraterrestre de escala Kelvin, o zero absoluto seria o mesmo que o nosso porque é baseado numa definição natural e universal, em vez de estar associado com uma substância particular ou uma pressão atmosférica determinada. ◄

Exemplo 16.1 | Convertendo temperaturas

Em um dia quando a temperatura atinge 50 °F, qual é a temperatura em graus Celsius e em kelvins?

SOLUÇÃO

Conceitualização Nos Estados Unidos, uma temperatura de 50 °F é bem compreendida. No entanto, em muitas outras partes do mundo, essa temperatura pode não significar nada porque as pessoas estão acostumadas com a escala Celsius.

Categorização Este exemplo é um problema de substituição.

Substitua a temperatura dada na Equação 16.2: $T_C = \frac{5}{9}(T_F - 32) = \frac{5}{9}(50 - 32) = \boxed{10\ °C}$

Use a Equação 16.1 para encontrar a temperatura Kelvin: $T = T_C + 273{,}15 = 10\ °C + 273{,}15 = \boxed{283\ K}$

Um conjunto de equivalentes de temperaturas relacionadas ao clima que é interessante de se lembrar é que 0 °C é (literalmente) congelante e corresponde a 32 °F; 10 °C é gelado, e corresponde a 50 °F; 20 °C é temperatura ambiente; 30 °C é quente, e corresponde a 86 °F; e 40 °C é um dia muito quente, e corresponde a 104 °F.

16.3 | Expansão térmica de sólidos e líquidos

Nossa discussão sobre o termômetro líquido usa uma das alterações mais conhecidas que ocorre na maioria das substâncias, que é o aumento de volume conforme ocorre o aumento da temperatura. Esse fenômeno, conhecido como **expansão térmica**, desempenha um papel importante em numerosas aplicações da engenharia. Por exemplo,

Figura 16.7 Junções de expansão térmica em (a) pontes e (b) paredes.

Sem estas junções para separar as seções de estradas em pontes, a superfície entraria em colapso por causa da expansão térmica em dias muito quentes ou racharia por causa da contração em dias muito frios.

Uma junção longa e vertical é preenchida com material macio que permite à parede expandir e contrair conforme a temperatura dos tijolos muda.

junções de expansão térmica (Fig. 16.7) devem ser incluídas em edifícios, estradas de concreto, trilhos de ferrovias e pontes, para compensar as mudanças dimensionais causadas pelas variações de temperatura.

A expansão térmica de um corpo é uma consequência da mudança na distância média entre seus átomos ou moléculas constituintes. Para compreender esse conceito, considere como os átomos se comportam em uma substância sólida. Esses átomos são localizados em posições fixas de equilíbrio; se um átomo é tirado de sua posição, uma força de restauração o puxa de volta. Podemos construir um modelo estrutural no qual imaginamos que os átomos são partículas nas suas posições de equilíbrio, conectados por molas aos seus átomos vizinhos (Fig. 16.8). Se um átomo for afastado de sua posição de equilíbrio, a distorção das molas fornece uma força de restauração. Se o átomo é liberado, ele oscila, e podemos aplicar sobre ele o modelo de partícula em movimento harmônico. Uma série de propriedades macroscópicas da substância pode ser compreendida com este tipo de modelo estrutural em nível atômico.

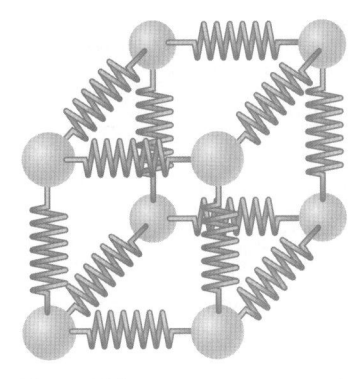

Figura 16.8 Um modelo estrutural da configuração atômica em um sólido. Os átomos (esferas) são imaginados conectados um ao outro por molas que refletem a natureza elástica das forças interatômicas.

No Capítulo 6 (Volume 1), introduzimos a noção de energia interna e indicamos sua relação com a temperatura de um sistema. Para um sólido, a energia interna está associada com a energia cinética e potencial das vibrações dos átomos em torno de suas posições de equilíbrio. Em temperaturas normais, os átomos vibram com uma amplitude de 10^{-11} m, e o espaçamento médio entre os átomos é de aproximadamente 10^{-10} m. Conforme a temperatura do sólido aumenta, a distância média entre os átomos aumenta. O aumento na distância média com aumento de temperatura (e subsequentemente expansão térmica) é o resultado de um colapso no modelo de movimento harmônico simples. A Figura Ativa 6.23a, no Capítulo 6, mostra a curva de energia potencial para um oscilador harmônico simples ideal. A curva de energia potencial para átomos num sólido é similar mas não exatamente a mesma; é levemente assimétrica ao redor da posição de equilíbrio. É essa assimetria que conduz à expansão térmica.

Se a expansão térmica de um corpo é suficientemente pequena em relação às suas dimensões iniciais, a alteração de qualquer dimensão é aproximadamente proporcional à primeira potência da mudança em temperatura. Na maioria das situações, podemos adotar um modelo de simplificação em que essa aproximação é verdadeira. Suponha que um corpo tenha um comprimento inicial L_i ao longo de uma direção a certa temperatura. O comprimento aumenta ΔL para uma alteração de temperatura ΔT. Experimentos demonstram que, quando ΔT é suficientemente pequeno, ΔL é proporcional a ΔT e a L_i:

$$\Delta L = \alpha L_i \, \Delta T \qquad \text{16.4} \blacktriangleleft$$

ou

$$L_f - L_i = \alpha L_i (T_f - T_i) \qquad \text{16.5} \blacktriangleleft$$

onde L_f é o comprimento final, T_f é a temperatura final, e a constante de proporcionalidade α é chamada de **coeficiente médio de expansão linear** para um determinado material, que tem unidades de graus Celsius invertidos, ou $(°C)^{-1}$.

Pode ser útil pensar na expansão térmica como aumento efetivo ou fotográfico de um corpo. Por exemplo, conforme uma arruela metálica é aquecida (Fig. Ativa 16.9), todas as dimensões, inclusive o raio do buraco, aumentam de acordo com a Equação 16.4. Como as dimensões lineares de um corpo mudam com a temperatura, o volume e a área de superfície também mudam. Considere que um cubo tenha um comprimento de aresta inicial L_i e, portanto, um volume inicial $V_i = L_i^3$. Quando a temperatura aumenta, o comprimento de cada face aumenta para

$$L_f = L_i + \alpha L_i \Delta T$$

O novo volume, $V_f = L_f^3$, é

$$L_f^{\,3} = (L_i + \alpha L_i \, \Delta T)^3 = L_i^3 + 3\alpha L_i^3 \Delta T + 3\alpha^2 L_i^3 (\Delta T)^2 + \alpha^3 L_i^3 (\Delta T)^3$$

Os dois últimos termos nessa expressão contêm a grandeza $\alpha \, \Delta T$ elevada à segunda e terceira potências. Já que $\alpha \, \Delta T$ é um número puro muito menor que 1,

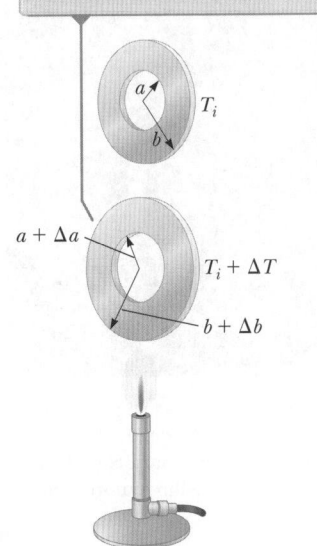

Figura Ativa 16.9 Expansão térmica de uma arruela metálica homogênea. (A expansão é exagerada nesta figura.)

Conforme a arruela esquenta, todas as dimensões aumentam, inclusive o raio do buraco.

> **Prevenção de Armadilhas | 16.2**
>
> **Buracos aumentam ou diminuem?** Quando a temperatura de um corpo é aumentada, toda dimensão linear aumenta em tamanho. Isso inclui qualquer buraco no material que expande da mesma maneira como se fosse preenchido com material, como mostra a Figura Ativa 16.9. Pense na noção de expansão térmica como semelhante a um aumento fotográfico.

TABELA 16.1 | **Coeficientes de expansão médios para alguns materiais em temperatura quase ambiente**

Material	Coeficiente de expansão linear médio $(\alpha)(°C^{-1})$	Material	Coeficiente de expansão médio volumétrico $(\beta)(°C^{-1})$
Alumínio	24×10^{-6}	Acetona	$1,5 \times 10^{-4}$
Latão e bronze	19×10^{-6}	Álcool etílico	$1,12 \times 10^{-4}$
Concreto	12×10^{-6}	Benzeno	$1,24 \times 10^{-4}$
Cobre	17×10^{-6}	Gasolina	$9,6 \times 10^{-4}$
Vidro (comum)	9×10^{-6}	Glicerina	$4,85 \times 10^{-4}$
Vidro (Pirex)	$3,2 \times 10^{-6}$	Mercúrio	$1,82 \times 10^{-4}$
Invar (liga Ni–Fe)	$0,9 \times 10^{-6}$	Terebentina	$9,0 \times 10^{-4}$
Chumbo	29×10^{-6}	Ar[a] a 0°C	$3,67 \times 10^{-3}$
Aço	11×10^{-6}	Hélio[a]	$3,665 \times 10^{-3}$

[a]Gases não têm um valor específico para o coeficiente de expansão volumétrica porque a quantidade de expansão depende do tipo do processo pelo qual o gás é obtido. Os valores aqui fornecidos supõem que o gás sofre expansão sob pressão constante.

Expansão térmica. A temperatura extremamente alta de um dia de julho no Parque Asbury, Nova Jersey, fez com que os trilhos entortassem.

elevá-lo a uma potência o converte em um número ainda menor. Consequentemente, podemos ignorar esses termos para obter uma expressão mais simples:

$$V_f = L_f^3 = L_i^3 + 3\alpha L_i^3 \Delta T = V_i + 3\alpha V_i \Delta T$$

e

$$\Delta V = V_f - V_i = \beta V_i \Delta T \qquad 16.6 \blacktriangleleft$$

onde $\beta = 3\alpha$. A quantidade β é chamada **coeficiente médio de expansão volumétrico**.

Consideramos uma forma cúbica ao derivar esta equação, porém a Equação 16.6 descreve um exemplo de qualquer forma sempre que o coeficiente de expansão linear médio for o mesmo em todas as direções.

Através de um procedimento similar, podemos mostrar que o aumento na área de um corpo acompanhando um aumento na temperatura é

$$\Delta A = \gamma A_i \Delta T \qquad 16.7 \blacktriangleleft$$

onde γ, o **coeficiente médio da expansão de área**, é dado por $\gamma = 2\alpha$.

A Tabela 16.1 Lista o coeficiente de expansão linear médio para vários materiais. Note que para estes materiais α é positivo, indicando um aumento no comprimento com o aumento da temperatura, porém nem sempre este é o caso. Por exemplo, algumas substâncias, como a calcita ($CaCO_3$), expandem-se ao longo de uma dimensão (α positivo) e se contraem ao longo de outra (α negativo) conforme suas temperaturas aumentam.

TESTE RÁPIDO 16.2 Duas esferas são feitas do mesmo metal e têm o mesmo raio, mas uma é oca e a outra é sólida. As esferas são submetidas ao mesmo aumento de temperatura. Qual esfera se expande mais? (**a**) A sólida. (**b**) A oca. (**c**) Elas se expandem igualmente. (**d**) A informação não é suficiente para determinar a resposta.

> **PENSANDO EM FÍSICA 16.2**
>
> Enquanto o proprietário de uma casa está pintando o teto, uma gota de tinta cai do pincel em uma lâmpada incandescente ligada. A lâmpada quebra. Por quê?
>
> **Raciocínio** O envoltório de vidro de uma lâmpada incandescente recebe energia na superfície interior por radiação eletromagnética de um filamento quentíssimo. Além disso, já que a lâmpada contém gás, o envoltório de vidro recebe energia pela transferência de matéria relacionada ao movimento do gás quente perto do filamento para o vidro frio. Portanto, o vidro pode ficar muito quente. Se uma gota de tinta relativamente fria cair no vidro, essa parte do envoltório torna-se repentinamente mais fria do que as outras e a contração dessa região pode causar uma contração térmica capaz de quebrar o vidro. ◀

Como indica a Tabela 16.1, cada substância tem seus próprios coeficientes de expansão. Por exemplo, quando as temperaturas de uma faixa de latão e uma faixa de aço de comprimentos iguais são elevados pela mesma quantidade de algum valor inicial comum, a faixa de latão se expande mais que a de aço, porque o primeiro tem um coeficiente de expansão maior que o segundo. Um dispositivo simples, chamado de fita bimetálica, que demonstra esse princípio é encontrado em aparelhos de uso diário, como termostatos em fornos domésticos. A faixa é feita unindo-se firmemente dois metais diferentes ao longo de suas superfícies. Conforme a temperatura da faixa aumenta, os dois metais expandem em quantidades diferentes e a faixa se curva, como mostra a Figura 16.10.

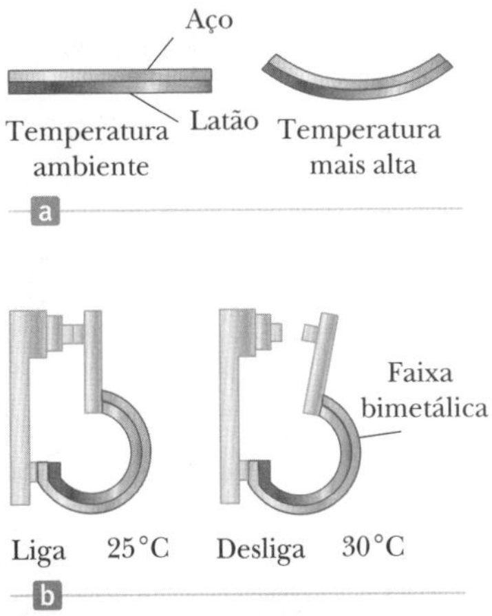

Exemplo 16.2 | O curto elétrico térmico

Um aparelho eletrônico mal desenhado tem dois parafusos presos a partes diferentes que quase se tocam em seu interior como na Figura 16.11. Os parafusos de aço e latão têm potenciais elétricos diferentes, e caso se toquem, haverá um curto-circuito, danificando o aparelho. (Estudaremos potencial elétrico adiante.) O intervalo inicial entre as pontas dos parafusos é 5,0 μm a 27 °C. A que temperatura os parafusos se tocarão? Suponha que a distância entre as paredes do aparelho não seja afetada pela mudança na temperatura.

Figura 16.10 (a) Uma faixa bimetálica se curva conforme a temperatura muda porque os dois metais têm coeficientes de expansão diferentes. (b) Uma faixa bimetálica usada num em um termostato para fazer ou romper o contato elétrico.

SOLUÇÃO

Conceitualização Imagine as pontas dos dois parafusos se expandindo no intervalo entre elas conforme a temperatura sobe.

Categorização Categorizamos este exemplo como um problema de expansão térmica no qual a soma das mudanças no comprimento dos dois parafusos deve ser igual ao comprimento do intervalo inicial entre as pontas.

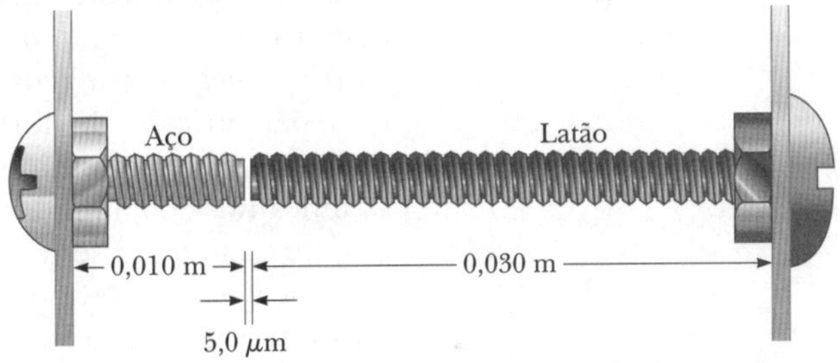

Figura 16.11 (Exemplo 16.2) Dois parafusos presos a diferentes partes de um aparelho elétrico quase se tocam quando a temperatura é 27 °C. Conforme a temperatura aumenta, as pontas dos parafusos se movem uma em direção à outra.

Análise Estabeleça a soma das mudanças em comprimento igual à largura do intervalo:

$$\Delta L_{\text{latão}} + \Delta L_{\text{aço}} = \alpha_{\text{latão}} L_{i,\text{latão}} \Delta T + \alpha_{\text{aço}} L_{i,\text{aço}} \Delta T = 5{,}0 \times 10^{-6} \text{ m}$$

Resolva para ΔT:

$$\Delta T = \frac{5{,}0 \times 10^{-6} \text{ m}}{\alpha_{\text{latão}} L_{i,\text{latão}} + \alpha_{\text{aço}} L_{i,\text{aço}}}$$

$$= \frac{5{,}0 \times 10^{-6} \text{ m}}{[19 \times 10^{-6} \, (°\text{C})^{-1}](0{,}030 \text{ m}) + [11 \times 10^{-6} \, (°\text{C})^{-1}](0{,}010 \text{ m})} = 7{,}4°\text{C}$$

Encontre a temperatura na qual os parafusos se tocam:

$$T = 27\,°\text{C} + 7{,}4\,°\text{C} = \boxed{34\,°\text{C}}$$

Finalização Essa temperatura é possível se o ar-condicionado do edifício onde o aparelho está falhar por um longo período em um dia muito quente de verão.

O comportamento incomum da água

Líquidos geralmente aumentam em volume com o aumento de temperatura e têm coeficientes médios de expansão de volume dez vezes maiores que os dos sólidos. A água fria é uma exceção, como podemos ver a partir da curva de densidade *versus* temperatura, na Figura 16.12. Conforme a temperatura aumenta de 0 °C a 4 °C, a água se contrai e, então, sua densidade aumenta. Acima de 4 °C, a água exibe a expansão esperada com o aumento de temperatura. Portanto, a densidade da água atinge o valor máximo de 1 000 kg/m³ a 4 °C.

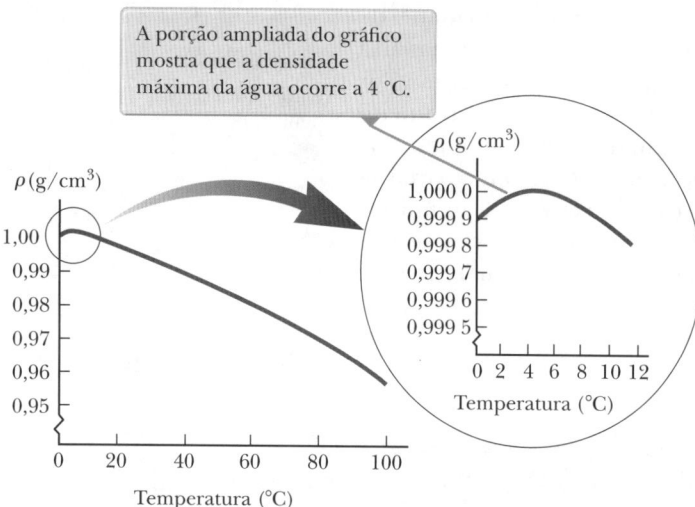

A porção ampliada do gráfico mostra que a densidade máxima da água ocorre a 4 °C.

Figura 16.12 A variação na densidade da água à pressão atmosférica com a temperatura.

BIO Sobrevivência de peixes no inverno

Podemos utilizar esse comportamento incomum de expansão térmica da água para explicar por que uma lagoa congela na superfície. Quando a temperatura do ar cai de 7 °C para 6 °C, por exemplo, a água da superfície também esfria e consequentemente diminui em volume. Portanto, a água da superfície é mais densa que a água abaixo da superfície, que não resfriou e nem diminuiu em volume. Como resultado, a água da superfície afunda e a água mais quente do fundo se move para a superfície para ser esfriada em um processo chamado afloramento. Quando a temperatura do ar está entre 4 °C e 0 °C, no entanto, a água da superfície se expande à medida que esfria, ficando menos densa que a água abaixo dela. O processo de afundamento para e, eventualmente, a água da superfície congela. Conforme a água congela, o gelo permanece na superfície por ser menos denso que a água. O gelo continua acumulando-se na superfície, enquanto a água próxima ao fundo permanece a 4 °C. Se não fosse esse o caso, peixes e outras formas de vida marinha não sobreviveriam no inverno.

Um exemplo vívido do perigo da ausência do afloramento e processos de mistura é a liberação súbita e mortal de dióxido de carbono do Lago Monoun, em agosto de 1984, e do Lago Nyos, em agosto de 1986 (Fig. 16.13). Ambos os lagos se situam em Camarões, país africano de floresta tropical. Mais de 1 700 nativos morreram nesses eventos.

Em um lago localizado numa zona temperada, como os Estados Unidos, variações significativas de temperatura ocorrem durante o dia e durante o ano inteiro. Por exemplo, imagine o Sol se pondo no começo da noite. Conforme a temperatura da superfície da água cai, devido à ausência da luz do sol, o processo de afundamento tende a misturar a água das camadas superior e inferior.

O processo de mistura não ocorre normalmente no Lago Monoun e no Lago Nyos por causa de duas características que contribuíram significativamente com os desastres. Primeiro, os lagos são muito profundos, logo, misturar as várias camadas de água em tamanha profundidade é difícil. Esse fator resulta em uma pressão muito alta no fundo do lago que faz com que uma grande quantidade de dióxido de carbono das rochas locais e fontes profundas se dissolva na água. Segundo, os lagos estão localizados em uma região de floresta tropical equatorial, onde a variação de temperatura é muito menor que em zonas temperadas, o que resulta em uma força propulsora pequena para misturar as camadas de água no lago. A água próxima do fundo do

Figura 16.13 (a) O Lago Nyos, em Camarões, após uma liberação explosiva de dióxido de carbono. (b) O dióxido de carbono causou muitas mortes, humanas e animais, como o gado mostrado aqui.

lago permanece lá por muito tempo e absorve uma grande quantidade de dióxido de carbono dissolvido. Na ausência de um processo de mistura, esse dióxido de carbono não pode ser trazido à superfície para ser liberado com segurança e sua concentração simplesmente continua.

A situação descrita é explosiva. Se a água carregada de dióxido de carbono é trazida para a superfície, onde a pressão é muito menor, o gás se expande e é liberado da solução rapidamente. Uma vez que é liberado da solução, bolhas de dióxido de carbono se elevam da água, provocando uma mistura maior das camadas de água.

Suponha que a temperatura superficial da água diminua; essa água se tornaria mais densa e afundaria, possivelmente provocando a liberação do dióxido de carbono e o começo da situação explosiva descrita anteriormente. A estação das monções em Camarões ocorre em agosto. Nuvens carregadas bloqueiam a luz solar, resultando em temperaturas baixas na superfície da água. Os dados climáticos de Camarões mostram temperaturas mais baixas e maior precipitação que o normal em meados da década de 1980. A diminuição da temperatura superficial resultante poderia explicar por que esses eventos ocorreram em 1984 e em 1986. As razões exatas para a repentina liberação do dióxido de carbono são desconhecidas e permanecem como uma área de pesquisa ativa.

Finalmente, quando liberado dos lagos, o dióxido de carbono permaneceu próximo ao solo por ser mais denso que o ar. Consequentemente, uma camada de dióxido de carbono se espalhou ao redor do lago, representando um gás mortalmente sufocante para todos os humanos e animais no seu caminho.

BIO Sufocamento por liberação explosiva de dióxido de carbono

16.4 | Descrição macroscópica de um gás ideal

As propriedades dos gases são muito importantes em uma série de processos térmicos. Nosso clima diário é um exemplo perfeito dos tipos de processos que dependem do comportamento dos gases.

Se introduzirmos um gás em um recipiente, ele se expande para encher uniformemente o recipiente. Portanto, o gás não tem volume ou pressão fixos. Seu volume será o do recipiente e sua pressão dependerá do tamanho do recipiente. Nesta seção, trataremos das propriedades de um gás com pressão P e temperatura T, confinado em um recipiente de volume V. É útil saber como essas quantidades estão relacionadas. Em geral, a equação que as relaciona, chamada **equação de estado**, é complicada. Entretanto, se o gás for mantido a uma pressão muito baixa (ou densidade baixa), a equação de estado encontrada por experimentos é relativamente simples. Um gás de densidade tão baixa geralmente é chamado de **gás ideal**. A maioria dos gases em temperatura e pressão atmosférica ambientes comportam-se aproximadamente **como um gás ideal**. Adotaremos um modelo de simplificação, chamado de modelo de gás ideal, para esses tipos de estudos. Neste modelo, um gás ideal é um conjunto de átomos ou moléculas que (1) se movem aleatoriamente, (2) não exercem forças de longo alcance um no outro, e (3) são tão pequenos que ocupam uma fração ínfima do volume do seu recipiente.

É conveniente expressar a quantidade de gás em um determinado volume em termos do número de mols. Um **mol** de qualquer substância é a quantidade da substância que contém o **número de Avogadro**, $N_A = 6{,}022 \times 10^{23}$, de moléculas. O número de mols n de uma substância em uma amostra é relacionado com sua massa m pela expressão:

$$n = \frac{m}{M} \quad\quad \text{16.8} \blacktriangleleft$$

onde M é a **massa molar** da substância, geralmente expressa em gramas por mol. Por exemplo, a massa molar do oxigênio molecular O_2 é 32,0 g/mol. A massa de um mol de oxigênio é, portanto, 32,0 g. Podemos calcular a massa m_0 de uma molécula dividindo a massa molar pelo número de moléculas, que é a constante de Avogadro. Assim, para o oxigênio,

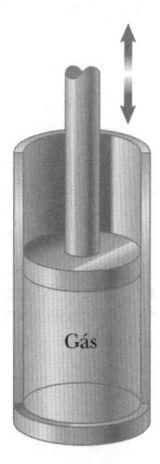

Figura Ativa 16.14 Um gás ideal confinado em um cilindro cujo volume pode ser variado por meio de um pistão móvel.

▶ Lei dos gases ideais

▶ A constante universal dos gases

Prevenção de Armadilha | 16.3
Tantos ks
Há uma variedade de quantidades físicas para as quais a letra k é usada. Duas, que já vimos, são a constante de força para uma mola (Capítulo 12) e o número de onda para uma onda mecânica (Capítulo 13). Também vimos k_e, a constante de Coulomb, no Volume 1. A constante de Boltzmann é outro k, e veremos k usado para condutividade térmica no Capítulo 17. Para que essa confusão faça sentido, utilizaremos um subscrito para a constante de Boltzmann que nos ajudará a reconhecê-la. Neste livro veremos a constante de Boltzmann como k_B, mas você poderá ver a constante de Boltzmann em outros materiais simplesmente como k.

$$m_0 = \frac{M}{N_A} = \frac{32{,}0 \times 10^{-3} \text{ kg/mol}}{6{,}02 \times 10^{23} \text{ molécula/mol}} = 5{,}32 \times 10^{-26} \text{ kg/molécula}$$

Suponha agora que um gás ideal seja confinado a um recipiente cilíndrico cujo volume pode ser variado por meio de um pistão móvel, como na Figura Ativa 16.14. Devemos supor que o cilindro não vaze, de modo que o número de mols do gás permaneça constante. Para tal sistema, experimentos fornecem a seguinte informação:

• Quando o gás é mantido à temperatura constante, sua pressão é inversamente proporcional ao volume. (Este comportamento é historicamente descrito como a lei de Boyle.)
• Quando a pressão do gás é mantida constante, o volume é diretamente proporcional à temperatura. (Este comportamento é historicamente descrito como a lei de Charles.)
• Quando o volume do gás é mantido à temperatura constante, a pressão é inversamente proporcional à temperatura. (Este comportamento é historicamente descrito como a lei de Gay-Lussac.)

Essas observações podem ser resumidas pela seguinte equação de estado, conhecida como **lei dos gases ideais**:

$$PV = nRT \qquad \text{16.9} \blacktriangleleft$$

Nessa expressão, R é uma constante para um gás específico que pode ser determinada por experimentos e T é a temperatura absoluta em kelvins. Experimentos com diversos gases mostram que conforme a pressão tende a zero, a quantidade PV/nT tende ao mesmo valor R para *todos os gases*. Por esse motivo, R é chamada de **constante universal dos gases**. Em unidades SI, onde a pressão é expressa em pascals e o volume em metros cúbicos, R tem o valor:

$$R = 8{,}314 \text{ J/mol} \cdot \text{K} \qquad \text{16.10} \blacktriangleleft$$

Se a pressão é expressa em atmosferas e o volume em litros (1 L = 10^3 cm^3 = 10^{-3} m^3), R tem o valor:

$$R = 0{,}082 \ 1 \text{ L} \cdot \text{atm/mol} \cdot \text{K}$$

Usando esse valor de R e a Equação 16.9, temos que o volume ocupado por 1 mol de qualquer gás à pressão atmosférica e a 0 °C (273 K) é 22,4 L.

A lei dos gases ideais é geralmente expressa em termos do número total de moléculas N em vez do número de mols n. Como o número total de moléculas é igual ao produto do número de mols e a constante de Avogadro N_A, podemos escrever a Equação 16.9 como:

$$PV = nRT = \frac{N}{N_A} RT$$

$$PV = Nk_B T \qquad \text{16.11} \blacktriangleleft$$

onde k_B é chamada de **constante de Boltzmann**, que tem o valor:

$$k_B = \frac{R}{N_A} = 1{,}38 \times 10^{-23} \text{ J/K} \qquad \text{16.12} \blacktriangleleft$$

TESTE RÁPIDO 16.3 Um material comum para proteger objetos em pacotes é feito prendendo-se bolhas de ar entre folhas de plástico. Esse material é mais eficaz em evitar que o conteúdo se mova dentro do pacote em (a) um dia quente, (b) um dia frio, ou (c) tanto dias quentes quanto dias frios.

TESTE RÁPIDO 16.4 Em um dia de inverno, você liga seu aquecedor e a temperatura do ar dentro da sua casa aumenta. Suponha que sua casa tenha uma quantidade normal de vazamentos entre o ar interno e o ar externo. O número de mols de ar em seu quarto à temperatura mais alta é (a) maior que antes, (b) menor que antes, ou (c) o mesmo que antes.

Exemplo 16.3 | Aquecendo uma lata de *spray*

Uma lata de spray contendo um gás propelente com o dobro da pressão atmosférica (202 kPa) com volume de 125,00 cm³ está a 22 °C. A lata é atirada em uma fogueira. (*Aviso:* Não faça esta experiência, é muito perigosa.) Quando a temperatura do gás na lata atinge 195 °C, qual é a pressão dentro da lata? Suponha que qualquer alteração no volume da lata seja desprezível.

SOLUÇÃO

Conceitualização Intuitivamente, você esperaria que a pressão do gás no recipiente aumentasse por causa do aumento de temperatura.

Categorização Consideramos que o gás na lata seja ideal e usamos a lei de gases ideais para calcular a nova pressão.

Análise Reorganize a Equação 16.9:

$$(1) \quad \frac{PV}{T} = nR$$

Nenhum ar escapa durante a compressão, então n e também nR permanecem constantes. Portanto, estabeleça o valor inicial do lado esquerdo da Equação (1) igual ao valor final:

$$(2) \quad \frac{P_i V_i}{T_i} = \frac{P_f V_f}{T_f}$$

Como o volume inicial e final do gás são supostamente iguais, cancele os volumes:

$$(3) \quad \frac{P_i}{T_i} = \frac{P_f}{T_f}$$

Resolva para P_f:

$$P_f = \left(\frac{T_f}{T_i}\right) P_i = \left(\frac{468 \text{ K}}{295 \text{ K}}\right)(202 \text{ kPa}) = 320 \text{ kPa}$$

Finalização Quanto maior a temperatura, maior a pressão exercida pelo gás preso, como esperado. Se a pressão aumenta suficientemente, a lata pode explodir. Por isso, você nunca deve colocar latas de *spray* no fogo.

E se? Suponha que incluamos uma alteração de volume por causa da expansão térmica das latas de aço conforme a temperatura aumenta. Isto altera nossa resposta para a pressão final significativamente?

Resposta Como o coeficiente de expansão térmica do aço é muito pequeno, não esperamos muito efeito sobre a resposta final.

Encontre a mudança no volume da lata usando a Equação 16.6 e o valor para o aço da Tabela 16.1:

$$\Delta V = \beta V_i \Delta T = 3\alpha V_i \Delta T$$
$$= 3[11 \times 10^{-6} \text{ (°C)}^{-1}](125{,}00 \text{ cm}^3)(173 \text{ °C}) = 0{,}71 \text{ cm}^3$$

Comece pela Equação (2) novamente e ache uma equação para a pressão final:

$$P_f = \left(\frac{T_f}{T_i}\right)\left(\frac{V_i}{V_f}\right) P_i$$

Esse resultado difere da Equação (3) somente no fator V_i/V_f. Avalie este fator:

$$\frac{V_i}{V_f} = \frac{125{,}00 \text{ cm}^3}{(125{,}00 \text{ cm}^3 + 0{,}71 \text{ cm}^3)} = 0{,}994 = 99{,}4\%$$

Portanto, a pressão final vai diferir em 0,6% do valor calculado sem considerar a expansão térmica da lata. Considerando 99,4% da pressão final anterior, a pressão final, incluindo a expansão térmica, é de 318 kPa.

16.5 | A teoria cinética dos gases

Na seção seguinte, discutiremos as propriedades macroscópicas dos gases ideais usando quantidades como pressão, volume, número de mols e temperatura. De um ponto de vista *macroscópico*, a representação matemática do modelo do gás ideal é a lei dos gases ideais. Nesta seção, consideramos o ponto de vista *microscópico* do modelo de gás ideal. Mostraremos que as propriedades macroscópicas podem ser compreendidas com base no que acontece em escala atômica.

Usando o modelo do gás ideal, construiremos um modelo estrutural de um gás mantido em um recipiente. A estrutura matemática e as previsões feitas por esse modelo constituem o que é conhecido como a **teoria cinética dos gases**. A partir

Ludwig Boltzmann
Físico austríaco (1844-1906)
Boltzmann fez muitas contribuições importantes para o desenvolvimento da teoria cinética dos gases, eletromagnetismo e termodinâmica. Seu trabalho pioneiro no campo da teoria cinética conduziu ao ramo da física conhecido como mecânica estatística.

Uma molécula de gás se move com velocidade $\vec{v}$ em direção a uma colisão com a parede.

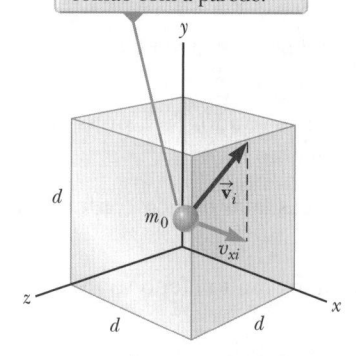

Figura 16.15 Uma caixa cúbica com lados de comprimento d contendo um gás ideal.

desta teoria, interpretaremos a pressão e a temperatura de um gás ideal em termos de variáveis microscópicas. Nosso modelo estrutural incluirá os seguintes componentes:

1. Uma *descrição dos componentes físicos do sistema:* o gás consiste em um número de moléculas idênticas dentro de um recipiente cúbico com faces de comprimento d. O número de moléculas no gás é grande, e a distância média entre elas é grande em comparação com as suas dimensões. Portanto, as moléculas ocupam um volume insignificante no recipiente. Tal suposição é consistente com o modelo do gás ideal, no qual modelamos as moléculas como partículas.

2. Uma *descrição de onde os componentes estão localizados um em relação ao outro e como eles interagem:* as moléculas estão distribuídas uniformemente no recipiente e se comportam da seguinte forma:
   (a) As moléculas obedecem às leis do movimento de Newton, mas como um todo o seu movimento é isotrópico: qualquer molécula pode se mover em qualquer direção e velocidade.
   (b) As moléculas interagem somente por meio de forças de curto alcance durante colisões elásticas. Esta suposição é consistente com o modelo de gás ideal, no qual as moléculas não exercem forças de longo alcance umas sobre as outras.
   (c) As moléculas têm colisões elásticas com as paredes.

3. Uma *descrição da evolução do tempo no sistema:* o sistema alcança uma situação estável de modo que as descrições macroscópicas do gás (volume, temperatura, pressão etc.) permaneçam fixas. A velocidade de moléculas individuais estão em mudança constante.

4. Uma *descrição de concordância entre previsões do modelo e observações reais e, possivelmente, previsões de novos efeitos que ainda não tenham sido observados:* nosso modelo estrutural deveria fazer algumas previsões específicas relacionando medidas macroscópicas com o comportamento microscópico. Particularmente, gostaríamos de prever como a pressão e a temperatura estão relacionadas a parâmetros microscópicos associados com as moléculas.

Ainda que, frequentemente, imaginemos que um gás ideal seja composto por átomos individuais, o comportamento dos gases moleculares se aproxima muito daquele de gases ideais a baixas pressões. Efeitos associados com a estrutura molecular não têm influência sobre os movimentos considerados aqui. Portanto, podemos aplicar os resultados dos seguintes desenvolvimentos para gases moleculares e gases monoatômicos.

A interpretação molecular da pressão de um gás ideal

Para nossa primeira aplicação da teoria cinética, vamos derivar uma expressão para a pressão de N moléculas de um gás ideal em um recipiente de volume V em termos de quantidades microscópicas. Conforme o nosso modelo estrutural, o recipiente é um cubo com arestas de comprimento d (Fig. 16.15). Devemos concentrar a nossa atenção numa destas moléculas de massa m_0 e supor que esteja em movimento de modo que a sua componente de velocidade na direção x seja v_{xi} como na Figura Ativa 16.16. (O subscrito i refere-se à i-ésima molécula, e não a um valor inicial. Combinaremos os efeitos de todas as moléculas em breve.) Conforme a molécula colide elasticamente com qualquer parede, como proposto no componente do modelo estrutural 2(c), sua componente de velocidade perpendicular à parede é invertida porque a massa da parede é muito maior que a massa da molécula. Como a componente de momento p_{xi} das moléculas é $m_0 v_{xi}$ antes da colisão e $-m_0 v_{xi}$ após a colisão, a mudança do momento da molécula na direção x é:

$$\Delta p_{xi} = -m_0 v_{xi} - (m_0 v_{xi}) = -2m_0 v_{xi}$$

Aplicando-se o teorema do impulso-momento (Eq. 8.11) às moléculas, temos:

$$\overline{F}_{i,\text{na molécula}} \Delta t_{\text{colisão}} = \Delta p_{xi} = -2m_0 v_{xi}$$

onde $\overline{F}_{i,\text{na molécula}}$, na molécula é o componente de força média,[1] perpendicular à parede, para a força que a parede exerce na molécula durante a colisão e $\Delta t_{\text{colisão}}$ é a duração da colisão. Para que a molécula tenha outra colisão com

---

[1] Para essa discussão, nós usamos uma barra sobre uma variável para representar o valor médio da variável, como $\overline{F}$ para a força média, em vez do índice "méd" que usamos antes. Esta notação evita confusão, porque já temos uma série de índices em variáveis.

a parede mesmo após esse primeiro embate, ela deverá percorrer uma distância de $2d$ na direção x (em todo o recipiente e de volta). O intervalo de tempo entre duas colisões com a mesma parede é, consequentemente:

$$\Delta t = \frac{2d}{v_{xi}}$$

A força que causa a mudança no momento da molécula na colisão com a parede ocorre somente durante a colisão. Podemos, no entanto, estimar a média da força durante o intervalo de tempo para que a molécula se mova pelo cubo e volte. Às vezes, durante esse intervalo de tempo, ocorre uma colisão; então, a variação de impulso para esse intervalo de tempo é igual à da curta duração da colisão. Portanto, podemos reescrever o teorema impulso-momento como

$$\overline{F}_i \Delta t = -2m_0 v_{xi}$$

onde $\overline{F}_i$ é interpretado como a componente de força média na molécula durante o intervalo de tempo para que a molécula se mova pelo cubo e volte. Como uma colisão ocorre exatamente para cada intervalo de tempo, esse resultado também é a força média de longo alcance sobre a molécula por longos intervalos de tempo contendo um número qualquer de múltiplos de Δt.

A substituição de Δt na equação de impulso-momento nos permite expressar a componente de força média de longo prazo da parede na molécula:

$$\overline{F}_i = \frac{-2m_0 v_{xi}}{\Delta t} = \frac{-2m_0 v_{xi}^2}{2d} = \frac{-m_0 v_{xi}^2}{d}$$

Figura Ativa 16.16 Uma molécula tem uma colisão elástica com a parede do recipiente. Nesta construção, assumimos que a molécula se move no plano xy.

Agora, pela terceira lei de Newton, a componente da força da molécula sobre a parede é igual em módulo e oposta em direção:

$$\overline{F}_{i,\text{na parede}} = -\overline{F}_i = -\left(\frac{-m_0 v_{xi}^2}{d}\right) = \frac{m_0 v_{xi}^2}{d}$$

O módulo da força média total $\overline{F}$ exercida na parede pelo gás é encontrada somando-se as componentes de força média exercida pelas moléculas individuais. Adicionando os termos como os anteriores para todas as moléculas:

$$\overline{F} = \sum_{i=1}^{N} \frac{m_0 v_{xi}^2}{d} = \frac{m_0}{d} \sum_{i=1}^{N} v_{xi}^2$$

sendo que fatoramos o comprimento da caixa e da massa m_0, porque a componente 1 do modelo estrutural nos diz que todas as moléculas são as mesmas. Vamos agora impor a condição de que o número de moléculas seja grande. Para um número pequeno de moléculas, a força real na parede variaria com o tempo. Seria diferente de zero durante o curto intervalo de tempo de uma colisão de uma molécula com a parede, e zero quando nenhuma molécula batesse na parede. No entanto, para um número muito grande de moléculas, tal como o número de Avogadro, essas variações em vigor são suavizadas, de modo que a força média é a mesma em qualquer intervalo de tempo. Portanto, a força *constante F* na parede devida às colisões moleculares é a mesma que a força média $\overline{F}$ apresentando o módulo:

$$F = \frac{m_0}{d} \sum_{i=1}^{N} v_{xi}^2$$

Para seguir adiante, vamos considerar a forma de expressar o valor médio do quadrado da componente x da velocidade para N moléculas. A média tradicional de um valor é a soma dos valores em relação ao número de valores:

$$\overline{v_x^2} = \frac{\sum_{i=1}^{N} v_{xi}^2}{N}$$

O numerador desta expressão está contido no lado direito da equação anterior. Portanto, combinando as duas expressões da força total na parede, podemos escrever:

$$F = \frac{m_0}{d} N \overline{v_x^2}$$

Agora vamos nos concentrar novamente em uma molécula com componentes de velocidade v_{xi}, v_{yi} e v_{zi}. O teorema de Pitágoras relaciona o quadrado da velocidade da molécula aos quadrados das componentes da velocidade:

$$v_i^2 = v_{xi}^2 + v_{yi}^2 + v_{zi}^2$$

Se tiramos a média dos dois lados desta equação (somando todas as partículas e dividindo por N), o valor médio de v^2 para todas as moléculas no recipiente está relacionado aos valores médios de v_x^2, v_y^2 e v_z^2 de acordo com a expressão

$$\overline{v^2} = \overline{v_x^2} + \overline{v_y^2} + \overline{v_z^2}$$

Agora usamos a componente 2(a) do modelo estrutural, de que o movimento é completamente isotrópico, o que sugere que nenhuma direção é preferida. Na média, as direções x, y e z são equivalentes, portanto

$$\overline{v_x^2} = \overline{v_y^2} = \overline{v_z^2}$$

que nos permite escrever

$$\overline{v^2} = 3\overline{v_x^2}$$

Portanto, a força total nas paredes é

$$F = \frac{m_0}{d} N \left(\tfrac{1}{3}\overline{v^2}\right) = \frac{N}{3}\left(\frac{m_0 \overline{v^2}}{d}\right)$$

Desta expressão, podemos fazer previsões sobre a pressão exercida na parede dividindo esta força pela área da parede:

$$P = \frac{F}{A} = \frac{F}{d^2} = \tfrac{1}{3}\frac{N}{d^3}\left(m_0\overline{v^2}\right) = \tfrac{1}{3}\left(\frac{N}{V}\right)\left(m_0\overline{v^2}\right)$$

▶ Pressão de um gás ideal

$$P = \tfrac{2}{3}\left(\frac{N}{V}\right)\left(\tfrac{1}{2}m_0\overline{v^2}\right) \qquad 16.13 \blacktriangleleft$$

Essa previsão sugere que a pressão é proporcional a (1) o número de moléculas por unidade de volume e (2) a energia cinética translacional média das moléculas, $\tfrac{1}{2}m_0\overline{v^2}$. Com esse modelo estrutural de um gás ideal, chegamos a um resultado importante que relaciona a quantidade macroscópica, a pressão, a uma quantidade microscópica, o valor médio da energia cinética translacional da molécula. Portanto, temos um elo entre o mundo atômico e o mundo em larga escala.

Vejamos como essas previsões do modelo estrutural se comparam à realidade. A Equação 16.13 verifica algumas características da pressão que são provavelmente familiares a você. Uma maneira de aumentar a pressão dentro de um recipiente é aumentar o número de moléculas por unidade de volume no recipiente (N/V). Isso é o que você faz quando insufla ar em um pneu.

A pressão no pneu também pode ser aumentada elevando-se a energia cinética translacional média das moléculas no pneu. Como veremos brevemente, isto pode ser conseguido por meio do aumento da temperatura do gás dentro do pneu.

Consequentemente, a pressão dentro de um pneu aumenta conforme ele esquenta durante viagens longas. A flexão contínua do pneu que se move ao longo da superfície da estrada resulta em trabalho realizado conforme partes do pneu se distorcem e em um aumento da energia interna da borracha. A maior temperatura da borracha resulta em transferência de energia para o ar pelo calor, aumentando a energia cinética translacional média das moléculas, o que, por sua vez, produz um aumento na pressão.

Interpretação molecular da temperatura de um gás ideal

Já relacionamos a pressão à energia cinética média das moléculas; vamos agora relacionar a temperatura a uma descrição macroscópica do gás. Podemos ter alguma ideia sobre o significado da temperatura primeiro escrevendo a Equação 16.13 na forma de:

$$PV = \tfrac{2}{3}N\left(\tfrac{1}{2}m_0\overline{v^2}\right)$$

Vamos, agora, comparar essa equação com a equação de estado para um gás ideal:

$$PV = Nk_B T$$

Os lados esquerdos dessas duas equações são idênticos. Igualando os lados direitos dessa expressão, temos a previsão do modelo estrutural com relação à temperatura:

$$T = \frac{2}{3k_B}\left(\tfrac{1}{2}m_0 \overline{v^2}\right) \qquad \textbf{16.14} \blacktriangleleft$$ ▶ A temperatura é proporcional à energia cinética média

Essa equação nos diz que a temperatura de um gás é uma medida direta da energia cinética média molecular. Portanto, conforme a temperatura de um gás aumenta, as moléculas se movem com maior energia cinética média.

Rearranjando a Equação 16.14, podemos relacionar a energia cinética translacional média das moléculas à temperatura:

$$\boxed{\tfrac{1}{2}m_0 \overline{v^2} = \tfrac{3}{2}k_B T} \qquad \textbf{16.15} \blacktriangleleft$$ ▶ Energia cinética média por molécula

Ou seja, a energia cinética translacional média por molécula é $\tfrac{3}{2}k_B T$. Como $\overline{v_x^2} = \tfrac{1}{3}\overline{v^2}$, segue-se que

$$\tfrac{1}{2}m_0 \overline{v_x^2} = \tfrac{1}{2}k_B T \qquad \textbf{16.16} \blacktriangleleft$$

De maneira semelhante, para os movimentos de y e z, encontramos:

$$\tfrac{1}{2}m_0 \overline{v_y^2} = \tfrac{1}{2}k_B T \quad \text{e} \quad \tfrac{1}{2}m_0 \overline{v_z^2} = \tfrac{1}{2}k_B T$$

Assim, cada grau de liberdade translacional contribui com uma quantidade igual de energia para o gás, ou seja, $\tfrac{1}{2}k_B T$ por molécula. (Em geral, "grau de liberdade" refere-se ao número de meios independentes pelos quais uma molécula pode possuir energia.) Uma generalização desse resultado, conhecido como o **teorema de equipartição de energia**, afirma que:

Cada grau de liberdade contribui com $\tfrac{1}{2}k_B T$ para a energia de um sistema, em que possíveis graus de liberdade são aqueles associados à translação, rotação e vibração das moléculas.

A energia cinética translacional total de N moléculas de gás é simplesmente N vezes a energia média por molécula, que é dada pela Equação 16.15:

$$E_{\text{total}} = N\left(\tfrac{1}{2}m_0 \overline{v^2}\right) = \tfrac{3}{2}Nk_B T = \tfrac{3}{2}nRT \qquad \textbf{16.17} \blacktriangleleft$$ ▶ Energia cinética total de N moléculas

onde usamos $k_B = R/N_A$ para a constante de Boltzmann e $n = N/N_A$ para o número de mols de gás. A partir desse resultado, vemos que a energia cinética translacional total de um sistema de moléculas é proporcional à temperatura absoluta de um sistema e depende *apenas* da temperatura.

Para um gás monoatômico, a energia cinética translacional é o único tipo de energia que as partículas de um gás podem ter. Portanto, a Equação 16.17 nos dá **a energia interna para um gás monoatômico**.

$$E_{\text{int}} = \tfrac{3}{2}nRT \quad \text{(gás monoatômico)} \qquad \textbf{16.18} \blacktriangleleft$$

Esta equação justifica matematicamente nossa afirmação de que a energia interna está relacionada à temperatura de um sistema, que foi introduzida no Capítulo 6 (Volume 1). Para moléculas diatômicas e poliatômicas, há possibilidades adicionais para armazenamento de energia na vibração e rotação da molécula, mas uma proporcionalidade entre E_{int} e T permanece.

A raiz quadrada de $\overline{v^2}$ é chamada **valor médio quadrático** (vmq) da **velocidade** das moléculas. A partir da Equação 16.15, encontramos que a velocidade vmq é:

$$v_{\text{vmq}} = \sqrt{\overline{v^2}} = \sqrt{\frac{3k_B T}{m_0}} = \sqrt{\frac{3RT}{M}} \qquad \textbf{16.19} \blacktriangleleft$$

onde M é a massa molar em quilogramas por mol. Essa expressão mostra que, em uma determinada temperatura, moléculas mais leves se movem mais rapidamente, em

TABELA 16.2
Algumas velocidades quadráticas médias

Gás	Massa molecular (g/mol)	v_{vmq} a 20 °C (m/s)
H_2	2,02	1 902
He	4,00	1 352
H_2O	18,0	637
Ne	20,2	602
N_2 ou CO	28,0	511
NO	30,0	494
O_2	32,0	478
CO_2	44,0	408
SO_2	64,1	338

média, do que moléculas mais pesadas. Por exemplo, o hidrogênio, com uma massa molar de $2,0 \times 10^{-3}$ kg/mol, move-se quatro vezes mais rápido que o oxigênio, cuja massa molar é de 32×10^{-3} kg/mol. Se calcularmos a velocidade vmq para o hidrogênio na temperatura ambiente ($\approx$ 300 K), temos que

$$v_{vmq} = \sqrt{\frac{3RT}{M}} = \sqrt{\frac{3(8,31 \text{ J/mol} \cdot \text{K})(300 \text{ K})}{2,0 \times 10^{-3} \text{ kg/mol}}} = 1,9 \times 10^3 \text{ m/s}$$

Este valor é aproximadamente 17% da velocidade de escape da Terra, que calculamos no Capítulo 11 (Volume 1). Como esse valor é uma velocidade média, um grande número de moléculas com velocidades muito maiores que a média pode escapar da atmosfera da Terra. Portanto, a atmosfera da Terra não contém hidrogênio hoje, uma vez este já escapou para o espaço.

A Tabela 16.2 lista as velocidades vmq para várias moléculas a 20 °C.

TESTE RÁPIDO 16.5 Dois recipientes armazenam um gás ideal à mesma temperatura e pressão. Ambos os recipientes contêm o mesmo tipo de gás, mas o recipiente B tem o dobro do volume do recipiente A. (i) Qual é a energia cinética translacional média por molécula no recipiente B? (A) O dobro da do recipiente A. (b) A mesmo da do recipiente A. (c) A metade da do recipiente A. (d) Impossível de determinar. (ii) A partir das mesmas escolhas, descreva a energia interna do gás no recipiente B.

Exemplo **16.4 | Um tanque de hélio**

Um tanque usado para encher balões de hélio tem um volume de 0,300 m³ e contém 2,00 mol de gás hélio a 20,0 °C. Suponha que o hélio se comporte como um gás ideal.

(A) Qual é a energia cinética translacional total das moléculas do gás?

SOLUÇÃO

Conceitualização Imagine um modelo microscópico de um gás em que você possa ver as moléculas se moverem sobre o recipiente mais rapidamente à medida que a temperatura aumenta. Como o gás é monoatômico, a energia cinética translacional total das moléculas é a energia interna do gás.

Categorização Avaliamos os parâmetros com equações desenvolvidas na discussão anterior, de modo que este exemplo é um problema de substituição.

Use a Equação 16.18 com n = 2,00 mol e T = 293 K:

$$E_{int} = \tfrac{3}{2}nRT = \tfrac{3}{2}(2,00 \text{ mol})(8,31 \text{ J/mol} \cdot \text{K})(293 \text{ K})$$
$$= 7,30 \times 10^3 \text{ J}$$

(B) Qual a energia cinética média por molécula?

SOLUÇÃO

Use a Equação 16.15:

$$\tfrac{1}{2}m_0\overline{v^2} = \tfrac{3}{2}k_B T = \tfrac{3}{2}(1,38 \times 10^{-23} \text{ J/K})(293 \text{ K})$$
$$= 6,07 \times 10^{-21} \text{ J}$$

E se? E se a temperatura for elevada de 20,0 °C para 40,0 °C? Como 40,0 é 2 vezes maior que 20,0, o total da energia translacional das moléculas do gás seria duas vezes maior?

Resposta A expressão para a energia total de translação depende da temperatura, e o valor para a temperatura deve ser expresso em kelvins, não em graus Celsius. Portanto, a razão entre 40,0 e 20,0 *não* é uma razão apropriada. Convertendo as temperaturas Celsius para Kelvin, 20,0 °C são 293 K e 40,0 °C são 313 K. Assim, a energia total translacional aumenta por um fator de apenas 313 K/293 K = 1,07.

16.6 | Distribuição de velocidades moleculares

Na seção anterior, derivamos uma expressão para a velocidade média de uma molécula de gás, mas não mencionamos a distribuição real de velocidades moleculares entre todos os valores possíveis. Na década de 1860, James Clerk Maxwell (1831--1879) desenvolveu um modelo estrutural que prevê essa distribuição de velocidades moleculares. Sua obra e os desenvolvimentos posteriores por outros cientistas eram altamente controversos, porque os experimentos daquela época não podiam detectar diretamente as moléculas. Cerca de 60 anos depois, porém, foram concebidos experimentos que confirmaram as previsões de Maxwell.

Considere um recipiente de gás cujas moléculas têm alguma distribuição de velocidades. Suponha que queiramos determinar quantas moléculas do gás têm uma velocidade na faixa de, por exemplo, 400 a 410 m/s. Intuitivamente, esperamos que a distribuição da velocidade dependa da temperatura. Além disso, esperamos que o pico da distribuição esteja nos arredores de v_{vmq}. Isto é, algumas moléculas devem ter velocidades muito menores ou muito maiores que v_{vmq}, porque essas velocidades extremas resultam apenas de uma cadeia improvável de colisões.

A distribuição observada da velocidade de moléculas do gás em equilíbrio térmico é mostrada na Figura Ativa 16.17. A quantidade N_v, chamada **função de distribuição Maxwell–Boltzmann** da velocidade, é definida a continuação. Se N é o número total de moléculas, o número de moléculas com velocidade entre v e $v + dv$ is $dN = N_v dv$. Este número também é igual à área do retângulo sombreada na Figura Ativa 16.17. Além disso, a fração de moléculas com velocidades entre v e $v + dv$ é $N_v dv/N$. Esta fração é também igual à *probabilidade* de que uma molécula tenha uma velocidade na faixa de v a $v + dv$.

A expressão fundamental que descreve a distribuição das velocidades de N moléculas do gás é:

$$N_v = 4\pi N \left(\frac{m_0}{2\pi k_B T}\right)^{3/2} v^2 e^{-m_0 v^2/2k_B T} \qquad 16.20 \blacktriangleleft$$

▶ Função de distribuição Maxwell–Boltzmann

Figura Ativa 16.17 A distribuição de velocidade das moléculas de gás em uma temperatura. A função N_v se aproxima de zero conforme v se aproxima do infinito.

onde m_0 é a massa de uma molécula de gás, k_B é a constante de Boltzmann e T é a temperatura absoluta.[2]

Como indica a Figura Ativa 16.17, a velocidade média $v_{méd}$ é um pouco menor que a vmq. A velocidade mais provável v_{mp} é aquela em que a curva de distribuição atinge um pico. Usando a Equação 16.20, temos que:

$$v_{vmq} = \sqrt{\overline{v^2}} = \sqrt{\frac{3k_B T}{m_0}} = 1{,}73\sqrt{\frac{k_B T}{m_0}} \qquad 16.21 \blacktriangleleft$$

$$v_{méd} = \sqrt{\frac{8k_B T}{\pi m_0}} = 1{,}60\sqrt{\frac{k_B T}{m_0}} \qquad 16.22 \blacktriangleleft$$

$$v_{mp} = \sqrt{\frac{2k_B T}{m_0}} = 1{,}41\sqrt{\frac{k_B T}{m_0}} \qquad 16.23 \blacktriangleleft$$

Destas esquações temos que $v_{vmq} > v_{méd} > v_{mp}$.

A Figura Ativa 16.18 representa as curvas de distribuição de velocidade para moléculas de nitrogênio. As curvas foram obtidas usando-se a Equação 16.20 para calcular a função de distribuição em várias velocidades e em duas temperaturas. Observe que o pico de cada curva se desloca para a direita conforme T aumenta, indicando que a velocidade média aumenta com o aumento da temperatura, como esperado. Além disso, a largura da curva aumenta com a temperatura. A forma das curvas é assimétrica porque a menor velocidade possível é zero, enquanto o limite superior da velocidade clássica é infinito.

---

[2]Para a derivação desta expressão, veja um texto sobre termodinâmica como aquele escrito por R. P. Bauman, *Modern Thermodynamics with Statistical Mechanics*. New York: Macmillan, 1992.

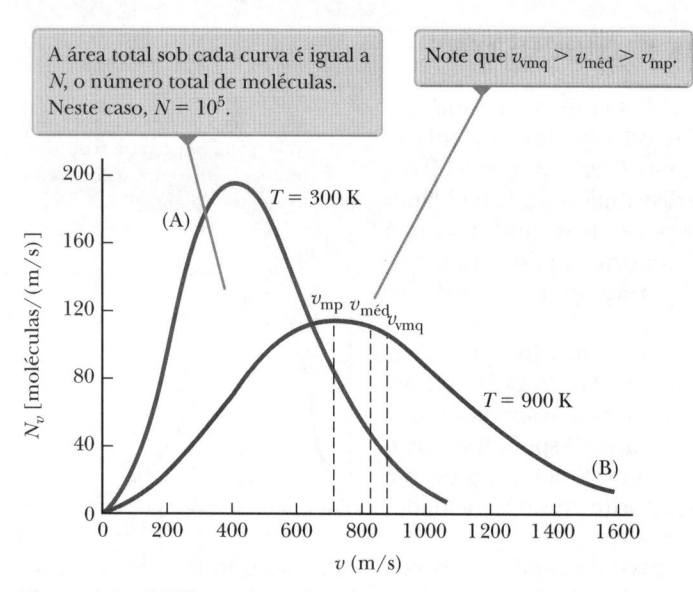

A área total sob cada curva é igual a N, o número total de moléculas. Neste caso, $N = 10^5$.

Note que $v_{vmq} > v_{méd} > v_{mp}$.

Figura Ativa 16.18 A função distribuição de velocidade para 10^5 moléculas de nitrogênio a 300 K e 900 K.

As curvas de distribuição da velocidade das moléculas em um líquido são semelhantes às mostradas na Figura Ativa 16.18. O fenômeno de evaporação de um líquido pode ser entendido a partir desta distribuição em velocidades, dado que algumas moléculas do líquido são mais energéticas que outras. Algumas das moléculas mais ágeis no líquido penetram na superfície e até mesmo deixam o líquido em temperaturas bem abaixo do ponto de vaporização. As moléculas que escapam do líquido por evaporação são aquelas que têm energia suficiente para superar as forças atrativas das moléculas na fase líquida. Consequentemente, as moléculas deixadas para trás na fase líquida têm uma energia cinética média mais baixa, fazendo com que a temperatura do líquido diminua. Assim, a evaporação é um processo de resfriamento. Por exemplo, um pano embebido em álcool é frequentemente colocado em uma cabeça febril para diminuir a temperatura e dar conforto ao paciente. O álcool tem uma taxa alta de evaporação devido à sua alta pressão de evaporação e baixo ponto de vaporização comparado com a água.

TESTE RÁPIDO 16.6 Considere as formas qualitativas das duas curvas da Figura Ativa 16.18, sem considerar os valores numéricos ou etiquetas no gráfico. Suponha que você tenha dois recipientes de gás *na mesma temperatura*. O recipiente A tem 10^5 moléculas de nitrogênio e o B tem 10^5 moléculas de hidrogênio. Qual é a correlação qualitativa correta entre os recipientes e as duas curvas da Figura Ativa 16.18? (**a**) O recipiente A corresponde à curva (A) e o recipiente B à curva (B). (**b**) O recipiente B corresponde à curva (A) e o recipiente A à curva (B). (**c**) Os dois recipientes correspondem à mesma curva.

Exemplo **16.5** | **Velocidade molecular em um gás de hidrogênio**

Uma amostra de 0,500 mol de um gás hidrogênio está a 300 K.

(A) Encontre a velocidade média, a velocidade vmq, e a velocidade mais provável das moléculas de hidrogênio.

SOLUÇÃO

Conceitualização Imagine um grande número de partículas de um gás real, todas se movendo em direções aleatórias, com diferentes velocidades.

Categorização Não podemos calcular a média somando as velocidades e dividindo pelo número de partículas porque as velocidades individuais das partículas não são conhecidas. Estamos lidando com um número muito grande de partículas, no entanto, podemos usar a função de distribuição de Maxwell-Boltzmann das velocidades.

Análise Use a Equação 16.22 para calcular a velocidade média:

$$v_{méd} = 1{,}60\sqrt{\frac{k_B T}{m_0}} = 1{,}60\sqrt{\frac{(1{,}38 \times 10^{-23}\,\text{J/K})(300\,\text{K})}{2(1{,}67 \times 10^{-27}\,\text{kg})}}$$

$$= 1{,}78 \times 10^3\,\text{m/s}$$

Use a Equação 16.21 para achar a velocidade vmq:

$$v_{vmq} = 1{,}73\sqrt{\frac{k_B T}{m_0}} = 1{,}73\sqrt{\frac{(1{,}38 \times 10^{-23}\,\text{J/K})(300\,\text{K})}{2(1{,}67 \times 10^{-27}\,\text{kg})}}$$

$$= 1{,}93 \times 10^3\,\text{m/s}$$

Use a Equação 16.23 para encontrar a velocidade mais provável:

$$v_{mp} = 1{,}41\sqrt{\frac{k_B T}{m_0}} = 1{,}41\sqrt{\frac{(1{,}38 \times 10^{-23}\,\text{J/K})(300\,\text{K})}{2(1{,}67 \times 10^{-27}\,\text{kg})}}$$

$$= 1{,}57 \times 10^3\,\text{m/s}$$

16.5 cont.

(B) Encontre o número de moléculas com velocidades 400 m/s e 401 m/s.

SOLUÇÃO

Use a Equação 16.20 para avaliar o número de moléculas em uma estreita faixa de velocidade entre v e $v + dv$:

$$(1) \quad N_v\, dv = 4\pi N \left(\frac{m_0}{2\pi k_B T}\right)^{3/2} v^2 e^{-m_0 v^2 / 2k_B T}\, dv$$

Avalie a constante na frente de v^2:

$$4\pi N \left(\frac{m_0}{2\pi k_B T}\right)^{3/2} = 4\pi n N_A \left(\frac{m_0}{2\pi k_B T}\right)^{3/2}$$

$$= 4\pi (0{,}500\ \text{mol})(6{,}02 \times 10^{23}\ \text{mol}^{-1}) \left[\frac{2(1{,}67 \times 10^{-27}\ \text{kg})}{2\pi (1{,}38 \times 10^{-23}\ \text{J/K})(300\ \text{K})}\right]^{3/2}$$

$$= 1{,}74 \times 10^{14}\ \text{s}^3/\text{m}^3$$

Avalie o exponente de e que aparece na Equação (1):

$$-\frac{m_0 v^2}{2k_B T} = -\frac{2(1{,}67 \times 10^{-27}\ \text{kg})(400\ \text{m/s})^2}{2(1{,}38 \times 10^{-23}\ \text{J/K})(300\ \text{K})} = -0{,}0645$$

Avalie $N_v\, dv$ usando a Equação (1):

$$N_v\, dv = (1{,}74 \times 10^{14}\ \text{s}^3/\text{m}^3)(400\ \text{m/s})^2 e^{-0{,}0645} (1\ \text{m/s})$$

$$= 2{,}61 \times 10^{19}\ \text{moléculas}$$

Finalização Nesta avaliação, pode-se calcular o resultado sem a integração, porque $dv = 1$ m/s é muito menor que $v = 400$ m/s. Se tivéssemos procurado o número de partículas entre, digamos, 400 m/s e 500 m/s, seria preciso integrar a Equação (1) entre esses limites de velocidade.

16.7 | Conteúdo em contexto: a taxa de lapso atmosférica

Discutimos a temperatura de um gás partindo do pressuposto de que todas as partes do gás estão na mesma temperatura. Para volumes pequenos de gás, essa suposição é relativamente boa. Mas o que dizer sobre um *enorme* volume de gás, como a atmosfera? Fica claro que o pressuposto de uma temperatura uniforme em todo o gás é inválido neste caso. Ao mesmo tempo que temos um dia quente de verão em Los Angeles, temos um dia frio de inverno em Melbourne; diferentes partes da atmosfera estão claramente a temperaturas diferentes.

Podemos direcionar essa pergunta, como discutimos na seção de abertura deste Contexto, considerando a média global da temperatura do ar na superfície da Terra. Porém, variações de temperatura também ocorrem a diferentes *altitudes* da atmosfera. É essa variação de temperatura com a altitude que exploraremos aqui.

A Figura 16.19 mostra representações gráficas da média de temperatura do ar em janeiro, a várias altitudes, em seis estados americanos. Esses dados foram obtidos na superfície da Terra, mas em altitudes variadas, como ao nível do mar e em montanhas. Para os seis estados, observamos pontos de dados dispersos (relacionados a fatores além da elevação) e, também, uma indicação clara de que a temperatura diminui conforme nos movemos para maiores altitudes. Uma olhada para as montanhas cobertas de neve confirmam os dados.

Podemos discutir conceitualmente o motivo pelo qual as temperaturas diminuem com a altitude. Imagine uma porção de ar movendo-se para cima ao longo da vertente de uma montanha. Conforme essa porção se eleva, a

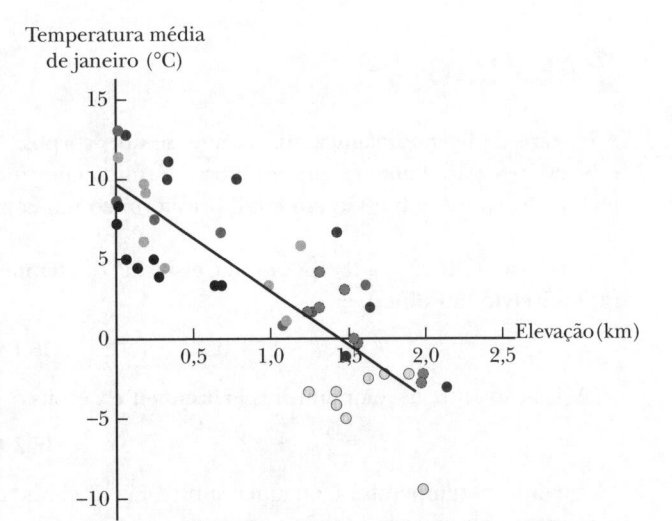

Figura 16.19 Variação da temperatura média em janeiro com elevação para oito localizações em cada um dos seis estados americanos: Arizona (●), Califórnia (●), Colorado (○), Novo México (●), Carolina do Norte (●) e Texas (●). A linha que melhor se adequa, mostrada em preto, tem uma inclinação de −6,2 °C/km. (Dados do www.noaa.gov – Departamento de Comércio dos EUA/Administração Oceânica e Atmosférica Nacional, Divisão de Ciência Física.)

pressão nela do ar circundante diminui. A diferença de pressão entre o interior e o exterior da porção causa a sua expansão. Quando isso acontece, a porção empurra o ar circundante para o exterior, realizando trabalho nele. Como o sistema (a parcela de ar) está realizando trabalho no ambiente, o trabalho realizado no sistema é negativo e a energia interna na porção diminui. A diminuição da energia interna se manifesta como a diminuição da temperatura.

Se esse processo for revertido, de modo que a porção se movimente para altitudes menores, o trabalho é realizado na porção, o que aumenta a sua energia interna e a torna mais quente. Essa situação ocorre durante os ventos de Santa Ana, na bacia de Los Angeles, onde o ar é empurrado das montanhas para as baixas elevações da bacia, resultando nos ventos quentes e secos. Condições similares são conhecidas com outros nomes em diferentes regiões, como o *chinook* das Montanhas Rochosas e o *foehn* dos alpes suíços.

Imagine linhas retas desenhadas entre cada conjunto de pontos de dados na Figura 16.19. Você descobrirá que as inclinações das seis linhas serão similares. Esta semelhança sugere que a diminuição na temperatura com a altura – chamada **taxa de lapso atmosférico** – é similar em várias localizações da superfície terrestre, assim, podemos definir uma taxa de lapso média para a superfície inteira.

Este é, de fato, o caso e temos que a taxa de lapso global média é cerca de $-6,5\ °C/km$. Os dados na Figura 16.19 são limitados à algumas localizações nos Estados Unidos e a altitudes que podem ser alcançadas por terra, mas a taxa de lapso média destes dados, de $-6,2\ °C/km$ é próxima à média global.

A diminuição linear com a temperatura ocorre apenas na parte inferior da atmosfera chamada de **troposfera**, onde ocorrem fenômenos climáticos e aviões voam. Acima da troposfera está a **estratosfera**, com um limite imaginário chamado **tropopausa**, que separa as duas camadas. Na estratosfera, a temperatura tende a ser relativamente constante com a altura.

A diminuição na temperatura com a altura na troposfera é um componente de um modelo estrutural da atmosfera que nos permitirá prever a temperatura da superfície terrestre. Se pudermos encontrar a temperatura da estratosfera e a altura da tropopausa, poderemos extrapolar para a superfície, usando a taxa de lapso para encontrar a temperatura superficial. A taxa de lapso e a altura da tropopausa podem ser medidas. Para obter a temperatura da estratosfera, precisamos saber mais sobre trocas de energia na atmosfera terrestre, o que veremos no próximo capítulo.

❯ RESUMO

A **lei zero da termodinâmica** afirma que, se dois corpos, A e B, estão separadamente em equilíbrio térmico com um terceiro corpo, A e B estão em equilíbrio térmico um com o outro.

A relação entre T_C, a temperatura **Celsius**, e T, a **temperatura Kelvin (absoluta)**, é

$$T_C = T - 273,15 \qquad 16.1◀$$

A relação entre as temperaturas **Fahrenheit** e Celsius é

$$T_F = \tfrac{9}{5}T_C + 32\ °F \qquad 16.2◀$$

Quando a temperatura de uma substância é elevada, geralmente ela se expande. Se um corpo tem um comprimento inicial de L_i em alguma temperatura e experimenta uma mudança na temperatura ΔT, seu comprimento muda na quantidade ΔL, que é proporcional ao comprimento inicial do corpo e à mudança de temperatura:

$$\Delta L = \alpha L_i \Delta T \qquad 16.4◀$$

A constante α é chamada de **coeficiente médio de expansão linear**.

A mudança no volume da maioria das substâncias é proporcional ao volume inicial V_i e à mudança de temperatura ΔT:

$$\Delta V = \beta V_i \Delta T \qquad 16.6◀$$

onde β é o **coeficiente médio de expansão volumétrica**, igual a 3α.

A mudança na área de uma substância é dada por.

$$\Delta A = \gamma A_i \Delta T \qquad 16.7◀$$

onde γ é o **coeficiente médio de expansão da área**, igual a 2α.

O **modelo de gás ideal** refere-se a um conjunto de moléculas gasosas que se movem aleatoriamente e tem um tamanho insignificante. Um gás ideal obedece à equação

$$PV = nRT \qquad 16.9◀$$

onde P é a pressão do gás; V, o volume; n, o número de mols; R, a constante universal dos gases (8,314 J/mol K); e T é a temperatura absoluta em kelvin. Um gás real, em pressões muito baixas, comporta-se aproximadamente como um gás ideal.

A pressão de N moléculas de um gás ideal contido num volume V é dada por:

$$P = \frac{2}{3}\left(\frac{N}{V}\right)\left(\frac{1}{2}m_0\overline{v^2}\right) \qquad \textbf{16.13}◀$$

onde $\frac{1}{2}m_0\overline{v^2}$ é a **energia cinética translacional média por molécula**.

A energia cinética média das moléculas de um gás é diretamente proporcional à temperatura absoluta deste:

$$\tfrac{1}{2}m_0\overline{v^2} = \tfrac{3}{2}k_B T \qquad \textbf{16.15}◀$$

onde k_B é a **constante de Boltzmann** ($1{,}38 \times 10^{-23}$ J/K).

Para um gás monoatômico, a energia interna do gás é a energia cinética translacional total

$$E_{\text{int}} = \tfrac{3}{2}nRT \qquad \text{(gás monoatômico)} \qquad \textbf{16.18}◀$$

A velocidade média quadrática (vmq) das moléculas de um gás é

$$v_{\text{vmq}} = \sqrt{\overline{v^2}} = \sqrt{\frac{3k_B T}{m_0}} = \sqrt{\frac{3RT}{M}} \qquad \textbf{16.19}◀$$

A **função de distribuição de Maxwell-Boltzmann** descreve a distribuição das velocidades de N moléculas de um gás:

$$N_v = 4\pi N\left(\frac{m_0}{2\pi k_B T}\right)^{3/2} v^2 e^{-m_0 v^2 / 2k_B T} \qquad \textbf{16.20}◀$$

onde m_0 é a massa de uma molécula de gás, k_B é a constante de Boltzmann e T é a temperatura absoluta.

PERGUNTAS OBJETIVAS

1. O que aconteceria se o vidro de um termômetro expandisse mais ao ser aquecido do que o líquido dentro do tubo? (a) O termômetro quebraria. (b) Ele só poderia ser usado para temperaturas abaixo da temperatura ambiente. (c) Você teria que segurá-lo com o bulbo para cima. (d) A escala no termômetro seria invertida, aproximando os valores mais altos de temperatura do bulbo. (e) Os números não teriam espaçamento regular.

2. Classifique os seguintes itens do maior para o menor, observando os casos de igualdade. (A) a velocidade média das moléculas em uma determinada amostra de gás ideal, (b) a velocidade mais provável, (c) a velocidade média quadrática e (d) o vetor velocidade média das moléculas.

3. Um gás está a 200 K. Se quisermos dobrar a velocidade vmq das moléculas do gás, para que valor devemos elevar sua temperatura? (a) 283 K (b) 400 K (c) 566 K (d) 800 K (e) 1130 K.

4. Quando certo gás sob pressão de $5{,}00 \times 10^6$ Pa a 25,0 °C pode expandir para 3,00 vezes seu volume original, sua pressão final é $1{,}07 \times 10^6$ Pa. Qual é a sua temperatura final? (a) 450 K (b) 233 K (c) 212 K (d) 191 K (e) 115 K.

5. O coeficiente de expansão linear médio do cobre é 17×10^{-6} (°C)$^{-1}$. A Estátua da Liberdade tem 93 m de altura em uma manhã de verão quando a temperatura é de 25 °C. Suponha que as placas de cobre que cobrem a estátua sejam montadas de uma beirada a outra sem junções de expansão e não se curvem nem se torçam na estrutura que as suporta conforme o dia fica mais quente. Qual é a ordem de módulo do aumento na altura da estátua? (a) 0,1 mm (b) 1 mm (c) 1 cm (d) 10 cm (e) 1 m.

6. Um gás ideal é mantido a pressão constante. Se a temperatura do gás é aumentada de 200 K a 600 K, o que acontece com a velocidade vmq das moléculas? (a) Aumenta por um fator de 3. (b) Permanece o mesmo. (c) É um terço da velocidade do original. (d) É $\sqrt{3}$ vezes a velocidade original. (e) Aumenta por um fator de 6.

7. Se o volume de um gás ideal é dobrado enquanto sua temperatura é quadruplicada, a pressão (a) permanece a mesma, (b) diminui por um fator de 2, (c) diminui por um fator de 4, (d) aumenta por um fator de 2, ou (e) aumenta por um fator de 4?

8. Qual das hipóteses a seguir *não* é baseada na teoria cinética dos gases? (a) O número de moléculas é muito grande. (b) As moléculas obedecem às leis do movimento de Newton. (c) As forças entre as moléculas são de longo alcance. (d) O gás é uma substância pura. (e) A distância média entre as moléculas é grande em relação a suas dimensões.

9. Um buraco é feito em uma placa metálica. Quando o metal é elevado a uma temperatura mais alta, o que acontece com o diâmetro do buraco? (a) Diminui. (b) Aumenta. (c) Permanece o mesmo. (d) A resposta depende da temperatura incial do metal. (e) Nenhuma das alternativas é correta.

10. Um cilindro com um pistão armazena 0,50 m³ de oxigênio a uma pressão absoluta de 4,0 atm. O pistão é puxado para fora, aumentando o volume do gás até que a pressão caia para 1,0 atm. Se a temperatura permanece constante, que novo volume o gás ocupa? (a) 1,0 m³ (b) 1,5 m³ (c) 2,0 m³ (d) 0,12 m³ (e) 2,5 m³.

11. Uma temperatura de 162 °F é equivalente a que temperatura em kelvins? (a) 373 K (b) 288 K (c) 345 K (d) 201 K (e) 308 K.

12. Um balão de borracha é enchido com 1 L de ar a 1 atm e 300 K e é então colocado dentro de um refrigerador criogênico a 100 K. A borracha permanece flexível enquanto esfria. (i) O que acontece com o volume do balão? (a) Diminui para $\frac{1}{3}$ L. (b) Diminui para $1/\sqrt{3}$ L. (c) Fica constante. (d) Aumenta para $\sqrt{3}$ L. (e) Aumenta para 3 L. (ii) O que acontece com a pressão do ar no balão? (a) Diminui para $\frac{1}{3}$ atm. (b) Diminui para $1/\sqrt{3}$ atm. (c) Fica constante. (d) Aumenta para $\sqrt{3}$ atm. (e) Aumenta para 3 atm.

13. O cilindro A contém gás de oxigênio (O_2) e o cilindro B contém gás nitrogênio (N_2). Se as moléculas dos dois cilindros têm a mesma velocidade vmq, qual das seguintes afirmações é *falsa*? (A) Os dois gases têm diferentes temperaturas. (b) A temperatura do cilindro B é inferior à temperatura do A. (c) A temperatura do cilindro B é maior que a temperatura do A. (d) A energia cinética média das moléculas de nitrogênio é menor que a energia cinética média das moléculas de oxigênio.

14. Uma amostra de gás com um termômetro imerso é mantido sobre uma chapa quente. Um estudante é convidado a dar uma explicação passo a passo do que acontece em nossa observação sobre a causa do aumento da temperatura do gás. Sua resposta inclui as seguintes etapas. (a) As moléculas aceleram. (b) Em seguida, colidem umas com as outras com mais frequência. (c) O atrito interno causa colisões inelásticas. (d) O calor é produzido nas colisões. (e) As moléculas do gás transferem mais energia para o termômetro quando o atingem, de modo que observamos que a temperatura sobe. (f) O mesmo processo pode ocorrer sem o uso de uma placa quente se rapidamente empurrarmos o pistão em um cilindro isolado contendo o gás. (i) Quais das partes, (a) a (f), estão corretas para uma explicação clara e completa? (ii) Quais são as afirmações corretas que não são necessárias para explicar a leitura maior no termômetro? (iii) Quais são as afirmações incorretas?

15. Dois cilindros, A e B, à mesma temperatura contêm a mesma quantidade do mesmo tipo de gás. O cilindro A tem três vezes o volume do B. O que você pode concluir sobre as pressões que os gases exercem? (a) Não podemos concluir nada sobre as pressões. (b) A pressão em A é três vezes a pressão em B. (c) As pressões devem ser iguais. (d) A pressão em A deve ser um terço da pressão em B.

16. Um cilindro com um pistão contém uma amostra de um gás fino. O tipo de gás e o tamanho da amostra podem ser alterados. O cilindro pode ser colocado em banhos com temperaturas constantes diferentes, e o pistão pode ser segurado em posições diferentes. Classifique os casos a seguir de acordo com a pressão do gás da mais alta para a mais baixa, mostrando qualquer caso de igualdade. (a) Uma amostra de 0,002 mol de oxigênio é mantida a 300 K em um recipiente de 100 cm^3. (b) Uma amostra de 0,002 mol de oxigênio é mantida a 600 K em um recipiente de 200 cm^3. (c) Uma amostra de 0,002 mol de oxigênio é mantida a 600 K em um recipiente de 300 cm^3. (d) Uma amostra de 0,004 mol de hélio é mantida a 300 K em um recipiente de 200 cm^3. (e) Uma amostra de 0,004 mol de hélio é mantida a 250 K em um recipiente de 200 cm^3.

17. Duas amostras do mesmo gás ideal têm a mesma pressão e densidade. A amostra B tem o dobro do volume da A. Qual é a velocidade vmq das moléculas na amostra B? (A) Duas vezes maior que na amostra A. (b) Igual à amostra A. (c) Metade do que na amostra A. (d) Impossível determinar.

18. Um gás ideal está contido em um recipiente de 300 K. A temperatura do gás é então aumentada para 900 K. (i) Por qual fator a energia cinética média das moléculas muda? (a) 9, (b) 3, (c) $\sqrt{3}$, (d) 1 ou (e) $\frac{1}{3}$? Usando as mesmas opções da parte (i), por qual fator cada uma das seguintes situações muda: (ii) a velocidade vmq das moléculas, (iii) a variação média do momento em que uma molécula sofre uma colisão com uma parede particular, (iv) a taxa de colisões das moléculas com as paredes e (v) a pressão do gás.

19. Marcas para indicar o comprimento são colocadas em uma fita de aço em uma sala que está a uma temperatura de 22 °C. Medições são feitas com a mesma fita num dia em que a temperatura é 27 °C. Suponha que os corpos medidos tenha um coeficiente de expansão linear menor que o do aço. As medições são (a) mais longas, (b) mais curtas, ou (c) precisas?

❯ PERGUNTAS CONCEITUAIS

1. (a) O que a lei dos gases ideais prevê sobre o volume de uma amostra de gás no zero absoluto? (b) Por que esta previsão é incorreta?

2. Use a tabela periódica dos elementos (ver Apêndice C) para determinar o número de gramas em um mol de (a) hidrogênio, que tem moléculas diatômicas; (b) hélio; e (c) monóxido de carbono.

3. Descrevendo sua viagem para a Lua, como no filme *Apollo 13* (Universal, 1995), o astronauta Jim Lovell disse "Andarei em um lugar onde há uma diferença de 400 graus entre a luz do sol e a sombra." Suponha que um astronauta em pé na Lua segure um termômetro em sua mão enluvada. (a) O termômetro lê a temperatura do vácuo na superfície da Lua? (b) O termômetro lê alguma temperatura? Se sim, que corpo ou substância tem essa temperatura?

4. Um pedaço de cobre é colocado em uma proveta de água. (a) Se a temperatura da água sobe, o que acontece com a temperatura do cobre? (b) Em que condições a água e o cobre estão em equilíbrio térmico?

5. Por que um gás diatômico têm maior teor de energia por mol que um gás monatômico na mesma temperatura?

6. O que acontece com um balão de látex cheio de hélio liberado no ar? Ele se expande ou se contrai? Ele para de subir em alguma altura?

7. É possível dois corpos estarem em equilíbrio térmico sem estar em contato um com o outro? Explique.

8. Um recipiente é preenchido com gás hélio e outro com gás argônio. Ambos os recipientes estão à mesma temperatura. Que as moléculas têm maior velocidade vmq? Explique.

9. Algumas pessoas a caminho de um piquenique param em uma loja de conveniências para comprar comida, inclusive sacos de batatas fritas. Elas dirigem até o local do piquenique, nas montanhas. Quando descarregam a comida, notam que os sacos de batatas estão inchados como balões. Por que isso aconteceu?

10. Tampas metálicas de frascos de vidro podem ser soltas ao deixar água quente correr sobre elas. Por que isso funciona?

11. Os termômetros comuns são feitos com uma coluna de mercúrio em um tubo de vidro. Com base na operação destes termômetros, qual deles tem o maior coeficiente de expansão linear, o vidro ou o mercúrio? (Não responda esta questão olhando uma tabela.)

12. Quando o anel e a esfera metálicas na Figura PC16.12 estão ambos a temperatura ambiente, a esfera mal consegue passar pelo anel. (a) Depois que a esfera é aquecida em uma chama, ela não passa pelo anel. Explique.

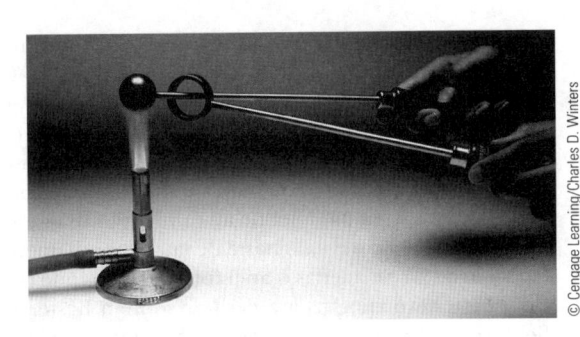

Figura PC16.12

(b) **E se?** E se o anel for aquecido e a esfera deixada a temperatura ambiente? Ela passa pelo anel?

13. O radiador de um automóvel é enchido com água quando o motor está frio. (a) O que acontece com a água quando o motor está funcionando e a água atinge uma temperatura alta? (b) O que os automóveis modernos têm em seu sistema de resfriamento para prevenir a perda de refrigeração?

PROBLEMAS

WebAssign Os problemas que se encontram neste capítulo podem ser resolvidos *on-line* no Enhanced WebAssign (em inglês)

1. denota problema direto;
2. denota problema intermediário;
3. denota problema desafiador;
1. denota problemas mais frequentemente resolvidos no Enhanced WebAssign;
BIO denota problema biomédico;
PD denota problema dirigido;

M denota tutorial Master It disponível no Enhanced WebAssign;
Q|C denota problema que pede raciocínio quantitativo e conceitual;
S denota problema de raciocínio simbólico;
sombreado denota "problemas emparelhados" que desenvolvem raciocínio com símbolos e valores numéricos;
W denota solução no vídeo Watch It disponível no Enhanced WebAssign.

Seção 16.2 Termômetros e escalas de temperatura

1. O Vale da Morte tem o recorde da temperatura mais alta nos Estados Unidos. No dia 10 de Julho de 1913, em um lugar chamado Furnace Creek Ranch, a temperatura chegou a 134 °F. A menor temperatura já registrada nos EUA ocorreu no Prospect Creek Camp no Alaska, em 23 de janeiro de 1971, quando a temperatura caiu para 279,8 °F. (a) Converta essas temperaturas para a escala Celsius. (b) Converta as temperaturas Celsius para Kelvin.

2. A diferença de temperatura entre a parte interna e a externa de um motor de automóvel é de 450 °C. Expresse essa diferença de temperatura (a) na escala Fahrenheit e (b) na escala Kelvin.

3. **BIO Q|C** Uma enfermeira mede a temperatura de um paciente como 41,5 °C. (a) Qual é essa temperatura na escala Fahrenheit? (b) Você acredita que o paciente está gravemente doente? Explique.

4. **M** Em um experimento de estudantes, um termômetro de gás com volume constante é calibrado em gelo seco (−78,5 °C) e em álcool etílico fervendo (78,0 °C). As pressões separadas são 0,900 atm e 1,635 atm. (a) Que valor de zero absoluto em graus Celsius resulta da calibração? Que pressões seriam encontradas nos pontos de (b) congelamento e (c) vaporização da água? *Dica*: Use a relação linear $P = A + BT$, onde A e B são constantes.

5. O ponto de vaporização do nitrogênio líquido a pressão atmosférica é de −195,81 °C. Expresse essa temperatura (a) em Fahrenheit e (b) em kelvins.

6. Converta as seguintes temperaturas em temperaturas equivalentes nas escalas Celsius e Kelvin: (a) a temperatura normal do corpo humano, 98,6 °F; (b) a temperatura do ar num dia frio, −5,00 °F.

Seção 16.3 Expansão térmica de sólidos e líquidos

Nota: A Tabela 16.1 está disponível para a resolução de problemas nesta seção.

7. A tubulação Trans-Alaska tem 1 300 km de comprimento, indo da Baía de Prudhoe até o Porto de Valdez. Esta tubulação passa por temperaturas que variam de −73 °C a +35 °C. Qual é a expansão da tubulação de aço causada pela diferença de temperatura? Como pode ser compensada esta expansão?

8. **BIO** A armação de um par de óculos é feita de resina epóxi. Em temperatura ambiente (20,0 °C), a armação tem aberturas para as lentes de 2,20 cm de raio. A que temperatura a armação deve ser aquecida se lentes de 2,21 cm

de raio tiverem de ser introduzidas nela? O coeficiente de expansão linear médio para o epóxi é $1,30 \times 10^{-4}$ $(°C)^{-1}$.

9. **M** Um fio telefônico de cobre não tem folgas entre postes com 35,0 m de distância um do outro em um dia de inverno quando a temperatura é $-20,0$ °C. Quanto aumenta o fio em um dia de verão quando a temperatura é 35,0 °C?

10. **Q C W** A 20,0 °C, um anel de alumínio tem diâmetro interno de 5,0000 cm e uma haste de latão tem diâmetro de 5,0500 cm. (a) Se apenas o anel for aquecido, que temperatura ele deve atingir para deslizar sobre a haste? (b) **E Se?** Se o anel e a haste forem aquecidos juntos, que temperatura os dois devem atingir para que o anel deslize sobre a haste? (c) Este último processo funcionaria? Explique. *Dica*: Consulte a Tabela 17.2 no próximo capítulo.

11. **BIO** Em cada ano milhares de crianças sofrem queimaduras graves com água de torneira fervendo. A Figura P16.11 mostra uma vista em corte transversal de um dispositivo antiescaldante para prevenir este tipo de acidentes. Dentro do dispositivo, uma mola feita com material com um alto coeficiente de expansão térmica controla o êmbolo removível. Quando a temperatura da água se eleva acima de um valor seguro preestabelecido, a expansão da mola faz com que o êmbolo corte o fluxo de água. Assumindo que o comprimento inicial L da mola não tensionada é de 2,40 cm e seu coeficiente de expansão linear é $22,0 \times 10^{-6}$ $(°C)^{-1}$, determine o aumento no comprimento da mola quando a temperatura da água se eleva até 30,0 °C. (Você achará que o aumento do comprimento é pequeno. Portanto, para proporcionar uma variação maior na abertura da válvula para a mudança de temperatura antecipada, dispositivos atuais possuem um desenho mecânico mais complexo.)

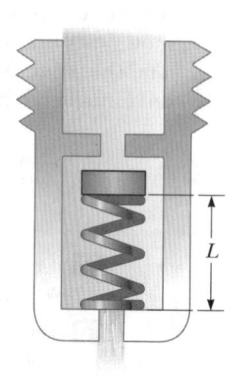

Figura P16.11

12. **W** *Por que a seguinte situação é impossível?* Um anel fino de latão tem diâmetro interno de 10,00 cm a 20,0 °C. Um cilindro sólido de alumínio tem diâmetro de 10,02 cm a 20,0 °C. Suponha que os coeficientes de expansão linear médios dos dois metais sejam constantes. Os dois metais são resfriados juntos até uma temperatura na qual o anel pode ser deslizado sobre a extremidade do cilindro.

13. Uma amostra de chumbo tem massa de 20,0 kg e densidade de $11,3 \times 10^3$ kg/m³ a 0 °C. (a) Qual é a densidade do chumbo a 90,0 °C? (b) Qual é a massa da amostra de chumbo a 90,0 °C?

14. **S** Uma amostra de uma substância sólida tem massa m e densidade ρ_0 a temperatura T_0. (a) Encontre a densidade da substância se a sua temperatura for aumentada por uma quantidade ΔT em termos do coeficiente de expansão de volume b. (b) Qual é a massa da amostra se a temperatura é elevada por uma quantidade ΔT?

15. **M** O elemento ativo de certo *laser* é feito de uma haste de vidro de 30,0 cm comprimento e 1,50 cm de diâmetro. Suponha que o coeficiente de expansão linear médio do vidro seja $9,00 \times 10^{-6}$ $(°C)^{-1}$. Se a temperatura da haste aumenta em 65,0 °C, qual é o aumento em seu (a) comprimento, (b) diâmetro e (c) volume?

16. **Revisão.** Dentro da parede de uma casa, uma seção em L do cano de água quente consiste em três partes: uma peça reta horizontal h = 28,0 cm de comprimento; um cotovelo; e um peça reta vertical ℓ = 134 cm de comprimento (Fig. P16.16). Um cravo e uma tábua no segundo andar da casa mantêm essa seção do cano de cobre estacionária. Encontre o módulo e a direção do deslocamento do cano quando o fluxo de água é ligado, aumentando a temperatura do cano de 18,0 °C para 46,5 °C.

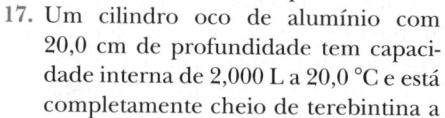

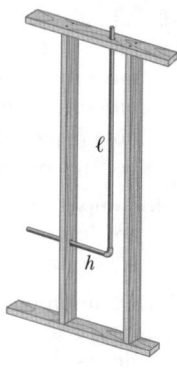

Figura P16.16

17. Um cilindro oco de alumínio com 20,0 cm de profundidade tem capacidade interna de 2,000 L a 20,0 °C e está completamente cheio de terebintina a 20,0 °C. A terebintina e o cilindro de alumínio são aquecidos juntos, lentamente, até 80,0 °C. (a) Quanta terebintina transborda? (b) Qual é o volume de terebintina que permanece no cilindro a 80,0 °C? (c) Se a combinação com essa quantidade de terebintina é resfriada a 20,0 °C, a que distância fica a superfície da terebintina abaixo da borda do cilindro?

18. O coeficiente de expansão volumétrico médio para tetracloreto de carbono é $5,81 \times 10^{-4}$ $(°C)^{-1}$. Se um recipiente de aço de 50,0 gal é completamente cheio com tetracloreto de carbono à temperatura de 10,0 °C, quanto derramará se a temperatura se elevar a 30,0 °C?

19. Um buraco quadrado de 8,00 cm de comprimento de cada lado é cortado numa folha de cobre. (a) Calcule a mudança que ocorre na área desse buraco quando a temperatura da folha aumenta em 50,0 K. (b) Essa mudança representa um aumento ou uma diminuição da área delimitada pelo buraco?

Seção 16.4 Descrição macroscópica de um gás ideal

20. **W** Um cozinheiro coloca 9,00 g de água em uma panela de pressão de 2,00 L que é aquecida a 500 °C. Qual é a pressão dentro do recipiente?

21. No dia do seu casamento, seu esposo lhe dá uma aliança de ouro de massa 3,80 g. Cinquenta anos depois a sua massa é 3,35 g. Em média, quantos átomos escaparam do anel durante cada segundo do seu casamento? A massa molar do ouro é 197 g/mol.

22. Um tanque rígido com um volume de 0,100 m³ contém gás hélio a 150 atm. Quantos balões podem ser enchidos abrindo a válvula o máximo possível? Cada balão cheio é uma esfera de 0,300 m de diâmetro numa pressão absoluta de 1,20 atm.

23. **W** Um gás é contido em um recipiente de 8,00 L a uma temperatura de 20,0 °C e pressão de 9,00 atm. (a) Determine o número de mols de gás no recipiente. (b) Quantas moléculas estão no recipiente?

24. Use a definição da constante de Avogadro para encontrar a massa de um átomo de hélio.

25. **M** O pneu de um automóvel é inflado com ar originalmente a 10,0 °C e pressão atmosférica normal. Durante o processo, o ar é comprimido para 28,0% de seu volume original e a temperatura é aumentada para 40,0 °C. (a) Qual é a pressão do pneu? (b) Depois que o carro é dirigido em alta velocidade, a temperatura do ar no pneu sobe para 85 °C e o volume interno do pneu aumenta em 2,00%. Qual é a nova pressão do pneu (absoluta)?

26. **Q|C** Seu pai e seu irmão mais novo confrontam o mesmo enigma. O borrifador de jardim do seu pai e a pistola de água do seu irmão têm tanques com capacidade de 5,00 L (Fig. P16.26). Seu pai põe uma quantidade desprezível de fertilizador concentrado dentro de seu tanque. Os dois despejam 4,00 L de água em seus tanques e os fecham, de modo que, agora, ambos também contêm ar à pressão atmosférica. Em seguida, cada um usa uma bomba manual para injetar mais ar até que a pressão absoluta no tanque atinja 2,40 atm. Agora cada um usa seu aparelho para borrifar água — não ar — até que o borrifo fique fraco, o que acontece quando a pressão no tanque atinge 1,20 atm. Para conseguir borrifar toda a água para fora do tanque, cada um deles tem que bombear o tanque três vezes. Eis o enigma: quase toda a água é borrifada para fora depois da segunda bombeada. O primeiro e o terceiro processo de bombeamento parecem tão difíceis quanto o segundo, mas resultam numa quantidade bem menor de água saindo do tanque. Explique esse fenômeno.

Figura P16.26

27. **W** Em sistemas a vácuo de última geração, pressões tão baixas quanto $1,00 \times 10^{-9}$ Pa podem ser alcançadas. Calcule o número de moléculas em um recipiente de 1,00 m³ a essa pressão e temperatura de 27,0 °C.

28. Estime a massa de ar em seu quarto. Indique as quantidades que você considera como dados e o valor medido ou estimado de cada uma.

29. **M** Revisão. A massa de um balão de ar quente e sua carga (não incluindo o ar interno) é 200 kg. O ar externo está a 10,0 °C e 101 kPa. O volume do balão é 400 m³. A que temperatura o ar no balão deve ser aquecido para que decole? (A densidade do ar a 10,0 °C é 1,244 kg/m³.)

30. Revisão. Para medir quão abaixo da superfície do oceano uma ave mergulha para pegar um peixe, um cientista usa um método criado por Lord Kelvin. Ele polvilha o interior de tubos plásticos com açúcar em pó e sela uma extremidade de cada tubo. Captura a ave de seu ninho durante a noite e prende um tubo às suas costas. Na noite seguinte, ele pega a mesma ave e remove o tubo. Em um experimento, usando um tubo de 6,50 cm de comprimento, a água lava o açúcar uma distância de 2,70 cm da extremidade aberta do tubo. Ache a maior profundidade que a ave mergulhou, supondo que o ar no tubo permaneceu à temperatura constante.

31. **W** Revisão. Vinte e cinco metros abaixo da superfície do mar, onde a temperatura é 5,00 °C, um mergulhador exala uma bolha de ar de volume 1,00 cm³. Se a temperatura da superfície do mar está a 20,0 °C, qual é o volume da bolha imediatamente antes de ela romper a superfície?

32. **S** Um quarto com volume V contém ar com massa molar equivalente a M (em g/mol). Se a temperatura do quarto aumentar de T_1 para T_2, qual será a massa de ar que deixará o quarto? Assuma que a pressão do ar no quarto é mantida a P_0.

33. Uma marca popular de refrigerante contém 6,50 g de dióxido de carbono dissolvido em 1,00 L de bebida. Se o dióxido de carbono evaporado é capturado em um cilindro a 1,00 atm e 20,0 °C, que volume ocupa o gás?

34. **Q|C** Um recipiente em forma de cubo com 10,0 cm em cada aresta contém ar (com massa molar equivalente 28,9 g/mol) à pressão atmosférica e temperatura 300 K. Encontre (a) a massa do gás, (b) a força gravitacional exercida sobre ele e (c) a força que ele exerce sobre cada face do cubo. (d) Por que uma amostra tão pequena exerce uma força tão grande?

35. **M** Um auditório tem dimensões 10,0 m × 20,0 m × 30,0 m. Quantas moléculas de ar enchem o auditório a 20,0 °C com pressão de 101 kPa (1,00 atm)?

36. **M** O manômetro de um tanque registra a pressão manométrica, que é a diferença entre a pressão interior e a exterior. Quando o tanque está cheio de oxigênio (O_2), ele contém 12,0 kg do gás à pressão manométrica de 40,0 atm. Determine a massa de oxigênio que foi retirada do tanque quando a leitura da pressão era 25,0 atm. Suponha que a temperatura do tanque permaneça constante.

Seção 16.5 A teoria cinética dos gases

37. **M** Um balão esférico de volume $4,00 \times 10^3$ cm³ contém hélio a uma pressão $1,20 \times 10^5$ Pa. Quantos mols de hélio há no balão se a energia cinética média dos átomos de hélio é $3,60 \times 10^{-22}$ J?

38. **S** Um balão esférico de volume V contém hélio a uma pressão P. Quantos mols de hélio há no balão se a energia cinética média dos átomos de hélio é $\overline{K}$?

39. **W** Em um intervalo de 30,0 s, 500 pedras de granizo atingem uma janela de vidro de área 0,600 m² em um ângulo de 45,0° em relação à superfície. Cada granizo tem uma massa de 5,00 g e uma velocidade de 8,00 m/s. Supondo que as colisões sejam elásticas, encontre (a) a força média e (b) a pressão média na janela durante este intervalo.

40. **M** Um cilindro contém uma mistura de hélio e argônio em equilíbrio a 150 °C. (A) Qual é a energia cinética média para cada tipo de molécula do gás? (B) Qual é a velocidade vmq de cada tipo de molécula?

41. **W** Uma amostra de 2,00 mol de gás oxigênio é confinada a um recipiente 5,00 L a uma pressão de 8,00 atm. Encontre a energia cinética translacional média das moléculas de oxigênio nessas condições.

42. Uma vasilha de 5,00 L contém gás nitrogênio a 27,0 °C e 3,00 atm. Encontre (a) a energia cinética translacional total das moléculas e (b) a energia cinética média por molécula.

43. **W** Num período de 1,00 s, $5,00 \times 10^{23}$ moléculas de nitrogênio atingem uma parede de 8,00 cm². Suponha que as moléculas se movam a uma velocidade de 300 m/s e atinjam a parede frontalmente em colisões elásticas. Qual é a pressão exercida sobre a parede? *Nota:* A massa de uma molécula de N_2 é $4,65 \times 10^{-26}$ kg.

44. [M] (a) Quantos átomos de gás hélio enchem um balão esférico de 30,0 cm de diâmetro a 20,0 °C e 1,00 atm? (b) Qual é a energia cinética média dos átomos de hélio? (c) Qual é a velocidade vmq desses átomos?

Seção 16.6 Distribuição das velocidades moleculares

45. [M] Quinze partículas idênticas têm velocidades diferentes: uma tem velocidade de 2,00 m/s, duas de 3,00 m/s, três de 5,00 m/s, quatro de 7,00 m/s, outras três têm velocidade de 9,00 m/s, e as últimas duas de 12,0 m/s. Encontre (a) a velocidade média, (b) a velocidade vmq, e (c) a velocidade mais provável dessas partículas.

46. [S] A partir da distribuição de velocidades de Maxwell-Boltzmann, mostre que a velocidade mais provável de uma molécula de gás é dada pela Equação 16.23. *Nota*: A velocidade mais provável corresponde ao ponto em que a inclinação da curva da distribuição de velocidade dN_v/dv é zero.

47. Revisão. A que temperatura a velocidade média dos átomos de hélio se igualaria (a) à velocidade de escape da Terra, $1,12 \times 10^4$ m/s, e (b) à velocidade de escape da Lua, $2,37 \times 10^3$ m/s? *Nota*: A massa de um átomo de hélio é $6,64 \times 10^{-27}$ kg.

48. O gás hélio está em equilíbrio térmico com o hélio líquido a 4,20 K. Ainda que esteja no de ponto de condensação, modele o gás como ideal e determine a velocidade mais provável de um átomo de hélio (massa = $6,64 \times 10^{-27}$ kg) nele.

Seção 16.7 Conteúdo em contexto: a taxa de lapso atmosférica

49. O cume do Monte Whitney, na Califórnia, está a 3 660 m acima de um ponto no sopé da montanha. Suponha que a taxa de lapso atmosférica na área do monte seja a mesma que a média global, de −6,5 °C/km. Qual é a temperatura do cume do Monte Whitney quando escaladores ávidos partem do sopé da montanha a uma temperatura de 30 °C?

50. A taxa de lapso atmosférico teórica para o ar seco (nenhum vapor de água) em uma atmosfera é dada por

$$\frac{dT}{dy} = -\frac{\gamma - 1}{\gamma}\frac{gM}{R}$$

onde g é a aceleração devido à gravidade, M é a massa molar do gás ideal uniforme na atmosfera, R é a constante do gás e y é a taxa de calor específico molar, que estudaremos no Capítulo 17. (a) Calcule a taxa de lapso teórica da Terra dado que $\gamma = 1,40$ e a massa molar efetiva do ar é 28,9 g/mol. (b) Por que esse valor é diferente do valor −6,5 °C/km dado no texto? (c) A atmosfera de Marte é basicamente composta de dióxido de carbono seco com massa molar de 44,0 g/mol e uma razão de calor específico molar de $\gamma = 1,30$. A massa de Marte é $6,42 \times 10^{23}$ kg e o raio é $3,37 \times 10^6$ m. Qual é a taxa de lapso para a troposfera marciana? (d) A temperatura atmosférica superficial típica em Marte é −40,0 °C. Usando a taxa de lapso calculada na parte (c), encontre a altura na troposfera de Marte na qual a temperatura é −60,0 °C. (e) Dados da Mariner, de 1969, indicam uma taxa de lapso na troposfera marciana de −1,5 °C/km. As missões da *Viking* em 1976 indicaram taxas de lapso −2 °C/km. Esses valores desviam do valor ideal calculado no item (c) por causa da poeira na atmosfera marciana. Por que a poeira afeta a taxa de lapso? Qual missão ocorreu em condições com mais poeira, *Mariner* ou *Viking*?

Problemas adicionais

51. Revisão. Um relógio com pêndulo de latão tem período de 1,000 s a 20,0 °C. Se a temperatura aumenta para 30,0 °C, (a) por quanto o período muda e (b) quanto tempo o relógio perde ou ganha em uma semana?

52. A densidade da gasolina é 730 kg/m³ em 0 °C. Seu coeficiente de expansão de volumétrico médio é $9,60 \times 10^{-4}$ (°C)$^{-1}$. Suponha que 1,00 gal de gasolina ocupe 0,00380 m³. Quantos quilogramas a mais de gasolina você receberia se comprasse 10,0 gal a 0 °C em vez de a 20,0 °C de uma bomba que não tem compensação de temperatura?

53. [M] Um termômetro de mercúrio é construído conforme a Figura P16.53. O tubo capilar A de vidro Pirex tem diâmetro de 0,00400 cm, e o bulbo, de 0,250 cm. Encontre a variação na altura da coluna de mercúrio que ocorre com uma variação de temperatura de 30,0 °C.

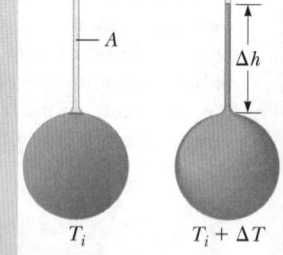

54. [S] Um líquido com um coeficiente de expansão volumétrica β enche uma concha esférica de volume V (Fig. P16.53). A concha e o capilar aberto de área A projetada a partir do topo da esfera são feitos de um material com coeficiente de expansão linear médio a. O líquido está livre para expandir para dentro do capilar. Supondo que a temperatura aumenta em ΔT, encontre a distância Δh que o líquido sobe no capilar.

Figura P16.53 Problemas 53 e 54.

55. Um estudante mede o comprimento de uma barra de latão com uma fita de aço a 20,0 °C. A leitura é 95,00 cm. O que a fita vai indicar para o comprimento da barra quando ambas estiverem a (a) −15,0 °C e (b) 55,0 °C?

56. [GP] [S] Um cilindro vertical de área transversal A é adaptado com um pistão bem ajustado, sem atrito, de massa m (Fig. P16.56). O pistão não tem seu movimento restrito de qualquer maneira e é suportado pelo gás à pressão P abaixo dele. A pressão atmosférica é P_0. Queremos determinar a altura h na Figura P16.56. (a) Que modelo de análise é adequado para descrever o pistão? (b) Escreva uma equação de força adequada para o pistão a partir deste modelo de análise em termos de P, P_0, m, A e g. (c) Suponha que n mols de um gás ideal estejam no cilindro a uma temperatura de T. Substitua P em sua resposta para a parte (b) para encontrar a altura h do pistão acima do fundo do cilindro.

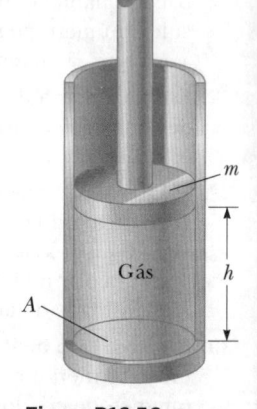

Figura P16.56

57. [BIO] **Revisão.** O oxigênio em pressões muito maiores que 1 atm é tóxico para as células pulmonares. Suponha que um mergulhador respire uma mistura de oxigênio (O_2) e hélio (He). Em peso, qual razão de hélio e oxigênio deve ser usada se o mergulhador está a uma profundidade de 50,0 m do oceano?

58. **Q|C|S** Uma faixa bimetálica de comprimento L é composta de duas fitas de metais diferentes ligados. (a) Primeiro, suponha que a faixa seja originalmente reta. Conforme é aquecida, o metal com maior coeficiente de expansão médio se expande mais que o outro, forçando a faixa em um arco com o raio externo de circunferência muito maior (Fig. P16.58). Derive uma expressão para o ângulo do encurvamento θ como uma função do comprimento inicial das faixas, seus coeficientes de expansão linear médios, a variação de temperatura e a distância dos centros das faixas ($\Delta r = r_2 - r_1$). (b) Mostre que o ângulo de encurvamento diminui para zero quando ΔT diminui para zero e, ainda, quando os dois coeficientes de expansão médios tornam-se iguais. (c) **E se?** O que aconteceria se a faixa fosse esfriada?

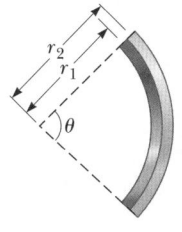

Figura P16.58

59. **BIO** Missões espaciais de longo prazo requerem a recuperação de oxigênio a partir do dióxido de carbono exalado pela tripulação. Em um método de recuperação, 1,00 mol de dióxido de carbono produz 1,00 mol de oxigênio e 1,00 mol de metano como subproduto. O metano é armazenado em um tanque sob pressão e fica disponível para controlar a inclinação da nave espacial por ventilação controlada. Um único astronauta exala 1,09 kg de dióxido de carbono por dia. Se o metano gerado na reciclagem da respiração de três astronautas, durante uma semana de voo, for armazenado em um tanque inicialmente vazio de 150 L a $-45,0\ °C$, qual seria a pressão final no tanque?

60. **Q|C|S** A placa retangular mostrada na Figura P16.60 tem uma área A_i, igual a ℓw. Se a temperatura aumentar em ΔT, cada dimensão aumenta de acordo com a Equação 16.4, onde α é o coeficiente médio de expansão linear. (a) Mostre que o aumento em área é $\Delta A = 2\alpha A_i\, \Delta T$. (b) Que aproximação essa expressão assume?

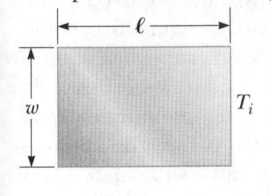

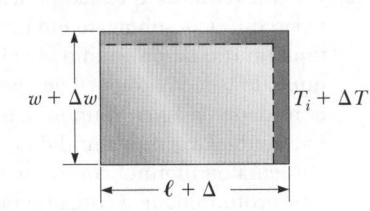

Figura P16.60

61. Um trilho ferroviário de aço de 1,00 km é amarrado fortemente nas duas pontas quando a temperatura é 20,0 °C. Conforme a temperatura aumenta, o trilho encurva, assumindo a forma de um arco de círculo vertical. Encontre a altura h do centro do trilho quando a temperatura é 25,0 °C. (Você terá de resolver uma equação transcendental.)

62. **Q|C** Um líquido tem uma densidade ρ. (a) Mostre que a variação fracional na densidade para uma variação em temperatura ΔT é $\Delta\rho/\rho = -\beta\, \Delta T$. (b) O que significa o sinal negativo? (c) A água doce tem uma densidade máxima de 1,000 0 g/cm³ a 4,0 °C. A 10,0 °C, sua densidade é 0,9997 g/cm³. Qual é β para água nesse intervalo de temperatura? (d) A 0 °C, a densidade da água é 0,9999 g/cm³. Qual é o valor de β pela variação de temperatura de 0°C a 4,00 °C?

63. Dois vãos de concreto de uma ponte de 250 m de comprimento são colocados ponta com ponta de modo que não haja espaço para expansão (Fig. P16.63a). Se ocorrer um aumento de temperatura de 20,0 °C, qual será a altura y para a qual os vãos sobem quando se encurvam (Fig. P16.63b)?

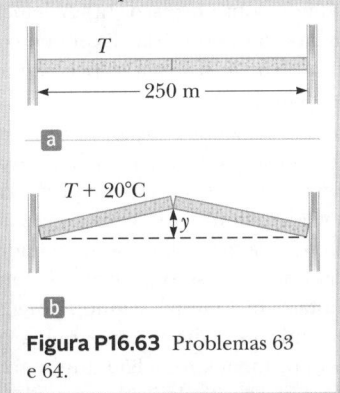

Figura P16.63 Problemas 63 e 64.

64. **S** Dois vãos de concreto que formam uma ponte de comprimento L são colocados ponta com ponta, de modo que não haja espaço para expansão (Fig. P16.63a). Se ocorrer um aumento de temperatura de ΔT, qual será a altura y para a qual os vãos sobem quando se encurvam (Fig. P16.63b)?

65. Numa planta de processamento químico, uma câmara de reação com volume fixo V_0 é conectada a um reservatório com volume fixo $4V_0$ por uma passagem contendo um terminal poroso de isolamento térmico. O terminal permite que ambos estejam a temperaturas diferentes. O terminal também permite a passagem do gás de qualquer das câmaras para a outra, garantindo que a pressão seja a mesma em ambas. Em um ponto do processamento, ambas as câmaras contêm gás na pressão de 1,00 atm e na temperatura de 27,0 °C. As válvulas de entrada e de exaustão das duas câmaras estão fechadas. O reservatório é mantido a 27,0 °C enquanto a câmara de reação é aquecida a 400 °C. Qual é a pressão em ambas as câmaras após isso ser feito?

66. (a) Mostre que a densidade de um gás ideal ocupando um volume V é dado por $\rho = PM/RT$, onde M é a massa molar. (b) Determine a densidade do gás oxigênio em pressão atmosférica e a 20,0 °C.

67. Para um gás Maxwelliano, use um computador ou calculadora programável para encontrar o valor numérico da relação $N_v(v)/N_v(v_{mp})$ para os seguintes valores de v: (a) $v = (v_{mp}/50,0)$, (b) $(v_{mp}/10,0)$, (c) $(v_{mp}/2,00)$, (d) v_{mp}, (e) $2,00v_{mp}$, (f) $10,0v_{mp}$, e (g) $50,0v_{mp}$. Dê seus resultados com três algarismos significativos.

68. **Q|C** (a) Considere que a definição do coeficiente de expansão volumétrico seja:

$$\beta = \frac{1}{V}\frac{dV}{dT}\bigg]_{P=\text{constante}} = \frac{1}{V}\frac{\partial V}{\partial T}$$

Use a equação de estado para um gás ideal para mostrar que o coeficiente de expansão volumétrica para um gás ideal sob pressão constante é dado por $\beta = 1/T$, onde T é a temperatura absoluta. (b) Que valor esta expressão prevê para β a 0 °C? Diga como esse resultado é comparado com os valores experimentais para (c) hélio e (d) ar na Tabela

16.1. *Observação*: Estes valores são muito maiores que os coeficientes de expansão volumétrica para a maioria dos líquidos e sólidos.

69. Q|C **Revisão**. Após uma colisão no espaço sideral, um disco de cobre a 850 °C gira sobre seu eixo com velocidade angular de 25,0 rad/s. Conforme o disco irradia luz infravermelha, sua temperatura cai para 20,0 °C. Não há torque externo atuando sobre o disco. (a) A velocidade angular muda conforme o disco esfria? Explique como ela muda ou não muda. (b) Qual é sua velocidade angular a uma temperatura mais baixa?

70. *Por que a seguinte situação é impossível?* Um aparelho é desenhado de modo que vapor inicialmente a $T = 150$ °C, $P = 1,00$ atm e $V = 0,500$ m³ em um pistão cilíndrico passe por um processo em que (1) o volume permanece constante e a pressão cai para 0,870 atm, seguido por (2) uma expansão na qual a pressão permanece constante e o volume aumenta para 1,00 m³, seguido por (3) um retorno às condições iniciais. É importante que a pressão do gás nunca caia para menos de 0,850 atm, para que o pistão suporte uma parte muito delicada e cara do aparelho. Sem este suporte, o aparelho pode ser severamente danificado e tornar-se inútil. Quando o desenho é transformado em um protótipo funcional, ele funciona perfeitamente.

71. Q|C **Revisão**. Considere um corpo com qualquer um dos formatos mostrados na Tabela 10.2. Qual é o percentual de aumento no momento de inércia do corpo quando aquecido de 0 °C para 100 °C se ele é composto de (a) cobre ou (b) alumínio? Suponha que os coeficientes de expansão linear médios mostrados na Tabela 16.1 não variem entre 0 °C e 100 °C. (c) Por que as respostas para as partes (a) e (b) são as mesmas para todos os formatos?

72. Um recipiente contém $1,00 \times 10^4$ moléculas de oxigênio a 500 K. (a) Faça um gráfico de precisão da função de distribuição de velocidade de Maxwell em função da velocidade com pontos em intervalos de velocidade de 100 m/s. (b) Determine a velocidade mais provável a partir deste gráfico. (c) Calcule as velocidades média e vmq para as moléculas e coloque esses dados no gráfico. (d) A partir do gráfico, estime a fração de moléculas com velocidades na faixa de 300 m/s a 600 m/s.

73. W Um cilindro é fechado por um pistão conectado a uma mola de constante $2,00 \times 10^3$ N/m (Fig. P16.73). Com a mola relaxada, o cilindro é enchido com 5,00 L de gás a uma pressão de 1,00 atm e temperatura de 20,0 °C. (a) Se o pistão tem área transversal de 0,0100 m² e massa desprezível, quão alto vai subir quando a temperatura é elevada para 250 °C? (b) Qual é a pressão do gás a 250 °C?

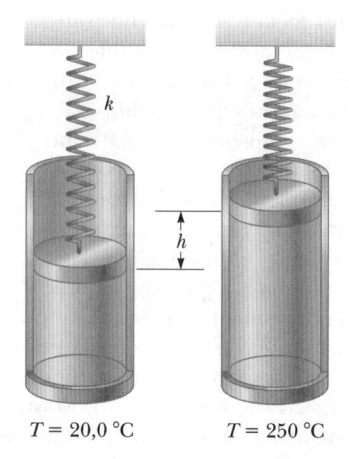

Figura P16.73

74. Um cilindro com raio de 40,0 cm e 50,0 cm de profundidade é enchido com ar a 20,0 °C a 1,00 atm (Fig. P16.74a). Um pistão de 20,0 kg é baixado dentro do cilindro, comprimindo o ar preso dentro enquanto atinge a altura de equilíbrio h_i (Fig. P16.74b). Finalmente, um cachorro de 25,0 kg é colocado sobre pistão, comprimindo ainda mais o ar, que permanece a 20 °C (Fig. P16.74c). (a) Que distância para baixo (Δh) o pistão se move quando o cachorro sobe nele? (b) A que temperatura o gás deveria ser aquecido para levantar o pistão e o cachorro de volta para h_i?

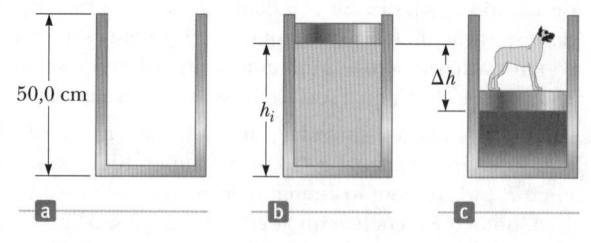

Figura P16.74

75. (a) Derive uma expressão para a força de empuxo em um balão esférico, submerso em um lago de água doce, como uma função da profundidade abaixo da superfície, do volume do balão na superfície, da pressão na superfície e da densidade da água. (Suponha que a temperatura da água não mude com a profundidade.) (b) A força de empuxo aumenta ou diminui conforme o balão é submerso? (c) A que profundidade a força de empuxo é metade do valor na superfície?

Capítulo 17

Energia em processos térmicos: a Primeira Lei da Termodinâmica

Sumário

- **17.1** Calor e energia interna
- **17.2** Calor específico
- **17.3** Calor latente
- **17.4** Trabalho e calor em processos termodinâmicos
- **17.5** A Primeira Lei da Termodinâmica
- **17.6** Algumas aplicações da Primeira Lei da Termodinâmica
- **17.7** Calores específicos molares dos gases ideais
- **17.8** Processos adiabáticos para um gás ideal
- **17.9** Calores específicos molares e equipartição de energia
- **17.10** Mecanismos de transferência de energia em processos térmicos
- **17.11** Conteúdo em contexto: equilíbrio energético para a Terra

Nesta fotografia do Monte Baker e arredores perto de Bellingham, Washington, há evidências da água em todas as três fases. No lago há água líquida, e sólida, na forma de neve, aparece no solo. As nuvens no céu consistem em gotículas de água líquida condensadas a partir do vapor da água no ar. Alterações de uma substância de uma fase para outra são o resultado de transferência de energia.

Nos Capítulos 6 e 7, no Volume 1, introduzimos a relação entre a energia na mecânica e a energia na termodinâmica. Discutimos a transformação da energia mecânica para energia interna nos casos em que uma força não conservativa, como o atrito, está agindo. No Capítulo 16, discutimos outros conceitos adicionais da relação entre energia interna e temperatura. Neste capítulo, estendemos essas discussões para um tratamento completo da energia nos processos térmicos.

Até por volta de 1850, os campos da termodinâmica e da mecânica eram considerados dois ramos distintos da ciência, e a lei da conservação de energia parecia descrever somente determinados tipos de sistemas mecânicos. Experimentos realizados em meados do século XIX pelo físico James Joule (1818-1889) e outros mostraram que a energia pode entrar ou sair de um sistema por calor e por trabalho. Hoje, conforme discutimos no Capítulo 6, a energia interna é tratada como uma forma de energia que pode ser transformada em energia mecânica e vice-versa. Uma vez que o conceito de energia se tornou mais abrangente para incluir a energia interna, a lei da conservação de energia emergiu como uma lei universal da natureza.

James Prescott Joule
Físico britânico (1818–1889)
Joule recebeu alguma educação formal em Matemática, Filosofia e Química de John Dalton, mas foi, em grande parte, um autodidata. Sua pesquisa o levou ao estabelecimento do princípio de conservação da energia. Seu estudo sobre a relação quantitativa entre os efeitos elétricos, mecânicos e químicos do calor culminou no anúncio, em 1843, da quantidade de trabalho necessária para produzir uma unidade de energia, chamada equivalente mecânico do calor.

Prevenção de Armadilhas | 17.1
Calor, temperatura e energia interna são diferentes
Enquanto você lê jornal ou ouve rádio, fique atento a frases que incluem a palavra calor usada incorretamente e pense na palavra correta que deveria ser usada em seu lugar. "Quando o caminhão freou até parar, uma grande quantidade de calor foi gerada pelo atrito" e "O calor de um dia quente de verão ..." são dois exemplos.

Figura 17.1 Uma panela com água em ebulição é aquecida por uma chama de gás. A energia entra na água através do fundo da panela pelo calor.

Este capítulo concentra-se no desenvolvimento do conceito de calor, estendendo nosso conceito de trabalho para os processos térmicos, apresentando a Primeira Lei da Termodinâmica e investigando algumas aplicações importantes.

17.1 | Calor e energia interna

É muito importante distinguir energia interna de calor, porque estes termos tendem a ser usados com o mesmo significado na comunicação diária. Você deve ler as descrições a seguir com cuidado e tentar usar corretamente esses termos, porque eles não são permutáveis – têm significados muito diferentes.

Introduzimos a energia interna no Capítulo 6, e a definiremos formalmente aqui:

Energia interna E_{int} é a energia associada aos componentes microscópicos de um sistema – átomos e moléculas – quando vistos a partir de um referencial em repouso com relação ao sistema. Inclui a energia cinética e potencial associada ao movimento aleatório translacional, rotacional e vibracional dos átomos ou moléculas que compõem o sistema, assim como a energia potencial intermolecular.

No Capítulo 16, mostramos que a energia interna de um gás ideal monoatômico está associada ao movimento translacional de seus átomos. Neste caso especial, a energia interna é simplesmente a energia cinética translacional total dos átomos; quanto mais elevada a temperatura do gás, maiores a energia cinética dos átomos e a energia interna do gás. Para gases diatômicos e poliatômicos mais complexos, a energia interna inclui outras formas de energia molecular, como a energia cinética rotacional e a energia cinética e potencial associada às vibrações moleculares.

Calor foi introduzido no Capítulo 7, Volume 1, como um possível método de transferência de energia, e aqui apresentamos uma definição formal:

Calor é um mecanismo pelo qual energia é transferida entre um sistema e seu ambiente em função de uma diferença de temperatura entre eles. É também a quantidade de energia Q transferida por este mecanismo.

A Figura 17.1 mostra uma panela com água em contato com uma chama de gás. A energia entra na água pelo calor a partir dos gases quentes na chama, e a energia interna da água aumenta como resultado. É *incorreto* dizer que a água tem mais calor à medida que o tempo passa.

Como um esclarecimento adicional do uso da palavra *calor*, considere a distinção entre trabalho e energia. O trabalho realizado sobre (ou por) um sistema é uma medida da quantidade de energia transferida entre o sistema e sua vizinha, enquanto a energia mecânica do sistema (cinética ou potencial) é uma consequência de seu movimento e de suas coordenadas. Assim, quando uma pessoa realiza trabalho sobre um sistema, energia é transferida da pessoa para o sistema. Não faz sentido algum falar sobre o trabalho em um sistema; podemos apenas fazer referência ao trabalho realizado *em* ou *por* um sistema quando algum processo ocorreu no qual energia foi transferida para o sistema, ou dele saiu. Do mesmo modo, não faz sentido usar o termo *calor*, a menos que a energia tenha sido transferida como resultado de uma diferença de temperatura.

Unidades de calor

No início do desenvolvimento da termodinâmica, antes de os cientistas reconhecerem a conexão entre esta e a mecânica, calor era definido em termos das variações de temperatura que produzia em um corpo, e uma unidade separada de energia, a caloria, era usada para o calor. **Caloria** (cal) era definida como a quantidade de energia transferida necessária para elevar a temperatura de 1 g de água[1] de 14,5 °C para 15,5 °C. ("Caloria," com C maiúsculo, usada para descrever o conteúdo de energia dos alimentos, é, na verdade, uma quilocaloria.) Da mesma forma, a unidade de calor no sistema inglês, **unidade térmica britânica** (*Btu – British thermal unit*), era definida como a quantidade de energia transferida necessária para elevar a temperatura de 1 lb de água de 63 °F para 64 °F.

Em 1948, os cientistas concordaram que, como o calor (assim como o trabalho) é uma medida da transferência de energia, sua unidade no SI deveria ser o joule. Caloria, agora, é definida exatamente como 4,186 J:

$$1 \text{ cal} \equiv 4{,}186 \text{ J} \qquad 17.1$$

▶ Equivalente mecânico do calor

Observe que esta definição não faz referência ao aquecimento da água. Caloria é uma unidade geral de energia. Poderíamos tê-la usado no Capítulo 6 (Volume 1) para a energia cinética de um corpo, por exemplo; foi introdizida aqui por razões históricas, mas faremos pouco uso dela como uma unidade de energia. A definição na Equação 17.1 é conhecida como o **equivalente mecânico do calor**.

Exemplo 17.1 | Perdendo peso da maneira mais difícil BIO

Um estudante come uma refeição de 2 000 Calorias. Ele quer fazer trabalho em quantidade equivalente no ginásio, levantando halteres de 50,0 kg. Quantas vezes ele deve levantá-los para gastar esta energia? Suponha que ele os levante 2,00 m em cada levantamento, e que não ganhe energia quando desce os halteres.

SOLUÇÃO

Conceitualização Imagine o estudante levantando os halteres. Ele está fazendo trabalho no sistema halteres-Terra, então, energia sai do seu corpo. A quantidade total de trabalho que o estudante deve fazer é de 2 000 calorias.

Categorização Modelamos o sistema halteres-Terra como um sistema não isolado.

Análise Reduza a equação de conservação de energia, Equação 7.2, para a expressão adequada ao sistema halteres-Terra:

(1) $\Delta U_{\text{total}} = W_{\text{total}}$

Expresse a variação na energia gravitacional potencial do sistema depois que o haltere é levantado uma vez:

$\Delta U = mgh$

Expresse a quantidade total de energia que deve ser transferida para o sistema pelo trabalho de levantar os halteres *n* vezes, supondo que não haja ganho de energia depois que os halteres são abaixados:

(2) $\Delta U_{\text{total}} = nmgh$

Substitua a Equação (2) na Equação (1):

$nmgh = W_{\text{total}}$

Resolva para *n*:

$$n = \frac{W_{\text{total}}}{mgh}$$

$$= \frac{(2\,000 \text{ Cal})}{(50{,}0 \text{ kg})(9{,}80 \text{ m/s}^2)(2{,}00 \text{ m})} \left(\frac{1{,}00 \times 10^3 \text{ cal}}{\text{Caloria}}\right)\left(\frac{4{,}186 \text{ J}}{1 \text{ cal}}\right)$$

$$= 8{,}54 \times 10^3 \text{ vezes}$$

Finalização Se o estudante estiver em boa forma e levantar os halteres uma vez a cada 5 s, ele levaria aproximadamente 12 h para realizar este feito. É obviamente muito mais fácil o estudante perder peso fazendo dieta.

Na verdade, o corpo humano não é 100% eficiente. Portanto, nem toda energia transformada dentro do corpo a partir do jantar se transfere para fora do corpo pelo trabalho realizado com os halteres. Alguma desta energia é usada para bombear sangue e realizar outras funções dentro do corpo. Então, as 2 000 Calorias podem ser gastas em menos tempo que 12 h quando esses outros processos energéticos são incluídos.

---

[1] Originalmente, caloria foi definida como o calor necessário para elevar em 1 °C a temperatura de 1 g de água a qualquer temperatura inicial. Entretanto, medições mais cuidadosas mostraram que a energia necessária depende, em alguma medida, da temperatura inicial; e, assim, surgiu uma definição mais precisa.

17.2 | Calor específico

Prevenção de Armadilhas | 17.2
Uma escolha infeliz de terminologia
O nome *calor específico* é um resquício infeliz dos dias quando a termodinâmica e a mecânica se desenvolveram separadamente. Um nome melhor seria *transferência específica de energia*, mas o termo existente está muito enraizado para ser substituído.

A definição de caloria indica a quantidade de energia necessária para elevar a temperatura de 1 g de uma substância específica – água – em 1 °C, é 4 186 J. Para elevar a temperatura de 1 kg de água em 1 °C, precisamos transferir 4 186 J de energia do ambiente. A quantidade de energia necessária para elevar em 1 °C a temperatura de 1 kg de uma substância qualquer varia de acordo com a substância. Por exemplo, a energia necessária para elevar a temperatura de 1 kg de cobre em 1 °C é 387 J, significativamente menor que a necessária para a água. Cada substância requer uma quantidade única de energia por unidade de massa para mudar sua temperatura em 1 °C.

Suponha que uma quantidade de energia Q seja transferida para uma massa m de uma substância, mudando assim sua temperatura em ΔT. **O calor específico c da substância é definido como**

$$c \equiv \frac{Q}{m \Delta T} \qquad 17.2◀$$

As unidades do calor específico são joules por quilograma-graus Celsius, ou J/kg · °C. A Tabela 17.1 lista os valores específicos para diversas substâncias. A partir da definição de caloria, o calor específico da água é 4 186 J/kg · °C.

A partir desta definição, podemos expressar a energia Q transferida entre o sistema de massa m e sua vizinhança em termos da variação da temperatura resultante ΔT como

$$Q = mc\,\Delta T \qquad 17.3◀$$

Por exemplo, a energia necessária para elevar em 3,00 °C é $Q = (0{,}500 \text{ kg})(4\,186 \text{ J/kg} \cdot {}^\circ\text{C})(3{,}00\,{}^\circ\text{C}) = 6{,}28 \times 10^3$ J. Observe que quando a temperatura aumenta, ΔT e Q são considerados *positivos*, correspondendo à energia que flui *para dentro* do sistema. Quando a temperatura diminui, ΔT e Q são *negativos* e a energia flui *para fora* do sistema. Essas convenções de sinais são consistentes com aquelas em nossa discussão da equação de conservação da energia, Equação 7.2.

A Tabela 17.1 mostra que a água tem um calor específico elevado comparado à maioria das outras substâncias comuns (os calores específicos do hidrogênio e do hélio são mais elevados). O elevado calor específico da água é responsável pelas temperaturas moderadas encontradas nas regiões próximas de grandes massas de água. À medida que a temperatura de uma massa de água diminui durante o inverno, a água transfere a energia para o ar, que a transfere para a terra quando os ventos predominantes sopram em direção a esta. Por exemplo, os ventos predominantes na costa oeste dos Estados Unidos sopram para a terra, e a energia liberada pelo oceano Pacífico, enquanto este se resfria, mantém as áreas litorâneas mais quentes do que normalmente seriam. Isto explica por que os estados nessas regiões geralmente têm clima mais quente no inverno do que os estados da costa leste, onde os ventos não transferem energia para a terra.

TABELA 17.1 | Calores específicos de algumas substâncias a 25 °C e pressão atmosférica

Substância	Calor Específico c	
	J/kg · °C	cal/g · °C
Sólidos elementares		
Alumínio	900	0,215
Berílio	1 830	0,436
Cádmio	230	0,055
Cobre	387	0,092 4
Germânio	322	0,077
Ouro	129	0,030 8
Ferro	448	0,107
Chumbo	128	0,030 5
Silício	703	0,168
Prata	234	0,056
Outros Sólidos		
Latão	380	0,092
Vidro	837	0,200
Gelo (−5 °C)	2 090	0,50
Mármore	860	0,21
Madeira	1 700	0,41
Líquidos		
Álcool (etílico)	2 400	0,58
Mercúrio	140	0,033
Água (15 °C)	4 186	1,00
Gás		
Vapor (100 °C)	2 010	0,48

O fato de o calor específico da água ser maior que o da areia explica o padrão do fluxo de ar em uma praia. Durante o dia, o sol adiciona quantidades aproximadamente iguais de energia para à praia e à água, mas o calor específico mais baixo da areia faz com que a praia alcance uma temperatura mais elevada do que a água. Como resultado, o ar acima da terra alcança uma temperatura mais alta do que o ar acima da água. O ar frio mais denso empurra o ar quente menos denso para cima (devido ao princípio de Arquimedes), o que resulta em uma brisa que sopra do oceano para a terra durante o dia. Durante a noite, a areia esfria mais rapidamente do que a água, e o padrão de circulação se inverte, porque o ar mais quente agora está sobre a água. Essas brisas que sopram da e para a praia são bem conhecidas pelos marinheiros.

TESTE RÁPIDO 17.1 Imagine que você tenha três amostras de 1 kg de ferro, vidro e água, todas a 10 °C. **(a)** Classifique-as, da maior para a menor temperatura, depois que 100 J de energia são adicionados a cada amostra. **(b)** Classifique, da maior para a menor quantidade de energia transferida por calor, se cada amostra aumenta em temperatura por 20,0 °C.

Calorimetria

Uma técnica para medir o calor específico de um sólido ou de um líquido é elevar a temperatura da substância para algum valor, colocá-la em um recipiente contendo água de massa e temperatura conhecidas, e medir a temperatura da combinação após o equilíbrio ser atingido. Definiremos o sistema como a substância e a água. Se o recipiente for supostamente um bom isolante, de modo que a energia não deixe o sistema por calor (nem por qualquer outro meio), então podemos usar o modelo de sistema isolado. Um recipiente que tenha esta propriedade é chamado **calorímetro**, e a análise realizada usando tal recipiente é chamada **calorimetria**. A Figura 17.2 exibe a amostra quente na água fria e a transferência de energia por calor resultante da parte do sistema em alta temperatura para a parte em baixa temperatura.

O princípio de conservação de energia para este sistema isolado requer que a energia que sai pelo calor da substância mais aquecida (de calor específico desconhecido) se iguale à energia que entra na água.[2] Portanto, podemos escrever

$$Q_{\text{frio}} = -Q_{\text{quente}} \quad \textbf{17.4}$$

Para ver como formular um problema de calorimetria, suponha que m_x seja a massa de uma substância cujo calor específico desejamos determinar; c_x, seu calor específico; e T_x sua temperatura inicial. Sejam m_w, c_w, e T_w os valores correspondentes para a água. Se T for a temperatura de equilíbrio final após a substância e a água se combinarem, a partir da Equação 17.3 descobrimos que a energia ganha pela água é $m_w c_w (T - T_w)$ e que a energia perdida pela substância de calor específico desconhecido é $m_x c_x (T - T_x)$. Substituindo esses valores na Equação 17.4, temos

$$m_w c_w (T - T_w) = -m_x c_x (T - T_x)$$

Esta equação pode ser resolvida para o calor específico desconhecido c_x.

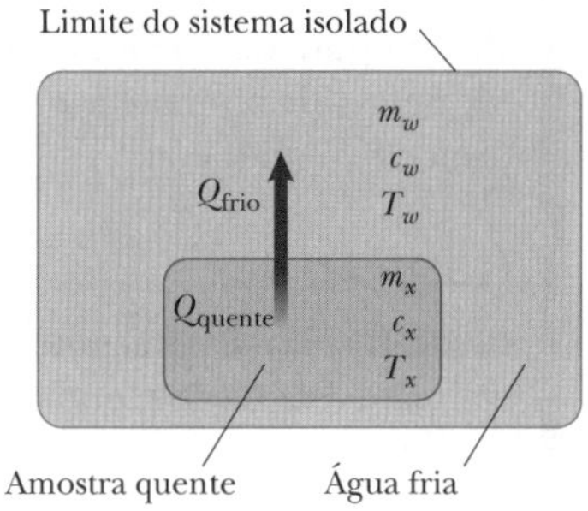

Figura 17.2 Em um experimento de calorimetria, uma amostra quente cujo calor específico é desconhecido é colocada em água fria em um recipiente que isola o sistema do ambiente.

Prevenção de Armadilhas | 17.3
Lembre-se do sinal negativo
É *crítico* incluir o sinal negativo na Equação 17.4, porque é necessário para consistência com nossa convenção de sinais para transferência de energia. A transferência de energia Q_{quente} tem valor negativo porque a energia está saindo da substância quente. O sinal negativo na equação garante que o lado direito é um número positivo, consistente com o lado esquerdo, que é positivo porque a energia está entrando na substância fria.

Prevenção de Armadilhas | 17.4
Celsius *versus* Kelvin
Nas equações em que T aparece (p. ex., a lei do gás ideal), a temperatura em Kelvin *tem de* ser utilizada. Em equações envolvendo ΔT, como as de calorimetria, é possível usar temperaturas em Celsius, porque uma variação na temperatura é a mesma nas duas escalas. É *mais seguro*, no entanto, usar *consistentemente* a temperatura em Kelvin em todas as equações envolvendo T ou ΔT.

> **PENSANDO EM FÍSICA 17.1**
>
> A equação $Q = mc\,\Delta T$ indica a relação entre energia Q transferida para um corpo de massa m e calor específico c e a variação de temperatura resultante ΔT. Na realidade, a transferência de energia no lado esquerdo da equação pode ser feita por qualquer método, não apenas calor. Dê alguns exemplos em que a equação poderia ser usada para calcular a variação de temperatura de um corpo devida a outro processo de transferência de energia que não calor.
>
> **Raciocínio** Seguem alguns dos diversos exemplos possíveis.
>
> Durante os primeiros segundos após ligar uma torradeira, a temperatura da resistência se eleva. O mecanismo de transferência aqui é a *transmissão elétrica* de energia através do fio elétrico.
>
> A temperatura de uma batata em um forno de micro-ondas aumenta devido à absorção de micro-ondas. Neste caso, o mecanismo de transferência de energia é a *radiação eletromagnética* – as micro-ondas.
>
> Um carpinteiro tenta usar uma furadeira com uma broca rombuda para abrir um buraco em um pedaço de madeira. A broca não consegue penetrar muito, mas se torna muito quente. O aumento na temperatura neste caso se dá por causa do *trabalho* realizado na broca pela madeira.
>
> Em cada um desses casos, bem como em muitas outras possibilidades, o Q à esquerda da equação de interesse não é uma medida de calor, mas é substituído pela energia transferida ou transformada por outros meios. Apesar de o calor não estar envolvido, a equação ainda pode ser usada para calcular a variação da temperatura. ◀

---

[2] Para medições precisas, o recipiente contendo água deve ser incluído nos cálculos, porque ele também troca energia com a amostra. No entanto, fazer isto exigiria conhecimento de sua massa e composição. Mas, se a massa de água for grande comparada com a do recipiente, podemos adotar um modelo de simplificação no qual desprezamos a energia ganha pelo recipiente.

Exemplo **17.2** | **Esfriando um lingote quente**

Um lingote de metal de 0,0500 kg é aquecido a 200,0 °C e depois colocado em um calorímetro contendo 0,400 kg de água inicialmente a 20,0 °C. A temperatura final de equilíbrio do sistema misturado é 22,4 °C. Determine o calor específico do metal.

SOLUÇÃO

Conceitualização Imagine o processo ocorrendo no sistema isolado da Figura 17.2. A energia sai do lingote quente e vai para a água fria, então aquele esfria e esta esquenta. Quando os dois estão à mesma temperatura, a transferência de energia cessa.

Categorização Usamos uma equação desenvolvida nesta seção, então categorizamos este exemplo como um problema de substituição.

Use a Equação 17.3 para avaliar cada lado da Equação 17.4:

$$m_w c_w (T_f - T_w) = -m_x c_x (T_f - T_x)$$

Resolva para c_x:

$$c_x = \frac{m_w c_w (T_f - T_w)}{m_x (T_x - T_f)}$$

Substitua os valores numéricos;

$$c_x = \frac{(0,400 \text{ kg})(4\,186 \text{ J/kg} \cdot {}^\circ\text{C})(22,4\,{}^\circ\text{C} - 20,0\,{}^\circ\text{C})}{(0,050\,0 \text{ kg})(200{,}0\,{}^\circ\text{C} - 22{,}4\,{}^\circ\text{C})}$$

$$= 453 \text{ J/kg} \cdot {}^\circ\text{C}$$

É muito provável que o lingote seja de ferro, comparando este resultado com os dados da Tabela 17.1. A temperatura do lingote está inicialmente acima do ponto de vaporização. Portanto, alguma água pode ser vaporizada quando ele é colocado dentro da água. Supomos que o sistema esteja selado e este vapor não possa escapar. Como a temperatura final de equilíbrio é mais baixa que o ponto de evaporação, qualquer vapor resultante condensa novamente como água.

E se? Suponha que você esteja realizando um experimento no laboratório que use esta técnica para determinar o calor específico de uma amostra e queira diminuir a incerteza geral do seu resultado final para c_x. Considerando os dados fornecidos neste exemplo, a variação de qual valor seria mais eficaz na redução da incerteza?

Resposta A maior incerteza experimental está associada à pequena diferença na temperatura de 2,4 °C a água. Por exemplo, usando as regras para a propagação de incerteza do Apêndice B, Seção B.8, uma incerteza de 0,1 °C em cada T_f e T_w leva a uma incerteza de 8% na diferença entre elas. Para esta diferença de temperatura ser maior experimentalmente, a variação mais eficaz é *diminuir a quantidade de água*.

17.3 | Calor latente

Como vimos na seção anterior, uma substância pode sofrer variação de temperatura quando energia é transferida entre ela e sua vizinhança. No entanto, em algumas situações, a transferência de energia não resulta em variação na temperatura. Este é o caso sempre que as características físicas da substância mudam de uma forma para outra; tal variação é comumente chamada **mudança de fase**. Duas mudanças de fase comuns são do sólido para o líquido (derretimento) e do líquido para o gasoso (ebulição); outra é uma mudança na estrutura cristalina de um sólido. Todas estas mudanças de fase envolvem variação na energia interna do sistema sem alteração de sua temperatura. O aumento de energia interna na ebulição, por exemplo, é representado pelo rompimento de ligações entre as moléculas no estado líquido; este rompimento de ligações permite que as moléculas se movam mais para longe no estado gasoso, com aumento correspondente da energia potencial intermolecular.

Como seria esperado, substâncias diferentes respondem diferentemente ao acréscimo ou retirada de energia conforme mudam de fase, porque seus arranjos moleculares internos variam. A quantidade de energia transferida durante a mudança de fase depende da quantidade de substância envolvida. (É necessário menos energia para derreter um cubo de gelo do que para degelar um lago congelado.) Quando falarmos das duas fases de um material, usaremos o termo material de fase mais alta para aquele existente a uma temperatura mais alta. Então, se discutimos água e gelo, a água é o material de fase mais alta, enquanto o vapor é o *material de fase mais alta* em uma discussão sobre vapor e água. Considere um sistema contendo uma substância com duas fases em equilíbrio, como água e gelo. A quantidade inicial do material de fase mais alta, água, no sistema é m_i. Agora, imagine que a energia Q entre no sistema. Como resultado, a quantidade final de água é m_f devido ao derretimento de parte do gelo. Portanto, a quantidade de gelo que derreteu, igual à quantidade de água *nova*, é $\Delta m = m_f - m_i$. Definimos o **calor latente** para essa mudança de fase como

$$L \equiv \frac{Q}{\Delta m} \qquad \text{17.5} \blacktriangleleft$$

Este parâmetro é chamado calor latente (literalmente, calor "escondido"), porque essa energia acrescentada ou removida não resulta em uma variação de temperatura. O valor de L para uma substância depende da natureza da mudança de fase e das propriedades da substância. Se todo o material de fase mais baixa sofre uma mudança de fase, a variação em massa Δm do material de fase mais alta é igual à massa inicial do de fase mais baixa. Por exemplo, se um cubo de gelo de massa m em um prato derrete completamente, a variação na massa da água é $m_f - 0 = m$, que é a massa da água nova e também é igual à massa inicial do cubo de gelo.

A partir da definição de calor latente, e escolhendo novamente o calor como nosso mecanismo de transferência de energia, a energia necessária para mudar a fase de uma substância pura é

$$\boxed{Q = L\, \Delta m} \qquad \text{17.6} \blacktriangleleft$$

▶ Energia transferida a uma substância durante uma mudança de fase

onde Δm é a variação na massa do material de fase mais alta.

Calor latente de fusão L_f é o termo usado quando a mudança de fase é do sólido para o líquido (*fundir* significa "combinar por derretimento"), e **calor latente de vaporização** L_v é o termo usado quando a mudança de fase é do líquido para o gasoso (o líquido "vaporiza").[3] O calor latente de várias substâncias varia consideravelmente, como mostrado pelos dados na Tabela 17.2. Quando energia entra em um sistema, causando derretimento ou vaporização, a quantidade de material de fase mais alta aumenta; então, Δm e Q são positivos, o que é consistente com nossa convenção de sinais. Quando energia é extraída de um sistema, causando congelamento ou condensação, a quantidade de material de fase mais alta diminui; então Δm e Q são negativos, novamente consistente com nossa convenção de sinais. Lembre-se de que Δm na Equação 17.6 sempre se refere ao material de fase mais alta.

Prevenção de Armadilhas | 17.5
Sinais são decisivos
Erros nos sinais ocorrem frequentemente quando estudantes aplicam equações de calorimetria. Para mudanças de fase, lembre-se de que Δm na Equação 17.6 sempre é a variação na massa do material de fase mais alta. Na Equação 17.3, assegure-se de que seu ΔT seja sempre a temperatura final menos a temperatura inicial. Além disto, você deve *sempre* incluir o sinal negativo no lado direito da Equação 17.4.

TABELA 17.2 | Calores latentes de fusão e vaporização

Substância	Ponto de fusão (°C)	Calor latente de fusão (J/kg)	Ponto de ebulição (°C)	Calor latente de vaporização (J/kg)
Hélio[a]	−272,2	$5{,}23 \times 10^3$	−268,93	$2{,}09 \times 10^4$
Oxigênio	−218,79	$1{,}38 \times 10^4$	−182,97	$2{,}13 \times 10^5$
Nitrogênio	−209,97	$2{,}55 \times 10^4$	−195,81	$2{,}01 \times 10^5$
Álcool etílico	−114	$1{,}04 \times 10^5$	78	$8{,}54 \times 10^5$
Água	0,00	$3{,}33 \times 10^5$	100,00	$2{,}26 \times 10^6$
Enxofre	119	$3{,}81 \times 10^4$	444,60	$3{,}26 \times 10^5$
Chumbo	327,3	$2{,}45 \times 10^4$	1 750	$8{,}70 \times 10^5$
Alumínio	660	$3{,}97 \times 10^5$	2 450	$1{,}14 \times 10^7$
Prata	960,80	$8{,}82 \times 10^4$	2 193	$2{,}33 \times 10^6$
Ouro	1 063,00	$6{,}44 \times 10^4$	2 660	$1{,}58 \times 10^6$
Cobre	1 083	$1{,}34 \times 10^5$	1 187	$5{,}06 \times 10^6$

[a]Hélio não solidifica na pressão atmosférica. Portanto, seu ponto de fusão é dado sob a condição de que a pressão seja 2,5 MPa.

---

[3]Quando um gás esfria, ele eventualmente *condensa*; isto é, volta para a fase líquida. A energia liberada por unidade de massa é chamada *calor latente de condensação*, e é numericamente igual ao calor latente de vaporização. Do mesmo modo, quando um líquido esfria, ele eventualmente solidifica, e o *calor latente de solidificação* é numericamente igual ao calor latente de fusão.

Figura 17.3 Gráfico de temperatura *versus* energia adicionada quando 1,00 g de gelo inicialmente a −30,0 °C é convertido para vapor a 120,0 °C.

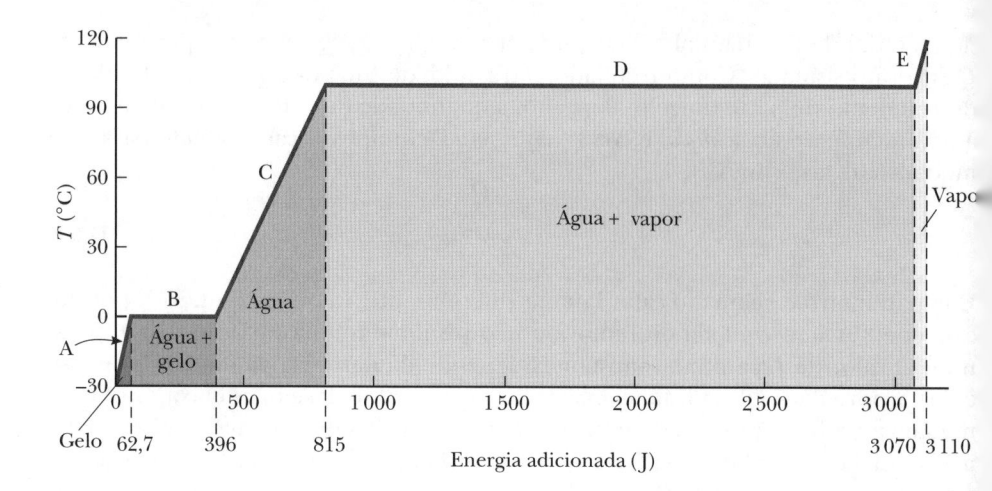

Para compreender a função do calor latente nas mudanças de fases, considere a energia necessária para converter um cubo de gelo de 1,00 g a –30,0 °C a vapor a 120,0 °C. A Figura 17.3 mostra os resultados experimentais obtidos quando energia é gradativamente adicionada ao gelo. Os resultados são apresentados como um gráfico de temperatura do sistema do cubo de gelo *versus* energia adicionada ao sistema. Vamos examinar cada porção da curva cinza escuro que é dividida nas partes A até E.

Parte A. Nessa parte da curva na qual a temperatura do gelo muda de –30,0 °C para 0,0 °C. A Equação 17.3 mostra que a temperatura varia linearmente com a energia adicionada; então, o resultado experimental é uma linha reta no gráfico. Como o calor específico do gelo é 2 090 J/kg · °C, podemos calcular a quantidade de energia adicionada usando a Equação 17.3:

$$Q = m_i c_i \Delta T = (1{,}00 \times 10^{-3} \text{ kg})(2\,090 \text{ J/kg} \cdot \text{°C})(30{,}0 \text{ °C}) = 62{,}7 \text{ J}$$

Parte B. Quando a temperatura do gelo atinge 0,0 °C, a mistura gelo-água permanece nessa temperatura – embora energia esteja sendo adicionada – até que todo o gelo derreta. A energia necessária para derreter 1,00 g de gelo a 0,0 °C é, a partir da Equação 17.6:

$$Q = L_f \Delta m_w = L_f m_i = (3{,}33 \times 10^5 \text{ J/kg})(1{,}00 \times 10^{-3} \text{ kg}) = 333 \text{ J}$$

Neste ponto, chegamos à marca de 396 J (= 62,7 J + 333 J) no eixo de energia na Figura 17.3.

Parte C. Entre 0,0 °C e 100,0 °C, nada surpreendente acontece. Não ocorre mudança de fase, e então toda a energia adicionada à água é usada para aumentar sua temperatura. A quantidade de energia necessária para aumentar a temperatura de 0,0 °C a 100,0 °C é

$$Q = m_w c_w \Delta T = (1{,}00 \times 10^{-3} \text{ kg})(4{,}19 \times 10^3 \text{ J/kg} \cdot \text{°C})(100{,}0\text{°C}) = 419 \text{ J}$$

Parte D. A 100,0 °C, ocorre outra mudança de fase, quando a água muda de água a 100,0 °C para vapor a 100,0 °C. Da mesma maneira que a mistura gelo-água na parte B, a mistura água-vapor permanece a 100,0 °C – embora energia esteja sendo adicionada – até que todo o líquido tenha sido convertido para vapor. A energia necessária para converter 1,00 g de água para vapor a 100,0 °C é

$$Q = L_v \Delta m_s = L_v m_w = (2{,}26 \times 10^6 \text{ J/kg})(1{,}00 \times 10^{-3} \text{ kg}) = 2{,}26 \times 10^3 \text{ J}$$

Parte E. Nesta porção da curva, como nas partes A e C, não ocorre mudança de fase; então, toda a energia adicionada é usada para aumentar a temperatura do vapor. A energia que deve ser acrescentada para elevar a temperatura do vapor de 100,0 °C para 120,0 °C é

$$Q = m_s c_s \Delta T = (1{,}00 \times 10^{-3} \text{ kg})(2{,}01 \times 10^3 \text{ J/kg} \cdot \text{°C})(20{,}0 \text{ °C}) = 40{,}2 \text{ J}$$

A quantidade total de energia que deve ser acrescentada para mudar 1 g de gelo a –30,0 °C para vapor a 120,0 °C é a soma dos resultados de todas as cinco partes da curva, que é $3{,}11 \times 10^3$ J. Inversamente, para resfriar 1 g de vapor a 120,0 °C para gelo a −30,0 °C, devemos retirar $3{,}11 \times 10^3$ J de energia.

Observe, na Figura 17.3, a quantidade relativamente grande de energia que é transferida para a água para vaporizá-la. Imagine inverter este processo, com grande quantidade de energia transferida do vapor para condensá-lo em água. É por isso que uma queimadura causada por vapor a 100 °C causa mais danos que expor a pele à água a 100 °C.

Uma grande quantidade de energia entra na pele pelo vapor, e este permanece a 100 °C por longo tempo enquanto se condensa. Contrariamente, quando a pele entra em contato com água a 100 °C, esta começa a perder temperatura imediatamente devido à transferência de energia da água para a pele.

Se água líquida é mantida perfeitamente imóvel em um recipiente bem limpo, é possível que ela caia para menos de 0°C sem congelar nem virar gelo. Este fenômeno, chamado **super-resfriamento,** surge porque a água requer uma perturbação de algum tipo para que suas moléculas se afastem e comecem a formar a estrutura grande e aberta do gelo, que faz a densidade do gelo ser menor que a da água como discutido na Seção 16.3. Se água super-resfriada é perturbada, congela subitamente. O sistema cai na configuração mais baixa de energia das moléculas ligadas da estrutura do gelo, e a energia liberada eleva a temperatura de volta para 0 °C.

Aquecedores de mão comerciais consistem em acetato de sódio líquido em uma bolsa de plástico lacrada. A solução na bolsa está em estado estável super-resfriado. Quando você clica o disco na bolsa, o líquido solidifica e a temperatura aumenta, exatamente como a água super-resfriada mencionada acima. Entretanto, neste caso, o ponto de congelamento do líquido é mais alto que a temperatura do corpo, por isso a bolsa parece quente ao toque. Para reutilizar o aquecedor de mão, a bolsa deve ser fervida até que o sólido se liquefaça. Então, conforme ela esfria, passa do ponto de congelamento para o estado super-resfriado.

Também é possível criar **superaquecimento**. Por exemplo, água limpa em uma xícara bem limpa colocada em um forno de micro-ondas às vezes passa dos 100 °C sem ferver, porque a formação de uma bolha de vapor na água exige arranhões na xícara ou algum tipo de impureza na água para ser o local de nucleação. Quando a xícara é retirada do forno, a água superaquecida pode ficar explosiva, pois as bolhas se formam imediatamente e a água quente é forçada para cima e para fora da xícara.

Uma brincadeira clássica relacionada às mudanças de fase é modelar uma colher feita de gálio puro. O ponto de fusão do gálio é 29,8 °C. Portanto, quando a colher é usada para mexer o chá quente, sua parte submersa transforma-se em líquido e se desfaz no fundo da xícara. É preciso ser rápido para pegar a colher e começar a mexer, porque o ponto de fusão do gálio é inferior ao da temperatura normal do corpo e, portanto, a colher derreterá na sua mão!

TESTE RÁPIDO 17.2 Suponha que o mesmo processo de adicionar energia ao cubo de gelo seja realizado como descrito acima, mas, agora, vamos traçar um gráfico da energia interna do sistema como função da entrada de energia. Como seria este gráfico?

TESTE RÁPIDO 17.3 Calcule as inclinações para as partes A, C e E da Figura 17.3. Classifique as inclinações de menos para mais íngremes, e explique o que essa ordenação significa.

Exemplo 17.3 | Esfriando o vapor

Que massa de vapor inicialmente a 130 °C é necessária para aquecer 200 g de água em um recipiente de vidro de 100 g a 20,0 °C para 50,0 °C?

SOLUÇÃO

Conceitualização Imagine colocar água e vapor juntos em um recipiente fechado isolado. O sistema eventualmente alcança um estado uniforme de água com temperatura final de 50,0 °C.

Categorização Com base na etapa acima, categorizamos este exemplo como um que envolve calorimetria, no qual ocorre uma mudança de fase.

Análise Escreva a Equação 17.4 para descrever o processo de calorimetria: (1) $Q_{frio} = -Q_{quente}$

continua

> **17.3** cont.
>
> O vapor passa por três processos: primeiro, uma diminuição da temperatura para 100 °C; depois, condensação para água líquida; e, finalmente, a diminuição da temperatura da água para 50,0 °C. Encontre a transferência de energia no primeiro processo usando a massa desconhecida m_s do vapor:
>
> $Q_1 = m_s c_s \Delta T_s$
>
> Encontre a transferência de energia no segundo processo:
>
> $Q_2 = L_v \Delta m_s = L_v(0 - m_s) = -m_s L_v$
>
> Encontre a transferência de energia no terceiro processo:
>
> $Q_3 = m_s c_w \Delta T_{\text{água quente}}$
>
> Adicione as transferências de energia nestes três estágios:
>
> (2) $Q_{\text{quente}} = Q_1 + Q_2 + Q_3 = m_s(c_s \Delta T_s - L_v + c_w \Delta T_{\text{água}})$
>
> A água a 20,0 °C e o vidro passam por um processo, um aumento de temperatura de 50,0 °C. Encontre a transferência de energia nesse processo:
>
> (3) $Q_{\text{frio}} = m_w c_w \Delta T_{\text{água quente}} + m_g c_g \Delta T_{\text{copo}}$
>
> Substitua as Equações (2) e (3) na (1):
>
> $m_w c_w \Delta T_{\text{água fria}} + m_g c_g \Delta T_{\text{copo}} = -m_s(c_s \Delta T_s - L_v + c_w \Delta T_{\text{água quente}})$
>
> Resolva para m_s:
>
> $m_s = -\dfrac{m_w c_w \Delta T_{\text{água fria}} + m_g c_g \Delta T_{\text{copo}}}{c_s \Delta T_s - L_v + c_w \Delta T_{\text{água quente}}}$
>
> Substitua os valores numéricos:
>
> $m_s = -\dfrac{(0{,}200 \text{ kg})(4186 \text{ J/kg} \cdot {}^\circ\text{C})(50{,}0\,{}^\circ\text{C} - 20{,}0\,{}^\circ\text{C}) + (0{,}100 \text{ kg})(837 \text{ J/kg} \cdot {}^\circ\text{C})(50{,}0\,{}^\circ\text{C} - 20{,}0\,{}^\circ\text{C})}{(2\,010 \text{ J/kg} \cdot {}^\circ\text{C})(100\,{}^\circ\text{C} - 130\,{}^\circ\text{C}) - (2{,}26 \times 10^6 \text{ J/kg}) + (4\,186 \text{ J/kg} \cdot {}^\circ\text{C})(50{,}0\,{}^\circ\text{C} - 100\,{}^\circ\text{C})}$
>
> $= 1{,}09 \times 10^{-2} \text{ kg} = 10{,}9 \text{ g}$
>
> **E se?** E se o estado final do sistema é água a 100 °C? Precisaríamos de mais ou de menos vapor? Como a análise acima mudaria?
>
> **Resposta** Seria necessário mais vapor para elevar a temperatura da água e do vidro para 100 °C em vez de 50,0 °C. Haveria duas grandes mudanças na análise. Primeiro, não teríamos o termo Q_3 para o vapor, porque a água que condensa do vapor não esfria abaixo de 100 °C. Segundo, em Q_{frio}, a variação de temperatura seria 80,0 °C em vez de 30,0 °C. Para praticar, mostre que o resultado exige uma massa de vapor de 31,8 g.

17.4 | Trabalho e calor em processos termodinâmicos

Na abordagem macroscópica da termodinâmica, descrevemos o *estado* de um sistema com variáveis como pressão, volume, temperatura e energia interna. Como resultado, estas pertencem a uma categoria chamada **variáveis de estado**. Para qualquer configuração do sistema, podemos identificar valores dessas variáveis. Entretanto, é importante observar que o estado macroscópico de um sistema pode ser especificado somente se o sistema estiver em equilíbrio térmico interno. No caso de um gás em um recipiente, o equilíbrio térmico interno exige que todas as partes do gás estejam às mesmas pressão e temperatura. Se a temperatura varia de uma parte de gás para outra, por exemplo, não é possível especificar uma temperatura única para todo o gás a ser usado na lei do gases ideais.

Uma segunda categoria de variáveis em situações envolvendo energia são as **variáveis de transferência**. Estas somente têm valor se ocorrer um processo no qual energia é transferida através da fronteira do sistema. Como a transferência de energia através do limite representa uma mudança no sistema, variáveis de transferência não são associadas a um estado do sistema, e sim a uma *mudança* no estado do sistema. Nas seções anteriores, discutimos o calor como uma variável de transferência. Para dado conjunto de condições de um sistema, o calor não tem valor definido. Podemos atribuir um valor para o calor somente se a energia atravessar as fronteiras do sistema, resultando em uma mudança no sistema. As variáveis de estado são características de um sistema em equilíbrio térmico interno. As variáveis de transferência são características de um processo em que a energia é transferida entre um sistema e seu meio.

Já vimos esta noção, mas não usamos a linguagem das variáveis de estado e de transferência. Na equação de conservação de energia, $\Delta E_{\text{sistema}} = \Sigma T$, podemos identificar os termos do lado direito como as variáveis de transferência: trabalho, calor, ondas mecânicas, transferência de matéria, radiação eletromagnética e transmissão elétrica. O lado esquerdo desta equação representa *mudanças* nas variáveis de estado: energia cinética, energia potencial e energia interna. Para um gás, temos variáveis do estado adicionais, que não são energias, como pressão, volume e temperatura.

Nesta seção, estudaremos uma variável de transferência importante para sistemas termodinâmicos, o trabalho. O trabalho realizado sobre partículas foi estudado extensivamente no Capítulo 6 e, aqui, investigaremos o trabalho realizado sobre um sistema deformável, um gás. Considere um gás contido em um cilindro com um pistão móvel e sem atrito, cuja área de face é A (Fig. 17.4), e em equilíbrio térmico. O gás ocupa um volume V e exerce um pressão uniforme P sobre as paredes do cilindro e sobre o pistão. Adotamos agora um modelo simplificado em que o gás é comprimido em um **processo quase estático**, isto é, suficientemente devagar para permitir que o sistema se mantenha em equilíbrio térmico em todos os momentos. À medida que o pistão é empurrado para dentro por uma força externa $\vec{F}_{ext}$, seu ponto de aplicação no gás (a face inferior do pistão) move-se por um deslocamento $d\vec{r} = dy\hat{j}$ (Fig. 17.4b). Portanto, o trabalho feito no gás é, de acordo com nossa definição de trabalho no Capítulo 6,

$$dW = \vec{F}_{ext} \cdot d\vec{r} = \vec{F}_{ext} \cdot dy\hat{j}$$

Como o pistão está em equilíbrio em todos os momentos durante o processo, a força externa tem o mesmo módulo que a exercida sobre ela pelo gás, porém na direção contrária:

$$\vec{F}_{ext} = -\vec{F}_{gás} = -PA\hat{j}$$

onde estabelecemos o módulo da força exercida pelo gás igual a PA. O trabalho realizado pela força externa agora pode ser expresso por

$$dW = -PA\hat{j} \cdot dy\hat{j} = -PA\,dy$$

Como $A\,dy$ é a variação no volume do gás dV, podemos expressar o trabalho realizado *sobre* o gás como

$$dW = -P\,dV$$

Se o gás é comprimido, dV é negativo e o trabalho realizado sobre o gás é positivo. Se o gás expande, dV é positivo e o trabalho realizado sobre o gás é negativo. Se o volume permanece constante, o **trabalho** realizado sobre o gás é zero. O trabalho total realizado sobre o gás conforme seu volume muda de V_i para V_f é dado pela integral de dW acima:

$$W = -\int_{V_i}^{V_f} P\,dV \qquad 17.7 \blacktriangleleft$$

▶ Trabalho total realizado sobre o gás.

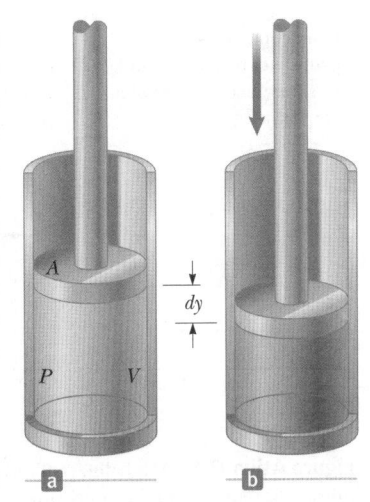

Figura 17.4 Trabalho é realizado sobre um gás contido em um cilindro com pressão P conforme o pistão é empurrado para baixo de modo que o gás seja comprimido.

Para calcular esta integral, é preciso saber como a pressão varia com o volume durante o processo de expansão.

Em geral, a pressão não é constante durante um processo que leva um gás de seu estado inicial para seu estado final, mas depende do volume e da temperatura. Se a pressão e o volume são conhecidos a cada etapa do processo, o estado do gás em cada etapa pode ser traçado em uma representação gráfica especializada – um **diagrama**, **PV**, como na Figura Ativa 17.5 –, muito importante na termodinâmica. Este tipo de diagrama nos permite visualizar o processo pelo qual um gás está passando. A curva nesta representação gráfica é chamada *trajetória* percorrida entre os estados inicial e final.

Considerando a integral na Equação 17.7 e reconhecendo o significado da integral como uma área sob uma curva, podemos identificar um uso importante para os diagramas *PV*:

O trabalho realizado sobre um gás em um processo quase estático que leva o gás de um estado inicial a um estado final é o negativo da área sob a curva em um diagrama *PV* calculada estre estes estados.

O trabalho realizado sobre um gás é igual ao negativo da área sob a curva *PV*. A área é negativa aqui porque o volume está diminuindo, resultando em trabalho positivo.

Para o processo de compressão de um gás em um cilindro, conforme sugerido pela Figura Ativa 17.5, o trabalho realizado depende da trajetória específica percorrida entre o estado inicial e o final. Para ilustrar este importante ponto, considere várias trajetórias diferentes conectando i e f (Fig. Ativa 17.6). No processo descrito na Figura Ativa 17.6a,

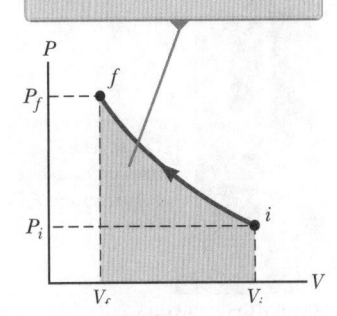

Figura Ativa 17.5 Um gás é comprimido quase estaticamente (lentamente) do estado i para o estado f. Um agente externo deve realizar trabalho positivo sobre o gás para que este seja comprimido.

Uma compressão com pressão constante seguida por um processo de volume constante

Um processo de volume constante seguido por uma compressão com pressão constante

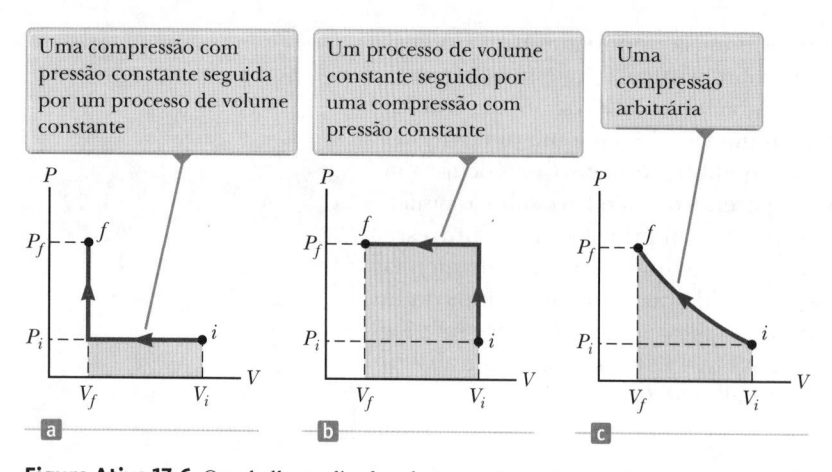

Uma compressão arbitrária

Figura Ativa 17.6 O trabalho realizado sobre um gás conforme é levado de um estado inicial para um estado final depende do trajeto entre estes estados.

o volume do gás é primeiro reduzido de V_i para V_f à pressão constante P_i e a pressão do gás então aumenta de P_i para P_f por aquecimento a volume constante V_f. O trabalho realizado sobre o gás ao longo dessa trajetória é $-P_i(V_f - V_i)$. Na Figura Ativa 17.6b, a pressão do gás é aumentada de P_i para P_f a volume constante V_i e depois o volume do gás é reduzido de V_i para V_f a pressão constante P_f. O trabalho realizado no gás é $-P_f(V_f - V_i)$, que é maior em módulo do que aquele para o processo descrito na Figura Ativa 17.6a, porque o pistão é movido pelo mesmo deslocamento por uma força maior do que para a situação na Figura Ativa 17.6a. Finalmente, para o processo descrito na Figura Ativa 17.6c, onde tanto P quanto V mudam continuamente, o trabalho realizado sobre o gás tem um valor entre os obtidos nos primeiros dois processos.

A transferência de energia Q para dentro ou fora de um sistema por calor também depende do processo. Considere as situações ilustradas na Figura 17.7. Em cada caso, o gás tem os mesmos volume, temperatura e pressão iniciais, e é presumido ideal. Na Figura 17.7a, o gás está termicamente isolado de sua vizinhança, exceto no fundo da região cheia de gás, onde está em contato térmico com um reservatório de energia. *Reservatório de energia* é uma fonte de energia que é considerada tão grande, que uma transferência de energia finita de ou para ele não muda sua temperatura. O pistão é mantido em sua posição inicial por um agente externo, como uma mão. Quando a força segurando o pistão é levemente reduzida, o pistão sobe bem lentamente para sua posição final, mostrada na Figura 17.7b. Como o pistão está se movendo para cima, o gás está realizando trabalho sobre o pistão. Durante essa expansão até o volume final V_f, somente energia suficiente é transferida por calor do reservatório para o gás para manter uma temperatura constante T_i.

Considere agora o sistema completamente isolado termicamente mostrado na Figura 17.7c. Quando a membrana é rompida, o gás expande rapidamente no vácuo até que ocupa um volume V_f e está a uma pressão P_f. O estado final do gás é mostrado na Figura 17.7d. Neste caso, o gás não realiza trabalho, porque não aplica uma força; não é necessárias força para expandir em um vácuo. Além disto, não há transferência de energia por calor pela parede isolada.

Como discutiremos na Seção 17.6, experimentos mostram que a temperatura de um gás ideal não muda durante o processo indicado nas Figuras 17.7c e d. Portanto, os estados inicial e final de um gás ideal nas Figuras 17.7a e b são idênticos aos das 17.7c e d, mas as trajetórias são diferentes. No primeiro caso, o gás realiza trabalho sobre o pistão,

O gás está inicialmente à temperatura T_i.

Reservatório de energia a T_i

A mão reduz sua força para baixo, permitindo que o pistão se mova para cima lentamente. O reservatório de energia mantém o gás à temperatura T_i.

Reservatório de energia a T_i

O gás está inicialmente à temperatura T_i e contido por uma membrana fina, com vácuo por cima.

A membrana é rompida, e o gás se expande livremente para a região vazia.

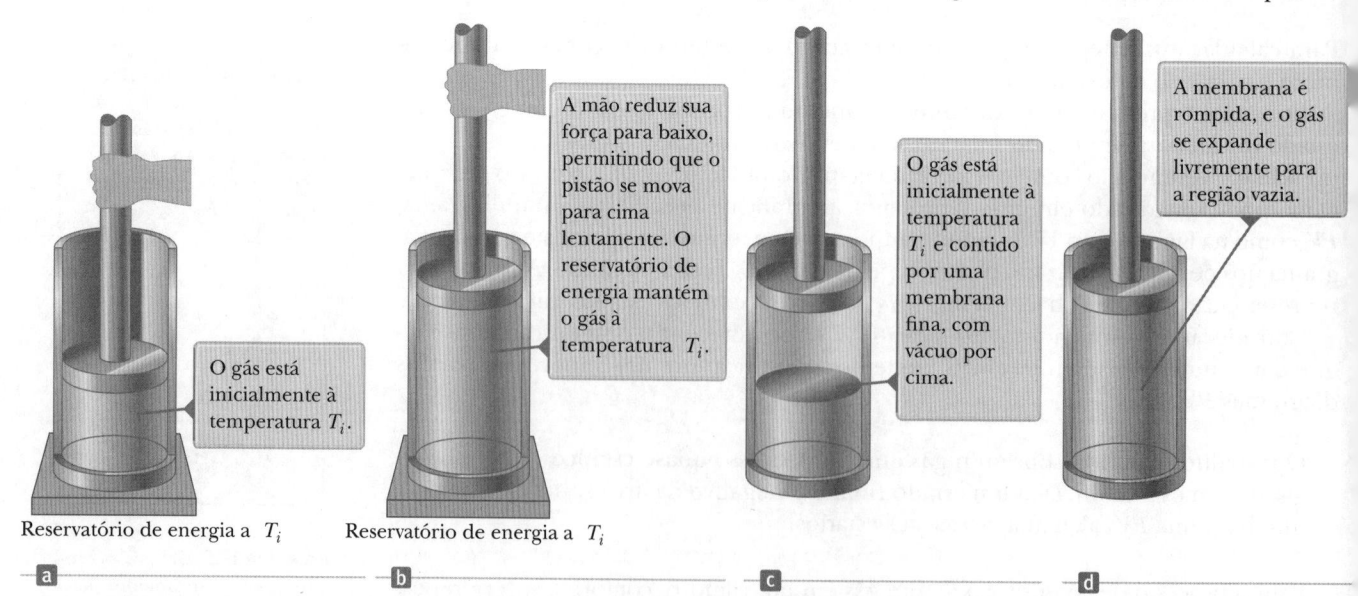

Figura 17.7 Gás em um cilindro. (a) O gás está em contato com um reservatório de energia. As paredes do cilindro têm isolamento perfeito, mas a base em contato com o reservatório é condutora. (b) O gás se expande lentamente para um volume maior. (c) O gás é contido por uma membrana na metade do volume, com vácuo na outra metade. O cilindro todo tem isolamento perfeito. (d) O gás se expande livremente no volume maior.

energia é transferida lentamente para o gás por calor. No segundo, não há transferência de energia por calor e o valor do trabalho realizado é zero. Então, a transferência de energia por calor, como o trabalho realizado, depende dos estados inicial, final e intermediário do sistema. Em outras palavras, como calor e trabalho dependem da trajetória, nenhuma dessas quantidades são determinadas unicamente pelos pontos finais de um processo termodinâmico.

Exemplo 17.4 | Comparando processos

Um gás ideal é submetido a dois processos nos quais $P_f = 1{,}00 \times 10^5$ Pa, $V_f = 2{,}00$ m³, $P_i = 0{,}200 \times 10^5$ Pa e $V_i = 10{,}0$ m³. Para o processo 1, mostrado na Figura Ativa 17.6c, a temperatura permanece constante. Para o processo 2, mostrado na Figura Ativa 17.6a, a pressão permanece constante e, então, o volume permanece constante. Qual é a razão entre o trabalho W_1 realizado sobre o gás no primeiro processo e o trabalho W_2 realizado no segundo processo?

SOLUÇÃO

Conceitualização Na Figura 17.6a (processo 2), o deslocamento ocorre em uma pressão fixa igual à inicial. Na Figura 17.6c (processo 1), o deslocamento ocorre em uma pressão cada vez maior à medida que o pistão é movido para a frente. Como consequência, a força empurrando o pistão para dentro durante o processo 1 se tornará maior à medida que o pistão se move para dentro. Portanto, esperamos que o trabalho seja maior para o processo 1 do que para o processo 2.

Categorização Podemos categorizar o processo 1 como ocorrendo em uma temperatura constante. Categorizamos o processo 2 como uma combinação de processos ocorrendo à pressão constante e ao volume constante. Na Seção 17.6, discutiremos os nomes para esses tipos de processos.

Análise Para o processo 1, expresse a pressão como uma função do volume usando a lei do gás ideal:

$$P = \frac{nRT}{V}$$

Para o processo 2, nenhum trabalho é realizado na porção em que o volume é constante porque o pistão não se desloca. Durante a primeira parte do processo, a pressão é constante em $P = P_i$. Use esses resultados e defina a razão do trabalho realizado nesses dois processos:

$$\frac{W_1}{W_2} = \frac{-\int_{\text{processo 1}} P\, dV}{-\int_{\text{processo 2}} P\, dV} = \frac{\int_{V_i}^{V_f} \frac{nRT}{V} dV}{\int_{V_i}^{V_f} P_i\, dV} = \frac{nRT \int_{V_i}^{V_f} \frac{dV}{V}}{P_i \int_{V_i}^{V_f} dV}$$

$$= \frac{nRT \ln\left(\frac{V_f}{V_i}\right)}{P_i(V_f - V_i)} = \frac{P_i V_i \ln\left(\frac{V_f}{V_i}\right)}{P_i(V_f - V_i)} = \frac{V_i \ln\left(\frac{V_f}{V_i}\right)}{V_f - V_i}$$

Substitua os valores numéricos para os volumes inicial e final:

$$\frac{W_1}{W_2} = \frac{(10{,}0 \text{ m}^3) \ln\left(\frac{2{,}00 \text{ m}^3}{10{,}0 \text{ m}^3}\right)}{(2{,}00 \text{ m}^3 - 10{,}0 \text{ m}^3)} = 2{,}01$$

Finalização Como esperado, o trabalho realizado no processo 1 é maior por aproximadamente um fator de 2. Como você acha que o trabalho realizado no processo 1 seria comparado com o realizado no processo 3, mostrado na Figura 17.6b?

17.5 | A Primeira Lei da Termodinâmica

No Capítulo 7, discutimos a equação de conservação de energia, Equação 7.2. Consideremos um caso especial deste princípio geral, no qual a única variação na energia de um sistema está em sua energia interna E_{int} e os únicos mecanismos de transferência são calor Q e trabalho W, que discutimos neste capítulo. Isto leva a uma equação que pode ser usada para analisar muitos problemas na termodinâmica.

Este caso especial da equação de conservação de energia, chamada **Primeira Lei da Termodinâmica**, pode ser escrito como

$$\Delta E_{\text{int}} = Q + W \qquad 17.8 \blacktriangleleft \quad \blacktriangleright \text{Primeira Lei da Termodinâmica}$$

Esta equação indica que a variação na energia interna de um sistema é igual à soma da energia transferida através da vizinhança do sistema pelo calor e pelo trabalho.

> **Prevenção de Armadilhas | 17.6**
> **Convenções de dois sinais**
> Alguns livros de Física e de engenharia apresentam a primeira lei como $\Delta E_{int} = Q - W$, com um sinal de menos entre o calor e o trabalho. O motivo é que o trabalho é ali definido como o trabalho realizado *pelo* gás, em vez de *sobre* o gás, como no nosso caso. A equação equivalente à Equação 17.7 nesses tratamentos define o trabalho como $W = \int_{V_i}^{V_f} P\, dV$. Portanto, se trabalho positivo é realizado pelo gás, a energia sai do sistema, levando ao sinal negativo na primeira lei. Em seus estudos em outros cursos de engenharia ou química, ou na leitura de outros livros de Física, assegure-se de verificar que convenção de sinais está sendo usada pela primeira lei.

A Figura Ativa 17.8 mostra a transferência de energia e a variação na energia interna para um gás em um cilindro consistente com a primeira lei. A Equação 17.8 pode ser usada em uma variedade de problemas nos quais as únicas considerações de energia são a energia interna, calor e o trabalho. Em breve consideraremos diversos exemplos. Alguns problemas podem não se adequar às condições da primeira lei. Por exemplo, a energia interna das resistências em sua torradeira não aumenta devido ao calor ou ao trabalho, mas em função da transmissão elétrica. Lembre-se de que a primeira lei é um caso especial da equação de conservação de energia, e esta é a equação mais geral que abrange o maior espectro de situações possíveis.

Quando um sistema é submetido a uma variação infinitesimal em seu estado, tal que uma pequena quantidade de energia dQ é transferida por calor e uma pequena quantidade de trabalho dW é realizada sobre o sistema, a energia interna também muda por uma pequena quantidade dE_{int}. Logo, para os processos infinitesimais, podemos expressar a primeira lei como[4]

$$dE_{int} = dQ + dW \qquad \text{17.9} \blacktriangleleft$$

Nenhuma distinção prática existe entre os resultados do calor e do trabalho em uma escala microscópica. Cada uma produz uma variação na energia interna de um sistema. Embora as quantidades macroscópicas Q e W *não* sejam propriedades de um sistema, elas estão relacionadas às variações da energia interna de um sistema fixo por meio da Primeira Lei da Termodinâmica. Uma vez que o processo ou trajetória é definido, Q e W podem ser calculadas ou medidas, e a variação na energia interna pode ser encontrada a partir da Primeira Lei.

Figura Ativa 17.8 A Primeira Lei da Termodinâmica iguala a variação ΔE_{int} na energia interna em um sistema à transferência de energia resultante para o sistema por calor Q e trabalho W. Na situação mostrada aqui, a energia interna do gás aumenta.

> **TESTE RÁPIDO 17.4** Nas últimas três colunas da tabela, complete os espaços com os sinais corretos (−, + ou 0) para Q, W e ΔE_{int}. Para cada situação, o sistema a ser considerado é identificado.

Situação	Sistema	Q	W	ΔE_{int}
(a) Encher rapidamente um pneu de bicicleta	Ar na bomba			
(b) Panela com água à temperatura ambiente sobre um fogão quente	Água na panela			
(c) Ar vazando rapidamente para fora de um balão	Ar originalmente dentro do balão			

> **PENSANDO EM FÍSICA 17.2**
>
> No final dos anos 1970, as apostas em cassinos foram aprovadas em Atlantic City, Nova Jersey, onde pode fazer muito frio no inverno. Projeções de energia realizadas para os projetos dos cassinos mostraram que o sistema de ar-condicionado precisaria funcionar mesmo no meio de um janeiro bem frio. Por quê?
>
> **Raciocínio** Se considerarmos o ar no cassino como o gás ao qual aplicamos a primeira lei, imagine um modelo simplificado em que não haja ar-condicionado e nem ventilação, de modo que este gás simplesmente fique no ambiente. Nenhum trabalho está sendo realizado sobre o gás, então nosso foco é a energia transferida por calor. Um cassino abriga um grande número de pessoas, muitas das quais estão ativas (jogando dados, torcendo etc.) e em estado de excitação (celebração, frustração, pânico etc.). Portanto, essas pessoas têm altas taxas de fluxo de energia por calor de seus corpos para o ar. Essa energia resulta em um aumento na energia interna do ar dentro do cassino. Com o grande número de pessoas excitadas em um cassino (junto com um grande número de máquinas e lâmpadas incandescentes), a temperatura do gás pode subir rapidamente para um valor muito alto. Para manter a temperatura em um nível confortável, a energia deve sair do ar a fim de compensar a entrada de energia. Cálculos mostram que a transferência de energia por calor através das paredes, mesmo em um dia de janeiro a 10 °F, não é suficiente para fornecer a transferência de energia exigida; então, o sistema de ar-condicionado deve estar em uso quase contínuo durante o ano. ◄

---

[4] Deve ser observado que dQ e dW não são quantidades verdadeiramente diferenciais, porque Q e W não são variáveis de estado, embora dE_{int} seja um diferencial verdadeiro. Para mais detalhes, veja R. P. Bauman, *Modern Thermodynamics and Statistical Mechanics*. Nova York: Macmillan, 1992.

17.6 | Algumas aplicações da Primeira Lei da Termodinâmica

Para aplicar a Primeira Lei da Termodinâmica a sistemas específicos, primeiro é útil definir alguns processos termodinâmicos comuns. Identificaremos diversos processos especiais utilizados como modelos simplificados para aproximar processos reais. Para cada um dos seguintes processos, construímos uma representação mental ao imaginar que o processo ocorre para o gás na Figura Ativa 17.8.

Durante um **processo adiabático**, nenhuma energia entra ou sai do sistema por calor; isto é, $Q = 0$. Para o pistão na Figura Ativa 17.8, imagine que todas as superfícies do pistão sejam isolantes perfeitos, de modo que a transferência de energia por calor não existe. (Outra forma de atingir um processo adiabático é realizar o processo muito rapidamente, porque a transferência de energia por calor tende a ser relativamente lenta.) Aplicando a Primeira Lei neste caso, vemos que

$$\Delta E_{\text{int}} = W \qquad \text{17.10} \blacktriangleleft$$

A partir desse resultado, vemos que, quando o gás é comprimido adiabaticamente, tanto W quanto ΔE_{int} são positivos; trabalho é realizado sobre o gás, representando a transferência de energia para dentro do sistema, de modo que a energia interna aumenta. Inversamente, quando o gás se expande adiabaticamente, ΔE_{int} é negativa.

Processos adiabáticos são muito importantes em aplicações da engenharia. Exemplos comuns incluem a expansão de gases quentes em um motor de combustão interna, a liquefação de gases em um sistema de resfriamento, e o golpe de compressão em um motor a diesel. Estudaremos os processos adiabáticos com mais detalhes na Seção 17.8.

A expansão livre ilustrada nas Figuras 17.7c e d é um processo adiabático único, em que nenhum trabalho é realizado sobre o gás. Como $Q = 0$ e $W = 0$, vemos que, a partir da primeira lei, $\Delta E_{\text{int}} = 0$ para este processo. Isto é, as energias internas inicial e final de um gás são iguais em uma expansão livre. Como vimos no Capítulo 16, a energia interna de um gás ideal depende somente de sua temperatura. Logo, não esperamos nenhuma variação na temperatura durante uma expansão livre adiabática, o que está de acordo com os experimentos realizados a pressões baixas. Os experimentos com gases reais a pressões altas mostram um leve aumento ou diminuição na temperatura após a expansão devido a interações entre as moléculas.

Um processo que ocorre a uma pressão constante é chamado **processo isobárico**. Na Figura Ativa 17.8, enquanto o pistão é perfeitamente livre para se mover, a pressão do gás dentro do cilindro é devida à pressão atmosférica e ao peso do pistão. Em consequência, o pistão pode ser modelado como uma partícula em equilíbrio. Quando tal processo ocorre, o trabalho realizado sobre o gás é simplesmente o negativo da pressão multiplicado pela mudança no volume, ou $-P(V_f - V_i)$. Em um diagrama PV, um processo isobárico aparece como uma linha horizontal, como a primeira porção do processo na Figura Ativa 17.6a ou a segunda do processo na Figura Ativa 17.6b.

Um processo que ocorre a um volume constante é chamado **processo isovolumétrico**. Na Figura Ativa 17.8, um processo isovolumétrico é criado ao se prender o pistão em uma porção fixa. Neste processo, o trabalho realizado é zero, porque o volume não muda. Logo, a primeira lei aplicada a um processo isovolumétrico é

$$\Delta E_{\text{int}} = Q \qquad \text{17.11} \blacktriangleleft$$

Essa equação nos diz que se energia é adicionada por calor a um sistema mantido a volume constante, toda a energia vai para o aumento da energia interna do sistema, e nenhuma entra ou sai do sistema por trabalho. Por exemplo, quando uma lata de aerossol é lançada no fogo, energia entra no sistema (o gás dentro da lata) por calor através das paredes de metal da lata. Em consequência, a temperatura e a pressão do gás sobem até que a lata possivelmente estoure. Em um diagrama PV, um processo isovolumétrico aparece como uma linha vertical, como a segunda porção do processo na Figura Ativa 17.6a, ou a primeira do processo na Figura Ativa 17.6b.

Um processo que ocorre a uma temperatura constante é chamado **processo isotérmico**. Como a energia interna de um gás ideal é uma função apenas da temperatura,

---

> **Prevenção de Armadilhas | 17.7**
> **A primeira lei**
> Com nossa abordagem de energia neste livro, a Primeira Lei da Termodinâmica é um caso especial da Equação 7.2. Alguns físicos argumentam que a primeira lei é a equação geral para conservação de energia, equivalente à Equação 7.2. Nesta abordagem, a primeira lei é aplicada a um sistema fechado (de modo que não há transferência de matéria), o calor é interpretado de modo a incluir radiação eletromagnética, e o trabalho é interpretado de modo a incluir transmissão elétrica ("trabalho elétrico") e ondas mecânicas ("trabalho molecular"). Lembre-se disto se encontrar a primeira lei na leitura de outros livros de Física.

> **Prevenção de Armadilhas | 17.8**
> $Q \neq 0$ **em um processo isotérmico**
> Não caia na armadilha comum de pensar que não deve haver transferência de energia por calor se a temperatura não muda, como no caso de um processo isotérmico. Como a causa da variação de temperatura pode ser calor ou trabalho, a temperatura pode permanecer constante, mesmo que energia entre no gás por calor, o que só pode acontecer se a energia entrando no gás por calor sai por trabalho.

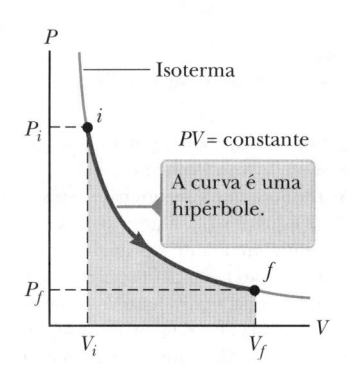

Figura 17.9 Diagrama *PV* para uma expansão isotérmica de um gás ideal do estado inicial para o final.

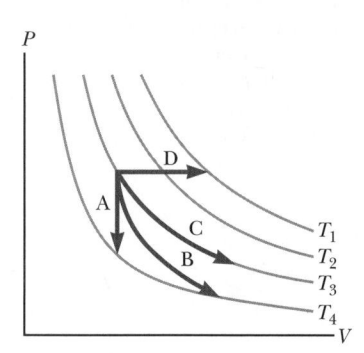

Figura 17.10 (Teste Rápido 17.5) Identifique a natureza das trajetórias A, B, C e D.

em um processo isotérmico para um gás ideal $\Delta E_{int} = 0$. Logo, a primeira lei aplicada a um processo isotérmico nos fornece

$$Q = -W$$

Qualquer energia que entre no gás por trabalho sai do gás por calor em um processo isotérmico, de modo que a energia interna permanece fixa. Em um diagrama *PV*, um processo isotérmico aparece como uma linha curva, como na Figura 17.9. A trajetória do processo isotérmico na Figura 17.9 segue pela curva cinza claro, que é uma isoterma, definida como a curva passando por todos os pontos no diagrama *PV* para a qual o gás tem a mesma temperatura. O trabalho realizado sobre o gás ideal em um processo isotérmico foi calculado no Exemplo 17.4:

$$W = -nRT \ln\left(\frac{V_f}{V_i}\right) \quad \text{(processo isotérmico)} \qquad 17.12 \blacktriangleleft$$

O processo isotérmico pode ser analisado como um modelo de um sistema não isolado em estado estacionário, como discutido na Seção 7.3. Há transferência de energia através do limite do sistema, mas nenhuma variação ocorre na energia interna do sistema. Os processos adiabático, isobárico e isovolumétrico são exemplos de um modelo de sistema não isolado.

Considere, a seguir, o caso no qual um sistema não isolado realiza um **processo cíclico**, isto é, que se origina e termina no mesmo estado. Neste caso, a variação na energia interna deve ser nula, porque esta é uma variável de estado, e os estados inicial e final são idênticos. A energia adicionada por calor ao sistema deve, portanto, ser igual ao negativo do trabalho realizado sobre o sistema durante o ciclo. Ou seja, em um processo cíclico,

$$\Delta E_{int} = 0 \quad \text{e} \quad Q = -W$$

O trabalho resultante realizado por ciclo é igual à área circunscrita pela trajetória representando o processo em um diagrama *PV*. Como veremos no Capítulo 18, processos cíclicos são muito importantes na descrição da termodinâmica de **máquinas térmicas**, dispositivos térmicos nos quais uma fração da energia adicionada ao sistema por calor é extraída por trabalho mecânico.

TESTE RÁPIDO 17.5 Caracterize os trajetos na Figura 17.10 como isobárico, isovolumétrico, isotérmico ou adiabático. Para a trajetória B, $Q = 0$. As cinza claro são isotermas.

Exemplo 17.5 | Cilindro em um banho de água com gelo

O cilindro na Figura 17.11a tem paredes termicamente condutoras e está imerso em uma banheira de água com gelo. O gás dentro do cilindro é submetido a três processos: (1) o pistão é empurrado rapidamente para baixo, comprimindo o gás no cilindro; (2) o pistão é mantido na posição final do processo anterior, enquanto o gás volta à temperatura do banho de água com gelo; e (3) o pistão é elevado muito lentamente de volta à sua posição original.

O trabalho realizado no gás durante o ciclo é 500 J. Qual massa de gelo na banheira derrete durante o ciclo?

SOLUÇÃO

Conceitualização Imagine segurar a alça do pistão na Figura 17.11a e empurrá-lo para baixo rapidamente. Você está realizando trabalho sobre o gás; logo, esta ação fará com que a temperatura do gás aumente. Então, no processo 2, imagine a energia fluindo do gás quente para a mistura mais fria de gelo-água por calor à medida que você mantém o pistão fixo. No processo 3, você eleva o pistão levemente, o que normalmente esfria o gás, mas a energia flui da mistura gelo-água para o gás para manter sua temperatura fixa.

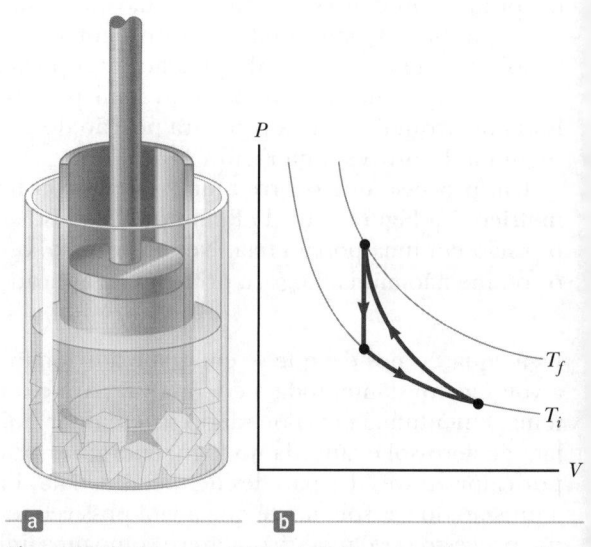

Figura 17.11 (Exemplo 17.5) (a) Visão em cortes de um cilindro contendo um gás ideal imerso em um banho de água com gelo. (b) O diagrama *PV* para o ciclo descrito.

17.5 cont.

Categorização Como o processo 1 ocorre rapidamente, pode ser modelado como uma compressão adiabática. No processo 2, o pistão é mantido fixo, de modo que o processo é categorizado como isovolumétrico. No processo 3, que é muito lento, o gás e o banho de água com gelo podem ser aproximados como permanecendo em equilíbrio térmico em todos os instantes; portanto, o processo é modelado como isotérmico. A Figura 17.11b mostra o diagrama PV para todo o ciclo, uma representação gráfica que nos ajudará a abordar o problema.

Análise Para o ciclo completo, a variação na energia interna do gás é nula. Portanto, de acordo com a Primeira Lei, a transferência de energia por calor deve ser igual ao negativo do trabalho realizado sobre o gás, $Q = -W = -500$ J. Esta equação indica que a energia sai do sistema do gás por calor durante o ciclo, entrando no banho de água com gelo (de modo que $Q_{gelo} = +500$ J), onde derrete um pouco do gelo.

Encontre a quantidade de gelo que derrete usando a Equação 17.6:

$$Q_{gelo} = L_f \Delta m$$

$$\Delta m = \frac{Q_{gelo}}{L_f} = \frac{500 \text{ J}}{3{,}33 \times 10^5 \text{ J/kg}} = 1{,}5 \times 10^{-3} \text{ kg}$$

$$= 1{,}50 \text{ g}$$

Finalização Com base na interpretação de Δm na Equação 17.6, esta é a quantidade da nova água. É claro que esta é a mesma quantidade de gelo que derreteu para formá-la. Se considerarmos o cilindro e o banho de água com gelo como o sistema, este é um sistema não isolado: o trabalho realizado ao empurrar o pistão aparece como um aumento na energia interna do sistema, representado pelo derretimento de parte do gelo. Se considerarmos somente o gás como o sistema, ao longo de um ciclo único, este é um sistema não isolado no estado estacionário: energia sai do gás por calor à mesma taxa média ao longo de um ciclo conforme entra por trabalho. Como resultado, a energia interna do gás não aumenta ao longo de um ciclo completo.

Exemplo 17.6 | O copo mergulhador

Um copo vazio é mantido de cabeça para baixo logo acima da superfície da água. Com cuidado, um mergulhador pega o copo, que permanece de cabeça para baixo, a uma profundidade de 10,3 m abaixo da superfície, de modo que uma amostra de ar fique aprisionada no copo. Suponha que a temperatura da água permaneça fixa a 285 K durante a descida.

(A) Na profundidade de 10,3 m, qual fração do volume do copo é enchida de ar?

SOLUÇÃO

Conceitualização Imagine o copo sendo mantido acima da superfície da água logo antes de entrar na água. A pressão do ar no copo nesta situação é a atmosférica. À medida que a abertura do copo entra na água, esta amostra de ar é aprisionada conforme o copo se move em uma posição mais baixa na água, a pressão desta aumentará. À medida que a pressão da água aumenta, o ar aprisionado é comprimido e a água entra na extremidade aberta do copo.

Categorização Categorizamos o problema de duas maneiras. Primeiro, precisamos usar nossa compreensão da variação do processo com a profundidade em um líquido do Capítulo 15. Segundo, como a temperatura da água permanece fixa, o gás no copo também terá uma temperatura fixa e, assim, categorizamos o processo para o gás como isotérmico.

Análise Encontre a pressão na água (e do ar no copo) na profundidade de 10,3 m:

$$P = P_{atm} + \rho g h = 1{,}013 \times 10^5 \text{ Pa} + (1\,000 \text{ kg/m}^3)(9{,}80 \text{ m/s}^2)(10{,}3 \text{ m})$$

$$= 2{,}02 \times 10^5 \text{ Pa}$$

Calcule a razão dos volumes do ar no copo para as condições inicial e final do processo isotérmico da lei do gás ideal:

$$P_i V_i = P_f V_f \rightarrow \frac{V_f}{V_i} = \frac{P_i}{P_f} = \frac{1{,}013 \times 10^5 \text{ Pa}}{2{,}02 \times 10^5 \text{ Pa}} = 0{,}500$$

(B) Há 0,200 mol de ar aprisionado no copo. Quanto de energia cruza o limite do sistema do ar aprisionado no copo por calor durante o processo?

SOLUÇÃO

Análise Como o processo é isotérmico, a primeira lei nos diz que $\Delta E_{int} = 0$ e o fluxo de energia por calor é igual ao negativo do trabalho realizado no gás.

continua

17.6 cont.

Use este fato e a Equação 17.12 para calcular o calor:

$$Q = -W = nRT \ln\left(\frac{V_f}{V_i}\right)$$

$$= (0{,}020\ 0\ \text{mol})(8{,}314\ \text{J/mol} \cdot \text{K})(285\ \text{K}) \ln(0{,}500)$$

$$= -32{,}8\ \text{J}$$

Finalização Observe que uma vez que Q é negativo, a energia sai do ar por calor. Como o ar é comprimido, a tendência é que sua temperatura aumente à medida que o trabalho nele é realizado pela água circundante. Assim que a temperatura do ar aumenta, a diferença de temperatura entre o ar aprisionado e a água circundante impulsiona uma transferência de energia por calor. A transferência da energia para fora do ar faz com que sua temperatura volte à da água.

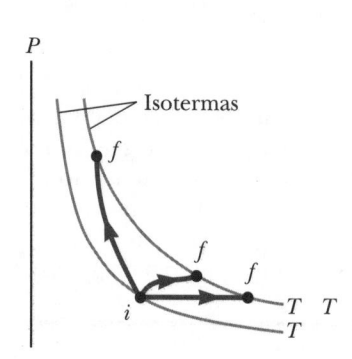

Figura 17.12 Gás ideal é removido de uma isoterma à temperatura T para outro à temperatura $T + \Delta T$ ao longo de três trajetórias diferentes.

Para o caminho de volume constante, toda a entrada de energia vai para o aumento da energia interna do gás porque não há trabalho realizado.

Ao longo do trajeto de pressão constante, parte da energia transferida por calor é transferida por trabalho.

Figura Ativa 17.13 A energia é transferida por calor para um gás ideal de duas maneiras.

17.7 | Calores específicos molares dos gases ideais

Na Seção 17.2, consideramos a energia necessária para a variação de temperatura de uma massa m de uma substância por ΔT. Nesta, concentraremos nossa atenção nos gases ideais, e na quantidade de gás que é medida pelo número de mols n, em vez da massa m. Ao fazer isso, algumas novas e importantes conexões são encontradas entre a termodinâmica e a mecânica.

A transferência de energia por calor necessária para elevar a temperatura de n mols de gás de T_i para T_f depende da trajetória percorrida entre os estados inicial e final. Para entender isso, considere um gás ideal submetido a diversos processos de modo que a variação de temperatura seja $\Delta T = T_f - T_i$ para todos os processos. A variação de temperatura pode ser atingida percorrendo-se uma variedade de trajetórias de uma isoterma para outra, como na Figura 17.12. Uma vez que ΔT é a mesma para todas as trajetórias, a variação na energia interna ΔE_{int} também é. Entretanto, a partir da primeira lei, $Q = \Delta E_{\text{int}} - W$; vemos que o calor Q para cada trajetória é diferente, porque W (o negativo da área sob a curva) é diferente para cada trajetória. Portanto, a energia necessária para produzir dada variação na temperatura não tem um valor exclusivo para um gás.

Essa dificuldade é resolvida definindo-se calores específicos para os dois processos da Seção 17.6: isovolumétrico e isobárico. Ao modificar a Equação 17.3 de modo que a quantidade de gás seja medida em mols, definimos os **calores específicos molares** associados a esses processos com as seguintes equações:

$$Q = nC_V \Delta T \quad (\text{volume constante}) \qquad \textbf{17.13}$$

$$Q = nC_P \Delta T \quad (\text{pressão constante}) \qquad \textbf{17.14}$$

onde C_V é o **calor específico molar a um volume constante**, e C_P é o **calor específico molar a uma pressão constante**.

No Capítulo 16, descobrimos que a temperatura de um gás monoatômico é uma medida da energia cinética translacional média das moléculas do gás. Em vista disso, consideremos primeiro o caso mais simples de um gás ideal monoatômico (isto é, um gás contendo um átomo por molécula), como hélio, neônio ou argônio. Quando energia é adicionada a este tipo de gás em um recipiente de volume fixo (p. ex., por aquecimento), toda a energia adicionada vai para o aumento da energia cinética translacional dos átomos. Não há outra maneira de armazenar a energia em um gás monoatômico. O processo de volume constante de i para f é descrito na Figura Ativa 17.13, onde ΔT é a diferença de temperatura entre as duas isotermas. A partir da Equação 16.18, vemos que a energia interna total E_{int} de N moléculas (ou n mols) de um gás ideal monoatômico é

$$E_{\text{int}} = \tfrac{3}{2} nRT \qquad \textbf{17.15}$$

Se a energia for transferida por calor a um sistema a volume constante, o trabalho realizado sobre é nulo. Isto é, $W = -\int P\,dV = 0$ para um processo de volume constante. Portanto, de acordo com a Primeira Lei da Termodinâmica e da Equação 17.15, descobrimos que

$$Q = \Delta E_{int} = \tfrac{3}{2} nR \Delta T \qquad \text{17.16}$$

Substituindo o valor de Q dado pela Equação 17.13 na Equação 17.16, temos

$$nC_V \Delta T = \tfrac{3}{2} nR \Delta T$$

$$C_V = \tfrac{3}{2} R = 12{,}5 \, \text{J/mol} \cdot \text{K} \qquad \text{17.17}$$

Esta expressão prevê um valor de $C_V = \tfrac{3}{2}R$ para *todos* os gases monoatômicos, independente do tipo de gás. Tal previsão é baseada em nosso modelo estrutural da teoria cinética, no qual os átomos interagem entre si apenas por meio das forças de curto alcance. A terceira coluna da Tabela 17.3 indica que essa previsão está em excelente acordo com o valor medido dos calores específicos molares para gases monoatômicos. Também indica que essa previsão não está de acordo com o valor medido dos calores específicos molares para gases diatômicos e poliatômicos. Abordaremos esses tipos de gases em breve.

Como nenhum trabalho é realizado sobre um gás ideal submetido a um processo isovolumétrico, a transferência de energia por calor é igual à variação na energia interna. Portanto, essa variação pode ser expressa como

$$\boxed{\Delta E_{int} = nC_V \Delta T} \qquad \text{17.18}$$

Como a energia interna é uma função de estado, a variação na energia interna não depende da trajetória seguida entre os estados inicial e final. Portanto, a Equação 17.18 fornece a variação na energia interna de um gás ideal para *qualquer* processo no qual a variação da temperatura é ΔT, não apenas para um processo isovolumétrico. E, mais, isto é verdadeiro para gases mono, di e poliatômicos.

No caso de variações infinitesimais, podemos usar a Equação 17.18 para expressar o calor específico molar a volume constante como

$$C_V = \frac{1}{n}\frac{dE_{int}}{dT} \qquad \text{17.19}$$

Agora, suponha que o gás seja levado por uma trajetória de pressão constante $i \to f'$ na Figura Ativa 17.13. Ao longo dessa trajetória, a temperatura novamente aumenta por ΔT. A energia transferida para o gás por calor neste processo é $Q = nC_P \Delta T$. Como o volume se altera neste processo, o trabalho realizado sobre o gás é $W = -P\Delta V$. Aplicar a primeira lei a este processo dá

$$\Delta E_{int} = Q + W = nC_P \Delta T - P \Delta V \qquad \text{17.20}$$

A variação na energia interna para o processo $i \to f'$ é igual àquela para o $i \to f$ porque E_{int} depende apenas da temperatura para um gás ideal e ΔT é a mesma para ambos os processos. Como $PV = nRT$, para um processo de pressão constante, $P\Delta V = nR\Delta T$. A substituição deste valor de $P\Delta V$ na Equação 17.20 com (Eq. 17.18) dá

$$nC_V \Delta T = nC_P \Delta T - nR \Delta T \quad \to \quad \boxed{C_P - C_V = R} \qquad \text{17.21}$$

▶ Relação entre calores específicos molares

Esta expressão aplica-se a *qualquer* gás ideal. Ela mostra que o calor específico molar de um gás ideal a pressão constante é maior que o calor específico molar a volume constante por um montante de R, a constante universal do gás. Como mostrado na quarta coluna da Tabela 17.3, esse resultado está de acordo com os gases reais, independente do número de átomos na molécula.

Uma vez que $C_V = \tfrac{3}{2}R$ é um gás ideal monoatômico, a Equação 17.21 prevê um valor $C_P = \tfrac{5}{2}R = 20{,}8 \, \text{J/mol} \cdot \text{K}$ para o calor específico molar de um gás monoatômico cuja pressão é constante. A segunda coluna da Tabela 17.3 mostra a validade desta previsão para os gases monoatômicos.

A razão desses calores específicos molares é uma quantidade adimensional γ:

$$\gamma = \frac{C_P}{C_V} \qquad \text{17.22}$$

TABELA 17.3 | Calor específico molar de vários gases

Gás	Calor específico molar (J/mol · K)[a]			
	C_P	C_V	$C_P - C_V$	$\gamma = C_P/C_V$
Gases monoatômicos				
He	20,8	12,5	8,33	1,67
Ar	20,8	12,5	8,33	1,67
Ne	20,8	12,7	8,12	1,64
Kr	20,8	12,3	8,49	1,69
Gases diatômicos				
H_2	28,8	20,4	8,33	1,41
N_2	29,1	20,8	8,33	1,40
O_2	29,4	21,1	8,33	1,40
CO	29,3	21,0	8,33	1,40
Cl_2	34,7	25,7	8,96	1,35
Gases poliatômicos				
CO_2	37,0	28,5	8,50	1,30
SO_2	40,4	31,4	9,00	1,29
H_2O	35,4	27,0	8,37	1,30
CH_4	35,5	27,1	8,41	1,31

[a]Todos os valores foram obtidos a 300K, exceto para água.

Para um gás monoatômico, essa razão tem o valor

$$\gamma = \frac{C_P}{C_V} = \frac{\frac{5}{2}R}{\frac{3}{2}R} = \frac{5}{3} = 1{,}67$$

A última coluna da Tabela 17.3 mostra boa concordância entre este valor previsto para γ e valores experimentalmente medidos para os gases monoatômicos.

> **TESTE RÁPIDO 17.6** (i) Como a energia interna de um gás ideal se altera conforme ela segue a trajetória $i \to f$ na Figura Ativa 17.13? (a) E_{int} aumenta. (b) E_{int} diminui. (c) E_{int} permanece constante. (d) Não há informação suficiente para determinar como E_{int} se altera. (ii) A partir das mesmas alternativas, como a energia interna de um gás ideal varia conforme ela segue a trajetória $f \to f'$ ao longo de uma isoterma rotulada $T + \Delta T$ na Figura Ativa 17.13?

Exemplo **17.7** | **Aquecendo um cilindro de hélio**

Um cilindro contém 3,00 mol de gás hélio a uma temperatura de 300 K.

(A) Se o gás é aquecido a um volume constante, quanta energia deve ser transferida por calor do gás para a temperatura aumentar para 500 K?

SOLUÇÃO

Conceitualização Execute o processo em sua mente com a ajuda do arranjo pistão-cilindro na Figura Ativa 17.8. Imagine que o pistão seja preso em uma posição para manter o volume constante do gás.

Categorização Avaliamos os parâmetros utilizando equações desenvolvidas na discussão anterior e, portanto, este exemplo é um problema de substituição.

Use a Equação 17.13 para encontrar a transferência de energia:

$$Q_1 = nC_V \Delta T$$

Substitua os valores dados:

$$Q_1 = (3{,}00 \text{ mol})(12{,}5 \text{ J/mol} \cdot \text{K})(500 \text{ K} - 300 \text{ K})$$
$$= 7{,}50 \times 10^3 \text{ J}$$

(B) Quanta energia deve ser transferida por calor para o gás para a temperatura aumentar para 500 K?

SOLUÇÃO

Use a Equação 17.14 para encontrar a transferência de energia:

$$Q_2 = nC_P \Delta T$$

Substitua os valores dados:

$$Q_2 = (3{,}00 \text{ mol})(20{,}8 \text{ J/mol} \cdot \text{K})(500 \text{ K} - 300 \text{ K})$$
$$= 12{,}5 \times 10^3 \text{ J}$$

Esse valor é maior que Q_1 por conta da transferência de energia para fora do gás por trabalho para elevar o pistão no processo de pressão constante.

17.8 | Processos adiabáticos para um gás ideal

Na Seção 17.6, identificamos diversos processos especiais de interesse para os gases ideais. Em três deles, uma variável de estado é mantida constante: P = constante para um processo isobárico, V = para um processo isovolumétrico e T = constante para um processo isotérmico. E o processo adiabático? Há algo constante nele? Como você deve se lembrar, um processo adiabático é aquele no qual nenhuma energia é transferida por calor entre o sistema e suas vizinhanças. Na realidade, processos verdadeiramente adiabáticos não podem ocorrer na Terra, porque não há isolante térmico perfeito. Entretanto, alguns processos são quase adiabáticos. Por exemplo, se um gás é comprimido (ou expandido) rapidamente, muito pouca energia é transferida para fora (ou para dentro) do sistema por calor e, por isso, o processo é quase adiabático.

Suponha que um gás ideal seja submetido a uma expansão adiabática quase estática. Todas as três variáveis da lei do gás ideal — P, V e T — se alteram durante o processo adiabático. No entanto, a qualquer momento durante o processo a lei do gás ideal $PV = nRT$ descreve a relação correta entre essas variáveis. Embora nenhuma delas por si só seja constante nesse processo, verificamos que uma *combinação* de algumas das variáveis permanece constante. Essa relação é derivada da discussão a seguir.

Imagine um gás expandindo-se adiabaticamente em um cilindro termicamente isolado, de modo que $Q = 0$. Consideremos a alteração infinitesimal no volume como dV e a alteração infinitesimal na temperatura como dT. O trabalho realizado sobre o gás é $-P\,dV$. A variação na energia interna é dada pela forma diferencial da Equação 17.18, $dE_{int} = nC_V\,dT$. Logo, a Primeira Lei da Termodinâmica se torna

$$dE_{int} = dQ + dW \rightarrow nC_V\,dT = 0 - P\,dV \qquad \text{17.23} \blacktriangleleft$$

Fazendo a diferencial da equação de estado de um gás ideal, $PV = nRT$, resulta

$$P\,dV + V\,dP = nR\,dT$$

Eliminando $n\,dT$ dessas duas equações, verificamos que

$$P\,dV + V\,dP = -\frac{R}{C_V}P\,dV$$

A partir da Equação 17.21, substituímos $R = C_P - C_V$ e dividimos por PV para obter

$$\frac{dV}{V} + \frac{dP}{P} = -\left(\frac{C_P - C_V}{C_V}\right)\frac{dV}{V} = (1 - \gamma)\frac{dV}{V}$$

$$\frac{dP}{P} + \gamma\frac{dV}{V} = 0$$

A integração desta expressão nos fornece

$$\ln P + \gamma \ln V = \text{constante}$$

que podemos escrever como

$$\boxed{PV^\gamma = \text{constante}} \qquad \text{17.24} \blacktriangleleft$$

▶ Relação entre P e V para um processo adiabático envolvendo um gás ideal

O diagrama PV para uma expansão adiabática é mostrado na Figura 17.14. Como $\gamma > 1$, a curva PV é mais íngreme do que para a de uma expansão isotérmica, na qual PV = constante. A Equação 17.24 mostra que, durante uma expansão adiabática, ΔE_{int} é negativa, e portanto, ΔT também é negativa. Logo, o gás se resfria durante uma expansão adiabática. Inversamente, a temperatura aumenta se o gás é comprimido adiabaticamente. A Equação 17.24 pode ser expressa em termos dos estados inicial e final como

$$P_i V_i^\gamma = P_f V_f^\gamma \qquad \text{17.25} \blacktriangleleft$$

com a lei do gás ideal, a Equação 17.24 também pode ser expressa como

$$\boxed{TV^{\gamma-1} = \text{constante}} \qquad \text{17.26} \blacktriangleleft$$

Dada a relação na Equação 17.24, pode ser mostrado que o trabalho realizado sobre um gás durante um processo adiabático é

$$W = \left(\frac{1}{\gamma - 1}\right)(P_f V_f - P_i V_i) \qquad \text{17.27} \blacktriangleleft$$

O Problema 84 no final deste Capítulo o convida a derivar esta equação.

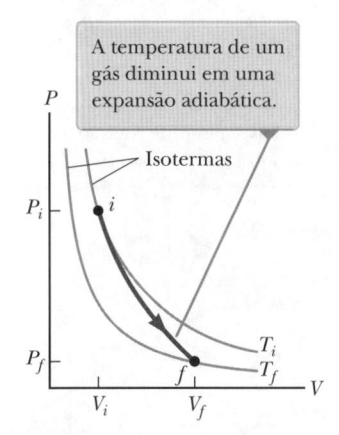

Figura 17.14 O diagrama PV para uma expansão adiabática de um gás ideal.

Exemplo 17.8 | Um cilindro de um motor a diesel

O ar a 20,0 °C dentro de um cilindro de um motor a diesel é comprimido de sua pressão inicial de 1,00 atm e volume de 800,0 cm³ a um volume de 60,0 cm³. Suponha que o ar se comporte como um gás ideal, com $\gamma = 1{,}40$, e a compressão seja adiabática. Calcule a pressão e a temperatura finais do ar.

SOLUÇÃO

Conceitualização Imagine o que acontece quando um gás é comprimido a um volume menor. Nossa discussão anterior e uma inversão do processo na Figura 17.4 nos diz que a pressão e a temperatura aumentam.

continua

17.8 cont.

Categorização Categorizamos este exemplo como um problema que envolve um processo adiabático.

Análise Use a Equação 17.25 para encontrar a pressão final:

$$P_f = P_i \left(\frac{V_i}{V_f}\right)^\gamma = (1{,}00 \text{ atm}) \left(\frac{800{,}0 \text{ cm}^3}{60{,}0 \text{ cm}^3}\right)^{1{,}40}$$

$$= 37{,}6 \text{ atm}$$

Use a lei do gás ideal para encontrar a temperatura final:

$$\frac{P_i V_i}{T_i} = \frac{P_f V_f}{T_f}$$

$$T_f = \frac{P_f V_f}{P_i V_i} T_i = \frac{(37{,}6 \text{ atm})(60{,}0 \text{ cm}^3)}{(1{,}00 \text{ atm})(800{,}0 \text{ cm}^3)} (293 \text{ K})$$

$$= 826 \text{ K} = 553 \text{ °C}$$

Finalização O aumento da temperatura do motor do gás acontece por um fator de 826 K/293 K = 2,82. A alta compressão de um motor a diesel eleva a temperatura do gás o suficiente para causar a combustão do combustível sem o uso de velas de ignição.

17.9 | Calores específicos molares e equipartição de energia

Descobrimos que as previsões sobre os calores específicos molares com base na teoria cinética estão de acordo com o comportamento dos gases monoatômicos, mas não com o dos gases complexos (Tabela 17.3). Para explicar as variações em C_V e C_P entre gases monoatômicos e os mais complexos, exploraremos a origem do calor específico estendendo nosso modelo estrutural da teoria cinética no Capítulo 16. Na Seção 16.5, discutimos o fato de que a única contribuição para a energia interna de um gás monoatômico é a energia cinética translacional das moléculas. Também discutimos o teorema da equipartição de energia, que afirma que, no equilíbrio, cada grau de liberdade contribui, na média, com $\frac{1}{2} k_B T$ de energia por molécula. O gás monoatômico tem três graus de liberdade; um associado a cada uma das direções independentes do movimento translacional.

Para moléculas mais complexas, outros tipos de movimento existem além da translação. A energia interna de um gás di ou poliatômico inclui contribuições dos movimentos vibracional e rotacional das moléculas, além da translação. Os movimentos rotacionais e vibracionais das moléculas com estrutura podem ser ativados por colisões e, portanto, são "associados" ao movimento translacional das moléculas. O ramo da Física conhecido como *Mecânica Estatística* sugere que a energia média de cada um desses graus de liberdade adicionais é a mesma que a da translação, que, por sua vez, sugere que a determinação da energia interna de um gás é simplesmente o caso de se contar os graus de liberdade. Vamos verificar que este processo funciona bem, embora o modelo deva ser modificado com algumas noções de Física Quântica para podermos explicar completamente os dados experimentais.

Consideremos um gás diatômico, que podemos modelar como sendo constituído por moléculas em forma de halteres (Fig. 17.15), e apliquemos conceitos que estudamos no Capítulo 10 (Volume 1). Neste modelo, o centro de massa da molécula pode ser traduzido nas direções x, y e z (Fig. 17.15a). Para este movimento, a molécula se comporta como uma partícula, tal como um átomo em um gás monoatômico. Além disso, se considerarmos a molécula como um corpo rígido, ela pode girar sobre três eixos perpendiculares (Fig. 17.15b). Podemos ignorar a rotação sobre o eixo y, porque o momento de inércia e a energia rotacional sobre esse eixo são desprezíveis em comparação àqueles associados aos eixos x e z. Portanto, existem cinco graus de liberdade para translação e rotação: três associadas ao movimento de translação e dois ao de rotação. Como cada grau de liberdade contribui, em média, com $\frac{1}{2} k_B T$ de energia por molécula, a energia interna total para um gás diatômico consistindo em N moléculas e considerando tanto a translação quanto a rotação é

Movimento translacional do centro de massa.

Movimento de rotação sobre os vários eixos.

Movimento vibracional ao longo do eixo molecular.

Figura 17.15 Movimentos possíveis de uma molécula diatômica.

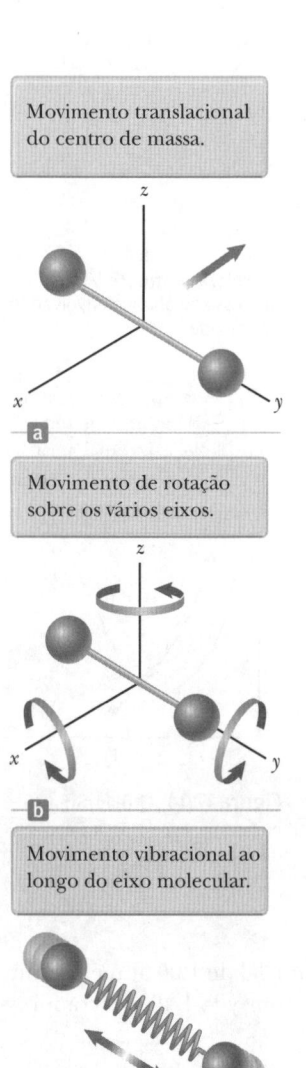

$$E_{int} = 3N(\tfrac{1}{2}k_B T) + 2N(\tfrac{1}{2}k_B T) = \tfrac{5}{2}Nk_B T = \tfrac{5}{2}nRT$$

Podemos usar este resultado e a Equação 17.19 para encontrar o calor específico molar a volume constante:

$$C_V = \frac{1}{n}\frac{dE_{int}}{dT} = \frac{1}{n}\frac{d}{dT}(\tfrac{5}{2}nRT) = \tfrac{5}{2}R = 20{,}8\,\text{J/mol}\cdot\text{K} \qquad 17.28◀$$

A partir das Equações 17.21 e 17.22, vemos que o modelo prevê

$$C_P = C_V + R = \tfrac{7}{2}R \qquad 17.29◀$$

$$\gamma = \frac{C_P}{C_V} = \frac{\tfrac{7}{2}R}{\tfrac{5}{2}R} = \frac{7}{5} = 1{,}40 \qquad 17.30◀$$

Vamos agora incorporar a vibração da molécula no modelo. Utilizamos o modelo estrutural para a molécula diatômica no qual os dois átomos são unidos por uma mola imaginária (Fig. 17.15c) e aplicando os conceitos da partícula no modelo de movimento harmônico simples do Capítulo 12. O movimento vibracional tem dois tipos de energia associados às vibrações ao longo do comprimento da molécula – energia cinética dos átomos e energia potencial no modelo da mola –, o que adiciona mais dois graus de liberdade para um total de sete para translação, rotação e vibração. Como cada grau de liberdade contribui, em média, com $\tfrac{1}{2}k_B T$ de energia por molécula, a energia interna total para um gás diatômico consistindo em N moléculas e considerando-se todos os tipos de movimento é

$$E_{int} = 3N(\tfrac{1}{2}k_B T) + 2N(\tfrac{1}{2}k_B T) + 2N(\tfrac{1}{2}k_B T) = \tfrac{7}{2}Nk_B T = \tfrac{7}{2}nRT$$

Portanto, o calor específico molar e volume constante é, de acordo com a previsão,

$$C_V = \frac{1}{n}\frac{dE_{int}}{dT} = \frac{1}{n}\frac{d}{dT}(\tfrac{7}{2}nRT) = \tfrac{7}{2}R = 29{,}1\,\text{J/mol}\cdot\text{K} \qquad 17.31◀$$

A partir das Equações 17.21 e 17.22,

$$C_P = C_V + R = \tfrac{9}{9}R \qquad 17.32◀$$

$$\gamma = \frac{C_P}{C_V} = \frac{\tfrac{9}{2}R}{\tfrac{7}{2}R} = \frac{9}{7} = 1{,}29 \qquad 17.33◀$$

Quando comparamos nossas previsões com a seção da Tabela 17.3 correspondente aos gases diatômicos, descobrimos um resultado curioso. Para os primeiros quatro gases – hidrogênio, nitrogênio, oxigênio e monóxido de carbono –, o valor de C_V é próximo ao que foi previsto na Equação 17.28, que inclui rotação, mas não vibração. O valor para o quinto gás, cloro, fica entre a previsão que inclui rotação e a que inclui rotação e vibração. Nenhum dos valores está de acordo com a Equação 17.31, que é baseada no modelo mais completo para o movimento da molécula diatômica!

Pode parecer que nosso modelo é um fracasso para a previsão molar específica para calores específicos dos gases diatômicos. No entanto, podemos declarar algum sucesso para nosso modelo, se as medidas do calor específico molar forem efetuadas em uma ampla faixa de temperatura, em vez de uma temperatura única como nos dá os valores da Tabela 17.3. A Figura 17.16 mostra o calor específico molar do hidrogênio como uma função da temperatura. A curva tem três platôs, e eles estão nos valores do calor específico molar previstos pelas Equações 17.17, 17.28 e 17.31! Para baixas temperaturas, o gás diatômico hidrogênio comporta-se como um gás monoatômico. Conforme a temperatura se eleva para a ambiente, seu calor específico molar se eleva para a do valor de um gás diatômico, consistente com a inclusão da rotação, mas não da vibração. Para altas temperaturas, o calor específico molar é consistente com o modelo que inclui todos os tipos de movimento.

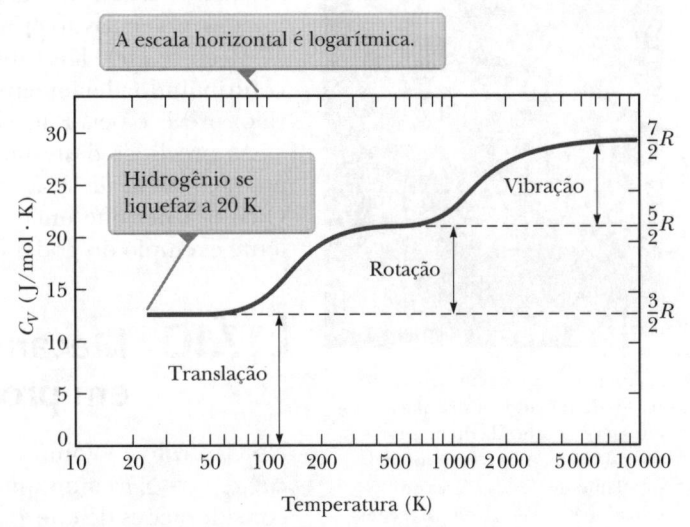

Figura 17.16 O calor específico molar do hidrogênio em função da temperatura.

Antes de abordar a razão desse comportamento misterioso, faremos um breve comentário sobre gases poliatômicos. Para moléculas com mais de dois átomos, o número de graus de liberdade é ainda maior e as vibrações são mais complexas do que para moléculas diatômicas. Essas considerações resultam em um calor específico molar previsto ainda mais alto, que está qualitativamente de acordo com o experimento. Para os gases poliatômicos mostrados na Tabela 17.3, vemos que os calores específicos molares são maiores que os dos gases diatômicos. Quanto mais graus de liberdade estiverem disponíveis para uma molécula, mais "maneiras" de armazenar energia estão disponíveis, resultando em um maior calor específico molar.

Uma dica de quantização de energia

Nosso modelo para calor específico molar tem sido baseado, até agora, em noções puramente clássicas. Ele prevê um valor de calor específico para um gás diatômico que, de acordo com a Figura 17.16, só concorda com as medidas experimentais feitas em altas temperaturas. Para explicar por que este valor só é verdadeiro em altas temperaturas e por que platôs na Figura 17.16 existem, é preciso ir além da Física Clássica e introduzir um pouco de Física Quântica no modelo. Na Seção 11.5, discutimos a quantização de energia para o átomo de hidrogênio. Somente certas energias foram permitidas para o sistema, e um diagrama de nível de energia foi traçado para ilustrá-las. A Física Quântica nos diz que, para uma molécula, todas as energias rotacionais e vibracionais são quantizadas. A Figura 17.17 mostra um diagrama de nível de energia para os estados quânticos rotacionais e vibracionais de uma molécula diatômica. Observe que os estados vibracionais estão separados por intervalos de energia maiores do que os estados rotacionais.

Em baixas temperaturas, a energia que uma molécula ganha em colisões com seus vizinhos em geral não é grande o suficiente para levá-la para o primeiro estado de excitação de uma rotação ou vibração. Todas as moléculas estão no estado fundamental para a rotação e vibração. Portanto, em baixas temperaturas, a única contribuição para a energia média das moléculas vem da translação, e o calor específico é aquele previsto pela Equação 17.17.

À medida que a temperatura é elevada, a energia média das moléculas aumenta. Em algumas colisões, a molécula pode ter energia suficiente transferida para ela de outra molécula para excitar o primeiro estado rotacional. Quando a temperatura é ainda mais elevada, mais moléculas podem ser excitadas para atingir este estado. O resultado é que a rotação começa a contribuir para a energia interna e o calor específico molar se eleva. Perto da temperatura ambiente na Figura 17.16, o segundo platô é alcançado e a rotação contribui plenamente para o calor específico molar. O calor específico molar agora é igual ao valor previsto pela Equação 17.28.

Vibrações não contribuem à temperatura ambiente, porque os estados vibracionais estão mais afastados em energia que os estados rotacionais; as moléculas estão no menor estado vibracional. A temperatura deve ser elevada ainda mais para e levar as moléculas ao primeiro estado vibracional excitado. Isso acontece na Figura 17.16 entre 1 000 K e 10 000 K. A 10 000 K, no lado direito da figura, a vibração está contribuindo plenamente para a energia interna e o calor específico molar tem o valor previsto pela Equação 17.31.

As previsões deste modelo estrutural apoiam o teorema de equipartição de energia. Além disso, a inclusão no modelo da quantização da energia da Física Quântica permite uma compreensão completa da Figura 17.16. Este é um excelente exemplo do poder do modelo de abordagem.

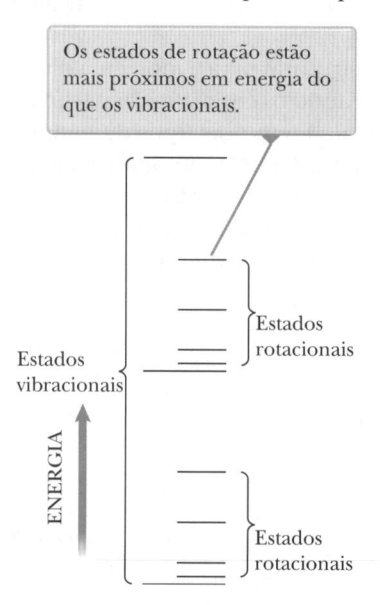

Figura 17.17 Diagrama de nível de energia para os estados vibracionais e rotacionais de uma molécula diatômica.

Os estados de rotação estão mais próximos em energia do que os vibracionais.

A ausência de neve em algumas partes do telhado mostra que a energia é conduzida do interior da residência para o exterior mais rapidamente nessas partes do telhado. A água-furtada parece ter sido adicionada e isolada. O telhado principal não parece ser bem isolado.

17.10 | Mecanismos de transferência de energia em processos térmicos

No Capítulo 7 (Volume 1), introduzimos a equação da conservação de energia $\Delta E_{sistema} = \Sigma T$ como um princípio que possibilita uma abordagem global para considerações de energia nos processos físicos. Neste capítulo, discutimos dois termos do lado direito desta equação: trabalho e calor. Nesta seção, consideraremos mais detalhes sobre calor e dois outros métodos de transferência de energia que estão com frequência relacionados às mudanças de temperatura: convecção (uma forma de transferência de matéria) e radiação eletromagnética.

Condução

O processo de transferência de energia por calor também pode ser chamado de **condução** ou **condução térmica**. Neste processo, o mecanismo de transferência pode ser visto, em uma escala atômica, como uma troca de energia cinética entre as moléculas, na qual as moléculas menos energéticas ganham energia ao colidir com as mais energéticas. Por exemplo, se você segurar uma extremidade de uma barra de metal longa e inserir a outra em uma chama, a temperatura do metal em sua mão logo se eleva. A energia alcança sua mão pela condução. O modo como isso ocorre pode ser entendido examinando-se o que está acontecendo com os átomos no metal. Inicialmente, antes de se inserir a barra na chama, os átomos estão vibrando em torno de suas posições de equilíbrio. À medida que a chama fornece energia à barra, os átomos próximos à chama começam a vibrar com amplitudes cada vez maiores e, por sua vez, colidem com seus vizinhos e transferem parte de sua energia nas colisões. Lentamente, os átomos do metal cada vez mais distantes da chama aumentam sua amplitude de vibração, até que, eventualmente, aqueles próximos da sua mão são afetados. Essa vibração aumentada representa uma elevação na temperatura do metal (e possivelmente uma mão queimada).

Embora a transferência de energia através do material possa ser parcialmente explicada pelas vibrações atômicas, a taxa de condução também depende das propriedades da substância. Por exemplo, é possível segurar um pedaço de amianto em uma chama indefinidamente, o que implica que muito pouca energia está sendo conduzida pelo amianto. No geral, metais são bons condutores térmicos porque contêm um grande número de elétrons que são relativamente livres para se mover pelo metal e podem então transportar energia de uma região para outra. Portanto, em um bom condutor térmico como o cobre, a condução ocorre pela vibração dos átomos e pelo movimento dos elétrons livres. Materiais como amianto, cortiça, papel e fibra de vidro são maus condutores térmicos. Os gases também são, por causa da grande distância entre as moléculas.

A condução ocorre somente se as temperaturas forem diferentes nas duas partes do meio condutor. A diferença de temperatura impulsiona o fluxo de energia. Considere uma placa de metal de espessura Δx e área transversal A com suas faces opostas a diferentes temperaturas T_c e T_h, onde $T_h > T_c$ (Fig. 17.18). A placa permite que a energia seja transferida da região de alta temperatura para a de baixa temperatura por condução térmica. A taxa de transferência de energia por calor, $P = Q/\Delta t$, é proporcional à área transversal da placa e à diferença de temperatura, e inversamente proporcional à espessura da placa:

$$P = \frac{Q}{\Delta t} \propto A \frac{\Delta T}{\Delta x}$$

Observe que P tem unidades de watts quando Q está em joules e Δt em segundos. Isto não surpreende, porque P é potência, a taxa de transferência de energia por calor. Para uma placa de espessura infinitesimal dx e diferença de temperatura dT, podemos escrever a **lei de condução** como

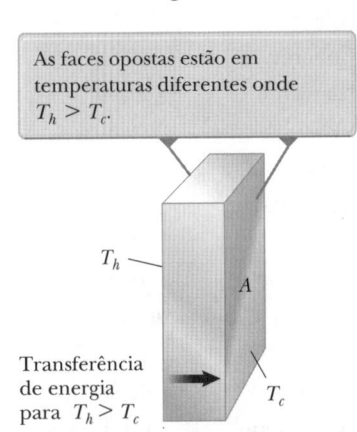

$$P = kA \left| \frac{dT}{dx} \right| \quad \text{17.34} \blacktriangleleft \quad \blacktriangleright \text{Lei da condução}$$

Figura 17.18 Transferência de energia através de uma prancha condutora com área transversal A e espessura Δx.

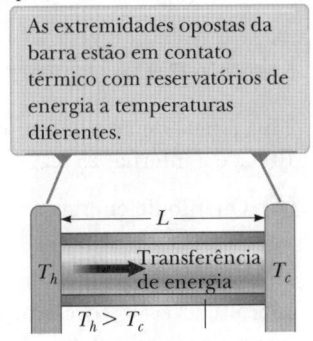

Figura 17.19 Transferência de energia através de uma barra uniforme, isolada, de comprimento L.

onde a constante de proporcionalidade k é chamada **condutividade térmica** do material e dT/dx é o **gradiente de temperatura** (a variação da temperatura com a posição). É a maior condutividade térmica do azulejo em relação ao tapete que faz com que o piso fique mais frio do que o chão com tapete na discussão no início do Capítulo 16.

Suponha que uma substância esteja no formato de uma barra uniforme e longa de comprimento L, como na Figura 17.19, e seja isolada de modo que a energia não possa escapar por calor de sua superfície, exceto nas extremidades, que estão em contato térmico com reservatórios que têm temperaturas T_c e T_h. Quando o

TABELA 17.4 | Condutividade térmica

Substância	Condutividade Térmica (W/m · °C)
Metais (a 25 °C)	
Alumínio	238
Cobre	397
Ouro	314
Ferro	79,5
Chumbo	34,7
Prata	427
Não metais (valores aproximados)	
Asbesto	0,08
Concreto	0,8
Diamante	2.300
Vidro	0,8
Gelo	2
Borracha	0,2
Água	0,6
Madeira	0,08
Gases (a 20 °C)	
Ar	0,0234
Hélio	0,138
Hidrogênio	0,172
Nitrogênio	0,0234
Oxigênio	0,0238

estacionário é alcançado, a temperatura em cada ponto ao longo da barra é constante no tempo. Neste caso, o gradiente de temperatura é o mesmo em qualquer ponto da barra e é dado por

$$\left|\frac{dT}{dx}\right| = \frac{T_h - T_c}{L}$$

Portanto, a taxa de transferência de energia por condução de calor é

$$P = kA\frac{(T_h - T_c)}{L} \qquad 17.35$$

Substâncias que são boas condutoras térmicas têm grandes valores de condutividade térmica, enquanto bons isolantes térmicos têm baixos valores de condutividade térmica. A Tabela 17.4 lista a condutividade térmica para várias substâncias.

TESTE RÁPIDO 17.7 Você tem duas barras de mesmo comprimento e diâmetro, mas formadas de materiais diferentes. Elas serão usadas para conectar duas regiões com temperaturas diferentes, de modo que a energia irá se transferir através das barras por calor. Elas podem ser conectadas em série, como na Figura 17.20a, ou em paralelo, como na 17.20b. Em que caso a taxa de transferência de energia por calor é maior? (a) Quando as barras estão em série. (b) Quando as barras estão em paralelo. (c) A taxa é a mesma em ambos os casos.

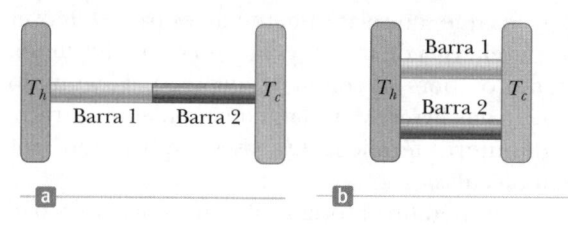

Figura 17.20 (Teste Rápido 17.7) Em que caso a taxa de transferência de energia é maior?

Exemplo 17.9 | A janela que vaza

Uma janela de área 2,0 m² de vidro com espessura 4,0 mm está na parede de uma casa. A temperatura externa é de 10 °C, e a interna, 25 °C.

(A) Quanto de energia é transferida pela janela por calor em 1,0 h?

SOLUÇÃO

Conceitualização Você tem várias janelas em sua casa. Ao colocar a mão no vidro de uma janela em um dia frio de inverno, você pode observar que ele está frio em comparação com a temperatura ambiente. A superfície externa do vidro é ainda mais fria, resultando em uma transferência de energia por calor pelo vidro.

Categorização Categorizamos este problema como um envolvendo condução térmica, assim como nossa definição de potência do Capítulo 7 (Volume 1).

Análise Use a Equação 17.35 para encontrar a taxa de transferência de energia por calor:

$$P = kA\frac{(T_h - T_c)}{L}$$

Substitua os valores numéricos, usando o valor de k para o vidro da Tabela 17.4:

$$P = (0{,}8 \text{ W/m} \cdot \text{°C})(2{,}0 \text{ m}^2)\frac{(25\text{°C} - 10\text{ °C})}{4{,}0 \times 10^{-3} \text{ m}}$$

$$= 6 \times 10^3 \text{ W}$$

A partir da definição de potência como a taxa de transferência de energia, encontre a energia transferida a esta taxa em 1,0 h:

$$Q = P\Delta t = (6 \times 10^3 \text{ W})(3{,}6 \times 10^3 \text{ s}) = 2 \times 10^7 \text{ J}$$

17.9 cont.

(B) Se a energia elétrica custa 12¢/kWh, quanto a transferência de energia na parte (A) custa para ser suprida por aquecimento elétrico?

SOLUÇÃO

Dê a resposta para a parte (A) em unidades de quilowatt-horas:

$$Q = P\Delta t = (6 \times 10^3 \text{ W})(1{,}0 \text{ h}) = 6 \times 10^3 \text{ Wh} = 6 \text{ kWh}$$

Portanto, o custo para suprir a energia transferida pela janela é $(6 \text{ kWh})(12¢/\text{kWh}) \approx 72¢$.

Finalização Se você imagina pagar essa quantia por hora para cada janela em sua casa, sua conta de luz ficará extremamente cara! Por exemplo, para dez dessas janelas, a conta seria de mais de $ 5 000 por mês. Parece que algo está errado aqui, porque as contas de luz não são tão caras assim. Na realidade, uma camada fina de ar adere a cada uma das duas superfícies da janela. Esse ar fornece isolamento adicional àquele do vidro. Como visto na Tabela 17.4, o ar é um condutor térmico bem pior que o vidro, e, portanto, a maior parte do isolamento é realizada pelo ar, e não pelo vidro em uma janela!

Convecção

Em um momento ou outro, você provavelmente já aqueceu suas mãos mantendo-as sobre uma chama. Nesta situação, o ar diretamente acima da chama é aquecido e se expande. Como resultado, a densidade desse ar diminui, e o ar sobe. Essa massa de ar aquecida transfere energia por calor para suas mãos à medida que flui por elas. A transferência de energia da chama para suas mãos é realizada por transferência de matéria, porque a energia se propaga com o ar. A energia transferida pelo movimento de um fluido é um processo chamado **convecção**. Quando o movimento resulta de diferenças de densidade, como no exemplo do ar em torno de uma fogueira, o processo é chamado **convecção natural**. Quando o fluido é forçado a se mover por um ventilador ou bomba, como em alguns sistemas de aquecimento de ar e de água, o processo é chamado de **convecção forçada.**

O padrão de circulação do fluxo de ar em uma praia (Seção 17.2) é um exemplo de convecção na natureza. A mistura que ocorre à medida que a água é resfriada e eventualmente congela em sua superfície (Seção 16.3) é outro exemplo.

Se não fossem as correntes de convecção, seria muito difícil ferver água. Quando água é aquecida em uma chaleira, as camadas mais baixas são aquecidas primeiro. Essas regiões se expandem e sobem porque sua densidade é mais baixa do que a da água mais fria. Ao mesmo tempo, a água mais fria e mais densa vai para o fundo da chaleira e é aquecida.

O mesmo processo ocorre próximo à superfície do Sol. A Figura 17.21 mostra uma vista aproximada da superfície solar. A granulação que aparece se dá por conta das **células de convecção**. O centro mais brilhante de uma célula é onde os gases quentes sobem para a superfície, assim como a água quente sobe em uma panela de água fervente. À medida que os gases esfriam, afundam de volta para as extremidades da célula, formando nela um contorno mais escuro. Os gases afundando parecem mais escuros, porque estão mais frios que os no centro da célula. Embora os gases afundados emitam uma enorme quantidade de radiação, o filtro usado para tirar a fotografia da Figura 17.21 faz essas áreas parecerem mais escuras em relação ao centro mais aquecido da célula.

A convecção ocorre quando uma sala é aquecida por um radiador. Este aquece o ar nas regiões mais baixas da sala por calor na interface entre a superfície do radiador e o ar. O ar quente se expande e flutua até o teto em decorrência de sua densidade maix baixa, estabelecendo o padrão de corrente contínua de ar mostrado na Figura 17.22.

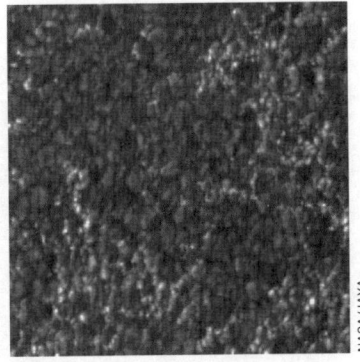

Figura 17.21 A superfície do sol mostra *granulação* em função da existência de células de convecção separadas, cada uma transportando energia para a superfície por convecção.

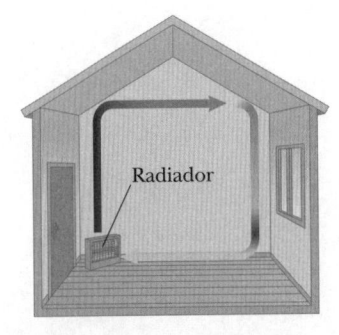

Figura 17.22 Correntes de convecção são estabelecidas em uma sala aquecida por um radiador.

Radiação

Outro método de transferência da energia que pode estar relacionado com a mudança de temperatura é a **radiação eletromagnética.** Todos os corpos irradiam energia continuamente na forma de ondas eletromagnéticas. Como verificaremos adiante, este tipo de radiação surge da aceleração de cargas elétricas. A partir de nossa discussão sobre temperatura, sabemos que a esta corresponde ao movimento aleatório das moléculas que estão constantemente mudando de direção e, portanto, acelerando. Como as moléculas contêm cargas elétricas, as cargas também aceleram. Portanto, qualquer corpo emite radiação eletromagnética em razão do movimento térmico de suas moléculas. Essa radiação é chamada **radiação térmica.**

Através da radiação eletromagnética, aproximadamente 1 370 J de energia do Sol atinge cada metro quadrado na parte superior da atmosfera terrestre a cada segundo. Parte dessa energia é refletida de volta para o espaço e parte é absorvida pela atmosfera, mas energia suficiente chega à superfície da Terra todos os dias, para suprir por mais de cem vezes nossas necessidades energéticas – se ela pudesse ser capturada e usada de modo eficiente. O crescimento no número de casas com energia solar nos Estados Unidos é um exemplo da tentativa de se fazer uso dessa energia abundante.

A taxa com a qual um corpo emite energia por radiação térmica a partir de sua superfície é proporcional à quarta potência de sua temperatura superficial absoluta. Esse princípio, conhecido como **Lei de Stefan**, é expresso na forma de equação como

▶ Lei de Stefan

$$P = \sigma A e T^4 \qquad \textbf{17.36} \blacktriangleleft$$

onde P é a potência irradiada pelo corpo em watts; σ, a constante Stefan–Boltzmann, igual a $5{,}6696 \times 10^{-8}$ W/m² · K⁴; A, a área da superfície do corpo em metros quadrados; e, a constante chamada **emissividade**; e T a temperatura da superfície do corpo em kelvins. O valor de e pode variar entre zero e um, dependendo das propriedades da superfície. A emissividade de uma superfície é igual a sua absortividade, que é a fração de radiação absorvida pela superfície.

Ao mesmo tempo que irradia, o corpo também absorve radiação eletromagnética do ambiente. Se este último processo não ocorresse, um corpo irradiaria continuamente sua energia, e sua temperatura diminuiria espontaneamente até o zero absoluto. Se um corpo está a uma temperatura T e sua vizinhança à temperatura média T_0, a taxa resultante de variação da energia para o corpo como resultado da radiação é

$$P_{\text{resultante}} = \sigma A e (T^4 - T_0^4) \qquad \textbf{17.37} \blacktriangleleft$$

Quando um corpo está em equilíbrio com sua vizinhança, irradia e absorve energia à mesma taxa, e sua temperatura permanece constante; este é um modelo de sistema não isolado em estado estacionário. Quando um corpo está mais quente que sua vizinhança, irradia mais energia do que absorve, e se resfria; este é um modelo de sistema não isolado.

BIO Termorregulação em humanos

Os métodos de transferência de energia discutidos nesta seção são importantes para a *termorregulação* em humanos, parte do processo complexo da *homeostase*, que se refere à habilidade de o corpo manter a estabilidade de seu meio interno em resposta às influências externas. A menos que a temperatura do ar esteja muito quente, o corpo humano, em geral, é mais quente que o ar; portanto, a energia se transfere para fora do corpo através da pele por condução térmica. O ar tem condutividade térmica relativamente baixa, portanto, a condução no ar circundante não é um processo muito eficiente para esfriar o corpo. A água é um condutor térmico muito melhor; por isso, mergulhar em uma piscina que está na mesma temperatura do ar cria uma sensação de "água fria" em função da elevada taxa de condução da pele para a água. Por conta de sua temperatura, o corpo também transfere energia por radiação eletromagnética, assim como recebe energia pelo mesmo mecanismo se exposto ao Sol ou a outra fonte ambiental quente. A energia também sai do corpo por convecção por meio da exalação de ar quente. Convecção também está envolvida no transporte do ar aquecido por condução para longe da pele.

BIO O hipotálamo

A parte do cérebro que regula a temperatura do corpo é o *hipotálamo*, que também controla outras funções do corpo, como fome, sede e sono. Portanto, é uma região bastante complexa, que ainda pode ativar vários mecanismos de regulação da temperatura do corpo.

BIO Mecanismos de resfriamento do corpo

Um mecanismo importante para manter a temperatura do corpo em condições aquecidas é o processo de *transpiração*. As glândulas sudoríparas sob a pele secretam suor, que flui para a sua superfície. Conforme o suor evapora, esfria a pele, semelhante ao tecido embebido em álcool mencionado no final da Seção 16.6.

Durante atividades atléticas, a evaporação do suor torna-se um importante fator para o resfriamento do corpo. Tempo úmido é desconfortável, pois a taxa de evaporação no ar é reduzida.

Outros mecanismos também ajudam no resfriamento do corpo nos dias mais quentes. Os músculos *eretores do pelo* sob a pele relaxam, fazendo com que o pelo na pele fique liso. Desta forma, o pelo não interfere na passagem de ar perto da pele, que transporta ar quente e evapora por transpiração. Músculos adicionais nas arteríolas relaxam, provocando *vasodilatação*, assim redirecionando o sangue para os capilares na pele. A proximidade do sangue quente com a superfície da pele aumenta a taxa de condução térmica do sangue, através da pele e para o ar circundante mais frio.

No tempo frio, esses mecanismos se invertem. O pelo na superfície da pele fica ereto, assim aprisionando o ar, que age como isolante térmico. Os músculos eretores do pelo contraídos são visíveis na pele como "pele de galinha". *Vasoconstrição* ocorre, direcionando o sangue para longe da pele e mais próximo da parte central quente do corpo.

BIO Mecanismos de aquecimento do corpo

Um mecanismo adicional – que envolve o grau de tensão nos músculos esqueléticos – no tempo muito frio ajuda a transformar a energia potencial das refeições em energia interna no corpo. Quando necessário, o hipotálamo envia um sinal para aumentar o tônus muscular esquelético (o nível constante de tensão dos músculos).

O aumento da atividade metabólica nos músculos age como uma fonte de energia interna no corpo, porque as reações químicas que acontecem nas células musculares são exotérmicas. Se esta fonte de energia interna não for suficiente, desencadeia o processo de calafrios, quando os músculos esqueléticos sofrem contrações rítmicas em uma frequência de 10 a 20 Hertz. A alta taxa de reações químicas exotérmicas nas células musculares ajuda a equilibrar a alta taxa de transferência de energia da pele para o ar frio.

> **PENSANDO EM FÍSICA 17.3**
>
> Se você se sentar em frente a uma fogueira com seus olhos fechados, sentirá um calor significativo em suas pálpebras. Se, depois, você colocar óculos e repetir este procedimento, suas pálpebras não sentirão o mesmo calor. Por quê?
>
> **Raciocínio** Boa parte do calor que você sente deve-se à radiação eletromagnética proveniente do fogo. Uma grande fração dessa radiação está na parte infravermelha do espectro eletromagnético. (Estudaremos o espectro eletromagnético em detalhes adiante.) Suas pálpebras são particularmente sensíveis à radiação infravermelha. Por outro lado, o vidro é muito opaco para esta radiação. Portanto, quando você coloca os óculos, bloqueia boa parte dessa radiação que chegaria às suas pálpebras e elas se sentirão mais frias. ◄

> **PENSANDO EM FÍSICA 17.4**
>
> Se você inspecionar uma lâmpada incandescente acesa por muito tempo, verá que há uma mancha escura em sua face interna, localizada nas partes mais altas do vidro da lâmpada. Qual é a origem dessa mancha escura e por que ela se localiza no ponto mais alto?
>
> **Raciocínio** A mancha escura é o tungstênio do filamento da lâmpada que evaporou e se precipitou na face interna do vidro. Muitas lâmpadas contém um gás que permite que a convecção ocorra dentro do bulbo da lâmpada. O gás próximo ao filamento está a uma temperatura muito alta, o que causa sua expansão e faz com que ele suba em função do princípio de Arquimedes. Conforme sobe, o gás carrega consigo o vapor de tungstênio, de maneira que este se deposita na parte mais alta da lâmpada. ◄

17.11 | | Conteúdo em contexto: equilíbrio energético para a Terra

Continuamos aqui nossa discussão da Seção 17.10 sobre transferência de energia por radiação para a Terra. Vamos efetuar um cálculo inicial da temperatura da Terra.

Como já mencionado, a energia chega à Terra por radiação eletromagnética do Sol.[5] Essa energia é absorvida pela superfície da Terra e irradiada novamente para o espaço, de acordo com a Lei de Stefan, Equação 17.36. O

---

[5] Parte da energia chega à superfície da Terra do interior, cuja fonte é o decaimento radioativo que ali acontece. Vamos ignorar essa energia porque sua contribuição é muito menor do que aquela devida à radiação eletromagnética do Sol.

único tipo de energia no sistema que pode se alterar em função da radiação é a energia interna. Vamos supor que qualquer mudança na temperatura da Terra seja tão pequena ao longo de um intervalo de tempo, que podemos aproximar a variação da energia interna como zero. Esta suposição leva à seguinte redução da equação de conservação de energia, Equação 7.2:

$$0 = T_{ER}$$

Dois mecanismos de transferência de energia ocorrem por radiação eletromagnética, de modo que podemos escrever esta equação como

$$0 = T_{ER}(\text{dentro}) + T_{ER}(\text{fora}) \rightarrow T_{ER}(\text{dentro}) = -T_{ER}(\text{fora}) \qquad \textbf{17.38}\blacktriangleleft$$

onde "dentro" e "fora" referem-se às transferências de energia através da fronteira do sistema da Terra. A energia que chega ao sistema é a do Sol, e a que sai é por radiação térmica emitida da superfície da Terra. A Figura 17.23 ilustra essas trocas de energia. A energia que vem do Sol tem apenas uma direção, mas a irradiada para fora da superfície da Terra sai em todas as direções. Esta distinção é importante na configuração de nosso cálculo do equilíbrio da temperatura.

Como mencionado na Seção 17.10, a taxa de transferência de energia por unidade da área de superfície do Sol é de aproximadamente 1 370 W/m² na parte superior da atmosfera. A taxa de transferência de energia por área é chamada intensidade, e a **intensidade** da radiação do Sol no topo da atmosfera é chamada **constante solar** $I_S = 1\,370$ W/m². Uma grande quantidade dessa energia está na forma de radiação visível, para a qual a atmosfera é transparente. A radiação emitida da superfície da Terra, no entanto, não é visível. Para um corpo radiante na temperatura da superfície da Terra, a radiação atinge picos no infravermelho, com maior intensidade no comprimento de onda de cerca de 10 μm. Em geral, corpos com temperaturas típicas domésticas têm distribuições de comprimento de onda no infravermelho e, portanto, não os vemos brilhando. Somente corpos muito mais quentes emitem radiação suficiente para ser visíveis. Exemplo é o queimador de fogão elétrico de uso doméstico. Quando desligado, ele emite pequena quantidade de radiação, principalmente no infravermelho. Quando ligado na configuração mais alta, sua temperatura, bem mais alta, resulta em radiação significativa, com boa parte dela visível. Como resultado, ela parece brilhar com uma cor avermelhada, descrita como vermelho intenso.

Vamos dividir a Equação 17.38 pelo intervalo de tempo Δt durante o qual a transferência de energia ocorre, o que nos dá

$$P_{ER}(\text{dentro}) = -P_{ER}(\text{fora}) \qquad \textbf{17.39}\blacktriangleleft$$

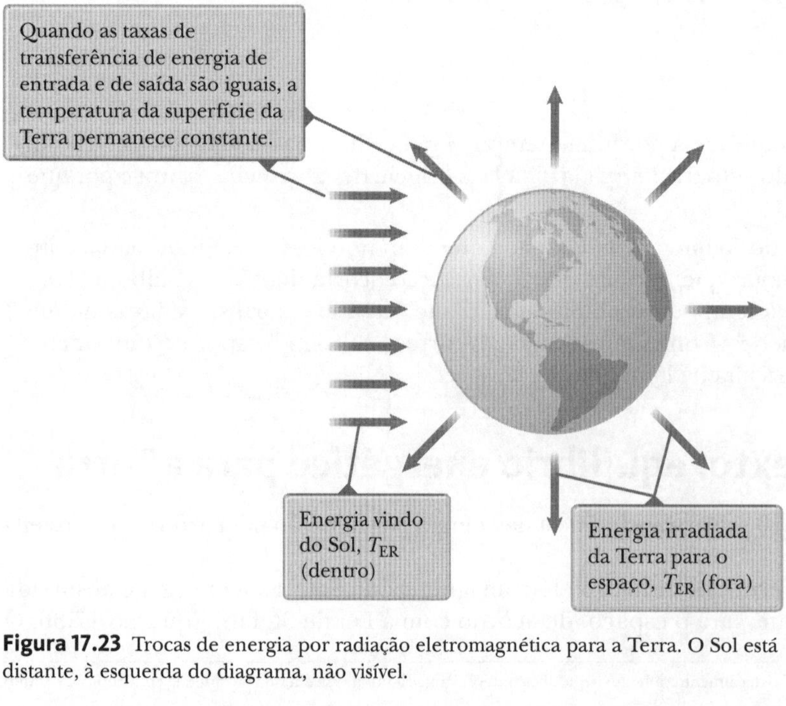

Podemos expressar a taxa da transferência de energia no topo da atmosfera da Terra em termos da constante solar I_S:

$$P_{ER}(\text{dentro}) = I_S A_c$$

onde A_c é a área transversal circular da Terra. Nem toda radiação que chega ao topo da atmosfera atinge o solo; uma fração é refletida das nuvens e do solo e escapa de volta para o espaço. Para a Terra, essa fração incidente é de aproximadamente 30%, logo, somente 70% dela alcança a superfície. Utilizando este fato, modificamos a potência de entrada na superfície:

$$P_{ER}(\text{dentro}) = (0{,}700) I_S A_c$$

A Lei de Stefan pode ser usada para expressar a potência que sai, assumindo que a Terra é um emissor perfeito ($e = 1$):

$$P_{ER}(\text{fora}) = -\sigma A T^4$$

Figura 17.23 Trocas de energia por radiação eletromagnética para a Terra. O Sol está distante, à esquerda do diagrama, não visível.

Nesta expressão, A é a superfície da Terra, T, a temperatura dessa superfície e o sinal negativo indica que a energia está saindo. Ao substituir as expressões para a potência de entrada e de saída na Equação 17.39, temos

$$(0{,}700) I_S A_c = -(-\sigma A T^4)$$

Resolver para a temperatura da superfície da Terra leva a

$$T = \left(\frac{(0{,}700) I_S A_c}{\sigma A} \right)^{1/4}$$

Ao substituir os números, descobrimos que

$$T = \left(\frac{(0{,}700)(1\,370\ \text{W/m}^2)(\pi R_E^2)}{(5{,}67 \times 10^{-8}\ \text{W/m}^2 \cdot \text{K}^4)(4\pi R_E^2)} \right)^{1/4} = 255\ \text{K} \qquad \textbf{17.40}\blacktriangleleft$$

Medições mostram que a temperatura média global na superfície da Terra é 288 K, cerca de 33 K mais quente que a temperatura encontrada em nosso cálculo. Esta diferença indica que um importante fator foi deixado de fora em nossa análise. Este fator são os efeitos termodinâmicos da atmosfera, que resultam em energia adicional do Sol sendo "aprisionada" no sistema da Terra, elevando assim a temperatura. Esse efeito não foi incluído no cálculo simples do equilíbrio da energia que realizamos. Para avaliá-lo, devemos incorporar em nosso modelo os princípios da termodinâmica dos gases para o ar na atmosfera. Os detalhes desta incorporação são explorados na Conclusão do Contexto.

❯ RESUMO

Energia interna E_{int} de um sistema é o total das energias cinética e potencial associadas a seus componentes microscópicos. **Calor** é o processo pelo qual energia é transferida como consequência de uma diferença de temperatura. Também é a quantidade de energia Q transferida por este processo.

A energia necessária para mudar a temperatura de uma substância ΔT é

$$Q = mc\,\Delta T \qquad \textbf{17.3}\blacktriangleleft$$

onde m é a massa da substância e c seu **calor específico**.

A energia necessária para mudar a fase de uma substância pura é

$$Q = L\,\Delta m \qquad \textbf{17.5}\blacktriangleleft$$

onde L é o calor latente da substância, que depende da natureza da mudança de fase, e Δm é a variação na massa do material de fase mais alta.

Uma **variável de estado** de um sistema é a quantidade que é definida por determinada condição do sistema. Variáveis de estado para um gás incluem pressão, volume, temperatura e energia interna.

Um **processo quase estático** é aquele que ocorre de maneira lenta o suficiente para permitir que o sistema esteja sempre em estado de equilíbrio térmico.

O trabalho realizado sobre um gás conforme seu volume muda de um valor inicial V_i para um valor final V_f é

$$W = -\int_{V_i}^{V_f} P\,dV \qquad \textbf{17.7}\blacktriangleleft$$

onde P é a pressão, que pode variar durante o processo.

A **Primeira Lei da Termodinâmica** é um caso especial da equação de conservação de energia, relacionando a energia interna de um sistema com a transferência de energia por calor e por trabalho:

$$\Delta E_{\text{int}} = Q + W \qquad \textbf{17.8}\blacktriangleleft$$

onde Q é a energia transferida através da fronteira do sistema por calor e W o trabalho realizado sobre o sistema. Embora Q e W dependam da trajetória seguida do estado inicial para o final, a energia interna é uma variável de estado; portanto, a quantidade ΔE_{int} é independente da trajetória entre os estados inicial e final.

Processo adiabático é aquele no qual nenhuma energia é transferida por calor entre o sistema e sua vizinhança ($Q = 0$). Neste caso, a primeira lei fornece $\Delta E_{\text{int}} = W$.

Processo isobárico é aquele que ocorre sob pressão constante. O trabalho realizado sobre o gás neste processo é $-P(V_f - V_i)$.

Processo isovolumétrico é aquele que ocorre com volume constante. Não há trabalho realizado em tal processo.

Processo isotérmico é aquele que ocorre com temperatura constante. O trabalho realizado sobre um gás ideal durante este processo é

$$W = -nRT \ln\left(\frac{V_f}{V_i}\right) \qquad \textbf{17.12}\blacktriangleleft$$

Em um **processo cíclico** (que origina e termina no mesmo estado), $\Delta E_{int} = 0$ e, portanto, $Q = -W$.

Definimos os **calores específicos molares** de um gás ideal com as seguintes equações:

$$Q = nC_V \Delta T \quad \text{(volume constante)} \quad 17.13\blacktriangleleft$$

$$Q = nC_P \Delta T \quad \text{(pressão constante)} \quad 17.14\blacktriangleleft$$

onde C_V é o **calor específico molar a volume constante**, e C_P é o **calor específico molar a pressão constante**.

A variação na energia interna de um gás ideal para qualquer processo no qual a mudança de temperatura seja ΔT é

$$\Delta E_{int} = nC_V \Delta T \quad 17.18\blacktriangleleft$$

O calor específico molar a volume constante está relacionado com a energia interna como segue:

$$C_V = \frac{1}{n}\frac{dE_{int}}{dT} \quad 17.19\blacktriangleleft$$

O calor específico molar a volume constante e o calor específico molar a pressão constante para todos os gases ideais se relacionam da seguinte maneira:

$$C_P - C_V = R \quad 17.21\blacktriangleleft$$

Para um gás ideal submetido a um processo adiabático, onde

$$\gamma = \frac{C_P}{C_V} \quad 17.22\blacktriangleleft$$

a pressão e o volume se relacionam como

$$PV^\gamma = \text{constante} \quad 17.24\blacktriangleleft$$

O teorema da equipartição da energia pode ser usado para prever o calor específico molar a volume constante para diversos tipos de gases. Gases monoatômicos somente podem armazenar energia por meio do movimento translacional de suas moléculas. Gases diatômicos e poliatômicos podem armazenar energia por meio da rotação e da vibração das moléculas. Para determinada molécula, as energias rotacionais e vibracionais são quantizadas; portanto, sua contribuição não entra na energia interna até que a temperatura tenha se elevado a um valor suficientemente alto.

Condução térmica é a transferência de energia por colisões moleculares. É induzido pela diferença de temperatura, e a taxa da transferência de energia é

$$P = kA\left|\frac{dT}{dx}\right| \quad 17.34\blacktriangleleft$$

onde a constante k é chamada **condutividade térmica** do material, e dT/dx é o **gradiente de temperatura** (a variação da temperatura com a posição).

Convecção é a transferência de energia por meio de um fluido em movimento.

Todos os corpos emitem **radiação eletromagnética** continuamente na forma de **radiação térmica**, que depende da temperatura, segundo a **Lei de Stefan**:

$$P = \sigma AeT^4 \quad 17.36\blacktriangleleft$$

❱ PERGUNTAS OBJETIVAS

1. Quanto tempo leva para um aquecedor de 1 000 W derreter 1,00 kg de gelo a $-20{,}0\ °C$, supondo que toda a energia do aquecedor seja absorvida pelo gelo? (a) 4,18 s (b) 41,8 s (c) 5,55 min (d) 6,25 min (e) 38,4 min.

2. Berílio tem aproximadamente metade do calor específico da água (H_2O). Classifique as quantidades de energia necessárias para produzir as seguintes variações da maior para a menor. Em sua classificação, note quaisquer casos de igualdade. (a) elevar a temperatura de 1 kg de H_2O de 20 °C para 26 °C (b) elevar a temperatura de 2 kg de 20 °C para 23 °C (c) elevar a temperatura de 2 kg de H_2O de 1 °C para 4 °C (d) elevar a temperatura de 2 kg de berílio de -1 °C para 2 °C (e) elevar a temperatura de 2 kg de H_2O de -1 °C para 2 °C.

3. Uma quantidade de energia é acrescentada ao gelo, elevando sua temperatura de -10 °C para -5 °C. Uma quantidade de energia ainda maior é acrescentada à mesma massa de água, elevando sua temperatura de 15 °C para 20 °C. A partir destes resultados, o que você concluiria? (a) Superar o calor latente de fusão do gelo exige uma entrada de energia. (b) O calor latente de fusão do gelo fornece alguma energia ao sistema. (c) O calor específico do gelo é menor que o da água. (d) O calor específico do gelo é maior que o da água. (e) É necessária mais informação para chegar a qualquer conclusão.

4. Se um gás passa por um processo isobárico, qual das afirmativas seguintes é verdadeira? (a) A temperatura do gás não muda. (b) Trabalho é realizado sobre ou pelo gás. (c) Não há transferência de energia por calor para ou do gás.

(d) O volume do gás permanece o mesmo. (e) A pressão do gás diminui uniformemente.

5. Suponha que você esteja medindo o calor específico de uma amostra de metal originalmente quente usando um calorímetro contendo água. Como seu calorímetro não é perfeitamente isolante, energia pode ser transferida por calor entre seu conteúdo e a sala. Para obter o resultado mais preciso para o calor específico do metal, você deve usar água com que temperatura inicial? (a) um pouco abaixo da temperatura ambiente (b) a mesma que a temperatura ambiente (c) um pouco acima da temperatura ambiente (d) o que você quiser, porque a temperatura inicial não faz diferença.

6. O calor específico da substância A é maior que o da substância B. Tanto A como B têm a mesma temperatura inicial quando quantidades iguais de energia são adicionadas a elas. Supondo que não ocorra derretimento nem vaporização, o que pode ser concluído a respeito da temperatura final T_A da substância A e da temperatura final T_B da substância B? (a) $T_A > T_B$ (b) $T_A < T_B$ (c) $T_A = T_B$ (d) É necessária mais informação.

7. Quanta energia é necessária para elevar a temperatura de 5,00 kg de chumbo de 20,0 °C até seu ponto de fusão de 327 °C? O calor específico do chumbo é 128 J/kg · °C. (a) $4{,}04 \times 10^5$ J (b) $1{,}07 \times 10^5$ J (c) $8{,}15 \times 10^4$ J (d) $2{,}13 \times 10^4$ J (e) $1{,}96 \times 10^5$ J.

8. Um pedaço de cobre de 100 g, inicialmente a 95,0 °C, é jogado em 200 g de água contida em uma lata de alumínio

de 280 g; a água e a lata estão inicialmente a 15,0 °C. Qual é a temperatura final do sistema? (Os calores específicos do cobre e alumínio são 0,092 e 0,215 cal/g · °C, respectivamente.) (a) 16 °C (b) 18 °C (c) 24 °C (d) 26 °C (e) nenhuma das alternativas anteriores

9. Um gás ideal é comprimido à metade de seu volume inicial por meio de vários processos possíveis. Qual dos processos a seguir resulta em mais trabalho realizado sobre o gás? (a) isotérmico (b) adiabático (c) isobárico (d) O trabalho realizado é independente do processo.

10. Álcool etílico tem metade do calor específico da água. Suponha que quantidades iguais de energia sejam transferidas por calor para amostras de líquido de massa igual de álcool e água em recipientes isolados separados. A temperatura da água se eleva em 25 °C. Qual será o aumento na temperatura do álcool? (a) 12 °C. (b) 25 °C. (c) 50 °C. (d) Depende da taxa de transferência de energia. (e) A pressão aumenta.

11. Quando um gás sofre uma expansão adiabática, qual das seguintes afirmações é verdadeira? (a) A temperatura do gás não muda. (b) Não há trabalho realizado sobre o gás. (c) Não há transferência de energia para o gás por calor. (d) A energia interna do gás não muda. (e) A pressão aumenta.

12. Se um gás é comprimido isotermicamente, qual das seguintes afirmativas é verdadeira? (a) Há transferência de energia para o gás por calor. (b) Não há trabalho realizado sobre o gás. (c) A temperatura do gás aumenta. (d) A energia interna do gás permanece constante. (e) Nenhuma das afirmativas é verdadeira.

13. Uma estrela A tem o dobro do raio e da temperatura absoluta de superfície da estrela B. A emissividade de ambas pode ser considerada 1. Qual é a proporção da saída de potência da estrela A em relação àquela da estrela B? (a) 4 (b) 8 (c) 16 (d) 32 (e) 64.

14. Uma pessoa balança uma garrafa térmica selada contendo café quente por alguns minutos. (i) Qual é a variação na temperatura do café? (a) uma grande diminuição (b) uma leve diminuição (c) nenhuma variação (d) um leve aumento (e) um grande aumento (ii) Qual é a variação na energia interna do café? Escolha a partir das mesmas alternativas.

15. Atiçador é uma barra rija e não inflamável usada para empurrar lenha ardente em uma lareira. Para segurança e conforto durante o uso, o atiçador deveria ser feito de um material com (a) alto calor específico e alta condutividade térmica, (b) baixo calor específico e baixa condutividade térmica, (c) baixo calor específico e alta condutividade térmica, ou (d) alto calor específico e baixa condutividade térmica?

PERGUNTAS CONCEITUAIS

1. O que está errado com a seguinte afirmação? "Dados quaisquer dois corpos, aquele com a maior temperatura contém mais calor."
2. Em climas visualmente quentes que sofrem com um congelamento eventual, plantadores de frutas aspergem as árvores frutíferas com água, esperando que uma camada de gelo se forme na fruta. Por que tal camada seria vantajosa?
3. É manhã de um dia que será quente. Você acaba de comprar bebidas para um piquenique e as está colocando, com gelo, em uma caixa no porta-malas do seu carro. (a) Você enrola um cobertor de lã ao redor do baú. Fazer isto ajuda a manter as bebidas frias, ou você espera que o cobertor de lã vá esquentar as bebidas? Explique sua resposta. (b) Sua irmã mais nova sugere que você a enrole em outro cobertor de lã para mantê-la fresca durante o dia quente, como foi feito com a caixa de gelo. Explique sua resposta para ela.
4. Acampando em um cânion em uma noite tranquila, um campista percebe que, assim que o sol bate nos picos ao redor, uma brisa começa a soprar. O que causa a brisa?
5. Usando a Primeira Lei da Termodinâmica, explique por que a energia *total* de um sistema isolado sempre é constante.
6. Você tem um par de luvas de algodão para manipulação de forno, e precisa pegar uma panela muito quente de cima de seu fogão. Para pegar a panela com o maior conforto possível, você deve molhar as luvas em água fria ou mantê-las secas?
7. Os pioneiros armazenavam frutas e vegetais em porões subterrâneos. No inverno, por que eles colocavam uma barrica aberta de água perto de seus produtos agrícolas?
8. É possível converter energia interna em energia mecânica? Explique com exemplos.
9. Suponha que você sirva café quente para seus convidados, e um deles lhe peça creme no café, e deseja que sua bebida esteja o mais quente possível alguns minutos mais tarde, quando começar a beber. Para ter o café mais quente possível, a pessoa deve adicionar o creme logo após o café ser servido ou imediatamente antes de beber? Explique.
10. Por que uma pessoa consegue tirar um pedaço de folha seca de alumínio de um forno quente com seus dedos desprotegidos, mas sofreria queimaduras se houvesse umidade na folha?
11. Esfregue a palma da sua mão sobre uma superfície metálica por uns 30 segundos. Coloque sua outra mão em uma porção da superfície que não foi esfregada e, depois, sobre a esfregada. A porção esfregada está mais quente. Agora, repita este processo em uma superfície de madeira. Por que a diferença de temperatura entre as porções esfregadas e não esfregadas da superfície de madeira parece maior que na superfície de metal?
12. Em 1801, Humphry Davy esfregou pedaços de gelo dentro de um depósito de gelo, garantindo que nada no ambiente estivesse a uma temperatura mais alta que os pedaços esfregados. Ele observou a produção de gotas de água líquida. Faça uma tabela listando este e outros experimentos ou processos que ilustram cada uma das situações a seguir. (a) Um sistema pode absorver energia por calor, aumentando sua energia interna e sua temperatura. (b) Um sistema pode absorver energia por calor, aumentando sua energia interna sem aumentar a temperatura. (c) Um sistema pode absorver energia por calor sem aumentar sua temperatura ou sua energia interna. (d) Um sistema pode aumentar sua energia interna e temperatura sem absorver energia por calor. (e) Um sistema pode aumentar sua energia interna sem absorver energia por calor ou aumentar a temperatura.

PROBLEMAS

WebAssign Os problemas que se encontram neste capítulo podem ser resolvidos *on-line* no Enhanced WebAssign (em inglês)

1. denota problema direto;
2. denota problema intermediário;
3. denota problema desafiador;
1. denota problemas mais frequentemente resolvidos no Enhanced WebAssign;
BIO denota problema biomédico;
PD denota problema dirigido;

M denota tutorial Master It disponível no Enhanced WebAssign;
Q|C denota problema que pede raciocínio quantitativo e conceitual;
S denota problema de raciocínio simbólico;
sombreado denota "problemas emparelhados" que desenvolvem raciocínio com símbolos e valores numéricos;
W denota solução no vídeo Watch It disponível no Enhanced WebAssign.

Seção 17.1 Calor e energia interna

1. Em sua lua de mel, James Joule viajou da Inglaterra para a Suíça e tentou verificar sua ideia da interconvertibilidade entre a energia mecânica e a energia interna medindo o aumento da temperatura da água que caía em uma cachoeira. Na cachoeira próxima a Chamonix, nos Alpes franceses, que tem uma queda de 120 m, qual o aumento máximo de temperatura que Joule poderia esperar? Ele não foi bem-sucedido em suas medidas, em parte porque a evaporação resfriava a água caindo, e também porque seu termômetro não era suficientemente sensível.

2. **W** Considere o aparelho de Joule descrito na Figura P17.2. Cada uma das duas massas é 1,50 kg, e o tanque

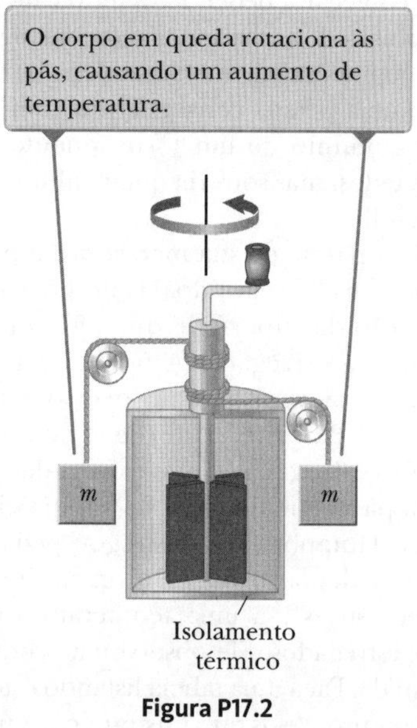

O corpo em queda rotaciona às pás, causando um aumento de temperatura.

m   *m*

Isolamento térmico

Figura P17.2

isolado é preenchido com 200 g de água. Qual é o aumento na temperatura da água depois que as massas caem por uma distância de 3,00 m?

3. **BIO** Uma mulher de 55,0 kg trapaceia em sua dieta e come um bolinho de geleia de 540 Calorias (540 kcal) no café da manhã. (a) Quantos joules de energia equivalem a um bolinho de geleia? (b) Quantos degraus a mulher deve subir em uma escadaria para mudar a energia gravitacional potencial do sistema mulher-Terra por um valor equivalente à energia do alimento em um bolinho de geleia? Suponha que a altura de um único degrau seja de 15,0 cm. (c) Se o corpo humano só tem 25,0% de eficiência em converter energia potencial química em energia mecânica, quantos degraus a mulher deve subir para gastar seu café da manhã?

Seção 17.2 Calor específico

4. **M** A temperatura de uma barra de prata sobe 10,0 °C quando absorve 1,23 kJ de energia por calor. A massa da barra é 525 g. Determine o calor específico da prata a partir destes dados.

5. Em climas frios, inclusive no norte dos Estados Unidos, uma casa pode ser construída com janelas muito grandes na direção sul para aproveitar o aquecimento solar. A luz do Sol durante o dia é absorvida pelo chão, paredes internas e corpos no cômodo, elevando sua temperatura para 38,0 °C. Se uma casa é bem isolada, você pode modelá-la como se perdesse energia por calor regularmente a uma taxa de 6.000 W em um dia de abril quando a temperatura média exterior é 4 °C e o sistema de aquecimento convencional não é usado. Durante o período entre 17h00 e 07h00 a temperatura da casa cai e uma "massa térmica" suficientemente grande é necessária para evitar que caia demais. A massa térmica pode ser uma grande quantidade de pedras (com calor específico de 850 J/kg · °C) no chão e com as paredes internas expostas à luz do Sol. Que massa de pedra é necessária se a temperatura não deve cair para menos de 18,0 °C durante a noite?

6. **Q|C** Uma furadeira elétrica com uma broca de aço de massa $m = 27,0$ g e diâmetro 0,635 cm é usada para perfurar um bloco cúbico de aço de massa $M = 240$ g. Suponha que o aço tenha as mesmas propriedades do ferro. O processo de corte pode ser modelado como ocorrendo em um ponto na circunferência da broca. Este ponto se move em uma hélice com velocidade tangencial constante de 40,0 m/s e exerce uma força de módulo constante 3,20 N sobre o bloco. Como mostrado na Figura P17.6, um sulco na broca conduz as lascas para o topo do bloco, onde elas formam uma pilha ao redor do buraco. A broca é ligada e perfura o bloco por um intervalo de tempo de 15,0 s. Vamos supor que este intervalo de tempo seja longo o suficiente para que a condução dentro do aço leve tudo a uma temperatura uniforme. Além disso, suponha que corpos de aço percam uma quantidade desprezível de energia por condução, convecção e radiação em seu ambiente. (a) Suponha que a broca corte três quartos do caminho através do bloco durante 15,0 s. Encontre a variação de temperatura de toda a quantidade de aço. (b) **E se?** Suponha agora

que a broca esteja cega e só corte um oitavo do caminho através do bloco em 15,0 s. Identifique a variação de temperatura de toda a quantidade de aço neste caso. (c) Que partes dos dados, se houver alguma, são desnecessárias para a solução? Explique.

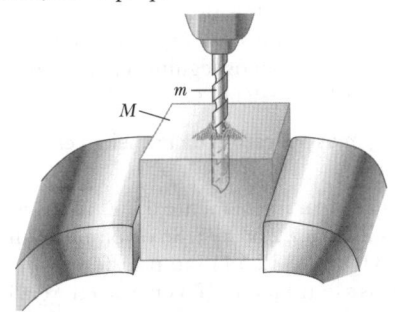

Figura P17.6

7. Uma amostra de 50,0 g de cobre está a 25,0 °C. Se 1 200 J da energia forem adicionados à amostra por calor, qual é a temperatura final do cobre?
8. Uma caneca de alumínio de massa 200 g contém 800 g de água em equilíbrio térmico a 80,0 °C. A combinação caneca-água é resfriada uniformemente de modo que a temperatura diminui 1,50 °C por minuto. Qual é a taxa de remoção de energia por calor? Expresse sua resposta em watts.
9. Uma combinação de 0,250 kg de água a 20,0 °C, 0,400 kg de alumínio a 26,0 °C, e 0,100 kg de cobre a 100 °C é misturada em um recipiente isolado e atinge equilíbrio térmico. Ignore qualquer transferência de energia para ou do recipiente. Qual é a temperatura final da mistura?
10. **S** Se uma massa m_h de água a temperatura T_h é vertida em uma caneca de alumínio de massa m_{Al} contendo a massa m_c de água a T_c, onde $T_h > T_c$, qual é a temperatura de equilíbrio do sistema?
11. **M** Uma ferradura de ferro de 1,50 kg inicialmente a 600 °C é colocada em um balde contendo 20,0 kg de água a 25,0 °C. Qual é a temperatura final do sistema água-ferradura? Ignore a capacidade térmica do recipiente e suponha que uma quantidade desprezível de água ferva e evapore.
12. **Q C W** Um calorímetro de alumínio com massa de 100 g contém 250 g de água. O calorímetro e a água estão em equilíbrio térmico a 10,0 °C. Dois blocos metálicos são colocados dentro da água. O primeiro é um pedaço de cobre de 50,0 g a 80,0 °C. O outro tem massa de 70,0 g e está originalmente a uma temperatura de 100 °C. Todo o sistema se estabiliza a uma temperatura final de 20,0 °C. (a) Determine o calor específico da amostra desconhecida. (b) Usando os dados na Tabela 17.1, você pode fazer uma identificação positiva do material desconhecido? Você consegue identificar um possível material? (c) Explique suas respostas para a parte (b).

Seção 17.3 Calor latente

13. **W** Um bloco de cobre de 1,00 kg a 20,0 °C é colocado em um grande vasilhame de nitrogênio líquido a 77,3 K. Quantos quilogramas de nitrogênio fervem e evaporam até o momento em que o cobre atinge 77,3 K? (O calor específico do cobre é 0,0924 cal/g · °C, e o calor latente de vaporização do nitrogênio é 48,0 cal/g.)
14. **BIO** Um adulto médio em repouso converte energia química dos alimentos em energia interna a uma taxa de 120 W, chamada *taxa metabólica basal*. Para permanecer a uma temperatura constante, o corpo deve transferir energia para fora de si à mesma taxa. Diversos processos gastam energia do seu corpo. Em geral, o mais importante é a condução térmica para o ar em contato com sua pele exposta. Se você não estiver usando um chapéu, uma corrente de convecção de ar quente se eleva verticalmente da sua cabeça como uma coluna de fumaça saindo de uma chaminé. O corpo também perde energia por radiação eletromagnética, por meio da exalação de ar quente e por evaporação da transpiração. Considere ainda, neste problema, outro meio de perda de energia: umidade na expiração. Suponha que você expire 22,0 vezes por minuto, cada vez com volume de 0,600 L. Suponha que você inspire ar seco e exale ar a 37 °C contendo vapor de água com pressão do vapor de 3,20 kPa. O vapor vem da evaporação da água líquida em seu corpo. Modele o vapor de água como um gás ideal. Considere que seu calor latente de vaporização a 37 °C seja o mesmo que seu calor de vaporização a 100 °C. Calcule a taxa à qual você perde energia exalando ar úmido.
15. Em um vasilhame isolado, 250 g de gelo a 0 °C são acrescentados a 600 g de água a 18,0 °C. (a) Qual é a temperatura final do sistema? (b) Quanto gelo permanece quando o sistema alcança o equilíbrio?
16. **Q C** Um automóvel tem massa de 1 500 kg, e seus freios de alumínio têm massa total de 6,00 kg. (a) Suponha que a energia mecânica que se transforma em energia interna quando o carro para seja depositada nos freios e que não haja transferência de energia dos freios por calor. Os freios estão originalmente a 20,0 °C. Quantas vezes o carro pode ser parado de 25,0 m/s antes que os freios comecem a derreter? (b) Identifique alguns efeitos ignorados na parte (a) que são importantes em uma avaliação mais realista sobre o aquecimento dos freios.
17. **M** Uma bala de chumbo de 3,00 g a 30,0 °C é disparada a uma velocidade de 240 m/s em um grande bloco de gelo a 0 °C, onde fica incrustada. Que quantidade de gelo derrete?
18. **PD** Revisão. Duas balas de chumbo em velocidade, uma de massa 12,0 g movendo-se para a direita a 300 m/s, e outra de massa 8,00 g movendo-se para a esquerda a 400 m/s, colidem de frente, e todo o material fica junto. As duas balas estão originalmente à temperatura 30,0 °C. Suponha que a variação na energia cinética do sistema apareça inteiramente como um aumento de energia interna. Gostaríamos de determinar a temperatura e a fase das balas depois da colisão. (a) Que dois modelos de análise são adequados para o sistema das duas balas para o intervalo de tempo desde antes até depois da colisão? (b) A partir de um destes modelos, qual é a velocidade das balas combinadas após a colisão? (c) Quanto da energia cinética inicial se transformou em energia interna no sistema depois da colisão? (d) Todo o chumbo derrete por causa da colisão? (e) Qual é a temperatura das balas combinadas depois da colisão? (f) Qual é a fase das balas combinadas depois da colisão?
19. **W** Quanta energia é necessária para mudar um cubo de gelo de 40,0 g de –10,0 °C para vapor a 110 °C?
20. Um calorímetro de cobre de 50,0 g contém 250 g de água a 20,0 °C. Quanto vapor deve ser condensado em água para a temperatura final do sistema atingir 50,0 °C?

Seção 17.4 Trabalho e calor em processos termodinâmicos

21. **M** Um gás ideal é conduzido por um processo quase estático descrito por $P = \alpha V^2$, com $\alpha = 5,00$ atm/m^6, como mostrado na Figura P17.21. O gás é expandido para o dobro do seu volume original de 1,00 m^3. Quanto trabalho é realizado sobre o gás em expansão neste processo?

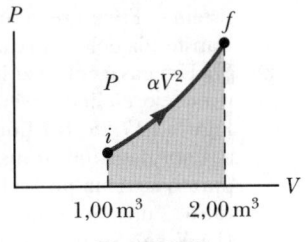

Figura P17.21

22. Q C S Um mol de um gás ideal é aquecido lentamente de modo que vai do estado PV (P_i, V_i) para ($3P_i$, $3V_i$) de forma que a pressão do gás seja diretamente proporcional ao volume. (a) Quanto trabalho é realizado sobre o gás neste processo? (b) Como a temperatura do gás é relacionada ao seu volume durante este processo?

23. Um gás ideal é contido em um cilindro com um pistão móvel no topo. O pistão tem massa de 8000 g e área de 5,00 cm² e é livre para deslizar para cima e para baixo, mantendo a pressão do gás constante. Quanto trabalho é realizado sobre o gás conforme a temperatura de 0,200 mol é elevada de 20,0 °C para 300 °C?

24. S Um gás ideal é contido em um cilindro com um pistão móvel no topo. O pistão tem massa m e área A e é livre para deslizar para cima e para baixo, mantendo a pressão do gás constante. Quanto trabalho é realizado sobre o gás conforme a temperatura de n moles é elevada de T_1 para T_2?

25. W (a) Determine o trabalho realizado sobre um gás que se expande de i para f como indicado na Figura P17.25. (b) E se? Quanto trabalho é realizado sobre o gás se ele é comprimido de f para i ao longo da mesma trajetória?

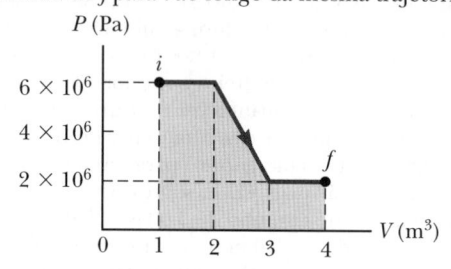

Figura P17.25

Seção 17.5 A Primeira Lei da Termodinâmica

26. W Uma amostra de um gás ideal passa pelo processo mostrado na Figura P17.26. De A para B, o processo é adiabático; de B para C, é isobárico com 100 kJ de energia entrando no sistema por calor; de C para D, o processo é isotérmico; e de D para A, é isobárico com 150 kJ de energia saindo do sistema pelo calor. Determine a diferença em energia interna $E_{int,B} - E_{int,A}$.

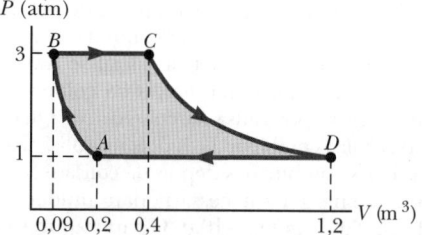

Figura P17.26

27. Um sistema termodinâmico passa por um processo no qual sua energia interna diminui por 500 J. Durante o mesmo intervalo de tempo, 220 J de trabalho é realizado sobre o sistema. Encontre a energia transferida dele pelo calor.

28. W Um gás é conduzido pelo processo cíclico descrito na Figura P17.28. (a) Encontre a energia total transferida para o sistema por calor durante um ciclo completo. (b) E se? Se o ciclo for invertido – ou seja, o processo segue a trajetória $ACBA$ –, qual é a entrada total de energia pelo calor por ciclo?

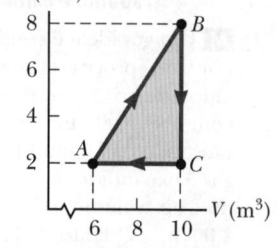

Figura P17.28 Problemas 28 e 29.

29. Considere o processo cíclico descrito na Figura P17.28. Se Q é negativo para o processo BC e ΔE_{int} é negativo para o processo CA, quais são os sinais de Q, W e ΔE_{int} que são associados a um dos três processos?

30. *Por que a seguinte situação é impossível?* Um gás ideal passa por um processo com os seguintes parâmetros: $Q = 10,0$ J, $W = 12,0$ J e $\Delta T = -2,00$ °C.

Seção 17.6 Algumas aplicações da Primeira Lei da Termodinâmica

31. M Um gás ideal inicialmente a 300 K passa por uma expansão isobárica a 2,50 kPa. Se o volume aumenta de 1,00 m³ para 3,00 m³ e 12,5 kJ são transferidos para o gás por calor, quais são (a) a variação em sua energia interna e (b) sua temperatura final?

32. Na Figura P17.32, a mudança na energia interna de um gás que é tirado de A para C ao longo da trajetória AC é +800 J. O trabalho realizado no gás ao longo da trajetória ABC é –500 J. (a) Qual a quantidade de energia que deve ser adicionada ao sistema por calor conforme ele vai de A até B para C? (b) Se a pressão no ponto A é cinco vezes maior que no ponto C, qual é o trabalho realizado sobre o sistema para ir de C para D? (c) Qual é a troca de energia por calor com a fronteira enquanto o gás vai de C para A ao longo da trajetória CDA? (d) Se a variação na energia interna para ir do ponto D ao ponto A é +500 J, qual é o valor da energia que deve ser acrescentada ao sistema por calor à medida que ele vai do ponto C para o ponto D?

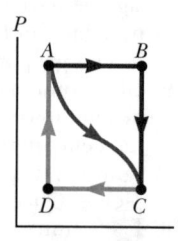

Figura P17.32

33. Um bloco de alumínio de 1,00 kg é aquecido à pressão atmosférica de modo que sua temperatura aumenta de 22,0 °C para 40,0 °C. Encontre (a) o trabalho realizado sobre o alumínio, (b) a energia acrescentada a ele pelo calor e (c) a mudança em sua energia interna.

34. (a) Quanto trabalho é realizado sobre o vapor quando 1,00 mol de água a 100 °C ferve e se torna 1,00 mol de vapor a 100 °C a 1,00 atm de pressão? Suponha que o vapor se comporte como um gás ideal. (b) Determine a mudança na energia interna da água e do vapor conforme a água vaporiza.

35. W Um gás ideal inicialmente a P_i, V_i e T_i passa por um ciclo como mostrado na Figura P17.35. (a) Encontre o trabalho total realizado sobre o gás por ciclo para 1,00 mol de gás inicialmente a 0 °C. (b) Qual é a energia total acrescentada ao gás por ciclo?

36. S gás ideal inicialmente a P_i, V_i e T_i passa por um ciclo como mostrado na Figura P17.35. (a) Encontre o trabalho resultante realizado sobre o gás por ciclo. (b) Qual é a energia resultante acrescentada por calor ao sistema por ciclo?

Figura P17.35 Problemas 35 e 36.

37. M Uma amostra de 2,00 mol de gás hélio inicialmente a 300 K e 0,400 atm é comprimido isotermicamente para 1,20 atm. Observando que o hélio se comporta como um gás ideal, encontre (a) o volume final do gás, (b) o trabalho realizado sobre o gás e (c) a energia transferida por calor.

38. [W] Um mol de um gás ideal realiza 3 000 J de trabalho sobre sua vizinhança conforme se expande isotermicamente até uma pressão final de 1,00 atm e volume de 25,0 L. Determine (a) o volume inicial e (b) a temperatura do gás.

Seção 17.7 Calores específicos molares dos gases ideais

Observação: Você pode utilizar os dados na Tabela 17.3 sobre gases específicos. Aqui, definimos um "gás ideal monoatômico" como tendo calores específicos molares $C_V = \frac{3}{2}R$ e $C_P = \frac{5}{2}R$, , e um "gás ideal diatômico" como tendo $C_V = \frac{5}{2}R$ e $C_P = \frac{7}{2}R$.

39. [M] Uma amostra de 1,00 mol de gás hidrogênio é aquecida a pressão constante de 300 K para 420 K. Calcule (a) a energia transferida ao gás por calor, (b) o aumento da sua energia interna, e (c) o trabalho realizado sobre o gás.

40. Uma garrafa isolada de 1,00 L está cheia de chá a 90,0 °C. Você se serve de uma xícara de chá e imediatamente coloca a tampa de volta na garrafa. Faça uma estimativa da ordem de magnitude da mudança na temperatura do chá restante na garrafa que resulta da admissão de ar à temperatura ambiente. Apresente as grandezas usadas, como dados e os valores medidos ou estimados para elas.

41. [W] Em um processo de volume constante, 209 J de energia são transferidos por calor para 1,00 mol de um gás ideal monoatômico inicialmente a 300 K. Encontre (a) o trabalho realizado sobre o gás, (b) o aumento na energia interna do gás e (c) sua temperatura final.

42. [S] Uma amostra de um gás diatômico ideal tem pressão P e volume V. Quando o gás é aquecido, sua pressão triplica e seu volume dobra. Este processo de aquecimento inclui duas etapas, a primeira em pressão constante, e a segunda em volume constante. Determine a quantidade de energia transferida ao gás pelo calor.

43. Um cilindro vertical com um pistão pesado contém ar a 300 K. A pressão inicial é $2,00 \times 10^5$ Pa, e o volume inicial, 0,350 m³. Considere a massa molar de ar como 28,9 g/mol e $C_V = \frac{5}{2}R$. (a) (a) Encontre o calor específico do ar a volume constante em unidades de J/kg · °C. (b) Calcule a massa de ar no cilindro. (c) Suponha que o pistão seja mantido fixo. Encontre a quantidade de energia necessária para aumentar a temperatura do ar para 700 K. (d) **E se?** Considere novamente as condições do estado inicial e suponha que o pistão pesado seja livre para se mover. Encontre a quantidade de energia necessária para aumentar a temperatura do ar para 700 K.

44. Revisão. Este é uma continuação do Problema 16.29, Capítulo 16. Um balão de ar quente consiste em um invólucro de volume constante 400 m³. Não incluindo o ar interno, o balão e a carga têm massa 200 kg. O ar externo e originalmente o interno é um gás ideal diatômico a 10,0 °C e 101 kPa, com densidade 1,25 kg/m³. Um queimador de gás propano no centro do invólucro esférico injeta energia no ar interno. Este ar permanece a pressão constante. O ar quente, na temperatura necessária para fazer o balão subir, começa a encher o invólucro em sua parte superior fechada rápido o suficiente para que energia insignificante flua por calor para o ar frio abaixo dele ou para fora através da parede do balão. O ar a 10 °C sai por uma abertura na parte inferior do invólucro, até que todo o balão esteja cheio de ar quente a temperatura uniforme. Em seguida, o queimador é desligado e o balão sai do chão. (a) Avalie a quantidade de energia que o queimador deve transferir para o ar no balão. (b) O valor do "calor" do propano – a energia interna liberada pela queima de cada quilograma – é 50,3 MJ/kg. Qual massa de propano deve ser queimada?

45. Calcule a variação na energia interna de 3,00 mols de gás hélio quando sua temperatura é aumentada em 2,00 K.

Seção 17.8 Processos adiabáticos para um gás ideal

46. [M] Uma amostra de 2,00 mols de um gás diatômico ideal se expande lenta e adiabaticamente a pressão de 5,00 atm e volume de 12,0 L para um volume final de 30,0 L. (a) Qual é a pressão final do gás? (b) Quais são as temperaturas inicial e final? Encontre (c) Q, (d) ΔE_{int} e (e) W para o gás durante este processo

47. [W] Durante o movimento de compressão de certo motor a gasolina, a pressão aumenta de 1,00 atm para 20,0 atm. Se o processo for adiabático e a mistura ar-combustível se comporta como um gás ideal diatômico, (a) por qual fator o volume varia, e (b) por qual fator a temperatura varia? Assumindo que a compressão começa com 0,016 mol de gás a 27,0 °C, encontre os valores de (c) Q, (d) ΔE_{int} e (e) W que caracterizam o processo.

48. *Por que a seguinte situação é impossível?* Um novo motor a diesel, que aumenta a economia de combustível em relação aos modelos anteriores, é projetado. Automóveis equipados com este motor se tornam incríveis *best-sellers*. Duas características deste projeto são responsáveis pela maior economia de combustível: (1) o motor é feito inteiramente de alumínio para reduzir o peso do automóvel, e (2) o motor de escape é usado para pré-aquecimento do ar a 50 °C antes de entrar no cilindro, para aumentar a temperatura final do gás comprimido. O motor tem uma taxa de compressão – isto é, a relação entre o volume inicial do ar e seu volume final após a compressão – de 14,5. O processo de compressão é adiabático, e o ar se comporta como um gás ideal diatômico com $\gamma = 1,40$.

49. Uma amostra de 4,00 L de um gás ideal diatômico com razão de calor específico de 1,40, confinado em um cilindro, realiza um ciclo fechado. O gás está inicialmente a 1,00 atm e 300 K. Primeiro, sua pressão é triplicada a volume constante. Então, expande-se adiabaticamente até sua pressão original. Finalmente, o gás é comprimido isobaricamente para seu volume original. (a) Trace um diagrama *PV* deste ciclo. (b) Determine o volume do gás ao final da expansão adiabática. (c) Encontre a temperatura do gás no início da expansão adiabática. (d) Encontre a temperatura ao final do ciclo. (e) Qual foi o trabalho resultante realizado sobre o gás para este ciclo?

50. [S] Um gás ideal com razão de calor específico γ confinado em um cilindro é colocado em um ciclo fechado. O gás está inicialmente a P_i, V_i e T_i. Primeiro, sua pressão é triplicada a volume constante. Então, expande-se adiabaticamente até sua pressão original e, por fim, é comprimido isobaricamente ao seu volume original. (a) Trace um diagrama *PV* deste ciclo. (b) Determine o volume no final da expansão adiabática. Encontre (c) a temperatura do gás no início da expansão adiabática e (d) a temperatura no final do ciclo. (e) Qual foi o trabalho resultante sobre o gás para este ciclo?

51. [M] O ar em uma nuvem de tempestade expande-se à medida que sobe. Se sua temperatura inicial é 300 K e nenhuma energia é perdida por condução térmica na expansão, qual é sua temperatura quando o volume inicial dobra?

52. [W] Quanto trabalho é necessário para comprimir 5,00 mols de ar a 20,00 °C e 1,00 atm para um décimo do volume original por (a) um processo isotérmico? (b) **E se?** Quanto trabalho é necessário para produzir a mesma compressão em um processo adiabático? (c) Qual é a pressão final na parte (a)? (d) Qual é a pressão final na parte (b)?

53. **PD** O ar (um gás diatômico ideal) a 27,0 °C e a pressão atmosférica é injetado numa bomba de bicicleta (Figura P17.53), que tem um cilindro com diâmetro interno de 2,50 cm e comprimento de 50,0 cm. A força para baixo comprime adiabaticamente o ar, que atinge uma pressão de $8,00 \times 10^5$ Pa antes de entrar no pneu. Queremos investigar o aumento de temperatura na bomba. (a) Qual é o volume inicial de ar na bomba? (b) Qual é o número de mols de ar na bomba? (c) Qual é a pressão absoluta do ar comprimido? (d) Qual é o volume do ar comprimido? (e) Qual é a temperatura do ar comprimido? (f) Qual é o aumento na energia interna do gás durante a compressão? **E se?** A bomba é feita de aço com 2,00 mm de espessura. Suponha que 4,00 cm do comprimento do cilindro possam entrar em equilíbrio térmico com o ar. (g) Qual é o volume de aço neste comprimento de 4,00 cm? (h) Qual é a massa de aço neste comprimento? (i) Suponha que a bomba seja comprimida uma vez. Após a expansão adiabática, a condução resulta no aumento de energia na parte (f), sendo compartilhada entre o gás e o comprimento de 4,00 cm de aço. Qual será o aumento da temperatura do aço após uma compressão?

Figura P17.53

54. Durante a partida do motor de um automóvel de quatro tempos, o pistão é forçado para baixo enquanto a mistura de produtos da combustão e do ar sofre uma expansão adiabática. Suponha que (1) o motor esteja funcionando em 2 500 ciclos/min, (2) a pressão do manômetro imediatamente antes da expansão seja 20,0 atm, (3) os volumes da mistura imediatamente antes e após a expansão sejam 50,0 cm³ e 400 cm³, respectivamente (Fig. P17.54), (4) o intervalo de tempo para a expansão seja de um quarto do ciclo total, e (5) a mistura se comporte como um gás ideal em relação ao calor específico 1,40. Encontre a potência média gerada durante a partida do motor.

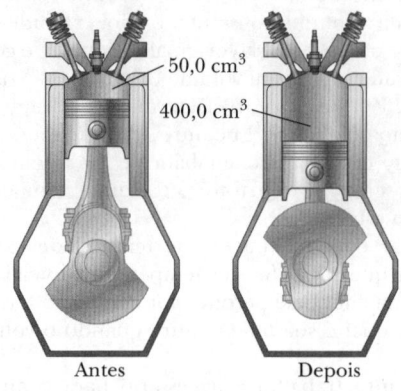

Figura P17.54

Seção 17.9 Calores específicos molares e equipartição de energia

55. Em um modelo simples (Fig. P17.55) de uma molécula de cloro rotativa diatômica (Cl_2), átomos de Cl estão a $2,00 \times 10^{-10}$ m de distância e em rotação ao redor de seus centros de massa com velocidade angular de $\omega = 2,00 \times 10^{12}$ rad/s. Qual é a energia cinética rotacional de uma molécula de Cl_2, que tem massa molar de 70,0 g/mol?

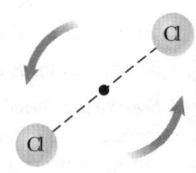

Figura P17.55

56. *Por que a seguinte situação é impossível?* Uma equipe de pesquisadores descobriu um novo gás com um valor $\gamma = C_P/C_V$ de 1,75.

57. **M** A relação entre a capacidade térmica de uma amostra e o calor específico do seu material foi discutida na Seção 17.2. Considere uma amostra contendo 2,00 mols de um gás ideal diatômico. Supondo que as moléculas rotacionam, mas não vibram, encontre (a) a capacidade térmica total da amostra a volume constante e (b) a capacidade total térmica a pressão constante. (c) **E se?** Repita as partes (a) e (b) supondo que as moléculas tanto rotacionam quanto vibram.

58. **S** Certa molécula tem f graus de liberdade. Mostre que um gás ideal constituído de tais moléculas tem as seguintes propriedades: (a) sua energia interna total é $fnRT/2$, (b) seu calor específico molar a volume constante é $fR/2$, (c) seu calor específico molar a pressão constante é $(f+2)R/2$ e (d) sua razão de calor específico é $\gamma = C_P/C_V = (f+2)/f$.

Seção 17.10 Mecanismos de transferência de energia em processos térmicos

59. Uma barra de ouro (Au) está em contato térmico com uma barra de prata (Ag) de mesmo comprimento e área (Fig. P17.59). Uma extremidade da barra composta é mantida a 80,0 °C, e a extremidade oposta está a 30,0 °C. Quando a transferência de energia atinge o estado estável, qual é a temperatura na junção?

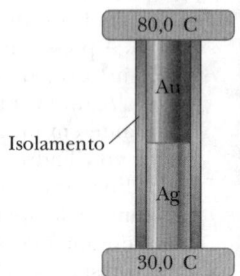

Figura P17.59

60. Uma caixa com área de superfície total de 1,20 m² e uma parede com espessura de 4,00 cm é feita de material isolante. Um aquecedor elétrico de 10,0 W dentro da caixa mantém a temperatura interna a 15,0 °C acima da externa. Encontre a condutividade térmica k do material isolante.

61. A superfície do Sol tem temperatura de aproximadamente 5 800 K. Se o raio do Sol é $6,96 \times 10^8$, calcule a energia total irradiada pelo Sol a cada segundo. Suponha que a emissividade seja 0,986.

62. **BIO** O corpo humano precisa manter sua temperatura interna dentro de uma faixa estreita em torno de 37 °C. Os processos metabólicos, principalmente exercício muscular, convertem a energia química em energia interna no interior do corpo. A energia deve fluir do interior para o exterior, pela pele ou pelos pulmões para ser expelida, por calor, para o ambiente. Durante um exercício moderado, um homem de 80 kg pode metabolizar energia vinda de alimentos à taxa de 300 kcal/h, realizar 60 kcal/h de trabalho mecânico, e expelir as 240 kcal/h restantes de energia

por calor. A maior parte da energia é levada do interior do corpo para fora até a pele por convecção forçada (como um encanador diria), através da qual o sangue é aquecido no interior e, então, resfriado na pele, que está alguns graus mais fria do que o interior do corpo. Sem o fluxo sanguíneo, o tecido vivo é um bom isolante térmico, com condutividade térmica em torno de 0,210 W/m · °C. Mostre que o fluxo sanguíneo é essencial para esfriar o corpo calculando a taxa de condução de energia em kcal/h através da camada de tecido sob a pele. Considere que sua área é de 1,40 m², sua espessura é de 2,50 cm e sua temperatura é mantida a 37,0 °C de um lado, e a 34,0 °C do outro.

63. **BIO** Um estudante está tentando decidir o que vestir. Seu quarto está a 20,0°C. A temperatura da sua pele é 35,0°C. A área de pele exposta é 1,50 m². Pessoas ao redor do mundo têm pele que é negra no infravermelho, com emissividade de aproximadamente 0,900. Encontre a transferência de energia total do corpo dele por radiação em 10,0 min

Seção 17.11 Conteúdo em contexto: equilíbrio energético para a Terra

64. **S** *Uma taxa de declínio atmosférico teórica.* A Seção 16.7 descreveu dados experimentais sobre a diminuição da temperatura com a altitude na atmosfera da Terra. Modele a troposfera como um gás ideal, em todos os lugares com massa molar equivalente M. A absorção da luz do sol na superfície da Terra aquece a troposfera a partir da parte inferior, de modo que as correntes de convecção vertical estão continuamente misturando o ar. À medida que uma parcela de ar sobe, sua pressão cai e ele se expande. A parcela realiza trabalho em sua vizinhança, de modo que sua energia terna e, portanto, sua temperatura caem. Considere que a mistura vertical seja tão rápida de maneira que seja adiabática. (a) Mostre que a quantidade $TP^{(1-\gamma)/\gamma}$ tem valor uniforme nas camadas da troposfera. (b) Mostre, diferenciando em relação à altitude altitude y, que a taxa de declínio atmosférico é dada por

$$\frac{dT}{dy} = \frac{T}{P}\left(1 - \frac{1}{\gamma}\right)\frac{dP}{dy}$$

(c) Uma camada inferior de ar deve sustentar o peso das camadas superiores. A partir da Equação 15.4, observe que o equilíbrio mecânico da atmosfera requer que a pressão diminua com a altitude de acordo com $dP/dy = -\rho g$. A profundidade da troposfera é pequena comparada ao raio da Terra, de modo que você pode considerar que a aceleração de queda livre é uniforme. Prove que a taxa de declínio atmosférico é dada por

$$\frac{dT}{dy} = -\left(1 - \frac{1}{\gamma}\right)\frac{Mg}{R}$$

O Problema 16.50 no Capítulo 16 requer um cálculo desta taxa de declínio atmosférico teórico na Terra e em Marte, e pede comparação com os resultados experimentais.

65. Ao meio-dia, o Sol fornece 1 000 W para cada metro quadrado de uma estrada asfaltada. Se o asfalto quente transfere energia somente por radiação, qual é sua temperatura de estado estável?

66. **Q|C** À nossa distância do Sol, a intensidade da radiação solar é 1 370 W/m². A temperatura da Terra é afetada pelo *efeito estufa* da atmosfera. Este fenômeno descreve o efeito da absorção de luz infravermelha emitida pela superfície de modo que faz a temperatura da superfície da Terra mais alta do que se não tivesse ar. Para fins de comparação, considere um corpo esférico de raio r sem atmosfera à mesma distância do Sol que a Terra. Suponha que sua emissividade seja a mesma para todos os tipos de ondas eletromagnéticas e sua temperatura, uniforme por toda sua superfície. (a) Explique por que a área projetada sobre a qual a luz do Sol é absorvida é πr^2 e a área de superfície sobre a qual irradia é $4\pi r^2$. (b) (b) Calcule sua temperatura de estado estável. Ele é frio?

Problemas adicionais

67. **Revisão.** Após uma colisão entre uma grande nave espacial e um asteroide, um disco de cobre de raio 28,0 m e espessura 1,20 m a uma temperatura de 850 °C flutua no espaço, girando sobre seu eixo de simetria com velocidade angular de 25,0 rad/s. Conforme o disco irradia luz infravermelha, sua temperatura cai para 20,0 °C. Não há torque externo atuando sobre o disco. (a) Encontre: a variação na energia cinética do disco, (b) a variação na energia interna do disco, (c) a quantidade de energia que ele irradia.

68. **Q|C** Uma amostra de um gás monatômico ideal ocupa 5,00 L a pressão atmosférica e 300 K (ponto A na Fig. P17.68). Ela é aquecida a volume constante até 3,00 atm (ponto B). Então, se expande isotermicamente para 1,00 atm (ponto C) e, por fim, é comprimida isobaricamente para seu estado original. (a) Encontre o número de mols da amostra. Encontre (b) a temperatura no ponto B, (c) a temperatura no ponto C e (d) o volume no ponto C (e) Agora, considere os processos $A \to B$, $B \to C$, e $C \to A$. Descreva como realizar cada processo experimentalmente. (f) Encontre Q, W e ΔE_{int} para cada um dos processos. (g) Para o ciclo completo $A \to B \to C \to A$, encontre Q, W e ΔE_{int}.

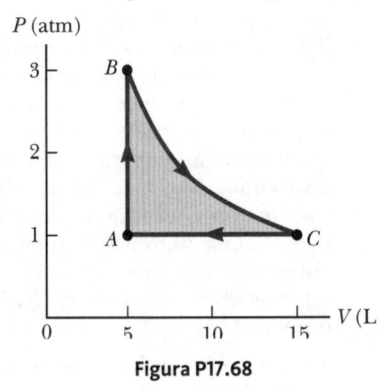

Figura P17.68

69. **M** Uma barra de alumínio com 0,500 m de comprimento e área transversal de 2,50 cm² é inserida em um vasilhame termicamente isolado contendo hélio líquido a 4,20 K. A barra está inicialmente a 300 K. (a) Se metade da barra é inserida no hélio, quantos litros deste fervem até o momento em que a metade inserida esfria até 4,20 K? Suponha que a metade superior não esfrie ainda. (b) Se a superfície circular da extremidade superior da barra é mantida a 300 K, qual é a taxa aproximada de fervura do hélio líquido em litros por segundo depois que a metade inferior atingiu 4,20 K? (Alumínio tem condutividade térmica de 3 100 W/m · K a 4,20 K; ignore sua variação de temperatura. A densidade do hélio líquido é 125 kg/m³.)

70. **BIO Q|C** Para testes bacteriológicos de reservatórios de água em clínicas médicas, amostras devem rotineiramente ser incubadas por 24 h a 37 °C. Amy Smith, uma voluntária do Corpo de Paz e engenheira do MIT, inventou uma incubadora de baixa manutenção e baixo custo, que consiste em uma caixa isolada com espuma contendo um material ceroso que derrete a 37,0 °C entremeado com tubos, barras ou garrafas contendo as amostras de teste e o meio de cultura (comida para bactérias). Fora da caixa, o material ceroso é primeiro derretido em um fogão ou coletor de energia solar. Então este material é colocado dentro da caixa para manter as amostras de teste aquecidas enquanto o material solidifica. O calor de fusão do material

que muda de fase é 205 kJ/kg. Modele o isolamento como uma barra com área de superfície de 0,490 m², espessura 4,50 cm e condutividade 0,0120 W/m · °C. Suponha que a temperatura exterior seja 23,0 °C por 12,0 h e 16,0 °C por 12,0 h. (a) Que massa do material ceroso é necessária para conduzir o teste bacteriológico? (b) Explique por que seu cálculo pode ser realizado sem saber a massa das amostras de teste ou do isolamento.

71. *Calorímetro de fluxo* é um aparelho usado para medir o calor específico de um líquido. A técnica de calorimetria de fluxo envolve medir a diferença de temperatura entre os pontos de entrada e saída de um fluxo contínuo do líquido enquanto energia é acrescentada por calor a uma taxa conhecida. Um líquido de densidade 900 kg/m³ flui pelo calorímetro com taxa de fluxo de volume de 2,00 L/min. No estado estável, uma diferença de temperatura 3,50 °C é estabelecida entre os pontos de entrada e saída quando a energia é suprida a uma taxa de 200 W. Qual é o calor específico do líquido?

72. **S** *Calorímetro de fluxo* é um aparelho usado para medir o calor específico de um líquido. A técnica de calorimetria de fluxo envolve medir a diferença de temperatura entre os pontos de entrada e saída de um fluxo contínuo do líquido enquanto energia é acrescentada por calor a uma taxa conhecida. Um líquido de densidade ρ flui pelo calorímetro com taxa de fluxo de volume R. No estado estável, uma diferença de temperatura ΔT é estabelecida entre os pontos de entrada e saída quando a energia é fornecida a uma taxa P. Qual é o calor específico do líquido?

73. Em um dia frio de inverno, você compra castanhas assadas na rua. No bolso de seu casaco você coloca o troco dado pelo vendedor: moedas consistindo em 9,00 g de cobre a –12,0 °C. Seu bolso já contém 14,0 g de moedas de prata a 30,0 °C. Um pouco depois, a temperatura das moedas de cobre é de 4,00°C e aumentando a uma taxa de 0,500 °C/s. Nesse momento, (a) qual é a temperatura das moedas de prata, e (b) em qual taxa ela está mudando?

74. *Por que a seguinte situação é impossível?* Um grupo de campistas levantas às 8h30min e usa um fogão solar, que consiste em uma superfície curva e refletora que concentra a luz do Sol sobre o corpo a ser aquecido (Fig. P17.74). Durante o dia, a intensidade solar máxima atingindo a superfície da Terra no local do fogão é $I = 600$ W/m². O fogão está voltado para o Sol e o diâmetro de sua face é $d = 0,600$ m. Suponha que uma fração de 40,0% da energia incidente seja transferida para 1,50 L de água em um recipiente aberto, inicialmente a 20,0 °C. A água ferve, e o grupo saboreia seu café quente no café da manhã antes de fazer uma caminhada de dez milhas e voltar para o almoço ao meio-dia.

Figura P17.74

75. Um esquiador *cross-country* de 75,0 kg desloca-se na neve (Fig. P17.75). O coeficiente de atrito entre os esquis e a neve é de 0,200. Suponha que toda a neve sob os esquis esteja a 0 °C e toda a energia interna gerada por atrito seja adicionada à neve, que adere aos esquis até derreter. Que distância ele deve percorrer para derreter 1,00 kg de neve?

76. **Q|C** Um estudante mede os seguintes dados em um experimento de calorimetria para determinar o calor específico do alumínio:

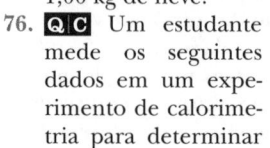

Figura P17.75 Um esquiador *cross-country*.

Temperatura inicial da água e calorímetro: 70,0 °C
Massa da água: 0,400 kg
Massa do calorímetro: 0,040 kg
Calor específico do calorímetro: 0,63 kJ/kg · °C
Temperatura inicial do alumínio: 27,0 °C
Massa do alumínio: 0,200 kg
Temperatura final da mistura: 66,3 °C

(a) Use estes dados para determinar o calor específico do alumínio. (b) Explique se seu resultado está até 15% do valor listado na Tabela 17.1

77. *Revisão.* Um meteorito de 670 kg é composto de alumínio. Quando está longe da Terra, sua temperatura é –15,0 °C e ele se move a 14,0 km/s em relação ao planeta. Quando atinge a Terra, suponha que a energia interna que aumenta a partir da energia mecânica do sistema meteorito-Terra seja dividida igualmente entre ambos e que todo o material do meteorito suba momentaneamente para a mesma temperatura final. Encontre esta temperatura. Suponha que o calor específico do alumínio líquido e gasoso seja 1 170 J/kg · °C.

78. **Q|C S** Um mol de um gás ideal está contido em um cilindro com um pistão móvel. A pressão, o volume e a temperatura iniciais são P_i, V_i e T_i, respectivamente. Encontre o trabalho realizado sobre o gás para os seguintes processos. Em termos operacionais, descreva como conduzir cada processo e mostre cada processo em um diagrama *PV*. (a) uma compressão isobárica na qual o volume final é metade do inicial (b) uma compressão isotérmica na qual a pressão final é quatro vezes a inicial (c) um processo isovolumétrico no qual a pressão final é o triplo da inicial.

79. Um arremessador joga uma bola de beisebol de 0,142 kg a 47,2 m/s. Enquanto ele se desloca 16,8 m para o *home plate*, a bola desacelera para 42,5 m/s por conta da resistência do ar. Encontre a variação na temperatura do ar por onde a bola passa. Para encontrar a maior variação possível de temperatura, você pode pressupor as seguintes hipóteses: O ar tem calor específico molar de $C_P = \frac{7}{2}R$ e massa molar equivalente de 28,9 g/mol. O processo é tão rápido, que a cobertura da bola age como um isolante térmico e a temperatura da própria bola não varia. Uma mudança na temperatura ocorre inicialmente apenas para o ar em um cilindro de 16,8 m de comprimento e raio de 3,70 cm. O ar está inicialmente a 20,0 °C.

80. **BIO** A taxa em que uma pessoa em repouso converte energia do alimento é chamada taxa metabólica basal (TMB). Suponha que a energia interna resultante deixe o corpo

da pessoa por radiação e convecção de ar seco. Quando você pratica jogging, a maior parte da energia do alimento que queima acima de sua TMB se torna energia interna, que aumentaria sua temperatura corporal se não fosse eliminada. Suponha que a evaporação da transpiração seja o mecanismo para eliminar essa energia. Considere uma pessoa praticando jogging para "queimar o máximo de gordura", convertendo energia do alimento à taxa de 400 kcal/h acima de sua TMB e expelindo energia por trabalho à taxa de 60,0 W. Assuma que o calor da evaporação da água na temperatura corporal seja igual ao seu calor da vaporização a 100 °C. (a) Determine a taxa por hora em que a água deve evaporar da pele. (b) Quando se metaboliza gordura, os átomos de hidrogênio na molécula de gordura são transferidos para o oxigênio para formar água. Suponha que o metabolismo de 1 g de gordura gere 9,00 kcal de energia e produza 1 g de água. Qual é a fração da água que a pessoa que pratica *jogging* precisa que lhe seja fornecida pelo metabolismo de gordura?

81. A condutividade térmica média das paredes (incluindo as janelas) e telhado da casa descrita na Figura P17.81 é 0,480 W/m · °C, e sua espessura média é 21,0 cm. A casa é mantida aquecida com gás natural com calor de combustão (isto é, a energia fornecida por metro cúbico de gás queimado) de 9300 kcal/m³. Quantos metros cúbicos de gás devem ser queimados a cada dia para manter a temperatura interior a 25,0 °C se a temperatura exterior é 0,0 °C? Desconsidere a radiação e a energia transferida por calor pelo solo.

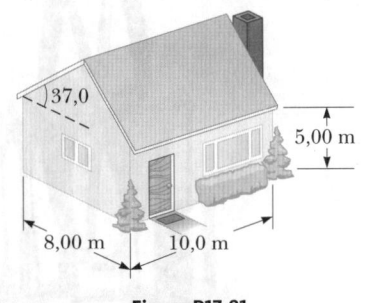

Figura P17.81

82. Um lago de água a 0 °C é coberto por uma camada de gelo de 4,00 cm de espessura. Se a temperatura do ar fica constante a –10,0 °C, que intervalo de tempo é necessário para que a espessura do gelo aumente para 8,00 cm? *Sugestão:* Use a Equação 17.34 na forma

$$\frac{dQ}{dt} = kA\frac{\Delta T}{x}$$

e observe que a energia gradual dQ extraída da água pela espessura x do gelo é aquela quantidade necessária para congelar uma espessura dx do gelo. Isto é, $dQ = L_f \rho A\, dx$, onde ρ é a densidade do gelo, A é a área e L_f é o calor latente de fusão.

83. Certo gás ideal tem calor específico molar de $C_V = \frac{7}{2}R$. Uma amostra de 2,00 mols do gás sempre começa a pressão $1,00 \times 10^5$ Pa e temperatura de 300 K. Para cada um dos processos a seguir, determine (a) a pressão final, (b) o volume final, (c) a temperatura final, (d) a variação da energia interna do gás, (e) a energia adicionada ao gás por calor, e (f) o trabalho realizado sobre o gás. (i) O gás é aquecido a pressão constante a 400 K. (ii) O gás é aquecido a volume constante a 400 K. (iii) O gás é comprimido a temperatura constante a $1,20 \times 10^5$ Pa. (iv) O gás é comprimido adiabaticamente a $1,20 \times 10^5$ Pa.

84. **Q|C S** Em um cilindro, uma amostra de um gás ideal com número de mols n é submetido a um processo adiabático. (a) Começando com a expressão $W = -\int P\, dV$ e usando a condição $PV^\gamma = $ constante, mostre que o trabalho feito sobre o gás é

$$W = \left(\frac{1}{\gamma - 1}\right)(P_f V_f - P_i V_i)$$

(b) Começando com a Primeira Lei da Termodinâmica, mostre que o trabalho realizado sobre o gás é igual a $nC_V(T_f - T_i)$. (c) Esses dois resultados são consistentes entre si? Explique.

85. Conforme uma amostra de 1,00 mol de um gás monoatômico ideal se expande adiabaticamente, o trabalho realizado sobre ele é $-2,50 \times 10^3$ J. A temperatura inicial e a pressão do gás são 500 K e 3,60 atm. Calcule (a) a temperatura final e (b) a pressão final.

86. **S** Uma amostra é constituída por uma quantidade n em mols de um gás monoatômico ideal. O gás se expande adiabaticamente, com o trabalho W feito sobre ele. (Trabalho W é um número negativo.) A temperatura inicial e a pressão do gás são T_i e P_i. Calcule (a) a temperatura final e (b) a pressão final.

87. Uma placa de ferro é mantida junto a uma roda de ferro, de modo que uma força de atrito cinética de 50,0 N atua entre as duas peças de metal. A velocidade relativa na qual as duas superfícies deslizam uma sobre a outra é de 40,0 m/s. (a) Calcule a taxa na qual a energia mecânica é convertida em energia interna. (b) A placa e a roda têm cada uma uma massa de 5,00 kg, e cada uma recebe 50,0% da energia interna. Se o sistema é rodado como descrito durante 10,0 s e for permitido que cada corpo atinja uma temperatura interna uniforme, qual é o aumento da temperatura resultante?

88. (a) Em ar a 0 °C, um bloco de cobre de 1,60-kg a 0 °C é posto para deslizar a 2,50 m/s sobre uma lâmina de gelo a 0 °C. O atrito faz o bloco chegar ao repouso. Encontre a massa de gelo que derrete. (b) Conforme o bloco perde velocidade, identifique sua entrada de energia Q, sua variação em energia interna ΔE_{int} e a variação na energia mecânica para o sistema bloco-gelo. (c) Para o gelo como um sistema, identifique sua entrada de energia Q e sua variação de energia interna ΔE_{int}. (d) Um bloco de gelo de 1,60 kg a 0 °C é posto para deslizar a 2,50 m/s sobre uma lâmina de cobre a 0 °C. O atrito faz o bloco chegar ao repouso. Encontre a massa de gelo que derrete. (e) Avalie Q e ΔE_{int} o bloco de gelo como um sistema e ΔE_{mec} para o sistema bloco-gelo. (f) Avalie Q e ΔE_{int} para a lâmina de metal como um sistema. (g) Uma barra fina de cobre de 1,60 kg a 20 °C é posta para deslizar a 2,50 m/s sobre uma barra estacionária idêntica à mesma temperatura. O atrito para o movimento rapidamente. Supondo que não haja transferência de energia para o ambiente por calor, encontre a variação em temperatura dos dois corpos. (h) Avalie Q e ΔE_{int} para a barra deslizante e ΔE_{mec} para o sistema das duas barras. (i) Avalie Q e ΔE_{int} para a barra estacionária.

89. **M** Água está fervendo em uma chaleira elétrica. A potência absorvida pela água é 1,00 kW. Supondo que a pressão do vapor na chaleira seja igual à pressão atmosférica, determine a velocidade de efusão do vapor do bico da chaleira se o bico tem área transversal de 2,00 cm². Modele o vapor como um gás ideal.

Capítulo 18

Máquinas térmicas, entropia e a Segunda Lei da Termodinâmica

Sumário

- **18.1** Máquinas térmicas e a Segunda Lei da Termodinâmica
- **18.2** Processos reversíveis e irreversíveis
- **18.3** A máquina de Carnot
- **18.4** Bombas de calor e refrigeradores
- **18.5** Um enunciado alternativo da segunda lei
- **18.6** Entropia
- **18.7** Entropia e a segunda lei da termodinâmica
- **18.8** Variação da entropia nos processos irreversíveis
- **18.9** Conteúdo em contexto: a atmosfera como máquina térmica

A primeira lei da termodinâmica, estudada no Capítulo 17, e a equação de conservação de energia mais geral (Eq. 7.2) são declarações do princípio de conservação de energia. Esse princípio não coloca nenhuma restrição nos tipos de conversões de energia que possam ocorrer. Na realidade, no entanto, somente alguns tipos de processos de conservação de energia são observados. Considere os seguintes exemplos de processos que são consistentes com o princípio de conservação de energia em qualquer direção, mas que, na prática, processam somente em determinada direção.

1. Quando dois corpos a temperaturas diferentes são colocados em contato térmico, a transferência de energia por calor sempre ocorre do corpo mais quente para o mais frio. Nunca veremos a transferência de calor do corpo mais frio para o mais quente.
2. Em uma bola de borracha que quicou no chão diversas vezes e, finalmente, ficou em repouso, a energia potencial gravitacional original do sistema bola-Terra transformou-se em energia interna na bola e no chão. No entanto, uma bola que está no chão nunca acumula energia interna do chão e começa a quicar sozinha.

Motor de Stirling do início do século XIX. O ar é aquecido no cilindro inferior usando uma fonte externa. À medida que isso acontece, o ar se expande e empurra o pistão, o que o leva a mover. O ar é resfriado, permitindo que o ciclo recomece. Este é um exemplo de uma máquina térmica, que vamos estudar neste capítulo.

3. Se o oxigênio e o nitrogênio são mantidos em metades de um reservatório separados por uma membrana e ela estiver perfurada, as moléculas de oxigênio e nitrogênio se misturarão. Nunca veremos uma mistura de oxigênio e nitrogênio espontaneamente separada em diferentes metades do reservatório.

Essas situações ilustram os processos irreversíveis; ou seja, eles ocorrem de modo natural em somente uma direção. Neste capítulo, investigamos um novo princípio fundamental que nos permite compreender por que esses processos ocorrem somente em uma direção.[1] A Segunda Lei da Termodinâmica, que é o foco principal deste capítulo, estabelece quais processos naturais que ocorrem e quais não ocorrem.

18.1 | Máquinas térmicas e a Segunda Lei da Termodinâmica

Um aparelho muito útil na compreensão da Segunda Lei da Termodinâmica é a máquina térmica. Uma **máquina térmica** é um aparelho que recebe energia por calor[2] e, operando em ciclo, expele uma fração dessa energia por meio de trabalho. Em um processo típico para a produção de eletricidade em uma usina, por exemplo, o carvão ou outro combustível é queimado e a energia interna resultante é utilizada para converter água em vapor. Esse vapor é direcionado para as pás de uma turbina, colocando-a em rotação. Finalmente, a energia mecânica associada a essa rotação é usada para acionar um gerador elétrico. Em outra máquina térmica, o motor de combustão interna no seu carro, a energia entra no motor pela transferência de matéria à medida que o combustível é injetado no cilindro e uma fração dessa energia é convertida em energia mecânica.

Em geral, uma máquina térmica carrega alguma substância que trabalha por um processo cíclico[3] durante o qual (1) a substância que trabalha absorve a energia do calor de um reservatório de energia em alta temperatura, (2) o trabalho é realizado pela máquina e (3) a energia é expelida pelo calor para um reservatório em temperatura mais baixa. Essa energia de saída é frequentemente chamada energia desperdiçada, energia de escape ou poluição térmica. Como um exemplo, considere a operação de uma máquina a vapor que usa água como a substância de trabalho. A água em uma caldeira absorve energia do combustível sendo queimado e evapora; esse vapor, então, realiza o trabalho expandindo-se contra um pistão. Depois que o vapor esfria e se condensa, a água líquida produzida volta para a caldeira e o ciclo se repete.

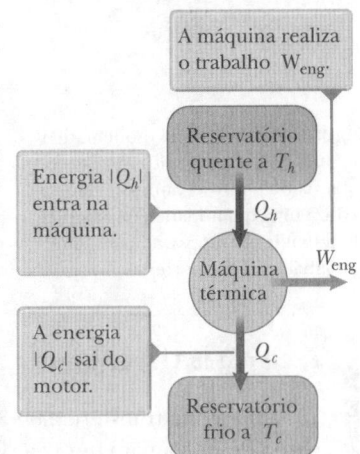

É útil representar uma máquina térmica esquematicamente, como na Figura Ativa 18.1. A máquina absorve uma quantidade de energia $|Q_h|$ do reservatório quente. Para a discussão matemática sobre máquinas térmicas, usamos valores absolutos para realizar todas as transferências de energia por calor positivo, e a direção da transferência é indicada com um sinal positivo ou negativo explícito. A máquina realiza o trabalho W_{eng} (de modo que o trabalho *negativo* $W = -W_{eng}$ realizado *sobre* a máquina), e em seguida fornece uma quantidade de energia $|Q_c|$ para o reservatório frio. Como a substância de trabalho passa por um ciclo, suas energias internas inicial e final são iguais, então $\Delta E_{int} = 0$. A máquina pode ser modelada como um sistema não isolado no estado estável. Portanto, da primeira lei,

$$\Delta E_{int} = 0 = Q + W \rightarrow Q_{líquido} = -W = W_{eng}$$

Lord Kelvin
Físico e matemático britânico
(1824-1907)
Nascido William Thomson em Belfast, o físico e matemático britânico Kelvin foi o primeiro a propor o uso de uma escala absoluta de temperatura. A escala de temperatura Kelvin é assim chamada em sua homenagem. O trabalho de Kelvin em termodinâmica levou à ideia de que a energia não pode passar espontaneamente de um corpo mais frio para um corpo mais quente.

Figura Ativa 18.1 Representação esquemática de uma máquina térmica.

---

[1] Conforme vimos neste capítulo, é mais apropriado dizer que o conjunto de eventos no sentido de tempo invertido é altamente improvável. A partir deste ponto de vista, os eventos em uma direção são amplamente mais prováveis do que os da direção oposta.

[2] Usamos o calor como nosso modelo para a transferência de energia em uma máquina térmica. No entanto, outros métodos de transferência de energia são possíveis no modelo dessa máquina. Por exemplo, conforme mostramos na Seção 18.9, a atmosfera da Terra pode ser modelada como uma máquina térmica onde a transferência de energia de entrada se dá por meio da radiação eletromagnética do Sol. A saída da máquina térmica atmosférica causa a estrutura de vento na atmosfera.

[3] O motor do veículo não é estritamente uma máquina térmica de acordo com a descrição do processo cíclico, pois a substância (a mistura de ar e combustível) passa somente em um ciclo e depois é expelida pelo sistema de escape.

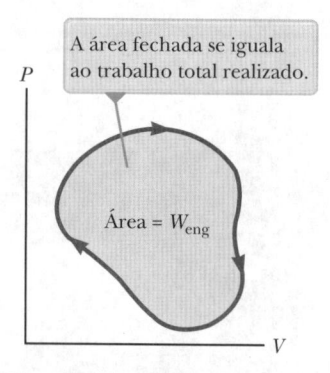

Figura 18.2 O diagrama *PV* para um processo cíclico arbitrário.

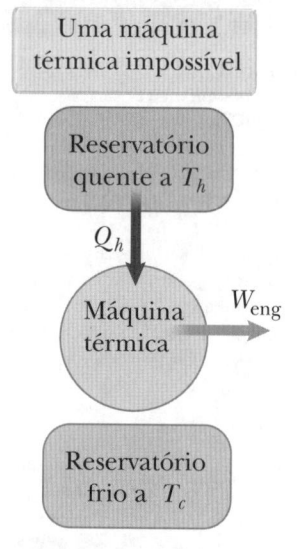

A área fechada se iguala ao trabalho total realizado.
Área = W_{eng}

Figura 18.3 Diagrama esquemático de uma máquina térmica que recebe energia de um reservatório quente e realiza uma quantidade equivalente de trabalho. É impossível construir uma máquina tão perfeita.

Uma máquina térmica impossível — Reservatório quente a T_h → Q_h → Máquina térmica → W_{eng} → Reservatório frio a T_c

e veremos que o trabalho W_{eng} realizado por uma máquina térmica é igual à energia resultante absorvida por ela. Como podemos ver na Figura Ativa 18.1, $Q_{net} = |Q_h| - |Q_c|$. Portanto,

$$W_{eng} = |Q_h| - |Q_c| \qquad \text{18.1}$$

Se a substância de trabalho for um gás, o trabalho total feito por uma máquina para um processo cíclico é a área delimitada pela curva que representa o processo no diagrama *PV*. Essa área é indicada por um processo cíclico arbitrário na Figura 18.2.

A **eficiência térmica** e de uma máquina é definida como a proporção do trabalho realizado pela máquina com a energia absorvida na temperatura mais alta durante um ciclo:

$$e = \frac{W_{eng}}{|Q_h|} = \frac{|Q_h| - |Q_c|}{|Q_h|} = 1 - \frac{|Q_c|}{|Q_h|} \qquad \text{18.2}$$

Podemos pensar na eficiência como a proporção do que você ganha (transferência de energia pelo trabalho) com o que você dá (transferência de energia do reservatório de temperatura mais alta). A Equação 18.2 mostra que uma máquina térmica tem 100% de eficiência ($e = 1$) somente se $Q_c = 0$ (isto é, se a energia não é expelida para o reservatório frio). Em outras palavras, a máquina térmica com eficiência perfeita teria de expelir toda a energia que entrou pelo trabalho mecânico.

A **declaração Kelvin-Planck da segunda lei de termodinâmica** pode ser feita conforme segue:

> É impossível construir uma máquina térmica que, operando em um ciclo, não produza nenhum efeito além da absorção de energia por calor de um reservatório e a realização de igual quantidade de trabalho.

A essência desse modelo da segunda lei é que é teoricamente impossível construir uma máquina, como na Figura 18.3, que trabalhe com 100% de eficiência. Todas máquinas devem expelir alguma energia Q_c para o ambiente.

TESTE RÁPIDO 18.1 A entrada de energia para um motor é 3 vezes maior que o trabalho que ele realiza. **(i)** Qual é sua a eficiência térmica? **(a)** 3,00 **(b)** 1,00 **(c)** 0,333 **(d)** impossível determinar **(ii)** Que fração da entrada de energia é expelida para o reservatório frio? **(a)** 0,333 **(b)** 0,667 **(c)** 1,00 **(d)** impossível determinar

---

Exemplo **18.1 | A eficiência de uma máquina**

Uma máquina transfere $2,00 \times 10^3$ J de energia de um reservatório quente durante um ciclo e transfere $1,50 \times 10^3$ J como descarga para um reservatório frio.

(A) Encontre a eficiência dessa máquina.

SOLUÇÃO

Conceitualização Reveja a Figura Ativa 18.1; pense na energia entrando na máquina a partir do reservatório quente e se dividindo, com parte dela saindo pelo trabalho e parte saindo pelo calor para dentro do reservatório frio.

Categorização Esse exemplo envolve a avaliação de quantidades das equações apresentadas nesta seção, então categorizamos este exemplo como um problema de substituição.

Encontre a eficiência da máquina a partir da Equação 18.2:
$$e = 1 - \frac{|Q_c|}{|Q_h|} = 1 - \frac{1,50 \times 10^3 \text{ J}}{2,00 \times 10^3 \text{ J}} = 0,250, \text{ ou } 25,0\%$$

(B) Quanto trabalho esse máquina realiza em um ciclo?

SOLUÇÃO

Encontre o trabalho realizado pela máquina considerando a diferença entre as energias de saída e de entrada:

$$W_{eng} = |Q_h| - |Q_c| = 2,00 \times 10^3 \text{ J} - 1,50 \times 10^3 \text{ J}$$
$$= 5,0 \times 10^2 \text{ J}$$

18.1 cont.

E se? Suponha que a potência de saída dessa máquina tenha sido pedida. Você tem informações suficientes para responder a essa pergunta?

Resposta Não, você não tem informações suficientes. A potência de uma máquina é a *taxa* com a qual o trabalho é realizado pela máquina. Você sabe quanto trabalho é realizado por ciclo, mas não tem informação sobre o intervalo de tempo associado a um ciclo. Porém, se dissessem que a máquina opera a 2 000 rpm (rotações por minuto), você poderia relacionar essa taxa ao período de rotação T do mecanismo da máquina. Supondo que haja um ciclo termodinâmico por revolução, a potência é

$$P = \frac{W_{eng}}{T} = \frac{5{,}0 \times 10^2 \text{ J}}{\left(\frac{1}{2\,000} \text{ min}\right)} \left(\frac{1 \text{ min}}{60 \text{ s}}\right) = 1{,}7 \times 10^4 \text{ W}$$

18.2 | Processos reversíveis e irreversíveis

Na seção seguinte, discutiremos uma máquina térmica teórica que é a mais eficiente possível. Para entender sua natureza, devemos primeiramente examinar o significado de processos reversíveis e irreversíveis. Em um processo **reversível**, o sistema pode retornar às suas condições iniciais seguindo o mesmo trajeto, e cada ponto ao longo deste trajeto é um estado de equilíbrio. Um processo que não atende a essas exigências é **irreversível**.

A maioria dos processos naturais é irreversível; o processo reversível é uma idealização. Os três processos descritos na introdução deste capítulo são irreversíveis, e os observamos somente em uma direção. A expansão livre de um gás, discutida na Seção 17.6, é irreversível. Quando a membrana é removida, o gás se expande para a metade vazia do reservatório e o entorno não é modificado. Não importa por quanto tempo observemos, nunca veríamos esse gás em seu volume completo voltar espontaneamente para a metade do reservatório. A única maneira de isso acontecer seria a interação com o gás, talvez empurrando-o para dentro com um pistão, mas este método resultaria na mudança da vizinhança.

Se um processo real ocorre muito lentamente de forma que o sistema esteja sempre perto do estado de equilíbrio, o processo pode ser modelado como reversível. Por exemplo, imagine comprimir um gás muito lentamente soltando alguns grãos de areia no pistão sem atrito, conforme a Figura 18.4. A pressão, o volume e a temperatura do gás estão bem definidos durante essa compressão isotérmica. Cada grão de areia acrescentado representa uma pequena mudança para um novo estado de equilíbrio. O processo pode ser revertido pela retirada lenta dos grãos de areia do pistão.

18.3 | A máquina de Carnot

Em 1824, um engenheiro francês chamado Sadi Carnot descreveu uma máquina teórica, agora chamada **máquina de Carnot**, de grande importância prática e teórica. Ele mostrou que uma máquina térmica operando em ciclo ideal, reversível — chamado **ciclo de Carnot** — entre dois reservatórios de energias, é a mais eficiente possível. Tal máquina ideal estabelece um limite superior para as eficácias de todas as outras máquinas reais. Isto é, o trabalho total realizado por uma substância de trabalho que passa pelo ciclo de Carnot é a maior quantidade de trabalho possível para certa quantidade de energia fornecida à substância na temperatura mais alta.

Para descrever o ciclo de Carnot, supomos que a substância de trabalho na máquina seja um gás ideal contido em um cilindro com um pistão móvel em uma extremidade. As paredes do cilindro e o pistão não são condutores térmicos. Quatro estágios do ciclo Carnot são indicados na Figura Ativa 18.5; a Figura Ativa 18.6 é o diagrama *PV* para o ciclo, que consiste em dois processos adiabáticos e dois isotérmicos, todos reversíveis:

1. O processo $A \rightarrow B$ (Fig. Ativa 18.5a) é uma expansão isotérmica na temperatura T_h. O gás é colocado em contato térmico com um reservatório de energia

> **Prevenção de Armadilhas | 18.1**
> **Todos os processos reais são irreversíveis**
> O processo reversível é uma idealização. Todos os processos reais na Terra são irreversíveis.

Figura 18.4 Um método para comprimir um gás em um processo isotérmico reversível.

> **Prevenção de Armadilhas | 18.2**
> **Não compre uma máquina de Carnot**
> A máquina de Carnot é uma idealização; não espere que uma máquina de Carnot seja desenvolvida para usos comerciais. Exploramos a máquina de Carnot somente para considerações teóricas.

Sadi Carnot
Engenheiro francês (1796-1832)
Carnot foi o primeiro a mostrar a relação quantitativa entre trabalho e calor. Em 1824, ele publicou sua única obra, *Reflexões sobre a Potência Motriz do Calor*, que reviu a importância industrial, política e econômica da máquina a vapor. Nela, ele definiu o trabalho como "peso levantado por uma altitude".

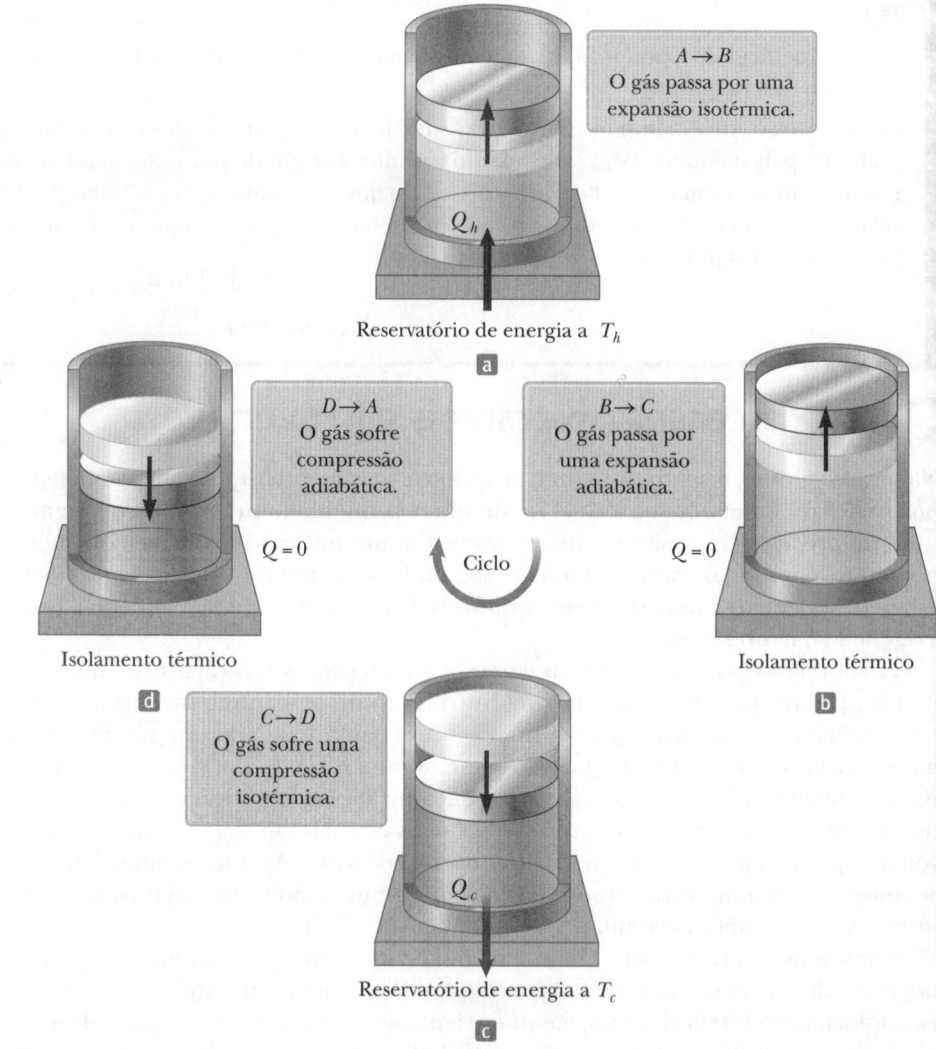

Figura Ativa 18.5 O ciclo de Carnot. As letras *A*, *B*, *C* e *D* referem-se aos estados do gás indicados na Figura Ativa 18.6. As setas no pistão indicam a direção do movimento durante cada processo.

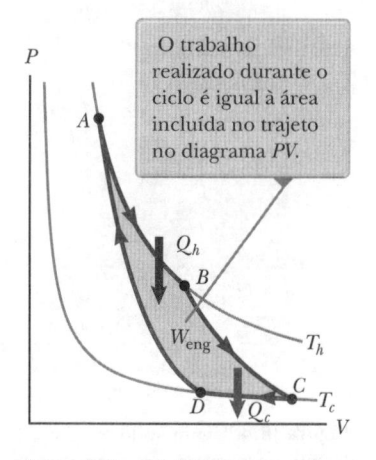

Figura Ativa 18.6 O diagrama *PV* para o ciclo de Carnot. O trabalho total realizado W_{eng} é igual à energia total transferida para a máquina de Carnot em um ciclo, $|Q_h| - |Q_c|$.

à temperatura T_h. Durante a expansão, o gás absorve a energia $|Q_h|$ do reservatório pela base do cilindro e realiza trabalho W_{AB} para subir o pistão.

2. No processo $B \to C$ (Fig. Ativa 18.5b), a base do cilindro é substituída por uma parede não condutora térmica, e o gás se expande adiabaticamente; ou seja, não entra nem sai energia na forma de calor. Durante a expansão, a temperatura do gás diminui de T_h para T_c e o gás realiza trabalho W_{BC} para subir o pistão.

3. No processo $C \to D$ (Fig. Ativa 18.5c), o gás é colocado em contato térmico com um reservatório de energia à temperatura T_c e é comprimido isotermicamente à temperatura T_c. Durante esse tempo, o gás expele energia $|Q_c|$ para o reservatório e o trabalho realizado pelo pistão sobre o gás é W_{CD}.

4. No processo final $D \to A$ (Fig. Ativa 18.5d), a base do cilindro é substituída por uma parede não condutora, e o gás é comprimido adiabaticamente. A temperatura do gás aumenta para T_h e o trabalho realizado pelo pistão sobre o gás é W_{DA}.

Carnot mostrou que, para este ciclo,

$$\frac{|Q_c|}{|Q_h|} = \frac{T_c}{T_h}$$ 18.3◄

Portanto, utilizando a Equação 18.2, a eficiência térmica de uma máquina de Carnot é

$$e_C = 1 - \frac{T_c}{T_h}$$ 18.4◄

Com base nesse resultado, veremos que todas as máquinas de Carnot operando entre as mesmas temperaturas têm a mesma eficiência.

A Equação 18.4 pode ser aplicada a qualquer substância de trabalho operando em um ciclo de Carnot entre dois reservatórios de energia. De acordo com essa equação, a eficiência é zero se $T_c = T_h$, como seria esperado. A eficiência aumenta conforme T_c é diminuída e T_h é elevada. No entanto, a eficiência pode ser a unidade (100%) somente se $T_c = 0$ K. Como é impossível alcançar o zero absoluto,[4] tais reservatórios estão indisponíveis. Portanto, a eficiência máxima é sempre menor que a unidade. Na maioria dos casos práticos, o reservatório frio está próximo da temperatura ambiente, de aproximadamente 300 K. Portanto, tentamos aumentar a eficiência elevando a temperatura do reservatório quente. Todas as máquinas reais são menos eficientes que a máquina de Carnot, porque todas operam irreversivelmente a fim de completar um ciclo em um intervalo curto de tempo.[5] Além dessa limitação teórica, as máquinas reais estão sujeitas às dificuldades práticas, incluindo o atrito, que reduz a eficiência.

TESTE RÁPIDO 18.2 Três máquinas operam entre reservatórios separados a uma temperatura de 300 K. As temperaturas dos reservatórios são as seguintes: máquina A: $T_h = 1\ 000$ K, $T_c = 700$ K; máquina B: $T_h = 800$ K, $T_c = 500$ K; máquina C: $T_h = 600$ K, $T_c = 300$ K. Classifique as máquinas em ordem de eficiência teoricamente possível, da maior para a menor.

Exemplo **18.2 | A máquina a vapor**

A máquina a vapor tem uma caldeira que opera a 500 K. A energia do combustível que queima transforma a água em vapor, e esse vapor impele um pistão. A temperatura do reservatório frio é a do ar externo, aproximadamente 300 K. Qual é a eficiência térmica máxima dessa máquina a vapor?

SOLUÇÃO

Conceitualização Em uma máquina a vapor, o gás que empurra o pistão na Figura Ativa 18.5 é o vapor. Uma máquina real a vapor não opera em um ciclo de Carnot, mas, para encontrar a eficiência máxima possível, imagine uma máquina de Carnot a vapor.

Categorização Calculamos a eficiência usando a Equação 18.4, então categorizamos este exemplo como um problema de substituição.

Substitua as temperaturas do reservatório na Equação 18.4: $\quad e_C = 1 - \dfrac{T_c}{T_h} = 1 - \dfrac{300\ K}{500\ K} = 0{,}400 \quad$ ou $\quad 40{,}0\%$

Esse resultado é a eficiência *teórica* mais alta da máquina. Na prática, a eficiência é consideravelmente mais baixa.

E se? Suponha que quiséssemos aumentar a eficiência teórica dessa máquina. Esse aumento pode ser alcançado elevando T_h por ΔT ou diminuindo T_c pelo mesmo ΔT. Qual deles seria mais eficaz?

Resposta Um determinado ΔT teria um efeito fracionário maior sobre uma temperatura menor, então você esperaria uma mudança maior na eficiência se alterar T_c por ΔT. Vamos testar isso numericamente. Elevando T_h por 50 K, correspondente a $T_h = 550$ K, daria uma eficiência máxima de

$$e_C = 1 - \dfrac{T_c}{T_h} = 1 - \dfrac{300\ K}{550\ K} = 0{,}455$$

Diminuindo T_c por 50 K, correspondente a $T_c = 250$ K, daria uma eficiência máxima de

$$e_C = 1 - \dfrac{T_c}{T_h} = 1 - \dfrac{250\ K}{500\ K} = 0{,}500$$

Embora mudar T_c seja *matematicamente* mais eficaz, com frequência mudar T_h é *praticamente* mais viável.

---

[4]A incapacidade de alcançar o zero absoluto é conhecida como a terceira lei de termodinâmica. Seria exigida uma quantidade infinita de energia para diminuir a temperatura da substância para o zero absoluto.

[5]Para que os processos no ciclo de Carnot sejam reversíveis, eles devem ser conduzidos infinitesimalmente devagar. Então, embora a máquina de Carnot seja a mais eficiente possível, ele tem potência de saída zero porque demora um intervalo de tempo infinito para completar um ciclo! Para um motor real, o intervalo de tempo curto para cada ciclo faz com que a substância de trabalho atinja uma alta temperatura, mais baixa que a do reservatório quente, e uma baixa temperatura, mais alta que a do reservatório frio. Uma máquina passando pelo ciclo de Carnot entre essa variação mais restrita de temperatura foi analisada por F. L. Curzon e B. Ahlborn (*Am. J. Phys.*, 43(1):22, 1975), que descobriram que a eficiência com saída de potência máxima depende somente das temperaturas do reservatório T_c e T_h e é dada por $e_{C-A} = 1 - (T_c/T_h)^{1/2}$. A eficiência de Curzon-Ahlborn e_{C-A} fornece uma aproximação mais próxima das eficiências de máquinas reais que da eficiência de Carnot.

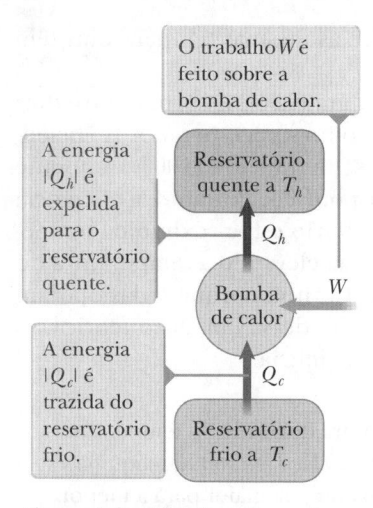

18.4 | Bombas de calor e refrigeradores

Em uma máquina térmica, a direção da transferência de energia é do reservatório quente para o frio, que é a direção natural. A função da máquina térmica é processar a energia do reservatório quente de modo a realizar trabalho útil. E se quiséssemos transferir energia por calor do reservatório frio para o quente? Como essa não é a direção natural, devemos transferir alguma energia para um aparelho para que isso ocorra. Os aparelhos que desempenham essa função são chamados **bombas de calor** ou **refrigeradores**.

A Figura Ativa 18.7 é uma representação esquemática de uma bomba de calor. A temperatura do reservatório frio é T_c, a temperatura do reservatório quente é T_h e a energia absorvida pela bomba de calor é $|Q_c|$. A energia é transferida para o sistema, que modelamos como trabalho[6] W e a energia transferida para fora da bomba é $|Q_h|$.

As bombas de calor se tornaram populares para a refrigeração de residências, nas quais são chamadas *ar-condicionado* e, agora, estão ficando cada vez mais populares para o aquecimento. No modo de aquecimento, o fluido de refrigeração circulante absorve a energia do ar externo (reservatório frio) e libera energia para o interior da residência (reservatório quente). Geralmente, o fluido está na forma de vapor de baixa pressão quando as serpentinas (espirais) da parte externa da unidade estão em um ambiente frio, no qual absorvem energia do ar ou do solo pelo calor. Então, esse gás é comprimido para um vapor quente de alta pressão e entra na unidade, na qual se condensa e libera a energia armazenada. Um ar-condicionado é simplesmente uma bomba de calor instalada na parte traseira, com "exterior" e "interior" trocados. A parte interna da residência é o reservatório frio e o ar externo é o reservatório quente.

A eficácia de uma bomba de calor é descrita em termos de um número chamado **coeficiente de desempenho** COD. No modo de aquecimento, o COD é definido como a proporção entre energia transferida pelo calor para o reservatório quente com o trabalho necessário para transferir essa energia:

$$\text{COD (bomba de calor)} \equiv \frac{\text{energia transferida a altas temperaturas}}{\text{trabalho realizado sobre a bomba de calor}} \qquad 18.5$$

$$= \frac{|Q_h|}{W}$$

Como um exemplo prático, se a temperatura externa mínima for $-4\,°C$ ($25\,°F$) ou maior, um valor típico do COD para uma bomba de calor é aproximadamente 4. Isto é, a energia transferida na residência é aproximadamente quatro vezes maior que o trabalho realizado pelo compressor na bomba de calor. No entanto, conforme a temperatura externa diminui, fica mais difícil para a bomba de calor extrair energia suficiente do ar e, então, o COD cai.

Uma máquina térmica no ciclo de Carnot operando de modo inverso constitui uma bomba de calor ideal, a bomba de calor com o COD mais alto possível para as temperaturas em que opera. O coeficiente máximo de desempenho é

$$\text{COD}_C \text{ (bomba de calor)} = \frac{T_h}{T_h - T_c}$$

Embora as bombas de calor sejam produtos relativamente novos para aquecimento, o refrigerador é uma ferramenta padrão em residências há décadas. O refrigerador resfria o interior pelo bombeamento de energia dos compartimentos de armazenamento de alimento para o ar quente no lado externo. Durante esse processo, o refrigerador remove a energia $|Q_c|$ do seu interior e o seu motor realiza trabalho W no fluido de refrigeração. O COD de um refrigerador ou de uma bomba de calor utilizada no ciclo de resfriamento é

$$\text{COD (refrigerador)} = \frac{|Q_c|}{W} \qquad 18.6$$

Figura Ativa 18.7 Representação esquemática de uma bomba de calor.

---

[6] A notação tradicional é modelar a entrada de energia conforme transferida pelo trabalho, embora a maioria das bombas de calor opere com eletricidade; assim, o mecanismo de transferência mais apropriado em um aparelho como sistema é a transmissão elétrica. Se identificarmos o fluido refrigerante em uma bomba térmica como o sistema, a energia se transfere no fluido pelo trabalho feito por um pistão anexo a um compressor eletricamente operado. Para manter a tradição, esquematizaremos a bomba de calor com a entrada de trabalho independentemente da escolha do sistema.

Um refrigerador eficiente é aquele que remove a maior quantidade de energia do reservatório frio com a menor quantidade de trabalho. Portanto, um bom refrigerador deve ter um coeficiente de desempenho alto, geralmente 5 ou 6.

O COD mais alto possível é novamente o refrigerador cuja substância de trabalho é conduzida pelo ciclo da máquina térmica de Carnot no sentido inverso:

$$\text{COD}_C(\text{refrigerador}) = \frac{T_c}{T_h - T_c}$$

Conforme a diferença entre as temperaturas dos dois reservatórios se aproxima de zero, o coeficiente teórico de desempenho de uma bomba de calor de Carnot se aproxima do infinito. Na prática, a baixa temperatura das espirais de resfriamento e a alta temperatura no compressor limitam os valores do COD para menos de 10.

TESTE RÁPIDO 18.3 A energia que entra em um aquecedor elétrico por transmissão elétrica pode ser convertida em energia interna com eficiência de 100%. Por qual fator o custo de aquecer sua casa muda quando você substitui seu sistema de aquecimento elétrico por uma bomba de calor elétrica com COD de 4,00? Suponha que o motor que impulsiona a bomba de calor seja 100% eficiente. **(a)** 4,00 **(b)** 2,00 **(c)** 0,500 **(d)** 0,250

> **PENSANDO EM FÍSICA 18.1**
>
> É um dia de verão intenso e seu ar-condicionado não está funcionando. Na sua cozinha, você tem um refrigerador que está funcionando e um congelador cheio de gelo. Qual deles você deve deixar aberto para resfriar o cômodo de modo mais eficaz?
>
> **Raciocínio** O reservatório de alta temperatura para o refrigerador da sua cozinha é o ar da cozinha. Se a porta do refrigerador é deixada aberta, a energia seria atraída do ar da cozinha, passaria pelo sistema de refrigeração e transferiria de volta para o ar. O resultado seria que a cozinha ficaria mais *quente* por conta da adição de energia vinda da eletricidade para o sistema de refrigeração funcionar. Se a porta do congelador fosse aberta, a energia no ar entraria no gelo, aumentaria a temperatura e causaria o derretimento do gelo. A transferência de energia do ar causaria a queda da temperatura. Portanto, seria mais eficaz o congelador. ◀

18.5 | Um enunciado alternativo da segunda lei

Suponha que você queira resfriar um pedaço de pizza quente colocando-a sobre um bloco de gelo. Certamente você terá êxito, pois, em cada situação semelhante, a transferência de energia será feita de um corpo quente para um mais frio. No entanto, nada na primeira lei de termodinâmica diz que essa transferência de energia não possa ocorrer na direção oposta. (Imagine a sua surpresa se algum dia colocar um pedaço de pizza quente no gelo e a pizza começa a esquentar!) É a segunda lei que determina as direções de tal fenômeno natural.

Pode-se fazer uma analogia com a sequência impossível de eventos vistos em um filme rodando para trás, como uma pessoa saindo da piscina e voltando no trampolim, uma maçã saindo do chão e se juntando ao galho de uma árvore ou um pote de água quente resfriando à medida que repousa na chama. Tais eventos que retrocedem no tempo são impossíveis, pois violam a Segunda Lei da Termodinâmica. Os processos reais procedem em uma direção preferencial.

A segunda lei pode ser enunciada de diversas maneiras diferentes, mas todos os enunciados podem ser tratados como equivalentes. Qual forma usar depende da aplicação que se tem em mente. Por exemplo, se estivesse interessado na transferência de energia entre pizza e gelo, você poderia escolher concentrar-se no **enunciado de Clausius da segunda lei**:

▶ Segunda Lei da Termodinâmica; declaração de Clausius

A energia não flui espontaneamente por calor de um objeto frio para um objeto quente.

A Figura 18.8 mostra uma bomba de calor que viola essa declaração da segunda lei. A energia é transferida do reservatório frio para o quente sem realização de trabalho. À primeira vista, essa declaração da segunda lei parece ser radicalmente diferente daquela na Seção 18.1, mas as duas são, de fato, equivalentes em todos os aspectos. Embora não

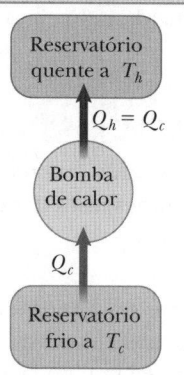

Figura 18.8 Diagrama esquemático de uma bomba de calor ou refrigerador impossíveis, ou seja, que recebe energia de um reservatório frio e expele uma quantidade equivalente de energia para um reservatório quente sem a entrada de energia por trabalho.

possamos provar isto aqui, pode-se mostrar que, se uma declaração da segunda lei for falsa, a outra também é.

18.6 | Entropia

A lei zero da termodinâmica envolve o conceito de temperatura, e a primeira lei envolve o conceito de energia interna. A temperatura e a energia interna são variáveis de estado; ou seja, elas podem ser utilizadas para descrever o estado termodinâmico de um sistema. Outra variável de estado está relacionada à Segunda Lei de Termodinâmica é a **entropia** S. Nesta seção, definimos a entropia em escala macroscópica como foi primeiramente expressa pelo físico alemão Rudolf Clausius (1822-1888), em 1865.

A equação 18.3, que descreve a máquina de Carnot, pode ser reescrita como

$$\frac{|Q_c|}{T_c} = \frac{|Q_h|}{T_h}$$

Portanto, a proporção da transferência de energia por calor em um ciclo de Carnot para a temperatura (constante) na qual a transferência será feita tem o mesmo módulo para ambos os processos isotérmicos. Para generalizar a discussão atual além das máquinas térmicas, esqueça o sinal de valor absoluto e renove o nosso acordo original de sinal, no qual Q_c representa a energia dissipada do sistema de gás e, portanto, um número negativo. Portanto, precisamos um sinal explícito negativo para manter o equilíbrio:

$$-\frac{Q_c}{T_c} = \frac{Q_h}{T_h}$$

Podemos escrever essa equação como

$$\frac{Q_h}{T_h} + \frac{Q_c}{T_c} = 0 \rightarrow \sum \frac{Q}{T} = 0 \qquad 18.7◀$$

Ao gerar essa equação, não especificamos um ciclo de Carnot em particular, então deve ser verdadeira para todos os ciclos de Carnot. Além disso, aproximando um ciclo geral reversível com uma série de ciclos de Carnot, podemos mostrar que esta equação é verdadeira para *qualquer* ciclo reversível, que sugere que a proporção Q/T possa ter alguma importância especial. De fato ela tem, conforme veremos na discussão seguinte.

Considere um sistema que passa por qualquer processo infinitesimal entre dois estados de equilíbrio. Se dQ_r for a energia transferida pelo calor à medida que o sistema segue um caminho reversível entre os estados, a **variação em entropia**, independentemente do caminho real seguido, é igual a essa energia transferida pelo calor ao longo do caminho reversível dividida pela temperatura absoluta do sistema:

$$dS = \frac{dQ_r}{T} \qquad 18.8◀$$

▶ Variação da entropia para um processo infinitesimal

> **Prevenção de Armadilhas | 18.3**
> **A entropia é abstrata**
> A entropia é uma das noções mais abstratas da física, então siga a discussão nesta seção e nas subsequentes com muita atenção. Tenha certeza de que não está confundindo energia com entropia; embora os nomes soem parecidos, são conceitos muito diferentes.

O subscrito r no termo dQ_r é um lembrete de que a energia transferida é determinada ao longo do caminho reversível, mesmo que o sistema tenha seguido algum trajeto irreversível. Portanto, devemos modelar um processo irreversível pelo processo reversível entre os estados inicial e final para calcular a variação de entropia. Nesse caso, o modelo pode não estar perto do processo atual, mas isso não será uma preocupação, pois a entropia é uma variável de estado e a variação de entropia depende somente dos estados inicial e final. As únicas exigências são que o processo modelado deve ser reversível e deve levar em conta os estados inicial e final.

Quando energia é absorvida pelo sistema, dQ_r é positiva e a entropia aumenta. Quando energia é expelida pelo sistema, dQ_r é negativa e a entropia diminui. Note que a Equação 18.8 não define entropia e, sim, a *variação* em entropia. Portanto, a quantidade significativa na descrição do processo é a *variação* da entropia.

Com a Equação 18.8, temos uma representação matemática da variação da entropia, mas não desenvolvemos nenhuma representação mental do que entropia significa. Nesta e nas próximas seções, exploraremos os diversos aspectos da entropia que permitem ter uma compreensão conceitual sobre esse conceito.

A entropia originalmente encontrou seu lugar na termodinâmica, mas sua importância cresceu tremendamente com o desenvolvimento do campo da física chamada *mecânica estatística*, pois seu método de análise forneceu uma maneira alternativa de interpretar a entropia. Em mecânica estatística, o comportamento da substância é descrito em termos do comportamento estatístico de seus átomos e moléculas. A teoria cinética, estudada no Capítulo 16, é um excelente exemplo da abordagem de mecânica estatística. A consequência principal desse tratamento é o princípio que os sistemas isolados tendem à desordem, e a entropia é uma medida dessa desordem.

Para compreender essa noção, vamos introduzir a distinção entre **microestados** e **macroestados** de um sistema. Podemos fazer isso olhando para um exemplo retirado da termodinâmica, o lançamento de dados em uma mesa de jogo no cassino. Para os dois dados, um *microestado* é a combinação particular dos números nas faces viradas do dado; por exemplo 1–3 e 2–4 são dois microestados diferentes (Fig. 18.9). O *macroestado* é a soma dos números. Portanto, os macroestados para os dois exemplos de microestados na Figura 18.9 são 4 e 6. Agora, aqui está a noção central que precisamos compreender sobre a entropia: a quantidade de microestados associados a um dado macroestado não é o mesmo para todos os macroestados, e o macroestado mais provável é aquele com a maior quantidade de microestados possíveis. Um macroestado de 7 no nosso par de dados tem seis microestados possíveis: 1–6, 2–5, 3–4, 4–3, 5–2 e 6–1 (Fig. 18.10a). Para um macroestado de 2, há somente um possível microestado: 1–1 (Fig. 18.10b). Portanto, um macroestado de 7 tem seis vezes mais microestados que um macroestado de 2 e é, portanto, seis vezes mais provável. De fato, um macroestado de 7 é o macroestado mais provável para dois dados. O jogo de dados é feito com base nessas probabilidades de diversos macroestados.

Considere o macroestado de baixa probabilidade 2. A *única* maneira de alcançá-lo é tirar um em cada dado. Dizemos que esse macroestado tem um alto grau de *ordem*; devemos ter um em cada dado para esse macroestado existir. No entanto, considerando os possíveis microestados para um macroestado de 7, veremos seis possibilidades. Esse macroestado tem mais *desordem*, pois diversos microestados são possíveis para resultar o mesmo macroestado. Portanto, concluímos que os macroestados de alta probabilidade estão associados à desordem e os macroestados de baixa possibilidade estão associados à ordem.

Como um exemplo mais físico, considere as moléculas no ar na sua sala. Vamos comparar dois possíveis macroestados. O macroestado 1 é a condição na qual as moléculas de oxigênio e de nitrogênio são misturadas uniformemente em toda a sala. O macroestado 2 é quando as moléculas de oxigênio estão na metade dianteira da sala e as moléculas de nitrogênio estão na metade traseira. Com base em nossa experiência diária, é *extremamente improvável* o macroestado 2 existir. Por outro lado, o macroestado 1 é o que geralmente esperaríamos ver. Vamos relatar esta experiência para microestados, que correspondem às possíveis posições de cada tipo de molécula. Para o macroestado 2 existir, cada molécula de oxigênio teria de ocupar a metade de uma sala e cada molécula de nitrogênio, outra metade, que é uma situação altamente organizada e improvável. A probabilidade dessa ocorrência é infinitesimal. Para o macroestado 1 existir, ambos os tipos de moléculas são simplesmente e igualmente distribuídos uniformemente pela sala, que está em um nível muito inferior de ordem e uma situação altamente provável. Portanto, o estado misto é muito mais provável do que o estado esperado, e é o que geralmente vemos.

Vamos olhar agora para a ideia de que os sistemas isolados tendem à desordem. A causa dessa tendência à desordem é facilmente vista. Vamos presumir que todos os microestados para um sistema sejam igualmente prováveis. Quando os possíveis macroestados associados aos microestados são examinados, no entanto, muito mais deles são macroestados relacionados à desordem com muitos microestados do que macroestados organizados com poucos microestados. Como cada microestado é igualmente provável, é altamente provável que o macroestado atual seja um dos macroestados altamente relacionados à desordem simplesmente por haver mais microestados.

Nos sistemas físicos, não falamos sobre microestados de duas entidades, como nosso par de dados; falamos sobre a quantidade de ordem dos números de moléculas de Avogadro. Se você imaginar jogar uma quantidade de Avogadro de dados, o jogo seria insignificante. Você faria uma previsão quase perfeita do resultado quando a quantidade toda de faces fossem somadas (se a quantidade na face dos dados for adicionada uma vez por segundo, mais de

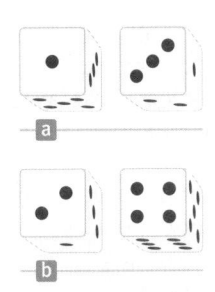

Figura 18.9 Dois microestados diferentes para uma jogada de dois dados. Estes correspondem a dois macroestados, tendo os valores de (a) 4 e (b) 6.

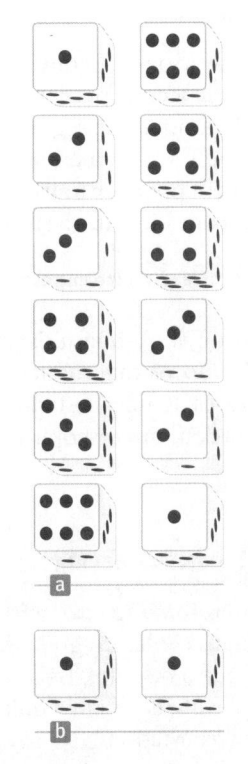

Figura 18.10 Dois microestados possíveis de dados para um macroestado de (a) 7 e (b) 2. O macroestado de 7 é mais provável por haver mais maneiras de alcançá-lo; mais microestados são associados com 7 em vez de 2.

19 mil trilhões de anos seriam necessários para tabelar os resultados para somente uma jogada!), pois você está lidando com estatísticas de uma grande quantidade de dados. Encaramos esses tipos de estatísticas com a quantidade de moléculas de Avogadro. O macroestado pode ser bem previsto. Mesmo se um sistema comece com um estado de probabilidade muito baixo (por exemplo, as moléculas de nitrogênio e oxigênio separadas em uma sala por uma membrana que é depois perfurada), ele desenvolve rapidamente um estado de alta probabilidade (as moléculas se misturam rapidamente por toda a sala).

Agora podemos apresentar isso como um princípio geral para processos físicos: todos os processos físicos tendem a macroestados mais prováveis do sistema e de sua vizinhança. O macroestado mais provável é sempre um de alta desordem.

> **TESTE RÁPIDO 18.4** (a) Suponha que você escolha quatro cartas aleatoriamente de um baralho padrão e fique com um macroestado de quatro valetes. Quantos microestados são associados a esse macroestado? (b) Suponha que você pegue duas cartas e fique com um macroestado de dois ases. Quantos microestados são associados a esse macroestado?

Agora, o que a conversa sobre dados e estados tem a ver com a entropia? Para responder a essa questão, podemos mostrar que a entropia é uma medida da desordem de um estado. Assim, podemos utilizar essas ideias para gerar uma nova declaração para a segunda lei da termodinâmica.

Como vimos, a entropia pode ser definida utilizando os conceitos macroscópicos de calor e temperatura. A entropia também pode ser tratada do ponto de vista microscópico pela análise estatística do movimento molecular. Podemos fazer uma conexão entre a entropia e a quantidade de microestados associados ao dado macroestado com a seguinte expressão:[7]

▶ Entropia (definição microscópica)
$$S \equiv k_B \ln W$$
18.9◀

em que W é a quantidade de microestados associados ao macroestado cuja entropia seja S.

Como os macroestados mais prováveis são aqueles com a quantidade maior de microestados e as quantidades maiores de microestados são associados à maior desordem, a Equação 18.9 nos diz que a entropia é uma medição da desordem microscópica.

> **PENSANDO EM FÍSICA 18.2**
>
> Suponha que você tenha uma bolsa com 100 bolas de gude, 50 vermelhas (R) e 50 verdes (G). Você pode tirar quatro bolas de gude da bolsa de acordo com as regras a seguir. Pegue uma bola de gude, registre sua cor e coloque-a de volta. Balance a bolsa e pegue outra bola de gude. Continue este processo até que você tenha pegado e devolvido quatro bolas de gude. Quais são os macroestados possíveis para esse conjunto de eventos? Qual é o macroestado mais provável? Qual é o macroestado menos provável?
>
> **Raciocínio** Como cada bola de gude é devolvida antes que a próxima seja retirada e a bolsa é sacudida, a probabilidade de pegar uma bola de gude vermelha sempre é igual à de pegar uma verde. Todos os microestados e macroestados possíveis são mostrados na Tabela 18.1. Como esta tabela indica, há somente uma maneira de desenhar um macroestado das quatro bolas de gude vermelhas, então só há um microestado para aquele macroestado. Há, no entanto, quatro microestados possíveis que correspondem ao macroestado de uma bola de gude verde e três vermelhas, seis microestados que correspondem a duas verdes e duas vermelhas, quatro microestados que correspondem a três verdes e uma vermelha e um microestado que corresponde a quatro bolas de gude verdes. O macroestado mais provável e mais desordenado é duas bolas de gude vermelhas e duas verdes – corresponde ao maior número de microestados. O macroestado menos provável e mais ordenado é quatro bolas de gude vermelhas ou quatro verdes – corresponde ao menor número de microestados. ◀
>
> **TABELA 18.1 | Possíveis resultados de quatro jogadas de bolas de gude tiradas de uma bolsa**
>
> | Macroestado | Microestados possíveis | Quantidade total de microestados |
> |---|---|---|
> | Todas R | RRRR | 1 |
> | 1G, 3R | RRRG, RRGR, RGRR, GRRR | 4 |
> | 2G, 2R | RRGG, RGRG, GRRG, RGGR, GRGR, GGRR | 6 |
> | 3G, 1R | GGGR, GGRG, GRGG, RGGG | 4 |
> | Todas G | GGGG | 1 |

---

[7] Para a derivação desta expressão, consulte o Capítulo 22 de R. A. Serway e J. W. Jewett Jr., *Physics for Scientists and Engineers*, 8. ed. (Belmont, CA: Brooks-Cole, 2010).

18.7 | Entropia e a Segunda Lei da Termodinâmica

Como a entropia é uma medição da desordem e sistemas físicos tendem a macroestados desordenados, podemos enunciar a segunda lei de outra maneira, o **enunciado de entropia da Segunda Lei da Termodinâmica**:

A entropia do Universo aumenta em todos os processos naturais.

▶ Segunda Lei da Termodinâmica; enunciado de entropia

Para calcular variação da entropia para um processo finito, devemos reconhecer que T geralmente não é constante. Se dQ_r é a energia reversivelmente transferida pelo calor quando o sistema está à temperatura T, a variação da entropia em um processo arbitrário reversível entre os estados inicial e final é

$$\Delta S = \int_i^f dS = \int_i^f \frac{dQ_r}{T} \quad \text{(caminho reversível)} \quad 18.10 \blacktriangleleft$$

▶ Variação da entropia para um processo finito

A variação da entropia de um sistema depende somente das propriedades dos estados de equilíbrio inicial e final, pois a entropia é uma estado variável, como a energia interna, que é consistente com a relação da entropia com a desordem. Para dado macroestado de um sistema, existe uma quantidade de desordem medida por W (Eq. 18.9), o número de microestados correspondente ao macroestado. Essa quantidade não depende do caminho seguido à medida que um sistema muda de um estado para outro.

Em caso de processo reversível e adiabático, nenhuma energia é transferida pelo calor entre o sistema e seu entorno e, portanto, $\Delta S = 0$. Como não ocorre variação em entropia, tal processo é frequentemente referido como **isentrópico.**

Considere as variações de entropia que ocorrem na máquina térmica de Carnot operando entre as temperaturas T_c e T_h. A Equação 18.7 nos diz que para um ciclo de Carnot,

$$\Delta S = 0$$

Agora, considere um sistema que passa por um ciclo reversível arbitrário. Como a entropia é uma variável de estado e, portanto, depende somente das propriedades de determinado estado de equilíbrio, concluímos que $\Delta S = 0$ para *qualquer* ciclo reversível. Em geral, podemos escrever esta condição na forma matemática

$$\oint \frac{dQ_r}{T} = 0 \quad 18.11 \blacktriangleleft$$

onde o símbolo $\oint$ indica que a integração ocorre em um trajeto *fechado*.

TESTE RÁPIDO 18.5 Quais dos seguintes itens são verdadeiros para a variação da entropia de um sistema que passa por um processo reversível e adiabático? (a) $\Delta S < 0$ (b) $\Delta S = 0$ (c) $\Delta S > 0$

TESTE RÁPIDO 18.6 Um gás ideal é levado de uma temperatura inicial T_i para uma mais alta T_f ao longo de dois caminhos reversíveis diferentes. O caminho A tem pressão constante, e o B, volume constante. Qual é a relação entre as varrições em entropia para o gás para estes caminhos? (a) $\Delta S_A > \Delta S_B$ (b) $\Delta S_A = \Delta S_B$ (c) $\Delta S_A < \Delta S_B$

Uma questão que frequentemente surge é a relação entre a segunda lei de termodinâmica e a evolução humana. O corpo humano é um sistema altamente organizado que surge de organismos simples pelo processo evolucionário. Algumas pessoas argumentam que o aumento na ordem associada à evolução humana na Terra é inconsistente com a segunda lei.

BIO A segunda lei e a evolução

Um ponto a ser considerado contra essa argumentação é que os aumentos locais em ordem não são excluídos pela segunda lei, desde que todo o sistema obedeça à segunda lei. Devemos acompanhar toda a energia no sistema para fazer uma declaração sobre a ordem para o sistema como um todo. Por exemplo, os flocos de neve hexagonais ordenados são formados espontaneamente das moléculas de água que se movem aleatoriamente no ar. Esse é um aumento local na ordem, mas não representa um aumento para o Universo. Quando a água congelada se torna floco de neve, a energia foi liberada da água congelada no ar. Para onde essa energia foi? O fato de que esta energia se espalhará, como a energia interna tende a fazer, representa um aumento na desordem. É impossível rastrear essa energia de forma exata, mas ela e a energia de muitos outros flocos de neve criarão desordem em algum lugar que neutralizará a ordem do floco de neve.

O que os argumentos sobre a evolução também esquecem é que a Terra não é um sistema isolado, então, por si só, a entropia nem sempre aumenta. A Terra é um sistema não isolado, então devemos considerar a Terra e seu ambiente. Como uma enorme quantidade de energia chega continuamente na Terra por meio do Sol, a diminuição espontânea na entropia na Terra acontece frequentemente.

Sempre que a energia entra em um sistema, aumentos em ordem são possíveis. Imagine um conjunto de blocos para crianças em locais aleatórios no chão. Se os blocos são um sistema isolado, eles nunca formarão uma pilha organizada. Agora, esqueça da exigência de que o sistema é isolado. Permita que uma pessoa alcance todo o limite do sistema, pegue os blocos e empilhe-os. A energia entrou no sistema pelo trabalho feito nos blocos pela pessoa e o sistema é, agora, mais ordenado do que antes.

O processo de evolução é uma versão da formação de floco de neve e blocos de empilhamento em uma escala maior e mais complicada. Como uma enorme quantidade de energia entra na Terra por meio do Sol, pode ocorrer um aumento local em ordem (por exemplo, evolução humana) sem violar a Segunda Lei da Termodinâmica. O aumento da desordem, representado pelos processos de fusão no Sol e pela ampla efusão de energia no espaço, aumenta a entropia do Universo em uma taxa muito maior do que a evolução poderia possivelmente diminuir.

A segunda lei prediz que algo pequeno e quente (o Big Bang) se tornará maior e frio (o Universo atual). Ao considerar a evolução da vida ordenada em um planeta muito pequeno em uma galáxia em um Universo em expansão contendo bilhões de galáxias, a segunda lei de termodinâmica não terá perigo de ser violada.

> **PENSANDO EM FÍSICA 18.3**

Uma caixa contém cinco moléculas de gás, inicialmente espalhadas pela caixa. Algum tempo depois, as cinco moléculas estão em uma metade da caixa, que é uma situação altamente ordenada. Essa situação viola a Segunda Lei da Termodinâmica? A segunda lei é válida para esse sistema?

Raciocínio Estritamente falando, essa situação viola a Segunda Lei da Termodinâmica. Em resposta à segunda pergunta, no entanto, a segunda lei não é válida para pequenas quantidades de partículas. A Segunda Lei tem como base a coleta de grande quantidade de partículas para as quais os estados desordenados têm probabilidades astronomicamente maiores que os estados ordenados. Pelo fato de o mundo macroscópico ser construído a partir dessa grande quantidade de partículas, a segunda lei é válida para processos reais procedidos da ordem para desordem. No sistema de cinco moléculas, a ideia geral da segunda lei é válida onde existam mais estados desordenados que ordenados, mas a probabilidade relativamente alta dos estados ordenados resulta em sua existência de tempos em tempos. ◄

Exemplo **18.3** | **Variação em entropia: derretimento**

Um sólido com calor de fusão latente L_f derrete a uma temperatura T_m. Calcule a variação da entropia dessa substância quando uma massa m da substância derrete.

SOLUÇÃO

Conceitualização Imagine colocar a substância em um ambiente quente de modo que a energia entre nela por calor. O processo pode ser revertido colocando-se a substância em um ambiente frio de modo que a energia saia dela pelo calor. A massa m da substância que derrete é igual a Δm, a variação em massa da substância na fase mais alta (líquida).

Categorização Como o derretimento acontece a uma temperatura fixa, categorizamos o processo como isotérmico.

18.3 cont.

Análise Use a Equação 17.6 na Equação 18.10, notando que a temperatura permanece fixa:

$$\Delta S = \int \frac{dQ_r}{T} = \frac{1}{T_m} \int dQ_r = \frac{Q_r}{T_m} = \frac{L_f \Delta m}{T_m} = \frac{L_f m}{T_m}$$

Finalização Observe que Δm é positivo, de modo que ΔS é positivo, representando que a energia é acrescentada ao cubo de gelo.

E Se? Suponha que você não tivesse a Equação 18.10 disponível para calcular uma variação em entropia. Como você argumentaria, a partir da descrição de entropia, que as variações em entropia deveriam ser positivas?

Resposta Quando um sólido derrete, sua entropia aumenta porque as moléculas são muito mais desordenadas no estado líquido que no sólido. O valor positivo para ΔS também significa que a substância em seu estado líquido não transfere energia espontaneamente de si mesma para o entorno quente e se congela, porque fazer isso implicaria um aumento espontâneo na ordem e uma diminuição na entropia.

18.8 | Variação da entropia nos processos irreversíveis

Até então, calculamos a variação da entropia utilizando as informações sobre um trajeto reversível conectando os estados de equilíbrio inicial e final. Podemos calcular a variação da entropia para processos irreversíveis imaginando os processos reversíveis (ou uma série de processos reversíveis) entre os dois estados de equilíbrio e calculando $\int dQ_r/T$ para os processos reversíveis. Em processos irreversíveis, é extremamente importante distinguir entre Q, a transferência real de energia no processo, e Q_r, a energia que teria sido transferida por calor ao longo de um trajeto reversível entre os mesmos estados. Somente o segundo valor proporciona a variação em entropia correta. Por exemplo, como podemos ver, se um gás ideal se expande adiabaticamente no vácuo, $Q = 0$, mas $\Delta S \neq 0$, pois $Q_r \neq 0$. O caminho reversível entre dois estados iguais é a expansão reversível e isotérmica que proporciona $\Delta S > 0$.

No enunciado da Segunda Lei da Termodinâmica na seção anterior, descrevemos o aumento na entropia para todo o Universo. Também podemos investigar a segunda lei para partes do Universo, ou seja, para os sistemas. Primeiramente, consideraremos os sistemas isolados. Descobrimos que a entropia total de um sistema isolado que passa por uma variação não diminui. Se o processo que ocorre no sistema for irreversível, como a maioria dos processos reais são, a entropia do sistema aumenta. Por outro lado, em um processo adiabático reversível, a entropia total de um sistema isolado permanece constante.

Ao lidar com a interação de corpos que não são isolados da vizinhança, devemos considerar a variação em entropia para o sistema *e* seu entorno. Quando dois corpos interagem em um processo irreversível, o aumento em entropia de uma parte do Universo é maior que a diminuição em entropia da outra parte. Portanto, concluímos que a variação da entropia do Universo deve ser maior que zero para um processo irreversível e igual a zero para um processo adiabático reversível. Por fim, a entropia do Universo deve alcançar o valor máximo. Neste ponto, o Universo estará em um estado de temperatura e densidade uniforme. Todos os processos físicos, químicos e biológicos cessarão porque um estado de desordem perfeita implica falta de energia disponível para realizar trabalho. Esse estado melancólico das coisas é algumas vezes chamado "morte térmica" do Universo.

TESTE RÁPIDO 18.7 Verdadeiro ou Falso: A variação da entropia em um processo adiabático deve ser zero porque $Q = 0$.

PENSANDO EM FÍSICA 18.4

De acordo com o enunciado de entropia da segunda lei, a entropia do Universo aumenta em processos irreversíveis. Esse enunciado soa muito diferente das formas de Kelvin-Planck e Clausius da segunda lei. Esses dois enunciados podem ser consistentes com a interpretação de entropia da segunda lei?

Raciocínio Essas três formas são consistentes. Na declaração de Kelvin-Planck, a energia no reservatório é a energia interna desordenada, o movimento aleatório das moléculas. A realização do trabalho resulta em energia ordenada, como empurrar o pistão por um deslocamento. Nesse caso, o movimento de todas as moléculas do pistão está na mesma direção. Se uma máquina térmica absorveu a energia pelo calor e realizou uma quantidade igual de trabalho, ela teria convertido da desordem para a ordem, em violação da declaração de entropia. Na declaração de Clausius, iniciamos um sistema ordenado: as temperaturas mais altas no corpo quente e as mais baixas no corpo frio. Essa separação de temperaturas é um exemplo de ordem. A energia transferida espontaneamente do corpo frio para o corpo quente, de modo que as temperaturas se espalhem mesmo em lugares afastados, seria um aumento na ordem, em violação à declaração de entropia. ◄

Variação de entropia em uma expansão livre

Um gás ideal em um reservatório isolado ocupa inicialmente um volume V_i (Fig. 18.11). Uma membrana separando o gás da região vazia é rompida, o gás se expande (irreversivelmente) para um volume V_f. Vamos encontrar a variação da entropia do gás e do Universo.

O processo não é reversível nem quase-estático. O trabalho realizado sobre o gás é zero, e como as paredes são isoladas, nenhuma energia é transferida pelo calor durante a expansão. Ou seja, $W = 0$ e $Q = 0$. A primeira lei diz que a mudança na energia interna ΔE_{in} é zero; portanto, $E_{int,i} = E_{int,f}$. Como o gás é ideal, E_{int} depende somente da temperatura, então concluímos que $T_i = T_f$.

Para aplicar a Equação 18.10, devemos encontrar Q_r; ou seja, devemos encontrar um caminho reversível equivalente que compartilhe os estados inicial e final. Uma escolha simples é uma expansão isotérmica e reversível, na qual o gás empurra um pistão enquanto entra energia no gás por calor de um reservatório para manter a temperatura constante. Como T é constante nesse processo, a Equação 18.10 resulta em

$$\Delta S = \int \frac{dQ_r}{T} = \frac{1}{T}\int_i^f dQ_r$$

Como consideramos um processo isotérmico, $\Delta E_{int} = 0$, então, a Primeira Lei da Termodinâmica diz que tal entrada de energia pelo calor é igual ao trabalho negativo realizado sobre o gás, $dQ_r = -dW = P\,dV$. Utilizando esse resultado, descobrimos que

$$\Delta S = \frac{1}{T}\int dQ_r = \frac{1}{T}\int P\,dV = \frac{1}{T}\int \frac{nRT}{V}dV = nR\int_{V_i}^{V_f}\frac{dV}{V}$$

$$\Delta S = nR\ln\left(\frac{V_f}{V_i}\right) \qquad\qquad 18.12\blacktriangleleft$$

Como $V_f > V_i$, concluímos que ΔS é positivo, e tanto a entropia quanto a desordem do gás (e do Universo) aumentam como resultado de uma expansão irreversível e adiabática.

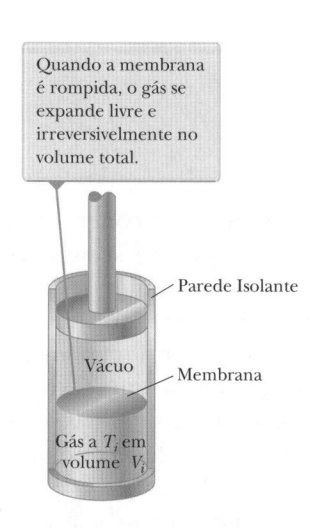

Figura 18.11 Expansão adiabática livre de um gás. O recipiente é termicamente isolado de seu entorno; portanto, $Q = 0$.

Quando a membrana é rompida, o gás se expande livre e irreversivelmente no volume total.

Parede Isolante
Vácuo — Membrana
Gás a T_i em volume V_i

Exemplo **18.4** | **Expansão adiabática livre: revisada**

Vamos verificar se as abordagens macro e microscópica ao cálculo de entropia levam à mesma conclusão para a expansão adiabática livre de um gás ideal. Suponha que um gás ideal se expanda quatro vezes o seu volume inicial. Como já vimos, para esse processo, as temperaturas inicial e final são as mesmas.

(A) Usando uma abordagem macroscópica, calcule a variação da entropia para o gás.

SOLUÇÃO

Conceitualização Olhe novamente a Figura 18.11, que é um diagrama do sistema antes da expansão adiabática livre. Imagine romper a membrana de modo que o gás se mova para área evacuada. A expansão é irreversível.

18.4 cont.

Categorização Podemos substituir o processo irreversível por um isotérmico reversível entre os mesmos estados inicial e final. Essa abordagem é macroscópica, então usamos uma variável termodinâmica, especificamente, o volume V.

Análise Use a Equação 18.12 para calcular a variação em entropia: $\Delta S = nR \ln\left(\dfrac{V_f}{V_i}\right) = nR \ln\left(\dfrac{4V_i}{V_i}\right) = \boxed{nR \ln 4}$

(B) Usando considerações estatísticas, calcule a variação da entropia para o gás e mostre que ela está de acordo com a resposta obtida na parte (A).

SOLUÇÃO

Categorização Essa abordagem é microscópica, então, usamos variáveis relacionadas às moléculas individuais.

Análise O número de microestados disponíveis para uma única molécula no volume inicial V_i é $w_i = V_i/V_m$, em que V_m é um volume microscópico ocupado pela molécula. Use esse número para encontrar o número de microestados disponíveis para N moléculas:

$$W_i = w_i^N = \left(\dfrac{V_i}{V_m}\right)^N$$

Determine o número de microestados disponíveis para N moléculas no volume final $V_f = 4V_i$:

$$W_f = \left(\dfrac{V_f}{V_m}\right)^N = \left(\dfrac{4V_i}{V_m}\right)^N$$

Use a Equação 18.9 para encontrar a variação em entropia:

$$\Delta S = k_B \ln W_f - k_B \ln W_i = k_B \ln\left(\dfrac{W_f}{W_i}\right)$$

$$= k_B \ln\left(\dfrac{4V_i}{V_i}\right)^N = k_B \ln(4^N) = Nk_B \ln 4 = \boxed{nR \ln 4}$$

Finalização A resposta é a mesma que aquela para a parte (A), que lidou com parâmetros macroscópicos.

E Se? Na parte (A), usamos a Equação 18.12, que tem como base um processo isotérmico reversível, conectando os estados inicial e final. Você chegaria ao mesmo resultado se escolhesse um processo reversível diferente?

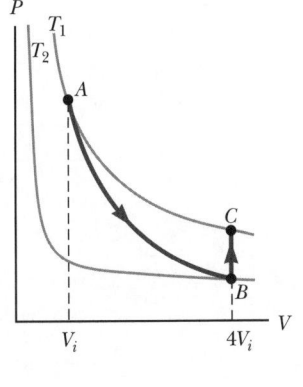

Figura 18.12 (Exemplo 18.4) Um gás expande para quatro vezes o seu volume inicial e volta para a mesma temperatura inicial por meio de um processo em duas etapas.

Resposta Você *deve* chegar ao mesmo resultado porque a entropia é uma variável de estado. Por exemplo, considere o processo de duas etapas na Figura 18.12: uma expansão adiabática reversível de V_i para $4V_i$ ($A \to B$) durante o qual a temperatura cai de T_1 para T_2 e um processo isovolumétrico reversível ($B \to C$) que leva o gás de volta à temperatura inicial T_1. Durante o processo reversível adiabático, $\Delta S = 0$, pois $Q_r = 0$.

Para o processo isovolumétrico reversível ($B \to C$), use a Equação 18.10:

$$\Delta S = \int_i^f \dfrac{dQ_r}{T} = \int_{T_2}^{T_1} \dfrac{nC_V dT}{T} = nC_V \ln\left(\dfrac{T_1}{T_2}\right)$$

Encontre a relação entre as temperaturas T_1 a T_2 a partir da Equação 17.26 para o processo adiabático:

$$\dfrac{T_1}{T_2} = \left(\dfrac{4V_i}{V_i}\right)^{\gamma-1} = (4)^{\gamma-1}$$

Substitua para encontrar ΔS:

$$\Delta S = nC_V \ln(4)^{\gamma-1} = nC_V(\gamma - 1)\ln 4$$

$$= nC_V\left(\dfrac{C_P}{C_V} - 1\right)\ln 4 = n(C_P - C_V)\ln 4 = nR \ln 4$$

E você de fato obtém exatamente o mesmo resultado para a variação em entropia.

18.9 | Conteúdo em contexto: a atmosfera como máquina térmica

No Capítulo 17, previmos uma temperatura global baseada na noção de equilíbrio de energia entre a entrada visível de radiação do Sol e a saída de radiação infravermelha da Terra. Esse modelo conduz a uma temperatura global que está bem abaixo da temperatura medida. Essa discrepância de resultados é devida aos efeitos atmosféricos não inclusos em nosso modelo. Nesta seção, introduziremos alguns desses efeitos e mostraremos que a atmosfera pode ser modelada como uma máquina térmica. No Conteúdo em Contexto, devemos utilizar os conceitos aprendidos nos capítulos da termodinâmica para construir um modelo que tenha mais sucesso para prever a temperatura correta da Terra.

O que acontece com a energia que entra na atmosfera pela radiação do Sol? A Figura 18.13 ajuda responder a essa pergunta mostrando como a entrada de energia passa por diversos processos. Se identificarmos a entrada de energia como 100%, descobrimos que 30% é refletida de volta para o espaço, conforme mencionamos no Capítulo 17. Esses 30% incluem 6% refletidas pelas moléculas de ar, 20% refletidas pelas nuvens e 4% refletidas na superfície da Terra. Os 70% restantes são absorvidos pelo ar ou pelo solo. Antes de alcançar a superfície, 20% da radiação original é absorvida no ar; 4% pelas nuvens e 16% pela água, pelas partículas de poeira e pelo ozônio na atmosfera. Da radiação original encontrada na parte superior da atmosfera, o solo absorve 50%.

O solo emite uma radiação para cima e transfere a energia para a atmosfera por diversos processos. Dos 100% originais da entrada de energia, 6% simplesmente passam de volta da atmosfera para o espaço (à direita na Fig. 18.13). Além disso, 14% da energia de entrada original emitida como radiação pelo solo são absorvidos pelas moléculas de água e de dióxido de carbono. O ar aquecido pelo solo sobe pela propagação de calor, carregando 6% da energia original para a atmosfera. O ciclo hidrológico resulta em 24% da energia original sendo carregada para cima, como vapor de água, e liberada na atmosfera quando o vapor de água condensa.

Esses processos resultam em um total de 64% da energia original sendo absorvida na atmosfera, com outros 6% do solo passando de volta para o espaço. Como a atmosfera está em um estado estável, esses 64% também são emitidos da atmosfera para o espaço. A emissão é dividida em dois tipos. A primeira é a radiação infravermelha das moléculas na atmosfera, incluindo vapor d'água, dióxido de carbono e moléculas de nitrogênio e de oxigênio

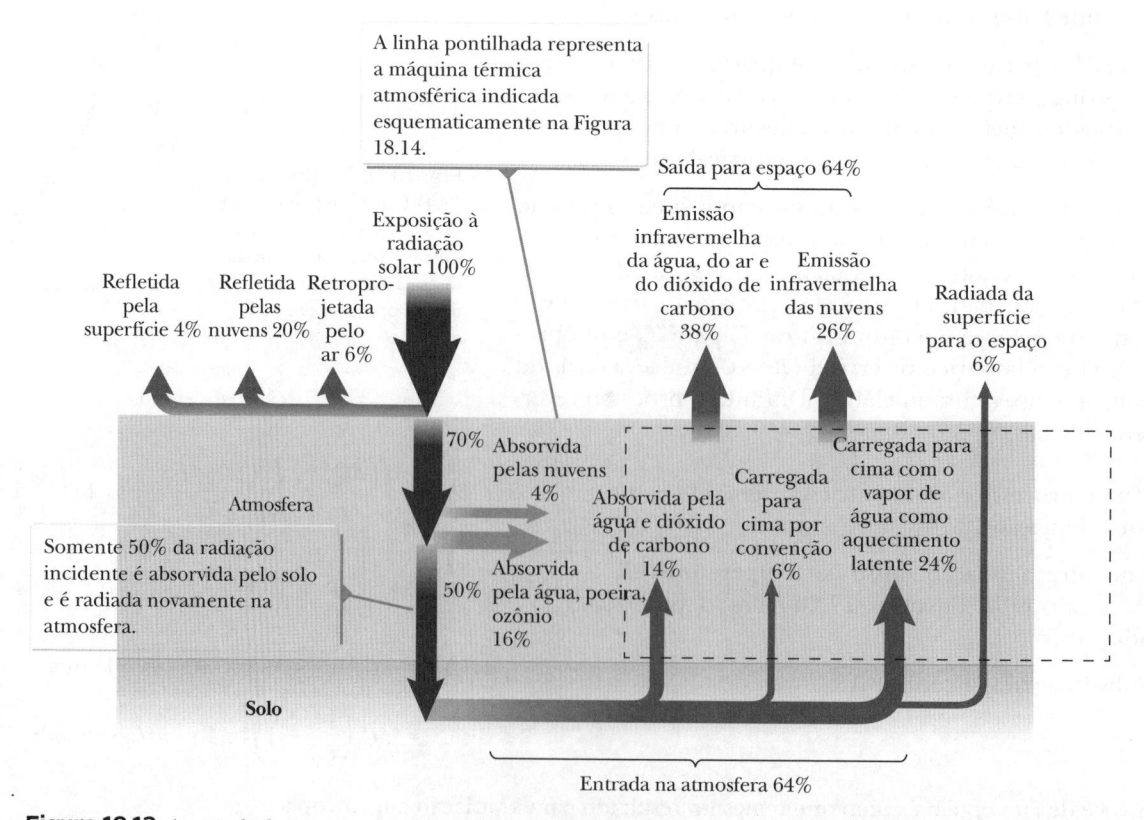

Figura 18.13 A entrada de energia para a atmosfera proveniente do sol é dividida em diversas componentes.

do ar, o que conta para a emissão de 38% da energia original. Os 26% restantes são emitidos como radiação infravermelha das nuvens.

A figura 18.13 mostra o fluxo de energia; a quantidade de entrada de energia iguala a quantidade de saída, que é a premissa utilizada no Conteúdo em Contexto do Capítulo 17. A principal diferença da nossa discussão naquele capítulo, no entanto, é a noção de absorção da energia pela atmosfera. É nessa absorção que se criam os processos termodinâmicos na atmosfera para elevar a temperatura do solo acima do valor determinado no Capítulo 17. Devemos explorar mais sobre esses processos e o perfil da temperatura da atmosfera no Contexto 5.

Para fechar este capítulo, vamos discutir mais um processo, que não está incluso na Figura 18.13. Os diversos processos descritos naquela figura resultam em uma pequena quantidade de trabalho feito no ar, o qual aparece como energia cinética de ventos prevalecentes na atmosfera.

A quantidade original de energia solar convertida em energia cinética de ventos prevalecentes é de aproximadamente 0,5%. O processo de geração de ventos não modifica o equilíbrio de energia indicado na Figura 18.13. A energia cinética do vento é convertida em energia interna à medida que as massas de ar se movem de um lugar para outro. Essa energia interna produz um aumento de emissão infravermelha da atmosfera para o espaço, então 0,5% está temporariamente só na forma de energia cinética antes de ser emitida como radiação.

Podemos modelar a atmosfera como uma máquina térmica, como indicado na Figura 18.13 pelo retângulo pontilhado. Um diagrama esquemático dessa máquina térmica é indicado na Figura 18.14. O reservatório quente é o solo e a atmosfera, e o reservatório frio é o espaço vazio. Podemos calcular a eficiência da máquina atmosférica utilizando a Equação 18.2:

$$e = \frac{W_{eng}}{|Q_h|} = \frac{0,5\%}{64\%} = 0,008 = 0,8\%$$

que é uma eficiência muito baixa. No entanto, tenha em mente que uma grande quantidade de energia entra na atmosfera pelo Sol; então mesmo uma fração muito pequena disso pode criar um sistema eólico muito complexo e poderoso. As tempestades representam um exemplo vívido de saída de energia da máquina térmica atmosférica.

Observe que a energia de saída na Figura 18.14 é menor que na Figura 18.13 em 0,5%. Conforme previamente observado, o 0,5% transferido para a atmosfera pela geração de vento é eventualmente transformado em energia interna na atmosfera pelo atrito e depois radiada no espaço como radiação térmica. Não podemos separar a máquina térmica e os ventos na atmosfera no diagrama porque a atmosfera é a máquina térmica e os ventos são gerados na atmosfera!

Agora, temos todas as peças necessárias para arrumar o quebra-cabeças da temperatura da Terra. Devemos discutir esse assunto no Contexto 5.

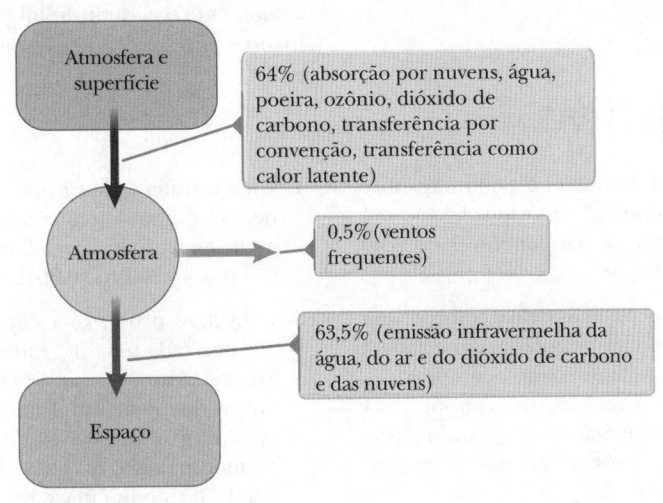

Figura 18.14 Representação esquemática da atmosfera como uma máquina térmica.

RESUMO

Uma **máquina térmica** é um aparelho que recebe energia por calor e, operando em um ciclo, expele uma fração dessa energia por trabalho. O trabalho total feito por uma máquina térmica é

$$W_{\text{eng}} = |Q_h| - |Q_c| \qquad 18.1$$

em que Q_h é a energia recebida de um reservatório quente e Q_c é a energia expelida para um reservatório frio.

A **eficiência térmica** e de uma máquina térmica é definida como a proporção entre o trabalho líquido feito e a energia absorvida por ciclo do reservatório de temperatura maior:

$$e = \frac{W_{\text{eng}}}{|Q_h|} = 1 - \frac{|Q_c|}{|Q_h|} \qquad 18.2$$

O **enunciado de Kelvin-Planck da segunda lei de termodinâmica** pode ser feita conforme segue:

- É impossível construir uma máquina térmica que, operando em um ciclo, não produza efeito nenhum além da entrada de energia por calor de um reservatório e a realização de igual quantidade de trabalho.

Um processo **reversível** é aquele no qual o sistema pode voltar a suas condições iniciais seguindo o mesmo caminho, e cada ponto ao longo desse caminho é um estado de equilíbrio. Um processo que não atende a essas exigências é **irreversível**.

A eficiência térmica de uma máquina térmica operando no **ciclo de Carnot** é

$$e_C = 1 - \frac{T_c}{T_h} \qquad 18.4$$

em que T_c é a temperatura absoluta do reservatório quente e T_h é a temperatura absoluta do reservatório frio.

Nenhuma máquina térmica real operando entre as temperaturas T_c e T_h pode ser mais eficiente do que uma máquina operando reversivelmente em um ciclo de Carnot entre as mesmas duas temperaturas.

O **enunciado de Clausius da segunda lei** afirma que

- A energia não é transferida espontaneamente de um corpo frio para um corpo quente.

A Segunda Lei da Termodinâmica diz que, quando processos reais (irreversíveis) ocorrem, o grau de desordem no sistema mais a vizinhança aumenta. A medida da desordem em um sistema é chamada **entropia** S.

A **variação de entropia** dS de um sistema se movendo pelo processo infinitesimal entre dois estados de equilíbrio é

$$dS = \frac{dQ_r}{T} \qquad 18.8$$

em que dQ_r é a energia transferida pelo calor em um processo reversível entre os mesmos estados.

Do ponto de vista microscópico, a entropia S associada a um macroestado de um sistema é definida como

$$S \equiv k_B \ln W \qquad 18.9$$

em que k_B é uma constante de Boltzmann e W é a quantidade de microestados correspondendo ao macroestado cuja entropia é S. Portanto, a **entropia é uma medida de desordem microscópica**. Com a tendência estatística dos sistemas para prosseguir com os estados de probabilidade e desordem maiores, todos os processos naturais são irreversíveis e resultam em um aumento na entropia. Portanto, o **declaração de entropia da Segunda Lei da Termodinâmica** é:

- A entropia do Universo aumenta em todos os processos reais.

A variação de entropia de um sistema se movendo entre dois estados de equilíbrio gerais é

$$\Delta S = \int_i^f \frac{dQ_r}{T} \qquad 18.10$$

O valor de ΔS é o mesmo para todos os caminhos conectando os estados inicial e final.

A variação da entropia para qualquer processo reversível e cíclico é zero e, quando tal processo ocorre, a entropia do Universo permanece constante.

PERGUNTAS OBJETIVAS

1. Um refrigerador tem 18,0 kJ de trabalho realizado sobre ele enquanto 115 kJ de energia são transferidos de seu interior. Qual é seu coeficiente de desempenho? (a) 3,40 (b) 2,80 (c) 8,90 (d) 6,40 (e) 5,20.

2. Uma unidade compacta de ar-condicionado é colocada em uma mesa em um apartamento bem isolado, conectada à rede elétrica e ligada. O que acontece com a temperatura média do apartamento? (a) Aumenta. (b) Diminui. (c) Permanece constante. (d) Aumenta até que a unidade se aqueça e depois diminui. (e) A resposta depende da temperatura inicial do apartamento.

3. Um motor realiza 15,0 kJ de trabalho enquanto exaurir 37,0 kJ para um reservatório frio. Qual é a eficiência do motor? (a) 0,150 (b) 0,288 (c) 0,333 (d) 0,450 (e) 1,20.

4. Uma turbina a vapor opera com temperatura de caldeira de 450 K e uma temperatura de escape de 300 K. Qual é a eficiência teórica máxima desse sistema? (a) 0,240 (b) 0,500 (c) 0,333 (d) 0,667 (e) 0,150.

5. Considere processos cíclicos completamente caracterizados por cada uma das entradas e saídas totais de energia. Em cada caso, as transferências de energia listadas são as únicas que ocorrem. Classifique cada processo como (a) possível, (b) impossível, de acordo com a Primeira Lei da Termodinâmica, (c) impossível, de acordo com a Segunda Lei da Termodinâmica, ou (d) impossível, de acordo com a Primeira e a Segunda Leis. (i) Entrada de 5 J de trabalho e saída de 4 J de trabalho. (ii) Entrada de 5 J de trabalho e saída de 5 J de energia transferida por calor. (iii) Entrada de 5 J de energia transferida por transmissão elétrica

e saída de 6 J de trabalho. (**iv**) Entrada de 5 J de energia transferida por calor e saída de 5 J de energia transferida por calor. (**v**) Entrada de 5 J de energia transferida por calor e saída de 5 J de trabalho. (**vi**) Entrada de 5 J de energia transferida por calor e saída de 3 J de trabalho mais 2 J de energia transferida por calor.

6. Suponha que uma amostra de um gás ideal esteja em uma temperatura ambiente. Que ação *obrigatoriamente* fará a entropia da amostra aumentar? (a) Transferir energia para ela por calor. (b) Transferir energia para ela irreversivelmente por calor. (c) Realizar trabalho sobre ela. (d) Aumentar sua temperatura ou seu volume, sem deixar a outra variável diminuir. (e) Nenhuma das alternativas está correta.

7. A seta OA no diagrama PV mostrado na Figura PO.18.7 representa uma expansão adiabática reversível de um gás ideal. A mesma amostra de gás, começando do mesmo estado O, passa agora por uma expansão adiabática livre até o mesmo volume final. Que ponto no diagrama poderia representar o estado final do gás? (a) O mesmo ponto A como para a expansão reversível. (b) O ponto B. (c) O ponto C. (d) Qualquer uma dessas alternativas. (e) Nenhuma dessas alternativas.

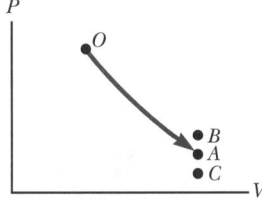

Figura PO18.7

8. Um processo termodinâmico ocorre onde a entropia de um sistema muda por -8 J/K. De acordo com a Segunda Lei da Termodinâmica, o que pode ser concluído sobre a variação da entropia do ambiente? (a) Deve ser $+8$ J/K ou menos. (b) Deve ser entre $+8$ J/K e 0. (c) Deve ser igual a $+8$ J/K. (d) Deve ser $+8$ J/K ou mais. (e) Deve ser zero.

9. Uma amostra de um gás ideal monoatômico está contida em um cilindro com um pistão. Seu estado é representado pelo ponto preto no diagrama PV mostrado na Figura PO18.9. Setas de A a E representam processos isobáricos, isotérmicos, adiabáticos e isovolumétricos pelos quais a amostra pode passar. Em cada processo, exceto D, o volume muda por um fator de 2. Todos os cinco processos são reversíveis. Classifique-os de acordo com a variação da entropia do gás do maior valor positivo para o maior valor negativo em módulo. Em sua classificação, mostre quaisquer casos de igualdade.

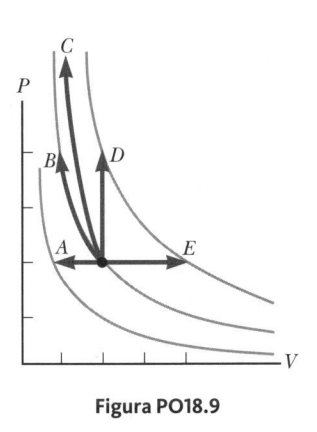

Figura PO18.9

10. Das alternativas seguintes, qual não é uma afirmação da Segunda Lei da Termodinâmica? (a) Nenhuma máquina térmica operando em um ciclo pode absorver energia de um reservatório e usá-la por completo para realizar trabalho. (b) Nenhum motor real operando entre dois reservatórios de energia pode ser mais eficiente que uma máquina de Carnot operando entre os mesmos dois reservatórios. (c) Quando um sistema passa por uma mudança de estado, a variação na energia interna do sistema é a soma da energia transferida para o sistema por calor e o trabalho realizado sobre o sistema. (d) A entropia do Universo aumenta em todos os processos naturais. (e) A energia não será espontaneamente transferida por calor de um corpo frio para outro quente.

11. A Segunda Lei da Termodinâmica sugere que o coeficiente de desempenho de um refrigerador seja: (a) menor que 1, (b) menor ou igual a 1, (c) maior ou igual a 1, (d) finito ou (e) maior que 0.

PERGUNTAS CONCEITUAIS

1. O aparelho mostrado na Figura PC18.1, chamado conversor termoelétrico, usa uma série de células semicondutoras para transformar energia interna em energia elétrica. Na fotografia da esquerda, as duas pernas do aparelho estão à mesma temperatura e não há produção de energia elétrica. No entanto, quando uma perna está a uma temperatura mais alta que a outra, como mostrado na fotografia da direita, a energia elétrica é produzida à medida que o aparelho extrai energia do reservatório quente e aciona um pequeno motor elétrico. (a) Por que é necessária uma diferença de temperatura para produzir energia elétrica nessa demonstração? (b) Em que sentido esse experimento intrigante demonstra a Segunda Lei da Termodinâmica?

Figura PC18.1

2. (a) Se você sacode um jarro cheio de balas de goma de tamanhos diferentes, as maiores tendem a aparecer no topo e as pequenas a ficar no fundo. Por quê? (b) Esse processo viola a segunda Lei da Termodinâmica?

3. "A Primeira Lei da Termodinâmica diz que você não pode realmente ganhar, e a segunda diz que você não pode sequer empatar". Explique como essa afirmação se aplica a um aparelho ou processo específico; alternativamente, argumente contra a afirmação.

4. É possível construir uma máquina térmica que não crie poluição térmica? Explique.

5. A Segunda Lei da Termodinâmica contradiz ou corrige a primeira? Justifique sua resposta.

6. Uma turbina movida a vapor é um dos principais componentes de uma usina de energia. Por que é vantajoso que a temperatura do vapor seja a mais alta possível?

7. Cite alguns fatores que afetam a eficiência de motores de automóveis.

8. (a) Dê um exemplo de um processo irreversível que ocorre na natureza. (b) Dê um exemplo de um processo que é quase reversível na natureza.

9. Discuta a variação da entropia de um gás que se expande (a) à temperatura constante e (b) adiabaticamente.

10. Discuta três exemplos comuns diferentes de processos naturais que envolvem um aumento em entropia. Justifique todas as partes de cada sistema considerado.

11. "A energia é a senhora do Universo, e a entropia é sua sombra." Escrevendo para um público geral, justifique essa afirmativa com pelo menos dois exemplos. Alternativamente, argumente que a entropia é como um executivo que rapidamente determina o que vai acontecer, enquanto a energia é como um contador nos dizendo quanto pouco podemos gastar. (Arnold Sommerfeld deu a ideia para essa questão.)

12. Suponha que sua colega de quarto limpe e organize o ambiente bagunçado depois de uma grande festa. Como ela está criando mais ordem, esse processo representa uma violação da Segunda Lei da Termodinâmica?

13. O escape de energia de uma estação de energia elétrica a carvão é carregado por "água resfriante" para o Lago Ontário. A água é quente do ponto de vista das coisas vivas no lago. Algumas delas se agrupam ao redor do local de saída da água, impedindo seu fluxo. (a) Use a Teoria das Máquinas Térmicas para explicar por que essa ação pode reduzir a saída de energia da estação. (b) Um engenheiro diz que a saída de eletricidade é reduzida por causa da "maior pressão de retorno nas lâminas das turbinas". Comente a precisão dessa afirmação

PROBLEMAS

WebAssign Os problemas que se encontram neste capítulo podem ser resolvidos *on-line* no Enhanced WebAssign (em inglês)

1. denota problema direto;
2. denota problema intermediário;
3. denota problema desafiador;
1. denota problemas mais frequentemente resolvidos no Enhanced WebAssign;
BIO denota problema biomédico;
PD denota problema dirigido;

M denota tutorial Master It disponível no Enhanced WebAssign;
Q|C denota problema que pede raciocínio quantitativo e conceitual;
S denota problema de raciocínio simbólico;
sombreado denota "problemas emparelhados" que desenvolvem raciocínio com símbolos e valores numéricos;
W denota solução no vídeo Watch It disponível no Enhanced WebAssign.

Seção 18.1 Máquinas térmicas e a Segunda Lei da Termodinâmica

1. W Uma máquina térmica recebe 360 J de energia de um reservatório quente e realiza 25,0 J de trabalho em cada ciclo. Encontre (a) a eficiência da máquina e (b) a energia fornecida para o reservatório frio em cada ciclo.

2. O revólver é uma máquina térmica. Em particular, é um motor com pistão e combustão interna que não opera em um ciclo, mas se separa durante seu processo de expansão adiabática. Certo revólver consiste em 1,80 kg de ferro. Ele dispara uma bala de 2,40 g a 320 m/s com eficiência de energia de 1,10%. Suponha que o corpo do revólver absorva toda a energia de escape – os outros 98,9% – e aumente uniformemente em temperatura por um curto intervalo de tempo antes de perder qualquer energia para o ambiente por calor. Encontre seu aumento de temperatura.

3. W Suponha que uma máquina térmica seja conectada a dois reservatórios de energia, uma piscina de alumínio derretido (660 °C) e um bloco de mercúrio sólido (–38,9 °C). A máquina funciona congelando 1,00 g de alumínio e derretendo 15,0 g de mercúrio durante cada ciclo. O calor de fusão do alumínio é $3,97 \times 10^5$ J/kg, e o do mercúrio, $1,18 \times 10^4$ J/kg. Qual é a eficiência dessa máquina?

4. Um motor a gasolina multicilindro em um avião, operando a $2,50 \times 10^3$ rev/min, recebe $7,89 \times 10^3$ J de energia e fornece $4,58 \times 10^3$ J para cada revolução do virabrequim. (a) Quantos litros de combustível ele consome em 1,00 h de operação se o calor de combustão do combustível é igual a $4,03 \times 10^7$ J/L? (b) Qual é a potência mecânica de saída do motor? Despreze o atrito e expresse a resposta em cavalo-vapor. (c) Qual é o torque exercido pelo virabrequim sobre a carga? (d) Que potência o sistema de escape e de resfriamento devem transferir para fora do motor?

5. M Certa máquina térmica tem potência mecânica de saída de 5,00 kW e eficiência de 25,0%. O motor fornece $8,00 \times 10^3$ J de energia de escape em cada ciclo. Encontre (a) a energia recebida durante cada ciclo e (b) o intervalo de tempo para cada ciclo.

Seção 18.2 Processos reversíveis e irreversíveis
Seção 18.3 A máquina de Carnot

6. Q|C S Suponha que você construa um aparelho com duas máquinas, no qual a energia de escape de uma máquina é a energia de entrada para a outra. Dizemos que as duas máquinas estão funcionado *em série*. Estabeleça e_1 e e_2 para representar as eficiências das duas máquinas. (a) A eficiência geral do aparelho com duas máquinas é definida como o trabalho total de saída dividido pela energia colocada no primeiro motor por calor. Mostre que a eficiência total e é dada por

$$e = e_1 + e_2 - e_1 e_2$$

E se? Para as partes (b) até (e) a seguir, suponha que as duas máquinas sejam máquina de Carnot. A máquina 1 opera entre as temperaturas T_h e T_i. O gás na máquina 2 varia em temperatura entre T_i e T_c. Em termos das temperaturas, (b) qual é a eficiência da máquina da combinação? (c) Há uma melhora na eficiência total no uso das duas máquinas em vez de uma? (d) Que valor de temperatura intermediária T_i resulta, em cada uma das duas máquinas em série, em realizar trabalho igual? (e) Que valor de T_i resulta em cada uma das duas máquinas em série ter a mesma eficiência?

7. **M** Uma das máquinas térmicas mais eficientes já construídas foi uma turbina a vapor movida a carvão no vale do rio Ohio, operando entre 1870 °C e 430 °C. (a) Qual é sua eficiência teórica máxima? (b) A eficiência real da máquina é 42,0%. Qual a potência mecânica que o motor fornece, se absorve $1{,}40 \times 10^5$ J de energia de seu reservatório quente a cada segundo?

8. **Q|C** Uma usina de geração de eletricidade é planejada para ter potência elétrica de saída de 1,40 MW usando uma turbina com dois terços da eficiência de uma máquina de Carnot. A energia de escape é transferida por calor para uma torre de resfriamento a 110 °C. (a) Encontre a taxa de exaustão de energia por calor como função da temperatura do combustível da usina T_h. (b) Se a área de queima de combustível for modificada para funcionar com maior temperatura usando tecnologia de combustão mais avançada, como muda a quantidade de energia de escape? (c) Encontre a potência de escape para $T_h = 800$ °C. (d) Encontre o valor de T_h para o qual a potência de escape seria somente a metade daquela para a parte (c). (e) Encontre o valor de T_h para o qual a potência de escape seria um quarto do tamanho da parte (c).

9. Uma usina opera a uma eficiência de 32,0% durante o verão quando a água do mar utilizada para resfriamento está a 20,0 °C. A usina utiliza o vapor a 350 °C para empulsionar as turbinas. Se a eficiência da usina varia na mesma proporção que a eficiência ideal, qual seria a eficiência da usina no inverno, quando a água do mar está a 10,0 °C?

10. **Q|C W** Uma usina de eletricidade que faria uso do gradiente de temperatura no oceano foi proposta. O sistema deve operar entre 20,0 °C (temperatura da água na superfície) e 5,00 °C (temperatura da água a uma profundidade de aproximadamente 1 km). (a) Qual é a eficiência máxima de tal sistema? (b) Se a potência elétrica de saída da usina é 75,0 MW, qual a quantidade de energia recebida pelo reservatório quente por hora? (c) Considerando sua resposta para a parte (a), explique se acredita que tal sistema vale a pena. Note que o "combustível" é grátis.

11. **M** Um gás ideal passa por um ciclo de Carnot. A expansão isotérmica ocorre a 250 °C, e a compressão isotérmica, a 50,0 °C. O gás recebe $1{,}20 \times 10^3$ J de energia do reservatório quente durante a expansão isotérmica. Encontre (a) a energia fornecida para o reservatório frio em cada ciclo e (b) o trabalho total realizado pelo gás em cada ciclo.

12. No ponto A em um ciclo de Carnot, 2,34 mols de um gás ideal monoatômico têm pressão de 1400 kPa, volume de 10,0 L e temperatura de 720 K. O gás expande-se isotermicamente até o ponto B e, então, adiabaticamente para o ponto C, onde seu volume é 24,0 L. Uma compressão isotérmica leva o gás ao ponto D, onde seu volume é 15,0 L. Um processo adiabático devolve o gás ao ponto A. (a) Determine todas as pressões, volumes e temperaturas desconhecidas para preencher a tabela a seguir:

	P	V	T
A	1 400 kPa	10,0 L	720 K
B			
C		24,0 L	
D		15,0 L	

(b) Encontre a energia acrescentada por calor, o trabalho realizado pelo motor e a variação em energia interna para cada uma das etapas $A \to B$, $B \to C$, $C \to D$ e $D \to A$. (c) Calcule a eficiência $W_{net}/|Q_h|$. (d) Mostre que a eficiência é igual a $1 - T_C/T_A$, a eficiência de Carnot.

13. **W** Uma máquina de Carnot tem potência de saída de 150 kW e opera entre dois reservatórios a 20,0 °C e 500 °C. (a) Qual a quantidade de energia que entra na máquina por calor por hora? (b) Qual a quantidade de energia que é perdida por calor por hora?

14. **S** Uma máquina de Carnot tem potência de saída P e opera entre dois reservatórios a temperatura T_c e T_h. (a) Qual a quantidade de energia que entra na máquina por calor em um intervalo de tempo Δt? (b) Qual a quantidade de energia que é perdida por calor no intervalo de tempo Δt?

15. **W** Argônio entra em uma turbina a uma taxa de 80,0 kg/min, a uma temperatura de 800 °C e uma pressão de 1,50 MPa. Expande-se adiabaticamente conforme empurra as lâminas da turbina e sai à pressão 300 kPa. (a) Calcule sua temperatura na saída. (b) Calcule a (máxima) potência de saída da turbina giratória. (c) A turbina é um componente de um modelo de motor de turbina de gás com ciclo fechado. Calcule a eficiência máxima do motor.

16. *Por que a seguinte situação é impossível?* Um inventor vai à agência de patentes dizendo que sua máquina térmica, que usa água como substância de trabalho, tem eficiência termodinâmica de 0,110. Embora essa eficiência seja baixa comparada com motores de automóveis típicos, ele explica que seu motor opera entre um reservatório de energia em temperatura ambiente e uma mistura de água-gelo à pressão atmosférica e, portanto, não exige outro combustível do que aquele para fazer gelo. A patente é aprovada e protótipos funcionais do motor provam a alegação de eficiência do inventor.

Seção 18.4 Bombas de calor e refrigeradores

17. Qual é o coeficiente de desempenho máximo possível de uma bomba de calor que traz energia de fora a –3,00 °C para uma casa a 22,0 °C? *Observação*: o trabalho realizado para fazer a bomba de calor funcionar também está disponível para aquecer a casa.

18. **Q|C** Em 1993, o governo dos Estados Unidos passou a exigir que todos os ares-condicionados vendidos no país deveriam ter taxa de eficiência de energia (TEE) de 10 ou mais. TEE é definida como a proporção entre a capacidade de resfriamento do ar-condicionado, medido em unidades térmicas britânicas por hora, ou Btu/h, e sua necessidade elétrica em watts. (a) Converta a TEE de 10,0 para uma forma sem dimensões, usando a conversão 1 Btu = 1055 J. (b) Qual é o nome adequado para essa quantidade sem dimensão? (c) Nos anos 1970, era comum encontrar ar-condicionado com TEEs de 5 ou menos. Diga como os custos operacionais se comparam para aparelhos de ar-condicionado de 10.000 Btu/h com TEEs de 5,00 e 10,0. Suponha que cada ar-condicionado opere por 1500 h durante o verão em uma cidade onde a eletricidade custa $ 0,17 por kWh.

19. Qual é o coeficiente de desempenho de um refrigerador que opera com eficiência de Carnot entre temperaturas – 3,00 °C e +27,0 °C?

20. Um refrigerador tem coeficiente de desempenho de 3,00. O compartimento da bandeja de gelo está a –20,0 °C, e a temperatura ambiente a 22,0 °C. O refrigerador pode converter 30,0 g de água a 22,0 °C em 30,0 g de gelo a –20,0 °C

por minuto. Quanto é a energia de entrada necessária? Dê sua resposta em watts.

21. Se uma máquina térmica de Carnot com 35,0% de eficiência (Figura Ativa 18.1) funciona ao inverso de modo a operar como um refrigerador (Figura Ativa 18.7), qual seria o coeficiente de desempenho desse refrigerador?

22. **S** Um refrigerador ideal ou uma bomba de calor ideal é equivalente a uma máquina de Carnot funcionando ao inverso. Isto é, energia $|Q_c|$ é recebida de um reservatório frio, e energia $|Q_h|$ é fornecida em outro quente. (a) Mostre que o trabalho que deve ser suprido para fazer o refrigerador ou a bomba de calor funcionar é:

$$W = \frac{T_h - T_c}{T_c}|Q_c|$$

(b) Mostre que o coeficiente de desempenho (COD) do refrigerador ideal é:

$$\text{COD} = \frac{T_c}{T_h - T_c}$$

23. **W** Um refrigerador tem coeficiente de desempenho igual a 5,00 e recebe 120 J de energia de um reservatório frio em cada ciclo. Encontre (a) o trabalho necessário em cada ciclo e (b) a energia expelida para o reservatório quente.

24. Uma bomba de calor tem coeficiente de desempenho de 3,80 e opera com potência de consumo de $7,03 \times 10^3$ W. (a) Qual a quantidade de energia que ela supre para uma residência durante 8,00 h de operação contínua? (b) Qual a quantidade de energia que ela extrai do ar externo?

25. Uma bomba de calor usada para aquecer, mostrada na Figura P18.25, é essencialmente um ar-condicionado instalado ao contrário. Ela extrai energia do ar externo mais frio e a deposita em um ambiente mais quente. Suponha que a proporção da energia que realmente entra no ambiente em relação ao trabalho realizado pelo motor do aparelho seja de 10,0% da proporção teórica máxima. Determine a energia que entra no ambiente por joule de trabalho realizado pelo motor, dado que a temperatura interna é 20,0 °C e a externa é –5,00 °C.

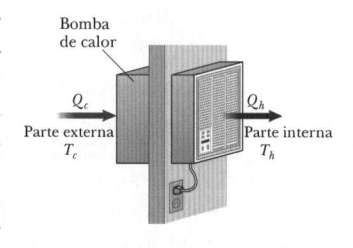

Figura P18.25

26. **M** De quanto trabalho um refrigerador ideal de Carnot precisa para remover 1,00 J de energia de hélio líquido a 4,00 K e expelir essa energia para um local à temperatura ambiente (293 K)?

Seção 18.6 **Entropia**

Seção 18.7 **Entropia e a Segunda Lei da Termodinâmica**

27. Quando uma barra de alumínio é conectada entre um reservatório quente a 725 K e outro frio a 310 K, 2,50 kJ de energia são transferidas por calor do reservatório quente para o frio. Nesse processo irreversível, calcule a variação da entropia (a) do reservatório quente, (b) do reservatório frio e (c) do Universo, desprezando qualquer variação da entropia da barra de alumínio.

28. **S** Quando uma barra de metal é conectada entre um reservatório quente a T_h e outro frio a T_c, a energia transferida por calor do reservatório quente para o frio é Q. Nesse processo irreversível, calcule a variação da entropia (a) do reservatório quente, (b) do reservatório frio e (c) do Universo, desprezando qualquer variação da entropia da barra de metal.

29. Calcule a variação na entropia de 250 g de água aquecida lentamente de 20,0 °C a 80,0 °C. (*Sugestão*: Observe que $dQ = mc\, dT$.)

30. (a) Prepare uma tabela, como a Tabela 18.1, para a ocorrência a seguir. Você lança quatro moedas no ar simultaneamente e, então, registra os resultados dos lançamentos em termos dos números de caras (H) e coroas (T) que resultam. Por exemplo, HHTH e HTHH são duas maneiras possíveis em que as três caras e uma coroa podem ser obtidas. (b) Com base em sua tabela, qual é o resultado mais provável registrado para um lançamento? Em termos de entropia, (c) qual é o macroestado mais ordenado e (d) qual é o mais desordenado?

31. Prepare uma tabela como a Tabela 18.1 usando o mesmo procedimento (a) para o caso quando você pega três bolas de gude de sua bolsa, em vez de quatro, e (b) para o caso em que você pega cinco bolas de gude em vez de quatro.

32. Qual variação ocorre na entropia quando um cubo de gelo de 27,9 g a –12 °C é transformado em vapor a 115 °C?

33. Ao fazer uma geleia de framboesa, 900 g de suco de framboesa é combinado com 930 g de açúcar. A mistura começa em temperatura ambiente, a 23,0 °C, é vagarosamente aquecida em um forno até alcançar 220 °F. Então, é colocado em jarras aquecidas e deixado para esfriar. Suponha que o suco tenha o mesmo calor específico da água. O calor específico de sacarose é de 0,299 cal/g · °C. Considere o processo de aquecimento. (a) Quais dos seguintes itens descrevem esse processo: adiabático, isobárico, isotérmico, isovolumétrico, cíclico, reversível, isentrópico? (b) Quanto de energia a mistura absorve? (c) Qual é a variação mínima em entropia da geleia enquanto é aquecida?

34. **W** Uma forma de gelo contém 500 g de água líquida a 0 °C. Calcule a variação da entropia da água enquanto ela congela lenta e completamente a 0 °C.

35. Se você lança dois dados, qual é o número total de maneiras de obter (a) 12 e (b) 7?

Seção 18.8 **Variação da entropia nos processos irreversíveis**

36. Uma ferradura de ferro de 1,00 kg é retirada de uma fornalha a 900 °C e colocada em 4,00 kg de água a 100 °C. Presumindo que nenhuma energia é perdida por calor para a vizinhança, determine a variação total em entropia do sistema ferradura mais água.

37. Um recipiente de 2,00 L tem partição central que o divide em duas partes iguais, como mostrado na Figura P18.37. O lado esquerdo contém 0,0440 mol de gás H_2 e o lado direito contém 0,0440 mol de gás O_2. Os dois gases estão em temperatura ambiente e pressão atmosférica. A partição é removida e

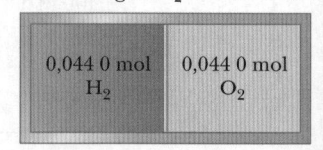

Figura P18.37

os gases se misturam. Qual é o aumento na entropia do sistema?

38. W A temperatura na superfície do Sol é aproximadamente 5.800 K, e na superfície da Terra, aproximadamente 290 K. Que variação da entropia do Universo ocorre quando $1,00 \times 10^3$ J de energia é transferida por radiação do Sol para a Terra?

39. Um carro de 1.500 kg está se movendo a 20,0 m/s. O motorista freia. Os freios esfriam à temperatura ambiente, a qual está constantemente a 20,0 °C. Qual é a variação total em entropia?

40. Quanto rapidamente você, pessoalmente, está fazendo a entropia do Universo aumentar neste exato instante? Calcule uma estimativa da ordem de grandeza, mencionando quais quantidades considera dados e quais valores que mede ou estima para elas.

41. Uma amostra de 1,00 mol de gás H_2 é contida do lado esquerdo do recipiente mostrado na Figura P18.41, que tem volumes iguais na esquerda e na direita. O lado direito é evacuado. Quando a válvula é aberta, o gás entra no lado direito. (a) Qual é a variação da entropia do gás? (b) A temperatura do gás muda? Suponha que o recipiente seja tão grande que o hidrogênio se comporte como um gás ideal.

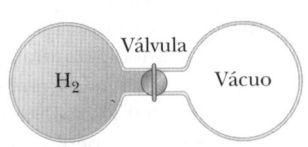

Figura P18.41

Seção 18.9 Conteúdo em contexto: a atmosfera como máquina térmica

42. Descobrimos que a eficiência da máquina térmica atmosférica é de aproximadamente 0,8%. Considerando que a intensidade da entrada de radiação solar seja de 1370 W/m² e presumindo que 64% desta energia é absorvida na atmosfera, encontre a "energia eólica", ou seja, a taxa na qual a energia se torna disponível pela força dos ventos.

43. (a) Encontre a energia cinética do ar em movimento em um ciclone, modelado como um disco de 600 km de diâmetro e 11 km de espessura, com o vento soprando a uma velocidade uniforme de 60 km/h. (b) Considere a luz do sol com uma intensidade de 1.000 W/m² incidindo perpendicularmente em uma área circular de 600 km em diâmetro. Durante qual intervalo de tempo a luz do sol liberaria a quantidade de energia calculada na parte (a)?

Problemas adicionais

44. *Por que a seguinte situação é impossível?* Duas amostras de água – 1,00 kg a 10,0 °C e 1,00 kg a 30,0 °C – são misturadas à pressão constante dentro de um recipiente isolado. Como o recipiente é isolado, não há troca de energia por calor entre a água e o ambiente. Além disso, a quantidade de energia que sai da água quente por calor é igual à quantidade que entra na água fria por calor. Portanto, a variação da entropia do Universo é zero para esse processo.

45. M Energia se transfere por calor pelas paredes externas e telhado de uma casa a uma taxa de $5,00 \times 10^3$ J/s = 5,00 kW quando a temperatura interior é 22,0 °C e a temperatura exterior é –5,00 °C. (a) Calcule a potência elétrica necessária para manter a temperatura interior a 22,0 °C se a potência é utilizada em aquecedores com resistência elétrica que convertem toda a energia transferida por transmissão elétrica em energia interna. (b) **E se?** Calcule a potência elétrica necessária para manter a temperatura interior a 22,0 °C se the potência for utilizada para impelir um motor elétrico que opera o compressor de uma bomba de calor com coeficiente de desempenho igual a 60,0% do valor do ciclo de Carnot.

46. Q|C Uma área de queima de combustível está a 750 K e a temperatura ambiente é 300 K. A eficiência de uma máquina de Carnot realizando 150 J de trabalho enquanto transporta energia entre esses banhos à temperatura constante é 60,0%. A máquina de Carnot deve receber energia 150 J/0,600 = 250 J do reservatório quente e fornecer 100 J de energia por calor no ambiente. Para seguir a lógica de Carnot, suponha que alguma outra máquina térmica S tivesse uma eficiência de 70,0%. (a) Encontre a entrada de energia e saída de energia de escape da máquina S enquanto ela realiza 150 J de trabalho. (b) Deixe a máquina S operar como na parte (a) e funcione a máquina de Carnot em reverso entre os mesmos reservatórios. A saída de trabalho da máquina S é a entrada de trabalho para o refrigerador de Carnot. Encontre o total de energia transferida de ou para essa área e a energia total transferida de ou para o ambiente quando as duas máquinas operam juntas. (c) Explique como os resultados das partes (a) e (b) mostram que a afirmativa de Clausius sobre a Segunda Lei da Termodinâmica é violada. (d) Encontre a entrada de energia e saída de trabalho da máquina S quando ela libera energia de escape de 100 J. Deixe a máquina S operar como na parte (c) e use 150 J de sua saída de trabalho para fazer a máquina de Carnot funcionar em reverso. Encontre (e) a energia total que a área de queima libera quando as duas máquinas operam juntas, (f) a saída de trabalho total e (g) a energia total transferida para o ambiente. (h) Explique como os resultados mostram que a afirmativa de Kelvin-Planck sobre a segunda lei é violada. Portanto, nossa suposição sobre a eficiência da máquina S deve ser falsa. (i) Deixe as máquinas operarem juntas por um ciclo como na parte (d). Encontre a variação da entropia do Universo. (j) Explique como o resultado da parte (i) mostra que a afirmativa sobre entropia da segunda lei é violada.

47. GP S Em 1816, Robert Stirling, um clérigo escocês, patenteou o motor de Stirling, que teve uma variedade de aplicações desde então, incluindo a da potência solar discutida neste livro. O combustível é queimado externamente para aquecer um dos dois cilindros do motor. Uma quantidade fixa de gás inerte se move ciclicamente entre os cilindros, expandindo-se no cilindro quente e se contraindo no frio. A Figura P18.47 representa um modelo para esse ciclo termodinâmico. Considere n mols de um gás ideal monoatômico passando pelo ciclo uma vez, consistindo em dois processos isotérmicos a temperaturas $3T_i$ e T_i e dois processos de volume constante.

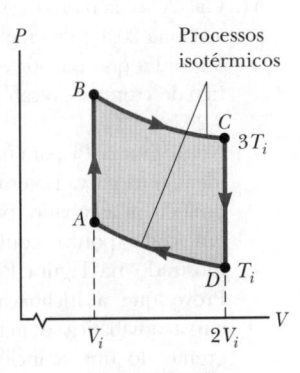

Figura P18.47

Vamos encontrar a eficiência desse motor. (a) Encontre a energia transferida por calor para o gás durante o processo isovolumétrico AB. (b) Encontre a energia transferida por calor para o gás durante o processo isotérmico BC. (c) Encontre a energia transferida por calor para o gás durante o processo isovolumétrico CD. (d) Encontre a energia transferida por calor para o gás durante o processo isotérmico DA. (e) Identifique quais dos resultados das partes (a) a (d) são positivos e avalie a entrada de energia no motor por calor. (f) A partir da Primeira Lei da Termodinâmica, encontre o trabalho realizado pelo motor. (g) A partir dos resultados das partes (e) e (f), avalie a eficiência do motor. É mais fácil manufaturar um motor de Stirling que um de combustão interna ou uma turbina. Ele funciona com lixo queimado. E pode funcionar com energia transferida pela luz do sol e não produzir material de escape. Motores de Stirling não são usados em automóveis atualmente por causa do longo tempo de partida e resposta pobre de aceleração.

48. **S** Um motor a diesel idealizado opera em um ciclo conhecido como *ciclo a ar padrão diesel*, mostrado na Figura P18.48. Combustível é aspergido dentro do cilindro no ponto de compressão máxima, B. A combustão ocorre durante a expansão B → C, que é modelada como um processo isobárico. Mostre que a eficiência de um motor operando nesse ciclo diesel idealizado é:

$$e = 1 - \frac{1}{\gamma}\left(\frac{T_D - T_A}{T_C - T_B}\right)$$

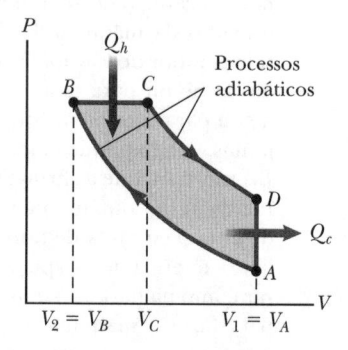

Figura P18.48

49. Uma usina elétrica, com eficiência de Carnot, produz 1,00 GW de potência elétrica nas turbinas que recebem vapor a 500 K e fornecem água a 300 K em um rio fluente. A corrente de água abaixo da usina é 6,00 K mais quente devido à produção da usina elétrica. Determine a taxa de fluxo do rio.

50. **S** Uma usina elétrica, com eficiência de Carnot, produz potência elétrica P de turbinas que recebem energia do vapor a temperatura T_h e descarregam energia a temperatura T_c por uma troca de calor em um rio fluente. A corrente de água para abaixo da usina é ΔT mais quente devido à produção da usina elétrica. Determine a taxa de fluxo do rio.

51. Calcule o aumento na entropia do Universo quando você adiciona 20,0 g de creme a 5,00 °C a 200 g de café a 60,0 °C. Suponha que o calor específico do creme e do café seja a 4,20 J/g · °C.

52. No diagrama PV para um gás ideal, uma curva isotérmica e uma curva adiabática passam em cada ponto conforme mostrado na Figura P18.52. Prove que a inclinação da curva adiabática é mais íngreme do que a inclinação da curva isotérmica naquele ponto pelo fator γ.

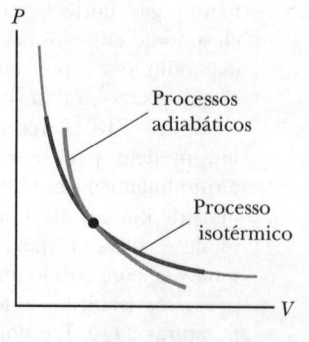

Figura P18.52

53. Quanto trabalho é necessário utilizando um refrigerador ideal de Carnot, para modificar 0,500 kg de água de torneira a 10,0 °C em gelo a −20,0 °C? Suponha que o compartimento do freezer esteja a −20,0 °C e que o refrigerador expele a energia em uma sala a 20,0 °C.

54. Uma máquina térmica opera entre dois reservatórios a T_2 = 600 K e T_1 = 350 K. Ela recebe $1,00 \times 10^3$ J de energia do reservatório de alta temperatura e realiza 250 J de trabalho. Encontre (a) a variação da entropia do Universo ΔS_U para esse processo e (b) o trabalho W que poderia ser realizado por um motor ideal de Carnot operando entre esses dois reservatórios. (c) Mostre que a diferença entre as quantidades de trabalho realizado nas partes (a) e (b) é $T_1 \Delta S_U$.

55. Um laboratório de biologia é mantido a uma temperatura constante de 7,00 °C por um ar-condicionado, com saída para o ar externo. Em um dia típico de verão nos Estados Unidos, a temperatura externa é de 27,0 °C, e a unidade de ar-condicionado emite energia para o exterior a uma taxa de 10,0 kW. Modele a unidade como tendo coeficiente de desempenho (COD) igual a 40,0% do COD de um aparelho ideal de Carnot. (a) A que taxa o ar-condicionado remove energia do laboratório? (b) Calcule a potência necessária para o trabalho de entrada. (c) Encontre a variação em entropia do Universo produzida pelo ar-condicionado em 1,00 h. (d) **E se?** A temperatura externa aumenta para 32,0 °C. Encontre a variação fracional no COD do ar-condicionado.

56. **S** Uma amostra consistindo em n mols de um gás ideal passa por uma expansão isobárica reversível do volume V_i para o volume $3V_i$. Encontre a variação da entropia do gás calculando:

$$\int_i^f \frac{dQ}{T}, \text{ onde } dQ = nC_P\, dT.$$

57. Um congelador ideal (Carnot) em uma cozinha tem temperatura constante de 260 K, enquanto o ar na cozinha tem temperatura constante de 300 K. Suponha que o isolamento do congelador não seja perfeito e que conduza energia para o congelador a uma taxa de 0,150 W. Determine a potência média necessária para o motor do congelador manter a temperatura constante no congelador.

58. **Q|C S** Uma amostra de 1,00 mol de um gás ideal monoatômico passa pelo ciclo mostrado na Figura P18.58. No ponto A, a pressão, o volume e a temperatura são P_i, V_i e T_i, respectivamente. Em termos de R e T_i, encontre (a) a energia total entrando no sistema por calor por ciclo, (b) a energia total saindo do sistema por calor por ciclo e (c) a eficiência de um motor operando nesse ciclo. (d) Explique como a eficiência se compara com aquela de um motor operando em um ciclo de Carnot entre os mesmos extremos de temperatura.

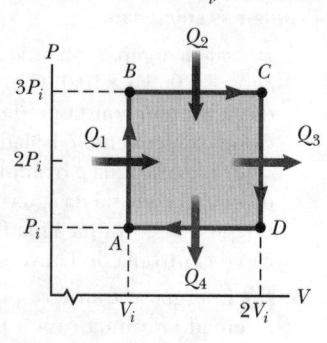

Figura P18.58

59. Revisão. Este problema complementa o de nº 84 do Capítulo 10 do Volume 1 desta coleção. Na operação de um motor de combustão interna com um único cilindro, uma carga de combustível explode para impelir o pistão para fora no curso de alimentação. Parte de sua saída de energia é armazenada em um disco giratório de inércia. Essa energia é usada para empurrar o pistão para dentro a fim de comprimir a próxima carga de combustível e ar. Nesse processo de compressão, suponha que um volume original de 0,120 L de um gás ideal diatômico em pressão atmosférica seja comprimido adiabaticamente para um oitavo de seu volume original. (a) Encontre a entrada de trabalho necessária para comprimir o gás. (b) Suponha que o disco de inércia seja um disco sólido de massa 5,10 kg e raio 8,50 cm, girando livremente sem atrito entre os cursos de alimentação e de compressão. Com que velocidade o disco de inércia deve girar imediatamente após o curso de alimentação? Essa situação representa a velocidade angular mínima na qual o motor pode operar sem falhar. (c) Quando a operação do motor está bem acima do ponto de afogamento, suponha que o disco de inércia empurre 5,00% de sua energia máxima na compressão da próxima carga de combustível e ar. Encontre sua velocidade angular máxima nesse caso.

60. **BIO** **Q|C** Um atleta com massa de 70,0 kg bebe 16,0 onças (454 g) de água refrigerada. A água está a uma temperatura de 35,0 °F. (a) Desprezando a variação na temperatura do corpo que resulta da ingestão de água (de modo que o corpo é considerado um reservatório sempre a 98,6 °F), encontre o aumento na entropia de todo o sistema. (b) **E se?** Suponha que o corpo todo seja resfriado pela bebida e que o calor específico médio de uma pessoa é igual ao calor específico da água líquida. Desprezando quaisquer outras transferências de energia por calor e qualquer liberação de energia metabólica, encontre a temperatura do atleta depois de ele beber a água fria, considerando uma temperatura corpórea inicial de 98,6 °F. (c) Com essas suposições, qual é o aumento na entropia de todo o sistema? (d) Diga como esse resultado se compara com aquele obtido na parte (a).

61. Em Niagara Falls, a cada segundo, $5,00 \times 10^3$ m³ de água caem a uma distância de 50,0 m. Qual é o aumento na entropia do Universo por segundo devido à água que cai? Suponha que a massa do entorno seja tão grande que sua temperatura e a da água permanecem quase constantes a 20,0 °C. Suponha também que uma quantidade desprezível de água evapore.

62. **Q|C** **S** Um sistema consistindo em n mols de um gás ideal com calor específico molar à pressão constante C_P passa por dois processos reversíveis. Ele começa com pressão P_i e volume V_i, expande isotermicamente e, então, contrai adiabaticamente para atingir um estado final com pressão P_i e volume $3V_i$. (a) Encontre sua variação da entropia no processo isotérmico. (A entropia não muda no processo adiabático.) (b) **E se?** Explique por que a resposta para a parte (a) deve ser a mesma que a do Problema 56. (Você não precisa resolver o Problema 56 para responder a essa questão.)

63. **Q|C** Uma amostra de 1,00 mol de um gás ideal monoatômico passa pelo ciclo mostrado na Figura P18.63. O processo $A \to B$ é uma expansão isotérmica reversível. Calcule (a) o trabalho total realizado pelo gás, (b) a energia acrescentada ao gás pelo calor, (c) a energia fornecida ao gás pelo calor e (d) a eficiência do ciclo. (e) Explique como a eficiência se compara com aquela de uma máquina de Carnot operando entre os mesmos extremos de temperatura.

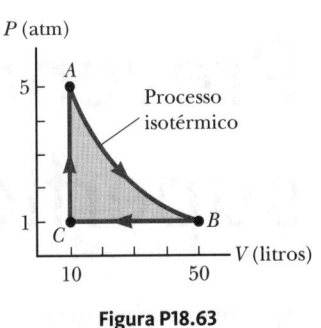

Figura P18.63

64. O *ciclo Otto* na Figura P18.64 modela a operação do motor de combustão interno em um automóvel. Uma mistura de vapor de gasolina e ar é injetada em um cilindro à medida que o pistão se move para baixo durante o curso de admissão $O \to A$. O pistão se move em direção à extremidade fechada do cilindro para comprimir a mistura adiabaticamente no processo $A \to B$. A relação $r = V_1/V_2$ é a relação de compressão do motor. Em B, a gasolina é inflamada pela vela de ignição e a pressão aumenta rapidamente à medida que queima no processo $B \to C$. No tempo de explosão $C \to D$, os produtos de combustão se expandem adiabaticamente à medida que conduzem o pistão para baixo. Os produtos de combustão resfriam em um processo isovolumétrico $D \to A$ e, no movimento de escape $A \to O$, quando os gases de escape são empurrados para fora do cilindro. Suponha um único valor para a taxa de calor específico, caracterize tanto os gases de mistura de combustível e ar quanto os e de exaustão após a combustão. Prove que a eficiência do motor é $1 - r^{1-\gamma}$.

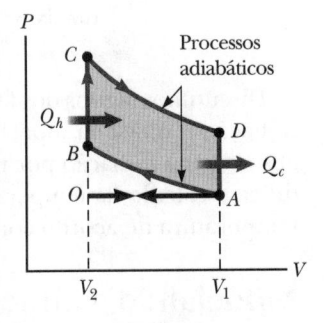

Figura P18.64

65. Uma amostra de um gás ideal de 1,00 mol ($\gamma = 1,40$) é levada pelo ciclo de Carnot descrito na Figura Ativa 18.6. No ponto A, a pressão é 25,0 atm e a temperatura é 600 K. No ponto C, a pressão é 1,00 atm e a temperatura é 400 K. (a) Determine as pressões e volumes nos pontos A, B, C e D. (b) Calcule o trabalho total realizado por ciclo.

Contexto 5

CONCLUSÃO

Prevendo a temperatura de superfície da Terra

Agora que investigamos os princípios da termodinâmica, respondemos à nossa questão central para o Contexto no *Aquecimento Global:*

> Podemos construir um modelo estrutural da atmosfera que prevê a temperatura média na superfície da Terra?

Discutimos alguns dos fatores que afetam a temperatura – a entrada de energia do Sol e a saída de energia pela radiação térmica da superfície da Terra – no Capítulo 17. No Capítulo 18, introduzimos o papel da atmosfera na absorção da radiação por meio de diversas moléculas. Na seguinte discussão, exploramos como a atmosfera modifica o cálculo da temperatura realizado no Capítulo 17, o qual conduz a um modelo estrutural que prevê uma temperatura de acordo com as observações.

Modelando a atmosfera

Primeiro perguntamos se a temperatura de 255 K, descoberta no Capítulo 17, é válida e, se sim, o que isso representa? A resposta à primeira questão é sim. O conceito de equilíbrio de energia é certamente válido e a Terra, como um sistema, deve emitir a energia na mesma proporção que absorve. A temperatura de 255 K é representativa da radiação deixada na atmosfera. Um viajante do espaço fora da nossa atmosfera que faz uma leitura da radiação da Terra determinaria que a temperatura que representa esta radiação é, de fato, 255 K. No entanto, esta temperatura está associada à radiação deixada na parte *superior* da atmosfera. Não é a temperatura na superfície da Terra.

Conforme mencionamos, a atmosfera é praticamente transparente para a radiação visível do Sol, mas não à radiação infravermelha emitida pela superfície da Terra. Vamos construir um modelo no qual presumimos que toda a radiação com comprimento de onda menor que aproximadamente 5 μm seja permitido passar pela atmosfera. Portanto, praticamente *toda* a entrada de radiação do Sol (exceto para 30% refletido) alcance a superfície da Terra. Além disso, vamos assumir que toda a radiação com o comprimento de onda acima de aproximadamente 5μm (que é a radiação *infravermelha*, incluindo a emitida pela superfície da Terra) é absorvida pela atmosfera.

Podemos identificar duas camadas na atmosfera em nosso modelo (Fig. 1), conforme discutido na Seção 16.7. A parte inferior da atmosfera é a *troposfera*. Nessa camada, a densidade do ar é relativamente mais alta de modo que a probabilidade de absorção da radiação infravermelha da superfície por moléculas no ar é maior. Essa absorção aquece as porções de ar próximas à superfície, as quais sobem. À medida que as porções sobem, elas se expandem e a temperatura cai. Portanto, a troposfera é a região de convenção de calor na qual a temperatura diminui com a altitude de acordo com o gradiente adiabático, conforme discutido na Seção 16.7. É também a região da atmosfera na qual ocorrem os nossos eventos climáticos. Acima da troposfera está a *estratosfera*. Nessa camada, a densidade do ar é relativamente baixa, de modo que a probabilidade de absorção de radiação infravermelha é pequena. Como resultado, a radiação infravermelha tende a passar pelo espaço com pouca absorção. Sem essa absorção, a temperatura na estratosfera permanece aproximadamente constante com altitude. Entre essas duas camadas está a *tropopausa*, que está a aproximadamente 11 km da superfície da Terra.[1] Na verdade, a tropopausa

---

[1] A altura da tropopausa de 11 km que presumimos aqui é um modelo simplificado do nosso modelo estrutural. Na verdade, a altura da tropopausa varia com a latitude e com o clima. Em diversas latitudes e em diferentes épocas do ano, a altura da tropopausa pode variar de menos de 8 km a mais de 17 km. A altura de 11 km é uma média razoável para todas as latitudes durante um ano.

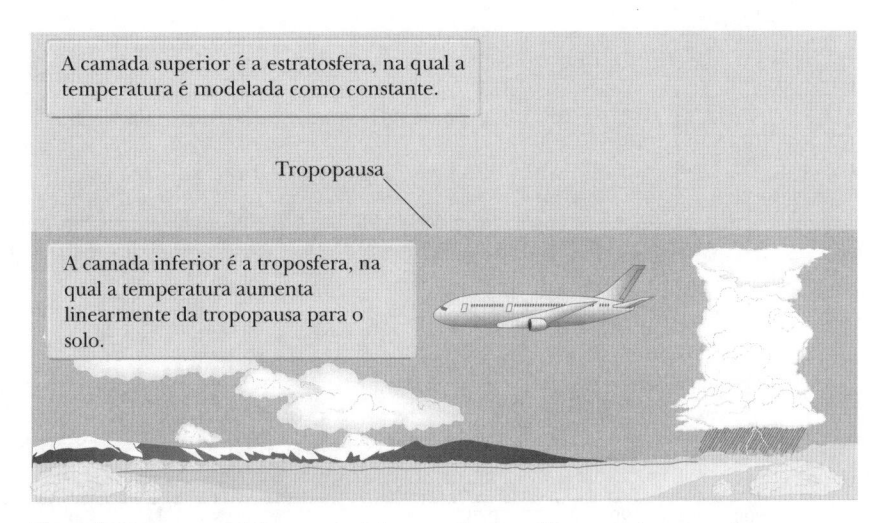

Figura 1 No nosso modelo estrutural da atmosfera, consideramos duas camadas.

é uma região final na qual o mecanismo de transferência de energia primária varia continuamente de condução para radiação. No nosso modelo, imaginamos a tropopausa como um limite claro.

A primeira tarefa é encontrar a temperatura, assumida constante, da estratosfera. Recorremos novamente à lei de Stefan e consideramos a transferência de energia interna e externa da estratosfera conforme indicado na Figura 2. A radiação da troposfera (na qual determinamos uma temperatura eficaz média de $T_t = 255$ K de modo que esta seja a temperatura associada com a radiação vinda da estratosfera para o nosso observador imaginário do espaço sideral) passa pela estratosfera, com uma fração a_s absorvida. A estratosfera, na temperatura T_s, irradia tanto para cima quanto para baixo, de acordo com a emissividade e_s. Portanto, como a estratosfera está em um estado estacionário, a equação de equilíbrio de energia para a estratosfera é

$$P_{ER}(\text{dentro}) = -P_{ER}(\text{fora})$$

$$a_s \sigma A T_t^4 = 2e_s \sigma A T_s^4$$

onde o fator de 2 surge na saída de radiação da estratosfera tanto das superfícies superiores quanto inferiores. Podemos resolver a temperatura da estratosfera:

$$T_s = \left(\frac{a_s \sigma T_t^4}{2e_s \sigma}\right)^{1/4} = \left(\frac{a_s}{2e_s}\right)^{1/4} T_t = \left(\tfrac{1}{2}\right)^{1/4}(255 \text{ K}) = 214 \text{ K}$$

em que utilizamos que a absortividade e a emissividade da estratosfera têm o mesmo valor.

Agora temos todas as peças: a temperatura da estratosfera, a altitude da tropopausa e o gradiente adiabático. Simplesmente precisamos extrapolar, utilizando o gradiente adiabático, com base na temperatura na tropopausa, que é a temperatura da estratosfera, na superfície da Terra.

Se a tropopausa é 11 km da superfície e o gradiente adiabático é de −6,5 °C/km (Seção 16.7), a variçãototal na temperatura da superfície para a tropopausa é

$$\Delta T = T_{\text{tropopausa}} - T_{\text{superfície}} = \left(\frac{\Delta T}{\Delta y}\right)\Delta y = (-6{,}5 \text{ °C/km})(11 \text{ km})$$

$$= -72 \text{ °C} = -72 \text{ K}$$

Como a temperatura da tropopausa é 214 K, podemos, agora, encontrar a temperatura da superfície:

$$\Delta T = T_{\text{tropopausa}} - T_{\text{superfície}}$$

$$-72 \text{ K} = 214 \text{ K} - T_{\text{superfície}} \rightarrow T_{\text{superfície}} = 286 \text{ K}$$

Figura 2 Uma parte da estratosfera da área A é modelada como um corpo com uma temperatura, emitindo radiação térmica tanto das superfícies superior quanto inferior.

Figura 3 Uma representação gráfica da variação de temperatura com a altitude no nosso modelo de atmosfera. A temperatura da superfície prevista é compatível com as medições dentro de 1%.

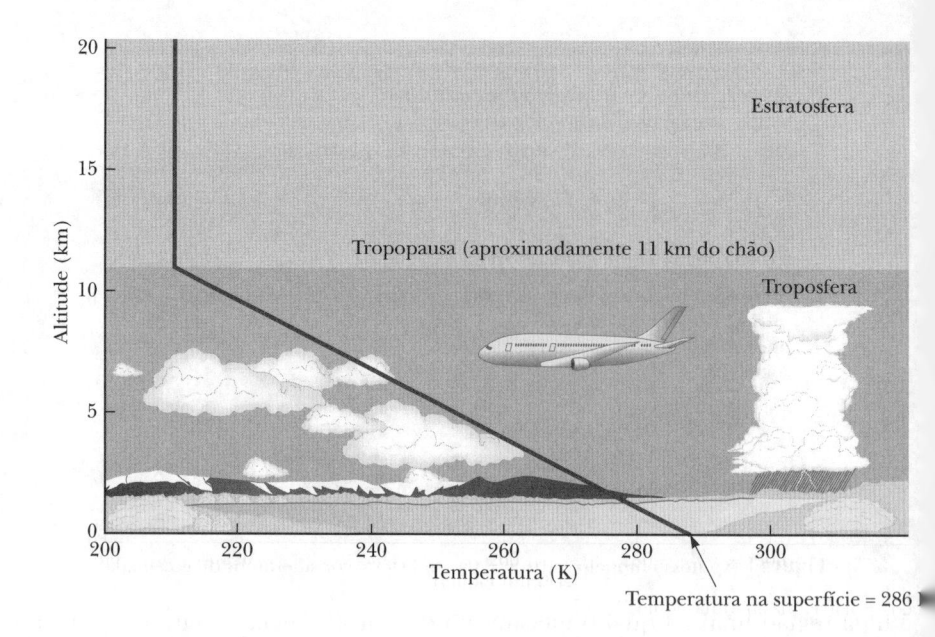

Temperatura na superfície = 286 K

que corrobora a temperatura média medida de 288 K discutida no Capítulo 17 com desvio menor que 1%! A Figura 3 mostra uma representação gráfica (altitude *versus* temperatura) da temperatura na troposfera.

A absorção da radiação infravermelha da superfície da Terra é dependente das moléculas na atmosfera. Nossa sociedade industrializada está mudando as concentrações de moléculas atmosféricas, como água, dióxido de carbono e metano. Consequentemente, estamos alterando o equilíbrio de energia e a temperatura da superfície da Terra. Alguns dados tomados desde meados do século XIX mostram um aumento de temperatura de 0,5 a 1,0 °C nos últimos 150 anos. Conforme observado na Introdução ao Contexto, o Painel Intergovernamental de Mudança Climática (IPCC) previu que ocorreria um aumento futuro de 1 °C a 6 °C no século XXI.

Uma evidência dos aumentos de temperatura é o derretimento de gelo das calotas de gelo que cobrem a Groenlândia e a Antártica e das geleiras ao redor do globo. A Figura 4 mostra fotografias de o antes e o depois da Sperry Glacier no Parque Nacional Glacier em Montana. O gelo visível na fotografia de 1930 desapareceu na fotografia de 2008 e a extremidade da geleira tem recuado além do campo de visão. Alguns modelos preveem que toda a geleira no Parque Nacional Glacier desaparecerá no ano de 2030. As medições da geleira em outras partes do mundo mostram perdas similares. Tal perda pode ter efeitos sociais catastróficos. Por exemplo, uma parte significativa da população mundial depende da água potável das geleiras do himalaia. A perda dessa água potável pode conduzir convulsões sociais, uma vez que essas populações terão que buscar outras fontes de água.

Aproximadamente 80% da superfície da Groenlândia é coberta por calotas de gelo, sendo a segunda maior em tamanho, atrás apenas da calota que cobre a Antártica. As medições feitas pelo satélite GRACE (Gravity Recovery and Climate Experiment), um projeto de parceria da NASA/Agência Espacial Alemã, mostraram que o gelo da Groenlândia está derretendo a uma taxa aproximadamente 200 km^3 por ano. Alguns modelos preveem que o aquecimento global fará com que a calota de gelo da Groenlândia chegue a um limite após o qual o derretimento de toda a calota será inevitável, independentemente do que seja feito para parar os efeitos que conduzem ao aquecimento global.

A maior calota de gelo, que cobre 98% do continente Antártico, também mostra sinais de derretimento em decorrência do aquecimento global.

Figura 4 O Projeto de Fotografia Repetida da United States Geological Survey (USGS) é designado para demonstrar a perda do gelo glacial no Parque Nacional Glacier (Montana) em razão do aquecimento global. Essas duas fotografias de Sperry Glacier mostram um exemplo de tal perda. (a) Uma foto de 1930 mostra a espessura e a extensão glacial. (b) Em 2008, o Sperry Glacier desapareceu totalmente desse campo de visão...

O satélite GRACE mostra o derretimento a uma taxa maior que 100 km³ por ano, com este valor acelerando nos últimos anos. Diversos eventos significantes ocorreram nos últimos anos, como o desmoronamento em 2002 da Plataforma de Gelo Larsen B, uma área do tamanho da Ilha de Rodes, que desmoronou dentro de um intervalo de tempo de três semanas após ter ficado estável por 12000 anos.

O derretimento das geleiras da Groenlândia e da Antártica resultarão em água adicional fluindo para os oceanos, aumentando gradualmente o nível do mar. Algumas medições mostram um aumento médio no nível do mar de aproximadamente 0,18 m a 0,20 m durante o século XX. Essa taxa subirá com os efeitos do aquecimento global aumentados em razão da sociedade atual. Conforme observado na Introdução ao Contexto, em 2007, o IPCC previu um aumento no nível do mar de até 0,59 m no século XXI. Os cálculos de diversos modelos fornecem um aumento dos valores previstos no nível do mar de 0,09 m a 2,0 m em 2100. A previsão média parece ser de aproximadamente 0,5 m.

As Maldivas são um conjunto de ilhas no Oceano Índico. Elas dependem principalmente do turismo para apoiar a economia. Geograficamente, o ponto natural mais alto das ilhas está a 2,3 m acima do nível do mar. (As áreas com construções maiores tiveram que elevar com terra o nível do terreno em muitos metros.) Mais de 80% da área das Maldivas está a menos de 1,0 m acima do nível do mar. Consequentemente, um aumento no nível do mar de 0,5 m seria devastador para as ilhas, com grande parte de sua área sob a água, e a indústria turística dizimada.

O governo das Maldivas está preocupado com os cidadãos que se tornam refugiados da sua terra natal à medida que as ilhas estão sendo tomadas pela água. Planos foram propostos para procurar por novas terras na Índia, Sri Lanka ou Austrália para esses refugiados. Em 2009, o governo anunciou um plano de 10 anos para se tornar o primeiro país neutro em emissão de carbono do mundo trocando suas fontes de energia por energias renováveis, como painéis solares e turbinas de vento. Enquanto isso o aumento do nível do mar não cessará, devido às emissões de carbono do resto do mundo, mas pode servir como um catalisador para outras nações investigarem com mais ousadia as fontes renováveis.

A perspectiva de longo prazo é, possivelmente, sombria. Por exemplo, se a calota de gelo da Groenlândia derretesse totalmente no decorrer de centenas de anos, o nível da água do mar aumentaria em aproximadamente 7 metros, um resultado desastroso. No entanto, os modelos para prever os efeitos do aquecimento global são muito complicados e é difícil fazer previsões claras. O aquecimento global permanece como uma questão de direcionamento difícil, com uma combinação de influências da ciência, política, economia e sociologia.

O modelo descrito neste Contexto tem êxito em prever a temperatura da superfície. Se estendermos o modelo para prever as mudanças na temperatura da superfície, conforme adicionamos mais dióxido de carbono na atmosfera, descobrimos que as previsões não estão de acordo com os modelos mais sofisticados. A atmosfera é uma entidade muito complicada e os modelos utilizados pelos cientistas atmosféricos são muito mais sofisticados do que os estudados aqui. No entanto, para as nossas finalidades, nossa previsão da temperatura de superfície é suficiente.

Problemas

1. Um modelo simples de absorção na atmosfera mostra que a duplicação da quantidade de dióxido de carbono no futuro aumentará a altitude da tropopausa de 11 km para aproximadamente 13 km. Se a temperatura estratosférica e o gradiente adiabático permanecerem o mesmo, nesse caso, qual será a temperatura da superfície? O resultado obtido é muito maior que a temperatura prevista pelos sofisticados modelos de computador. Esse desacordo mostra uma falha do nosso modelo simples.

2. A estratosfera de Vênus tem uma temperatura de aproximadamente 200 K. O gradiente adiabático da troposfera venusiana é de aproximadamente $-8,8\ °C/km$. A temperatura medida na superfície de Vênus é de 732 K. Qual é a altitude da troposfera venusiana?

3. **Q|C** Outro modelo atmosférico tem como base a divisão em N camadas de gás da atmosfera. Presumimos que a atmosfera seja transparente à luz visível do Sol, mas é muito opaca para a luz infravermelha que o planeta emite. Escolhemos a profundidade de cada camada atmosférica para ser uma *espessura de radiação*. Ou seja, a probabilidade de absorção da radiação infravermelha na camada é cerca de 100%. Como a densidade do gás e, portanto, a probabilidade de absorção variam com a altitude, as camadas têm espessuras geométricas diferentes. Presumimos que cada camada tenha a temperatura uniforme T_i, em que i vai de 1 para a camada superior até N para a camada em contato com a superfície do planeta. Cada camada intermediária emite a radiação térmica das superfícies superior e inferior e absorve a radiação das camadas acima e abaixo dela. A camada mais inferior emite a radiação da superfície inferior para a superfície do planeta, de temperatura T_s, e também absorve a radiação do planeta. A camada mais alta emite para o espaço a partir da superfície superior, mas não há uma camada mais alta da qual absorva a radiação infravermelha. (a) A Terra absorve 70% da radiação solar incidente, que tem uma intensidade de 1370 W/m². Mostre que a temperatura T_1 da

camada superior é de 255 K. (b) Para uma atmosfera com N camadas, mostre que a temperatura da superfície é $T_s = (N + 1)^{1/4} T_1$. (c) Considere a troposfera e a estratosfera da Terra como um sistema de duas camadas. Qual temperatura da superfície esse modele prevê? (d) Por que esta previsão é tão ruim para a Terra? (e) Considere a atmosfera de Vênus, da qual 77% da radiação incidente é refletida. Qual é a temperatura T_1 da camada superior da atmosfera venusiana? (f) Dada que a temperatura da superfície de Vênus é de 732 K, quantas camadas há na atmosfera venusiana? (g) Você acha que o modelo multicamadas terá mais sucesso na descrição da atmosfera de Vênus do que a da Terra? Por quê?

Apêndice A

Tabelas

TABELA A.1 | Fatores de conversão

Comprimento

	m	cm	km	pol.	pé	mi
1 metro	1	10^2	10^{-3}	39,37	3,281	$6,214 \times 10^{-4}$
1 centímetro	10^{-2}	1	10^{-5}	0,393 7	$3,281 \times 10^{-2}$	$6,214 \times 10^{-6}$
1 quilômetro	10^3	10^5	1	$3,937 \times 10^4$	$3,281 \times 10^3$	0,621 4
1 polegada	$2,540 \times 10^{-2}$	2,540	$2,540 \times 10^{-5}$	1	$8,333 \times 10^{-2}$	$1,578 \times 10^{-5}$
1 pé	0,304 8	30,48	$3,048 \times 10^{-4}$	12	1	$1,894 \times 10^{-4}$
1 milha	1 609	$1,609 \times 10^5$	1,609	$6,336 \times 10^4$	5 280	1

Massa

	kg	g	*slug*	u
1 quilograma	1	10^3	$6,852 \times 10^{-2}$	$6,024 \times 10^{26}$
1 grama	10^{-3}	1	$6,852 \times 10^{-5}$	$6,024 \times 10^{23}$
1 *slug*[1]	14,59	$1,459 \times 10^4$	1	$8,789 \times 10^{27}$
1 unidade de massa atômica	$1,660 \times 10^{-27}$	$1,660 \times 10^{-24}$	$1,137 \times 10^{-28}$	1

Nota: 1 ton métrica = 1 000 kg.

Tempo

	s	min	h	dia	ano
1 segundo	1	$1,667 \times 10^{-2}$	$2,778 \times 10^{-4}$	$1,157 \times 10^{-5}$	$3,169 \times 10^{-8}$
1 minuto	60	1	$1,667 \times 10^{-2}$	$6,994 \times 10^{-4}$	$1,901 \times 10^{-6}$
1 hora	3 600	60	1	$4,167 \times 10^{-2}$	$1,141 \times 10^{-4}$
1 dia	$8,640 \times 10^4$	1 440	24	1	$2,778 \times 10^{-5}$
1 ano	$3,156 \times 10^7$	$5,259 \times 10^5$	$8,766 \times 10^3$	365,2	1

Velocidade

	m/s	cm/s	pé/s	mi/h
1 metro por segundo	1	10^2	3,281	2,237
1 centímetro por segundo	10^{-2}	1	$3,281 \times 10^{-2}$	$2,237 \times 10^{-2}$
1 pé por segundo	0,304 8	30,48	1	0,681 8
1 milha por hora	0,447 0	44,70	1,467	1

Observação: 1 mi/min = 60 mi/h = 88 pés/s.

Força

	N	lb
1 newton	1	0,224 8
1 libra	4,448	1

(Continua)

---

[1] N.R.T.: *Slug* = unidade de massa associada a unidades inglesas $\left(slug = \dfrac{\text{Lbf} \cdot \text{s}^2}{\text{ft}}\right)$; (Lbf = libras força; ft = pé).

TABELA A.1 | Fatores de conversão *(continuação)*

Energia, transferência de energia

	J	pé · lb	eV
1 joule	1	0,737 6	$6{,}242 \times 10^{18}$
1 pé-libra	1,356	1	$8{,}464 \times 10^{18}$
1 elétron volt	$1{,}602 \times 10^{-19}$	$1{,}182 \times 10^{-19}$	1
1 caloria	4,186	3,087	$2{,}613 \times 10^{19}$
1 unidade térmica britânica (Btu)	$1{,}055 \times 10^{3}$	$7{,}779 \times 10^{2}$	$6{,}585 \times 10^{21}$
1 quilowatt-hora	$3{,}600 \times 10^{6}$	$2{,}655 \times 10^{6}$	$2{,}247 \times 10^{25}$

	cal	Btu	kWh
1 joule	0,238 9	$9{,}481 \times 10^{-4}$	$2{,}778 \times 10^{-7}$
1 pé-libra	0,323 9	$1{,}285 \times 10^{-3}$	$3{,}766 \times 10^{-7}$
1 elétron volt	$3{,}827 \times 10^{-20}$	$1{,}519 \times 10^{-22}$	$4{,}450 \times 10^{-26}$
1 caloria	1	$3{,}968 \times 10^{-3}$	$1{,}163 \times 10^{-6}$
1 unidade térmica britânica (Btu)	$2{,}520 \times 10^{2}$	1	$2{,}930 \times 10^{-4}$
1 quilowatt-hora	$8{,}601 \times 10^{5}$	$3{,}413 \times 10^{2}$	1

Pressão

	Pa	atm
1 pascal	1	$9{,}869 \times 10^{-6}$
1 atmosfera	$1{,}013 \times 10^{5}$	1
1 centímetro de mercúrio[a]	$1{,}333 \times 10^{3}$	$1{,}316 \times 10^{-2}$
1 libra por polegada ao quadrado[2]	$6{,}895 \times 10^{3}$	$6{,}805 \times 10^{-2}$
1 libra por pé ao quadrado	47,88	$4{,}725 \times 10^{-4}$

	cm Hg	lb/pol.²	lb/pé²
1 pascal	$7{,}501 \times 10^{-4}$	$1{,}450 \times 10^{-4}$	$2{,}089 \times 10^{-2}$
1 atmosfera	76	14,70	$2{,}116 \times 10^{3}$
1 centímetro de mercúrio[a]	1	0,194 3	27,85
1 libra por polegada ao quadrado	5,171	1	144
1 libra por pé ao quadrado	$3{,}591 \times 10^{-2}$	$6{,}944 \times 10^{-3}$	1

[a] A 0 °C e a uma localização onde a aceleração de queda livre tem seu valor "padrão", 9,806 65 m/s².

TABELA A.2 | Símbolos, dimensões e unidades de quantidades físicas

Quantidade	Símbolo comum	Unidade[a]	Dimensões[b]	Unidade em termos de unidades básicas SI
Aceleração	$\vec{a}$	m/s²	L/T²	m/s²
Quantidade de substância	n	MOL		mol
Ângulo	θ, ϕ	radiano (rad)	1	
Aceleração angular	$\vec{\alpha}$	rad/s²	T⁻²	s⁻²
Frequência angular	ω	rad/s	T⁻¹	s⁻¹
Momento angular	$\vec{L}$	kg · m²/s	ML²/T	kg · m²/s
Velocidade angular	$\vec{\omega}$	rad/s	T⁻¹	s⁻¹
Área	A	m²	L²	m²
Número atômico	Z			
Capacitância	C	farad (F)	Q²T²/ML²	A² · s⁴/kg · m²
Carga	q, Q, e	coulomb (C)	Q	A · s

(Continua)

---

[2] N.R.T.: Polegada² = Polegada × polegada.

TABELA A.2 | Símbolos, dimensões e unidades de quantidades físicas (continuação)

Quantidade	Símbolo comum	Unidade[a]	Dimensões[b]	Unidade em termos de unidades básicas SI
Densidade de carga				
Linha	λ	C/m	Q/L	A · s/m
Superfície	σ	C/m^2	Q/L^2	A · s/m^2
Volume	ρ	C/m^3	Q/L^3	A · s/m^3
Condutividade	σ	1/Ω · m	Q^{2}T/ML^3	A^2 · s^3/kg · m^3
Corrente	I	AMPERE	Q/T	A
Densidade de corrente	J	A/m^2	Q/TL^2	A/m^2
Densidade	ρ	kg/m^3	M/L^3	kg/m^3
Constante dielétrica	κ			
Momento de dipolo elétrico	$\vec{\mathbf{p}}$	C · m	QL	A · s · m
Campo elétrico	$\vec{\mathbf{E}}$	V/m	ML/QT^2	kg · m/A · s^3
Fluxo elétrico	Φ_E	V · m	ML^3/QT^2	kg · m^3/A · s^3
Força eletromotriz	ε	volt (V)	ML^2/QT^2	kg · m^2/A · s^3
Energia	E, U, K	joule (J)	ML^2/T^2	kg · m^2/s^2
Entropia	S	J/K	ML^2/T^{2}K	kg · m^2/s^2 · K
Força	$\vec{\mathbf{F}}$	newton (N)	ML/T^2	kg · m/s^2
Frequência	f	hertz (Hz)	T^{-1}	s^{-1}
Calor	Q	joule (J)	ML^2/T^2	kg · m^2/s^2
Indutância	L	henry (H)	ML^2/Q^2	kg · m^2/A^2 · s^2
Comprimento	ℓ, L	METRO	L	m
Deslocamento	$\Delta x, \Delta \vec{\mathbf{r}}$			
Distância	d, h			
Posição	$x, y, z, \vec{\mathbf{r}}$			
Momento dipolo magnético	$\vec{\mu}$	N · m/T	QL^2/T	A · m^2
Campo magnético	$\vec{\mathbf{B}}$	tesla (T) (= Wb/m^2)	M/QT	kg/A · s^2
Fluxo magnético	Φ_B	weber (Wb)	ML^2/QT	kg · m^2/A · s^2
Massa	m, M	QUILOGRAMA	M	kg
Calor específico molar	C	J/mol · K		kg · m^2/s^2 · mol · K
Momento de inércia	I	kg · m^2	ML^2	kg · m^2
Momento	$\vec{\mathbf{p}}$	kg · m/s	ML/T	kg · m/s
Período	T	s	T	s
Permeabilidade do espaço livre	μ_0	N/A^2 (= H/m)	ML/Q^2	kg · m/A^2 · s^2
Permissividade do espaço livre	ε_0	C^2/N · m^2 (= F/m)	Q^{2}T^2/ML^3	A^2 · s^4/kg · m^3
Potencial	V	volt (V) (= J/C)	ML^2/QT^2	kg · m^2/A · s^3
Potência	P	watt (W) (= J/s)	ML^2/T^3	kg · m^2/s^3
Pressão	P	pascal (Pa) (= N/m^2)	M/LT^2	kg/m · s^2
Resistência	R	ohm (Ω) (= V/A)	ML^2/Q^{2}T	kg · m^2/A^2 · s^3
Calor específico	c	J/kg · K	L^2/T^{2}K	m^2/s^2 · K
Velocidade	v	m/s	L/T	m/s
Temperatura	T	KELVIN	K	K
Tempo	t	SEGUNDO	T	s
Torque	$\vec{\tau}$	N · m	ML^2/T^2	kg · m^2/s^2
Velocidade	$\vec{\mathbf{v}}$	m/s	L/T	m/s
Volume	V	m^3	L^3	m^3
Comprimento de onda	λ	m	L	m
Trabalho	W	joule (J) (=N · m)	ML^2/T^2	kg · m^2/s^2

[a] As unidades de base SI são dadas em letras maiúsculas.
[b] Os símbolos M, L, T, K e Q denotam, respectivamente, massa, comprimento, tempo, temperatura e carga.

TABELA A.3 | Informação química e nuclear para isótopos selecionados

Número atômico Z	Elemento	Símbolo químico	Número de massa A (* significa radioativo)	Massa de átomo neutro (u)	Abundância percentual	Meia-vida, se radioativo $T_{1/2}$
−1	elétron	e-	0	0,000 549		
0	nêutron	n	1*	1,008 665		614 s
1	hidrogênio	^{1}H = p	1	1,007 825	99,988 5	
	[deutério	^{2}H = D]	2	2,014 102	0,011 5	
	[trítio	^{3}H = T]	3*	3,016 049		12,33 anos
2	hélio	He	3	3,016 029	0,000 137	
	[partícula alfa	$\alpha = {^4}$He]	4	4,002 603	99,999 863	
			6*	6,018 889		0,81 s
3	lítio	Li	6	6,015 123	7,5	
			7	7,016 005	92,5	
4	berílio	Be	7*	7,016 930		53,3 dias
			8*	8,005 305		10^{-17} s
			9	9,012 182	100	
5	boro	B	10	10,012 937	19,9	
			11	11,009 305	80,1	
6	carbono	C	11*	11,011 434		20,4 min
			12	12,000 000	98,93	
			13	13,003 355	1,07	
			14*	14,003 242		5 730 anos
7	nitrogênio	N	13*	13,005 739		9,96 min
			14	14,003 074	99,632	
			15	15,000 109	0,368	
8	oxigênio	O	14*	14,008 596		70,6 s
			15*	15,003 066		122 s
			16	15,994 915	99,757	
			17	16,999 132	0,038	
			18	17,999 161	0,205	
9	flúor	F	18*	18,000 938		109,8 min
			19	18,998 403	100	
10	neon	Ne	20	19,992 440	90,48	
11	sódio	Na	23	22,989 769	100	
12	magnésio	Mg	23*	22,994 124		11,3 s
			24	23,985 042	78,99	
13	alumínio	Al	27	26,981 539	100	
14	silício	Si	27*	26,986 705		4,2 s
15	fósforo	P	30*	29,978 314		2,50 min
			31	30,973 762	100	
			32*	31,973 907		14,26 dias
16	enxofre	S	32	31,972 071	94,93	
19	potássio	K	39	38,963 707	93,258 1	
			40*	39,963 998	0,011 7	$1,28 \times 10^9$ anos
20	cálcio	Ca	40	39,962 591	96,941	
			42	41,958 618	0,647	
			43	42,958 767	0,135	
25	manganês	Mn	55	54,938 045	100	
26	ferro	Fe	56	55,934 938	91,754	
			57	56,935 394	2,119	

(Continua)

TABELA A.3 | Informação química e nuclear para isótopos selecionados *(continuação)*

Número atômico Z	Elemento	Símbolo químico	Número de massa A (* significa radioativo)	Massa de átomo neutro (u)	Abundância percentual	Meia-vida, se radioativo $T_{1/2}$
27	cobalto	Co	57*	56,936 291		272 dias
			59	58,933 195	100	
			60*	59,933 817		5,27 anos
28	níquel	Ni	58	57,935 343	68,076 9	
			60	59,930 786	26,223 1	
29	cobre	Cu	63	62,929 598	69,17	
			64*	63,929 764		12,7 h
			65	64,927 789	30,83	
30	zinco	Zn	64	63,929 142	48,63	
37	rubídio	Rb	87*	86,909 181	27,83	
38	estrôncio	Sr	87	86,908 877	7,00	
			88	87,905 612	82,58	
			90*	89,907 738		29,1 anos
41	nióbio	Nb	93	92,906 378	100	
42	molibdênio	Mo	94	93,905 088	9,25	
44	rutênio	Ru	98	97,905 287	1,87	
54	xenônio	Xe	136*	135,907 219		$2,4 \times 10^{21}$ anos
55	césio	Cs	137*	136,907 090		30 anos
56	bário	Ba	137	136,905 827	11,232	
58	cério	Ce	140	139,905 439	88,450	
59	praseodímio	Pr	141	140,907 653	100	
60	neodímio	Nd	144*	143,910 087	23,8	$2,3 \times 10^5$ anos
61	promécio	Pm	145*	144,912 749		17,7 anos
79	ouro	Au	197	196,966 569	100	
80	mercúrio	Hg	198	197,966 769	9,97	
			202	201,970 643	29,86	
82	chumbo	Pb	206	205,974 465	24,1	
			207	206,975 897	22,1	
			208	207,976 652	52,4	
			214*	213,999 805		26,8 min
83	bismuto	Bi	209	208,980 399	100	
84	polônio	Po	210*	209,982 874		138,38 dias
			216*	216,001 915		0,145 s
			218*	218,008 973		3,10 min
86	radônio	Rn	220*	220,011 394		55,6 s
			222*	222,017 578		3,823 dias
88	rádio	Ra	226*	226,025 410		1 600 anos
90	tório	Th	232*	232,038 055	100	$1,40 \times 10^{10}$ anos
			234*	234,043 601		24,1 dias
92	urânio	U	234*	234,040 952		$2,45 \times 10^5$ anos
			235*	235,043 930	0,720 0	$7,04 \times 10^8$ anos
			236*	236,045 568		$2,34 \times 10^7$ anos
			238*	238,050 788	99,274 5	$4,47 \times 10^9$ anos
93	neptúnio	Np	236*	236,046 570		$1,15 \times 10^5$ anos
			237*	237,048 173		$2,14 \times 10^6$ anos
94	plutônio	Pu	239*	239,052 163		24 120 anos

Fonte: G. Audi, A. H. Wapstra e C. Thibault. "The AME2003 Atomic Mass Evaluation". *Nuclear Physics* A **729**: 337–676, 2003.

Apêndice B

Revisão matemática

Este apêndice em matemática tem a intenção de ser uma breve revisão de operações e métodos. No começo deste curso, você deve estar totalmente familiarizado com as técnicas básicas de álgebra, geometria analítica e trigonometria. As seções de cálculo diferencial e integral são mais detalhadas e direcionadas a estudantes que têm dificuldade em aplicar conceitos de cálculo em situações físicas.

B.1 | Notação científica

Em geral, muitas quantidades utilizadas por cientistas têm valores muito altos ou muito baixos. A velocidade da luz, por exemplo, é cerca de 300 000 000 m/s, e a tinta necessária para fazer o ponto sobre um i neste livro texto tem uma massa de cerca de 0,000 000 001 kg. Obviamente, é complicado ler, escrever e localizar esses números. Evitamos esse problema usando um método que lida com as potências do número 10:

$$10^0 = 1$$
$$10^1 = 10$$
$$10^2 = 10 \times 10 = 100$$
$$10^3 = 10 \times 10 \times 10 = 1\,000$$
$$10^4 = 10 \times 10 \times 10 \times 10 = 10\,000$$
$$10^5 = 10 \times 10 \times 10 \times 10 \times 10 = 100\,000$$

e assim por diante. O número de zeros corresponde à potência à qual o dez está elevado, chamado **expoente** de dez. Por exemplo, a velocidade da luz, 300 000 000 m/s, pode ser expressa como $3{,}00 \times 10^8$ m/s.

Por esse método, alguns números representativos menores que a unidade são os seguintes:

$$10^{-1} = \frac{1}{10} = 0{,}1$$
$$10^{-2} = \frac{1}{10 \times 10} = 0{,}01$$
$$10^{-3} = \frac{1}{10 \times 10 \times 10} = 0{,}001$$
$$10^{-4} = \frac{1}{10 \times 10 \times 10 \times 10} = 0{,}000\,1$$
$$10^{-5} = \frac{1}{10 \times 10 \times 10 \times 10 \times 10} = 0{,}000\,01$$

Nesses casos, o número de pontos decimais à esquerda do dígito 1 é igual ao valor do expoente (negativo). Números expressos em potência de dez multiplicados por outro número entre um e dez são chamados **notação científica**. Por exemplo, a notação científica para 5 943 000 000 é $5{,}943 \times 10^9$ e para 0,000 083 2 é $8{,}32 \times 10^{-5}$.

Quando os números expressos em notação científica são multiplicados, a regra geral a seguir é muito útil:

$$10^n \times 10^m = 10^{n+m} \qquad \text{B.1} \blacktriangleleft$$

em que n e m podem ser qualquer número (não necessariamente inteiros). Por exemplo, $10^2 \times 10^5 = 10^7$. A regra também se aplicará se um dos expoentes for negativo: $10^3 \times 10^{-8} = 10^{-5}$.

Na divisão de números expressos em notação científica, observe que:

$$\frac{10^n}{10^m} = 10^n \times 10^{-m} = 10^{n-m}$$

B.2 ◄

Exercícios

Com a ajuda das regras anteriores, verifique as respostas para as seguintes equações:

1. $86\,400 = 8{,}64 \times 10^4$
2. $9\,816\,762{,}5 = 9{,}816\,762\,5 \times 10^6$
3. $0{,}000\,000\,039\,8 = 3{,}98 \times 10^{-8}$
4. $(4{,}0 \times 10^8)(9{,}0 \times 10^9) = 3{,}6 \times 10^{18}$
5. $(3{,}0 \times 10^7)(6{,}0 \times 10^{-12}) = 1{,}8 \times 10^{-4}$
6. $\dfrac{75 \times 10^{-11}}{5{,}0 \times 10^{-3}} = 1{,}5 \times 10^{-7}$
7. $\dfrac{(3 \times 10^6)(8 \times 10^{-2})}{(2 \times 10^{17})(6 \times 10^5)} = 2 \times 10^{-18}$

B.2 | Álgebra

Algumas regras básicas

Quando operações algébricas são realizadas, aplicam-se as regras da aritmética. Símbolos como x, y e z em geral são usados para representar quantidades não especificadas, chamadas **desconhecidas**.

Primeiro, considere a equação

$$8x = 32$$

Se desejar resolver x, podemos dividir (ou multiplicar) cada lado da equação pelo mesmo fator sem desfazer a igualdade. Nesse caso, se dividirmos ambos os lados por 8, temos

$$\frac{8x}{8} = \frac{32}{8}$$
$$x = 4$$

Agora considere a equação

$$x + 2 = 8$$

Nesse tipo de expressão, podemos somar ou subtrair a mesma quantidade de cada lado. Se subtrairmos 2 de cada lado, teremos

$$x + 2 - 2 = 8 - 2$$
$$x = 6$$

Em geral, se $x + a = b$, então $x = b - a$.

Agora considere a equação

$$\frac{x}{5} = 9$$

Se multiplicarmos cada lado por 5, teremos x à esquerda sozinho e 45 à direita:

$$\left(\frac{x}{5}\right)(5) = 9 \times 5$$
$$x = 45$$

Em todos os casos, *sempre que uma operação for realizada do lado esquerdo da igualdade, deve ser realizada também do lado direito*.

As seguintes regras para multiplicar, dividir, somar ou subtrair frações devem ser lembradas, onde a, b, c e d são quatro números:

	Regra	Exemplo
Multiplicando	$\left(\dfrac{a}{b}\right)\left(\dfrac{c}{d}\right) = \dfrac{ac}{bd}$	$\left(\dfrac{2}{3}\right)\left(\dfrac{4}{5}\right) = \dfrac{8}{15}$
Dividindo	$\left(\dfrac{a/c}{c/d}\right) = \dfrac{ad}{bc}$	$\dfrac{2/3}{4/5} = \dfrac{(2)(5)}{(4)(3)} = \dfrac{10}{12}$
Somando	$\dfrac{a}{b} \pm \dfrac{c}{d} = \dfrac{ad \pm bc}{bd}$	$\dfrac{2}{3} - \dfrac{4}{5} = \dfrac{(2)(5)-(4)(3)}{(3)(5)} = -\dfrac{2}{15}$

Exercícios

Nos exercícios seguintes, resolva o problema para x.

Respostas

1. $a = \dfrac{1}{1+x}$ $\qquad x = \dfrac{1-a}{a}$
2. $3x - 5 = 13$ $\qquad x = 6$
3. $ax - 5 = bx + 2$ $\qquad x = \dfrac{7}{a-b}$
4. $\dfrac{5}{2x+6} = \dfrac{3}{4x+8}$ $\qquad x = -\dfrac{11}{7}$

Potências

Quando potências de dada quantidade x são multiplicadas, aplica-se a seguinte regra:

$$x^n x^m = x^{n+m} \qquad \text{B.3}$$

Por exemplo, $x^2 x^4 = x^{2+4} = x^6$.

Quando as potências de dada quantidade são divididas, a regra é:

$$\dfrac{x^n}{x^m} = x^{n-m} \qquad \text{B.4}$$

Por exemplo, $x^8/x^2 = x^{8-2} = x^6$.

Uma potência em forma de fração, como $\tfrac{1}{3}$, corresponde a uma raiz como segue:

$$x^{1/n} = \sqrt[n]{x} \qquad \text{B.5}$$

TABELA B.1 | Regras dos expoentes

$x^0 = 1$
$x^1 = x$
$x^n x^m = x^{n+m}$
$x^n/x^m = x^{n-m}$
$x^{1/n} = \sqrt[n]{x}$
$(x^n)^m = x^{nm}$

Por exemplo, $4^{1/3} = \sqrt[3]{4} = 1{,}587\,4$. (Uma calculadora científica é útil para este tipo de cálculo.)

Finalmente, qualquer quantidade x^n elevada à m-ésima potência é

$$(x^n)^m = x^{nm} \qquad \text{B.6}$$

A Tabela B.1 resume as regras dos expoentes.

Exercícios

Verificar as equações seguintes:

1. $3^2 \times 3^3 = 243$
2. $x^5 x^{-8} = x^{-3}$
3. $x^{10}/x^{-5} = x^{15}$
4. $5^{1/3} = 1{,}709\,976$ (Use sua calculadora.)
5. $60^{1/4} = 2{,}783\,158$ (Use sua calculadora.)
6. $(x^4)^3 = x^{12}$

Fatoração

Algumas fórmulas para fatorizar uma equação são as seguintes:

$ax + ay + az = a(x + y + z)$ Fator comum
$a^2 + 2ab + b^2 = (a + b)^2$ Quadrado perfeito
$a^2 - b^2 = (a + b)(a - b)$ Diferença de quadrados

Equações quadráticas

A forma geral de uma equação quadrática é

$$ax^2 + bx + c = 0 \qquad \text{B.7} \blacktriangleleft$$

em que x é a quantidade desconhecida, e a, b e c são fatores numéricos referidos como **coeficientes** da equação. Essa equação tem duas raízes, dadas por

$$x = \frac{-b \pm \sqrt{b^2 - 4ac}}{2a} \qquad \text{B.8} \blacktriangleleft$$

Se $b^2 \geq 4ac$, a raiz é real.

> **Exemplo B.1**
>
> A equação $x^2 + 5x + 4 = 0$ tem a seguinte raiz correspondente aos dois sinais do termo da raiz quadrada:
>
> $$x = \frac{-5 \pm \sqrt{5^2 - (4)(1)(4)}}{2(1)} = \frac{-5 \pm \sqrt{9}}{2} = \frac{-5 \pm 3}{2}$$
>
> $$x_+ = \frac{-5 + 3}{2} = \boxed{-1} \qquad x_- = \frac{-5 - 3}{2} = \boxed{-4}$$
>
> em que x_+ se refere à raiz correspondente ao sinal positivo, e x_-, à raiz correspondente ao sinal negativo.

Exercícios

Resolva as seguintes equações quadráticas:

Respostas

1. $x^2 + 2x - 3 = 0$ $x_+ = 1$ $x_- = -3$
2. $2x^2 - 5x + 2 = 0$ $x_+ = 2$ $x_- = \frac{1}{2}$
3. $2x^2 - 4x - 9 = 0$ $x_+ = 1 + \sqrt{22}/2$ $x_- = \sqrt{22}/2$

Equações lineares

Uma equação linear tem a forma geral

$$y = mx + b \qquad \text{B.9} \blacktriangleleft$$

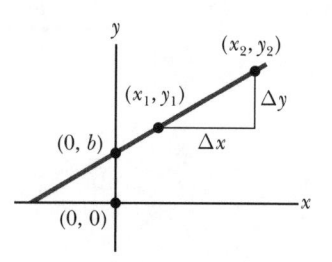

Figura B.1 Uma linha reta representada no sistema de coordenação xy. A inclinação da linha é a razão de Δy a Δx.

em que m e b são constantes. Essa equação é considerada linear porque o gráfico de y em função de x é uma linha reta, como mostra a Figura B.1. A constante b, chamada **intersecção y**, representa o valor de y onde a linha reta intercepta o eixo y. A constante m é igual à **inclinação** da linha reta. Se quaisquer dois pontos da linha reta são especificados pelas coordenadas (x_1, y_1) e (x_2, y_2), como na Figura B.1, a inclinação da linha reta pode ser expressa como

$$\text{Inclinação} = \frac{y_2 - y_1}{x_2 - x_1} = \frac{\Delta y}{\Delta x} \qquad \text{B.10}$$

Observe que m e b podem ter tanto valores positivos como negativos. Se $m > 0$, a linha reta tem uma inclinação *positiva*, como na Figura B.1. Se $m < 0$, a linha reta tem uma inclinação *negativa*. Na Figura B.1, m e b são positivos. Outras três possíveis situações são mostradas na Figura B.2.

Exercícios

1. Faça gráficos para as seguintes linhas retas: (a) $y = 5x + 3$ (b) $y = -2x + 4$ (c) $y = -3x - 6$

2. Encontre a inclinação das linhas retas descritas no Exercício 1.
Respostas (a) 5 (b) –2 (c) –3

3. Encontre as inclinações das linhas retas que passam pelos seguintes pontos:
    (a) (0, –4) e (4, 2) (b) (0, 0) e (2, –5) (c) (–5, 2) e (4, –2)
Respostas (a) $3/2$ (b) $-5/2$ (c) $-4/9$

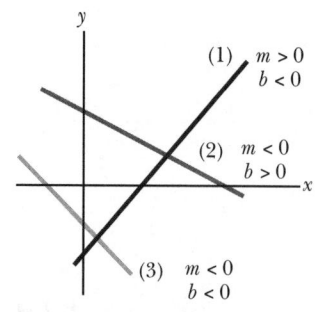

Figura B.2 A linha (1) tem uma inclinação positiva e uma intercepção y- negativa. A linha (2) tem uma inclinação negativa e uma intercepção y- positiva. A linha (3) tem uma inclinação negativa e uma intercepção y- negativa.

Resolvendo equações lineares simultâneas

Considere a equação $3x + 5y = 15$, que tem dois números desconhecidos, x e y. Esse tipo de equação não tem uma única solução. Por exemplo, $(x = 0, y = 3)$, $(x = 5, y = 0)$ e $(x = 2, y = 9/5)$ são todas soluções para essa equação.

Se um problema tem dois números desconhecidos, uma única solução será possível somente se tivermos *duas* informações. Na maioria dos casos, essas duas informações são equações. Em geral, se o problema tem n números desconhecidos, sua solução necessita de n equações. Para resolver duas equações simultâneas envolvendo dois números desconhecidos, x e y, resolvemos uma delas para x em termos de y e substituímos esta expressão na outra equação.

Em alguns casos, as duas informações podem ser (1) uma equação e (2) uma condição nas soluções. Suponhamos, por exemplo, a equação $m = 3n$ e a condição em que m e n devem ser o menor integral não zero positivo possível. Então, a equação única não permite uma única solução, mas a adição da condição dá $n = 1$ e $m = 3$.

Exemplo B.2

Resolva as duas equações simultâneas.

$$(1)\ 5x + y = -8$$
$$(2)\ 2x - 2y = 4$$

SOLUÇÃO

Da Equação (2), $x = y + 2$. Substituindo na Equação (1), temos

$$5(y + 2) + y = -8$$
$$6y = -18$$
$$y = \boxed{-3}$$
$$x = y + 2 = \boxed{-1}$$

continua

B.2 *cont.*

Solução alternativa Multiplique cada termo da Equação (1) pelo fator 2 e adicione o resultado na Equação (2):

$$10x + 2y = -16$$
$$2x - 2y = 4$$
$$\overline{12x = -12}$$
$$x = \boxed{-1}$$
$$y = x - 2 = \boxed{-3}$$

Duas equações lineares contendo dois números desconhecidos também podem ser resolvidas por um método gráfico. Se as linhas retas correspondentes às duas equações estão plotadas num sistema de coordenadas convencional, a intersecção das duas linhas representa a solução. Por exemplo, considere as duas equações

$$x - y = 2$$
$$x - 2y = -1$$

Essas equações estão plotadas na Figura B.3. A intersecção das duas linhas tem as coordenadas $x = 5$ e $y = 3$, que representam a solução das equações. Você deve verificar essa solução por meio da técnica analítica já discutida.

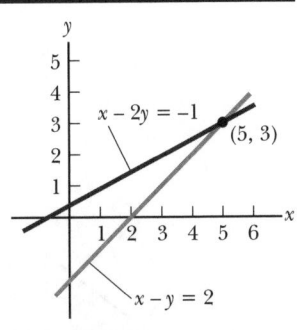

Figura B.3 Solução gráfica para duas equações lineares.

Exercícios

Resolva os seguintes pares de equações simultâneas envolvendo dois números desconhecidos:

Respostas

1. $x + y = 8$
   $x - y = 2$

   $x = 5, y = 3$

2. $98 - T = 10a$
   $T - 49 = 5a$

   $T = 65, a = 3{,}27$

3. $6x + 2y = 6$
   $8x - 4y = 28$

   $x = 2, y = -3$

Logaritmo

Suponha que a quantidade x seja expressa como a potência de uma quantidade a:

$$\boxed{x = a^y} \quad \text{B.11} \blacktriangleleft$$

O número a é chamado **base**. O **logaritmo** de x em relação a a é igual ao expoente ao qual a base deve estar elevada para satisfazer a expressão $x = a^y$:

$$\boxed{y = \log_a x} \quad \text{B.12} \blacktriangleleft$$

Em contrapartida, o **antilogaritmo** de y é o número x:

$$\boxed{x = \text{antilog}_a y} \quad \text{B.13} \blacktriangleleft$$

Na prática, as duas bases geralmente usadas são a 10, chamada de base de logaritmo *comum*, e a $e = 2{,}718\,282$, chamada constante de Euler ou base de logaritmo *natural*. Quando logaritmos comuns são usados,

$$\boxed{y = \log_{10} x \ (\text{ou } x = 10^y)} \quad \text{B.14} \blacktriangleleft$$

Quando logaritmos naturais são usados,

$$\boxed{y = \ln x \ (\text{ou } x = e^y)} \quad \text{B.15} \blacktriangleleft$$

Por exemplo, $\log_{10} 52 = 1{,}76$, então antilog$_{10}$ $1{,}716 = 10^{1,716} = 52$. Igualmente, $\ln 52 = 3{,}951$, então antiln $3{,}951 = e^{3,951} = 52$.

Em geral, observe que você pode converter entre base 10 e base e com a igualdade

$$\ln x = (2{,}302\ 585)\ \log_{10} x \qquad \text{B.16} \blacktriangleleft$$

Finalmente, algumas propriedades úteis para logaritmos:

$$\left. \begin{array}{l} \log(ab) = \log a + \log b \\ \log(a/b) = \log a - \log b \\ \log(a^n) = n \log a \end{array} \right\} \text{qualquer base}$$

$$\ln e = 1$$
$$\ln e^a = a$$
$$\ln\left(\frac{1}{a}\right) = -\ln a$$

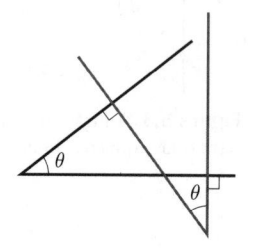

Figura B.4 Os ângulos são iguais porque seus lados são perpendiculares.

B.3 | Geometria

A **distância** d entre dois pontos tendo coordenadas (x_1, y_1) e (x_2, y_2) é

$$d = \sqrt{(x_2 - x_1)^2 + (y_2 - y_1)^2} \qquad \text{B.17} \blacktriangleleft$$

Dois ângulos serão iguais se seus lados forem perpendiculares, lado direito a lado direito e lado esquerdo a lado esquerdo. Por exemplo, os dois ângulos marcados θ na Figura B.4 são os mesmos por causa da perpendicularidade dos lados dos ângulos. Para distinguir o lado esquerdo do direito dos ângulos, imagine-se parado no vértice olhando para o ângulo.

Medida do radiano: O comprimento do arco s de um arco circular (Fig. B.5) é proporcional ao raio r para um valor fixo de θ (em radianos):

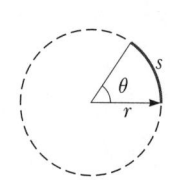

$$s = r\theta$$
$$\theta = \frac{s}{r} \qquad \text{B.18} \blacktriangleleft$$

Figura B.5 O ângulo θ em radianos é a razão do comprimento do arco s ao raio r do círculo.

A Tabela B.2 fornece as **áreas** e os **volumes** de várias formas geométricas utilizadas por todo este livro.

A equação de **linha reta** (Fig. B.6) é

$$y = mx + b \qquad \text{B.19} \blacktriangleleft$$

em que b é o intercepto y, e m é a inclinação da reta.

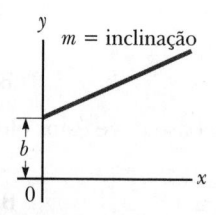

Figura B.6 Uma linha reta com uma inclinação de m e um ponto de intersecção y e b.

A equação de um **círculo** de raio R centrado na origem é

$$x^2 + y^2 = R^2 \qquad \text{B.20} \blacktriangleleft$$

A equação de uma **elipse** tendo a origem no centro (Fig. B.7) é

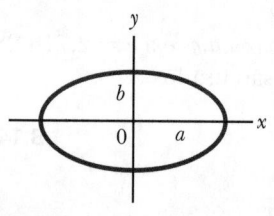

$$\frac{x^2}{a^2} + \frac{y^2}{b^2} = 1 \qquad \text{B.21} \blacktriangleleft$$

Figura B.7 Uma elipse com semieixo maior a e semieixo menor b.

em que a é o comprimento do semieixo maior (o mais comprido), e b, o comprimento do semieixo menor (o mais curto).

TABELA B.2 | Informações úteis para geometria

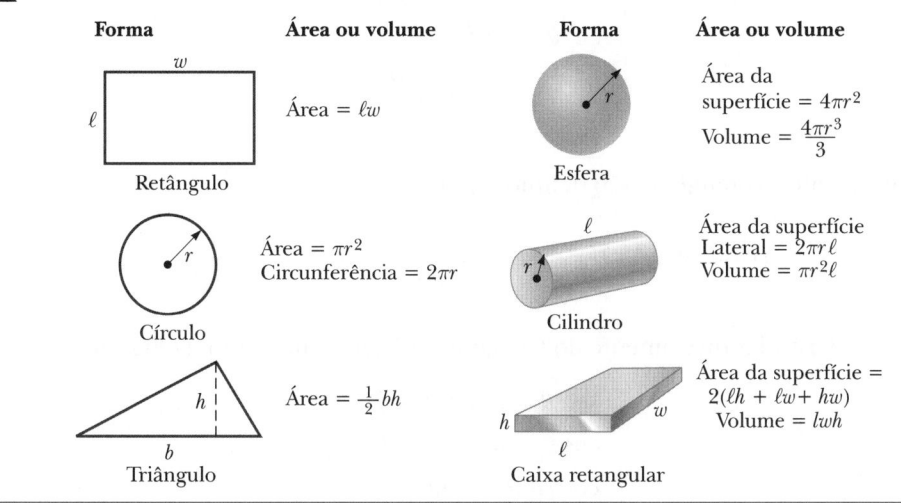

Forma	Área ou volume	Forma	Área ou volume
Retângulo	Área = ℓw	Esfera	Área da superfície = $4\pi r^2$ Volume = $\frac{4\pi r^3}{3}$
Círculo	Área = πr^2 Circunferência = $2\pi r$	Cilindro	Área da superfície Lateral = $2\pi r \ell$ Volume = $\pi r^2 \ell$
Triângulo	Área = $\frac{1}{2} bh$	Caixa retangular	Área da superfície = $2(\ell h + \ell w + hw)$ Volume = lwh

A equação de uma **parábola** cujo vértice está em $y = b$ (Fig. B.8) é

$$y = ax^2 + b \quad \text{B.22} \blacktriangleleft$$

A equação de uma **hipérbole retangular** (Fig. B.9) é

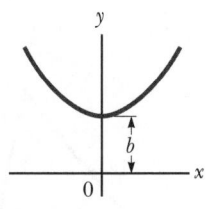

$$xy = \text{constante} \quad \text{B.23} \blacktriangleleft$$

Figura B.8 Uma parábola com seu vértice em $y = b$.

B.4 | Trigonometria

Trigonometria é o ramo da matemática que trata das propriedades especiais do triângulo retângulo. Por definição, um triângulo retângulo é um triângulo com um ângulo de 90°. Considere o triângulo retângulo mostrado na Figura B.10, em que o lado a é oposto ao ângulo θ, o lado b é adjacente ao ângulo θ, e o lado c é a hipotenusa do triângulo. As três funções trigonométricas básicas definidas por esse triângulo são seno (sen), cosseno (cos) e tangente (tg). Em termos do ângulo θ, essas funções são definidas como:

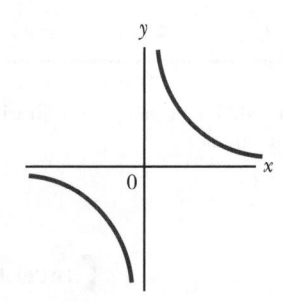

Figura B.9 Uma hipérbole.

$$\text{sen } \theta = \frac{\text{lado oposto } \theta}{\text{hipotenusa}} = \frac{a}{c} \quad \text{B.24} \blacktriangleleft$$

$$\cos \theta = \frac{\text{lado adjacente } \theta}{\text{hipotenusa}} = \frac{b}{c} \quad \text{B.25} \blacktriangleleft$$

$$\text{tg } \theta = \frac{\text{lado oposto } \theta}{\text{lado adjacente } \theta} = \frac{a}{b} \quad \text{B.26} \blacktriangleleft$$

a = lado oposto
b = lado adjacente
c = hipotenusa

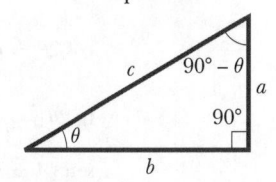

Figura B.10 Triângulo retângulo usado para definir as funções básicas da trigonometria.

O teorema de Pitágoras mostra a seguinte relação entre os lados de um triângulo retângulo.

$$c^2 = a^2 + b^2 \quad \text{B.27} \blacktriangleleft$$

Das definições anteriores e do teorema de Pitágoras, temos que

$$\text{sen}^2\theta + \cos^2\theta = 1$$

$$\text{tg}\,\theta = \frac{\text{sen}\,\theta}{\cos\theta}$$

As funções cossecante, secante e cotangente são definidas por

$$\text{cossec}\,\theta = \frac{1}{\text{sen}\,\theta} \quad \sec\theta = \frac{1}{\cos\theta} \quad \text{cotg}\,\theta = \frac{1}{\text{tg}\,\theta}$$

As seguintes relações são derivadas diretamente do triângulo retângulo mostrado na Figura B.10:

$$\text{sen}\,\theta = \cos(90° - \theta)$$
$$\cos\theta = \text{sen}(90° - \theta)$$
$$\text{cotg}\,\theta = \text{tg}(90° - \theta)$$

Algumas propriedades de funções trigonométricas são:

$$\text{sen}(-\theta) = -\text{sen}\,\theta$$
$$\cos(-\theta) = \cos\theta$$
$$\text{tg}(-\theta) = -\text{tg}\,\theta$$

As seguintes relações aplicam-se a qualquer triângulo, como mostrado na Figura B.11:

$$\alpha + \beta + \gamma = 180°$$

$$\text{Lei dos cossenos} \begin{cases} a^2 = b^2 + c^2 - 2bc\cos\alpha \\ b^2 = a^2 + c^2 - 2ac\cos\beta \\ c^2 = a^2 + b^2 - 2ab\cos\gamma \end{cases}$$

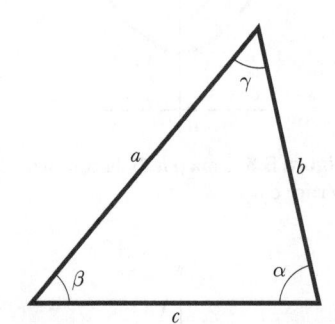

$$\text{Lei dos senos} \quad \frac{a}{\text{sen}\,\alpha} = \frac{b}{\text{sen}\,\beta} = \frac{c}{\text{sen}\,\gamma}$$

Figura B.11 Um triângulo arbitrário não retângulo.

A Tabela B.3 lista uma série de identidades trigonométricas úteis.

TABELA B.3 | Algumas identidades trigonométricas

$\text{sen}^2\theta + \cos^2\theta = 1$	$\text{cossec}^2\theta = 1 + \text{cotg}^2\theta$
$\sec^2\theta = 1 + \text{tg}^2\theta$	$\text{sen}^2\frac{\theta}{2} = \frac{1}{2}(1 - \cos\theta)$
$\text{sen}\,2\theta = 2\,\text{sen}\,\theta\cos\theta$	$\cos^2\frac{\theta}{2} = \frac{1}{2}(1 + \cos\theta)$
$\cos 2\theta = \cos^2\theta - \text{sen}^2\theta$	$1 - \cos\theta = 2\,\text{sen}^2\frac{\theta}{2}$
$\text{tg}\,2\theta = \dfrac{2\,\text{tg}\,\theta}{1 - \text{tg}^2\theta}$	$\text{tg}\,\dfrac{\theta}{2} = \sqrt{\dfrac{1 - \cos\theta}{1 + \cos\theta}}$
$\text{sen}(A \pm B) = \text{sen}\,A\cos B \pm \cos A\,\text{sen}\,B$	
$\cos(A \pm B) = \cos A\cos B \mp \text{sen}\,A\,\text{sen}\,B$	
$\text{sen}\,A \pm \text{sen}\,B = 2\,\text{sen}\left[\frac{1}{2}(A \pm B)\right]\cos\left[\frac{1}{2}(A \mp B)\right]$	
$\cos A + \cos B = 2\cos\left[\frac{1}{2}(A + B)\right]\cos\left[\frac{1}{2}(A - B)\right]$	
$\cos A - \cos B = 2\,\text{sen}\left[\frac{1}{2}(A + B)\right]\text{sen}\left[\frac{1}{2}(B - A)\right]$	

Exemplo B.3

Considere o triângulo retângulo da Figura B.12, em que $a = 2,00$, $b = 5,00$ e c é desconhecido. Pelo teorema de Pitágoras, temos que

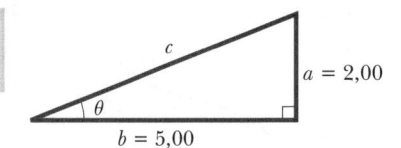

$$c^2 = a^2 + b^2 = 2,00^2 + 5,00^2 = 4,00 + 25,0 = 29,0$$

$$c = \sqrt{29,0} = \boxed{5,39}$$

Figura B.12 (Exemplo B.3)

Para encontrar o ângulo θ, observe que

$$\text{tg}\,\theta = \frac{a}{b} = \frac{2,00}{5,00} = 0,400$$

Usando uma calculadora, encontramos

$$\theta = \text{tg}^{-1}(0,400) = \boxed{21,8°}$$

em que $\text{tg}^{-1}(0,400)$ é a notação para "ângulo cuja tangente é 0,400", às vezes escrito como arctg (0,400).

Exercícios

1. Na Figura B.13, identifique (a) o lado oposto de θ, (b) o lado adjacente de ϕ e depois encontre (c) $\cos \theta$, (d) $\operatorname{sen} \phi$ e (e) $\text{tg}\,\phi$.

   Respostas (a) 3 (b) 3 (c) $\frac{4}{5}$ (d) $\frac{4}{5}$ (e) $\frac{4}{3}$

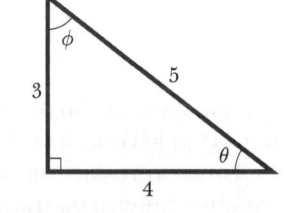

2. Em determinado triângulo retângulo, os dois lados que são perpendiculares um ao outro têm 5,00 m e 7,00 m de comprimento. Qual é o comprimento do terceiro lado?

   Resposta 8,60 m

   Figura B.13 (Exercício 1)

3. Um triângulo retângulo tem a hipotenusa de comprimento 3,0 m e um dos seus ângulos é 30°. (a) Qual é o comprimento do lado oposto ao ângulo de 30°? (b) Qual é o lado adjacente ao ângulo de 30°?

   Respostas (a) 1,5 m (b) 2,6 m

B.5 | Expansões de séries

$$(a + b)^n = a^n + \frac{n}{1!}a^{n-1}b + \frac{n(n-1)}{2!}a^{n-2}b^2 + \cdots$$

$$(1 + x)^n = 1 + nx + \frac{n(n-1)}{2!}x^2 + \cdots$$

$$e^x = 1 + x + \frac{x^2}{2!} + \frac{x^3}{3!} + \cdots$$

$$\ln(1 \pm x) = \pm x - \tfrac{1}{2}x^2 \pm \tfrac{1}{3}x^3 - \cdots$$

$$\left.\begin{aligned}\operatorname{sen} x &= x - \frac{x^3}{3!} + \frac{x^5}{5!} - \cdots \\ \cos x &= 1 - \frac{x^2}{2!} + \frac{x^4}{4!} - \cdots \\ \text{tg}\,x &= x + \frac{x^3}{3} + \frac{2x^5}{15} + \cdots \ |x| < \frac{\pi}{2} \end{aligned}\right\} x \text{ em radianos}$$

Para $x \ll 1$, as seguintes aproximações podem ser usadas:[1]

$$(1 + x)^n \approx 1 + nx \qquad \operatorname{sen} x \approx x$$
$$e^x \approx 1 + x \qquad \cos x \approx 1$$
$$\ln(1 \pm x) \approx \pm x \qquad \text{tg}\,x \approx x$$

---

[1] As aproximações para as funções sen x, cos x e tg x são para $x \leq 0,1$ rad.

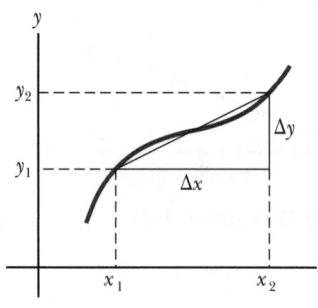

Figura B.14 Os comprimentos Δx e Δy são usados para definir a derivada desta função em um ponto determinado.

B.6 | Cálculos diferenciais

As ferramentas básicas de cálculo, inventadas por Newton, para descrever fenômenos físicos são utilizadas em vários ramos da ciência. O uso de cálculo é fundamental no tratamento de vários problemas em mecânica newtoniana, eletricidade e magnetismo. Nesta seção, relatamos algumas propriedades básicas e "regras gerais" que podem servir como uma revisão útil para os estudantes.

Primeiro, deve ser especificada a **função** que relaciona uma variável a outra variável (por exemplo, uma coordenada como função de tempo). Suponha que uma das variáveis seja denominada y (a variável dependente), e a outra, x (a variável independente). Devemos ter uma relação de função como

$$y(x) = ax^3 + bx^2 + cx + d$$

Se a, b, c e d são constantes especificadas, y pode ser calculada por qualquer valor de x. Geralmente lidamos com funções contínuas, que são aquelas para as quais y varia "suavemente" com x.

A **derivada** de y em relação a x é definida como o limite de Δx tendendo a zero da inclinação de retas desenhadas entre dois pontos na curva y *versus* x. Matematicamente, escrevemos essa definição como:

$$\frac{dy}{dx} = \lim_{\Delta x \to 0} \frac{\Delta y}{\Delta x} = \lim_{\Delta x \to 0} \frac{y(x + \Delta x) - y(x)}{\Delta x} \qquad \text{B.28} \blacktriangleleft$$

em que Δy e Δx são definidas como $\Delta x = x_2 - x_1$ e $\Delta y = y_2 - y_1$ (Fig. B.14). Observe que dy/dx não significa dy dividido por dx; pelo contrário, é simplesmente a notação do processo de limite da derivada definido pela Equação B.28.

Uma expressão útil para lembrar quando $y(x) = ax^n$, em que a é uma *constante* e n é *qualquer* número positivo ou negativo (inteiro ou fração), é

$$\frac{dy}{dx} = nax^{n-1} \qquad \text{B.29} \blacktriangleleft$$

TABELA B.4 | Derivadas de algumas funções

$\frac{d}{dx}(a) = 0$

$\frac{d}{dx}(ax^n) = nax^{n-1}$

$\frac{d}{dx}(e^{ax}) = ae^{ax}$

$\frac{d}{dx}(\text{sen } ax) = a \cos ax$

$\frac{d}{dx}(\cos ax) = -a \text{ sen } ax$

$\frac{d}{dx}(\text{tg } ax) = a \sec^2 ax$

$\frac{d}{dx}(\text{cotg } ax) = -a \text{ cossec}^2 ax$

$\frac{d}{dx}(\sec x) = \text{tg } x \sec x$

$\frac{d}{dx}(\text{cossec } x) = -\text{cotg } x \text{ cossec } x$

$\frac{d}{dx}(\ln ax) = \frac{1}{x}$

$\frac{d}{dx}(\text{sen}^{-1} ax) = \frac{a}{\sqrt{1 - a^2 x^2}}$

$\frac{d}{dx}(\cos^{-1} ax) = \frac{-a}{\sqrt{1 - a^2 x^2}}$

$\frac{d}{dx}(\text{tg}^{-1} ax) = \frac{a}{\sqrt{1 + a^2 x^2}}$

Observação: Os símbolos a e n representam constantes.

Se $y(x)$ é uma função polinomial ou algébrica de x, aplicamos a Equação B.29 a *cada* termo no polinômio e tomamos d [constante]$/dx = 0$. Nos Exemplos B.4 a B.7, avaliamos as derivadas de várias funções.

Propriedades especiais da derivada

A. Derivada do produto de duas funções Se uma função $f(x)$ é dada pelo produto de duas funções – ou seja, $g(x)$ e $h(x)$ –, a derivada de $f(x)$ é definida como

$$\frac{d}{dx}f(x) = \frac{d}{dx}[g(x)h(x)] = g\frac{dh}{dx} + h\frac{dg}{dx} \qquad \text{B.30} \blacktriangleleft$$

B. Derivada da soma de duas funções Se uma função $f(x)$ é igual à soma de duas funções, a derivada da soma é igual à soma das derivadas:

$$\frac{d}{dx}f(x) = \frac{d}{dx}[g(x) + h(x)] = \frac{dg}{dx} + \frac{dh}{dx} \qquad \text{B.31} \blacktriangleleft$$

C. Regra da cadeia de cálculo diferencial Se $y = f(x)$ e $x = g(z)$, então dy/dz pode ser escrito como o produto de duas derivadas:

$$\frac{dy}{dz} = \frac{dy}{dx}\frac{dx}{dz} \qquad \text{B.32} \blacktriangleleft$$

D. A segunda derivada de y em relação a x é definida como a derivada da função dy/dx (a derivada da derivada). Geralmente é escrita como

$$\frac{d^2 y}{dx^2} = \frac{d}{dx}\left(\frac{dy}{dx}\right) \qquad \text{B.33} \blacktriangleleft$$

Algumas das derivadas de funções mais usadas estão listadas na Tabela B.4.

Exemplo B.4

Suponha que $y(x)$ (isto é, y como função de x) seja dada por

$$y(x) = ax^3 + bx + c$$

em que a e b são constantes. Segue que

$$y(x + \Delta x) = a(x + \Delta x)^3 + b(x + \Delta x) + c$$
$$= a(x^3 + 3x^2 \Delta x + 3x \Delta x^2 + \Delta x^3) + b(x + \Delta x) + c$$

logo

$$\Delta y = y(x + \Delta x) - y(x) = a(3x^2 \Delta x + 3x\Delta x^2 + \Delta x^3) + b \Delta x$$

Substituindo isso na Equação B.28, temos

$$\frac{dy}{dx} = \lim_{\Delta x \to 0} \frac{\Delta y}{\Delta x} = \lim_{\Delta x \to 0} \left[3ax^2 + 3ax \Delta x + a \Delta x^2 \right] + b$$

$$\frac{dy}{dx} = \boxed{3ax^2 + b}$$

Exemplo B.5

Encontre a derivada de

$$y(x) = 8x^5 + 4x^3 + 2x + 7$$

SOLUÇÃO

Aplicando a Equação B.29 a cada termo independentemente e lembrando que d/dx (constante) $= 0$, temos

$$\frac{dy}{dx} = 8(5)x^4 + 4(3)x^2 + 2(1)x^0 + 0$$

$$\frac{dy}{dx} = \boxed{40x^4 + 12x^2 + 2}$$

Exemplo B.6

Encontre a derivada de $y(x) = x^3/(x + 1)^2$ em termos de x.

SOLUÇÃO

Podemos escrever essa função como $y(x) = x^3(x + 1)^{-2}$ e aplicar a Equação B.30:

$$\frac{dy}{dx} = (x + 1)^{-2} \frac{d}{dx}(x^3) + x^3 \frac{d}{dx}(x + 1)^{-2}$$

$$= (x + 1)^{-2} 3x^2 + x^3(-2)(x + 1)^{-3}$$

$$\frac{dy}{dx} = \boxed{\frac{3x^2}{(x + 1)^2} - \frac{2x^3}{(x + 1)^3}} = \boxed{\frac{x^2(x + 3)}{(x + 1)^3}}$$

> **Exemplo B.7**
>
> Uma fórmula útil que segue a Equação B.30 é a derivada do quociente de duas funções. Mostre que
>
> $$\frac{d}{dx}\left[\frac{g(x)}{h(x)}\right] = \frac{h\dfrac{dg}{dx} - g\dfrac{dh}{dx}}{h^2}$$
>
> **SOLUÇÃO**
>
> Podemos escrever o quociente como gh^{-1} e depois aplicar as Equações B.29 e B.30:
>
> $$\frac{d}{dx}\left(\frac{g}{h}\right) = \frac{d}{x}(gh^{-1}) = g\frac{d}{dx}(h^{-1}) + h^{-1}\frac{d}{x}(g)$$
>
> $$= -gh^{-2}\frac{dh}{dx} + h^{-1}\frac{dg}{dx}$$
>
> $$= \frac{h\dfrac{dg}{dx} - g\dfrac{dh}{dx}}{h^2}$$

B.7 | Cálculo de integral

Pensamos em integração como o inverso de diferenciação. Como exemplo, considere a expressão

$$f(x) = \frac{dy}{dx} = 3ax^2 + b \qquad \text{B.34}$$

que foi o resultado da diferenciação da função

$$y(x) = ax^3 + bx + c$$

no Exemplo B.4. Podemos escrever a Equação B.34 como $dy = f(x)\,dx = (3ax^2 + b)\,dx$ e obter $y(x)$ "somando" todos os valores de x. Matematicamente, escrevemos essa operação inversa como:

$$y(x) = \int f(x)\,dx$$

Para a função $f(x)$ dada pela Equação B.34, temos

$$y(x) = \int (3ax^2 + b)\,dx = ax^3 + bx + c$$

em que c é a constante da integração. Esse tipo de integral é chamada *indefinida* porque seu valor depende da escolha de c.

Uma integral **indefinida geral** $I(x)$ é definida como

$$I(x) = \int f(x)\,dx \qquad \text{B.35}$$

em que $f(x)$ é chamado de *integrando* e $f(x) = dI(x)/dx$.

Para funções *contínuas em geral* $f(x)$, a integral pode ser descrita como a área sob a curva limitada por $f(x)$ e o eixo x, entre dois valores específicos de x, isto é, x_1 e x_2, como na Figura B.15.

A área pontilhada do elemento na Figura B.15 é aproximadamente $f(x_i)\,\Delta x_i$. Se somarmos todos esses elementos

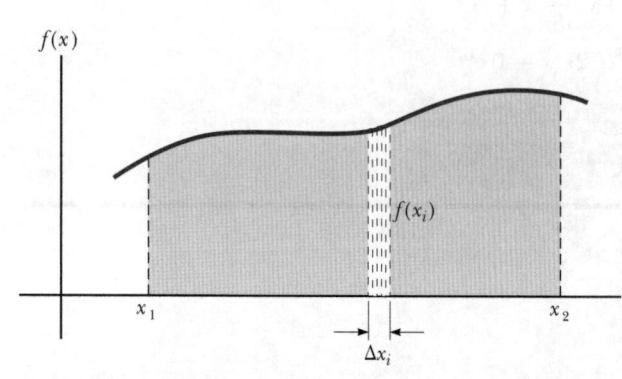

Figura B.15 A integral definida de uma função é a área sob a curva da função entre os limites x_1 e x_2.

de área entre x_1 e x_2 e tomarmos o limite da soma como $\Delta x_i \to 0$, obteremos o valor *real* da área sob a curva limitada por $f(x)$ e o eixo x, entre x_1 e x_2:

$$\text{Área} = \lim_{\Delta x_i \to 0} \sum_i f(x_i)\Delta x_i = \int_{x_1}^{x_2} f(x)\,dx \qquad \text{B.36} \blacktriangleleft$$

Integrais do tipo definido pela Equação B.36 são chamadas **integrais definidas**.
Uma integral comum que surge em situações práticas tem a forma

$$\int x^n\,dx = \frac{x^{n+1}}{n+1} + c \quad (n \neq -1) \qquad \text{B.37} \blacktriangleleft$$

Esse resultado é óbvio, pois a diferenciação do lado direito em relação a x fornece $f(x) = x^n$ diretamente. Se os limites da integração são conhecidos, a *integral* torna-se *definida* e é escrita como:

$$\int_{x_1}^{x_2} x^n\,dx = \left.\frac{x^{n+1}}{n+1}\right|_{x_1}^{x_2} = \frac{x_2^{n+1} - x_1^{n+1}}{n+1} \quad (n \neq -1) \qquad \text{B.38} \blacktriangleleft$$

> *Exemplos*
>
> 1. $\int_0^a x^2\,dx = \left.\dfrac{x^3}{3}\right|_0^a = \dfrac{a^3}{3}$
>
> 2. $\int_0^b x^{3/2}\,dx = \left.\dfrac{x^{5/2}}{5/2}\right|_0^b = \dfrac{2}{5}b^{5/2}$
>
> 3. $\int_3^5 x\,dx = \left.\dfrac{x^2}{2}\right|_3^5 = \dfrac{5^2 - 3^2}{2} = 8$

Integração parcial

Às vezes, é útil aplicar o método de *integração parcial* (também chamado "integração por partes") para avaliar algumas integrais. Esse método usa a propriedade

$$\int u\,dv = uv - \int v\,du \qquad \text{B.39} \blacktriangleleft$$

em que u e v são *cuidadosamente* escolhidos para reduzir uma integral composta a uma simples. Em muitos casos, muitas reduções devem ser feitas. Considere a função

$$I(x) = \int x^2 e^x\,dx$$

que pode ser avaliada pela integração por partes duas vezes. Primeiro, se escolhermos $u = x^2$, $v = e^x$, obteremos

$$\int x^2 e^x\,dx = \int x^2\,d(e^x) = x^2 e^x - 2\int e^x x\,dx + c_1$$

Agora, no segundo termo, escolhemos $u = x$, $v = e^x$, o que dá

$$\int x^2 e^x\,dx = x^2 e^x - 2x\,e^x + 2\int e^x\,dx + c_1$$

ou

$$\int x^2 e^x\,dx = x^2 e^x - 2x e^x + 2e^x + c_2$$

O diferencial perfeito

Outro método útil a ser lembrado é o do *diferencial perfeito*, no qual buscamos uma mudança de variável para que o diferencial da função seja o diferencial da variável independente aparecendo no integrando. Por exemplo, considere a integral

$$I(x) = \int \cos^2 x \, \text{sen} \, x \, dx$$

Essa integral será mais facilmente avaliada se reescrevermos o diferencial como $d(\cos x) = -\text{sen} \, x \, dx$. A integral fica então

$$\int \cos^2 x \, \text{sen} \, x \, dx = -\int \cos^2 x \, d(\cos x)$$

Se mudarmos as variáveis agora, deixando $y = \cos x$, obteremos

$$\int \cos^2 x \, \text{sen} \, x \, dx = -\int y^2 \, dy = -\frac{y^3}{3} + c = -\frac{\cos^3 x}{3} + c$$

A Tabela B.5 lista algumas integrais indefinidas úteis. A Tabela B.6 fornece a integral de probabilidade Gauss e outras integrais definidas. Uma lista mais completa pode ser encontrada em vários livros, como *The Handbook of Chemistry and Physics* (Boca Raton, FL: CRC Press, publicado anualmente).

TABELA B.5 | Algumas integrais indefinidas (uma constante arbitrária deve ser adicionada a cada uma das integrais)

$\int x^n \, dx = \dfrac{x^{n+1}}{n+1}$ (dada $n \neq 1$)

$\int \dfrac{dx}{x} = \int x^{-1} \, dx = \ln x$

$\int \dfrac{dx}{a+bx} = \dfrac{1}{b} \ln(a+bx)$

$\int \dfrac{x \, dx}{a+bx} = \dfrac{x}{b} - \dfrac{a}{b^2} \ln(a+bx)$

$\int \dfrac{dx}{x(x+a)} = -\dfrac{1}{a} \ln \dfrac{x+a}{x}$

$\int \dfrac{dx}{(a+bx)^2} = -\dfrac{1}{b(a+bx)}$

$\int \dfrac{dx}{a^2+x^2} = \dfrac{1}{a} \text{tg}^{-1} \dfrac{x}{a}$

$\int \dfrac{dx}{a^2-x^2} = \dfrac{1}{2a} \ln \dfrac{a+x}{a-x} \, (a^2 - x^2 > 0)$

$\int \dfrac{dx}{x^2-a^2} = \dfrac{1}{2a} \ln \dfrac{x-a}{x+a} \, (x^2 - a^2 > 0)$

$\int \dfrac{x \, dx}{a^2 \pm x^2} = \pm \dfrac{1}{2} \ln(a^2 \pm x^2)$

$\int \dfrac{dx}{\sqrt{a^2-x^2}} = \text{sen}^{-1} \dfrac{x}{a} = -\cos^{-1} \dfrac{x}{a} \, (a^2 - x^2 > 0)$

$\int \dfrac{dx}{\sqrt{x^2 \pm a^2}} = \ln\left(x + \sqrt{x^2 \pm a^2}\right)$

$\int \dfrac{x \, dx}{\sqrt{a^2-x^2}} = -\sqrt{a^2-x^2}$

$\int \ln ax \, dx = (x \ln ax) - x$

$\int x e^{ax} \, dx = \dfrac{e^{ax}}{a^2}(ax-1)$

$\int \dfrac{dx}{a+be^{cx}} = \dfrac{x}{a} - \dfrac{1}{ac} \ln(a+be^{cx})$

$\int \text{sen} \, ax \, dx = -\dfrac{1}{a} \cos ax$

$\int \cos ax \, dx = \dfrac{1}{a} \text{sen} \, ax$

$\int \text{tg} \, ax \, dx = -\dfrac{1}{a} \ln(\cos ax) = \dfrac{1}{a} \ln(\sec ax)$

$\int \text{cotg} \, ax \, dx = \dfrac{1}{a} \ln(\text{sen} \, ax)$

$\int \sec ax \, dx = \dfrac{1}{a} \ln(\sec ax + \text{tg} \, ax) = \dfrac{1}{a} \ln\left[\text{tg}\left(\dfrac{ax}{2} + \dfrac{\pi}{4}\right)\right]$

$\int \text{cossec} \, ax \, dx = \dfrac{1}{a} \ln(\text{cossec} \, ax - \text{cotg} \, ax) = \dfrac{1}{a} \ln\left(\text{tg} \dfrac{ax}{2}\right)$

$\int \text{sen}^2 ax \, dx = \dfrac{x}{2} - \dfrac{\text{sen} \, 2ax}{4a}$

$\int \cos^2 ax \, dx = \dfrac{x}{2} + \dfrac{\text{sen} \, 2ax}{4a}$

$\int \dfrac{dx}{\text{sen}^2 ax} = -\dfrac{1}{a} \text{cotg} \, ax$

$\int \dfrac{dx}{\cos^2 ax} = \dfrac{1}{a} \text{tg} \, ax$

(continua)

TABELA B.5 | Algumas integrais indefinidas (uma constante arbitrária deve ser adicionada a cada uma das integrais) *(continuação)*

$$\int \frac{x\,dx}{\sqrt{x^2 \pm a^2}} = \sqrt{x^2 \pm a^2}$$

$$\int \sqrt{a^2 - x^2}\,dx = \frac{1}{2}\left(x\sqrt{a^2 - x^2} + a^2 \operatorname{sen}^{-1} \frac{x}{|a|}\right)$$

$$\int x\sqrt{a^2 - x^2}\,dx = -\frac{1}{3}(a^2 - x^2)^{3/2}$$

$$\int \sqrt{x^2 \pm a^2}\,dx = \frac{1}{2}\left[x\sqrt{x^2 \pm a^2} \pm a^2 \ln\left(x + \sqrt{x^2 \pm a^2}\right)\right]$$

$$\int x\left(\sqrt{x^2 \pm a^2}\right) dx = \frac{1}{3}(x^2 \pm a^2)^{3/2}$$

$$\int e^{ax}\,dx = \frac{1}{a}e^{ax}$$

$$\int \operatorname{tg}^2 ax\,dx = \frac{1}{a}(\operatorname{tg} ax) - x$$

$$\int \operatorname{cotg}^2 ax\,dx = -\frac{1}{a}(\operatorname{cotg} ax) - x$$

$$\int \operatorname{sen}^{-1} ax\,dx = x(\operatorname{sen}^{-1} ax) + \frac{\sqrt{1 - a^2 x^2}}{a}$$

$$\int \cos^{-1} ax\,dx = x(\cos^{-1} ax) - \frac{\sqrt{1 - a^2 x^2}}{a}$$

$$\int \frac{dx}{(x^2 + a^2)^{3/2}} = \frac{x}{a^2 \sqrt{x^2 + a^2}}$$

$$\int \frac{x\,dx}{(x^2 + a^2)^{3/2}} = -\frac{1}{\sqrt{x^2 + a^2}}$$

TABELA B.6 | Integral de probabilidade de Gauss e outras integrais definidas

$$\int_0^\infty x^n e^{-ax}\,dx = \frac{n!}{a^{n+1}}$$

$$I_0 = \int_0^\infty e^{-ax^2}\,dx = \frac{1}{2}\sqrt{\frac{\pi}{a}} \quad \text{(integral da probabilidade de Gauss)}$$

$$I_1 = \int_0^\infty x e^{-ax^2}\,dx = \frac{1}{2a}$$

$$I_2 = \int_0^\infty x^2 e^{-ax^2}\,dx = -\frac{dI_0}{da} = \frac{1}{4}\sqrt{\frac{\pi}{a^3}}$$

$$I_3 = \int_0^\infty x^3 e^{-ax^2}\,dx = -\frac{dI_1}{da} = \frac{1}{2a^2}$$

$$I_4 = \int_0^\infty x^4 e^{-ax^2}\,dx = \frac{d^2 I_0}{da^2} = \frac{3}{8}\sqrt{\frac{\pi}{a^5}}$$

$$I_5 = \int_0^\infty x^5 e^{-ax^2}\,dx = -\frac{d^2 I_1}{da^2} = \frac{1}{a^3}$$

$$\vdots$$

$$I_{2n} = (-1)^n \frac{d^n}{da^n} I_0$$

$$I_{2n+1} = (-1)^n \frac{d^n}{da^n} I_1$$

B.8 | Propagação de incerteza

Em experimentos de laboratório, uma atividade comum é tirar medidas que atuam como dados brutos. Essas medidas são de diversos tipos – comprimento, intervalo de tempo, temperatura, voltagem, entre outros – e obtidas por meio de uma variedade de instrumentos. Apesar das medições e da qualidade dos instrumentos, **sempre existe incerteza associada a uma medida física**. Essa incerteza é uma combinação da incerteza relacionada ao instrumento e do sistema que está sendo medido com os instrumentos e relacionada ao sistema que está sendo medido. Um exemplo da incerteza relacionada ao instrumento é a inabilidade de determinar exatamente a posição de uma medida de comprimento entre as linhas numa régua. Exemplo de incerteza relacionada ao sistema que está sendo medido é a variação de temperatura de uma amostra de água, na qual é difícil determinar uma única temperatura para a amostra total.

Incertezas podem ser expressas de duas formas. **Incerteza absoluta** refere-se a uma incerteza expressa na mesma unidade que a medição. Sendo assim, o comprimento de uma etiqueta de disco de computador pode ser expresso como $(5,5 \pm 0,1)$ cm. A incerteza de $\pm 0,1$ cm por si só, no entanto, não é suficientemente descritiva para determinados propósitos. Essa incerteza será grande se a medida for 1,0, mas pequena se for 100 m. Para melhor descrever a incerteza, é utilizada a **incerteza fracional** ou **porcentagem de incerteza**. Nesse tipo de descrição, a incerteza é dividida pela medida real. Portanto, o comprimento da etiqueta do disco de computador pode ser expresso como

$$\ell = 5,5 \text{ cm} \pm \frac{0,1 \text{ cm}}{5,5 \text{ cm}} = 5,5 \text{ cm} \pm 0,018 \quad \text{(incerteza fracional)}$$

ou

$$\ell = 5,5 \text{ cm} \pm 1,8\% \text{ (incerteza percentual)}$$

Quando se combinam medidas em um cálculo, a incerteza percentual no resultado final é, em geral, maior que aquela em medidas individuais. Isso é chamado de **propagação da incerteza**, um dos desafios da física experimental.

Algumas regras simples podem oferecer uma estimativa razoável da incerteza num resultado calculado:

Multiplicação e divisão: Quando medidas com incertezas são multiplicadas ou divididas, adicione a *incerteza percentual* para obter a porcentagem de incerteza no resultado.

Exemplo: A área de um prato retangular

$$A = \ell w = (5,5 \text{ cm} \pm 1,8\%) \times (6,4 \text{ cm} \pm 1,6\%) = 35 \text{ cm}^2 \pm 3,4\%$$
$$= (35 \pm 1) \text{ cm}^2$$

Adição e subtração: Quando medidas com incertezas são somadas ou subtraídas, adicione as *incertezas absolutas* para obter a incerteza absoluta no resultado.

Exemplo: Uma mudança na temperatura

$$\Delta T = T_2 - T_1 = (99,2 \pm 1,5)°\text{C} - (27,6 \pm 1,5)°\text{C} = (71,6 \pm 3,0)°\text{C}$$
$$= 71,6°\text{C} \pm 4,2\%$$

Potências: Se uma medida é tomada de uma potência, a incerteza percentual é multiplicada por tal potência para obter a porcentagem de incerteza no resultado.

Exemplo: O volume de uma esfera

$$V = \tfrac{4}{3}\pi r^3 = \tfrac{4}{3}\pi (6,20 \text{ cm} \pm 2,0\%)^3 = 998 \text{ cm}^3 \pm 6,0\%$$
$$= (998 \pm 60) \text{ cm}^3$$

Para cálculos complicados, muitas incertezas são adicionadas em conjunto, o que pode causar incerteza no resultado final, tornando-o muito maior do que aceitável. Experimentos devem ser desenhados de modo que tais cálculos sejam o mais simples possível.

Observe que, em cálculos, incertezas sempre são adicionadas. Como resultado, um experimento envolvendo uma subtração deve, se possível, ser evitado, especialmente se as medidas que estão sendo subtraídas forem próximas. O resultado desse tipo de cálculo é uma pequena diferença nas medidas e incertezas que se somam. É possível que se obtenha uma incerteza no resultado maior que o próprio resultado!

Apêndice C

Tabela periódica dos elementos

Legenda do quadro de exemplo:
- Símbolo — **Ca**
- Número atômico — 20
- Massa atômica† — 40,078
- Configuração do elétron — $4s^2$

Grupo I	Grupo II				Elementos de transição				
H 1 1,007 9 $1s$									
Li 3 6,941 $2s^1$	**Be** 4 9,012 2 $2s^2$								
Na 11 22,990 $3s^1$	**Mg** 12 24,305 $3s^2$								
K 19 39,098 $4s^1$	**Ca** 20 40,078 $4s^2$	**Sc** 21 44,956 $3d^14s^2$	**Ti** 22 47,867 $3d^24s^2$	**V** 23 50,942 $3d^34s^2$	**Cr** 24 51,996 $3d^54s^1$	**Mn** 25 54,938 $3d^54s^2$	**Fe** 26 55,845 $3d^64s^2$	**Co** 27 58,933 $3d^74s^2$	
Rb 37 85,468 $5s^1$	**Sr** 38 87,62 $5s^2$	**Y** 39 88,906 $4d^15s^2$	**Zr** 40 91,224 $4d^25s^2$	**Nb** 41 92,906 $4d^45s^1$	**Mo** 42 95,94 $4d^55s^1$	**Tc** 43 (98) $4d^55s^2$	**Ru** 44 101,07 $4d^75s^1$	**Rh** 45 102,91 $4d^85s^1$	
Cs 55 132,91 $6s^1$	**Ba** 56 137,33 $6s^2$	57–71*	**Hf** 72 178,49 $5d^26s^2$	**Ta** 73 180,95 $5d^36s^2$	**W** 74 183,84 $5d^46s^2$	**Re** 75 186,21 $5d^56s^2$	**Os** 76 190,23 $5d^66s^2$	**Ir** 77 192,2 $5d^76s^2$	
Fr 87 (223) $7s^1$	**Ra** 88 (226) $7s^2$	89–103**	**Rf** 104 (261) $6d^27s^2$	**Db** 105 (262) $6d^37s^2$	**Sg** 106 (266)	**Bh** 107 (264)	**Hs** 108 (277)	**Mt** 109 (268)	

*Séries de lantanídeos

La 57 138,91 $5d^16s^2$	**Ce** 58 140,12 $5d^14f^16s^2$	**Pr** 59 140,91 $4f^36s^2$	**Nd** 60 144,24 $4f^46s^2$	**Pm** 61 (145) $4f^56s^2$	**Sm** 62 150,36 $4f^66s^2$

**Séries de actinídeos

Ac 89 (227) $6d^17s^2$	**Th** 90 232,04 $6d^27s^2$	**Pa** 91 231,04 $5f^26d^17s^2$	**U** 92 238,03 $5f^36d^17s^2$	**Np** 93 (237) $5f^46d^17s^2$	**Pu** 94 (244) $5f^67s^2$

Observação: Valores de massa atômica são médias de isótopos nas porcentagens em que existem na natureza.
†Para um elemento instável, o número da massa do isótopo conhecido mais estável é dada entre parênteses.
††Os elementos 114 e 116 ainda não foram nomeados oficialmente.

Apêndice C – Tabela periódica dos elementos

			Grupo III	Grupo IV	Grupo V	Grupo VI	Grupo VII	Grupo 0
							H 1 1,007 9 $1s^1$	**He** 2 4,002 6 $1s^2$
			B 5 10,811 $2p^1$	**C** 6 12,011 $2p^2$	**N** 7 14,007 $2p^3$	**O** 8 15,999 $2p^4$	**F** 9 18,998 $2p^5$	**Ne** 10 20,180 $2p^6$
			Al 13 26,982 $3p^1$	**Si** 14 28,086 $3p^2$	**P** 15 30,974 $3p^3$	**S** 16 32,066 $3p^4$	**Cl** 17 35,453 $3p^5$	**Ar** 18 39,948 $3p^6$
Ni 28 58,693 $3d^8 4s^2$	**Cu** 29 63,546 $3d^{10} 4s^1$	**Zn** 30 65,41 $3d^{10} 4s^2$	**Ga** 31 69,723 $4p^1$	**Ge** 32 72,64 $4p^2$	**As** 33 74,922 $4p^3$	**Se** 34 78,96 $4p^4$	**Br** 35 79,904 $4p^5$	**Kr** 36 83,80 $4p^6$
Pd 46 106,42 $4d^{10}$	**Ag** 47 107,87 $4d^{10} 5s^1$	**Cd** 48 112,41 $4d^{10} 5s^2$	**In** 49 114,82 $5p^1$	**Sn** 50 118,71 $5p^2$	**Sb** 51 121,76 $5p^3$	**Te** 52 127,60 $5p^4$	**I** 53 126,90 $5p^5$	**Xe** 54 131,29 $5p^6$
Pt 78 195,08 $5d^9 6s^1$	**Au** 79 196,97 $5d^{10} 6s^1$	**Hg** 80 200,59 $5d^{10} 6s^2$	**Tl** 81 204,38 $6p^1$	**Pb** 82 207,2 $6p^2$	**Bi** 83 208,98 $6p^3$	**Po** 84 (209) $6p^4$	**At** 85 (210) $6p^5$	**Rn** 86 (222) $6p^6$
Ds 110 (271)	**Rg** 111 (272)	**Cn** 112 (285)		114†† (289)		116†† (292)		

Eu 63 151,96 $4f^7 6s^2$	**Gd** 64 157,25 $4f^7 5d^1 6s^2$	**Tb** 65 158,93 $4f^8 5d^1 6s^2$	**Dy** 66 162,50 $4f^{10} 6s^2$	**Ho** 67 164,93 $4f^{11} 6s^2$	**Er** 68 167,26 $4f^{12} 6s^2$	**Tm** 69 168,93 $4f^{13} 6s^2$	**Yb** 70 173,04 $4f^{14} 6s^2$	**Lu** 71 174,97 $4f^{14} 5d^1 6s^2$
Am 95 (243) $5f^7 7s^2$	**Cm** 96 (247) $5f^7 6d^1 7s^2$	**Bk** 97 (247) $5f^8 6d^1 7s^2$	**Cf** 98 (251) $5f^{10} 7s^2$	**Es** 99 (252) $5f^{11} 7s^2$	**Fm** 100 (257) $5f^{12} 7s^2$	**Md** 101 (258) $5f^{13} 7s^2$	**No** 102 (259) $5f^{14} 7s^2$	**Lr** 103 (262) $5f^{14} 6d^1 7s^2$

Apêndice D

Unidades SI

TABELA D.1 | Unidades SI

Quantidade básica	Unidade básica SI	
	Nome	Símbolo
Comprimento	metro	m
Massa	quilograma	kg
Tempo	segundo	s
Corrente elétrica	ampere	A
Temperatura	kelvin	K
Quantidade de substância	mol	mol
Intensidade luminosa	candela	cd

TABELA D.2 | Algumas unidades derivadas SI

Quantidade	Nome	Símbolo	Expressão em termos de unidade básica	Expressão em termos de outras unidades SI
Ângulo do plano	radiano	rad	m/m	
Frequência	hertz	Hz	s^{-1}	
Força	newton	N	$kg \cdot m/s^2$	J/m
Pressão	pascal	Pa	$kg/m \cdot s^2$	N/m^2
Energia	joule	J	$kg \cdot m^2/s^2$	$N \cdot m$
Potência	watt	W	$kg \cdot m^2/s^3$	J/s
Carga elétrica	coulomb	C	$A \cdot s$	
Potencial elétrico	volt	V	$kg \cdot m^2/A \cdot s^3$	W/A
Capacitância	farad	F	$A^2 \cdot s^4/kg \cdot m^2$	C/V
Resistência elétrica	ohm	Ω	$kg \cdot m^2/A^2 \cdot s^3$	V/A
Fluxo magnético	weber	Wb	$kg \cdot m^2/A \cdot s^2$	$V \cdot s$
Campo magnético	tesla	T	$kg/A \cdot s^2$	
Indutância	henry	H	$kg \cdot m^2/A^2 \cdot s^2$	$T \cdot m^2/A$

Respostas dos testes rápidos e problemas ímpares

CAPÍTULO 12

Respostas dos testes rápidos
1. (d)
2. (f)
3. (a)
4. (b)
5. (i) (a) (ii) (a)
6. (a)

Respostas dos problemas ímpares
1. (a) 17 N à esquerda (b) 28 m/s² à esquerda
3. (a) 1,50 Hz (b) 0,667 s (c) 4,00 m (d) π rad (e) 2,83 m
5. 40,9 N/m
7. (a) −2,34 m (b) −1,30 m/s (c) −0,076 3 m (d) 0,315 m/s
9. (a) $x = 2,00 \cos(3,00\pi t - 90°)$ ou $x = 2,00 \,\text{sen}\,(3,00\pi t)$ onde x é em centímetros e t é em segundos (b) 18,8 cm/s (c) 0,333 s (d) 178 cm/s² (e) 0,500 s (f) 12,0 cm
11. (a) 20 cm (b) 94,2 cm/s enquanto a partícula passa pelo equilíbrio (c) 17,8 m/s² de excursão máxima do equilíbrio
13. (a) 40,0 cm/s (b) 160 cm/s² (c) 32,0 cm/s (d) −96,0 cm/s² (e) 0,232 s
15. 12,0 Hz
17. 2,23 m/s
19. (a) 0,542 kg (b) 1,81 s (c) 1,20 m/s²
21. (a) 28,0 mJ (b) 1,02 m/s (c) 12,2 mJ (d) 15,8 mJ
23. (a) E aumenta por um fator de 4. (b) $v_{\text{máx}}$ é dobrado. (c) $a_{\text{máx}}$ é dobrado. (d) O período é imutável.
25. 2,60 cm e −2,60 cm
27. 0,944 kg · m²
29. (a) 3,65 s (b) 6,41 s (c) 4,24 s
31. (a) 2,09 s (b) 4,08%
33. 1,42 s, 0,499 m
35. (a) 0,820 m/s (b) 2,57 rad/s² (c) 0,641 N (d) $v_{\text{máx}} = 0,817$ m/s, $a_{\text{máx}} = 2,54$ rad/s², $F_{\text{máx}} = 0,634$ N (e) As respostas são próximas mas não exatamente iguais. As respostas obtidas a partir da conservação de energia e da segunda lei de Newton são mais precisas.
37. $1,00 \times 10^{-3}$ s⁻¹
39. 11,0 cm
41. (a) 3,16 s⁻¹ (b) 6,28 s⁻¹ (c) 5,09 cm
43. 0,641 Hz ou 1,31 Hz
45. $1,56 \times 10^{-2}$ m
47. 6,62 cm
49. $9,19 \times 10^{13}$ Hz
51. (a) $x = 2\cos\left(10t + \dfrac{\pi}{2}\right)$ (b) ±1,73 m (c) 0,0524 s = 52,4 ms (d) 0,0980 m
53. 7,75 s⁻¹
55. (a) 3,00 s (b) 14,3 J (c) $\theta = 25,5°$
57. (a) $\omega = \sqrt{\dfrac{200}{0,400 + M}}$, onde ω é em s⁻¹ e M é em quilogramas (b) 22,4 s⁻¹ (c) 22,4 s⁻¹
59. (a) $2Mg$ (b) $Mg\left(1 + \dfrac{y}{L}\right)$ (c) $\dfrac{4\pi}{3}\sqrt{\dfrac{2L}{g}}$ (d) 2,68 s
61. (a) 0,368 m/s (b) 3,51 cm (c) 40,6 mJ (d) 27,7 mJ
63. (a) 1,26 m (b) 1,58 (c) A energia diminui por 120 J. (d) Energia mecânica é transformada em energia interna na colisão perfeitamente inelástica.
65. $\dfrac{1}{2\pi L}\sqrt{gL + \dfrac{kh^2}{M}}$
67. (a) 0,500 m/s (b) 8,56 cm
69. (a) $\tfrac{1}{2}\left(M + \tfrac{1}{3}m\right)v^2$ (b) $2\pi\sqrt{\dfrac{M + \tfrac{1}{3}m}{k}}$

CAPÍTULO 13

Respostas dos testes rápidos
1. (i) (b) (ii) (a)
2. (i) (c) (ii) (b) (iii) (d)
3. (c)
4. (f) e (h)
5. (d)
6. (e)
7. (e)

Respostas dos problemas ímpares
1. $y = \dfrac{6,00}{(x - 4,50t)^2 + 3,00}$, onde x e y são em metros e t é em segundos.
3. (a) $3,33\hat{\mathbf{i}}$ m/s (b) −5,48 cm (c) 0,667 m (d) 5,00 Hz (e) 11,0 m/s
5. (a) 31,4 rad/s (b) 1,57 rad/m (c) $y = 0,120 \,\text{sen}\,(1,57x - 31,4t)$, onde x e y é em metros e t é em segundos (d) 3,77 m/s (e) 118 m/s²
7. (a) $y = 0,0800 \,\text{sen}\,(2,5\pi x + 6\pi t)$ (b) $y = 0,0800 \,\text{sen}\,(2,5\pi x + 6\pi t - 0,25\pi)$
9. 2,40 m/s
11. 0,319 m
13. ±6,67 cm
15. 0,329 s
17. 80,0 N
19. 13,5 N
21. (a) zero (b) 0,300 m
23. (a) $y = 0,075 \,\text{sen}\,(4,19x - 314t)$ (b) 625 W
25. (a) 62,5 m/s (b) 7,85 m (c) 7,96 Hz (d) 21,1 W
27. 0,196 s

29. (a) 2,00 μm (b) 40,0 cm (c) 54,6 m/s (d) −0,433 μm (e) 1,72 mm/s
31. $\Delta P = 0{,}200 \, \text{sen}\,(20\pi x - 6\,860\pi t)$, onde ΔP é em pascais, x é em metros e t é em segundos.
33. (a) 0,625 mm (b) 1,50 mm a 75,0 μm
35. (a) 23,2 cm (b) 1,38 cm
37. $1{,}55 \times 10^{-10}$ m
39. (a) 0,364 m (b) 0,398 m (c) 941 Hz (d) 938 Hz
41. 26,4 m/s
43. (a) 3,04 kHz (b) 2,08 kHz (c) 2,62 kHz; 2,40 kHz
45. 19,7 m
47. 184 km
49. 0,0843 rad
51. (a) $\dfrac{\mu\omega^3}{2k}A_0^2 e^{-2bx}$ (b) $\dfrac{\mu\omega^3}{2k}A_0^2$ (c) e^{-2bx}
53. (a) 0,515 caminhões por minuto (b) 0,614 caminhões por minuto
55. (a) 39,2 N (b) 0,892 m (c) 83,6 m/s
57. 7,82 m
59. (a) 0,343 m (b) 0,303 m (c) 0,383 m (d) 1,03 kHz
61. 6,01 km
63. (a) 55,8 m/s (b) 2 500 Hz
65. $8{,}43 \times 10^{-3}$ s
67. (a) $\mu(x) = \dfrac{(\mu_L - \mu_0)x}{L} + \mu_0$
    (b) $\Delta t = \dfrac{2L}{3\sqrt{T(\mu_L - \mu_0)}}(\mu_L^{3/2} - \mu_0^{3/2})$
69. (a) 3,29 m/s (b) O morcego conseguirá pegar o inseto porque está a uma velocidade maior na mesma direção que o inseto.
71. (a) 531 Hz (b) 466 Hz a 539 Hz (c) 568 Hz

CAPÍTULO 14

Respostas dos testes Rápidos
1. (c)
2. (i) (a) (ii) (d)
3. (d)
4. (b)
5. (c)
6. (b)

Respostas dos problemas ímpares
1. (a) −1,65 cm (b) −6,02 cm (c) 1,15 cm
3. (a) 156° (b) 0,0584 cm
5. 5,66 cm
7. (a) y_1: direção de x positiva; y_2: direção de x negativa (b) 0,750 s (c) 1,00 m
9. (a) 9,24 m (b) 600 Hz
11. 91,3°
13. (a) 4,24 cm (b) 6,00 cm (c) 6,00 cm (d) 0,500 cm, 1,50 cm, 2,50 cm
15. (a) 15,7 m (b) 31,8 Hz (c) 500 m/s
17. a 0,0891 m, 0,303 m, 0,518 m, 0,732 m, 0,947 m e 1,16 m de um alto-falante
19. (a) 78,6 Hz (b) 157 Hz, 236 Hz, 314 Hz
21. 19,6 Hz
23. (a) reduzido por $\tfrac{1}{2}$ (b) reduzido por $1/\sqrt{2}$ (c) aumentado por $\sqrt{2}$
25. 1,86 g
27. (a) 163 N (b) 660 Hz
29. (a) 0,357 m (b) 0,715 m
31. $n(0{,}252\text{ m})$ com $n = 1, 2, 3, \ldots$
33. (a) 50,0 Hz (b) 1,72 m
35. (a) 0,656 m (b) 1,64 m
37. 158 s
39. 57,9 Hz
41. (a) 0,195 m (b) 841 Hz
43. (a) 349 m/s (b) 1,14 m
45. 5,64 batidas/s
47. A segunda harmônica de E é próxima à terceira harmônica de A, e a quarta harmônica de C# é próxima à quinta harmônica de A.
49. 1,76 cm
51. (a) 3,66 m/s (b) 0,200 Hz
53. (a) 34,8 m/s (b) 0,986 m
55. (a) 45,0 ou 55,0 Hz (b) 162 ou 242 N
57. 3,85 m/s longe da estação ou 3,77 m/s em direção à estação
59. (a) 59,9 Hz (b) 20,0 cm
61. (a) 21,5 m (b) sete
63. (a) 78,9 N (b) 211 Hz
65. 31,1 N
67. 262 kHz
69. (a) maior (b) 2,43

Contexto 3 Conclusão
1. 3,5 cm
2. A velocidade diminui num fator de 25
3. Estação 1: 15:46:32
   Estação 2: 15:46:24
   Estação 3: 15:46:09

CAPÍTULO 15

Respostas dos testes rápidos
1. (a)
2. (a)
3. (b)
4. (b) ou (c)
5. (b)
6. (a)

Respostas dos problemas ímpares
1. $1{,}92 \times 10^4$ N
3. 24,8 kg
5. 8,46 m
7. (a) $1{,}02 \times 10^7$ Pa (b) $6{,}61 \times 10^5$ N
9. $1{,}05 \times 10^7$ Pa
11. $7{,}74 \times 10^{-3}$ m^2
13. (a) $2{,}94 \times 10^4$ N (b) $1{,}63 \times 10^4$ N · m

15. 2,31 lb
17. (a) 20,0 cm (b) 0,490 cm
19. (a) 116 kPa (b) 52,0 Pa
21. 98,6 kPa
23. 0,258 N abaixo
25. (a) 4,9 N abaixo, 16,7 N acima (b) 86,2 N (c) Por qualquer um dos métodos de avaliação, a força de empuxo é 11,8 N para cima.
27. (a) 7,00 cm (b) 2,80 kg
29. $V = 1{,}52 \times 10^3$ m³
31. (a) 1 250 kg/m³ (b) 500 kg/m³
33. 1,01 kJ
35. $2{,}67 \times 10^3$ kg
37. 12,8 kg/s
39. $2\sqrt{h(h_0 - h)}$
41. (a) 27,9 N (b) $3{,}32 \times 10^4$ kg (c) $7{,}26 \times 10^4$ Pa
43. (a) 17,7 m/s (b) 1,73 mm
45. (a) 106 cm/s = 1,06 m/s (b) 424 cm/s = 4,24 m/s
47. 0,247 cm
49. (a) 452 N para fora (b) 1,81 kN para fora
51. (a) 4,43 m/s (b) 10,1 m
53. 347 m/s
55. 0,604 m
57. 291 Hz
59. (a) 8,01 km (b) sim
61. 4,43 m/s
63. escala superior: 17,3 N; escala inferior: 31,7 N
65. (a) 2,65 m/s (b) $2{,}31 \times 10^4$ Pa
67. (a) 1,25 cm (b) 14,3 m/s
69. (a) 18,3 mm (b) 14,3 mm (c) 8,56 mm

Contexto 4 Conclusão

1. (a) O sangue na vasilha (ii) teria a maior velocidade no ponto 2. (b) $v_{ii} = 32 v_{iii}$.
2. (a) 1,67 m/s (b) 720 Pa
3. (a) 1,57 kPa, 0,0155 atm, 11,8 mm (b) Bloquear o fluido na coluna vertebral ou entre o crânio e a coluna vertebral poderia prevenir o aumento do nível do fluido.
4. 12,6 m/s

CAPÍTULO 16

Respostas dos testes rápidos

1. (c)
2. (c)
3. (a)
4. (b)
5. (i) (b) (ii) (a)
6. (a)

Respostas dos problemas ímpares

1. (a) 56,7 °C, −62,1 °C (b) 330 K, 211 K
3. (a) 106,7 °F (b) Sim; a temperatura normal do corpo é 98,6 °F, então o paciente tem febre alta que requer cuidados imediatos.
5. (a) −320 °F (b) 77,3 K
7. 1,54 km. A tubulação pode ser suportada nos cilindros. Os circuitos em formato de Ω podem ser construídos entre seções retas se dobram à medida que o aço muda o comprimento.
9. 3,27 cm
11. 0,00158 cm
13. (a) $11{,}2 \times 10^3$ kg/m³ (b) 20,0 kg
15. (a) 0,176 mm (b) 8,78 μm (c) 0,0930 cm³
17. (a) 99,4 mL (b) 2,01 L (c) 0,998 cm
19. (a) 0,109 cm² (b) aumenta
21. $8{,}72 \times 10^{11}$ átomos/s
23. (a) 2,99 mol (b) $1{,}80 \times 10^{24}$ moléculas
25. (a) 3,95 atm = 400 kPa (b) 4,43 atm = 449 kPa
27. $2{,}42 \times 10^{11}$ moléculas
29. 473 K
31. 3,68 cm³
33. 3,55 L
35. $1{,}50 \times 10^{29}$ moléculas
37. 3,32 mol
39. (a) 0,943 N (b) 1,57 Pa
41. $5{,}05 \times 10^{-21}$ J
43. 17,4 kPa
45. (a) 6,80 m/s (b) 7,41 m/s (c) 7,00 m/s
47. (a) $2{,}37 \times 10^4$ K (b) $1{,}06 \times 10^3$ K
49. 6,2 °C
51. (a) $9{,}5 \times 10^{-5}$ s (b) perde 57,5 s.
53. 3,37 cm
55. (a) 94,97 cm (b) 95,03 cm
57. 0,623
59. $6{,}57 \times 10^6$ Pa
61. 4,54 m
63. 2,74 m
65. 1,12 atm
67. (a) $1{,}09 \times 10^{-3}$ (b) $2{,}69 \times 10^{-2}$ (c) 0,529 (d) 1,00 (e) 0,199 (f) $1{,}01 \times 10^{-41}$ (g) $1{,}25 \times 10^{-1\,082}$
69. (a) Nenhum torque atua no disco, portanto seu momento angular é constante. Sim: ele aumenta. Conforme o disco resfria, seu raio e, assim, o seu momento de inércia diminuem. A conservação do momento angular requer que a sua velocidade angular aumente (b) 25,7 rad/s.
71. (a) 0,34% (b) 0,48% (c) Todos os momentos de inércia têm a mesma forma matemática: o produto de uma constante, a massa e o comprimento ao quadrado.
73. (a) 0,169 m (b) $1{,}35 \times 10^5$ Pa
75. (a) $\dfrac{\rho g P_0 V_i}{(P_0 + \rho g d)}$ (b) diminui (c) 10,3 m

CAPÍTULO 17

Respostas dos testes rápidos

1. (i) ferro, vidro, água (ii) água, vidro, ferro
2. A figura mostra uma representação gráfica da energia interna do sistema como função da energia acrescentada. Observe que este gráfico é bem diferente da Figura 17.3 por não ter as porções planas durante as mudanças de fase. Independentemente de como a

temperatura varia na Figura 17.3, a energia interna do sistema simplesmente aumenta linearmente com entrada de energia.

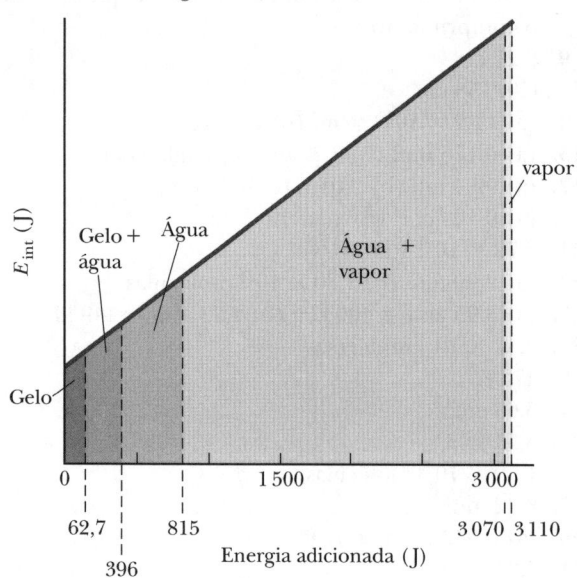

Figura QQ17.2

3. C, A, E. A inclinação é a razão da mudança da temperatura e a quantidade de energia entrando. Assim, a inclinação é proporcional ao recíproco do calor específico. Água líquida, que tem o calor específico mais alto, tem a menor inclinação.

4.

Situação	Sistema	Q	W	ΔE_{int}
(a) Bombeando um pneu de bicicleta rapidamente para cima	Ar na bomba	0	+	+
(b) Panela de água em temperatura ambiente em um fogão quente	Água na panela	+	0	+
(c) Ar vazando rapidamente de um balão	Ar originalmente no balão	0	−	−

5. O trajeto A é isovolumétrico, o trajeto B é adiabático, o trajeto C é isotérmico e o trajeto D é isobárico.
6. (i) (a) (ii) (c)
7. (b)

Respostas dos problemas ímpares

1. 0,281 °C
3. (a) $2{,}26 \times 10^6$ J (b) $2{,}80 \times 10^4$ passos (c) $6{,}99 \times 10^3$ passos
5. $1{,}78 \times 10^4$ kg
7. 87,0 °C
9. 23,6 °C
11. 29,6 °C
13. 0,415 kg
15. (a) 0 °C (b) 114 g
17. 0,294 g
19. $1{,}22 \times 10^5$ J
21. −1,18 MJ
23. −466 J
25. (a) −12,0 MJ (b) +12,0 MJ
27. 720 J
29.

Processo	Q	W	ΔE_{int}
BC	−	0	−
CA	−	+	−
AB	+	−	+

31. (a) 7,50 kJ (b) 900 K
33. (a) −0,048 6 J (b) 16,2 kJ (c) 16,2 kJ
35. (a) −9,08 kJ (b) 9,08 kJ
37. (a) 0,041 0 m³ (b) +5,48 kJ (c) −5,48 kJ
39. (a) 3,46 kJ (b) 2,45 kJ (c) −1,01 kJ
41. (a) 0 (b) 209 J (c) 317 K
43. (a) 719 J/kg · °C (b) 0,811 kg (c) 233 kJ (d) 327 kJ
45. 74,8 J
47. (a) um fator de 0,118 (b) um fator de 2,35 (c) 0 (d) 135 J (e) 135 J
49. (a)

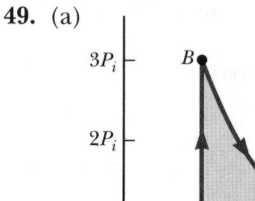

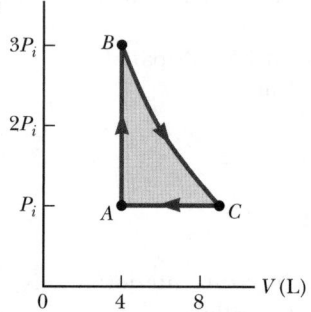

(b) 8,77 L (c) 900 K (d) 300 K (e) −336 J
51. 227 K
53. (a) $2{,}45 \times 10^{-4}$ m³ (b) $9{,}97 \times 10^{-3}$ mol (c) $9{,}01 \times 10^5$ Pa (d) $5{,}15 \times 10^{-5}$ m³ (e) 560 K (f) 53,9 J (g) $6{,}79 \times 10^{-6}$ m³ (h) 53,3 g (i) 2,24 K
55. $2{,}32 \times 10^{-21}$ J
57. (a) 41,6 J/K (b) 58,2 J/K (c) 58,2 J/K, 74,8 J/K
59. 51,2 °C
61. $3{,}85 \times 10^{26}$ W
63. 74,8 kJ
65. 364 K
67. (a) $9{,}31 \times 10^{10}$ J (b) $-8{,}47 \times 10^{12}$ J (c) $8{,}38 \times 10^{12}$ J
69. (a) 17,2 L (b) 0,351 L/s
71. $1{,}90 \times 10^3$ J/kg · °C
73. (a) 13,0 °C (b) −0,532 °C/s
75. $2{,}27 \times 10^3$ m
77. $(5{,}87 \times 10^4)$ °C
79. 0,480 °C
81. 38,6 m³/dia
83. (i) (a) 100 kPa (b) 66,5 L (c) 400 K (d) +5,82 kJ (e) +7,48 kJ (f) −1,66 kJ (ii) (a) 133 kPa (b) 49,9 L (c) 400 K (d) +5,82 kJ (e) +5,82 kJ (f) 0 (iii) (a) 120 kPa (b) 41,6 L (c) 300 K (d) 0 (e) −909 J (f) +909 J (iv) (a) 120 kPa (b) 43,3 L (c) 312 K (d) +722 J (e) 0 (f) +722 J
85. (a) 300 K (b) 1,00 atm
87. (a) 2 000 W (b) 4,46 °C
89. 3,76 m/s

CAPÍTULO 18

Respostas dos testes Rápidos
1. (i) (c) (ii) (b)
2. C, B, A
3. (d)
4. (a) um (b) seis
5. (b)
6. (a)
7. falso

Respostas dos problemas ímpares
1. (a) 6,94% (b) 335 J
3. 55,4%
5. (a) 10,7 kJ (b) 0,533 s
7. (a) 67,2% (b) 58,8 kW
9. 33,0%
11. (a) 741 J (b) 459 J
13. (a) $8{,}70 \times 10^8$ J (b) $3{,}30 \times 10^8$ J
15. (a) 564 K (b) 212 kW (c) 47,5%
17. 11,8
19. 9,00
21. 1,86
23. (a) 24,0 J (b) 144 J
25. 1,17 J
27. (a) $-3{,}45$ J/K (b) $+8{,}06$ J/K (c) $+4{,}62$ J/K
29. 195 J/K
31. (a)

Macroestado	Microestados	Número de Formas de Desenhar
Todas R	RRR	1
2 R, 1G	GRR, RGR, RRG	3
1 R, 2G	GGR, GRG, RGG	3
Todas G	GGG	1

(b)

Macroestado	Microestados	Número de Formas de Desenhar
Todas R	RRRR	1
4R, 1G	GRRRR, RGRRR, RRGRR, RRRGR, RRRRG	5
3R, 2G	GGRRR, GRGRR, GRRGR, GRRRG, RGGRR, RGRGR, RGRRG, RRGGR, RRGRG, RRRGG	10
2R, 3G	RRGGG, RGRGG, RGGRG, RGGGR, GRRGG, GRGRG, GRGGR, GGRRG, GGRGR, GGGRR	10
1R, 4G	RGGGG, GRGGG, GGRGG, GGGRG, GGGGR	5
Todas G	GGGGG	1

33. (a) isobárico (b) 402 kJ (c) 1,20 kJ/K
35. (a) um (b) seis
37. 0,507 J/K
39. 1,02 kJ/K
41. (a) 5,76 J/K (b) sem mudança na temperatura
43. (a) $5{,}2 \times 10^{17}$ J (b) $1{,}8 \times 10^3$ s
45. (a) 5,00 kW (b) 763 W
47. (a) $3nRT_i$ (b) $3nRT_i \ln 2$ (c) $-3nRT_i$ (d) $-nRT_i \ln 2$ (e) $3nRT_i(1 + \ln 2)$ (f) $2nrT_i \ln 2$ (g) 0,273
49. $5{,}97 \times 10^4$ kg/s
51. 1,18 J/K
53. 32,9 kJ
55. (a) 8,48 kW (b) 1,52 kW (c) $1{,}09 \times 10^4$ J/K (d) caindo em 20,0%
57. 23,1 mW
59. (a) 39,4 J (b) 65,4 rad/s = 625 rev/min (c) 293 rad/s = $2{,}79 \times 10^3$ rev/min
61. $8{,}36 \times 10^6$ J/K · s
63. (a) $4{,}10 \times 10^3$ J (b) $1{,}42 \times 10^4$ J (c) $1{,}01 \times 10^4$ J (d) 28,8% (e) Como $e_C = 80{,}0\%$, a eficiência do ciclo é muito mais baixa do que isso num motor Carnot operando entre as mesmas temperaturas extremas.
65. (a) $P_A = 25{,}0$ atm, $V_A = 1{,}97 \times 10^{-3}$ m³; $P_B = 4{,}13$ atm, $V_B = 1{,}19 \times 10^{-2}$ m³; $P_C = 1{,}00$ atm, $V_C = 3{,}28 \times 10^{-2}$ m³; $P_D = 6{,}05$ atm, $V_D = 5{,}43 \times 10^{-3}$ m³ (b) $2{,}99 \times 10^3$ J

Contexto 5 Conclusão
1. 298 K
2. 60 km
3. (c) 336 K (d) A troposfera e estratosfera são muito finas para serem precisamente modeladas como tendo temperaturas uniformes (e) 227 K (f) 107 (g) O modelo de multicamadas deve ser melhor para Vênus do que para a Terra. Há muitas camadas, por isso a temperatura de cada uma pode ser modelada de modo competente como uniforme.

Índice Remissivo

Os números de página em **negrito** indicam uma definição; números de página em *itálico* indicam figuras; números de página seguidos por "n" indicam notas de pé de página; números de página seguidos por "t" indicam tabelas

A

Aceleração transversal (a_y), **36**
Administração Nacional do Oceano e Atmosfera, Departamento de Comércio dos E.U., *149*
Aeronave, levantar para, 112, *112*
Afirmação de entropia da segunda lei da termodinâmica, **211**
Agencia Espacial Alemã, 229
Água. Veja também Mecânica de fluídos
    calor específico de, 162
    comportamento inusual de expansão, 137-138
    força (F) de, 101
    ponto de congelamento de, 131
    ponto de ebulição de, 131
    ponto tripolo de, 133
    super resfriamento de, 167
Agulhas hipodérmicas, 97
alfa
    no interior da Terra, 187n
Al-Nafis, Ibn, 94
Altitude, variação de temperatura com, *127*, *228*
Amortecedores de isolamento (para proteger contra terremotos), **91**
Amplitude (A), **6**, **33**
    em batida, 74
    para ondas
        em condições de limite, 68-70
        em interferência, 62-65
        ondas em movimento, 32-37
    para partículas
        em movimento harmônico simples, 6-9
    tipos de, 66
Amplitude de deslocamento ($s$max), **44**, *45*
Amplitude de pressão (ΔPmax.), **45**, *45*
Análises de Fourier, 77, *77*
Anatomia humana
    coração, 93-95
    fluxo sanguíneo através de, 113-114
    ouvido, 78-80
Angioplastia, 123
Ângulos
    pequena aproximação de ângulo, 15
    senos de, 15t
Antinodos de deslocamento, **71**, 71n
Antinódulo de pressão, **71**
Antinós, **66**
    pressão, 71
    terremotos e, 80-81
Aplicação biológica da física
    evolução humana e entropia, 211-212
    ouvido, humano, 78-79
    percepção do tom, teorias de, 79-80
    termorregulação em homeostase, 186
Aplicações médicas da física Ver também aplicações biológicas da física
    agulhas hipodérmicas, 97
    ataques cardíacos, 93-95
        mortes por, 93
        prevenção, 123-126
    implantes cocleares, 80
    ondulação vascular, 124
    pele, sensações da temperatura na, 130
    pressão sanguínea, medição, 100
    Sonógrafo de Doppler, 47-48
    terapia de oxigênio hiperbárico, 98
Aproximação de ângulo pequeno, **15**
Aquecimento global, 127-128, 226-230
Ar condicionado, 206
Arquimedes, *102*, 105
Arrepio, 187
Arterioscleroses, **113**, 123
Ataques cardíacos, 93-95
    anatomia do coração, 95
    mortes por, 93
    prevenção, 123-126
    sistema circulatório, 94
Atividade metabólica, 187
Atmosfera
    como motor quente, 217
    modelagem, 226-230
    pressão de (P0), 97-99
    temperatura da superfície da terra e, 127
    variação de temperatura em, 149-150
Atomizador, 113, *113*
Automóveis
    motor de, 201n

B

Bacias sedimentares (geologia), **80-81**
Barragens, 101, *101*
Batedor vascular, **124**
Bernoulli, Daniel, 109, *110*
Boltzmann, Ludwig, *142*
Bombas de calor, *206*, **206**-207, *207*

C

Calores molares específicos
    de gases ideais, 176-178
    Equipartição de energia e, 180-182
    para processos isovolumétricos e isobáricos, 176
Calor específico, *162*, **162**-164
Caloria, **160**-161, 161n
Calorimetria, **163**, 163
Calorímetro, 198
Calorímetro de fluxo, 198
Calor latente, 164-168, **165**, 165n, *166*
Calor (Q)
    condução térmica, 183-184
    energia interna e, 160-161
    específico, 162-164
    específico molar, 176-177, 180-182
    latente, 164-168
Camarões, 138-139
Carnot, Sadi, 203-204
Carros. Ver veículos de combustível alternativo; Automóveis
Casa solar, 186
Células de convecção, 185, *185*
Ciclo de Otto, 225
Ciclo hidrológico, 218
Cinemática de translação Movimento de translação
    diagrama de, 179
    em emergia interna, 159
Clausius, Rudolf, 208
Coeficiente de Avogadro, **139**
Coeficiente de desempenho (COP), 206
Coeficiente de expansão térmica, 136t
Coeficiente médio de expansão de área (γ), **136**
Coeficiente médio de expansão de volume (β), **136**
Coeficiente médio de expansão linear (α), **135-136**

Coeficiente teórico de desempenho (COP), 207
Comitê Internacional de Medidas e Pesos, 133
Compressão, de ondas sonoras, **44**
Comprimento de onda (λ), **33**, *33*
Condensação, calor latente de, 165*n*
Condições limite
    ondas sob, 68-70
Condução de energia (calor), *183*, **183**-185
Condutividade térmica, **183**, 184*t*
Conservação de energia
    equação para, 168
    para sistemas isolados, 163
Constante de Boltzmann, **140**
Constante de fase (φ), **7**, **35**
Constante de gás universal, **140**
Constante de Stefan-Boltzmann, **186**
Constante solar (*IS*), **187**
Contato térmico, **130**, *130*, 170, *170*, *183*
Convecção, **185**, 217
Convecção de força, **185**
Convexão natural, **185**
Coração (humano), 93-95, *94*, 95
    fluxo de sangue através de, 113-114
Cordas
    energia (P) de cordas vibrantes, 43
    energia transferida por ondas sinusoidais em, 41-43
    guitarra, 61
    harmônicos em, 69
    modos normais de, 68
    ondas em repouso em, 68-70
    velocidade (v) de ondas transversais em, 37-39
Cordas de guitarra, *61*
Cornetas, 73
Corrente elétrica. Veja corrente
Cronometragem (temporal) teoria da percepção de tom, **80**
Curto elétrico térmico, 137

D

Davy, Humphrey, 191
Declaração de Clausius sobre a segunda lei da termodinâmica, **207**-208, 214
Declaração de Kelvin-Planck sobre a segunda lei da termodinâmica, **202**, 214
Densidade (ρ)
    convexão natural e, 185
    de substâncias comuns, 98*t*
    temperatura da água e, 137, 167
Departamento de Comércio dos E.U., *149*
Derretimento, **164**
Desempenho, coeficiente de (COP), 206
Diapasão, 74, *74*
Dinâmica de fluídos, **107**, 112
Dióxido de carbono (CO2), 128, *138*-139
Distribuição da velocidade molecular, *147*-149
Distúrbio Ver Entropia
Doença cardiovascular (CVD)
    descrição, 94
    mortes por, 93
    prevenção, 123-126
Doppler, Christian Johann, 46

E

Ebulição, **164**
Efeito Bernoulli, **111**
Efeito Doppler, *46*, **46**-49, *47*
Eficiência
    Curzon-Ahlborn, 205*n*
    térmico, de motores, 202-203
Eficiência Curzon-Ahlborn (*e*C-A), 205*n*
Eficiência térmica, **202**-203

Eletricidade, veículos movidos por. Veja veículos elétricos
Elevação, temperatura versus, *149*
Emissividade(*e*), **186**
Energia cinética (*K*)
    de oscilador harmônico simples, 11
    em fluídos, equação de Bernoulli em, 110
    molecular, 160
Energia de escape, 201
Energia de ponto-zero, 133
Energia (*E*). Veja também Corrente; Indução; Termodinâmica
    de movimento harmônico simples, 11-14
    em terremotos, 1
    equilíbrio de, 128
    equipartição do teorema de energia, 145
    interno, para um gás monoatômico, 145
    ponto-zero, 133
    transferências de, 129
    transferido por ondas sinusoidais, 41-43, 91
Energia gasta, 201
Energia interna (*E*int), **145**, **160**-161
Energia potencial
    de oscilador harmônico simples, 11
    intermolecular, 160
Energia potencial intermolecular, 160
Entropia
    descrição de, 208
    em expansão livre, 214-215
    mudança em, 207
    na segunda lei da termodinâmica, 208-213
    processos irreversíveis, 213-215
Epicentros (de terremotos), **1**, **49**
Equação da continuidade de fluidos, 107-109
Equação de Bernoulli, 109-112
Equação de estado, **139**
Equação de onda linear, 35-37
Equações de onda, 35-**37**
Equilíbrio térmico, **130**, 168
Equipartição de energia, **145**, 180-182
Equivalente mecânico de calor, **161**
Escala de temperatura Celsius, **131**, 163
Escala de temperatura Kelvin, **132**-133, 163, 201
Espectro
    do som, 77
Espessura de radiação, 230
Estática de fluídos, **107**
Estratosfera, **150**, 227, *227*
Estrutura cristalina, mudança em, **164**
Evaporação, 148
Evolução humana, entropia e, 211-212
Expansão de sólidos e líquidos, térmica, 134-139
Expansão livre, **173**, *214*, 214-215
Expansão térmica de sólidos e líquidos, **134**, 134-139, *135*, *136*

F

Faixas bimetálicas, em termostatos, 137, *137*
Falhas, **2**
Faltando o fundamental, 79-80
Fase (do movimento de oscilador harmônico simples), **7**
Física quântica
    para energias rotacionais e vibracionais, 182
Fixação de torneira antitérmica, 154
Fluxo de volume (taxa de fluxo), **108**
Fluxo laminar, **107**
Força ($\vec{F}$)
    de água contra a barragem, 101
    distinção da pressão através de, 97
    em fluídos, 97
Força de Buoyant ($\vec{B}$), 102, **102**-103
    de objetos flutuantes, 104
    de objetos submersos, 103
Força de cisalhamento, **97**

Força de restauração (Fs), **5**
Forças interatômicas, de natureza elástica, *135*
Formas de onda, **31**, 76-78
Forte, magneticamente
　energia simples de, 11-14
　partícula em, modelo de análise para, 6-11
Frequência angular (ω), **34**
　de partículas em movimento harmônico simples, 6
　frequência versus, 7
Frequência de ressonância (ω_0), **19**
Frequência (f), **7**
　das cordas, 69
　de colunas de ar, 72
　de ondas, 33
　distinção de tom desde, 76
　do diapasão, 74
　em batimento, 74-76
　na percepção de tom, 79
Frequência fundamental ($f1$), **69**, 79-80
Frequências Naturais (ω_0), **18-20**, 72
Função de distribuição de Maxwell-Boltzmann, **147**-*148*
Funções de onda (y), **31**, 66
Fusão
　calor latente de, 165, 165*t*

G
Galen, 93
Gases
　densidades de, 98, 98*t*
　Efeito Bernoulli em, 111
　energia interna para monoatômico, 145
　estufa, 128
　ideal
　　calor molar específico de, 176-178
　　descrição macroscópica de, 139-141
　　interpretação molar da pressão de, 142-144
　　interpretação molar da temperatura de, 144-146
　　mudanças de entropia em expansão livre de, 214-215
　　processos adiabáticos para, 178-180
　teoria cinética de, 141-146
　termodinâmica e, 129
Gases estufa, 128
Gás ideal, **139**, *142*
　calor molar específico de, 176-178
　descrição macroscópica de, 139-141
　interpretação molar da pressão de, 142-144
　interpretação molar da temperatura de, 144-146
　mudanças de entropia em expansão livre de, 214-215
　processos adiabáticos para, 178-180
Gás monoatômico, energia interna de, **145**
Geleira Sperry, Parque Nacional Glacier, 228, *228*
Glândulas sudoríparas, 186
GRACE (Experimento de Recuperação Gravitacional e Climática), 228
Gradiente de temperatura, **183**
Granulação, para células de convecção, 185, *185*
Groenlândia, 228-229

H
Haiti, terremoto em, 1, *1*
Harmonia
　das cordas, 69
　de colunas de ar, 72
　de cornetas, 73
　descrição de, 69
　Síntese de Fourier de, 77
Harvey, William, 94
Hertz (Hz) (unidade de frequência), **33**
Hipotálamo, 186-187
Homeostase, 186

Huygens, Christian, 16

I
Implantes cocleares, 80
Instrumentos de bronze, 70-73
Instrumentos de sopro, 70-73
Intensidade (I), **187**
Interações do miocárdio (ataques cardíacas), 93, 123-125
Interfase temporal (batimento), **74-76**
Interferência
　batimentos, 74-76
　em ondas, 62-65
　ondas em modelo de análise de interferência, 62-65
Interferência construtiva, **62**, *62*
Interferência destrutiva, **62**, *63*
Interferência espacial, **74**
Interpretação molecular da pressão de um gás ideal, 142-144
Interpretação molecular da temperatura de um gás ideal, 144-146
Isolamento sísmico, **91**
Isotermas, **174**

J
Japão, terremoto em (Março 2011), 1, *1*, *91*
Joule, James, 159-160, 192
Joule (J) (newton-metro; unidade de trabalho), 161
Juntas de expansão térmica, *134*, 135

K
Kelvin (unidade de temperatura), 133
King, B. B., *61*

L
Lago Monoun, Camarões, 138
Lago Nyos, Camarões, 138
Lei da condução, **183**
Lei de Boyle, **140**
Lei de Gay-Lussac, **140**
Lei de Hooke, **5**
Lei de Pascal, **99**
Lei de Stefan, **186**, 187
Lei de Torricelli, **111-112**
Lei ideal de gases ($PV = nRT$), **140**
Leis do movimento de Newton, 142
　segunda
　　em oscilações amortecidas, 17
Lei Zero da termodinâmica, *130*, **130-131**, 207
Levantamento Geológico dos Estados Unidos (USGS), *228*
Liquefação do solo, **91**
Líquidos. Veja também Mecânica de fluídos
　densidade de substâncias comuns, 98*t*
　expansão térmica de, 134-138
　pressão em, 99
　pressão, variação segundo profundidade, 98-101
　termodinâmica e, 129
Lord Kelvin, 155, 201
Lovell, Jim (astronauta), 152
Luz. Veja também Ótica de ondas
　Efeito Doppler em, 46

M
Macroestados, entropia e, *209*, **209**-210
Maldivas, 229
Massa molar, **139**
Material de fase superior, **165**
Matéria, propriedades de massa da, 129
Maxwell, James Clerk, 147
Mecânica de fluídos, 96
　densidade de substâncias comuns, 98*t*
　dinâmica de fluídos, 107, 112

Equação de Bernoulli, 109-112
Equação de continuidade para, 107-109
pressão em, 96-98
    mensuração de, 102-106
    variação de, com profundidade, 98-101
Mecânica estatística, 180, 209
Mecânica quântica, 61. Veja também Física quântica
Mecanismos de transferência, para energia, 163, 182-187
Medicina hiperbárica, 98
México, terremoto no, 3, 81, 91
Microestados, entropia e, *209*, **209**-210
Micro-ondas, 163
Modos normais, **68**, 69
Molas(s)
    movimento de objetos presos a, 5, 13
Moles, **138**
Momento ()
    de moléculas de gás, 142
Motor Carnot, 203-206, *204*, 205*n*, 211
Motor diesel, 179-180
Motores de calor, **174**, 200-204, **201**, *201*, 201*n*, *202*, 216-217
Motores de Stirling, 200, 223
Movimento. Veja também movimento rotacional
    Leis de
        movimento harmônico simples, 6-9
        movimento oscilatório, 4-5
Movimento harmônico simples, **5**
    partículas em, 6-11
    pêndulos e, 14-16
Movimento isotrópico, de moléculas de gás, 142
Movimento oscilatório, 4
    de objetos presos a molas, 5
    de oscilações amortecidas, 17-18
    de oscilações forçadas, 18-19
    de pêndulos
        físicos, 16-17
        simples, 14-16
    movimento harmônico simples como, 6-9
        energia de, 11-14
    ressonância, em estruturas, como, 19-20
Movimento periódico, movimento oscilatório como, 4
Movimento rotacional
    de moléculas diatômicas, 180-182
    diagrama de, 179
    em emergia interna, 159
    estados da energia de, 182
Movimento vibratório
    diagrama de, 179-182
    em emergia interna, 159
    estados da energia de, 182
Mudança de fase, **164**, *166*
Mundo subnuclear. Ver Física de partículas
Músculos, esqueléticos, 187

N

Nações Unidas, Painel Intergovernamental sobre Mudanças Climáticas, 128
NASA (Aeronáutica Nacional e Administração Espacial), 228
Neurônios sensoriais, na pele, 130
Nodos de deslocamento, **71**
Nódulo de pressão, **71**
Nódulos, 66, 71
Northridge (California), terremoto em, 81
Nova Zelândia, terremoto em, 3, 91
Número de onda angular (k), **34**
Números de onda (k), **33**

O

Objetos flutuantes, 104, *104*
Objetos submersos, 103, *103*

Observatório Mauna Loa (Havaí), *127*
Onda (s)
    em condições de limite, 68-70
    em interferência, 62-65, 82
    ondas em repouso, 65-67, 70-74
    ondas mecânicas, 29
    ondas sísmicas, 49-52
    ondas sonoras, 43-49
    padrões de ondas não sinusoidais, 76-77
    partículas distinguidas desde, 61
    reflexão e transmissão de, 40-41
    viajantes, 32-37
Ondas de deslocamento, **44**, *45*
Ondas de pressão, **45**
Ondas de Rayleigh, 51
Ondas eletromagnéticas, 29
    Efeito Doppler em, 46
Ondas em repouso, 65-67, *65-67*, **66**
    em colunas de ar, 70-74
    em cordas, 68-70
    quantização de, 68
    terremotos e, 80-81
Ondas lineares, **62**
Ondas longitudinais, **30**
    ondas sísmicas, 49
    ondas sonoras como, 43-45
Ondas mecânicas, 29
    ondas sinusoidais, 32, 35
        energia transferida por, em cordas, 41-43
        padrões de ondas não sinusoidais, 76-77
        superposição de, 63
    ondas sísmicas, 49-52
    ondas sonoras, 29, 43-45
        como ondas longitudinais, 30
        Efeito Doppler em, 46-49
        interferência de, 64
        ondas em repouso, 65-67
        padrões de ondas não sinusoidais, 76-77
        percepção do tom, 78-80
        velocidade do som, 44*t*
    ondas transversais, 37-40
    ondas viajantes, 32-37, 52
    propagação de distúrbios como, 30-31
    reflexão e transmissão de, 40-41
Ondas mecânicas lineares, **37**
Ondas não lineares, **62**
Ondas P, **49**-51, *50, 51*
Ondas S, **49**, *50*, 51, *51*
Ondas sinusoidais, **32**, *32*, 35
    energia transferida por, em cordas, 41-43
    padrões de ondas não sinusoidais, 76-77
    superposição de, 63
Ondas sísmicas, **49**-52, *50, 51*, 90-91
Ondas sonoras, 29, *29*, 43-45, **44**, 45
    como onda de deslocamento, 44
    como onda de pressão, 45
    como ondas longitudinais, 30
    Efeito Doppler em, 46-49
    interferência de, 64, 74
    ondas em repouso, 65-67, 70-74
    padrões de ondas não sinusoidais, 76-77
    percepção do tom, 78-80
    velocidade do som, 44*t*, 45
Ondas transversais, **30**
    ondas sísmicas, 49
    velocidade (v) de, 37-40
Ondas viajantes, *32*, 32-37, **33**, *33, 35, 36*
    modelos de análise de, 52
    reflexão e transmissão de, 40-41
Organização Meteorológica Mundial, 128
Oscilações, 4

amortecidas, 17-19
de objetos em molas, 9, 13
em superfície horizontal, 13
forçadas, 18-20
ressonância, em estruturas, como, 19-20
Oscilações amortecidas, **17**-18, *18*, *19*
Oscilações criticamente amortecidas, **18**
Oscilações de força, **18**-20
Oscilações sobamortecidas, **18**
Oscilações superamortecidas, **18**
Osciladores amortecidos, **18**, *18*
Ouvido (humano), 78-80, *79*

P

Padrão de batida, 74-76, *76*, *76*
Padrão de onda não sinusoidal, 76-77, *77*
Painel Intergovernamental sobre Mudanças Climáticas (IPCC), 128, 228-229
País de carbono neutro, 229
Panelas de barro, *129*
Parque Nacional de Yellowstone (WY, US), *129*
Parque Nacional Glaciar, 228, *228*
Partícula (s)
 em movimento harmônico simples, 6-9
 ondas diferenciadas de, 61
Pascal, Blaise, 99
Pascal (Pa) (unidade de pressão), **97**
Pêndulos
 físicos, 16-17
 simples, 14-16
Pêndulos físicos, *16*, **16**-17
Pêndulos simples, *14*, **14**-16
Período (*T*)
 de onda, 33
 de oscilador harmônico simples, 7-8
 de pêndulo físico, 16
 de pêndulo simples, 15
Plantas de energia, como motores de calor, 201
Plaquetas, em vasos sanguíneos, 113, *113*, 123-125, *124*, *125*
Poder (*P*)
 de cordas em vibração, 43
 unidade de, 183
Poluição, 201
Poluição térmica, 201
Ponte Tacoma Narrows (Estado de Washington), *20*, 20
Ponto de congelamento da água, **131**
Ponto de ebulição da água, **131**
Ponto de evaporação, **131**
Ponto de gelo, **131**
Ponto triplo da água, **133**
Posição de equilíbrio, **5**
Potencial elétrico, *137*
Pressão (*P*)
 calor molar específico em constante, 176-177
 densidade de substâncias comuns, 98*t*
 em fluídos, 96-98
 Equação de Bernoulli e, 109-112
 interpretação molecular de gás ideal, 142-144
 mensuração de, 102-106
 termômetro de gás em volume constante, 133
 variação em, segundo a profundidade, 98-101
Princípio de Arquimedes, 102-105, **103**
Princípio de superposição, **62**, *62*
Processo quase-estático, compressão dos gases em, **169**, *169*
Processos adiabáticos
 definição de, 173
 livre expansão, de gás, 214
 para gases ideais, 178-180
Processos cíclicos, **174**, *202*
Processos hidráulicos (levantamentos), 99, *100*
Processos irreversíveis, **203**, 213-215
Processos isentrópicos, **211**
Processos isobáricos, **173**, 176
Processos isotérmicos, **173**-174, *174*
Processos isovolumétricos, **173**, 176
Processos reversíveis, **203**, *203*
Programa Ambiental das Nações Unidas, 128
Projeto Fotográfico Repetitivo, Recursos Geográficos dos Estados Unidos (USGS), 228
Propriedades de massa da matéria, 129
Proteína TRPV3, 130
Psicoacústico, 79
Pulsos, *30*, **30**-31, *31*
 reflexão de, 40
 sobreposição de, 62
 transmissão de, 41
 velocidade (v) de, 39
PV diagrama, **169**, *169*, 173-174, *174*, *179*, *202*, *204*

Q

Qualidade (timbre), do som, **77**
Quantização, 61
 das ondas, 68-69
Quantização de energia, em movimento molecular, 182

R

Radiação
 cistite, 98
 eletromagnético, 128
 infravermelho, 228
 térmico, 227
 visão geral, 186
Radiação eletromagnética, *128*
 como mecanismo de transferência de energia, 163
 descrição de, 185
 Energia da terra trocada por, 187
Radiação infravermelha, 228
Radiação térmica, **186**, *227*
Radiadores, convexão e, 185, *185*
Raiz da velocidade quadrática média, **145**-146, 146*t*
Rarefação, **44**
Razão de eficiência de energia (EER), 221
Reflexão
 das ondas em cordas, 40-41
Refrigeradores, **206**-207, *207*
Reservatórios de energia, 170, *170*, 183
Ressonância, **19**
 em estruturas, 19-20
 em ondas sonoras, 72
 em terremotos, 90

S

Sangue
 fluxo de, 123-125
 fluxo turbulento de, 113-114
 pressão de, 100, 124
Seiches, **81**
Senos de ângulos, 15*t*
Séries de Fourier, **76**
Séries harmônicas, 69
Simplificações, **107**-109, 113, *113*
Sinal de grau (°), *133*
Síntese de Fourier, **77**, *77*
Sistema cardiovascular, 93, *94*
Sistema circulatório, 93-94, *94*
 fluxo turbulento de sangue em, 113-114
 pressão sanguínea em, 100
Sistemas isolados
 calorímetro como, 163
 entropia e, 209
Sistemas não isolados
 a Terra como, 128

Sol
    Entrada de energia na Terra desde, 216
    granulação de células de convexão no, 185
    Taxa de transferência de energia do, 187
Solidificação, calor latente de, 165n
Sólidos
    expansão térmica de, 134-138
    termodinâmica e, 129
Sonógrafo de Doppler, **47**-48
Stents, 123, *123*
Stirling, Robert, 223
Sufocamento, dióxido de carbono, 138
Super-aquecimento, **167**
Supercondutividade, 132
Superposição, de ondas sinusoidais, 63-64
Super-resfriamento, **167**

T

Taxa atmosférica de lapso, 149-152, **150**
Taxa de fluxo (fluxo de volume), **108**
Taxa de lapso, 229
Temperatura, 129-158
    altitude e, 127, 228
    calor molar específico e, 181
    da superfície da Terra, 188, 216-217, 226-230
    Distribuição de velocidade molecular, 147-149
    escala absoluta, 132-133, 201
    Escala Celsius, 131
    Escala Kelvin, 132
    escalas de, 131-134
    expansão térmica de sólidos e líquidos, 134-139
    gás ideal, descrição macroscópica de, 139-141
    hipotálamo regulando o corpo, 186
    kelvin (unidade), 133
    Lei zero da termodinâmica, 130-131
    taxa atmosférica de lapso, 149-152
    Teoria cinética de gases, 141-146
Temperatura absoluta, **132**, *133*, 201
Temperatura corporal, hipotálamo para regular, 186
Temperatura da superfície da terra, **127**, 150, 226-230
Temperatura de equilíbrio, **130**
Temperatura média da superfície da terra, *127*
Temporal (tempo) teoria de percepção de tom, **80**
Tempo (t)
    interferência temporal (batimento), 74-76
Tensão em músculos esqueléticos, 187
Teorema de Fourier, **76**-78
Teorema de impulso-momento
    aplicado a molécula de gás, 142-143
Teorema de Pitágoras, 144
Teoria cinética, 141-146, 209
Teoria da Grande Explosão, 46
    entropia e, 212
Teoria de ondas viajantes e percepção de tom, **80**
Teoria local da percepção de tom, 80
Terapia de oxigênio hiperbárico (HBOT), 98
Termodinâmica, lei zero da, 130-131, 207
Termodinâmica, primeira lei da, 159-199
    aplicações de, 173-176
    Balanço da energia da Terra, 187-189
    calor específico, 162-164
    coração batendo, 164-168
    energia de calor e integral, 159-161
    equipartição de energia, 180-182
    gases ideais
        calor molar específico de, 176-178
        processos adiabáticos para, 178-180
    mecanismos de transferência de energia, 182-187
    trabalho, 168-171
    visão geral, 171-172
Termodinâmica, segunda lei da, 200-230
    afirmação alternativa da, 207
    afirmação de Clausius, 207
    afirmação de Kelvin-Planck, 202
    atmosfera como motor de calor, 216-217
    bombas de calor e refrigeradores, 206-207
    entropia e, 208-213
    motor de Carnot, 203-205
    motores de calor e, 201-204
    mudanças de entropia em processos irreversíveis, 213-215
    processos reversíveis e irreversíveis, 203
Termodinâmica, terceira lei da, 205n
Termômetro, *130*, **130**-134
    de álcool, 131
    de mercúrio, *131*
    de gás de volume constante, *132*, **132**-133, *133*
Termorregulação em homeostase, 186
Termostato, 137, *137*
Terra
    atmosfera como motor de calor, 216-217
    balanço energético de, 187-191
    ondas sísmicas em, 49-52
    temperatura da superfície de, 127, 150, 226-230
Terremoto de Loma Prieta (California), 81, *90*, 91
Terremotos, *1*, 1-3, *3*
    antinodos, 80-81
    frequência natural de, 19
    minimizando risco de dano em, 90-93
    ondas sísmicas, 49-52
Thomson, William, Lord Kelvin, 155, 201
Timbre, **77**-77
Tom (de som), 76-80
Trabalho (W)
    em processo termodinâmico, 159, 163, 168-171
Transmissões, de pulsos, **41**, *41*
Transpiração, 186
Tropopausa, **150**, 227, 227n
Troposfera, 150, 226, *227*
Trovão, 45
Tsunami, 1, *1*
Tubulação Trans-Alaska, 153
Turbulência, 107, 113-114

U

Unidade térmica britânica (Btu), **161**

V

Vaporização, calor latente de, **165**, 165t
Variáveis, **168**
Variáveis de estado, **168**
Variáveis de transferência, **168**
Vasoconstrição, 187
Vasodilatação, 187
Veículos. Veja também veículos de combustível alternativo
Velocidade transversal (v_y), **36**
Velocidade (v). Veja também Velocidade ($\vec{v}$)
    de ondas transversas, 37-40
    distribuição de molecular, 147-148
    do som, 44t, 46-49
    Raiz média quadrática, 145
Ventosas, 98
Viking (nave espacial), 156
Viscosidade (μ), **107**, 126
Volume, calor molar específico em constante, **176**, *176*. Veja também gases
Voos marinheiros (nave espacial, 1969), 157

Z

Zero absoluto, **132**, 205n

Algumas constantes físicas

Quantidade	Símbolo	Valor[a]
Unidade de massa atômica	u	$1,660538782(83) \times 10^{-27}$ kg $931,494028(23)$ MeV/c^2
Número de Avogadro	N_A	$6,02214179(30) \times 10^{23}$ partículas/mol
Magneton de Bohr	$\mu_B = \dfrac{e\hbar}{2m_e}$	$9,27400915(23) \times 10^{-24}$ J/T
Raio de Bohr	$a_0 = \dfrac{\hbar^2}{m_e e^2 k_e}$	$5,2917720859(36) \times 10^{-11}$ m
Constante de Boltzmann	$k_B = \dfrac{R}{N_A}$	$1,3806504(24) \times 10^{-23}$ J/K
Comprimento de onda Compton	$\lambda_C = \dfrac{h}{m_e c}$	$2,4263102175(33) \times 10^{-12}$ m
Constante de Coulomb	$k_e = \dfrac{1}{4\pi\epsilon_0}$	$8,987551788\ldots \times 10^9$ N·m²/C² (exato)
Massa do dêuteron	m_d	$3,34358320(17) \times 10^{-27}$ kg $2,013553212724(78)$ u
Massa do elétron	m_e	$9,10938215(45) \times 10^{-31}$ kg $5,4857990943(23) \times 10^{-4}$ u $0,510998910(13)$ MeV/c^2
Elétron-volt	eV	$1,602176487(40) \times 10^{-19}$ J
Carga elementar	e	$1,602176487(40) \times 10^{-19}$ C
Constante dos gases perfeitos	R	$8,314472(15)$ J/mol·K
Constante gravitacional	G	$6,67428(67) \times 10^{-11}$ N·m²/kg²
Massa do nêutron	m_n	$1,674927211(84) \times 10^{-27}$ kg $1,00866491597(43)$ u $939,565346(23)$ MeV/c^2
Magneton nuclear	$\mu_n = \dfrac{e\hbar}{2m_p}$	$5,05078324(13) \times 10^{-27}$ J/T
Permeabilidade do espaço livre	μ_0	$4\pi \times 10^{-7}$ T·m/A (exato)
Permissividade do espaço livre	$\epsilon_0 = \dfrac{1}{\mu_0 c^2}$	$8,854187817\ldots \times 10^{-12}$ C²/N·m² (exato)
Constante de Planck	h	$6,62606896(33) \times 10^{-34}$ J·s
	$\hbar = \dfrac{h}{2\pi}$	$1,054571628(53) \times 10^{-34}$ J·s
Massa do próton	m_p	$1,672621637(83) \times 10^{-27}$ kg $1,00727646677(10)$ u $938,272013(23)$ MeV/c^2
Constante de Rydberg	R_H	$1,0973731568527(73) \times 10^7$ m^{-1}
Velocidade da luz no vácuo	c	$2,99792458 \times 10^8$ m/s (exato)

Observação: Essas constantes são os valores recomendados em 2006 pela CODATA com base em um ajuste dos dados de diferentes medições pelo método de mínimos quadrados. Para uma lista mais completa, consulte P. J. Mohr, B. N. Taylor e D. B. Newell, "CODATA Recommended Values of the Fundamental Physical Constants: 2006". *Rev. Mod. Fís.* **80**:2, 633-730, 2008.

[a] Os números entre parênteses nesta coluna representam incertezas nos últimos dois dígitos.

Dados do Sistema Solar

Corpo	Massa (kg)	Raio médio (m)	Período (s)	Distância média a partir do Sol (m)
Mercúrio	$3{,}30 \times 10^{23}$	$2{,}44 \times 10^6$	$7{,}60 \times 10^6$	$5{,}79 \times 10^{10}$
Vênus	$4{,}87 \times 10^{24}$	$6{,}05 \times 10^6$	$1{,}94 \times 10^7$	$1{,}08 \times 10^{11}$
Terra	$5{,}97 \times 10^{24}$	$6{,}37 \times 10^6$	$3{,}156 \times 10^7$	$1{,}496 \times 10^{11}$
Marte	$6{,}42 \times 10^{23}$	$3{,}39 \times 10^6$	$5{,}94 \times 10^7$	$2{,}28 \times 10^{11}$
Júpiter	$1{,}90 \times 10^{27}$	$6{,}99 \times 10^7$	$3{,}74 \times 10^8$	$7{,}78 \times 10^{11}$
Saturno	$5{,}68 \times 10^{26}$	$5{,}82 \times 10^7$	$9{,}29 \times 10^8$	$1{,}43 \times 10^{12}$
Urano	$8{,}68 \times 10^{25}$	$2{,}54 \times 10^7$	$2{,}65 \times 10^9$	$2{,}87 \times 10^{12}$
Netuno	$1{,}02 \times 10^{26}$	$2{,}46 \times 10^7$	$5{,}18 \times 10^9$	$4{,}50 \times 10^{12}$
Plutão[a]	$1{,}25 \times 10^{22}$	$1{,}20 \times 10^6$	$7{,}82 \times 10^9$	$5{,}91 \times 10^{12}$
Lua	$7{,}35 \times 10^{22}$	$1{,}74 \times 10^6$	—	—
Sol	$1{,}989 \times 10^{30}$	$6{,}96 \times 10^8$	—	—

[a] Em agosto de 2006, a União Astronômica Internacional adotou uma definição de planeta que separa Plutão dos outros oito planetas. Plutão agora é definido como um "planeta anão" (a exemplo do asteroide Ceres).

Dados físicos frequentemente utilizados

Distância média entre a Terra e a Lua	$3{,}84 \times 10^8$ m
Distância média entre a Terra e o Sol	$1{,}496 \times 10^{11}$ m
Raio médio da Terra	$6{,}37 \times 10^6$ m
Densidade do ar (20 °C e 1 atm)	$1{,}20$ kg/m^3
Densidade do ar (0 °C e 1 atm)	$1{,}29$ kg/m^3
Densidade da água (20 °C e 1 atm)	$1{,}00 \times 10^3$ kg/m^3
Aceleração da gravidade	$9{,}80$ m/s^2
Massa da Terra	$5{,}97 \times 10^{24}$ kg
Massa da Lua	$7{,}35 \times 10^{22}$ kg
Massa do Sol	$1{,}99 \times 10^{30}$ kg
Pressão atmosférica padrão	$1{,}013 \times 10^5$ Pa

Observação: Esses valores são os mesmos utilizados no texto.

Alguns prefixos para potências de dez

Potência	Prefixo	Abreviação	Potência	Prefixo	Abreviação
10^{-24}	iocto	y	10^1	deca	da
10^{-21}	zepto	z	10^2	hecto	h
10^{-18}	ato	a	10^3	quilo	k
10^{-15}	fento	f	10^6	mega	M
10^{-12}	pico	p	10^9	giga	G
10^{-9}	nano	n	10^{12}	tera	T
10^{-6}	micro	μ	10^{15}	peta	P
10^{-3}	mili	m	10^{18}	exa	E
10^{-2}	centi	c	10^{21}	zeta	Z
10^{-1}	deci	d	10^{24}	iota	Y

Abreviações e símbolos padrão para unidades

Símbolo	Unidade	Símbolo	Unidade
A	ampère	K	kelvin
u	unidade de massa atômica	kg	quilograma
atm	atmosfera	kmol	quilomol
Btu	unidade térmica britânica	L ou l	litro
C	coulomb	Lb	libra
°C	grau Celsius	Ly	ano-luz
cal	caloria	m	metro
d	dia	min	minuto
eV	elétron-volt	mol	mol
°F	grau Fahrenheit	N	newton
F	faraday	Pa	pascal
pé	pé	rad	radiano
G	gauss	rev	revolução
g	grama	s	segundo
H	henry	T	tesla
h	hora	V	volt
hp	cavalo de força	W	watt
Hz	hertz	Wb	weber
pol.	polegada	yr	ano
J	joule	Ω	ohm

Símbolos matemáticos usados no texto e seus significados

Símbolo	Significado
$=$	igual a
$\equiv$	definido como
$\neq$	não é igual a
$\propto$	proporcional a
$\sim$	da ordem de
$>$	maior que
$<$	menor que
$>>(<<)$	muito maior (menor) que
$\approx$	aproximadamente igual a
Δx	variação em x
$\sum_{i=1}^{N} x_i$	soma de todas as quantidades x_i de $i=1$ para $i=N$
$\|x\|$	valor absoluto de x (sempre uma quantidade não negativa)
$\Delta x \to 0$	Δx se aproxima de zero
$\dfrac{dx}{dt}$	derivada x em relação a t
$\dfrac{\partial x}{\partial t}$	derivada parcial de x em relação a t
$\int$	integral

Conversões

Comprimento
1 pol. = 2,54 cm (exatamente)
1 m = 39,37 pol. = 3,281 pé
1 pé = 0,3048 m
12 pol = 1 pé
3 pé = 1 jarda
1 jarda = 0,914.4 m
1 km = 0,621 milha
1 milha = 1,609 km
1 milha = 5.280 pés
1 μm = 10^{-6} m = 10^3 nm
1 ano-luz = 9,461 × 10^{15} m

Área
1 m^2 = 10^4 cm^2 = 10,76 $pé^2$
1 $pé^2$ = 0,0929 m^2 = 144 pol^2
1 $pol.^2$ = 6,452 cm^2

Volume
1 m^3 = 10^6 cm^3 = 6,102 × 10^4 pol^3
1 $pé^3$ = 1.728 pol^3 = 2,83 × 10^{-2} m^3
1 L = 1.000 cm^3 = 1,057.6 quart = 0,0353 $pé^3$
1 $pé^3$ = 7,481 gal = 28,32 L = 2,832 × 10^{-2} m^3
1 gal = 3,786 L = 231 pol^3

Massa
1.000 kg = 1 t (tonelada métrica)
1 slug = 14,59 kg
1 u = 1,66 × 10^{-27} kg = 931,5 MeV/c^2

Força
1 N = 0,2248 lb
1 lb = 4,448 N

Velocidade
1 mi/h = 1,47 pé/s = 0,447 m/s = 1,61 km/h
1 m/s = 100 cm/s = 3,281 pé/s
1 mi/min = 60 mi/h = 88 pé/s

Aceleração
1 m/s^2 = 3,28 $pé/s^2$ = 100 cm/s^2
1 $pé/s^2$ = 0,3048 m/s^2 = 30,48 cm/s^2

Pressão
1 bar = 10^5 N/m^2 = 14,50 lb/pol^2
1 atm = 760 mm Hg = 76,0 cm Hg
1 atm = 14,7 lb/pol^2 = 1,013 × 10^5 N/m^2
1 Pa = 1 N/m^2 = 1,45 × 10^{-4} lb/pol^2

Tempo
1 ano = 365 dias = 3,16 × 10^7 s
1 dia = 24 h = 1,44 × 10^3 min = 8,64 × 10^4 s

Energia
1 J = 0,738 pé · lb
1 cal = 4,186 J
1 Btu = 252 cal = 1,054 × 10^3 J
1 eV = 1,602 × 10^{-19} J
1 kWh = 3,60 × 10^6 J

Potência
1 hp = 550 pé · lb/s = 0,746 kW
1 W = 1 J/s = 0,738 pé · lb/s
1 Btu/h = 0,293 W

Algumas aproximações úteis para problemas de estimação

1 m ≈ 1 jarda
1 kg ≈ 2 libra
1 N ≈ $\frac{1}{4}$ libra
1 L ≈ $\frac{1}{4}$ gal

1 m/s ≈ 2 mi/h
1 ano ≈ $\pi \chi \, 10^7$ s
60 mi/h ≈ 100 pé/s
1 km ≈ $\frac{1}{2}$ mi

Obs.: Veja a Tabela A.1 do Apêndice A para uma lista mais completa.

O alfabeto grego

Alfa	A	α	Iota	I	ι	Rô	P	ρ
Beta	B	β	Capa	K	κ	Sigma	Σ	σ
Gama	Γ	γ	Lambda	Λ	λ	Tau	T	τ
Delta	Δ	δ	Mu	M	μ	Upsilon	Υ	υ
Épsilon	E	ϵ	Nu	N	ν	Fi	Φ	φ
Zeta	Z	ζ	Csi	Ξ	ξ	Chi	X	χ
Eta	H	η	Omicron	O	o	Psi	Ψ	ψ
Teta	Θ	θ	Pi	Π	π	Ômega	Ω	ω

Cartela Pedagógica

Mecânica e Termodinâmica

Vetores deslocamento e posição	→
Componente de vetores deslocamento e posição	→
Vetores velocidade linear ($\vec{v}$) e angular ($\vec{\omega}$)	→
Componente de vetores velocidade	→
Vetores força ($\vec{F}$)	→
Componente de vetores força	→
Vetores aceleração ($\vec{a}$)	→
Componente de vetores aceleração	→
Setas de transferência de energia	W_{maq}, Q_f, Q_q
Seta de processo	→
Vetores momento linear ($\vec{p}$) e angular ($\vec{L}$)	→
Componente de vetores momento linear e angular	→
Vetores torque $\vec{\tau}$	→
Componente de vetores torque	→
Direção esquemática de movimento linear ou rotacional	↻ →
Seta dimensional de rotação	↻
Seta de alargamento	↘
Molas	⌇⌇⌇
Polias	(ilustração)

Eletricidade e Magnetismo

Campos elétricos	→
Vetores campo elétrico	→
Componentes de vetores campo elétrico	→
Campos magnéticos	→
Vetores campo magnético	→
Componentes de vetores campo magnético	→
Cargas positivas	⊕
Cargas negativas	⊖
Resistores	—⌇⌇⌇—
Baterias e outras fontes de alimentação DC	—⊢⊣—
Interruptores	—o o—
Capacitores	—‖—
Indutores (bobinas)	—⌇⌇⌇—
Voltímetros	—(V)—
Amperímetros	—(A)—
Fontes AC	—(∼)—
Lâmpadas	(ilustração)
Símbolo de terra	⏚
Corrente	→

Luz e Óptica

Raio de luz	→
Raio de luz focado	→
Raio de luz central	→
Lente convexa	(ilustração)
Lente côncava	(ilustração)
Espelho	▬
Espelho curvo	⌣
Corpos	↑
Imagens	↑

Impressão e acabamento:

Orgrafic
Gráfica e Editora
tel.: 25226368